21 世纪高等教育教材——学习指导与考研系列

超速学习材料力学
——思维导图篇

张　彤　赵　婧　孟宪红　著

机械工业出版社
CHINA MACHINE PRESS

本书系统地制作了大约600张思维导图，对于材料力学的理论体系和框架，整理出了全套思维导图形式的教案，实现了所有章节及所有知识点全覆盖；对于互相交织的知识体系，进行了结构化梳理，实现了鸟瞰式知识盘点和列表对比展示；对于困扰大多数学生的重点和难点，构建了“知识地图”，进行了可视化分解、相关性分析，做到了知识体系结构化、重点难点可视化。

本书融合国际上先进的超速学习法，结合思维导图的可视化形式，构建结构化知识体系网络图，盘点知识点，解析知识点的关联性，明晰知识路径，并配套全部讲解视频，具有高效化、可视化、便捷化的特点。

本书适应00后大学生学习知识的新要求，可作为机械类、土木类等工科专业学生学习材料力学课程的辅导书、考研用书，也可供相关工程技术人员参考。

图书在版编目（CIP）数据

超速学习材料力学. 思维导图篇 / 张彤，赵婧，孟宪红著. -- 北京：机械工业出版社，2025. 6. --（21世纪高等教育教材）. -- ISBN 978-7-111-77998-8

Ⅰ. TB301

中国国家版本馆CIP数据核字第2025JP9482号

机械工业出版社（北京市百万庄大街22号　邮政编码100037）
策划编辑：张金奎　　责任编辑：张金奎　李　彤
责任校对：宋　安　张昕妍　　封面设计：王　旭
责任印制：单爱军
中煤（北京）印务有限公司印刷
2025年7月第1版第1次印刷
203mm×140mm · 19.25印张 · 497千字
标准书号：ISBN 978-7-111-77998-8
定价：99.00元

电话服务　　网络服务
客服电话：010-88361066　　机 工 官 网：www.cmpbook.com
010-88379833　　机 工 官 博：weibo.com/cmp1952
010-68326294　　金 书 网：www.golden-book.com
封底无防伪标均为盗版　　机工教育服务网：www.cmpedu.com

序 言 一

——中国工程院院士，哈尔滨工业大学教授　杜善义

21 世纪的今天，知识爆炸，信息扩张，各学科呈现裂变式发展的特征。全球绝大部分科研人员都是从事学科分支和多学科交叉边缘研究的工作人员，掌握某分领域内精深而广博的专业知识对于他们来说，都已经非常困难了。时代要求知识结构更加简洁，知识体系更加系统。

思维导图的发明者——英国的记忆之父东尼·博赞说:“传统的记笔记方法，只使用了大脑的一部分，因为它主要使用的是逻辑和直线型的模型。而思维导图通过把关键字和颜色、图案联系起来，极大地激发了我们右脑学习的潜力。”思维导图，这种网络化学习方式及非线性思考方法恰恰为高效地掌握一门专业所涉及的诸多知识点，以及这些知识点之间的联结，乃至于理论框架提供了有效的手段和途径。

材料力学作为一门具有三百多年发展历史的古老学科，融合现代化元素，可以说既是传统工科基础力学教学方式的锐意创新，也是教与学交互思维模式的一种变革。张彤教授把思维导图模式结合上“网络化”互动式的教学模式，是对材料力学教学上的重要创新。希望广大青年学子能从此书中汲取精髓，提高学习效率，灵活地掌握材料力学的基本方法和基本理论。

杜善义

序言二

——清华大学教授　庄茁

力无形，迫万物以动，而以动衬静的万物是有形的，人们从梁的变形设想有力作用其上，给出变形与力的内在联系。材料力学是研究变形杆件的力学，是工科本科生必修的专业基础课，其力学模型建立在物理和几何假设的基础之上，从杆件上拉压弯剪扭的基本变形到受力，从横截面上的应变到应力，建立杆件强度、刚度和稳定的理论模型和设计准则。

科学是在对物质结构和物理世界行为的系统研究中获得的知识。知识不一定是真理，它是感觉到可能会成为真理的信息，直到矛盾的事实被验证和确认，知识才成为真理。今天，如何从海量信息中获取知识，从大数据知识中获得真理，正是摆在大学课程体系中教与学的对立与统一。

古埃及的象形文字，表明人类认识世界的过程是从图像到文字。从美学的观点，以视觉传达设计，如商标图案、交通标记，甚至饭店菜谱，让人过目不忘。从认识论的观点，图形比文字更容易被认知，逻辑关系比抽象记忆更容易被接受。用思维导图学习材料力学是力学与美学的结合，形胜于言，便于展开想象力，将知识归纳升华。

授人以鱼不如授人以渔，教学生学会学习，通过思维导图，形象地把错综复杂的概念与知识点有序排列和串并联组合在画面上，帮助学生在头脑中形成有序知识体系的逻辑框图，厘清知识点的血脉传承，使得他们高效地掌握一门课程的精髓，这应该是作者撰写本书的初衷和使命。同样的内容，换一种教学方法，符合认知规律。作者在新冠疫情特殊时期的线上教学做了大胆的尝试，这样的思维导图也能够被其他课程体系借鉴推广。

欣然接受张彤教授的邀请，为她的新书《超速学习材料力学——思维导图篇》作序。

庄茁

序 言 三

——国家教学名师，中国矿业大学（北京）教授　周宏伟

张彤等老师撰写的《超速学习材料力学——思维导图篇》一书，以思维导图的形式实现了材料力学知识点的全覆盖，是一种全新的尝试。对于材料力学中的能量法和静不定等难点章节，采用独创的图示解题法，克服了材料力学学习上的困难，巧妙地建立了数和形的关系。书中诸多知识框架以及例题的进阶式讲解，可为广大青年学子开启高效自主学习模式、掌握超速学习的技巧和方法。

周宏伟

前　言

思维可视化作为近十年来国际教育界非常热门的教学方法和理念，具有如下优势：培养深度学习，培养学生高度参与性，改变学生和教师的角色，加强形成性评价实践，提高学习能力，培养思维能力，等等。在2020年春季新冠疫情期间，在线上教学中，以思维导图为媒介，本人与学生们亲身实践了思维可视化教学。广大同学的积极参与以及热情的响应，使得本人真正体验到了这种教学方法的卓越，并有意识地把思维可视化有机地融入了材料力学的“教”与“学”。如今本书写作已完成，本人满怀喜悦地向广大读者展现和汇报思维可视化的教学理念和方法，希望本书能抛砖引玉，引发更多的教师融合思维可视化于自己的教学任务中。

这里要衷心感谢德高望重的力学大师杜善义院士和北京力学学会庄茁会长热诚地为本书作序。两位大师永远是本人学习的楷模和榜样，他们鼓励的话语始终响彻在耳畔，激励本人在学术生涯中不断精益求精，永不止步。

衷心感谢国家级教学名师周宏伟教授为本书作序，感谢周教授长期以来的热诚支持和帮助，本人受益匪浅。

本人曾多次和苏飞副教授讨论解题的细节和路径，感谢他给予了很多有启发的意见和建议。感谢罗媛、丁纪昕、王常昊等同学协助完成了大量的幕后工作。这本书凝聚着师生大量的心血，承载着太多同学勤奋的汗水和探索的脚步，师生通过多轮协作完成了诸多精彩的思维导图课件，虽然无法一一列举出他们的姓名，但是记忆毕竟留有痕迹，本人仍能清晰地记得制作每张思维导图背后的故事，这些美好的时刻将永远地存留在我的记忆中，成为本人职业生涯中最难以忘记的人与事。

我的合作者赵婧老师负责本书第17章材料力学实验的编写，孟宪红教授对全书进行了校核。本书虽然在北京航空航天大学本人的材料力学课堂上已连续四届学生使用，但仍然难免有疏漏和欠妥之处，欢迎使用本书的读者批评指正。

张　彤

2024年5月

目　录

1.1 绪论

第1章 绪论

第1章 绪论
1. 任务与研究对象
2. 基本假设
3. 外力与内力
4. 应力与应变
5. 胡克定律
6. 材料力学的变形形式

1.2　材料力学的三个任务

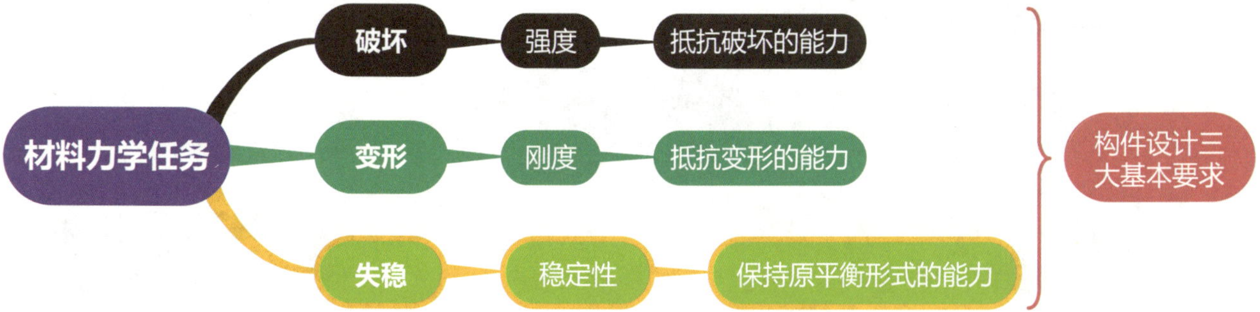
材料力学任务
破坏
强度
抵抗破坏的能力
变形
刚度
抵抗变形的能力
失稳
稳定性
保持原平衡形式的能力
构件设计三大基本要求

1.3 材料力学的研究对象

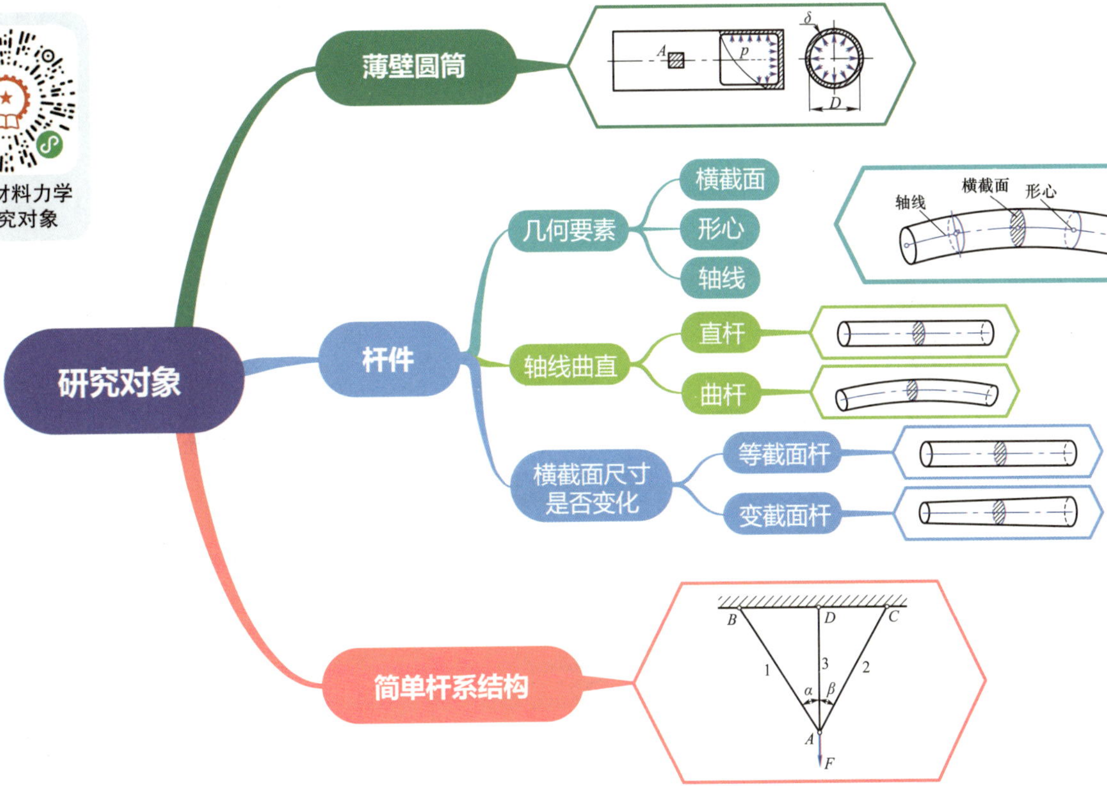
研究对象
薄壁圆筒
A
p
δ
D
杆件
几何要素
横截面
形心
轴线
轴线
横截面
形心
轴线曲直
直杆
曲杆
横截面尺寸是否变化
等截面杆
变截面杆
简单杆系结构
B
D
C
1
3
2
α
β
A
F

1.4　材料的三个基本假设

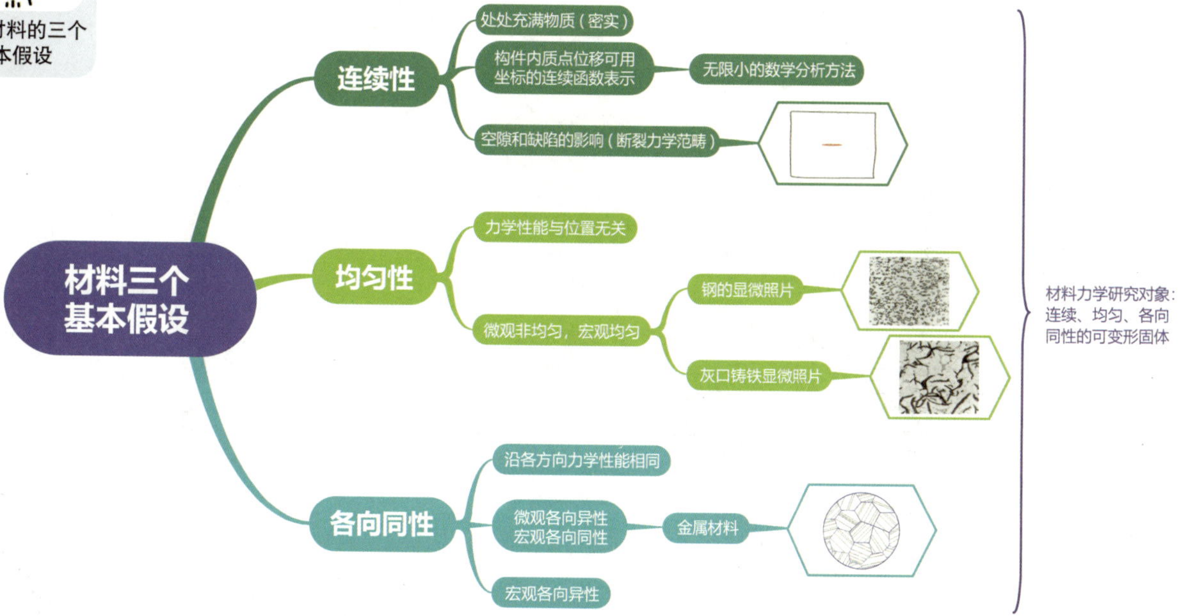
材料三个基本假设
连续性
处处充满物质（密实）
构件内质点位移可用坐标的连续函数表示
无限小的数学分析方法
空隙和缺陷的影响（断裂力学范畴）
均匀性
力学性能与位置无关
微观非均匀，宏观均匀
钢的显微照片
灰口铸铁显微照片
各向同性
沿各方向力学性能相同
微观各向异性
宏观各向同性
金属材料
宏观各向异性
材料力学研究对象：
连续、均匀、各向同性的可变形固体

1.5 外力的分类

外力

- 作用于构件上的载荷与约束力
- 分类
  - 按外力作用方式
    - 表面力 — 接触压力
    - 体积力 — 重力
  - 按分布方式
    - 分布力

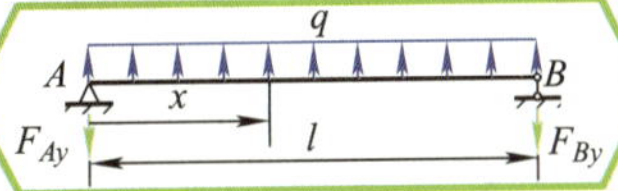

q
A
B
x
l
F_{Ay}
F_{By}

    - 集中力

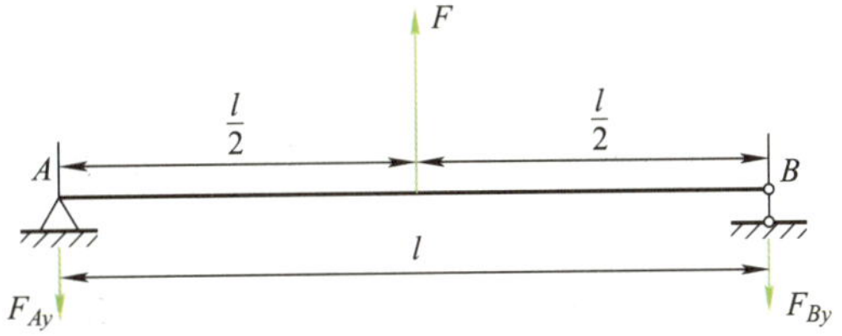

F
$\frac{l}{2}$
$\frac{l}{2}$
A
B
l
F_{Ay}
F_{By}

  - 按随时间变化特征
    - 静载荷
    - 动载荷

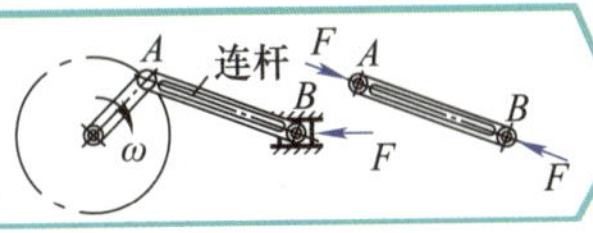

A
连杆
B
ω
F
F
A
B
F
F

1.6　内力与应力

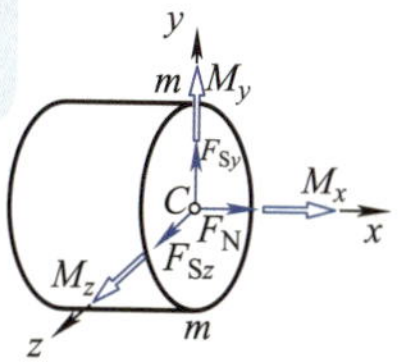
y
m
M_y
F_{Sy}
C
M_x
x
F_N
M_z
F_{Sz}
z
m

内力

- $F_N \to x$ — 单位面积轴力 — σ — 正应力
- $F_{Sy} \to y$ — 单位面积剪力 — τ — 切应力
- $F_{Sz} \to z$ — 单位面积剪力 — τ — 切应力

正应力、切应力 → 应力 → 应力单位：Pa/MPa/GPa

应力单位：Pa/MPa/GPa

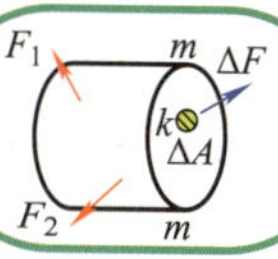
F_1
m
ΔF
k
ΔA
F_2
m

- $p_{ave} = \dfrac{\Delta F}{\Delta A}$ — 截面 m—m 上 ΔA 内的平均应力
- $p = \lim\limits_{\Delta A \to 0} \dfrac{\Delta F}{\Delta A}$ — 截面 m—m 上 k 点处应力

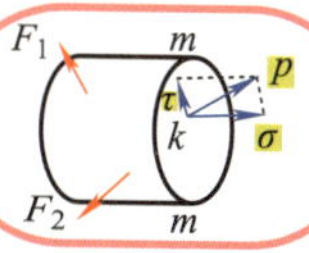
F_1
m
p
τ
k
σ
F_2
m

$$p^2 = \sigma^2 + \tau^2$$

1.7 截面法求内力

- **截面法是求内力的基本方法**
  - 求横截面 m—m 上的内力

    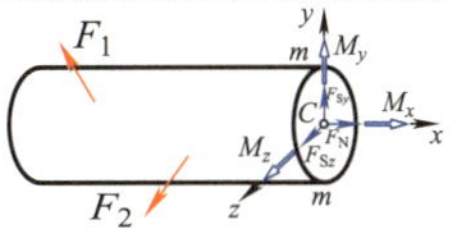

    F_1
    F_2
    y
    x
    z
    m
    m
    C
    M_y
    M_x
    M_z
    F_{Sy}
    F_N
    F_{Sz}

  - 左半部分
    - 力（矩）的平衡方程求解内力（矩）
      - 力的平衡方程
        - $\sum F_{ix}=0\Rightarrow F_N$ —— 求轴力
        - $\sum F_{iy}=0\Rightarrow F_{Sy}$，$\sum F_{iz}=0\Rightarrow F_{Sz}$ —— 求剪力
      - 力矩平衡方程
        - $\sum M_{ix}=0\Rightarrow M_x$ —— 求扭矩
        - $\sum M_{iy}=0\Rightarrow M_y$，$\sum M_{iz}=0\Rightarrow M_z$ —— 求弯矩
    - ★ 6 个平衡方程，可解 6 个未知内力
  - 求横截面 m—m 上的内力

    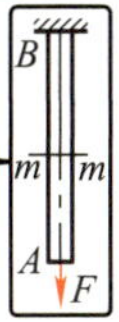

    B
    m
    m
    A
    F

  - 下半部分

    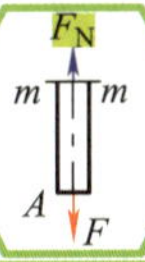

    F_N
    m
    m
    A
    F

    - $\sum F_{iy}=0, F_N-F=0$ → $F_N=F$
    - 力的平衡方程求解内力

1.8　应力状态与切应力互等定理

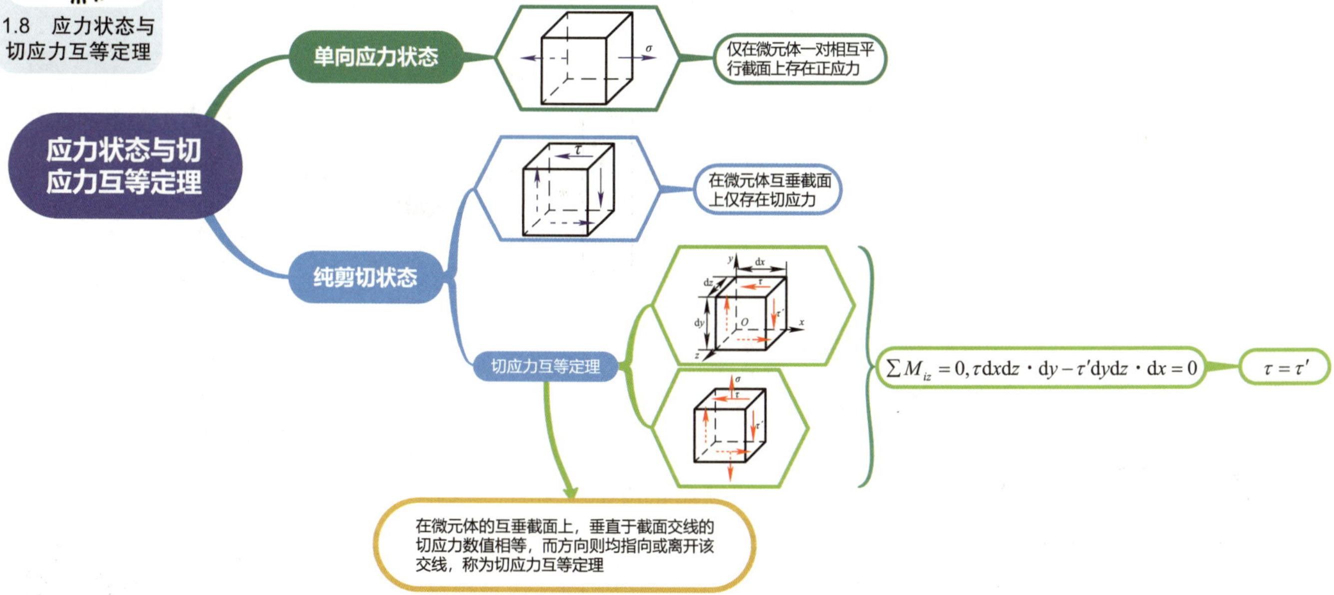
应力状态与切应力互等定理
单向应力状态
σ
仅在微元体一对相互平行截面上存在正应力
纯剪切状态
τ
在微元体互垂截面上仅存在切应力
切应力互等定理
y
dx
dz
dy
O
x
z
τ
τ'
σ
$\sum M_{iz}=0, \tau \mathrm{d}x\mathrm{d}z \cdot \mathrm{d}y-\tau' \mathrm{d}y\mathrm{d}z \cdot \mathrm{d}x=0$
$\tau=\tau'$
在微元体的互垂截面上，垂直于截面交线的切应力数值相等，而方向则均指向或离开该交线，称为切应力互等定理

1.9　应变的概念

- **应变**
  - **正应变**
    - 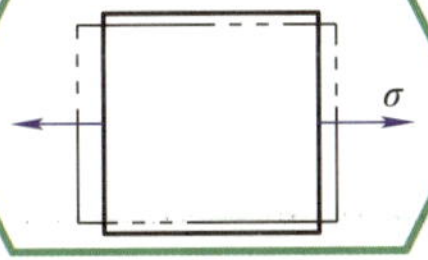
      σ
      - $\varepsilon_{\text{ave}} = \dfrac{\Delta u}{\Delta s}$ —— 棱边沿拉压方向的平均正应变
      - $\varepsilon = \lim\limits_{\Delta s \to 0} \dfrac{\Delta u}{\Delta s}$ —— 某点沿拉压方向的正应变
    - 特点
      - 过同一点不同方位的正应变一般不同
      - 量纲为一
  - **切应变**
    - 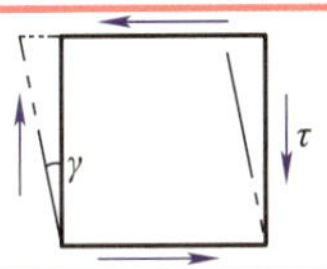
      γ
τ
      - 微元体相邻棱边所夹直角改变量称为切应变
    - 特点
      - 量纲为一

1.10　求应变例题

求$\varepsilon_{ave,x}$，$\varepsilon_{ave,y}$与γ

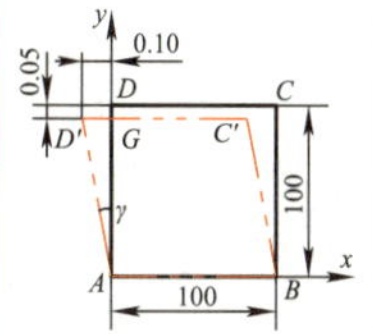
y
0.10
0.05
D
C
D'
G
C'
γ
100
x
A
100
B

求应变

- $\varepsilon_{ave,x} = 0$
- $\varepsilon_{ave,y} = \dfrac{\Delta v}{\overline{AD}}$ → $\Delta v = \overline{AD'} - \overline{AD} \approx \overline{AG} - \overline{AD}$ → $\varepsilon_{ave,y} = \dfrac{-0.05\times10^{-3}\text{m}}{0.10\text{m}} = -5.00\times10^{-4}$
- $\gamma \approx \tan\gamma = \dfrac{\overline{D'G}}{\overline{AG}}$ → $= \dfrac{0.10\times10^{-3}\text{m}}{0.10\text{m} - 0.05\times10^{-3}\text{m}} = 1.00\times10^{-3}\text{rad}$

1.11　胡克定律

胡克定律

$\sigma = E\varepsilon$

- 适用条件
  - 线弹性

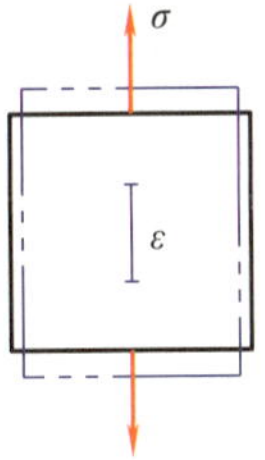

σ
ε

  - 小变形

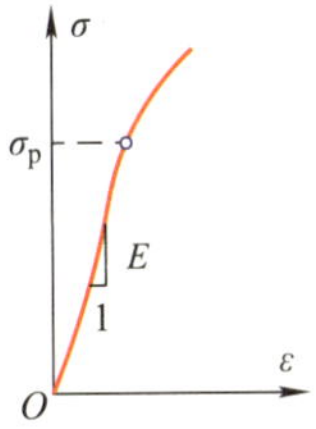

σ
σp
E
1
ε
O

$\sigma < \sigma_{\mathrm{p}}$

- E（弹性模量）
  - 单位：Pa/MPa/GPa

1.12　剪切胡克定律

剪切胡克定律

$$\tau=G\gamma$$

- 适用条件
  - 线弹性

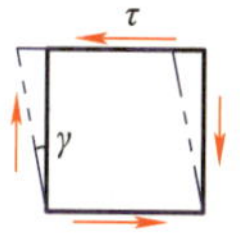
τ
γ

  - 小变形

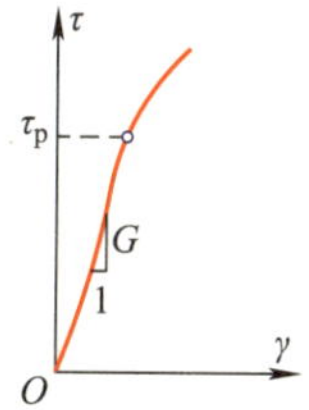
τ
τp
G
1
γ
O

  - $\tau < \tau_p$

- G（切变模量）
  - 单位：Pa/MPa/GPa

1.13 求切应力例题

已知 $\Delta s = a\times10^{-3}$，$G$=80GPa，求 τ =?

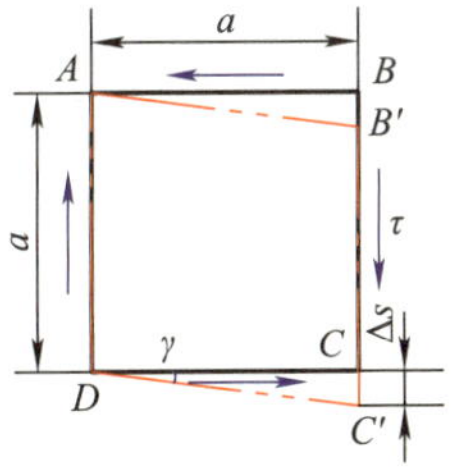

a
A
B
B′
τ
a
Δs
γ
C
D
C′

求切应力

- $\gamma \approx \tan\gamma = \dfrac{\Delta s}{a}$ — $\gamma = \dfrac{a\times10^{-3}}{a} = 1.0\times10^{-3}\,\text{rad}$
- $\tau = G\gamma$ — $= (80\times10^{9}\,\text{Pa})\times(1.0\times10^{-3}\,\text{rad})$ — =80MPa
- **注意** — 虽然 γ 很小，但因 G 很大，故切应力 τ 不小

1.14　材料力学的基本变形形式以及组合

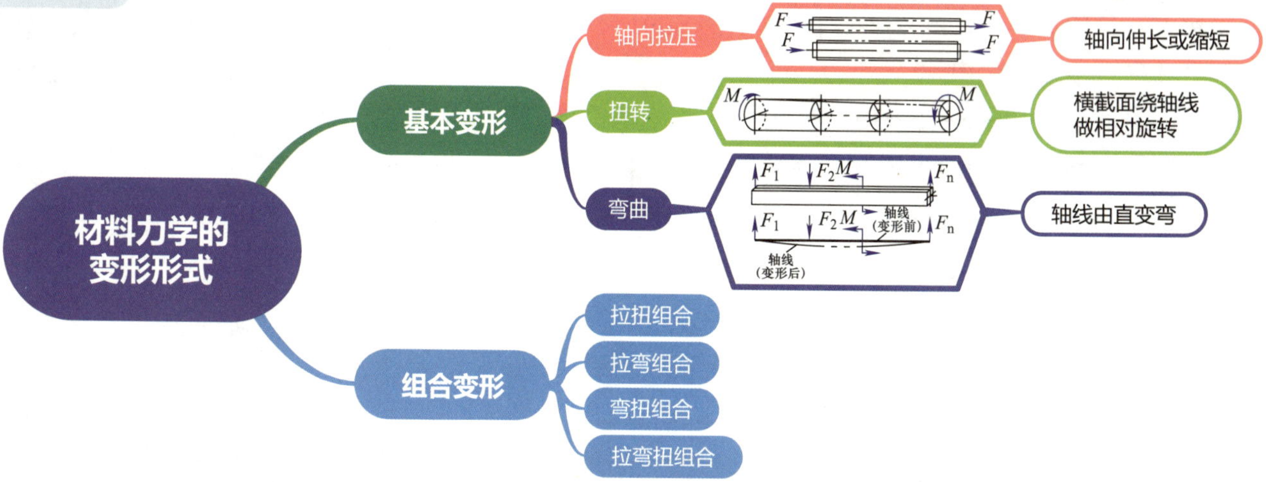
材料力学的变形形式
基本变形
轴向拉压
F
F
F
F
轴向伸长或缩短
扭转
M
M
横截面绕轴线做相对旋转
弯曲
F_1
F_2
M
F_n
轴线（变形前）
轴线（变形后）
轴线由直变弯
组合变形
拉扭组合
拉弯组合
弯扭组合
拉弯扭组合

1.15 第一章
总结

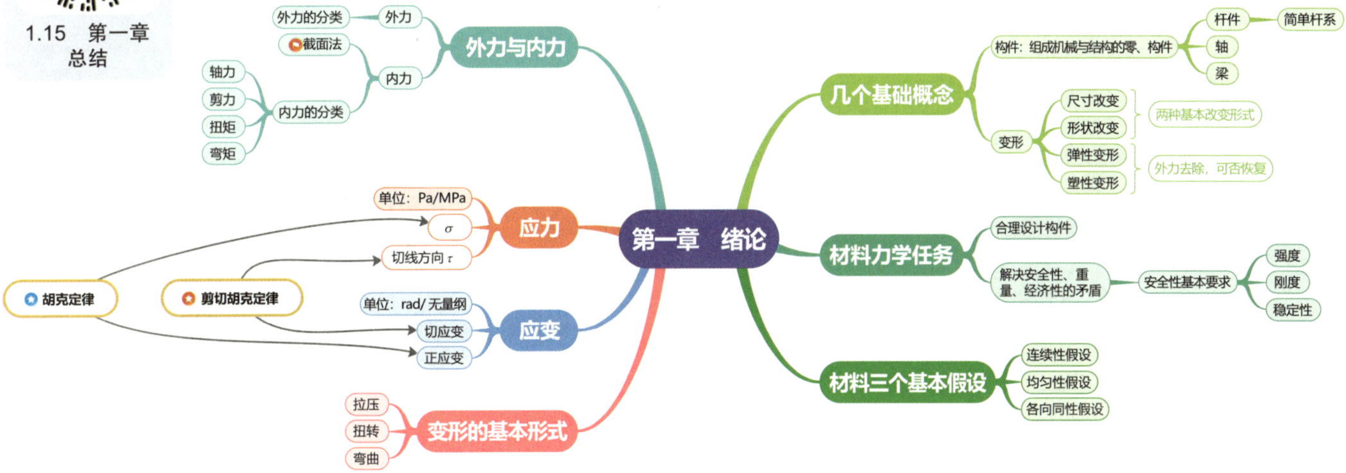
第一章 绪论
外力与内力
外力
外力的分类
内力
截面法
内力的分类
轴力
剪力
扭矩
弯矩
应力
单位：Pa/MPa
σ
切线方向 τ
应变
单位：rad/ 无量纲
切应变
正应变
胡克定律
剪切胡克定律
变形的基本形式
拉压
扭转
弯曲
几个基础概念
构件：组成机械与结构的零、构件
杆件
简单杆系
轴
梁
变形
尺寸改变
形状改变
两种基本改变形式
弹性变形
塑性变形
外力去除，可否恢复
材料力学任务
合理设计构件
解决安全性、重量、经济性的矛盾
安全性基本要求
强度
刚度
稳定性
材料三个基本假设
连续性假设
均匀性假设
各向同性假设

1.16　力的平移定理于材料力学的适用条件

1-1　在一般工程中，对于未受损伤的杉木可以应用（　）

1. 连续性假设 ✓
2. 均匀性假设 ✓
3. 各向同性假设
4. 平面假设

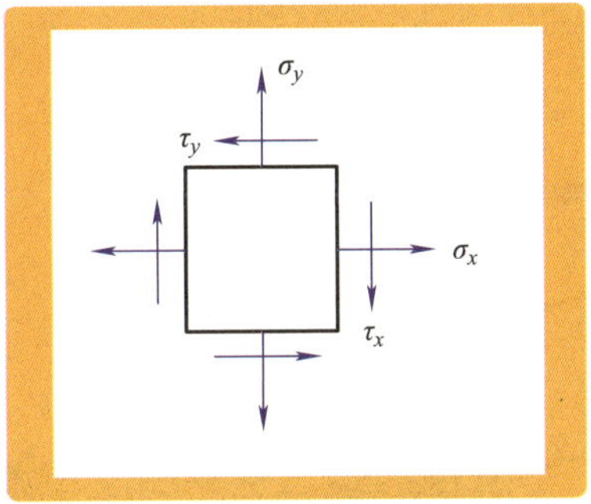
σ_y
τ_y
σ_x
τ_x

1-2 图示微元体中一定有（ ）

1. $\sigma_x = \sigma_y$
2. $\tau_x = \tau_y$ ✓
3. $\sigma_x = \sigma_y, \tau_x = \tau_y$
4. $\sigma_x \neq \sigma_y, \tau_x \neq \tau_y$

内力与应力关系是（　）

1. 内力与应力无关
2. 内力是应力的代数和
3. 应力是内力的平均值
4. 应力是内力的分布集度 ✓

1-3　微元体各变形如图所示，则 A 点处 $\angle DAB$ 的切应变为（　）

A

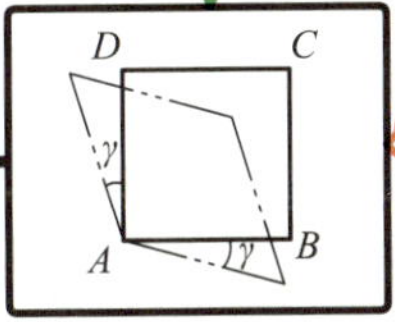
D
C
γ
A
γ
B

☑ (2)

B

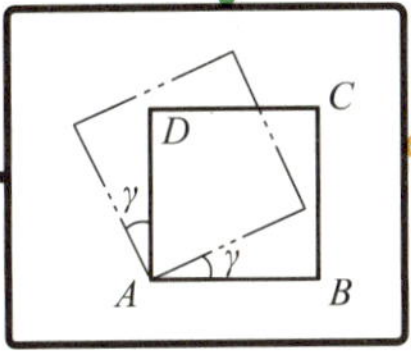
C
D
γ
A
γ
B

☑ (3)

C

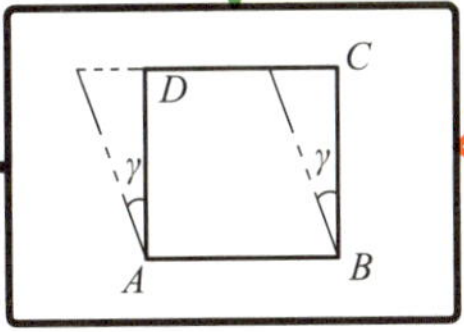
C
D
γ
γ
A
B

☑ (1)

- (1) — γ
- (2) — 2γ
- (3) — 0
- (4) — $\frac{\pi}{2}-\gamma$

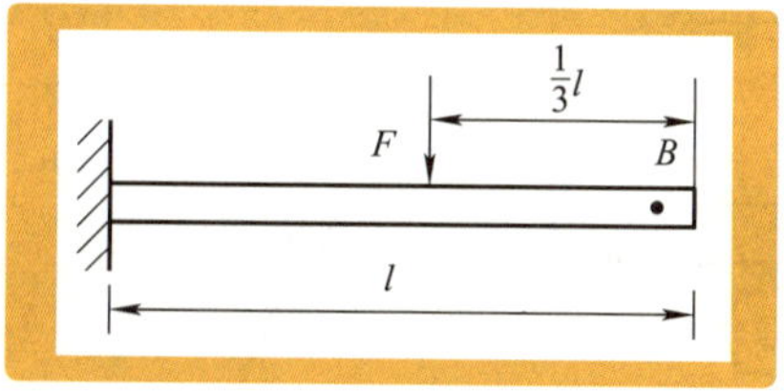
$\frac{1}{3}l$
F
B
l

1-4　如图所示，杆件受到铅垂集中力 F 作用，B 点处有铅垂位移 Δ，B 点离力 F 的作用点很远，则 B 点处的应变大小为________，应力大小为________

1. 0，0 ✓
2. $\frac{\Delta}{l}$，$E\frac{\Delta}{l}$
3. $\frac{\Delta}{3l}$，$\frac{E\Delta}{3l}$
4. $\frac{2\Delta}{3l}$，$\frac{2E\Delta}{3l}$

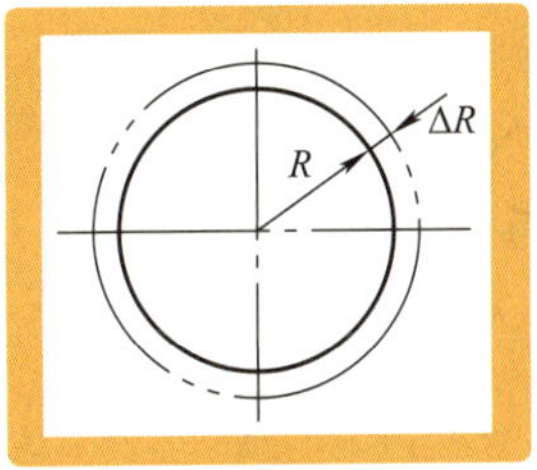

ΔR
R

1-5　如图所示，圆形薄板的半径为 R，变形后 R 的增量为 ΔR，则其径向平均应变 ε_R 与外圆圆周方向的平均应变 ε_t 为（　）

（1）$\varepsilon_R=\varepsilon_t=\dfrac{\Delta R}{R}$ ✔

$$\varepsilon_t=\frac{2\pi(R+\Delta R)-2\pi R}{2\pi R}=\frac{\Delta R}{R}=\varepsilon_R$$

A

（2）$\varepsilon_R=\dfrac{\Delta R}{R}$，$\varepsilon_t=\pi\dfrac{\Delta R}{R}$

（3）$\varepsilon_R=\dfrac{\Delta R}{R}$，$\varepsilon_t=2\pi\dfrac{\Delta R}{R}$

（4）$\varepsilon_R=\dfrac{\Delta R}{R}$，$\varepsilon_t=2\dfrac{\Delta R}{R}$

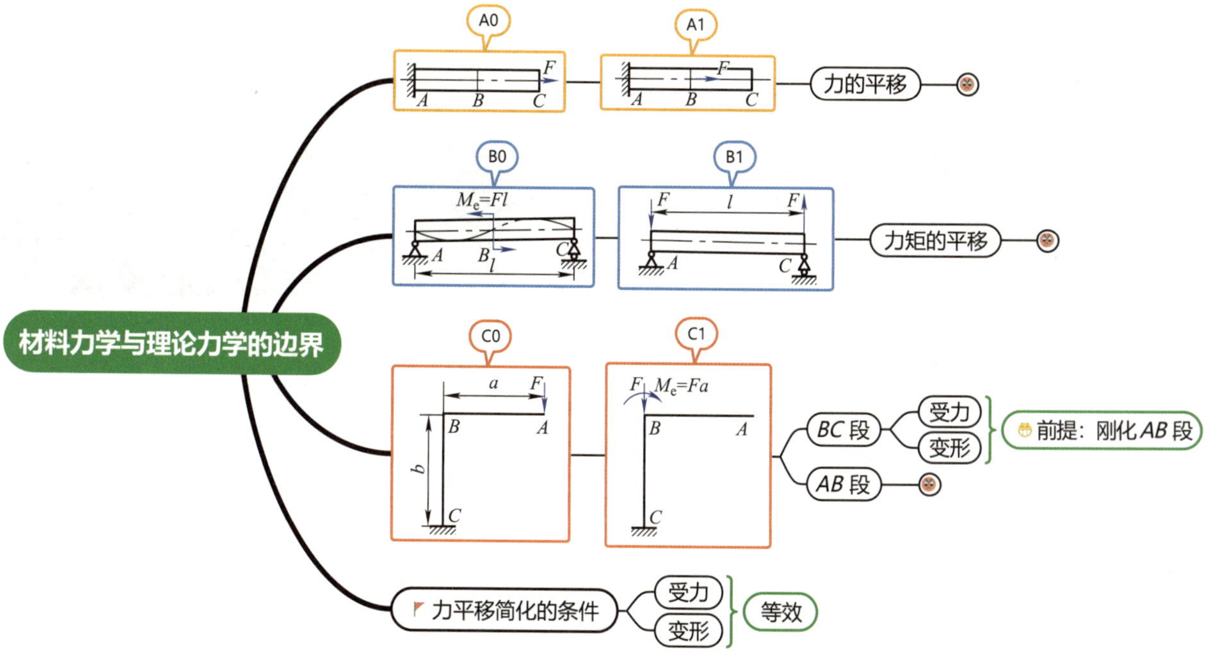
材料力学与理论力学的边界
A0
A1
力的平移
B0
B1
力矩的平移
C0
C1
BC 段
受力
变形
前提：刚化 AB 段
AB 段
力平移简化的条件
受力
变形
等效

1.17　求解应变的举例

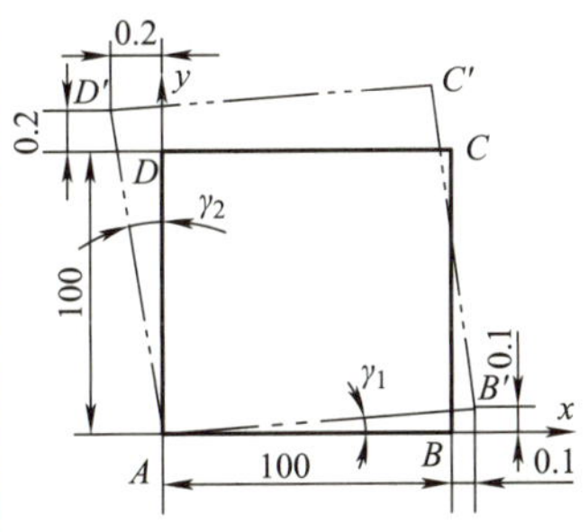
0.2
y
D′
C′
0.2
C
D
γ_2
100
0.1
γ_1
B′
x
A
100
B
0.1

1-6　构件的变形如图所示，试求棱边 *AB* 与 *AD* 的平均正应变以及 *A* 点处∠*BAD* 的切应变

1

$$\varepsilon_{AB}=\frac{0.1}{100}=1.0\times10^{-3}$$

2

$$\varepsilon_{AD}=\frac{0.2}{100}=2.0\times10^{-3}$$

基于小变形假设，直接用图中给出的变形值 ÷ 原长

3

$$\gamma_A=[\gamma_2+(90^\circ-\gamma_1)]-90^\circ=\gamma_2-\gamma_1$$
$$=\arctan\frac{0.2}{100}-\arctan\frac{0.1}{100}$$

1-7 如图A所示三角形薄板，因受外力作用而变形，角点 B 垂直向上的位移为0.03mm，但 AB 边与 BC 边仍保持直线，求沿线 OB 的平均应变，并求 $\angle ABC$ 的切应变

A

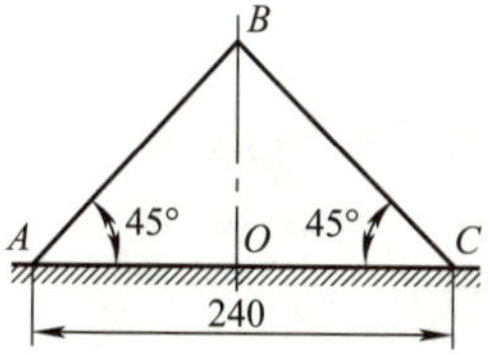
B
A
45°
O
45°
C
240

B

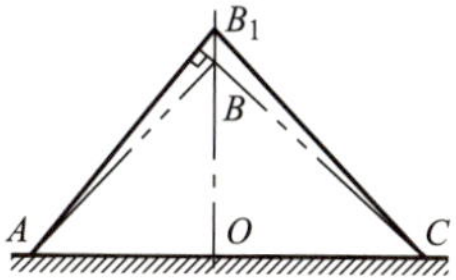
B1
B
A
O
C

1

$OB=OA$

$$\varepsilon_m=\frac{\overline{BB_1}}{\overline{OB}}$$

2

$$\alpha_A=\frac{\overline{BB_1}\cos 45°}{\overline{AB}}=1.25\times10^{-4}$$

$$\gamma_B=2(\angle AB_1O-\angle ABO)$$
$$=2[\angle AB_1O-(\angle AB_1O+\alpha_A)]$$
$$=-2\alpha_A=-2.5\times10^{-4}\text{rad}$$

A

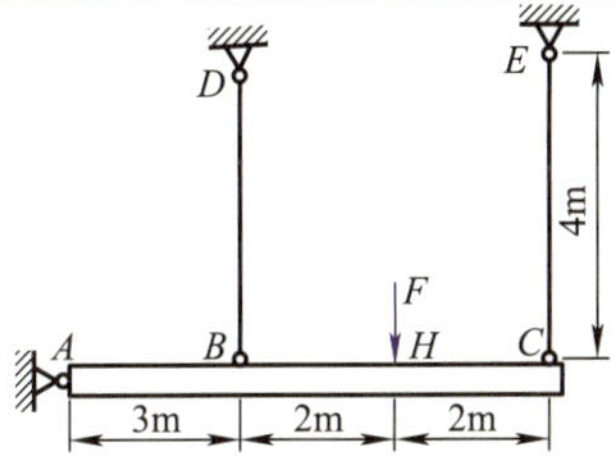

D
E
4m
F
A
B
H
C
3m
2m
2m

B

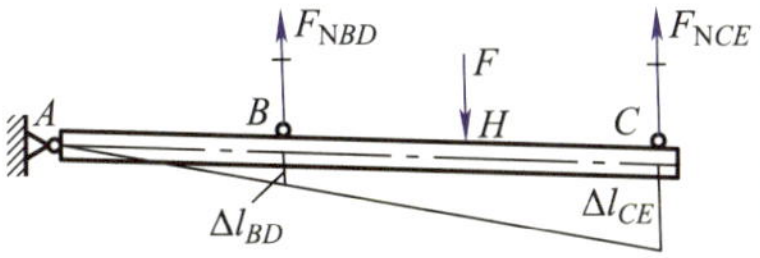

F_{NBD}
F_{NCE}
F
A
B
H
C
Δl_{BD}
Δl_{CE}

1-8　如图 A 所示的刚性梁在 *A* 点铰接，*B* 点和 *C* 点由钢索吊挂，作用在 *H* 点的力 *F* 引起 *C* 点的铅垂位移为 10mm，试求钢索 *CE* 和 *BD* 的应变

1

$$\Delta l_{BD} = \frac{30}{7}\text{mm}$$

2

$$\varepsilon_{BD} = \frac{30}{7\times4\times10^3} = 1.07\times10^{-3}$$

3

$$\varepsilon_{CE} = \frac{10}{4\times10^3} = 2.5\times10^{-3}$$

1.18 题目讲解

A

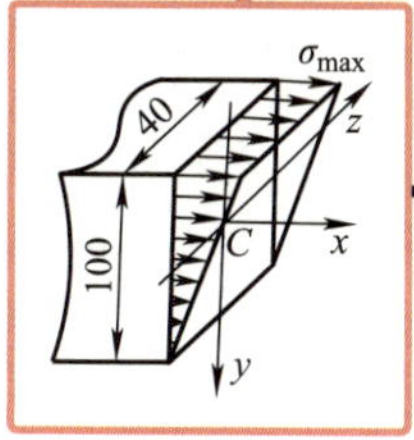
σmax
40
z
C
x
100
y

B

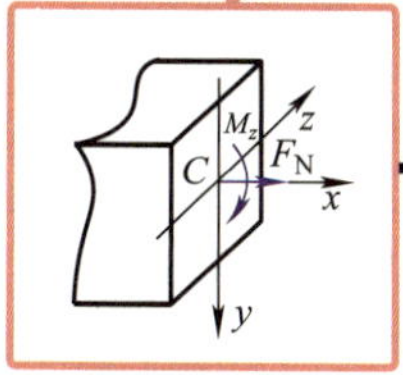
Mz
z
C
FN
x
y

1-9 图 A 所示矩形截面杆，横截面上的正应力沿截面高度呈线性分布，截面顶边各点处的正应力均为 σ_{max}=100MPa，底边各点处的正应力均为 0，图中 C 点为截面形心。试问杆件横截面上存在何种内力分量，并确定其大小

❶ 分布力系合成

- 即图 A 中的线性载荷与横截面所围成的楔形体积
- 1: $F=\frac{1}{2}\times0.1\times100\times10^6\times0.04\text{N}=200\times10^3\text{N}=200\text{kN}$

❷ 作用点的坐标

- 2: $x_0=0$
- 3: $y_0=-\left(\frac{2}{3}\times100-50\right)\text{mm}=-\frac{50}{3}\text{mm}$
- 4: $z_0=0$

❸ 向截面形心简化

- 5: $F_N=200\text{kN}$
- 6: $M_z=200\text{kN}\times\frac{50}{3}\times10^{-3}\text{m}=\frac{10}{3}\text{kN}\cdot\text{m}$

1-10　图示阶梯轴，截面为矩形，其中矩形截面宽度为 b，左段高 $2h/3$，右段高 h，载荷沿高度方向呈三角形分布，沿宽度方向均布，则横截面正应力公式 $\sigma=F_N/A$（F_N、A 分别为轴力和横截面积）适用于（　）

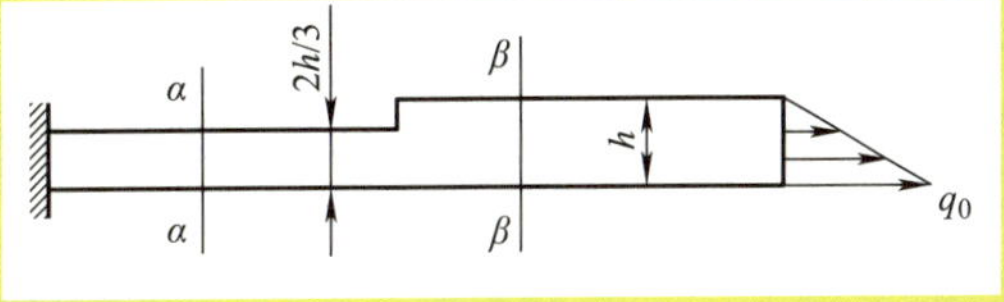

α
α
2h/3
β
β
h
q0

1. 仅 $\alpha—\alpha$ 截面 ✅
   - 右段的合力，恰好通过左段的中心
   - 仅左段是拉压杆，并且 $\alpha—\alpha$ 截面既不靠近端面，也不靠近应力集中面
2. 仅 $\beta—\beta$ 截面
3. $\alpha—\alpha$ 截面和 $\beta—\beta$ 截面
4. $\alpha—\alpha$ 截面和 $\beta—\beta$ 截面都不能用此公式

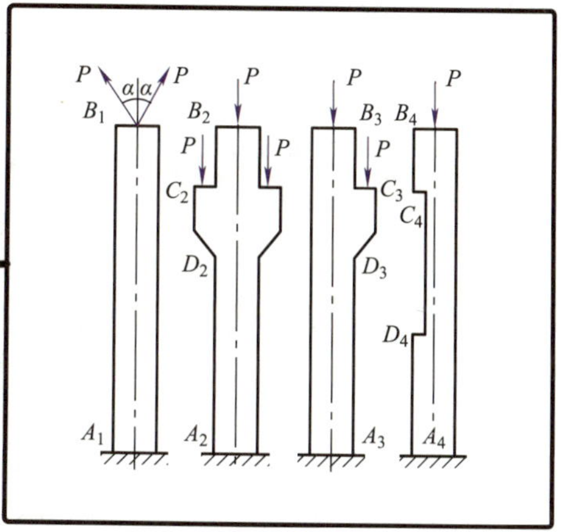
P
α
P
B₁
A₁
B₂
C₂
D₂
A₂
B₃
C₃
D₃
A₃
B₄
C₄
D₄
A₄

1-11 如图所示的杆件中，属于轴向拉伸或轴向压缩的是（ ）

1. 杆 A_1B_1
2. 杆 A_1B_1 和杆 A_2B_2
3. 杆 A_1B_1、杆 A_2B_2、B_3C_3 段、B_4C_4 段、D_4A_4 段 ☑
4. 杆 A_1B_1、杆 A_2B_2、B_3C_3 段、C_4D_4 段、B_4C_4 段、D_4A_4 段

1-12 试求图 A 所示的结构 m—m 和 n—n 两个截面上的内力，并指出 AB 和 BC 两杆的变形属于何类基本变形

A

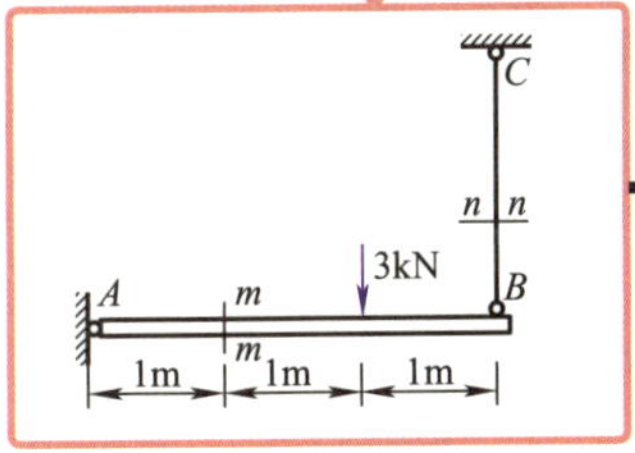

C
n n
3kN
A
m
B
m
1m
1m
1m

B

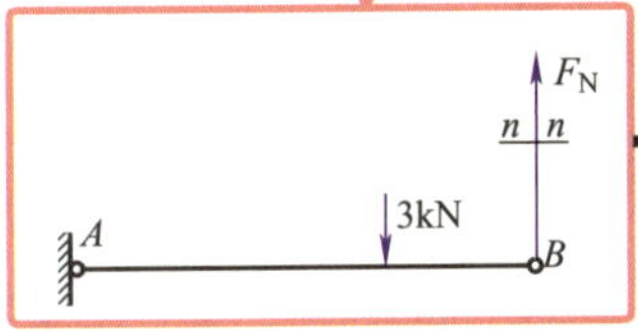

F_N
n n
3kN
A
B

C

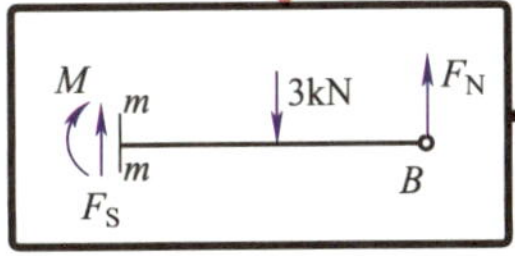

M
m
3kN
F_N
m
B
F_S

1.19 求解内力的攻略

1. $\sum M_A = 0, F_N \times 3\text{m} - 3\text{kN} \times 2\text{m} = 0$ —— $F_N = 2\text{kN}$

BC 杆是二力杆

2. $\sum F_{iy} = 0, F_S + F_N - 3\text{kN} = 0$ —— $F_S = 1\text{kN}$

3. $\sum M_0 = 0, F_N \times 2\text{m} - 3\text{kN} \times 1\text{m} - M = 0$ —— $M = 1\text{kN} \cdot \text{m}$

BC 杆拉伸变形

AB 杆弯曲变形

1-13　在图 A 所示的简易吊车的横梁上，力 F 可以左右平移。试求截面 1—1 和 2—2 上的内力及其最大值

A

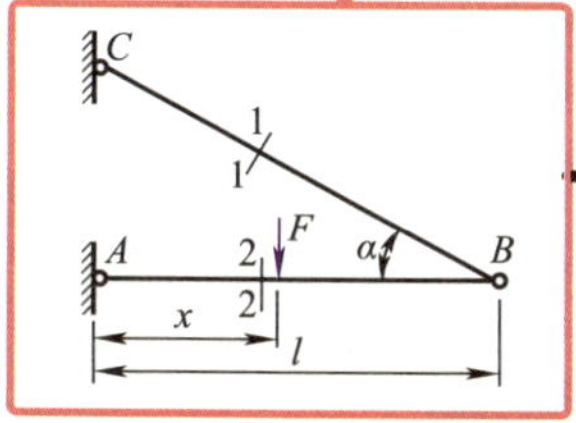
C
1
1
A
2
F
α
B
2
x
l

B

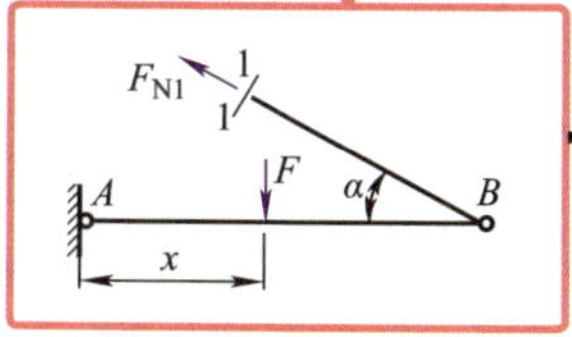
F_{N1}
1
1
A
F
α
B
x

C

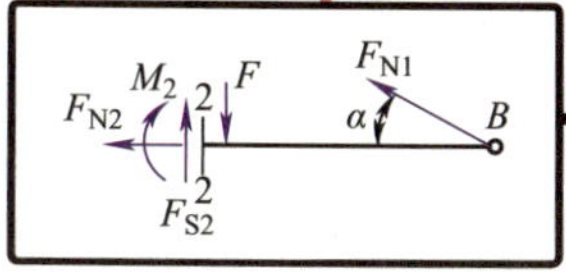
F_{N2}
M_2
2
F
F_{N1}
α
B
2
F_{S2}

1. $\sum M_A = 0, F_{N1}\sin\alpha \cdot l - Fx = 0$ （BC 杆是二力杆） — $F_{N1} = \dfrac{Fx}{l\sin\alpha}$

2. $\sum F_{ix} = 0, F_{N2} + F_{N1}\cos\alpha = 0$ — $F_{N2} = -F_{N1}\cos\alpha = -\dfrac{Fx}{l}\cot\alpha$

3. $\sum F_{iy} = 0, F_{S2} - F + F_{N1}\sin\alpha = 0$ — $F_{S2} = F - F_{N1}\sin\alpha = \dfrac{F(l-x)}{l}$

4. $M_2 = F_{N1}(l-x)\sin\alpha = \dfrac{x(l-x)}{l}F$

最大值

- $F_{N1,\max} = \dfrac{F}{\sin\alpha}$
- $F_{N2,\max} = -F\cot\alpha$
- $F_{S2,\max} = F$
- $M_{\max} = \dfrac{1}{4}Fl$

1-14　如图 A 所示，圆轴在带轮力作用下等速转动。试求紧靠 *B* 点处带轮左侧截面和右侧截面上圆轴的内力分量

A

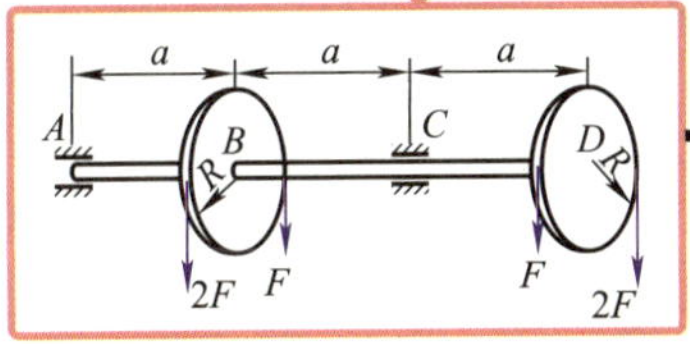

a
a
a
A
B
C
D
R
R
2F
F
F
2F

B　力学模型

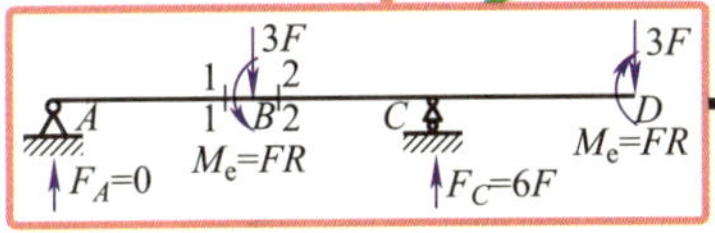

3F
1
2
1
B
2
A
C
D
3F
$M_e=FR$
$M_e=FR$
$F_A=0$
$F_C=6F$

C

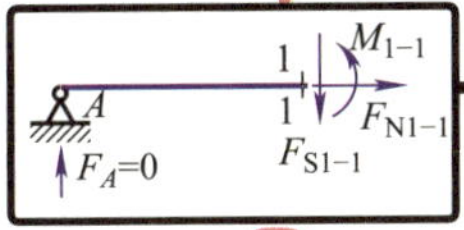

1
1
A
M_{1-1}
F_{N1-1}
F_{S1-1}
$F_A=0$

D

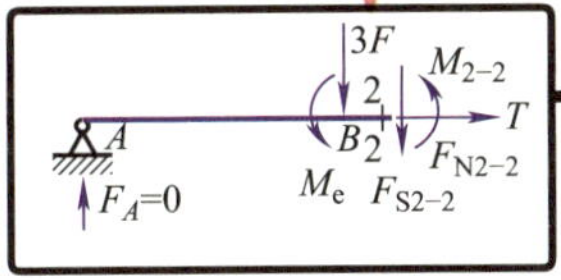

3F
2
B
2
A
M_{2-2}
T
F_{N2-2}
M_e
F_{S2-2}
$F_A=0$

1—1 截面

- 1　$\sum F_{ix}=0$ → $F_{N1-1}=0$
- 2　$\sum F_{iy}=0$ → $F_{S1-1}=0$
- 3　$\sum M_A=0$ → $M_{1-1}=0$

2—2 截面

- 4　$\sum F_{ix}=0$ → $F_{N2-2}=0$
- 5　$\sum F_{iy}=0$ → $F_{S2-2}=-3F$
- 6　$\sum M_A=0$ → $M_{2-2}=0$
- 7　$\sum T=0$ → $T_{2-2}=-FR$

第 2 章　轴向拉压应力与材料的力学性能

2.1　轴向拉压导论

第 2 章　轴向拉压应力与材料的力学性能
1. 引言
2. 轴力与轴力图
3. 拉压杆的应力与圣维南原理
4. 材料拉伸力学性能
5. 应力集中与材料疲劳
6. 许用应力与拉压强度条件
7. 连接部分的强度计算

2.2 轴向拉压实例及特点

轴向拉压实例

F
F

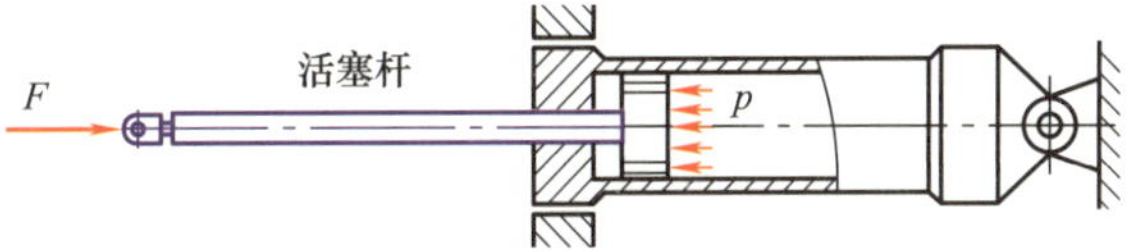
F
活塞杆
p

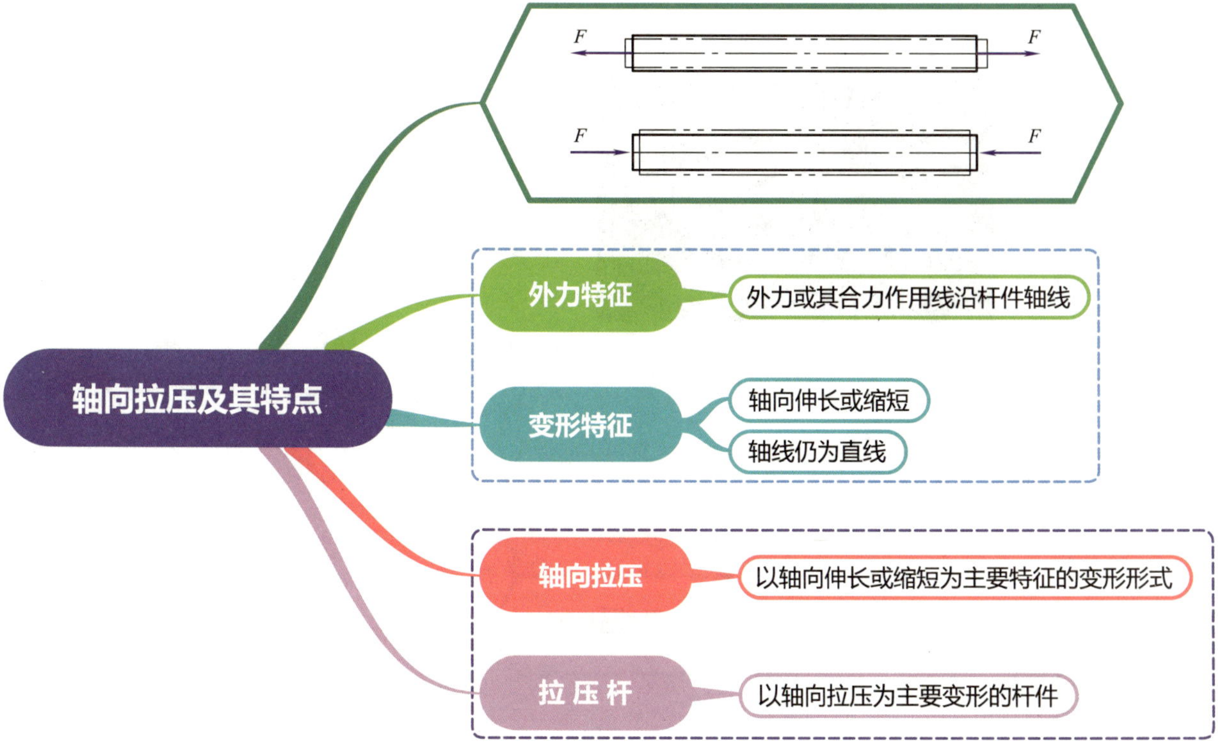
轴向拉压及其特点
F
F
F
F
外力特征
外力或其合力作用线沿杆件轴线
变形特征
轴向伸长或缩短
轴线仍为直线
轴向拉压
以轴向伸长或缩短为主要特征的变形形式
拉 压 杆
以轴向拉压为主要变形的杆件

2.3 轴力
以及计算

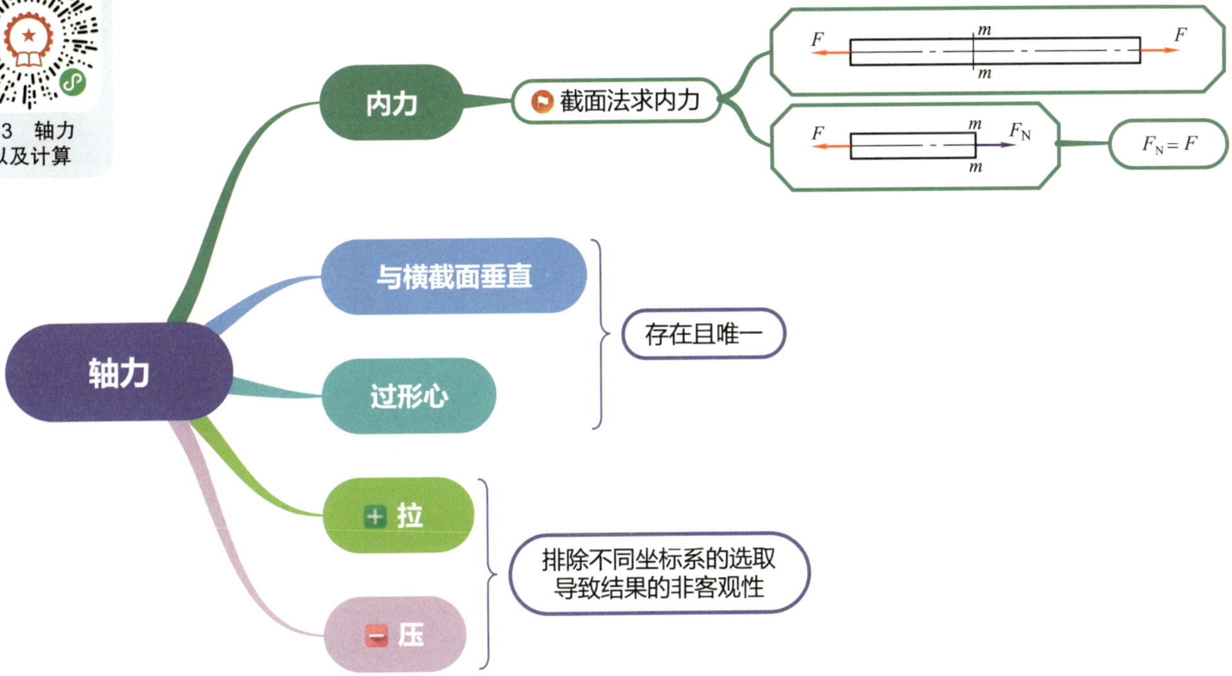

轴力
内力
截面法求内力
F
m
m
F
F
m
m
F_N
$F_N = F$
与横截面垂直
过形心
存在且唯一
拉
压
排除不同坐标系的选取
导致结果的非客观性

试分析杆的轴力 $F_1 = F,\ F_2 = 2F$

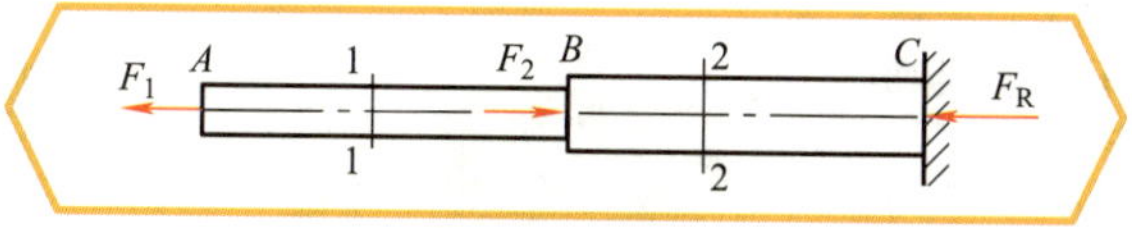
F1
A
1
F2
B
2
C
FR
1
2

轴力计算

- $F_R = F$
- **AB段**

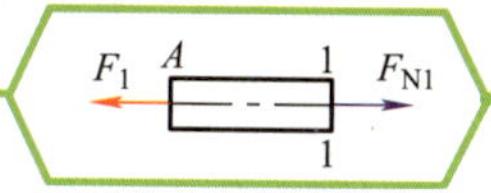
F1
A
1
FN1
1

  - $F_{N1} = F$
- **BC段**

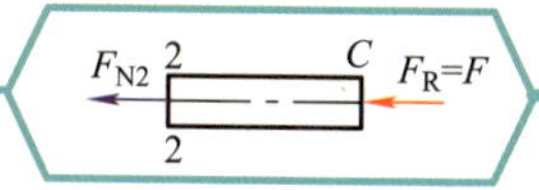
FN2
2
C
FR=F
2

  - $F_{N2} = -F$
- **速查轴力图正误**
  - 从左（上）边计算
  - 从右（下）边计算
  - 交接处：外力与左右内力（大小、方向）一致性

2.4 轴力图的绘制注意事项

轴力图

- **实例**

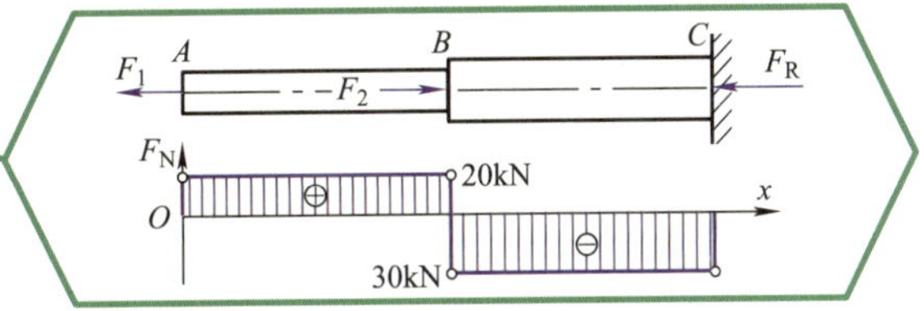

F_1
A
F_2
B
C
F_R
F_N
O
20kN
x
30kN
⊕
⊖

- **定义**
  - 表示轴力沿杆轴线变化情况的 F_N-x 图线称为轴力图
- **绘制原则**
  - 有突变的截面（包括两端面）用小空心圆表示
  - 正区域 — 负区域
  - 标明最大值（最大正结果，最小负结果）
    - 与数学最大值不同
  - 两图严格对齐，上为原题图，下为轴力图
  - 横坐标为 x，纵坐标为轴力 F_N
  - 平行于纵坐标（轴力坐标）打阴影线，并非 45°斜线

2.5　承受分布力的杆轴力图

等直杆 BC，横截面面积为 A，材料密度为 ρ，画杆的轴力图，求最大轴力

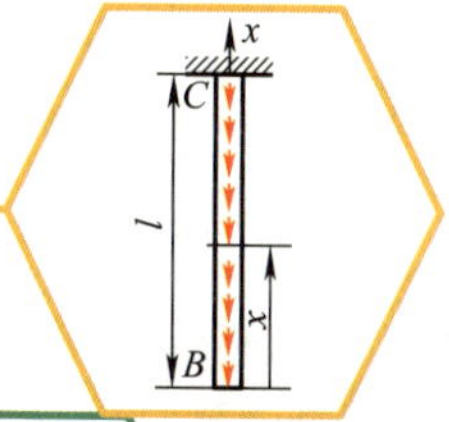
x
C
l
x
B

分布力的轴力图

① 轴力计算

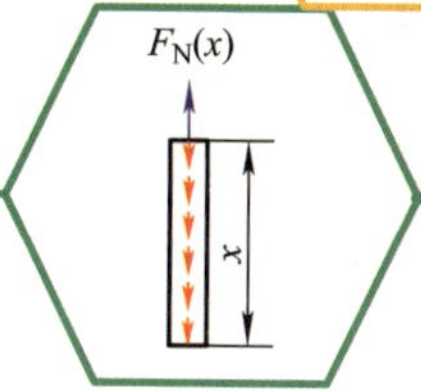
$F_N(x)$
x

$F_N(x) = xA \cdot \rho g = A\rho gx$

② 轴力图

轴力图为直线：
- $F_N(0) = 0$
- $F_N(l) = Al\rho g$

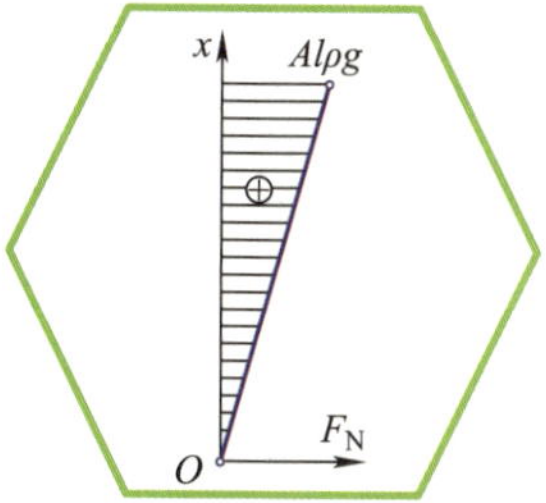
x
$Al\rho g$
⊕
O
F_N

③ 最大轴力

$F_{N,max} = Al\rho g$

螺纹杆轴力图

图示螺纹杆，承受轴向载荷 F，要求画其轴力图

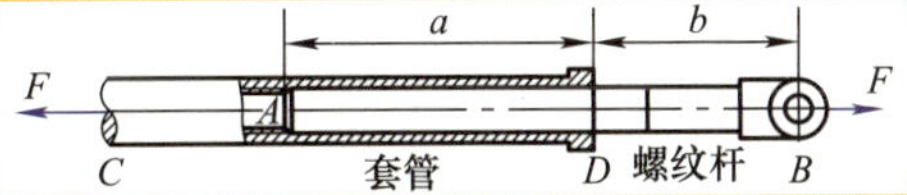

a
b
F
F
A
C
套管
D
螺纹杆
B

① 轴力计算

$q=F/a$

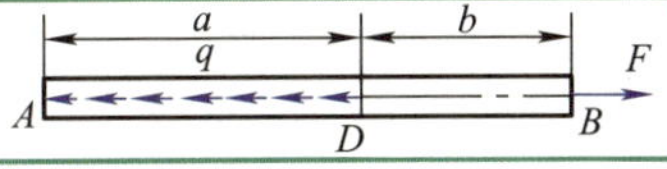

a
b
q
F
A
D
B

$q=\dfrac{F}{a}$

② 轴力分析

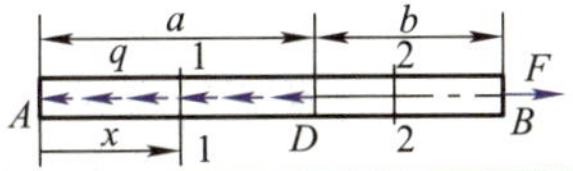

a
b
q
1
2
F
A
x
1
D
2
B

AD 段

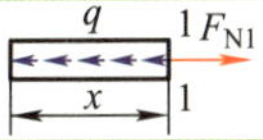

q
1
F_N1
x
1

$F_{N1}=qx=\dfrac{F}{a}x$

DB 段

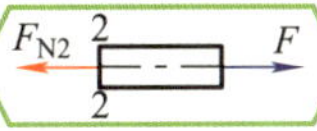

F_N2
2
F
2

$F_{N2}=F$

③ 最大轴力

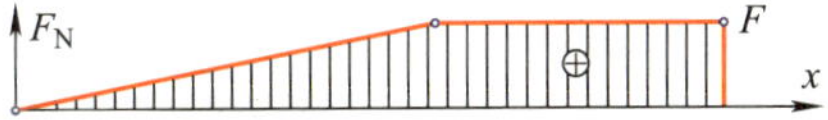

F_N
F
⊕
x

2.6 螺纹杆的轴力图

2.7　拉压杆横截面上的应力

拉压杆横截面上的应力

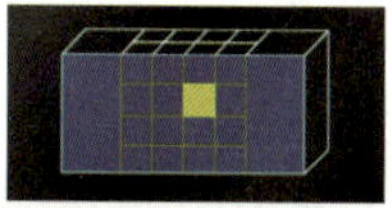

拉伸

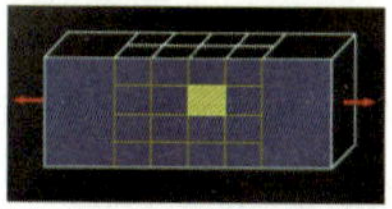

- **试验现象（包含微积分思想）**
  - 横线 = 横截面 — 横线还是直线 — 横截面是平面
  - 横线仍垂直于杆轴 — 正交关系不变 — 横线与轴线之间无切应变
  - 横线间距增大 — 轴线方向有正应变
- **拉压平面假设**

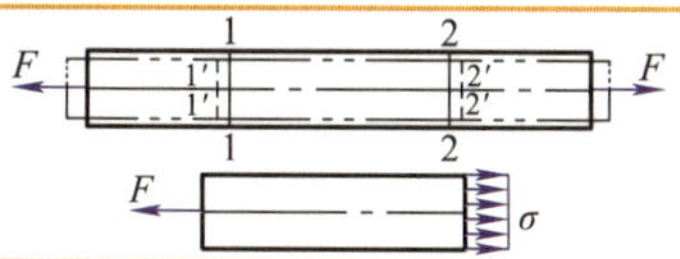

F
1
2
1'
1'
2'
2'
F
1
2
F
σ

$$\sigma=\frac{F_N}{A}$$

2.8 拉压杆斜截面上的应力

拉压杆斜截面上的应力

- ❶ 斜截面应力分布

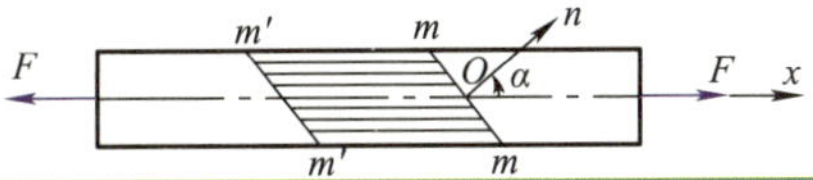

F
m′
m
n
O
α
F
x
m′
m

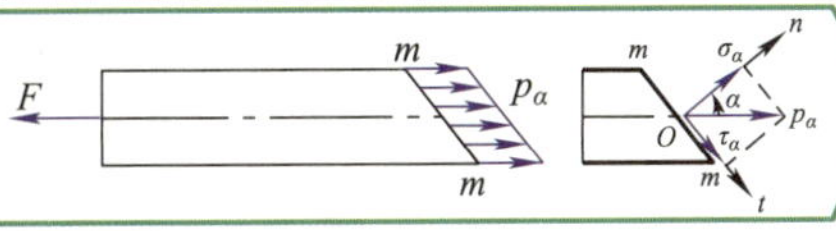

F
m
p_α
m
m
σ_α
n
α
p_α
O
τ_α
m
t

- ❷ 斜截面应力计算

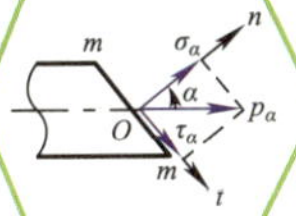

m
σ_α
n
α
p_α
O
τ_α
m
t

  - $\sum F_{ix}=0,\ p_\alpha \dfrac{A}{\cos\alpha}-F=0$
    - $p_\alpha=\dfrac{F\cos\alpha}{A}=\sigma_0\cos\alpha$
    - $\sigma_\alpha=p_\alpha\cos\alpha=\sigma_0\cos^2\alpha$
    - $\tau_\alpha=p_\alpha\sin\alpha=\dfrac{\sigma_0}{2}\sin 2\alpha$

- ❸ 最大应力分析
  - $\sigma_{\max}=\sigma_{\alpha=0}=\sigma_0$ —— 最大正应力发生在杆件横截面上 —— σ_0
  - $\tau_{\max}=\sigma_{\alpha=45^\circ}=\dfrac{\sigma_0}{2}$ —— 最大切应力发生在杆件 45°斜面上 —— $\dfrac{\sigma_0}{2}$

- ❹ 正负符号规定
  - σ —— 以 x 轴为始边，逆时针转向者为正
  - τ —— 斜截面外法线 *On* 沿顺时针方向旋转 90°，与该方向同向的切应力为正

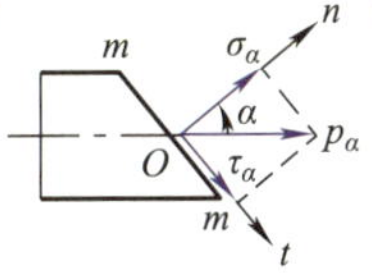

m
σ_α
n
α
p_α
O
τ_α
m
t

该图对应应力方向均为正

2.9　圣维南原理

圣维南原理

杆端应力分布

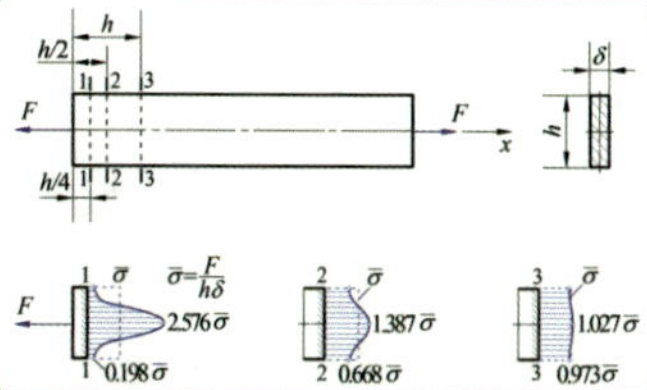
h/2
h
h/4
F
F
x
δ
h
$\bar{\sigma}=\frac{F}{h\delta}$
2.576$\bar{\sigma}$
0.198$\bar{\sigma}$
1.387$\bar{\sigma}$
0.668$\bar{\sigma}$
1.027$\bar{\sigma}$
0.973$\bar{\sigma}$

圣维南原理

力作用于杆端的分布方式，只影响杆端局部范围的应力分布，影响区约距杆端 1 ~ 2 倍杆的横向尺寸

应力非均布区
应力均布区
应力非均布区

杆端镶入底座，横向变形受阻，杆端应力非均匀分布

2.10 拉伸试验与应力－应变图

拉伸试验与应力－应变图

拉伸标准试件

标距l
m
d
n

$l=10d$ 或 $l=5d$

标距l
m
n

$l=11.3\sqrt{A}$ 或 $l=5.65\sqrt{A}$

拉伸试验装置

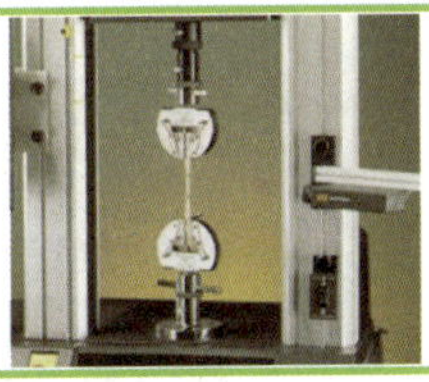

应力－应变图

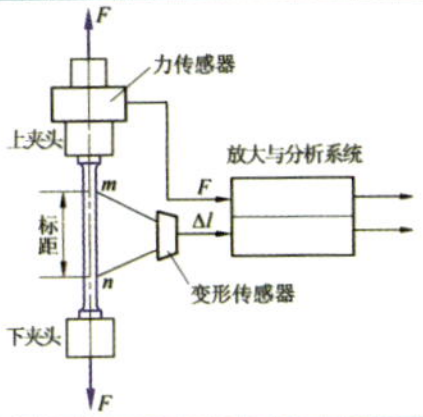

F
力传感器
上夹头
放大与分析系统
m
F
标距
Δl
n
变形传感器
下夹头
F

- $F \rightarrow F/A=\sigma$
- $\Delta l \rightarrow \Delta l/l=\varepsilon$

绘图系统

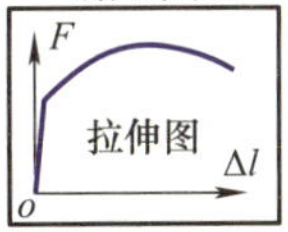

F
拉伸图
Δl
o

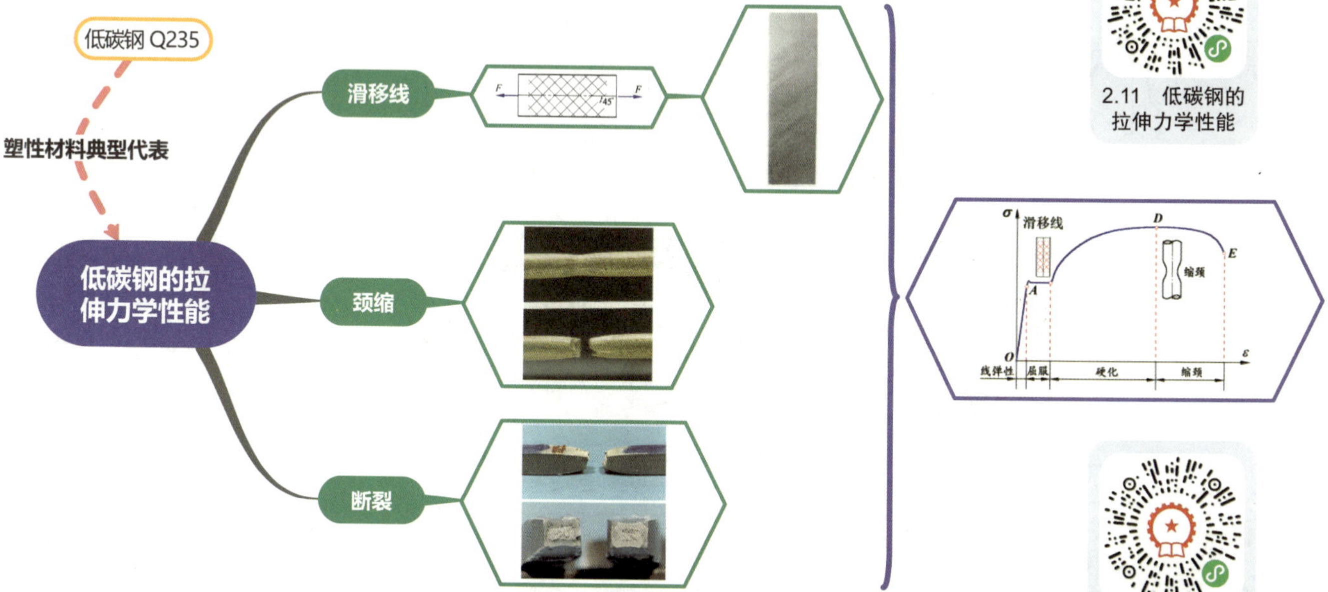
低碳钢 Q235
塑性材料典型代表
低碳钢的拉伸力学性能
滑移线
F
F
45°
颈缩
断裂
σ
滑移线
A
D
E
缩颈
O
ε
线弹性
屈服
硬化
缩颈

2.11　低碳钢的拉伸力学性能

2.12　卸载与再加载规律

拉伸力学性能应力 - 应变图

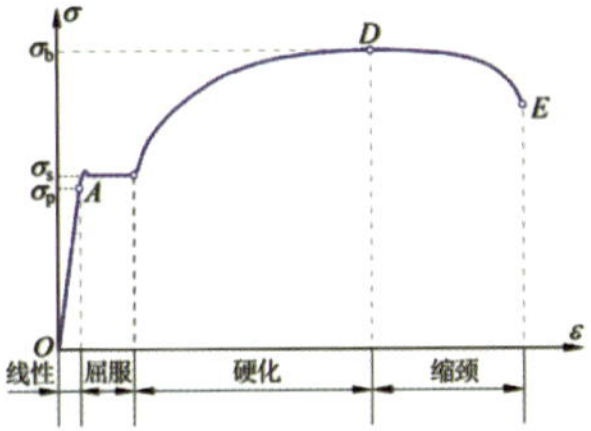

σ
σ_b
D
E
σ_s
σ_p
A
O
ε
线性
屈服
硬化
缩颈

2.13 材料的塑性

2.14 材料拉压力学性能进一步研究

1. **线性**
   - 正比直线
   - 胡克定律
   - 弹性极限σ_p
   - 弹性模量 $E=\tan\varphi$
     - 直线 OA 段斜率
2. **屈服**
   - 水平 / 微小波动
   - 屈服极限σ_s
   - 45° 滑移线
3. **硬化**
   - 强度极限σ_b
   - 应变硬化
   - 冷作硬化
4. **颈缩**
   - 局部收缩 颈缩处断裂
   - 名义应力降低
   - 真实应力增长
5. **断裂后**
   - 延伸率 $\delta=\dfrac{\Delta l_0}{l}$
   - 断面收缩率 $\psi=\dfrac{A-A_1}{A}$

2.15　应力集中的概念以及对于应力分布的影响

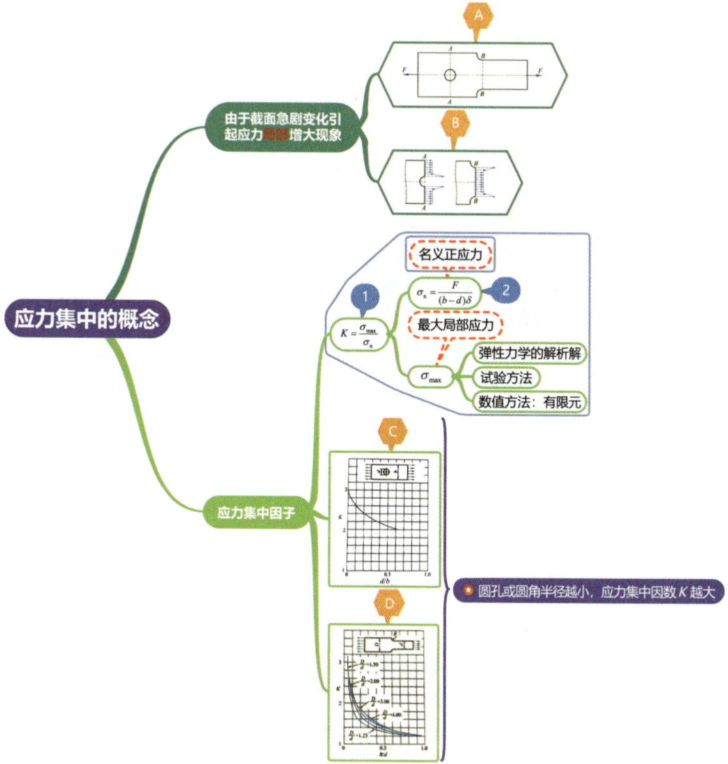
应力集中的概念
由于截面急剧变化引起应力局部增大现象
A
B
应力集中因子
1
$K=\frac{\sigma_{max}}{\sigma_n}$
名义正应力
$\sigma_n=\frac{F}{(b-d)\delta}$
2
最大局部应力
σ_{max}
弹性力学的解析解
试验方法
数值方法：有限元
C
D
圆孔或圆角半径越小，应力集中因数 K 越大

应力集中对构件强度的影响

- **脆性材料构件**
  - 若 $\sigma_{max}=\sigma_b$，构件断裂
    - 需要考虑应力集中
- **塑性材料构件**
  - A

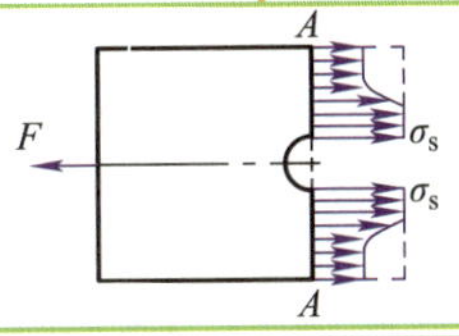

A
F
σ_s
σ_s
A

  - B

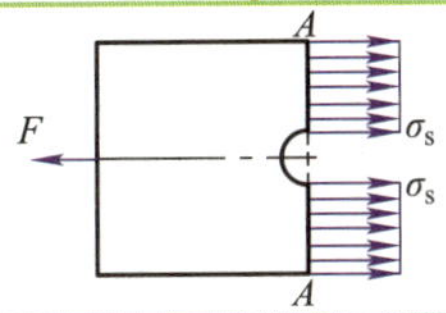

A
F
σ_s
σ_s
A

  - 静强度问题，通常不考虑应力集中
- **对于疲劳强度的影响**
  - 循环应力
    - 随时间循环变化的应力
  - 疲劳破坏
    - 在循环应力作用下，构件产生可见裂纹或完全断裂的现象
  - 应力集中促使疲劳裂纹的形成与扩展
    - 塑性材料
    - 脆性材料
    - 疲劳强度影响都很大

2.16　应力集中对构件强度的影响

2.17 失效与许用应力

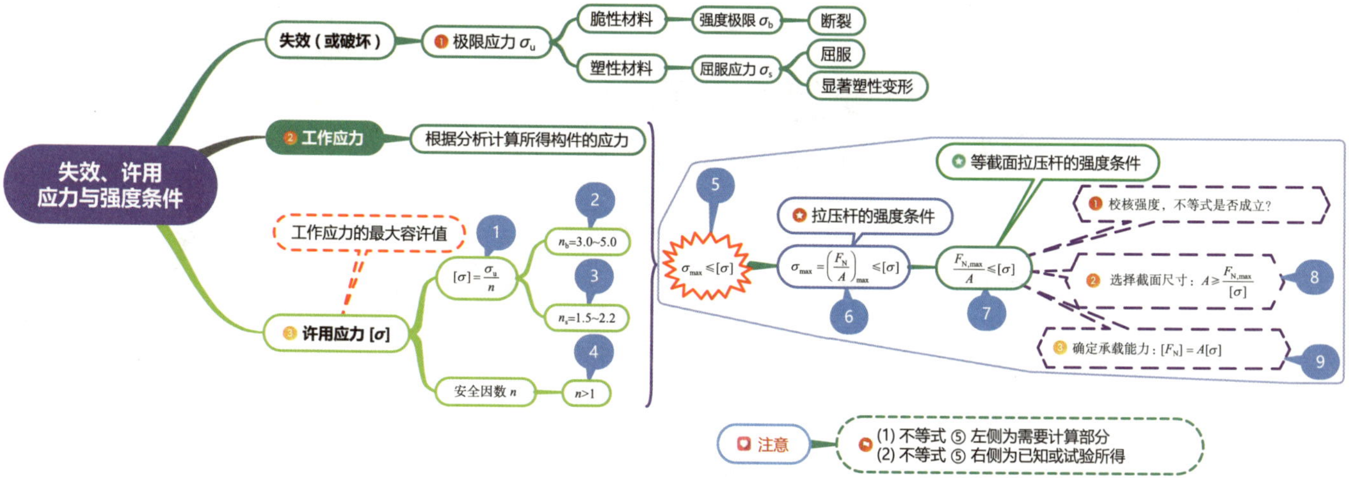
失效、许用应力与强度条件
失效（或破坏）
❶ 极限应力 σ_u
脆性材料
强度极限 σ_b
断裂
塑性材料
屈服应力 σ_s
屈服
显著塑性变形
❷ 工作应力
根据分析计算所得构件的应力
❸ 许用应力 $[\sigma]$
工作应力的最大容许值
$[\sigma]=\frac{\sigma_u}{n}$
n_b=3.0~5.0
n_s=1.5~2.2
安全因数 n
$n>1$
$\sigma_{max}\leqslant[\sigma]$
拉压杆的强度条件
$\sigma_{max}=\left(\frac{F_N}{A}\right)_{max}\leqslant[\sigma]$
等截面拉压杆的强度条件
$\frac{F_{N,max}}{A}\leqslant[\sigma]$
❶ 校核强度，不等式是否成立？
❷ 选择截面尺寸：$A\geqslant\frac{F_{N,max}}{[\sigma]}$
❸ 确定承载能力：$[F_N]=A[\sigma]$
1
2
3
4
5
6
7
8
9
注意
(1) 不等式 ⑤ 左侧为需要计算部分
(2) 不等式 ⑤ 右侧为已知或试验所得

A

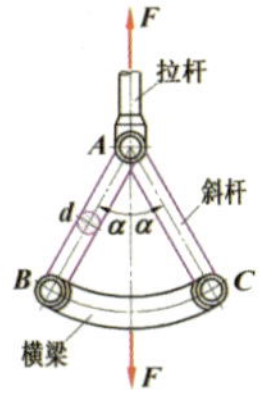

F
拉杆
A
斜杆
d
α α
B
C
横梁
F

图示吊环最大吊重 F=500kN，许用应力 $[\sigma]$=120MPa，夹角 α=20°，求斜杆直径 d

2.18　确定轴的直径

确定轴的直径

① 轴力计算

1. $\sum F_{iy}=0, F-2F_{\mathrm{N}}\cos\alpha=0$
2. $F_{\mathrm{N}}=\dfrac{F}{2\cos\alpha}$

② 应力计算

3. $\sigma=\dfrac{4F_{\mathrm{N}}}{\pi d^2}=\dfrac{2F}{\pi d^2\cos\alpha}$

③ 确定直径 d

4. $\dfrac{2F}{\pi d^2\cos\alpha}\leqslant[\sigma]$
5. $d\geqslant\sqrt{\dfrac{2F}{[\sigma]\pi\cos\alpha}}=53.00\mathrm{mm}$

2.19　确定轴的许用载荷

A

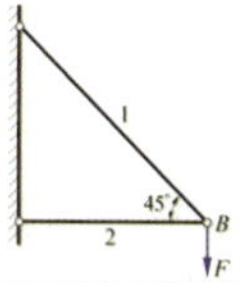
1
45°
B
2
F

已知：$A_1=A_2=100\text{mm}^2$，许用拉应力 $[\sigma_t]=200\text{MPa}$，许用压应力 $[\sigma_c]=150\text{MPa}$，试求：载荷 F 的许用值 $[F]$

求许用载荷

① 轴力计算

B

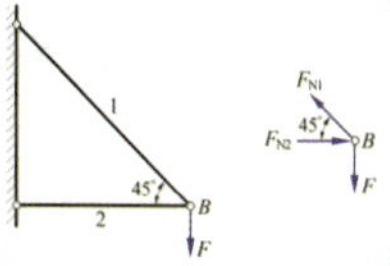
1
45°
B
2
F
F_N1
F_N2
45°
B
F

1. $\Sigma F_{ix}=0,\ \Sigma F_{iy}=0$
2. $F_{N1}=\sqrt{2}F$　受拉
3. $F_{N2}=-F$　受压

② 应力计算

4. $\sigma_1=\dfrac{F_{N1}}{A_1}=\dfrac{\sqrt{2}F}{A_1}$　拉应力
5. $\sigma_2=\dfrac{F_{N2}}{A_2}=-\dfrac{F}{A_2}$　压应力

③ 确定 [F]

6. $\dfrac{\sqrt{2}F_1}{A}\leqslant[\sigma_t]$
7. $F_1\leqslant\dfrac{A[\sigma_t]}{\sqrt{2}}=1.414\times10^4\text{N}$
8. $\dfrac{F_2}{A}\leqslant[\sigma_c]$
9. $F_2\leqslant A[\sigma_c]=1.5\times10^4\text{N}$
10. $F=\min\{F_1,F_2\}=14.14\text{kN}$

2.20 拉压杆重量最轻设计

拉压杆重量最轻设计

A

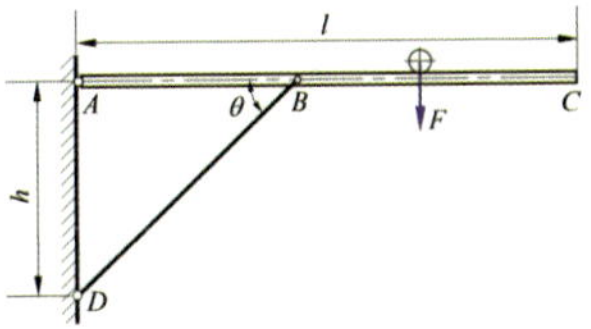

l
A
θ
B
F
C
h
D

已知 l, h, $F(0<x<l)$，梁 AC 为刚性梁，斜撑杆 BD 的许用应力为 $[\sigma]$，载荷 F 可沿梁 AC 移动，为使杆 BD 最轻，试确定该杆与横梁夹角 θ 的最佳值

❶ 斜撑杆受力分析

B

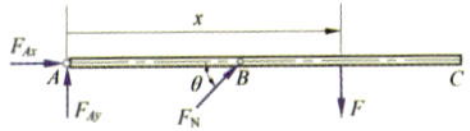

x
F_{Ax}
A
F_{Ay}
θ
B
F_N
F
C

1. $\sum M_A=0, F_N h\cos\theta - Fx = 0$
2. $F_{N,max} = \dfrac{Fl}{h\cos\theta}$

❷ 确定最佳 θ

3. $A_{min} = \dfrac{F_{N,max}}{[\sigma]} = \dfrac{Fl}{[\sigma]h\cos\theta}$

欲使 V 最小，应使 $\sin 2\theta=1$

4. $V = A_{min} l_{BD} = \dfrac{Fl}{[\sigma]h\cos\theta}\dfrac{h}{\sin\theta} = \dfrac{2Fl}{[\sigma]\sin 2\theta}$

5. $\theta_{opt} = 45°$

注意

- 杆 BD 类似二力杆，不能作为第一研究对象
- 三角函数是求极值问题的最佳数学辅助工具

2.21 等强度柱的设计

等强度构件的截面设计

A

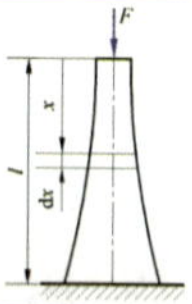
F
x
l
dx

图示立柱，承受轴向载荷 F，立柱材料密度为 ρ，许用应力为 $[\sigma]$。为使各横截面的应力均等于 $[\sigma]$，求横截面沿立柱轴线的变化规律

① 取微元体为研究对象

B

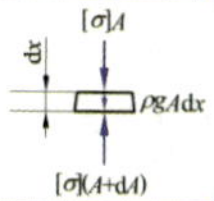
[σ]A
dx
ρgAdx
[σ](A+dA)

② 列微段平衡方程，并求解

1. $[\sigma](A+\mathrm{d}A)-[\sigma]A-\rho gA\mathrm{d}x=0$
2. $\dfrac{\mathrm{d}A}{A}=\dfrac{\rho g}{[\sigma]}\mathrm{d}x$
3. $\ln A=\dfrac{\rho g}{[\sigma]}x+C$
4. 边界条件：$x=0, A=\dfrac{F}{[\sigma]}$
5. $C=\ln\dfrac{F}{[\sigma]}$
6. $A=\dfrac{F}{[\sigma]}\mathrm{e}^{\rho gx/[\sigma]}$

③ 等强度立柱

各截面有同样强度的立柱

C

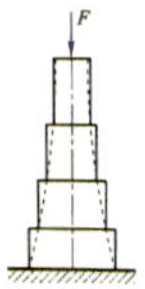
F

工程实际中，为便于施工，做成近似等强度立柱

拉压杆以及连接部分的强度校核

- 拉压承力件强度校核
  - 正应力强度校核
    - ① $\sigma_{max}=\left(\frac{F_N}{A}\right)_{max}\leqslant[\sigma]$
- 连接部分强度校核
  - ❶ 剪切强度校核
    - ② $\tau=\frac{F_S}{A_S}\leqslant[\tau]$

A

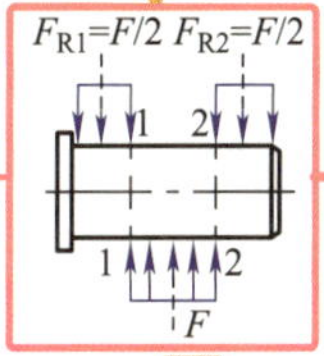

$F_{R1}=F/2$ $F_{R2}=F/2$
1
2
1
2
F

B

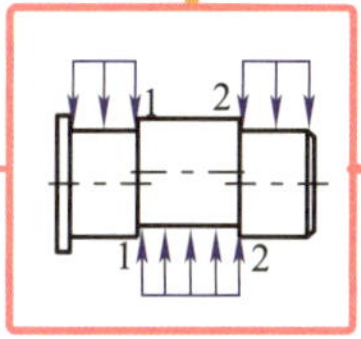

1
2
1
2

C

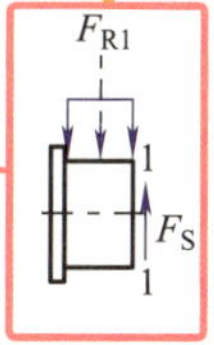

F_{R1}
1
F_S
1

  - ❷ 挤压强度校核
    - ③ $\sigma_{bs}\approx\frac{F_b}{\delta d}\leqslant[\sigma_{bs}]$

D

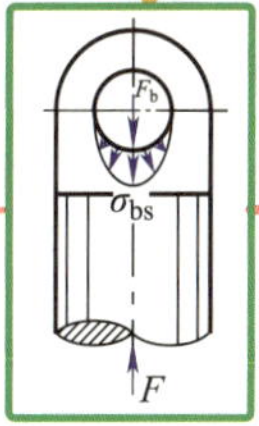

F_b
σ_{bs}
F

E

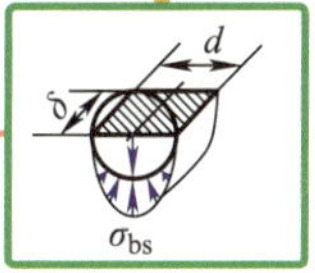

d
δ
σ_{bs}

  - ❸ 正应力校核
    - ④ $\sigma_{max}=\frac{F}{(b-d)\delta}\leqslant[\sigma]$

F

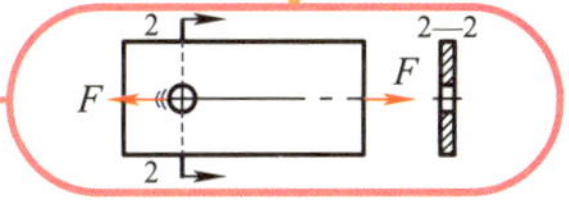

2
2—2
F
F
2

2.22 拉压杆以及连接部分的强度校核

2.23　连接部分强度校核例题

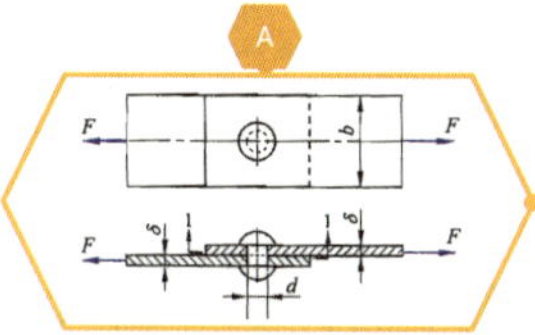
A
F
F
b
δ
1
1
δ
d

已知 δ=2mm，b=15mm，d=4mm，[τ]=100MPa，[σ_{bs}]=300MPa，[σ]=160MPa，求许用载荷 [F]

连接部分强度校核例题

❶ 破坏形式分析

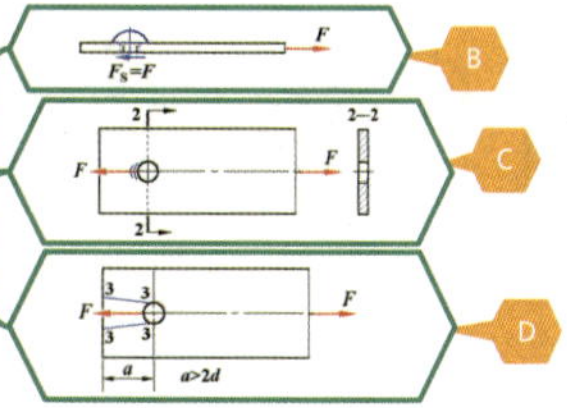
F
F_S=F
B
2
2—2
F
F
2
C
3
3
F
3
3
F
a
a>2d
D

❷ 剪切强度校核

1: $\tau = \dfrac{F_S}{A} = \dfrac{F_S}{\frac{1}{4}\pi d^2} \leqslant [\tau]$

2: $F \leqslant \dfrac{\pi d^2[\tau]}{4} = 1.257\text{kN}$

❸ 挤压强度校核

3: $\sigma_{bs} = \dfrac{F_{bs}}{d\delta} \leqslant [\sigma_{bs}]$

4: $F \leqslant \delta d[\sigma_{bs}] = 2.4\text{kN}$

❹ 正应力校核

5: $\sigma = \dfrac{F_{N,max}}{S} = \dfrac{F_{N,max}}{\delta(b-d)}$

6: $F \leqslant (b-d)\delta[\sigma] = 3.52\text{kN}$

7: $[F] = 1.257\text{kN}$

2.24 材料拉压力学性能以及泊松比

2-1 低碳钢应力 - 应变曲线如图 A 所示，线 DA_1 和线 EA_3 与线性阶段直线平行，则说法正确的是（ ）

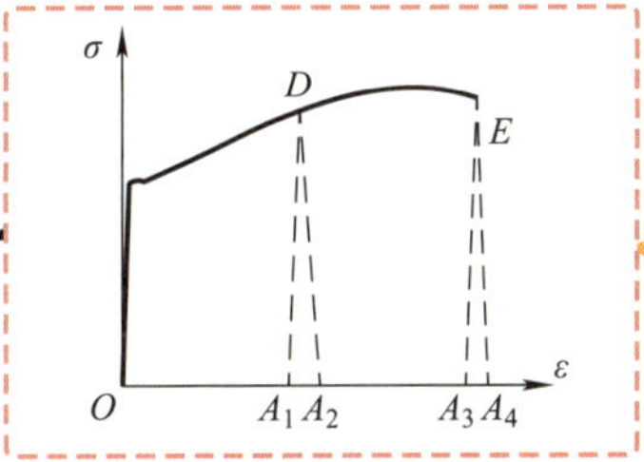
σ
D
E
ε
O
A_1 A_2
A_3 A_4

A

A. 图中 D 点的弹性应变大小等于 $\overline{OA_1}$，塑性应变大小等于 $\overline{OA_2}$

B. 图中 D 点的塑性应变大小等于 $\overline{OA_1}$，弹性应变大小等于 $\overline{A_1A_2}$ ☑

C. 材料的伸长率（延伸率）等于 $\overline{OA_3}$ ☑

D. 材料的伸长率（延伸率）等于 $\overline{OA_4}$

2-2　下列说法正确的是（　）

- A. 低碳钢拉伸应力 - 应变关系呈现 4 个阶段：线性阶段、屈服阶段、硬化阶段、颈缩阶段 ✓
- B. 铸铁拉伸应力 - 应变关系也呈现上述 4 个阶段
- C. 低碳钢拉伸屈服应力远小于压缩屈服应力
- D. 铸铁拉伸强度极限远小于压缩强度极限 ✓

2-3 冷作硬化现象是指材料（ ）

- A. 经历低温，弹性模量提高
- B. 经历低温，弹性极限提高
- C. 经过塑性变形，弹性模量提高
- D. 经过塑性变形，弹性极限提高 ☑
- E. 经历低温，强度极限提高
- F. 经过塑性变形，强度极限提高

2-4 设计轴向拉伸等截面直杆，则截面形状（ ）

- A. 为实心圆形最省材料
- B. 为空心圆形最省材料
- C. 为实心正方形最省材料
- D. 与是否节省材料无关 ✓

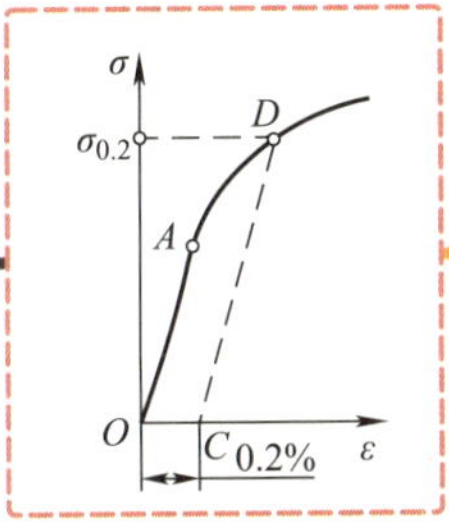
σ
σ0.2
D
A
O
C 0.2%
ε
A

2-5　以下结论正确的是（　）

A. 对于没有明显屈服阶段的塑性材料，通常用名义屈服极限 $\sigma_{0.2}$ 作为材料的屈服极限 ☑

B. 对于没有屈服阶段的脆性材料，通常用名义屈服极限 $\sigma_{0.2}$ 作为材料的屈服极限

C. $\sigma_{0.2}$ 是当试件的应变为 0.2% 时的应力值

D. $\sigma_{0.2}$ 是当塑性材料试件在卸载过程中，塑性应变为 0.2% 时的应力值 ☑

2-6　设拉伸试件工作段的初始长度为 L_0，初始横截面积为 A_0；在加载过程中，拉伸载荷的瞬时值为 P，工作段的瞬时长度为 L，瞬时横截面积为 A，则对于应力-应变曲线的横、纵坐标，下列结论中正确的是（　）

A. 纵坐标 $\sigma=\dfrac{P}{A_0}$，横坐标 $\varepsilon=\dfrac{L-L_0}{L_0}$ ☑

B. 纵坐标 $\sigma=\dfrac{P}{A}$，横坐标 $\varepsilon=\dfrac{L-L_0}{L}$

C. 纵坐标 $\sigma=\dfrac{P}{A_0}$，横坐标 $\varepsilon=\dfrac{L-L_0}{L}$

D. 纵坐标 $\sigma=\dfrac{P}{A}$，横坐标 $\varepsilon=\dfrac{L-L_0}{L_0}$

A

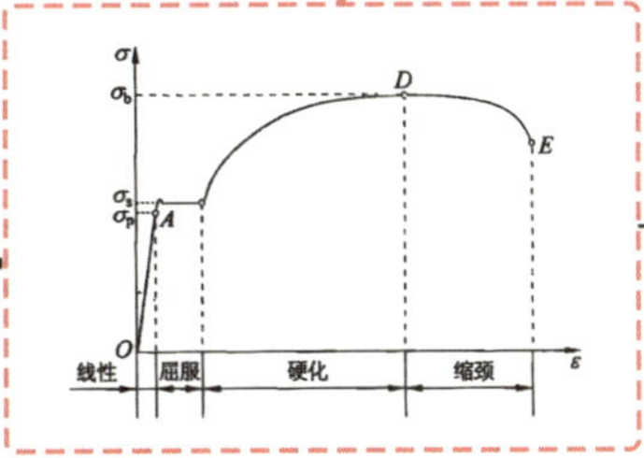
σ
σ_b
D
E
σ_s
σ_p
A
O
ε
线性
屈服
硬化
缩颈

B

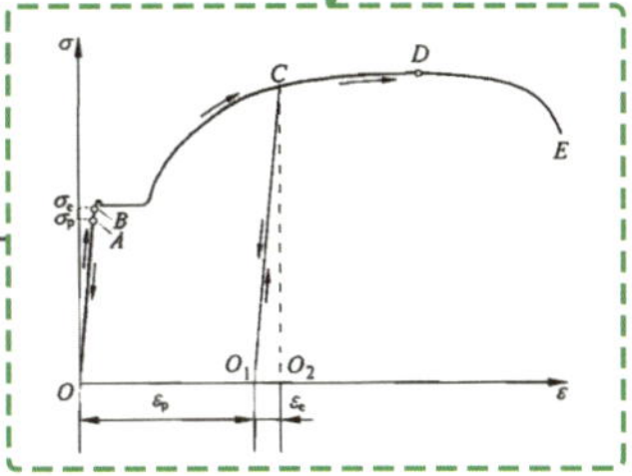
σ
C
D
E
σ_e
σ_p
B
A
O
O_1
O_2
ε
ε_p
ε_e

2-7　σ_p, σ_e, σ_s, σ_b 分别表示低碳钢试件的比例极限、弹性极限、屈服极限和强度极限，则下面结论中正确的是（　）

A. $\sigma_p < \sigma_e < \sigma_s < \sigma_b$ ☑

B. $\sigma_p < \sigma_e < \sigma_{0.2} < \sigma_b$

C. $\sigma_p < \sigma_e < \sigma_s < \sigma_{0.2}$

D. 试件中真实应力不可能大于 σ_b —— 名义应力

2-8 设低碳钢拉伸试件工作段的初始横截面积为 A_0，试件被拉断后，断口的横截面积为 A，试件断裂前所能承受的最大载荷为 P_b，则下列结论中正确的是（ ）

A

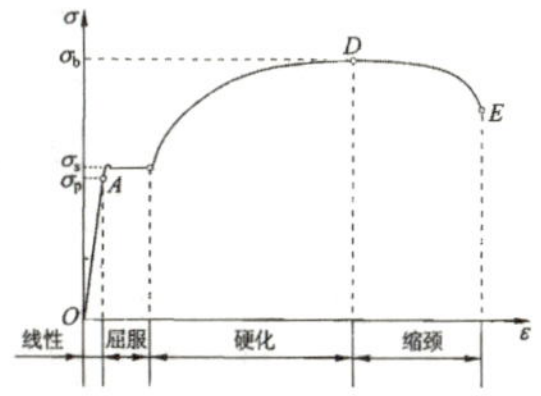
σ
σb
D
E
σs
σp
A
O
线性
屈服
硬化
缩颈
ε

A. 材料的强度极限 $\sigma_b=\dfrac{P_b}{A_0}$ ☑ 名义应力

B. 材料的强度极限 $\sigma_b=\dfrac{P_b}{A}$

C. 当试件工作段中的应力达到强度极限 σ_b 的瞬时，试件的横截面为 A

D. 当试件开始断裂的瞬时，作用于试件的载荷为 P_b

2-9 设 ε 和 ε' 分别表示受力杆件的轴向线应变和横向线应变，μ 为杆件材料的泊松比，则下列结论正确的是（ ）

- A. μ 无量纲 ✓
- B. μ 可以为正值、负值或 0 ✗
  - $0 < \mu < 0.5$
- C. 当杆内应力不超过材料的比例极限时，μ 的值与应力的大小无关，即 $\mu=$ 常量 ✓
- D. 弹性模量 E、切变模量 G、泊松比 μ 都是反映材料弹性性质的常数 ✓

2.25　内力方向，最大许用载荷与等强设计的举例

2-10　桁架如图 A 所示，杆 1 和杆 2 的横截面积均为 A，许用拉应力为 $[\sigma_t]$，许用压应力为 $[\sigma_c]=0.5[\sigma_t]$，设 F_{N1} 和 F_{N2} 分别为杆 1 和杆 2 的轴力，则下列结论正确的是（　）

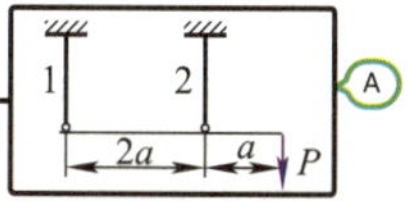
1
2
2a
a
P
A

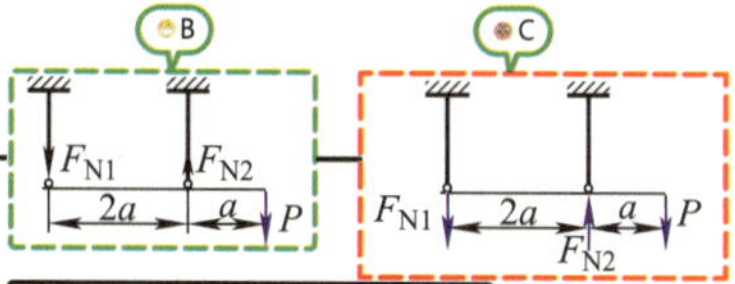
B
F_{N1}
F_{N2}
2a
a
P
C
F_{N1}
F_{N2}
2a
a
P

A. $F_{N1}=-0.5P$（压），$F_{N2}=1.5P$（拉）

B. $|F_{N1}| \leqslant [\sigma_c]A$，$F_{N2} \leqslant [\sigma_t]A$

C. 最大许用载荷 $P_{max}=2[\sigma_c]A$

D. 最大许用载荷 $P_{max}=\frac{2}{3}[\sigma_t]A$

1　$F_{N1}=0.5P=[\sigma_c]A=0.5[\sigma_t]A$

2　$[P_1]=[\sigma_t]A$

3　$F_{N2}=1.5P=[\sigma_t]A$

4　$[P_2]=\frac{2}{3}[\sigma_t]A$

5　$[P]=\min\{[P_1],[P_2]\}$

2-11　如图 A 所示，杆件由上下两段胶接而成，横截面积 $A=10^4\text{mm}^2$，θ 为胶接面外法线与轴线夹角，胶接面许用正应力 $[\sigma]=30\text{MPa}$，许用切应力 $[\tau]=10\text{MPa}$。杆下端作用载荷 F，杆的自重不计。

（1）设 $\theta=45°$，求许用载荷 $[F]$；

（2）如果 θ 能在 0° ~45°内变动，许用载荷能提高多少？对应的 θ 值为多大？

A

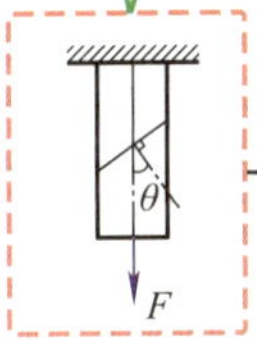

θ
F

B

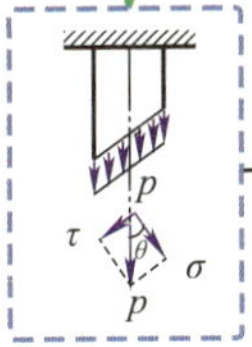

p
τ
θ
σ
p

1 $p=\dfrac{F}{\dfrac{A}{\cos\theta}}=\dfrac{F\cos\theta}{A}$

2 $\tau=p\sin\theta=\dfrac{F\sin 2\theta}{2A}\leqslant[\tau]$

3 $[F]_{\tau,45°}=\dfrac{2A[\tau]}{\sin 2\theta}=200\text{kN}$

4 $\sigma=p\cos\theta=\dfrac{F\cos^2\theta}{A}\leqslant[\sigma]$

5 $[F]_{\sigma,45°}=\dfrac{A[\sigma]}{\cos^2\theta}=600\text{kN}$

6 $[F]_{45°}=\min\{[F]_{\tau,45°},[F]_{\sigma,45°}\}$

7 $[F]_{\tau}=\dfrac{2A[\tau]}{\sin 2\theta}$

8 $[F]_{\sigma}=\dfrac{A[\sigma]}{\cos^2\theta}$

等强原则

9 $[F]_{\tau}=[F]_{\sigma}$

$\dfrac{2A[\tau]}{\sin 2\theta}=\dfrac{A[\sigma]}{\cos^2\theta}$

10 $\tan\theta=\dfrac{[\tau]}{[\sigma]}=\dfrac{1}{3}$

$\theta=\arctan\dfrac{1}{3}=18.43°$

11 $[F]_{\max}=[F]_{\tau,\theta=18.4°}=[F]_{\sigma,\theta=18.4°}=333\text{kN}$

12 $\dfrac{[F]_{\max}-[F]_{45°}}{[F]_{45°}}\times 100\%=67\%$

2-12　某个断裂钢管需要加套管修复，如图 A 所示，钢管的屈服应力 σ_s=850MPa，钢管的内外径分别为 d=27mm，D=30mm，套管屈服应力 σ=250MPa，钢管与套筒取同样的安全因数，试确定套管的外径 D_0

A

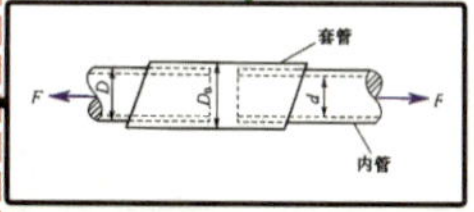
套管
内管
F
F
D
D₀
d

等强原则

1. $\sigma_s A = \sigma_s' A'$
   - A 为钢管横截面积
   - A' 为套管横截面积

2. $\dfrac{\pi(D^2-d^2)\sigma_s}{4} = \dfrac{\pi(D_0^2-D^2)\sigma_s'}{4}$ — $D_0 = \sqrt{\dfrac{\sigma_s}{\sigma_s'}(D^2-d^2)+D^2} = 38.5\text{mm}$

B

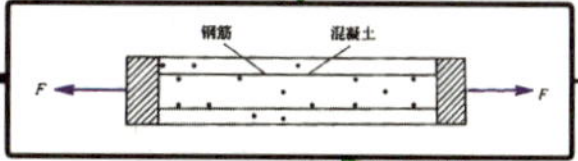
钢筋
混凝土
F
F

预应力混凝土

- ❶ 预拉钢筋
- ❷ 浇筑混凝土

无载时：
- 钢筋：受拉 — 抗拉不抗压（失稳）
- 混凝土：受压 — 抗压不抗拉

3.1 拉压变形导论

第 3 章 轴向拉压变形

第 3 章 轴向拉压变形
1 拉压杆的变形与叠加原理
2 桁架的节点位移与小变形
3 拉压与剪切应变能
4 简单拉压静不定问题
5 热应力与初应力

3.2　胡克定律

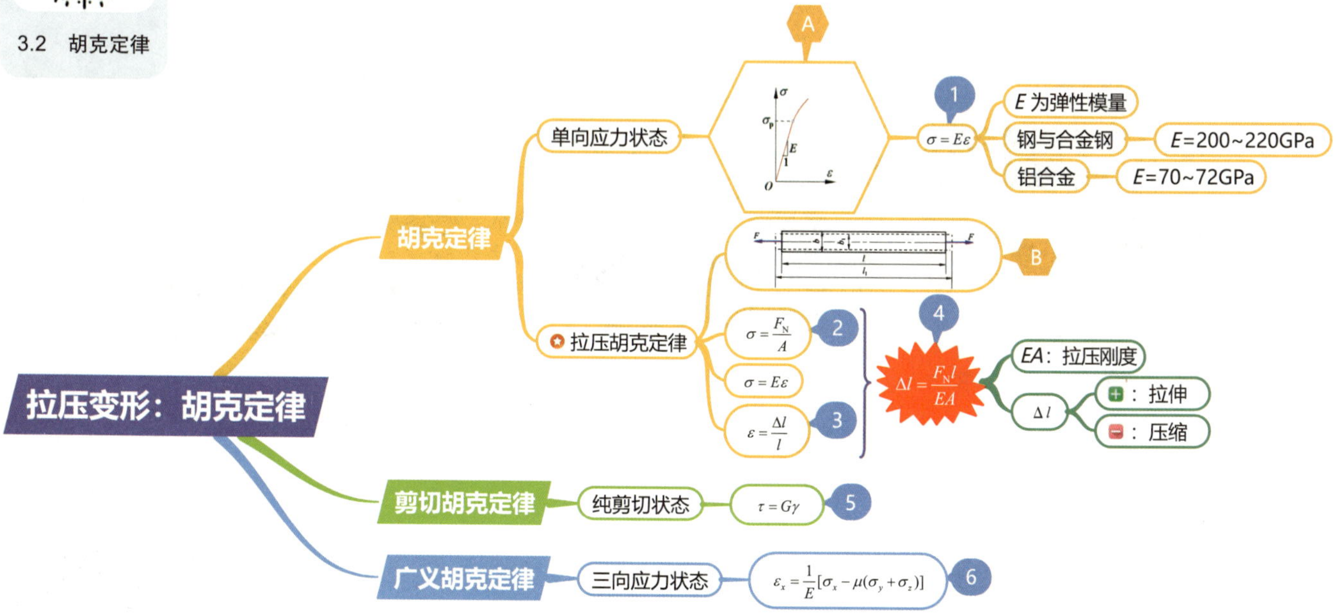
拉压变形：胡克定律
胡克定律
单向应力状态
A
1
$\sigma = E\varepsilon$
E 为弹性模量
钢与合金钢
E=200~220GPa
铝合金
E=70~72GPa
B
拉压胡克定律
$\sigma = \frac{F_N}{A}$
2
$\sigma = E\varepsilon$
$\varepsilon = \frac{\Delta l}{l}$
3
4
$\Delta l = \frac{F_N l}{EA}$
EA：拉压刚度
Δl
：拉伸
：压缩
剪切胡克定律
纯剪切状态
$\tau = G\gamma$
5
广义胡克定律
三向应力状态
$\varepsilon_x = \frac{1}{E}[\sigma_x - \mu(\sigma_y + \sigma_z)]$
6

3.3 拉压杆
轴向变形公式

拉压杆的轴向变形公式

- ① 等截面常轴力拉压杆
  - A

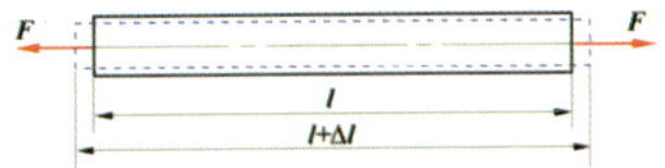

F
F
l
l+Δl

  - 1: $\Delta l = \dfrac{F_N l}{EA}$
- ② 连续变截面拉压杆
  - B

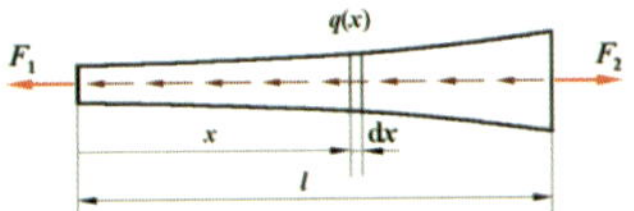

q(x)
F1
F2
x
dx
l

  - 2: $\Delta l = \int_l \dfrac{F_N(x)\mathrm{d}x}{EA(x)}$
- ③ 阶梯拉压杆
  - C

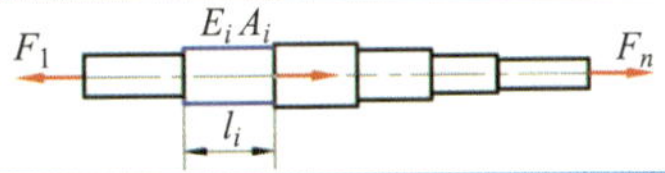

Ei Ai
F1
Fn
li

  - 3: $\Delta l = \sum_{i=1}^{n} \dfrac{F_{Ni} l_i}{E_i A_i}$
    - n 总段数
    - F_{Ni} 杆段 i 的轴力

3.4 拉压杆的变形

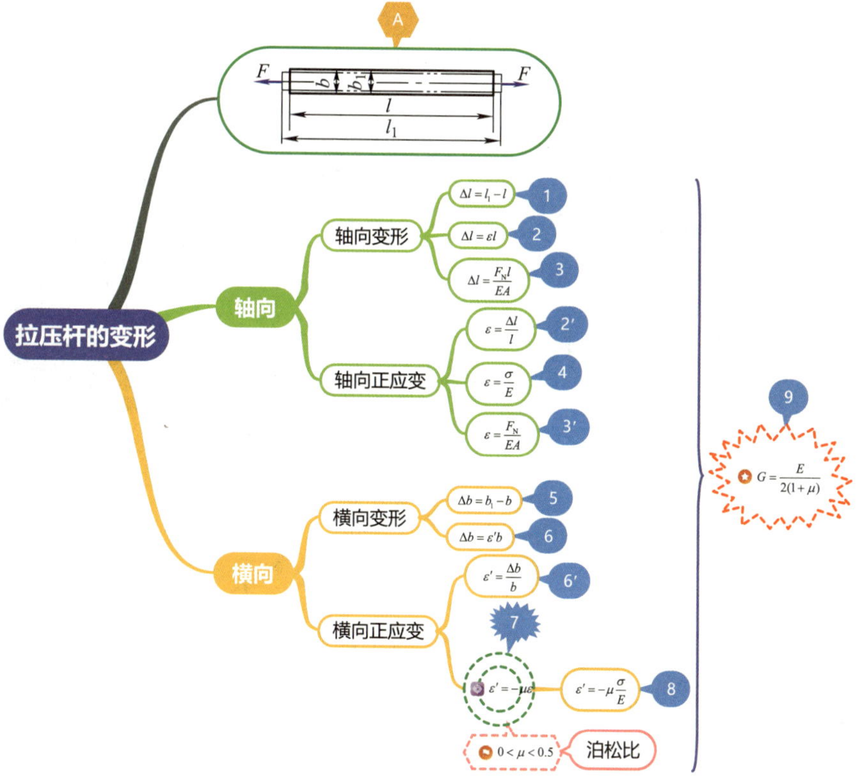
A
F
b
b1
F
l
l1
拉压杆的变形
轴向
轴向变形
$\Delta l = l_1 - l$
1
$\Delta l = \varepsilon l$
2
$\Delta l = \frac{F_N l}{EA}$
3
轴向正应变
$\varepsilon = \frac{\Delta l}{l}$
2′
$\varepsilon = \frac{\sigma}{E}$
4
$\varepsilon = \frac{F_N}{EA}$
3′
横向
横向变形
$\Delta b = b_1 - b$
5
$\Delta b = \varepsilon' b$
6
横向正应变
$\varepsilon' = \frac{\Delta b}{b}$
6′
7
$\varepsilon' = -\mu\varepsilon$
$\varepsilon' = -\mu\frac{\sigma}{E}$
8
$0 < \mu < 0.5$
泊松比
9
$G = \frac{E}{2(1+\mu)}$

3.5 求解轴向变形的叠加法

轴向变形的叠加法

A 分解杆

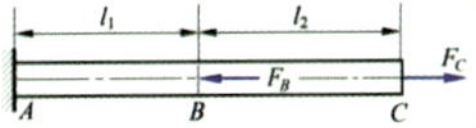

l_1
l_2
F_C
F_B
A
B
C

1. $F_{N1}=F_C-F_B$
2. $F_{N2}=F_C$

①
3. $(\Delta l)_{分段分解法}=\dfrac{F_{N1}l_1}{EA}+\dfrac{F_{N2}l_2}{EA}$
4. $\Delta l=\dfrac{F_C(l_1+l_2)}{EA}-\dfrac{F_Bl_1}{EA}$

B 分解力

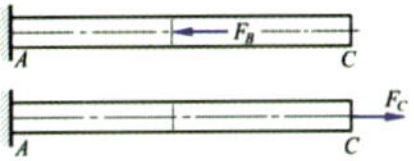

F_B
A
C
F_C
A
C

5. $\Delta l_{F_B}=-\dfrac{F_Bl_1}{EA}$
6. $\Delta l_{F_C}=\dfrac{F_C(l_1+l_2)}{EA}$

②
7. $(\Delta l)_{分段载荷}=\Delta l_{F_B}+\Delta l_{F_C}$
8. $\Delta l=\Delta l_{F_B}+\Delta l_{F_C}=\dfrac{F_C(l_1+l_2)}{EA}-\dfrac{F_Bl_1}{EA}$

适用范围

线弹性

小变形

1. 内力
2. 应力
3. 变形
4. 位移

与外力成正比，均适用叠加法

3.6　利用胡克定律和泊松比求横向变形

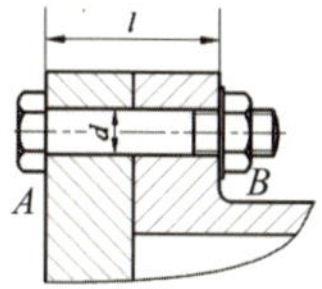
l
d
A
B

已知 l=54mm，d=15.3mm，E=200GPa，μ=0.3，拧紧后，AB 段轴向变形为 Δl=0.04mm。求螺栓截面上的正应力 σ、螺栓的横向变形 Δd

利用胡克定律和泊松比求横向变形

1. $\varepsilon=\dfrac{\Delta l}{l}$ $=7.41\times10^{-4}$
2. $\sigma=E\varepsilon$ =148MPa
3. $\varepsilon'=-\mu\varepsilon$ $=-2.22\times10^{-4}$
4. $\Delta d=\varepsilon' d$ =−0.0034mm

A

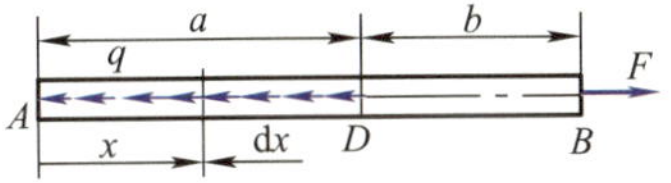

a
b
q
F
A
x
dx
D
B

图示螺纹杆，承受轴向载荷 F，横截面面积为 A，弹性模量为 E，试计算螺纹杆轴向变形

3.7 求螺纹杆的轴向变形

求轴向变形

① 分解杆件，分别求解变形

- BD 段
  - 拉压胡克定律
  - 1 $\Delta l_{BD}=\dfrac{F_{N2}b}{EA}=\dfrac{Fb}{EA}$
- AD 段
  - 变轴力等截面公式
  - 2 $F_{N1}=qx=\dfrac{F}{a}x$
  - 3 $\Delta l_{AD}=\int_0^a\dfrac{F_{N1}\mathrm{d}x}{EA}=\int_0^a\dfrac{Fx\mathrm{d}x}{aEA}=\dfrac{Fa}{2EA}$

② 变形求和

4 $\Delta l=\Delta l_{BD}+\Delta l_{AD}=\dfrac{Fa}{2EA}+\dfrac{Fb}{EA}=\dfrac{F}{2EA}(a+2b)$

3.8　求桁架的节点位移

求桁架节点位移的典型例题

图示桁架，杆 1 和杆 2 分别由钢与松木制成。F=10kN，E_1=200GPa，A_1=100mm^2，l_1=1m，E_2=10GPa，A_2=4000mm^2。求点 B 的水平与铅垂位移

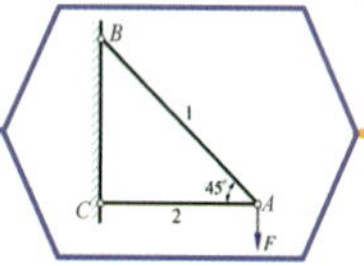
B
1
45°
A
C
2
F

A

1. 求各杆轴力（平衡方程）
   - $F_{N1}=\sqrt{2}F$ （1）
   - $F_{N2}=-F$ （2）
2. 求各杆变形（拉压胡克定律）
   - $\Delta l_1=\dfrac{F_{N1}l_1}{E_1A_1}=0.707\text{mm}$ （3）
   - $\Delta l_2=\dfrac{F_{N2}l_2}{E_2A_2}=-0.177\text{mm}$ （4）
3. 几何作图步骤
   - ① 杆 1 转动，以点 B 为圆心 — $R_{BA}=l_1+\Delta l_1$ （5）
   - ② 杆 2 转动，以点 C 为圆心 — $R_{CA}=l_2-\Delta l_2$ （6）
   - ③ 二圆弧交于 A' — 圆弧法

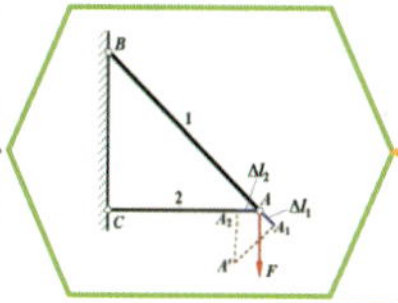
B
1
Δl2
A
Δl1
C
2
A2
A1
A'
F

B

   - 切线（BA_1 与 CA_2 的垂线）代替圆弧，相交于点 A_3 — 切线代替圆弧 — 切线法

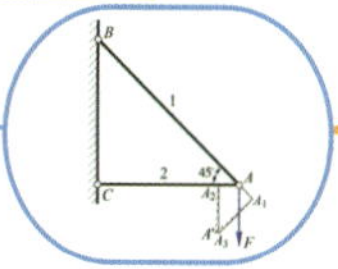
B
1
C
2
45°
A
A2
A1
A'
A3
F

C

4. 平面几何问题

D

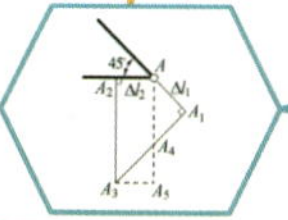
45°
A
A2
Δl2
Δl1
A1
A4
A3
A5

   - $\Delta_{Ax}=\Delta l_2=0.177\text{mm}(\leftarrow)$ （7）
   - $\Delta_{Ay}=\dfrac{\Delta l_1}{\sin 45°}+\Delta l_2=1.177\text{mm}(\downarrow)$ （8）
5. 小变形的应用范围（与结构原尺寸相比，为很小的变形）
   - 按结构的原有几何形状与尺寸，计算约束力与内力
   - 采用切线法确定节点位移

3.9 变形体与刚体组合桁架的节点位移求解

A

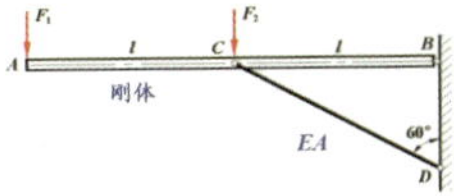

F_1
F_2
l
l
A
C
B
刚体
EA
60°
D

? $F_1=F_2/2=F$，求截面 A 的位移 Δ_{Ay}

求截面 *A* 的铅垂位移

① 求刚性梁受力（平衡方程）

B

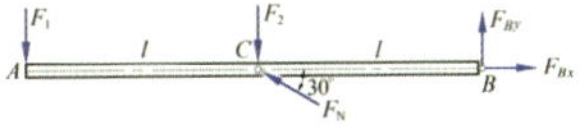

F_1
F_2
F_{By}
F_{Bx}
l
l
A
C
B
30°
F_N

1 $F_N=\dfrac{2F_1+F_2}{\sin 30^\circ}=8F_1=4.0\times10^4\,\text{N}$

② 求 *CD* 杆变形（拉压胡克定律）

2 $\Delta l_{CD}=\dfrac{F_N l_{CD}}{EA}=-\dfrac{8F\cdot\dfrac{l}{\sin 60^\circ}}{EA}=-\dfrac{16Fl}{\sqrt{3}EA}$

③ 几何作图步骤

- *CD* 杆缩短
  - 以点 *D* 为圆心
  - *CD* 杆旋转半径
  - 3 $l'_{CD}=l_{CD}-\Delta l_{CD}$
- 刚杆 *BC*
  - 以点 *B* 为圆心
  - l_{BC} —— *BC* 杆旋转半径
- 以上：两垂线交于点 *C'* → 点 *C* 的新平衡位置
- 连接并延长 *BC'*
- 刚杆 *AB* 的垂线 *AA'*
- 以上：两线交于 *A'* → 点 *A* 的新平衡位置

C

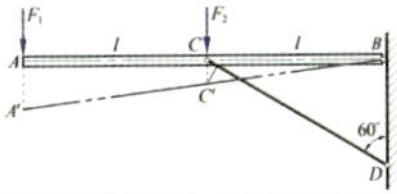

F_1
F_2
l
l
A
C
B
A'
C'
60°
D

④ 平面几何问题

D

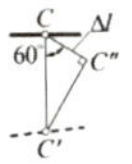

C
Δl
60°
C''
C'

4 $\Delta_{Ay}=\overline{AA'}=2\overline{CC'}=2\dfrac{\Delta l}{\cos 60^\circ}=6.0\text{mm}(\downarrow)$

3.3 拉压与剪切应变能

3.10 外力功与应变能

外力功与应变能

- **外力功 W**：在外力作用下，弹性体发生变形，载荷在相应位移上做功
- **应变能 V_ε**：弹性体因变形而储存的能量
  - ① $V_\varepsilon = W$ —— 能量守恒定律
- **成立条件**
  - 载荷由零逐渐地、缓慢地增加
  - 弹性体处于准静态
    - 动能的变化、热能等的变化 —— 可忽略
- **轴向拉压**
  - **外力功**
    - ② $f \propto \delta$ —— A

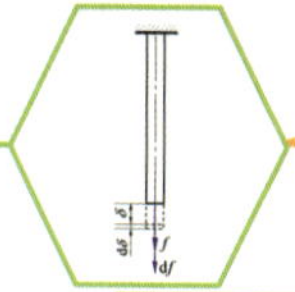

δ
dδ
f
df

    - ③ $\mathrm{d}W = f\mathrm{d}\delta$ —— B

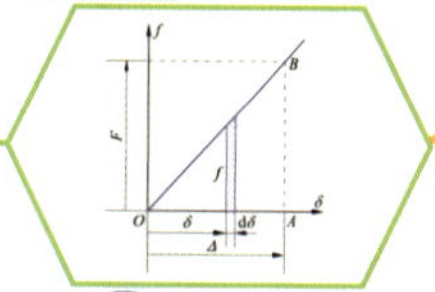

f
B
F
f
O
δ
dδ
A
δ
Δ

    - ④ $W = \int_0^{\Delta} f\mathrm{d}\delta$ —— ⑤ $W = \dfrac{F\Delta}{2}$
  - **等截面等轴力杆的外力功**：⑥ $W = \dfrac{F\Delta}{2} = \dfrac{F_N^2 l}{2EA}$ —— C

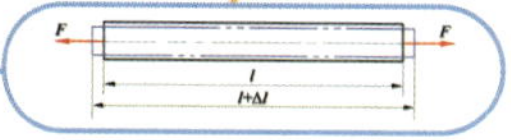

F
F
l
l+Δl

  - **等截面等轴力杆的轴向拉压应变能**：⑦ $V_\varepsilon = W = \dfrac{F_N^2 l}{2EA}$

3.11 拉压与剪切应变能密度

拉压与剪切应变能密度

- 应变能密度 — 单位体积内的应变能 — v_ε

- A

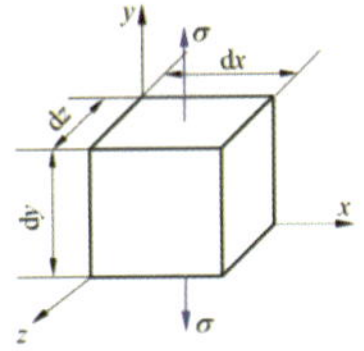

y
σ
dx
dz
dy
x
z
σ

  - 1: $$\mathrm{d}V_\varepsilon = \frac{\sigma \mathrm{d}x\mathrm{d}z \cdot \varepsilon \mathrm{d}y}{2} = \frac{\sigma\varepsilon}{2}\mathrm{d}x\mathrm{d}y\mathrm{d}z$$
  - 拉压应变能密度 — 2: $v_\varepsilon = \dfrac{\sigma\varepsilon}{2}$ — 3: $v_\varepsilon = \dfrac{\sigma^2}{2E}$

- B

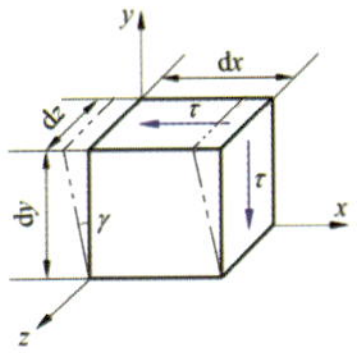

y
dx
dz
τ
τ
dy
γ
x
z

  - 4: $$\mathrm{d}V_\varepsilon = \frac{\tau \mathrm{d}x\mathrm{d}z \cdot \gamma \mathrm{d}y}{2} = \frac{\tau\gamma}{2}\mathrm{d}x\mathrm{d}y\mathrm{d}z$$
  - 剪切应变能密度 — 5: $v_\varepsilon = \dfrac{\tau\gamma}{2}$ — 6: $v_\varepsilon = \dfrac{\tau^2}{2G}$

3.12　用能量法计算节点位移

用能量法计算 Δ_{By}

A

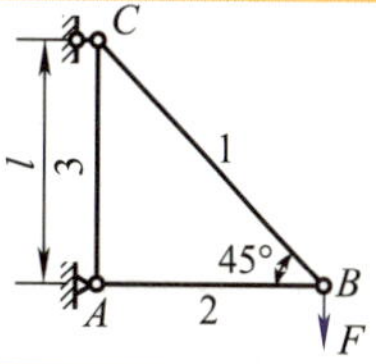
C
1
3
l
45°
A
2
B
F

B

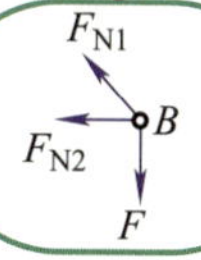
F_N1
B
F_N2
F

C

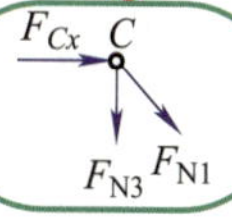
F_Cx
C
F_N3
F_N1

能量法计算节点位移

1. 轴力分析
   - ① $F_{N1}=\sqrt{2}F$
   - ② $F_{N2}=-F$
   - ③ $F_{N3}=-F$
2. 应变能计算
   - ④ $V_\varepsilon=\sum_{i=1}^{3}\frac{F_{Ni}^2 l_i}{2E_iA_i}$
   - ⑤ $V_\varepsilon=\frac{F^2l(\sqrt{2}+1)}{EA}$
3. 计算位移
   - ⑥ $\frac{F\Delta_{By}}{2}=\frac{F^2l(\sqrt{2}+1)}{EA}$
   - ⑦ $\Delta_{By}=\frac{2Fl(\sqrt{2}+1)}{EA}(\downarrow)$

3.13 隔振器的轴向位移计算

隔振器的轴向位移计算

A

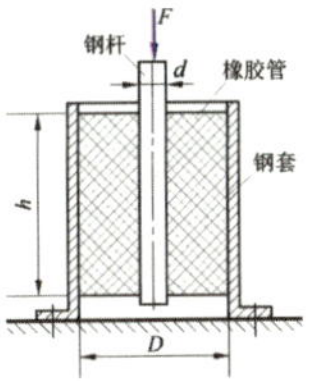

F
钢杆
d
橡胶管
钢套
h
D

图 A 所示隔振器，钢杆与钢套视为刚体，橡皮的切变模量为 G。求橡胶管内的应力 τ 与钢杆的位移 Δ

① 应力分析

B

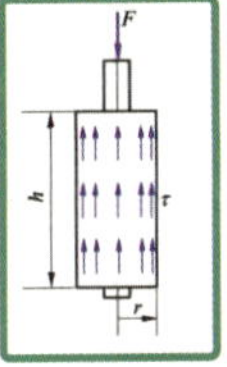

F
h
τ
r

1. $\sum F_{ix}=0$
2. $\tau\cdot 2\pi rh-F=0$
3. $\tau=\dfrac{F}{2\pi rh}$

② 应变能计算

C

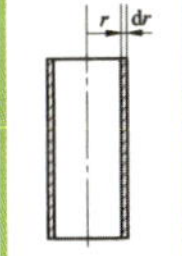

r
dr

4. $\mathrm{d}V_{\varepsilon}=\dfrac{\tau^2}{2G}\cdot 2\pi rh\mathrm{d}r=\dfrac{\tau^2\pi rh}{G}\mathrm{d}r$
5. $V_{\varepsilon}=\dfrac{F^2}{4\pi hG}\int_{d/2}^{D/2}\dfrac{1}{r}\mathrm{d}r=\dfrac{F^2(\ln D-\ln d)}{4\pi hG}$

③ 位移计算

6. $\dfrac{F\Delta}{2}=\dfrac{F^2(\ln D-\ln d)}{4\pi hG}$
7. $\Delta=\dfrac{F(\ln D-\ln d)}{2\pi hG}(\downarrow)$

静定、静不定以及静不定问题求解步骤

- **静定问题**
  - 平衡方程个数 = 未知力个数 —— 可以求解全部未知力
- **静不定问题**
  - 平衡方程个数 < 未知力个数 —— 不能求解全部未知力
  - 静不定度 = 未知力数 − 有效平衡方程数
- **静不定问题分析步骤**

A

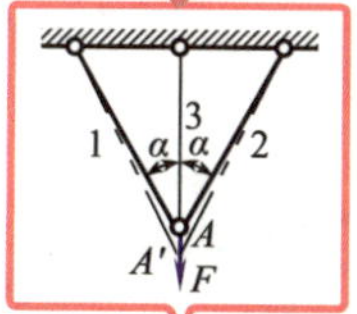
1
2
3
α
α
A
A'
F

  - ❶ 平衡方程

B

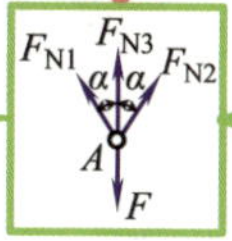
F_{N1}
F_{N3}
F_{N2}
α
α
A
F

    1. $F_{N2}\sin\alpha - F_{N1}\sin\alpha = 0$
    2. $F_{N1}\cos\alpha + F_{N2}\cos\alpha + F_{N3} - F = 0$
  - ❷ 变形协调方程

C

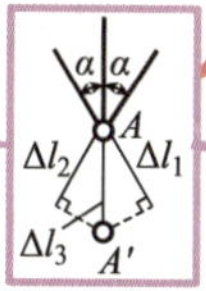
α
α
A
Δl_2
Δl_1
Δl_3
A'

    3. $\Delta l_1 = \Delta l_3 \cos\alpha$
  - ❸ 物理方程
    4. $\Delta l_1 = \dfrac{F_{N1} l_1}{E_1 A_1}$，$\Delta l_3 = \dfrac{F_{N3} l_1 \cos\alpha}{E_3 A_3}$
  - （❷、❸）补充方程
  - 5. $F_{N1} = F_{N2} = \dfrac{F\cos^2\alpha}{\dfrac{E_3A_3}{E_1A_1} + 2\cos^3\alpha}$
  - 6. $F_{N3} = \dfrac{F}{1 + 2\dfrac{E_1A_1}{E_3A_3}\cos^3\alpha}\cos^3\alpha$

3.14　静定、静不定问题以及静不定问题的求解步骤

3.15　一度静不定杆的典型例题

A

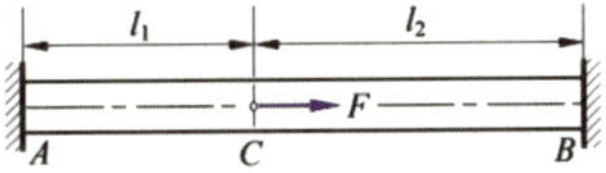

l1
l2
F
A
C
B

求固定杆两端的支座反力

求固定杆两端的支座反力

1. **平衡方程**

B

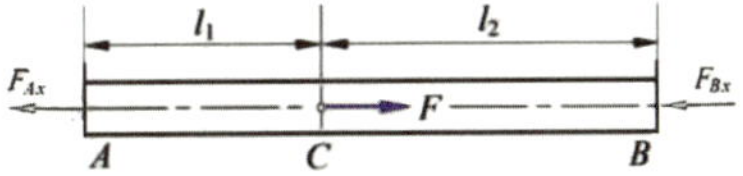

l1
l2
FAx
FBx
F
A
C
B

1: $\sum F_{ix}=0, F-F_{Ax}-F_{Bx}=0$

2. **变形协调方程**

2: $\Delta l_{AC}+\Delta l_{CB}=0$

3. **物理方程**

3: $\Delta l_{AC}=\dfrac{F_{Ax}l_1}{EA}$

4: $\Delta l_{CB}=\dfrac{-F_{Bx}l_2}{EA}$

5: $F_{Ax}l_1-F_{Bx}l_2=0$

4. **两端支座反力**

6: $F_{Ax}=\dfrac{Fl_2}{l_1+l_2}$

7: $F_{Bx}=\dfrac{Fl_1}{l_1+l_2}$

3.16　求解一度静不定结构中杆的最小横截面积

确定静不定杆的截面尺寸

A

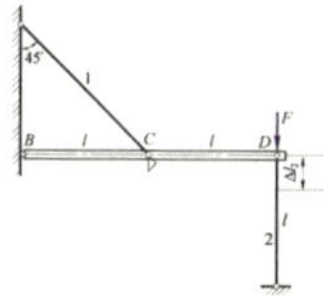
45°
1
B
l
C
l
D
F
Δl
l
2

已知：$F = 50\text{kN}$，$[\sigma_t] = 160\text{MPa}$，$[\sigma_c] = 120\text{MPa}$，求 A_1 和 A_2

① 画受力图与变形图

- 受力图

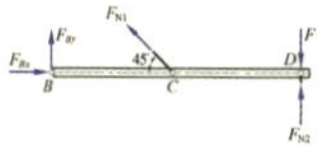
F_{N1}
F_{By}
F_{Bx}
B
45°
C
D
F
F_{N2}

B

- 变形图

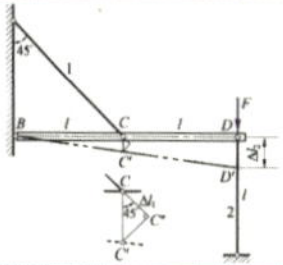
45°
1
B
l
C
l
D
F
C'
D'
2
l

C

② 建立平衡方程

$\sum M_B = 0$ → $F_{N1}\sin 45° \cdot l + F_{N2} \cdot 2l - F \cdot 2l = 0$ (1)

③ 建立补充方程

- (2) $\Delta l_2 = 2\sqrt{2}\Delta l_1$
- (3) $\Delta l_1 = \dfrac{F_{N1}l_1}{EA} = \dfrac{\sqrt{2}F_{N1}l}{EA}$
- (4) $\Delta l_2 = \dfrac{F_{N2}l_2}{EA} = \dfrac{F_{N2}l}{EA}$

(5) $F_{N2} - 4F_{N1} = 0$

④ 截面设计

- (6) $F_{N1} = \dfrac{2\sqrt{2}F}{8\sqrt{2}+1} = 1.15\times10^4\text{N}$ → (7) $A_1 \geqslant \dfrac{F_{N1}}{[\sigma_t]} = 7.17\times10^{-5}\text{m}^2$
- (8) $F_{N2} = \dfrac{8\sqrt{2}F}{8\sqrt{2}+1} = 4.59\times10^4\text{N}$ → (9) $A_2 \geqslant \dfrac{F_{N2}}{[\sigma_c]} = 3.83\times10^{-4}\text{m}^2$

(10) $A = A_2 = 383\text{mm}^2$

3.17 引起应力的要素

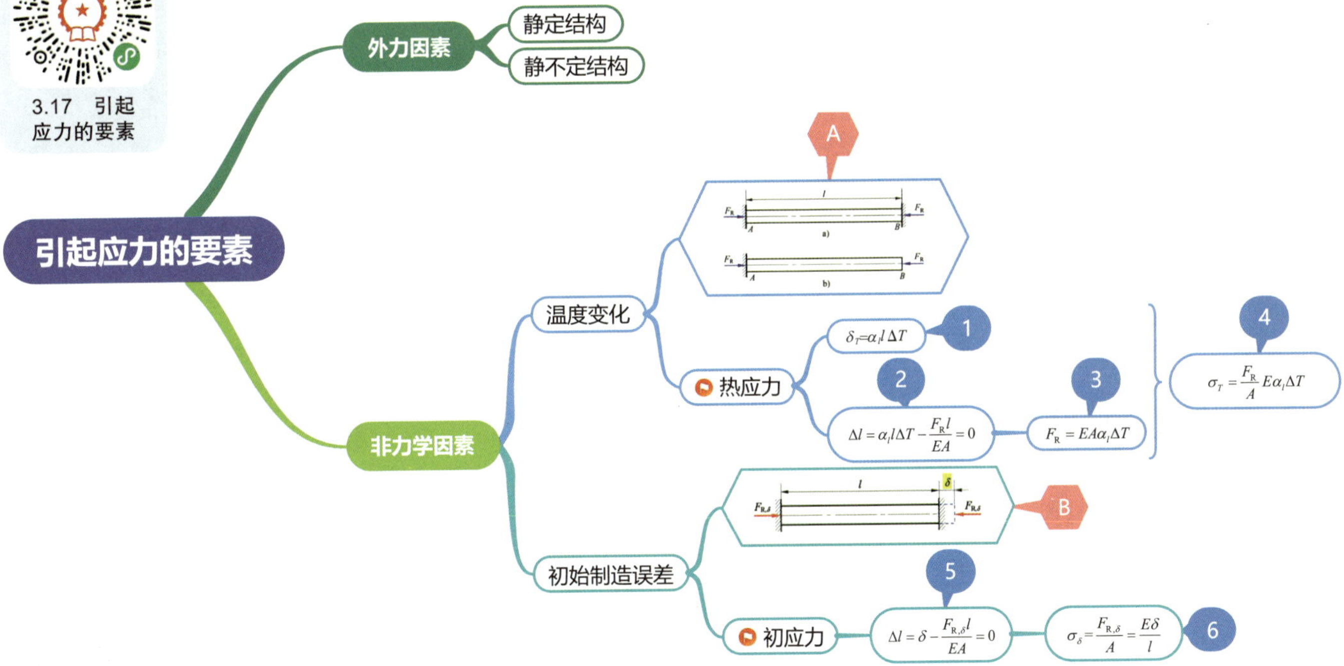
引起应力的要素
外力因素
静定结构
静不定结构
非力学因素
温度变化
A
F_R
l
A
B
a)
b)
热应力
$\delta_T=\alpha_l l\Delta T$
1
2
$\Delta l=\alpha_l l\Delta T-\frac{F_R l}{EA}=0$
3
$F_R=EA\alpha_l\Delta T$
4
$\sigma_T=\frac{F_R}{A}E\alpha_l\Delta T$
初始制造误差
B
$F_{R,\delta}$
δ
初应力
5
$\Delta l=\delta-\frac{F_{R,\delta}l}{EA}=0$
$\sigma_\delta=\frac{F_{R,\delta}}{A}=\frac{E\delta}{l}$
6

3.18　求解热应力与初应力攻略以及典型例题

求解热应力和初应力问题的攻略以及举例

- ① 假设放开多余约束
- ② 根据温度变化或制造误差计算变形
  - $\delta_T = \alpha_l l \Delta T$ （1）
  - δ
  - 静定问题
- ③ 施加约束力（未知），使位移满足协调关系
  - 静不定问题
  - 已知位移，求多余约束力
- 热应力典型例题的求解步骤
  - ① 画变形图
    - A 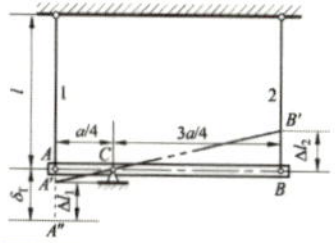
    l
1
2
a/4
3a/4
A
C
B'
Δl₂
A'
B
δ_T
Δl₁
A''
    - 分清哪一段是轴向变形
  - ② 画受力图
    - B 
    F_N1
F_R
F_N2
A
C
B
    - 轴力与轴向变形的协调
  - ③ 平衡方程
    - $\sum F_y = 0$：$F_R - F_{N1} - F_{N2} = 0$ （2）
    - $\sum M_C = 0$：$F_{N1} \cdot \frac{a}{4} - F_{N2} \frac{3a}{4} = 0$ （3）
  - ④ 补充方程
    - $\Delta l_2 = 3(\delta_T - \Delta l_1)$ （4）
      - $\Delta l_1 = \frac{F_{N1} l}{EA}$ （5）
      - $\Delta l_2 = \frac{F_{N2} l}{EA}$ （6）
      - $F_{N2} - 3(EA\alpha_l \Delta T - F_{N1}) = 0$ （7）
  - ⑤ 计算结果
    - $F_{N1} = \frac{9EA\alpha_l \Delta T}{10}$ （8）
    - $F_{N2} = \frac{3EA\alpha_l \Delta T}{10}$ （9）
    - $F_R = \frac{6EA\alpha_l \Delta T}{5}$ （10）

3.19　求解拉压变形的攻略

3-1　单向均匀拉伸的矩形杆，受力之前在杆的侧面上画一个正方形和一个圆，并假想在其横截面上也画一个正方形和一个圆，则受力以后所画图形变形为（　）

- A. 侧面上的一个矩形和一个椭圆，横截面上一个正方形和一个圆 ☑
- B. 侧面和横截面均为一个矩形和一个椭圆
- C. 侧面和横截面均为一个正方形和一个圆
- D. 侧面上一个正方形和一个圆，横截面上一个矩形和一个椭圆
- E. 侧面和横截面上均为一个曲边四边形和一条封闭曲线

3-2　壁厚均匀的圆钢管受到均匀拉伸时，则其横截面（　）

A. 内壁半径增加，外壁半径减小

B. 内、外壁半径均减小 ☑

C. 内、外壁半径均增加

D. 内壁半径减小，外壁半径增加

1. $\varepsilon = \dfrac{\sigma}{E} = \dfrac{F}{AE} = \dfrac{4F}{\pi(D^2 - d^2)E}$

2. $\varepsilon' = -\mu\varepsilon = -\dfrac{4\mu F}{\pi(D^2 - d^2)E}$

3. $\Delta d = \varepsilon' d = -\dfrac{4\mu Fd}{\pi(D^2 - d^2)E}$

4. $\Delta D = \varepsilon' D = -\dfrac{4\mu FD}{\pi(D^2 - d^2)E}$

3-3　如图 A 所示，杆件在轴线上 *B* 和 *C* 两点处受一对拉力，则（　）

A

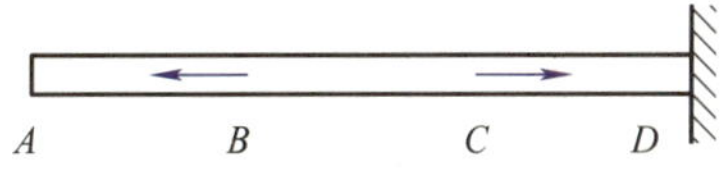
A
B
C
D

A. *AB* 段有位移 ☑

B. *AB* 段有应变

C. *BC* 段有位移 ☑

D. *BC* 段有应变 ☑

E. *CD* 段有位移

F. *CD* 段有应变

3-4　在小变形条件下，对于材料处于线弹性阶段的结构，如图 A 和图 B 中 A 点的位移，下述说法正确的是（　）

A. 两结构 A 点的位移均与力 F 呈线性关系

B. 两结构 A 点的位移均与力 F 呈非线性关系

C. 图 A 中点 A 位移与力 F 呈线性关系，图 B 中点 A 位移与力 F 呈非线性关系

D. 图 A 中点 A 位移与力 F 呈非线性关系，图 B 中点 A 位移与力 F 呈线性关系 ☑

几何非线性的典型结构

A

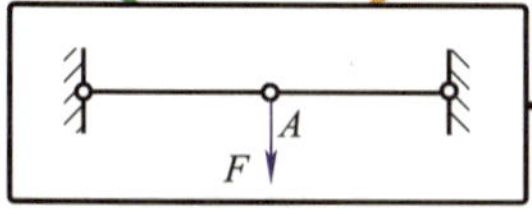
A
F

B

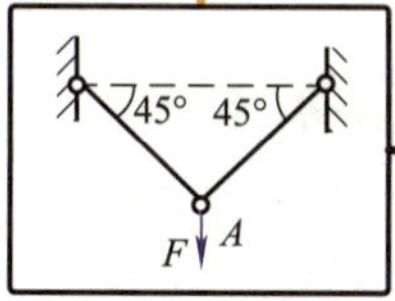
45°
45°
A
F

C

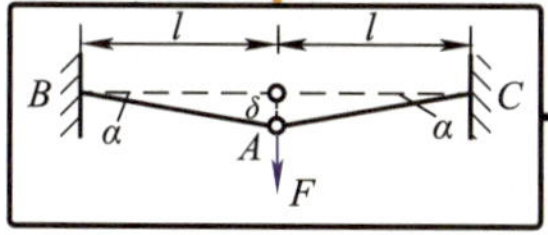
l
l
B
C
δ
α
α
A
F

D

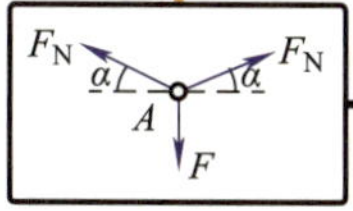
F_N
F_N
α
α
A
F

① $F_N = \dfrac{F}{2\sin\alpha}$

② $\sin\alpha \approx \dfrac{\delta}{l}$

③ $\Delta l = \sqrt{l^2+\delta^2} - l \approx \dfrac{\delta^2}{2l}$

④ $\Delta l = \dfrac{F_N l}{EA} = \dfrac{Fl^2}{2EA\delta}$

⑤ $F = \dfrac{2EA\delta\Delta l}{l^2} = \dfrac{EA\delta^3}{l^3}$

几何非线性的典型结构

A

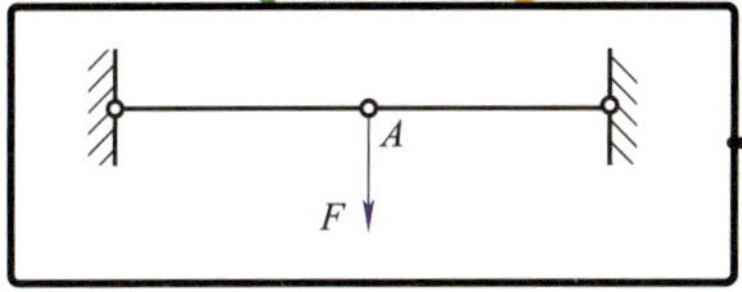
A
F

B

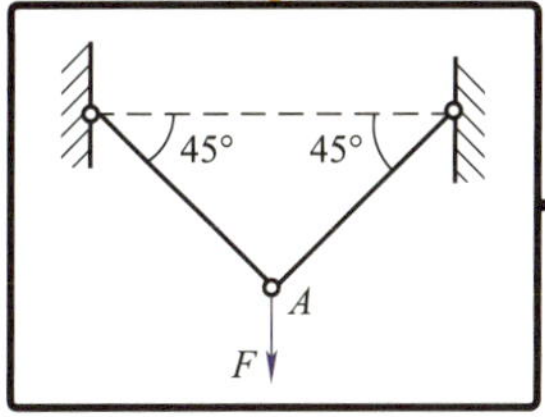
45°
45°
A
F

3-5　图 A 结构为静定结构，图 B 结构为静不定结构，在两结构中，各改变一根杆的刚度，则（　）

- **A. 两结构内力均不变**
- **B. 两结构内力均改变**
- **C. 图 A 结构内力不改变，图 B 结构内力会改变** ✓
- **D. 图 A 结构内力改变，图 B 结构内力不改变**

3-6　如图 A 所示，拉杆受力变形时，斜截面 AB 将（　）

A

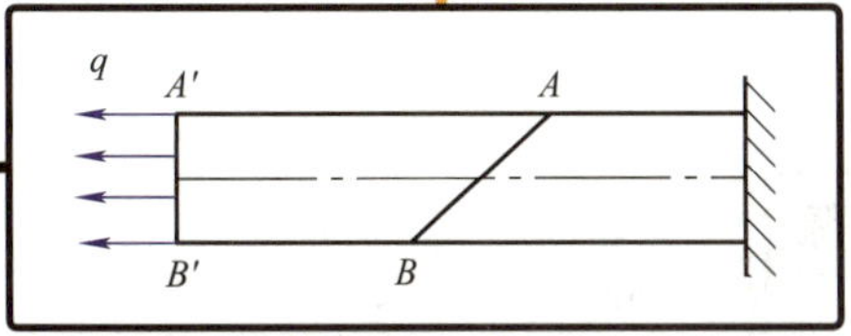
q
A′
A
B′
B

A. 仅发生平动

B. 仅发生转动

C. 平动加转动

D. 平动加转动并变成曲面

B

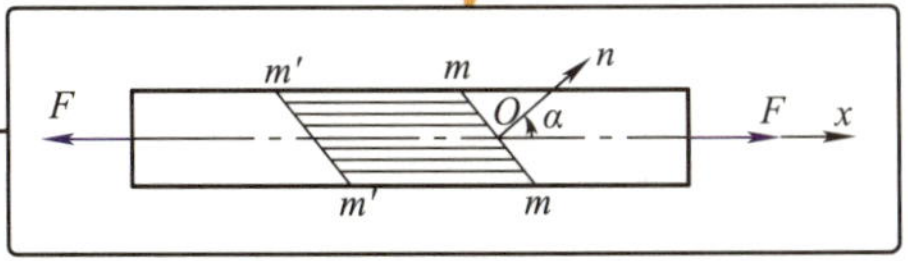
m′
m
n
F
O
α
F
x
m′
m

A

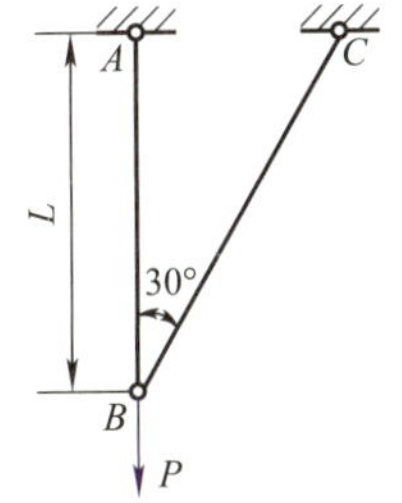

A
C
L
30°
B
P

3-7　如图 A 所示桁架，两杆横截面积均为 A，弹性模量为 E，当节点受竖直载荷 P 作用时，杆 AB 和杆 CB 的变形分别为（　）

A. $\dfrac{PL}{EA}$, 0 ✓

B. 0, $\dfrac{PL}{EA}$

C. $\dfrac{PL}{2EA}$, $\dfrac{PL}{\sqrt{3}EA}$

D. $\dfrac{PL}{EA}$, $\dfrac{4PL}{3EA}$

3.20 求解桁架节点位移之图画法攻略

3-8 如图 A 所示结构受一对平衡力作用，试计算 A、C 两点的相对位移。已知杆 1 ~ 4 的杆长均为 l，杆 5 长为 $\sqrt{2}l$，各杆拉压刚度均为 EA

A

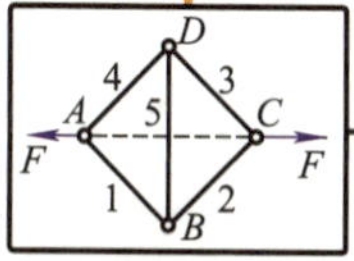

A
B
C
D
F
F
1
2
3
4
5

C

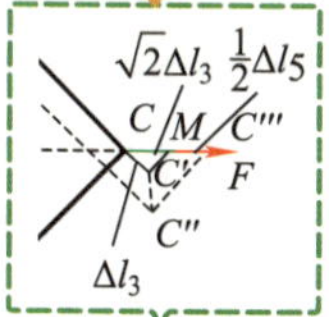

$\sqrt{2}\Delta l_3$ $\frac{1}{2}\Delta l_5$
C
M
C'''
C'
F
C''
Δl_3

B

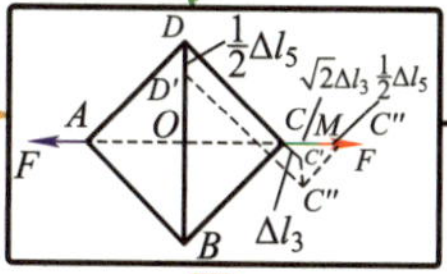

D
$\frac{1}{2}\Delta l_5$
$\sqrt{2}\Delta l_3$ $\frac{1}{2}\Delta l_5$
D'
A
O
C
M
C''
C'
F
F
C''
Δl_3
B

D

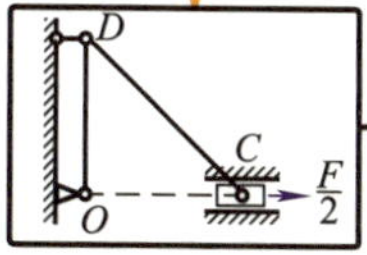

D
C
O
$\frac{F}{2}$

❶ 求轴力（平衡条件）
- $F_{N1}=F_{N2}=F_{N3}=F_{N4}=\frac{\sqrt{2}}{2}F$ ①
- $F_{N5}=-F$ ②

❷ 求变形（拉压胡克定律）
- $\Delta l_3=\frac{\sqrt{2}Fl}{2EA}$ ③
- $\Delta l_5=\frac{\sqrt{2}Fl}{EA}$ ④

❸ 求点 A 和点 C 的相对位移（变形协调关系）
- ★ (1) 取 O 点为参考点
- (2) 杆 3
  - 伸长（伸长为 Δl_3）— $DC \to DC'$
  - 向下平移（跟随杆 5 的变形而下移 $\frac{1}{2}\Delta l_5$）— $DC' \to D'C''$
  - 绕点 D' 转动 — 点 C'' 为新的平衡位置
- (3) $\overline{CC''}=\frac{1}{2}\Delta_{A/C}$ ⑤
  - $\Delta_C=\overline{CC''}=\overline{CM}+\overline{MC''}=\sqrt{2}\Delta l_3+\frac{1}{2}\Delta l_5=\left(1+\frac{\sqrt{2}}{2}\right)\frac{Fl}{EA}$ ⑥
  - $\Delta_{A/C}=2\Delta_C=(2+\sqrt{2})\frac{Fl}{EA}$ ⑦

桁架节点位移图画法

A

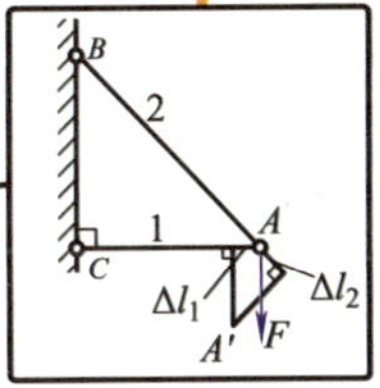

B
2
1
A
C
Δl1
Δl2
A′
F

B

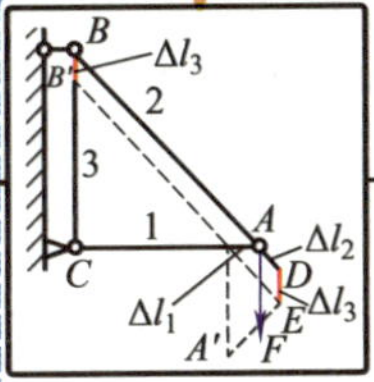

B
B′
Δl3
2
3
1
A
C
Δl2
D
Δl3
E
Δl1
A′
F

C

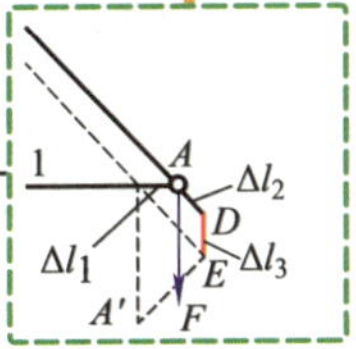

1
A
Δl2
D
Δl1
E
Δl3
A′
F

- 杆 2
  - （1）伸长Δl_2 → $BA \to BD$
  - 由杆 3 变形引起
  - （2）平行下移Δl_3 → $BD \to B'E$
  - （3）绕点 B' 转动 → 过点 E 做线 $B'E$ 的垂线（代替圆弧）
- 杆 1
  - （1）缩短Δl_1
  - （2）绕着 C 点转动 → $r_1 = l_1 - \Delta l_1$ → 垂线代替圆弧

两线相交于点 A'

3-9　如图 A 所示，三角形刚性块 ABC，各杆拉压刚度为 EA，试求各杆的轴力

A

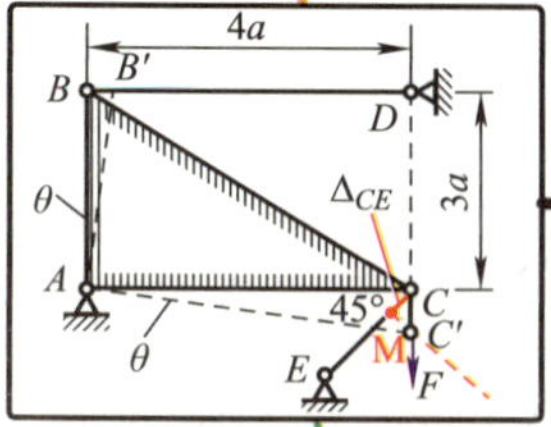
4a
B
B′
D
θ
ΔCE
3a
A
45°
C
C′
θ
M
E
F

B

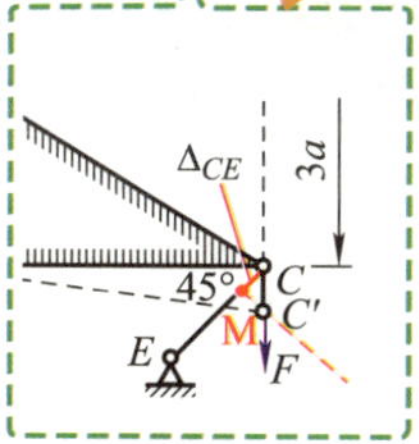
ΔCE
3a
45°
C
C′
M
E
F

C

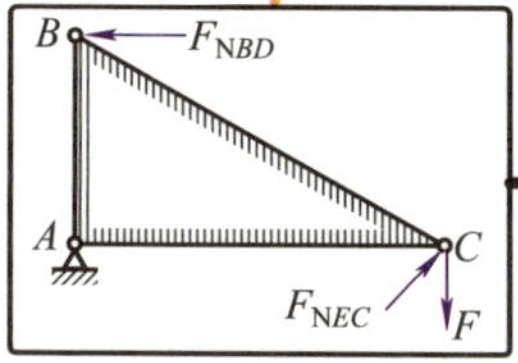
B
FNBD
A
C
FNEC
F

1. $\theta=\dfrac{\overline{BB'}}{3a}=\dfrac{\overline{CC'}}{4a}$

2. $\dfrac{\Delta l_{BD}}{3a}=\dfrac{\sqrt{2}\Delta l_{EC}}{4a}$

3. $\dfrac{F_{NBD}\cdot 4a}{3aEA}=\dfrac{\sqrt{2}F_{NEC}\cdot 3a}{4aEA}$

4. $3aF_{NBD}+2\sqrt{2}aF_{NEC}=4aF$

5. $F_{NBD}=\dfrac{12}{25}F$

6. $F_{NEC}=\dfrac{16\sqrt{2}}{25}F$

3.21　含刚块的桁架位移协调关系以及逆向分析方法

A

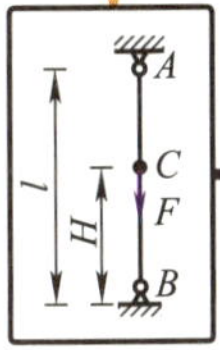
A
C
F
B
l
H

B

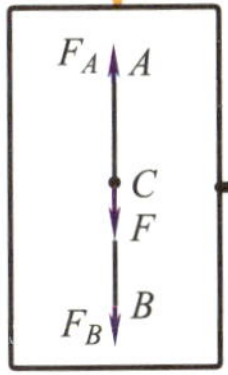
F_A
A
C
F
F_B
B

3-10 如图A所示，长为l、拉压刚度为EA的钢丝绳不能承压，初拉力F_{N0}=20kN，外力F=30kN，当力F作用点C的高度H取以下值时，求绳的拉力。

(1) $H=\dfrac{3}{4}l$; **(2)** $H=\dfrac{l}{4}$

考虑预应力的变形协调关系

1. $\Delta l_{AC}+\Delta l_{CB}=\Delta l_0=\dfrac{F_{N0}l}{EA}$

令 $H=\alpha l(0\leqslant\alpha\leqslant1)$

2. $\dfrac{F_N(1-\alpha)l}{EA}+\dfrac{F_B\alpha l}{EA}=\dfrac{F_{N0}l}{EA}$

3. $F_A(1-\alpha)+F_B\alpha=F_{N0}$

4. $F_A=F+F_B$

5. $F_A=F_{N0}+\alpha F$

$F_B=F_{N0}-(1-\alpha)F$

6. $F_A\geqslant0$

$F_B\geqslant0$

（1）$\alpha=\dfrac{3}{4}$时

- $F_A=42.5\text{kN}$
- $F_B=12.5\text{kN}$

7

（2）$\alpha=\dfrac{1}{4}$时

- $F_A=27.5\text{kN}$
- $F_B=-2.5\text{kN}$ ✗
- $F_B=0$
- $F_A=30\text{kN}$ ✓

3-11　如图 A 所示桁架，三杆的横截面积、弹性模量和许用应力均相同，分别为 A、E、$[\sigma]$，杆 2 长为 l_0。（1）试确定桁架的许用载荷；（2）为了利用装配应力提高桁架的许用载荷，将杆 2 做长，进行装配，最终杆 2 的伸长量为 δ，求许用载荷能达到的最大值 $[F]_{max}$，以及对应的 δ

A
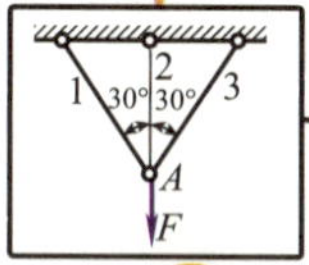
1
2
3
30°
30°
A
F

B
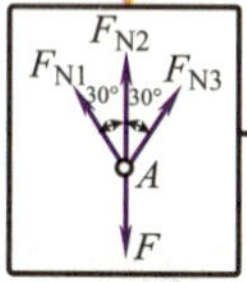
F_N1
F_N2
F_N3
30°
30°
A
F

C
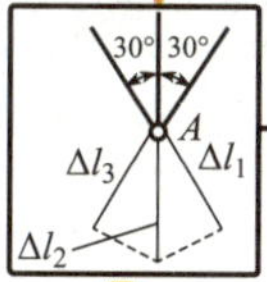
30°
30°
A
Δl_3
Δl_1
Δl_2

D
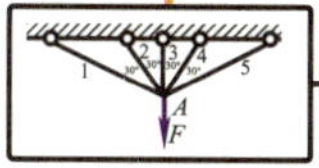
1
2
3
4
5
A
F

E
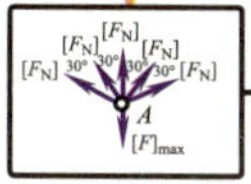
[F_N]
30°
A
[F]max

1. $F_{N1}=F_{N3}$

2. $(F_{N1}+F_{N3})\cos 30°+F_{N2}=F$

3. $\Delta l_1=\Delta l_2\cos 30°$

4. $\Delta l_1=\dfrac{F_{N1}l}{EA\cos 30°}$，$\Delta l_2=\dfrac{F_{N2}l}{EA}$

5. $F_{N2}=\dfrac{4}{3}F_{N1}$

杆 2 决定桁架的承载能力

6. $F_{N1}=F_{N3}=\dfrac{3}{4+3\sqrt{3}}F$，$F_{N2}=\dfrac{4}{4+3\sqrt{3}}F$

7. $[F]=\dfrac{4+3\sqrt{3}}{4}[\sigma]A$

等强度设计原则

8. $F_{N1}=F_{N2}=F_{N3}=[\sigma]A$

9. $F=[F]_{max}=(1+\sqrt{3})[\sigma]A$

10. $\delta=\dfrac{[\sigma]l}{3E}$

★ 逆向分析方法

11. $[F]_{max}=2[F_N]\cos 60°+2[F_N]\cos 30°+[F_N]=(2+\sqrt{3})[\sigma]A$

A

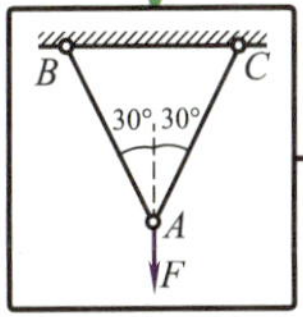

B
C
30°
30°
A
F

B

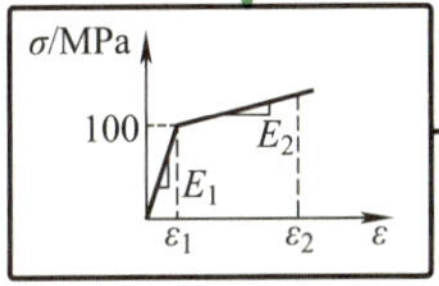

σ/MPa
100
E_2
E_1
ε_1
ε_2
ε

C

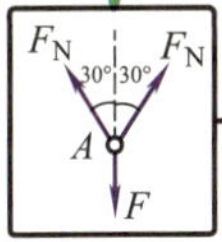

F_N
F_N
30°
30°
A
F

D

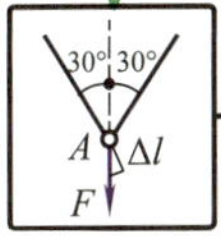

30°
30°
A
Δl
F

3-12　如图 A 所示，两杆长均为 l=1m，横截面积均为 A=100mm^2，材料的应力－应变关系如图 B 所示。其中弹性模量 E_1=100GPa，E_2=10GPa，试求两杆的应力和 A 点的铅垂位移 Δ_{Ay}。

(1) $F=10\sqrt{3}\text{kN}$；**(2)** $F=11\sqrt{3}\text{kN}$

（1）$F_N=\dfrac{F}{2\cos 30°}=10\text{kN}$

仍在线弹性范围内

$\sigma_1=\dfrac{F_N}{A}=100\text{MPa}$

1

$\Delta l=\dfrac{\sigma_1 l}{E_1}=1\text{mm}$

2

$\Delta_{Ay}=\dfrac{\Delta l}{\cos 30°}=1.155\text{mm}$

（2）$F_N=\dfrac{11\sqrt{3}}{2\cos 30°}=11\text{kN}$

$\sigma_2=\dfrac{F_N}{A}=110\text{MPa}$

3

$\varepsilon=\varepsilon_1+\varepsilon_2=\dfrac{\sigma_1}{E_1}+\dfrac{\sigma_2}{E_2}$

4

$\Delta l=\dfrac{\sigma_1}{E_1}l+\dfrac{\sigma_2}{E_2}l=2\text{mm}$

5

$\Delta_{Ay}=\dfrac{\Delta l}{\cos 30°}=2.309\text{mm}$

第4章　扭转

4.1　扭转导论

第4章　扭转
1. 引言
2. 扭力偶矩计算与扭矩
3. 圆轴扭转的应力
4. 圆轴扭转强度条件与强度设计
5. 圆轴扭转变形与刚度条件
6. 圆轴扭转静不定问题
7. 非圆截面轴扭转问题
8. 薄壁杆扭转问题

4.2　扭转的
工程实例

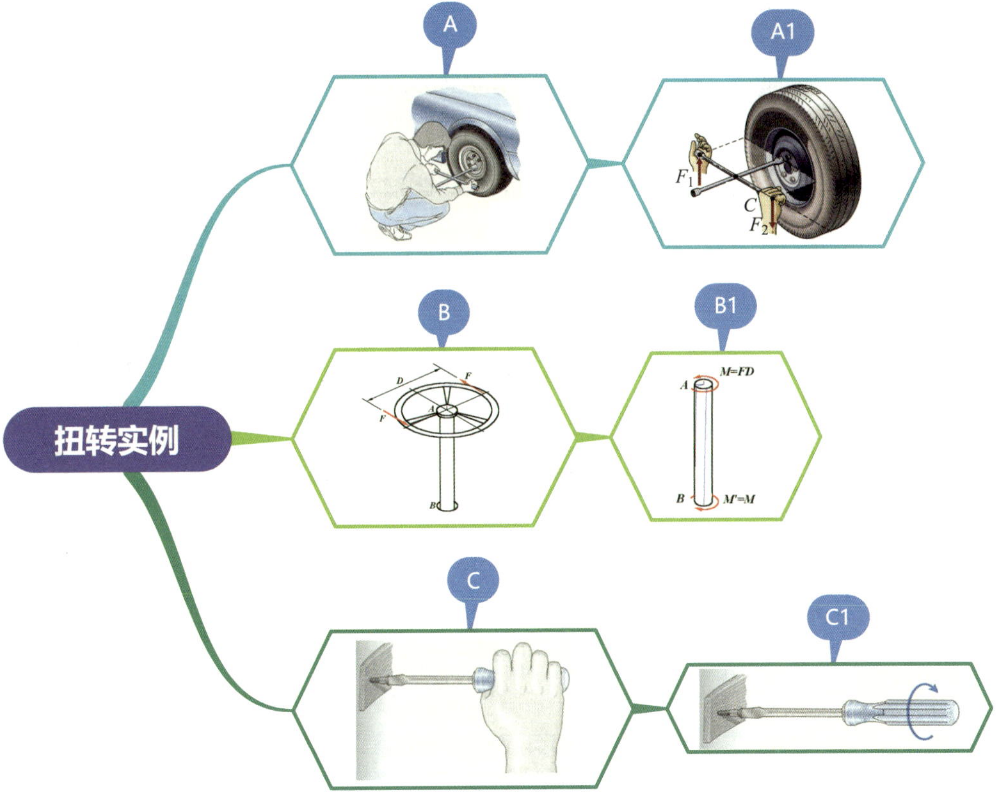
扭转实例
A
A1
F_1
C
F_2
B
D
F
F
A
B
B1
M=FD
A
B
M'=M
C
C1

4.3　扭转的外力、内力以及变形特征

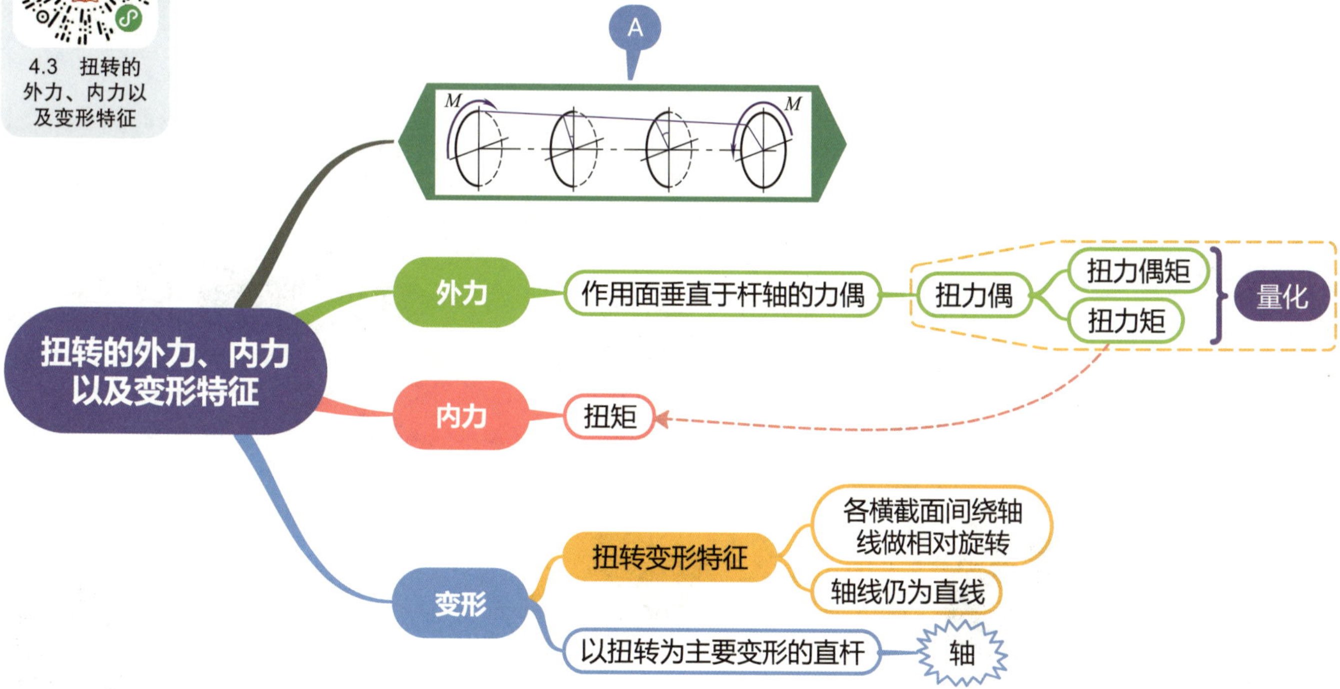
A
M
M
扭转的外力、内力以及变形特征
外力
作用面垂直于杆轴的力偶
扭力偶
扭力偶矩
扭力矩
量化
内力
扭矩
变形
扭转变形特征
各横截面间绕轴线做相对旋转
轴线仍为直线
以扭转为主要变形的直杆
轴

4.4 轴的动力传递以及计算扭力偶矩

轴的动力传递以及计算扭力偶矩

A

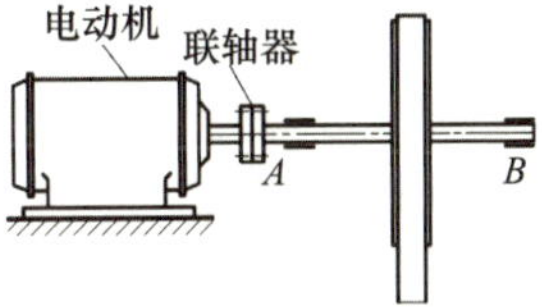
电动机
联轴器
A
B

1

$P = M\omega$

2

$$P \times 10^3 = M \times \frac{2\pi n}{60}$$

- 输出功率 — P — kW
- 转速 — n — r/min
- 力偶矩 — M — N · m

传递给轴的扭力偶矩

3

$$\{M\}_{N\cdot m} = 9549\frac{\{P\}_{kW}}{\{n\}_{r/min}}$$

4.5　拉压与扭转的内力与内力图的相关性

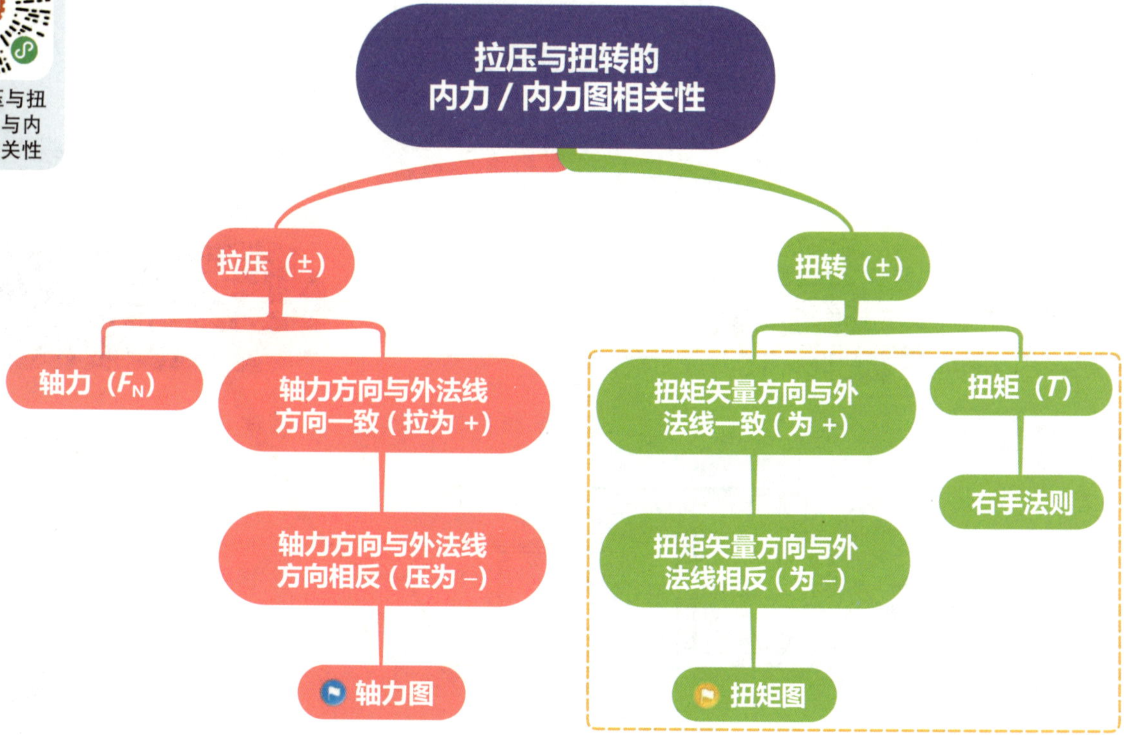
拉压与扭转的
内力 / 内力图相关性
拉压（±）
轴力（F_N）
轴力方向与外法线方向一致（拉为 +）
轴力方向与外法线方向相反（压为 –）
轴力图
扭转（±）
扭矩矢量方向与外法线一致（为 +）
扭矩矢量方向与外法线相反（为 –）
扭矩图
扭矩（T）
右手法则

4.6 分析轴扭矩的典型例题

分析轴扭矩的典型例题

- A
  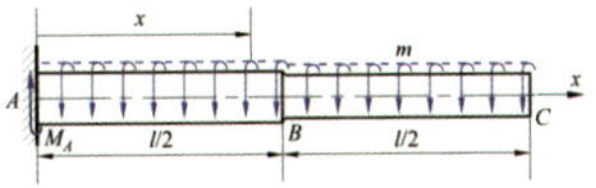
  x
m
A
x
C
M_A
l/2
B
l/2
  - 扭力偶矩集度 m — 轴单位长度内的扭力偶矩
- 基于平衡方程，求解扭矩
  - B
    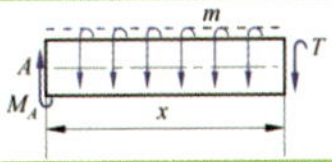
    m
T
A
M_A
x
    - 1 $M_A=ml$
    - 2 $T=M_A-mx=m(l-x)$ — 扭矩方程
- 扭矩图
  - C
    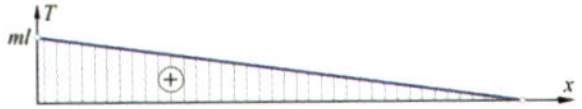
    T
ml
⊕
x
    - 3 $T_{\max}=ml$

4.7 扭转试验与假设

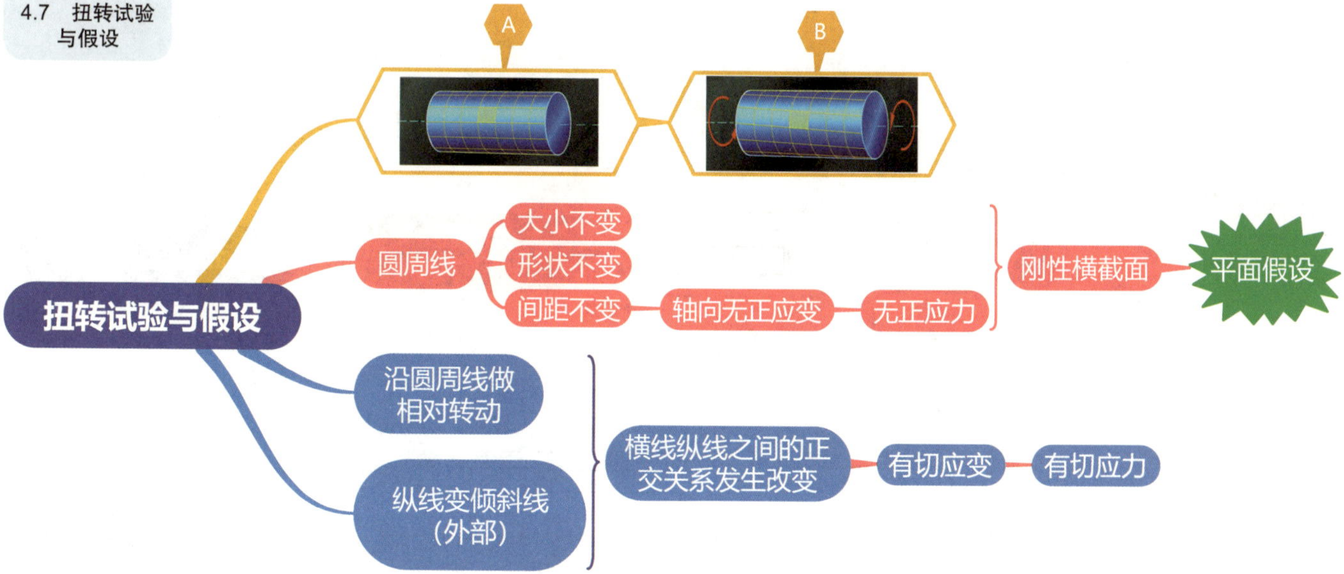
A
B
扭转试验与假设
圆周线
大小不变
形状不变
间距不变
轴向无正应变
无正应力
刚性横截面
平面假设
沿圆周线做相对转动
纵线变倾斜线（外部）
横线纵线之间的正交关系发生改变
有切应变
有切应力

4.8 圆轴扭转切应力公式的推导

圆轴扭转切应力公式的推导

- ① 几何关系
  - A
    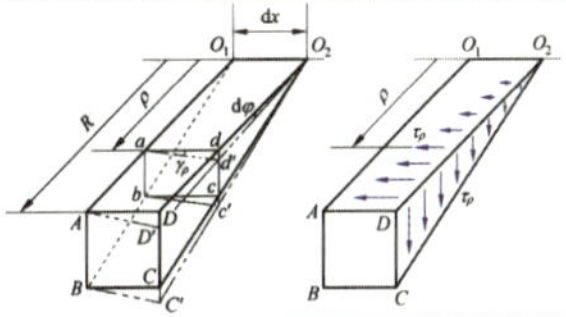
    dx
O1
O2
R
ρ
a
dφ
d
γρ
d'
b
c
c'
A
D
D'
B
C
C'
τρ
  - 研究对象：微元体内的微楔形 O_1ABCDO_2
  - 两个角
    - $d\varphi$ — 直角△ O_2dd' — ① $\overline{dd'}=\rho d\varphi$
    - γ_ρ — 直角△ add' — ② $\gamma_\rho \approx \tan\gamma_\rho = \dfrac{\overline{dd'}}{ad}$
    - ③ $\gamma_\rho = \rho\dfrac{d\varphi}{dx}$（小变形）
- ② 物理关系
  - 剪切胡克定律
  - ④ ★ $\tau_\rho = G\rho\dfrac{d\varphi}{dx}$（$\dfrac{d\varphi}{dx}=C$） — ⑤ $\tau_\rho \propto \rho$
    - $\dfrac{d\varphi}{dx}$
- ③ 静力学关系
- 静不定

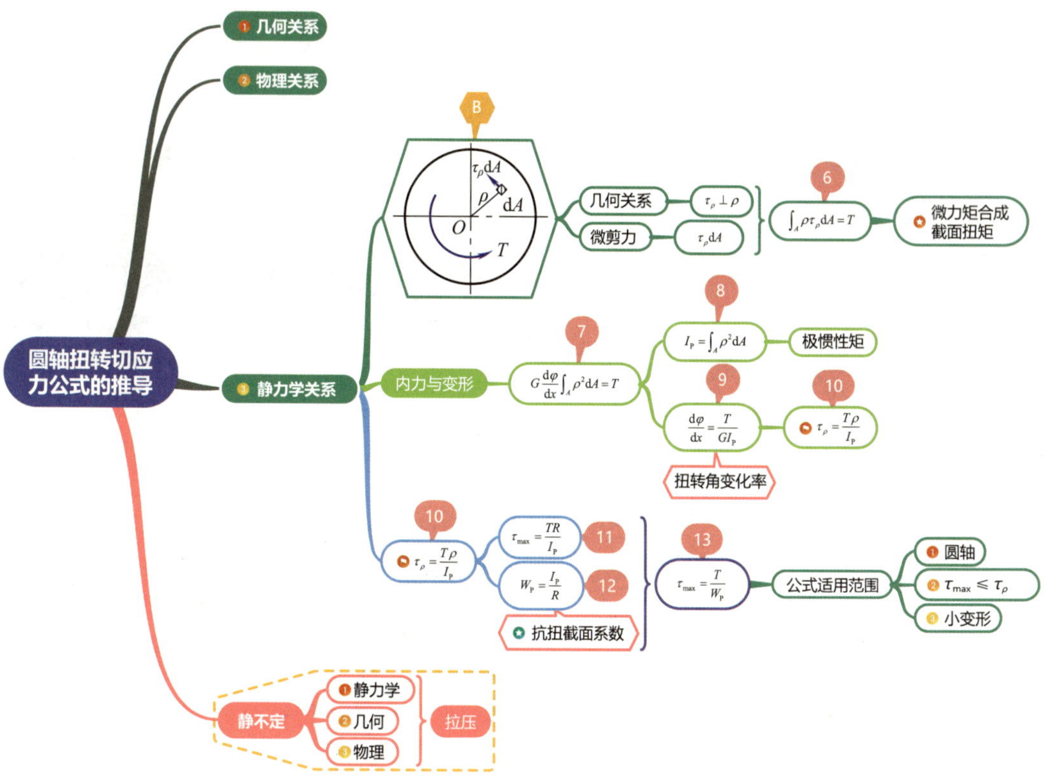
圆轴扭转切应力公式的推导
1 几何关系
2 物理关系
3 静力学关系
B
$\tau_\rho dA$
ρ
dA
O
T
几何关系
$\tau_\rho \perp \rho$
微剪力
$\tau_\rho dA$
6
$\int_A \rho\tau_\rho dA = T$
微力矩合成截面扭矩
内力与变形
7
$G\frac{d\varphi}{dx}\int_A \rho^2 dA = T$
8
$I_p = \int_A \rho^2 dA$
极惯性矩
9
$\frac{d\varphi}{dx} = \frac{T}{GI_p}$
10
$\tau_\rho = \frac{T\rho}{I_p}$
扭转角变化率
10
$\tau_\rho = \frac{T\rho}{I_p}$
$\tau_{max} = \frac{TR}{I_p}$
11
$W_p = \frac{I_p}{R}$
12
抗扭截面系数
13
$\tau_{max} = \frac{T}{W_p}$
公式适用范围
1 圆轴
2 $\tau_{max} \leqslant \tau_p$
3 小变形
静不定
1 静力学
2 几何
3 物理
拉压

4.9 薄壁圆轴的扭转切应力公式

薄壁圆管扭转的切应力公式

A

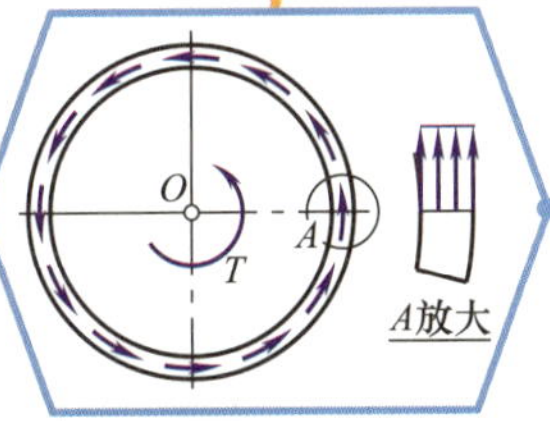
O
T
A
A放大

B

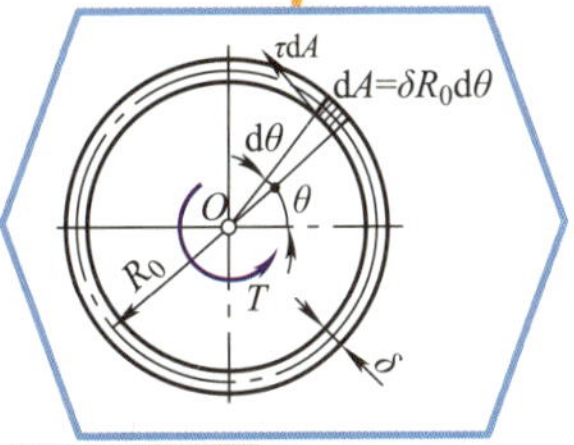
τdA
dA=δR0dθ
dθ
O
θ
R0
T
δ

- **均匀性假设**：切应力沿壁厚均匀分布
- 1 $T=\int_0^{2\pi} R_0\cdot\tau\delta R_0\mathrm{d}\theta=2\pi R_0^2\tau\delta$ → 2 $\tau=\dfrac{T}{2\pi R_0^2\delta}$
- **适用条件**：3 $\delta\leqslant R_0/10$ → 最大误差不超过 4.53%
- **推导基于平衡方程，适用于各种均质薄壁圆管**
  - 弹性
  - 非弹性
  - 各向同性
  - 各向异性

4.10 空心与实心圆轴截面的极惯性矩与抗扭截面系数列表

空心与实心圆轴截面的极惯性矩与抗扭截面系数列表

几何截面	极惯性矩 $I_P = \int_A \rho^2 \mathrm{d}A$	抗扭截面系数 $W_P = \dfrac{I_P}{R}$
空心圆截面	$I_P = \dfrac{\pi D^4}{32}(1-\alpha^4)$ $\alpha = \dfrac{d}{D}$	$W_P = \dfrac{I_P}{D/2}\ \dfrac{\pi D^3}{16}(1-\alpha^4)$
实心圆截面	$I_P = \dfrac{\pi d^4}{32}$	$W_P = \dfrac{\pi d^3}{16}$

4.11 求解最大扭转切应力

求轴内各段的最大扭转切应力

已知 $M_C=2M_A=2M_B=200\text{N}\cdot\text{m}$，$AB$ 段 $d=20\text{mm}$；BC 段 $d_i=15\text{mm}$；$d_o=25\text{mm}$。求各段最大扭转切应力

A

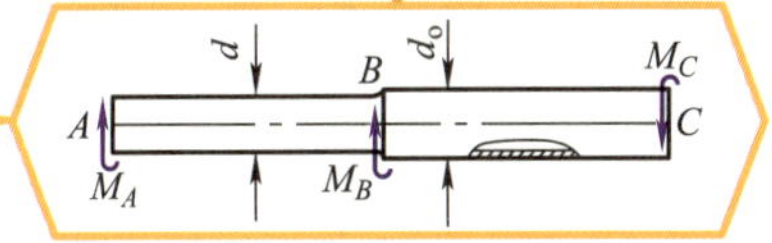

d
B
d_o
M_C
A
C
M_A
M_B

分段

B

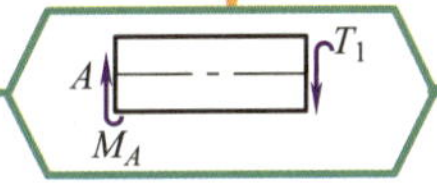

A
T_1
M_A

C

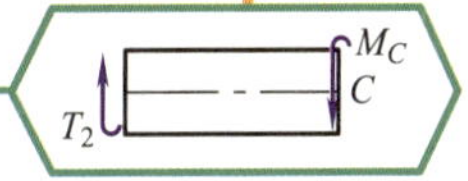

M_C
C
T_2

AB 段

1

$T_1=M_A$

2

$$\tau_{1,\max}=\frac{16T_1}{\pi d^3}=63.7\text{MPa}$$

BC 段

3

$T_2=M_C$

4

$$\tau_{2,\max}=\frac{16T_2}{\pi d_o^3(1-\alpha^4)}=74.9\text{MPa}$$

4.12　拉伸破坏与扭转破坏之对比表格

拉伸破坏与扭转破坏的对比

拉伸破坏		扭转破坏	
脆性材料	塑性材料	脆性材料	塑性材料
σ_b 强度极限	σ_s 屈服强度	τ_b 扭转强度极限	τ_s 扭转屈服强度
σ_u 极限应力		τ_u 扭转极限应力	
$[\sigma]=\frac{\sigma_u}{n}$		$[\tau]=\frac{\tau_u}{n}$	
$\sigma_{max}\leqslant[\sigma]$		$\tau_{max}\leqslant[\tau]$	
变截面变轴力拉压杆 $\sigma_{max}=\left(\frac{F_N}{A}\right)_{max}$		变截面变扭矩圆轴 $\tau_{max}=\left(\frac{T}{W_P}\right)_{max}$	
等截面拉压杆 $\sigma_{max}=\frac{F_{N,max}}{A}$		等截面圆轴 $\tau_{max}=\frac{T_{max}}{W_P}$	
危险点处于纯剪切状态： 塑性材料：$[\tau]=(0.5\sim0.577)[\sigma]$ 脆性材料：$[\tau]=(0.8\sim1.0)[\sigma_t]$			

4.13 轴的合理截面设计

圆轴的强度设计

- **圆轴合理截面**
  - A 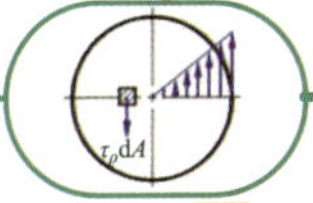 — B 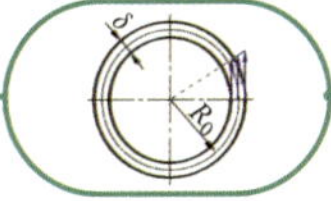 — 材料放置在远离圆心部分（空心圆轴） — 重量轻
  - C 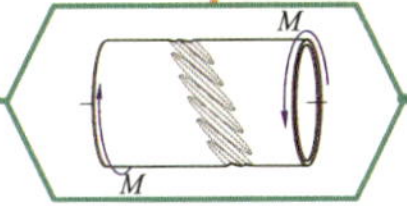 — R_0/δ 过大，产生褶皱 — 失稳
- **减缓应力集中**
  - 阶梯形轴 — D 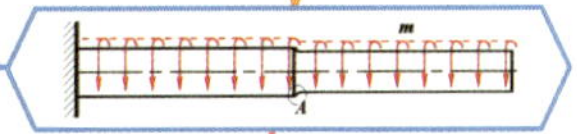
    - E 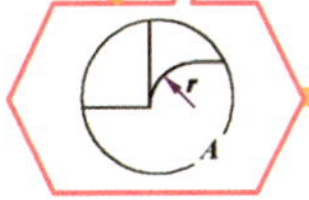 — 圆角减缓应力集中
- **等强度设计**
  - 变截面轴 — F 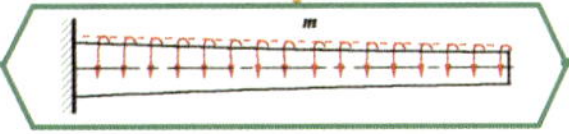 — ① $\tau_{\max}=\dfrac{T(x)}{W_P(x)}\leqslant[\tau]$

4.14　圆轴的合理截面设计例题

已知 T=1.5kN·m，$[\tau]$=50MPa，试根据强度条件设计实心圆轴与 α=0.9 的空心圆轴，并进行比较

圆轴的合理截面设计例题

- **实心轴**
  - ① $\tau_{max}=\dfrac{T}{W_P}=\dfrac{T}{\dfrac{1}{16}\pi d^3}\leqslant[\tau]$
    - ② d=54mm
- **空心轴**
  - ③ $\tau_{max}=\dfrac{T}{W_P}=\dfrac{T}{\dfrac{1}{16}\pi d_o^3(1-\alpha^4)}\leqslant[\tau]$
    - ④ d_o=76mm
    - ⑤ d_i=68mm
- ⑥ $\beta=\dfrac{\pi(d_o^2-d_i^2)}{4}\dfrac{4}{\pi d^2}=0.395$

4.15 薄壁圆轴的强度校核

已知 R_0=50mm 的薄壁圆管，左右两段的壁厚分别为 δ_1=5mm，δ_2=4mm，m=3500N·m/ml=1m，[τ]=50MPa，试校核该圆管强度

A

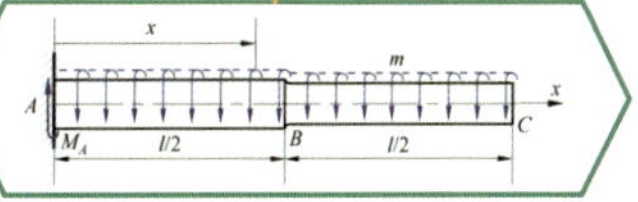

x
m
A
M_A
$l/2$
B
$l/2$
C
x

薄壁圆轴的扭转强度校核

- B

  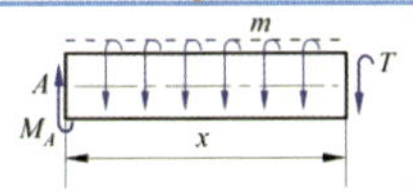

  m
  A
  T
  M_A
  x

  - 1 $M_A=ml$
  - 2 $T=M_A-mx=m(l-x)$ — 扭矩方程
- C

  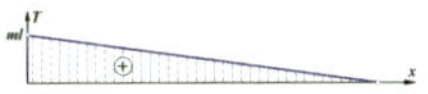

  T
  ml
  ⊕
  x

  - 扭矩图 — 确定危险截面
    - A 截面
    - B 截面
- 薄壁圆轴的判据 — $\delta/R_0 \leqslant 1/10$ 3
- $\tau_1=\dfrac{ml}{2\pi R_0^2\delta_1}=44.6\text{MPa}<[\tau]$ 4
- $\tau_2=\dfrac{ml}{4\pi R_0^2\delta_2}=27.9\text{MPa}<[\tau]$ 5

4.16 密圈螺旋弹簧的应力分析

A

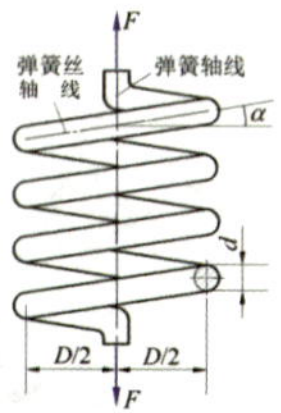
弹簧丝轴线
弹簧轴线
α
d
D/2
D/2
F
F

试分析密圈螺旋弹簧应力分析与强度条件。密圈螺旋弹簧：螺旋升角 α 很小的弹簧（$\alpha \leqslant 5°$）

密圈螺旋弹簧的切应力分析

- ① 截面法求内力

  B

  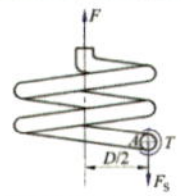
  F
  T
  D/2
  F_S

  - 力的平衡方程 — ① $F_S = F$
  - 力矩平衡方程 — ② $T = \frac{FD}{2}$
- ② 应力分析
  - C

    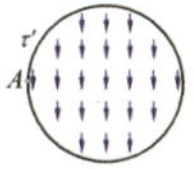
    τ'
    A

    ③ $\tau' = \frac{4F_S}{\pi d^2} = \frac{4F}{\pi d^2}$
  - D

    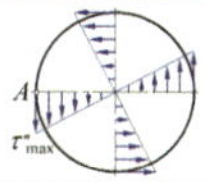
    A
    τ''max

    ④ $\tau''_{max} = \frac{FD}{2}\frac{16}{\pi d^3} = \frac{8FD}{\pi d^3}$
  - ⑤ $\tau_{max} = \tau''_{max} + \tau' = \frac{8FD}{\pi d^3}\left(1 + \frac{d}{2D}\right)$
  - ⑥ $\tau_{max} = \frac{8FD}{\pi d^3}$ — 略去剪力的影响
- ③ 应力修正公式 — ⑦ $\tau_{max} = \frac{8FD}{\pi d^3}\frac{4m+2}{4m-3}$ — 对于比值 $m=(D/d)<10$ 的弹簧
- ④ 强度条件 — ⑧ $\tau_{max} \leqslant [\tau]$ — $[\tau]$：弹簧丝的许用切应力

4.17 圆轴扭转变形与拉压杆拉压变形

圆轴扭转变形与拉压杆拉压变形之对比

对比情况	扭转变形	拉压变形
刚度	扭转刚度：GI_p	拉压刚度：EA
单位长度的变形	$\frac{d\varphi}{dx}=\frac{T}{GI_p}$ （1）	$\frac{d(\Delta l)}{dx}=\frac{F_N}{EA}$ （2）
变内力变截面的变形	$\varphi=\int_l \frac{T(x)}{GI_p(x)}dx$ （3）	$\Delta l=\int_l \frac{F_N(x)}{EA(x)}dx$ （4）
常内力等截面的变形	$\varphi=\frac{Tl}{GI_p}$ （5）	$\Delta l=\frac{F_N l}{EA}$ （6）

4.18　圆轴扭转刚度条件

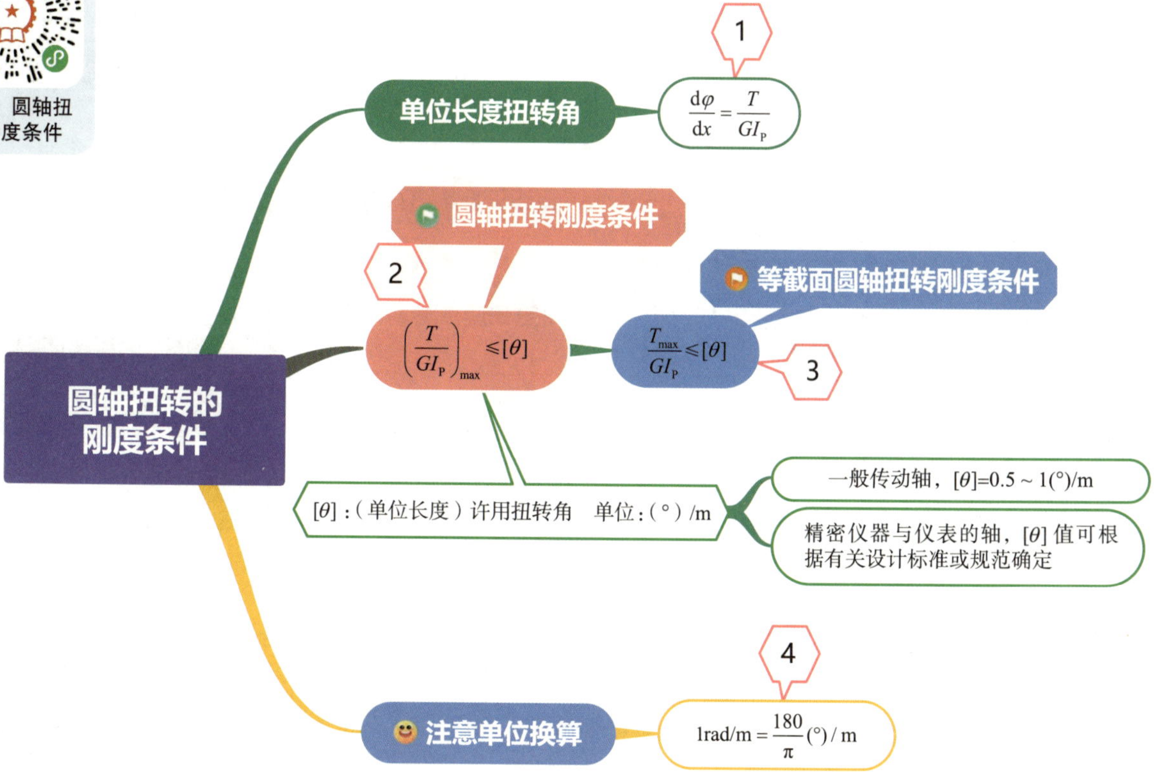
圆轴扭转的刚度条件
单位长度扭转角
$\frac{d\varphi}{dx}=\frac{T}{GI_p}$
1
圆轴扭转刚度条件
2
$\left(\frac{T}{GI_p}\right)_{max}\leqslant[\theta]$
等截面圆轴扭转刚度条件
$\frac{T_{max}}{GI_p}\leqslant[\theta]$
3
[θ]：（单位长度）许用扭转角　单位：（°）/m
一般传动轴，[θ]=0.5 ~ 1(°)/m
精密仪器与仪表的轴，[θ] 值可根据有关设计标准或规范确定
注意单位换算
$1rad/m=\frac{180}{\pi}(°)/m$
4

4.19　校核圆轴扭转刚度例题

A

已知：M_A=180N·m，M_B=320N·m，M_C=140N·m，$I_P=3\times10^5\text{mm}^4$，$G$=80GPa，$[\theta]=0.5(°)/\text{m}$。试求 φ_{AC} 并校核轴的刚度

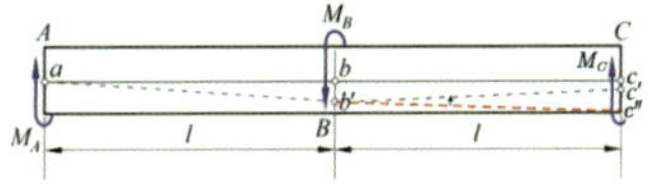

A
M_B
C
a
b
M_C
M_A
B
l
l

校核圆轴刚度

- ❶ 变形分析
  - AB 段
    - 1 T_1=180N·m
    - 2 $\varphi_{AB}=\dfrac{T_1 l}{GI_P}=1.5\times10^{-2}\text{rad}$
  - BC 段
    - 3 T_2=−140N·m
    - 4 $\varphi_{BC}=\dfrac{T_2 l}{GI_P}=-1.17\times10^{-2}\text{rad}$
- ❷ 总转角 = 各段转角代数和
  - 5 $\varphi_{AC}=\varphi_{AB}+\varphi_{BC}=0.33\times10^{-2}\text{rad}$
- ❸ 校核刚度
  - 6 $|T_1|>|T_2|$
  - 7 $\left(\dfrac{d\varphi}{dx}\right)_{max}=\dfrac{T_1}{GI_P}$
  - 8 $\left(\dfrac{d\varphi}{dx}\right)_{max}=\dfrac{180}{(80\times10^9)\times(3.0\times10^5\times10^{-12})}\dfrac{180}{\pi}=0.43(°)/\text{m}<[\theta]$
- ❹ 轴外倾斜角与扭力偶矩之间相关性

4.20　求解静不定轴的典型例题 1

扭转静不定问题

A

试分析图示轴两端的扭力偶矩

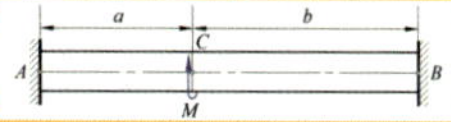
a
b
C
A
B
M

B

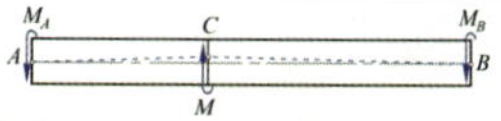
M_A
C
M_B
A
B
M

① 平衡方程

$\sum M_x = 0, M_A + M_B - M = 0$ (1)

② 几何补充方程

$\varphi_{AB} = \varphi_{AC} + \varphi_{CB} = 0$ (2)

$\varphi_{AC} = \frac{T_1 a}{GI_p} = -\frac{M_A a}{GI_p}$ (3)

$\varphi_{CB} = \frac{T_2 b}{GI_p} = \frac{M_B b}{GI_p}$ (4)

$-M_A a + M_B b = 0$ (5)

③ 式 (1)+ 式 (5)

$M_A = \frac{Mb}{a+b}$ (6)

$M_B = \frac{Mb}{a+b}$ (7)

与拉压静不定问题的相关性

C

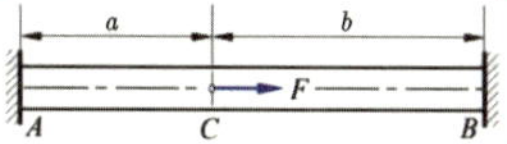
a
b
F
A
C
B

$F_{Ax} = \frac{Fb}{a+b}$ (8)

$F_{Bx} = \frac{Fa}{a+b}$ (9)

4.21 求解静不定轴的典型例题 2

A

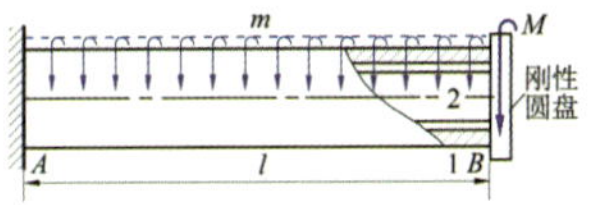

m
M
2
刚性
圆盘
A
l
1 B

已知 $G_1=G_2=G$，$I_{P1}=2I_{P2}$，试求圆盘转角

B

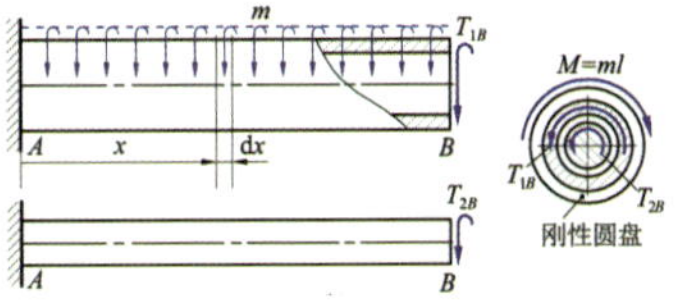

m
T_{1B}
A
x
dx
B
T_{2B}
A
B
M=ml
T_{1B}
T_{2B}
刚性圆盘

扭转静不定问题

❶ 建立平衡方程

1. $\sum M_x=0,\ T_{1B}+T_{2B}-ml=0$

❷ ★ 几何补充方程

2. $\varphi_{1B}=\varphi_{2B}$
3. $T_1(x)=T_{1B}+m(l-x)$
4. $T_2(x)=T_{2B}$

★

5. $\varphi_{1B}=\dfrac{1}{GI_{P1}}\left(T_{1B}l+\dfrac{ml^2}{2}\right)$
6. $\varphi_{2B}=\dfrac{T_{2B}l}{GI_{P2}}=\dfrac{2T_{2B}l}{GI_{P1}}$

7. $T_{1B}+\dfrac{ml}{2}-2T_{2B}=0$

❸ 式 (1)+ 式 (7)

8. $T_{1B}=T_{2B}=\dfrac{ml}{2}$
9. $\varphi_B=\varphi_{2B}=\dfrac{T_{2B}l}{GI_{P2}}=\dfrac{ml^2}{2GI_{P2}}$

4.22 矩形截面轴的扭转

矩形截面轴的扭转

应变

- 截面翘曲 — 平面假设不再适用

切应力

A

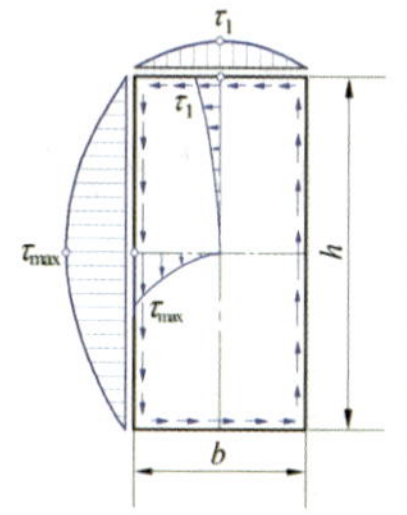
τ_1
τ_{max}
h
b

- ❶ 横截面边缘各点的切应力平行于截面周边
- ❷ 角点处的切应力 =0
- ❸ 最大切应力 τ_{max} 发生在截面长边中点处
- ❹ 短边中点处切应力 τ_1 也有相当大的数值

} 弹性理论

B

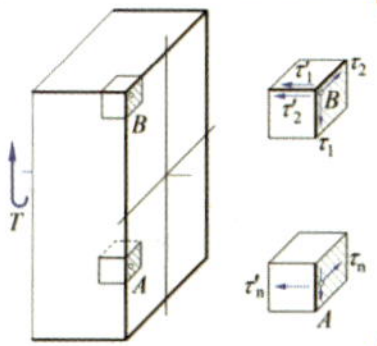
T
B
A
τ_1
τ_2
τ_n
τ'_n

- 角点处 — $\tau'_1 = \tau'_2 = 0$ — $\tau_1 = \tau_2 = 0$ — 角点处切应力 =0
- 横截面边缘各点处 — $\tau'_n = 0$ — $\tau_n = 0$ — 切应力 // 周边

} 切应力互等定理

4.23　闭口与开口薄壁杆的概念

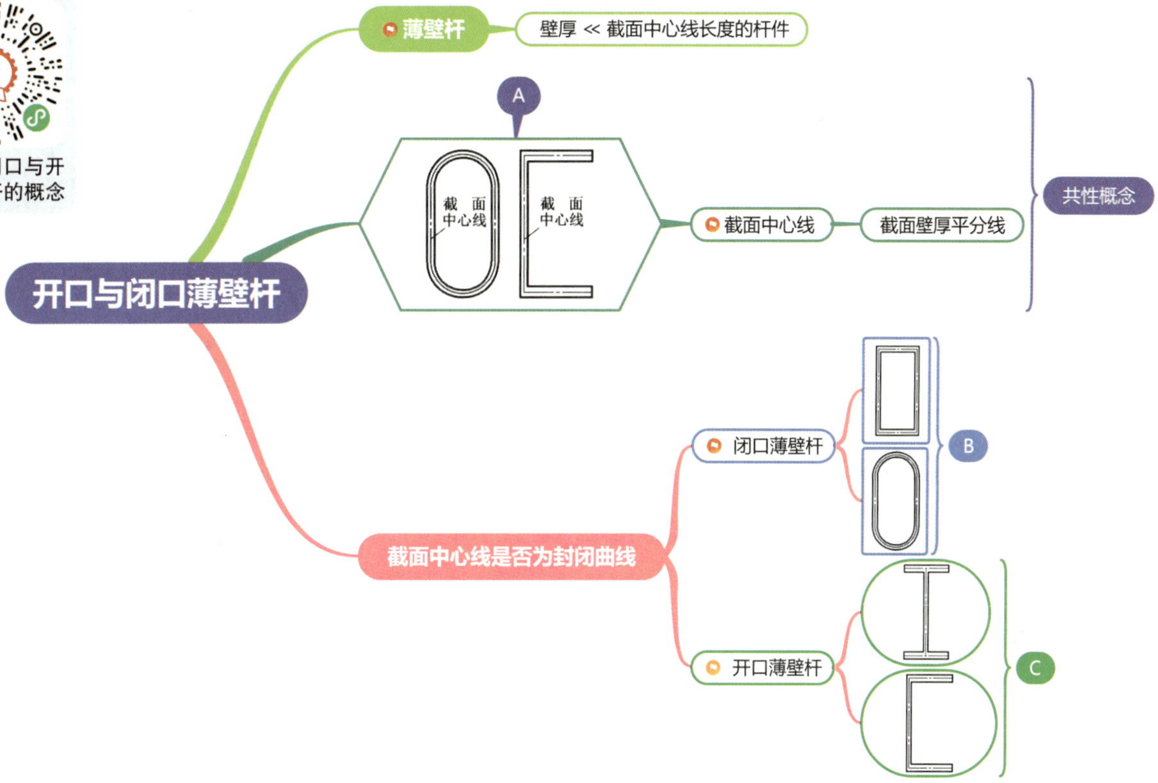

开口与闭口薄壁杆
薄壁杆
壁厚 << 截面中心线长度的杆件
A
截　面
中心线
截　面
中心线
截面中心线
截面壁厚平分线
共性概念
截面中心线是否为封闭曲线
闭口薄壁杆
B
开口薄壁杆
C

4.24　闭口薄壁杆扭转应力

闭口薄壁杆扭转应力

A
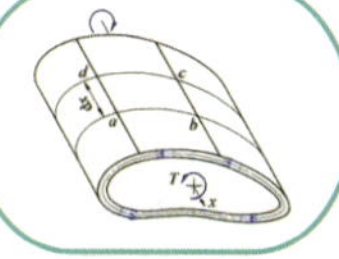
d
c
dx
a
b
T
x

B
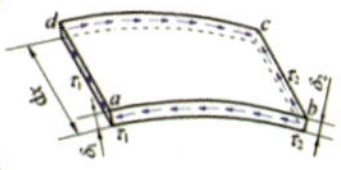
d
c
dx
a
b
τ₁
τ₂
δ₁
δ₂

- ① 假设
  - 切应力沿壁厚均匀分布
  - 平行于中心线切线
- ② 力的平衡方程
  - $\sum F_{ix}=0$ → ① $\tau_1\delta_1 dx-\tau_2\delta_2 dx=0$ → ② $\tau_1\delta_1=\tau_2\delta_2$ → ③ $\tau\delta=C$
  - 剪流：闭口薄壁杆扭转剪流的数值，沿截面中心线不变
  - $\tau\delta$ — 代表中心线单位长度上的剪力 — 单位：N/m — 内力集度
  - 与之相似的两个外力参数（外力集度）
    - q — 载荷集度：单位长度上的外力
    - m — 力偶矩集度：单位长度上的扭力偶矩

C
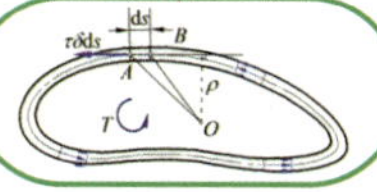
τδds
ds
B
A
ρ
T
O

D
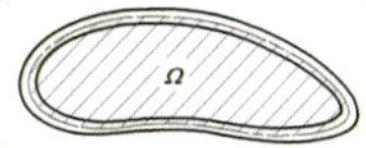
Ω

- ③ 力矩平衡方程
  - ④ $T=\oint \rho\tau\delta ds=\tau\delta\oint \rho ds$
  - ⑤ $\tau=\dfrac{T}{2\Omega\delta}$ — 应力与截面中心线所谓面积成反比
  - ⑥ $\tau_{max}=\dfrac{T}{2\Omega\delta_{min}}$ — 最大应力发生在壁厚最薄处

4.25 闭口薄壁杆的扭转变形

闭口薄壁杆的扭转变形

A

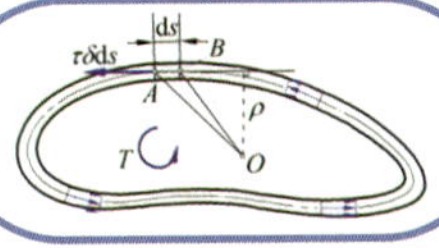
τδds
ds
B
A
ρ
T
O

1 剪切应变能密度 $v_\varepsilon = \dfrac{\tau^2}{2G}$

2 $\mathrm{d}V_\varepsilon = \dfrac{\tau^2}{2G}\delta \mathrm{d}s\mathrm{d}x$

3 $\tau = \dfrac{T}{2\Omega\delta}$

4 闭口薄壁杆的扭转应变能 $V_\varepsilon = \int_l \oint \dfrac{T^2}{8\Omega^2 G\delta}\mathrm{d}s\mathrm{d}x$

5 $V_\varepsilon = \dfrac{T^2 l}{8\Omega^2 G}\oint \dfrac{\mathrm{d}s}{\delta}$

扭矩是常数，等截面的闭口薄壁杆的扭转应变能

6 $I_t = \dfrac{4\Omega^2}{\oint \dfrac{\mathrm{d}s}{\delta}}$

7 $V_\varepsilon = \dfrac{T^2 l}{2GI_t}$

8 $\dfrac{T\varphi}{2} = \dfrac{T^2 l}{2GI_t}$

9 $\varphi = \dfrac{Tl}{GI_t}$

薄壁圆轴截面

B

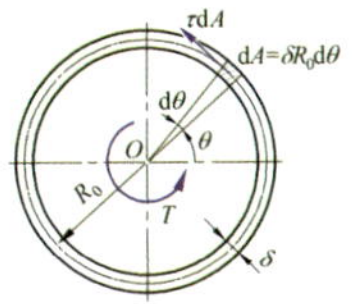
τdA
dA=δR0dθ
dθ
θ
O
R0
T
δ

10 $I_t = 2\pi R^3\delta$

11 $\varphi = \dfrac{Tl}{2\pi R^3\delta G}$

4.26 开口薄壁杆扭转切应力与扭转变形计算公式

开口薄壁杆的扭转

- A
  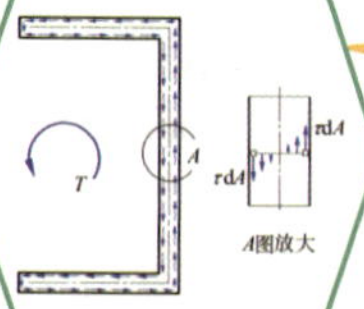
  T
A
τdA
τdA
A图放大
  - 扭转切应力沿截面周边呈环流分布
    - 环流方向与扭矩方向一致
    - 切应力平行于所在边边长
- 抗扭性能差
  - 采用格条或筋板提高抗扭性能
  - B
    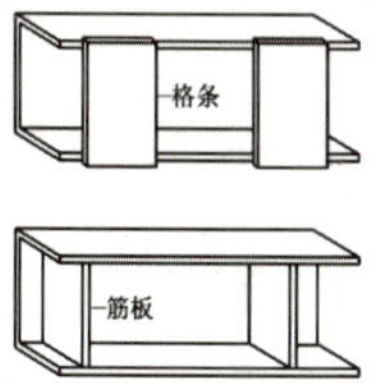
    格条
筋板
- C
  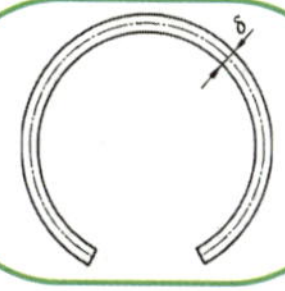
  δ
  - ① $\tau_{max}=\dfrac{3T}{h\delta^2}$
  - ② $\varphi=\dfrac{3Tl}{Gh\delta^3}$
- D
  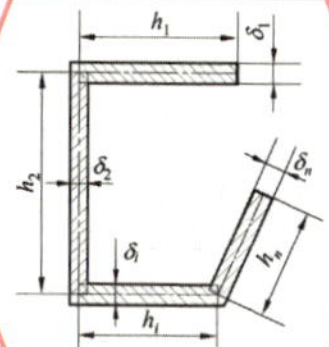
  h1
δ1
h2
δ2
δn
hn
δi
hi
  - 应力：③ $\tau_{max}=\dfrac{3T\delta_{max}}{\sum\limits_{i=1}^{n}h_i\delta_i^3}$
  - 变形：④ $\varphi=\dfrac{3Tl}{G\sum\limits_{i=1}^{n}h_i\delta_i^3}$
  - 视为若干狭长矩形截面杆组成的组合杆

4.27 薄壁杆的合理截面形状

薄壁杆合理的截面形状

- 闭口 > 开口
  - 闭口性能更优
- 等壁厚 > 变壁厚

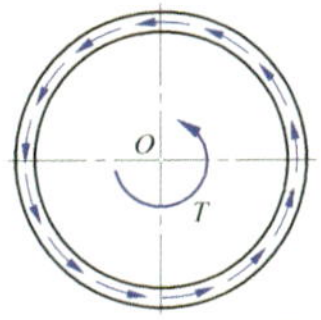

O
T

- 圆形 > 非圆形
  - 周长相同条件下，圆内包含的面积最大（变分法）
    - $\Omega \Uparrow$
- 正方形 > 矩形
  - $\Omega \Uparrow$

以上均基于：

1. $\tau_{\max} = \dfrac{T}{2\Omega\delta_{\min}}$
2. $\varphi = \dfrac{Tl}{GI_t} = \dfrac{Tl}{G\dfrac{4\Omega^2}{\oint \dfrac{ds}{\delta}}}$

4.28　各类截面的扭转切应力与扭转角公式汇总

各类截面的扭转切应力与扭转角公式汇总

类型	最大扭转切应力	扭转角	备注
※ 圆轴	$\tau_{max}=\frac{T}{W_p}=\frac{T}{\frac{1}{16}\pi d^3}$	$\varphi=\frac{Tl}{GI_p}=\frac{Tl}{G\frac{\pi d^4}{32}}$	
※ 薄壁圆轴（闭口）	$\tau_{max}=\frac{T}{2\pi R_0^2\delta}$	$\varphi=\frac{Tl}{2G\pi R_0^3\delta}$	
矩形截面轴	$\tau_{max}=\frac{T}{W_t}=\frac{T}{\alpha hb^2}$ $\tau_1=\gamma\tau_{max}$	$\varphi=\frac{Tl}{GI_t}=\frac{Tl}{G\beta hb^3}$	h、b 分别代表矩形截面长边与短边的长度，系数 α、β、γ 与 $\frac{h}{b}$ 有关，其值见单辉祖主编《材料力学》表 4-1
狭窄矩形截面轴	$\tau_{max}=\frac{3T}{h\delta^2}$	$\varphi=\frac{3Tl}{Gh\delta^3}$	满足：$h\geqslant 10b$，$b=\delta$，α、β 均接近 1/3
椭圆、三角形等非圆截面轴	$\tau_{max}=\frac{T}{W_t}$	$\varphi=\frac{Tl}{GI_t}$	W_t、I_t 的计算公式见单辉祖主编《材料力学 I》的附录 D
闭口薄壁杆	$\tau_{max}=\frac{T}{2\Omega\delta_{min}}$	$\varphi=\frac{Tl}{GI_t}$ $I_t=\frac{4\Omega^2}{\oint\frac{ds}{\delta}}$	Ω 为截面中心线围成的面积
开口薄壁杆	$\tau_{max}=\frac{3T\delta_{max}}{\sum_{i=1}^{n}h_i\delta_i^3}$	$\varphi=\frac{3Tl}{G\sum_{i=1}^{n}h_i\delta_i^3}$	h_i、δ_i 分别代表矩形截面 i 的长度与厚度

4.29　轴的横、纵向截面切应力分布特征

4-1　圆轴扭转时，下列说法正确的是（　）

A. 在过轴线的纵向截面上不存在应力 ☒

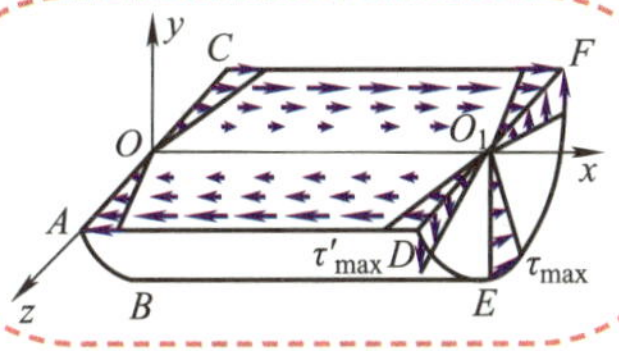

y
C
F
O
O_1
x
A
τ'_{max}
D
τ_{max}
z
B
E

B. 当变形很小时，圆轴各个圆周线的大小和间隙保持不变 ☑

C. 圆轴各点（除轴线上的点）均处于纯剪切状态 ☑

D. 最大切应力发生在圆轴截面边缘各点 ☑

E. 圆轴的外圆表面，没有切应力 ☑

4-2　等直矩形杆受扭时，下述结论正确的是（　）

- A. 横截面最大切应力发生在离形心最远处 ✗（在长边的中点）
- B. 横截面变形后，仍为平面 ✗
- C. 横截面最大切应力发生在短边中点 ✗
- D. 横截面变形后发生翘曲 ✓
- E. 横截面上边缘各点的切应力必平行于截面的周边，且角点处的切应力必为 0，是根据切应力互等定理得出来的两个结论 ✓
- F. 轴表面距侧面中线越近，切应变越大，在中线各点处，切应变最大 ✓

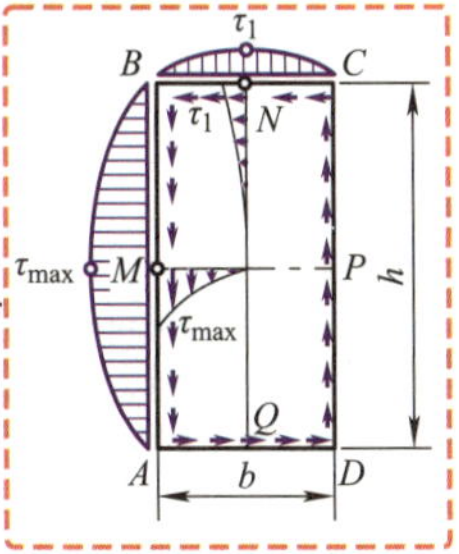
τ_1
B
C
τ_1
N
τ_{max}
M
P
h
τ_{max}
Q
A
b
D

4-3　不计截面突变处的应力集中，阶梯圆轴的最大切应力发生在（　）

- A. 扭矩最大截面
- B. 直径最小截面
- C. 单位长度扭转角最大截面
- D. 上述三个结论都不对 ☑

4-4 圆轴由不同材料的内轴和套管牢固粘接在一起，且套管切变模量 $G_2>$ 内轴 G_1，则扭转变形时横截面上切应力分布正确的是（ ）

A
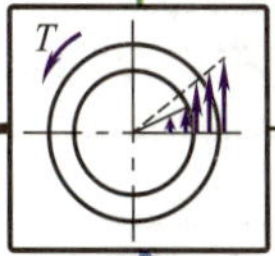
T

B
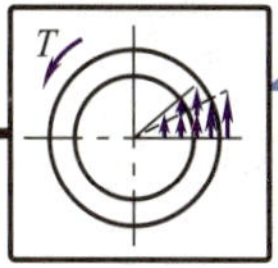
T

C
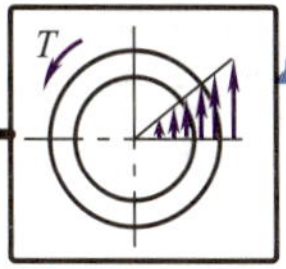
T

D
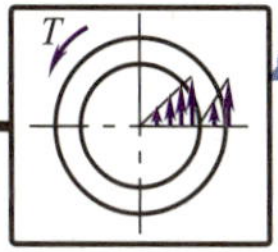
T

（A 为正确答案 ✓）

1. $\tau_\rho = G\rho\dfrac{d\varphi}{dx}$ —— 切应力呈线性分布
2. $\dfrac{d\varphi}{dx}=C$；内轴和套管交接处，**单位长度扭转角相等**；内轴和套管交接处，**切应力突变**；$G_2>G_1$
3. $\tau_\rho^{(2)}>\tau_\rho^{(1)}$

4-5　如图 A 所示，两圆轴材料分别为低碳钢和木材，受扭后圆轴 1（见图 A）出现了平行于轴线的裂纹，圆轴 2（见图 B）沿横截面断裂，则（　）

A

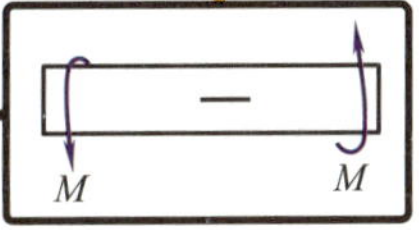

M
M

B

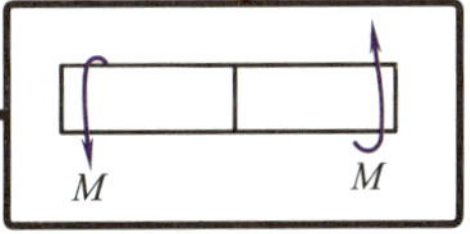

M
M

A. 圆轴 1 材料为低碳钢，圆轴 2 为木材

B. 圆轴 1 材料为木材，圆轴 2 为低碳钢 ☑

C. 两圆轴材料均为低碳钢

D. 两圆轴材料均为木材

4-6 某等截面轴的扭矩图面积代数和为 0，则其两端面的相对转角（ ）

- A. 大于 0
- B. 小于 0
- C. 等于 0 ✓
- D. 不确定

1. $\varphi_1 = \int_l \frac{T}{GI_p} dx = \frac{\int_l T dx}{GI_p}$
2. $\varphi_2 = -\frac{\int_l T dx}{GI_p}$
3. $\varphi_{12} = \varphi_1 + \varphi_2 = 0$

4-7　某等截面圆轴两端受一对扭力偶矩 M_0 作用，则（　）条件下，轴的单位长度扭转角不变

- A. 轴的长度增加 1 倍 ☑
- B. 轴的材料由铝换成钢
- C. 轴的横截面由实心换成空心，并保持横截面尺寸不变
- D. 轴的横截面由实心换成空心，并保持横截面极惯性矩不变 ☑
  - 1　$$\frac{\mathrm{d}\varphi}{\mathrm{d}x}=\frac{T}{GI_{\mathrm{P}}}$$

4-8 圆形和矩形等厚度薄壁杆的横截面中心线所围成的面积相等，壁厚相等，承受的扭矩相同。设想两薄壁杆沿某一纵向截面剪开，则（ ）（不计矩形截面薄壁杆角点处应力集中）

A. 剪开前，闭口圆形薄壁杆内最大切应力大于闭口矩形薄壁杆内最大切应力

B. 剪开前，闭口圆形薄壁杆内最大切应力小于闭口矩形薄壁杆内最大切应力

C. 两闭口薄壁杆内最大切应力相等 ✓

1

$$\tau_{max} = \frac{T}{2\Omega\delta_{min}} = \frac{T}{2\Omega\delta}$$

D. 剪开后，开口圆形薄壁杆内最大切应力大于开口矩形薄壁杆内最大切应力 ✓

2

$$\tau_{max} = \frac{3T\delta_{max}}{\sum_{i=1}^{n} h_i\delta_i^3} = \frac{3T\delta}{\delta^3 S} = \frac{3T}{\delta^2 S}$$

S——周长

- 如果周长一样，圆形薄壁杆围成的面积比矩形薄壁杆围成的面积大
- 如果面积一样，圆形薄壁杆的周长比矩形薄壁杆的周长小

E. 剪开后，开口圆形薄壁杆内最大切应力小于开口矩形薄壁杆内最大切应力

F. 剪开后，两开口薄壁杆内最大切应力相等

4-9　机轴 AD 上装两个齿轮，它们分别受到切线方向的力 P_1 和 P_2 作用，轴承 A 和 D 都是铰支座，如图 A1、图 A2 所示，下面结论正确的是（　）

A1

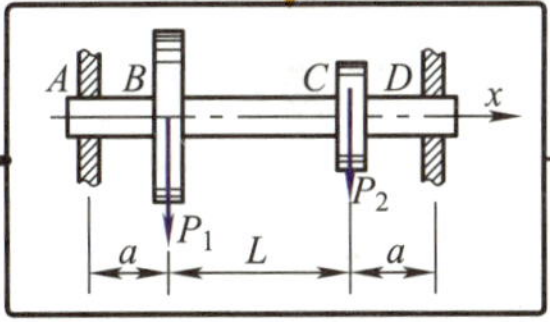

A
B
C
D
x
P1
P2
a
L
a

A2

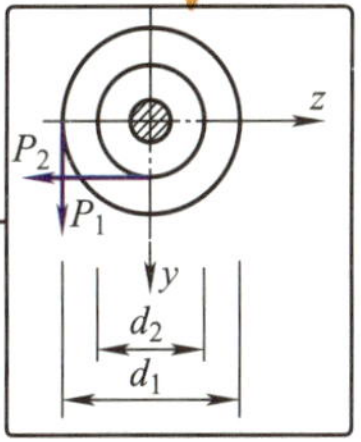

z
P2
P1
y
d2
d1

A. 轴 AD 的各截面上，均有与 y 轴平行的剪力，也有与 z 轴平行的剪力

B. 若轴 AD 做匀速转动，则 BC 段的各截面扭矩值 M_n 相同，且 $M_n=\frac{1}{2}P_1d_1=\frac{1}{2}P_2d_2$

C. 其中 BC 段轴的最大扭转切应力为 $\frac{16M_n}{\pi d^3}$，d 为轴 AD 直径

D. 轴 AD 的单位长度扭转角为 $\frac{32M_n}{\pi d^4}$

4-10 钻探机的功率为 10kW，转速 ω=180r/min，钻杆钻入土层的深度 L=40mm，如图 A 所示。设土壤对于钻杆的阻力可看作均匀分布的力偶，则此均布力偶矩的集度 t 为（　　）kN·m/m

A

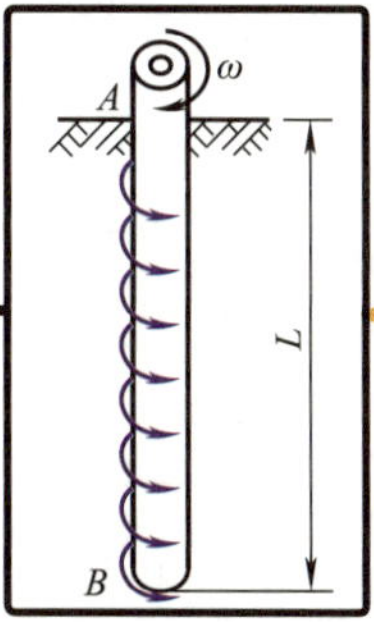
ω
A
L
B

A.0.0556

B.0.0133 ✔

1

$$\{M\}_{N\cdot m}=9550\frac{\{P\}_{kW}}{\{n\}_{r/min}}=Lt\times10^3$$

C.0.0097

D.0.0013

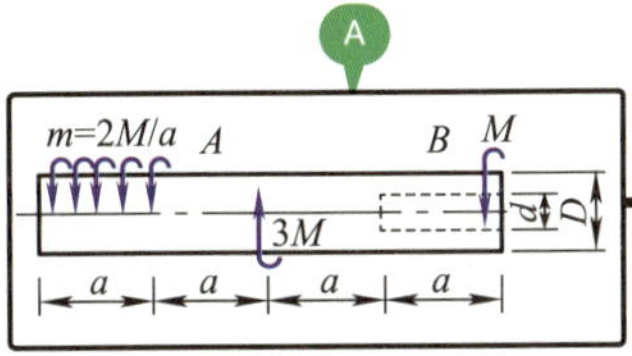
A
m=2M/a
A
B
M
3M
d
D
a
a
a
a

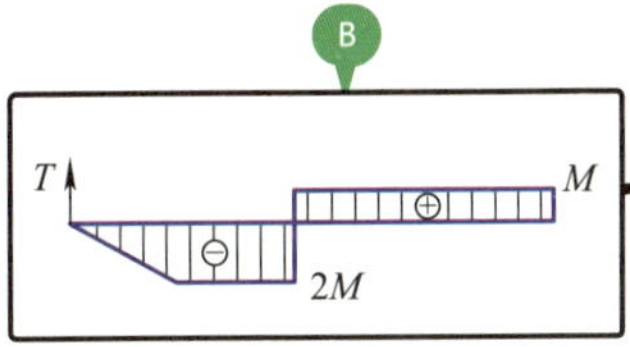
B
T
M
2M

4-11　如图A所示，圆轴长为4*a*，直径为*D*，一端钻有直径为*d*的孔。圆轴上作用有均布与集中扭力偶。已知*a*=0.25m，*D*=40mm，*d*=20mm，*M*=150N·m。材料的许用应力[τ]=80MPa，单位长度许用扭转角[θ]=0.5(°)/m，切变模量*G*=80GPa。

（1）计算轴两端的相对转角；

（2）校核轴的强度；

（3）校核轴的刚度

（1）分四段计算相对转角

1

$$\varphi=-\int_0^a\frac{\frac{2M}{a}x}{G\frac{\pi}{32}D^4}\mathrm{d}x-\frac{2Ma}{G\frac{\pi}{32}D^4}+\frac{Ma}{G\frac{\pi}{32}D^4}+\frac{Ma}{G\frac{\pi}{32}(D^4-d^4)}=-\frac{64Ma}{G\pi D^4}+\frac{32Ma}{G\pi(D^4-d^4)}=-0.10$$

（2）校核强度

2

$$\tau_A=\frac{|T_A|}{W_{\rm P}}=\frac{2M}{\frac{1}{16}\pi D^3}=23.9\text{MPa}<[\tau]$$

$$\tau_B=\frac{M}{\frac{1}{16}\pi D^3(1-\alpha^4)}=12.7\text{MPa}<[\tau]$$

★（3）校核刚度

3

$$\theta_A=\frac{\mathrm{d}\varphi}{\mathrm{d}x}=\frac{2M}{G\frac{\pi}{32}D^4}=0.85(°)/\text{m}>[\theta]$$

$$\theta_B=\frac{M}{G\frac{\pi}{32}D^4(1-\alpha^4)}=0.46(°)/\text{m}<[\theta]$$

通常，刚度条件的要求比强度条件的要求更严格

两个危险截面

4.30　轴的强度刚度校核以及薄壁截面杆的优化设计攻略

A

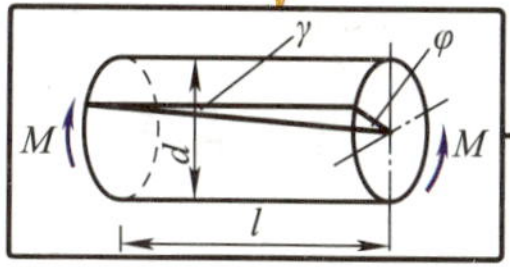
γ
φ
M
d
M
l

4-12 如图 A 所示，圆轴长 l=1m，直径 d=20mm，材料切变模量 G=80GPa，两端截面相对转角 φ=0.1rad，试求圆轴侧表面任一点处的切应变 γ、横截面最大切应力 τ_{max} 和扭力偶矩 M

方法一

相对扭转角 φ 与切应变 γ 之间的几何关系

1. $\gamma l = \varphi \cdot \frac{d}{2}$

2. $\gamma = \frac{\varphi d}{2l} = 10^{-3}$

3. $\tau_{max} = G\gamma = 80\times10^{3}\times10^{-3}\text{MPa} = 80\text{MPa}$

4. $M = \tau_{max}\cdot W_P = 80\times\frac{\pi d^{3}}{16} = 125.66\text{N}\cdot\text{m}$

方法二

5. $\varphi = \frac{Ml}{GI_P}$

6. $M = \frac{GI_P\varphi}{l} = 125.66\text{N}\cdot\text{m}$

7. $\tau = \frac{M}{W_P} = \frac{125.66\times10^{3}}{\frac{\pi}{16}\times20^{3}}\text{MPa} = 80.0\text{MPa}$

8. $\gamma = \frac{\tau}{G} = \frac{80}{80\times10^{3}} = 10^{-3}$

4-13 如图 A 所示，圆锥轴长 l，两端截面 A 和 B 的直径分别为 d_1 和 d_2，且 $d_1=2d_2$，材料切变模量为 G，均布扭力偶矩集度为 m。
（1）从强度条件考虑，确定危险截面位置；
（2）从刚度条件考虑，确定最大单位长度扭转角 θ 的位置

A

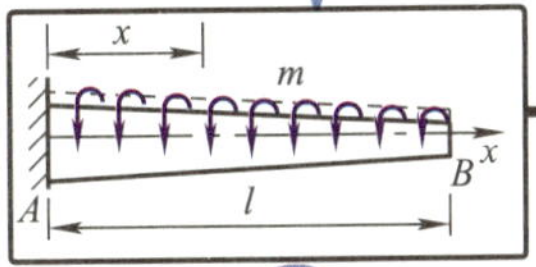

x
m
x
B
A
l

B

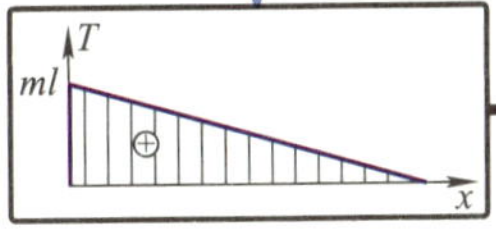

T
ml
x

① $\tau_{\max}(x)=\dfrac{T(x)}{W(x)}=\dfrac{m(l-x)}{\dfrac{1}{16}\pi\left(d_1+\dfrac{d_2-d_1}{l}x\right)^3}$ 1

$\dfrac{\mathrm{d}\tau_{\max}(x)}{\mathrm{d}x}=0$ 2

3 $x=\dfrac{2d_1-3d_2}{2(d_1-d_2)}l=\dfrac{l}{2}$ — 强度危险截面位置

② $\theta(x)=\dfrac{T(x)}{GI_{\mathrm{p}}(x)}=\dfrac{m(l-x)}{G\cdot\dfrac{1}{32}\pi\left(d_1+\dfrac{d_2-d_1}{l}x\right)^4}$ 4

$\dfrac{\mathrm{d}\theta(x)}{\mathrm{d}x}=0$ 5

6 $x=\dfrac{3d_1-4d_2}{3(d_1-d_2)}l=\dfrac{2}{3}l$ — 刚度危险截面位置

注意：变截面轴的设计
- 强度和刚度的最危险截面都不在端部
- 强度和刚度的最危险截面不重合

4-14 半径为 R 的实心圆轴受到扭矩 T 作用，材料的 τ-γ 曲线如图 A 所示，试求：
（1）确定圆轴的屈服扭矩 T_s；
（2）确定圆轴的极限屈服扭矩 T_p；
（3）当 $T_s<T<T_p$ 时，确定圆轴塑性区位置

A

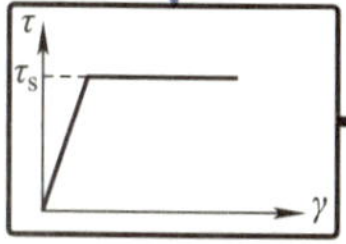
τ
τs
γ

B

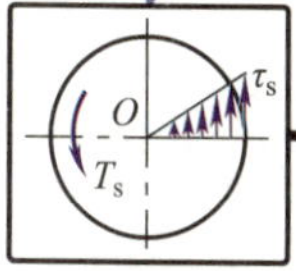
O
τs
Ts

C

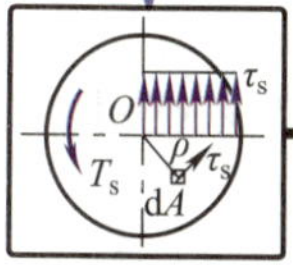
O
τs
Ts
dA

D

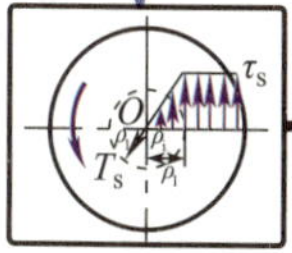
O
τs
Ts

屈服扭矩

$\tau_{max}=\tau_s$ 时，对应的扭矩 T_s

1. $\tau_s=\dfrac{T_s}{W_p}=\dfrac{T_s}{\dfrac{\pi R^3}{2}}=\dfrac{2T_s}{\pi R^3}$

2. $T_s=\dfrac{\pi\tau_s D^3}{2}$

极限屈服扭矩

圆轴横截面上各点的切应力均达到屈服切应力 τ_s

3. $T_p=\int_A\rho\tau_s\mathrm{d}A=\tau_s\int_A\rho\mathrm{d}A=\dfrac{2}{3}\pi R^3\tau_s$

当 $T_s<T<T_p$ 时，弹性与塑性区域的分界线为一个半径是 ρ_1 的圆，塑性区域位于 $\rho_1<\rho\leqslant R$

4. $\tau=\dfrac{\rho}{\rho_1}\tau_s$，$0\leqslant\rho\leqslant\rho_1$；$\tau=\tau_s$，$\rho_1<\rho\leqslant R$

5. $T=\int_0^{\rho_1}2\pi\rho^2\left(\dfrac{\rho}{\rho_1}\right)\tau_s\mathrm{d}\rho+\int_{\rho_1}^{R}2\pi\rho^2\tau_s\mathrm{d}\rho=\left(\dfrac{2}{3}R^3-\dfrac{1}{6}\rho_1^3\right)\pi\tau_s$

6. $\rho_1=\sqrt[3]{4R^3-\dfrac{6T}{\pi\tau_s}}$

4-15　对于闭口薄壁杆，若截面中心线长度 S、壁厚、杆长、材料及所受扭矩 T 均相同。试证明：
（1）在矩形薄壁截面杆中，正方形薄壁截面杆的强度和刚度最好；（2）正 $n+1$ 边形薄壁截面杆的强度和刚度好于正 n 边形薄壁截面杆的强度和刚度

证明正方形在承受相同扭矩时，其扭转切应力 τ 和扭转角 φ 最小

1

$$\tau=\frac{T}{2\Omega\delta}$$

$$\varphi=\frac{Tl}{GI_t}$$

$$I_t=\frac{4\Omega^2}{\oint\frac{ds}{\delta}}$$

相同周长的矩形中，正方形所包围面积 Ω 最大

S 为周长，b 为宽，h 为高

2

$$S=2(b+h)\Rightarrow b=\frac{S}{2}-h$$

3

$$\Omega=bh=\left(\frac{S}{2}-h\right)h$$

4

$$\frac{d\Omega}{dh}=\frac{S}{2}-2h=0$$

5

$$\frac{d^2\Omega}{dh^2}=-2<0$$

6

$$h=\frac{S}{4},\ b=\frac{S}{4}$$

Ω 最大

周长相同条件下，正 $n+1$ 边形的面积比正 n 边形的面积大

7

$$\Omega_n=\frac{S^2}{4n}\cot\frac{\pi}{n}=\frac{S^2}{4}\cdot\frac{1}{n\tan\frac{\pi}{n}}$$

8

$$\left(n\cdot\tan\frac{\pi}{n}\right)'=\tan\frac{\pi}{n}-\frac{\pi}{n}\sec^2\frac{\pi}{n}=\frac{\sin\frac{2\pi}{n}-\frac{2\pi}{n}}{2\cos^2\frac{\pi}{n}}$$

9

当 $\frac{2\pi}{n}>0$，即 $n>0$ 时：$\sin\frac{2\pi}{n}<\frac{2\pi}{n}$

$n\cdot\tan\frac{\pi}{n}$ 是减函数

10

$$(n+1)\tan\frac{\pi}{n+1}<n\tan\frac{\pi}{n}$$

11

$$\Omega_{n+1}=\frac{S^2}{4}\frac{1}{(n+1)\tan\frac{\pi}{n+1}}>\frac{S^2}{4}\frac{1}{n\tan\frac{\pi}{n}}=\Omega_n$$

$n\to\infty$ 时，正 n 多边形的极限是圆截面薄壁杆强度和刚度最好

A

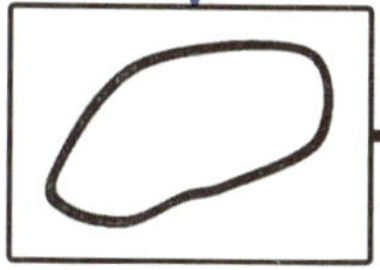

4-16　如图 A 所示，厚度为 δ 的等壁厚闭口薄壁杆受扭矩 T 作用，中心线周长为 S。在下述情况下，闭口薄壁杆的强度与刚度是否变化？

（1）在 $\frac{S}{2}$ 中心线长度上壁厚增加一倍到 2δ；

（2）在很小的局部受损伤，壁厚减薄到 $\frac{\delta}{2}$。

如果变化，试求前后两端相对扭转角与杆内最大切应力之比。

❶ 部分加厚

1. $\tau_{max} = \frac{T}{2\Omega\delta_{min}}$

最小壁厚不变，最大切应力不变

部分加厚，可能会出现壁厚突变处应力集中而降低强度

2. $\varphi = \frac{Tl}{4G\Omega^2}\oint\frac{ds}{\delta}$

3. $$\frac{\varphi_{thick}}{\varphi} = \frac{\oint\frac{ds}{\delta_{thick}}}{\oint\frac{ds}{\delta}} = \frac{\left(\int_0^{S/2}\frac{ds}{\delta} + \int_{S/2}^{S}\frac{ds}{2\delta}\right)}{\frac{S}{\delta}} = \frac{\left(\frac{S}{2\delta} + \frac{S}{4\delta}\right)}{\frac{S}{\delta}} = 0.75$$

部分加厚，扭转刚度变大

❷ 局部受损

4. $\tau_{max} = \frac{T}{2\Omega\delta_{min}}$

5. $\frac{\tau'_{max}}{\tau_{max}} = \frac{\delta}{\frac{\delta}{2}} = 2$

局部受损，最大应力增加一倍，强度降低

6. $\varphi = \frac{Tl}{4G\Omega^2}\oint\frac{ds}{\delta}$

局部受损，刚度基本不变

4-17 如图 A 所示，由厚度 δ=8mm 的钢板卷成圆筒，平均直径 D=200mm。接缝处用铆钉铆接。若铆钉的直径 d=20mm，许用切应力 $[\tau]$=60MPa，许用挤压应力 $[\sigma_{bs}]$=160MPa，筒的两端受到扭力偶矩 M_e=30kN · m 作用，试求铆钉的间距 s

A

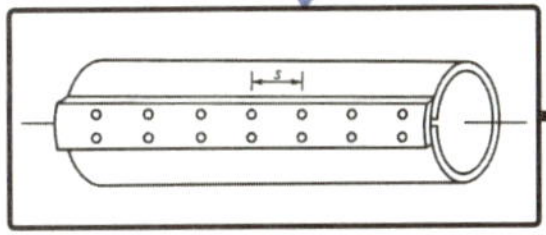

s

B

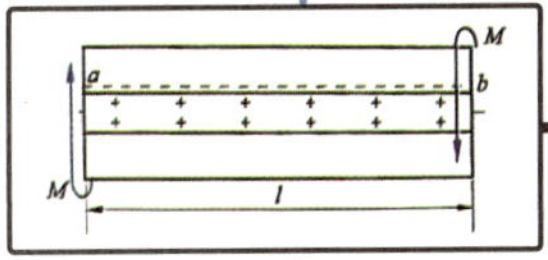

M
a
b
M
l

C

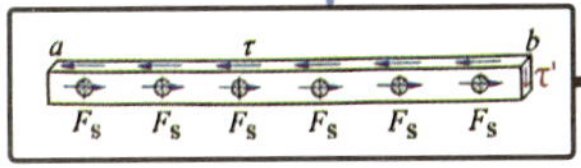

a
τ
b
τ'
F_s
F_s
F_s
F_s
F_s
F_s

1 无缝薄壁圆管

$$\tau'=\frac{T}{\pi D\delta\cdot\frac{D}{2}}=\frac{2T}{\pi D^2\delta}$$

2 切应力互等定理

$$\tau=\tau'$$

3

$$F_s=\tau s\delta=\frac{2Ts}{\pi D^2}$$

4 铆钉强度条件

$$\tau=\frac{F_s}{A}=\frac{4F_s}{\pi d^2}=\frac{8Ts}{\pi^2D^2d^2}\leqslant[\tau]$$

5

$$s_1\leqslant\frac{[\tau]\pi^2D^2d^2}{8T}=39.5\text{mm}$$

6 铆钉挤压强度条件

$$\sigma_{bs}=\frac{F_s}{d\delta}=\frac{2Ts}{\pi D^2d\delta}\leqslant[\sigma_{bs}]$$

7

$$s_2\leqslant\frac{[\sigma_{bs}]\pi D^2d\delta}{2T}=53.6\text{mm}$$

$$s=\min\{s_1,s_2\}=s_1$$

5.1 弯曲内力引论

第5章 弯曲内力

第5章 弯曲内力
1. 引言
2. 梁的约束与类型
3. 剪力与弯矩
4. 剪力方程、弯矩方程与剪力图、弯矩图
5. 剪力、弯矩与载荷集度间的微分关系
6. 刚架与曲梁的内力

5.2　弯曲及其特征

引言：弯曲及其特征

- 弯曲实例
  - A
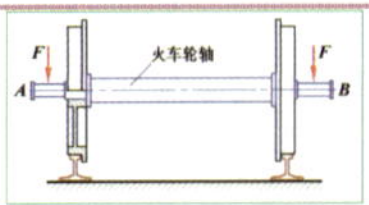
火车轮轴
F
F
A
B
    - A1

F
F
A
C
D
B
  - B
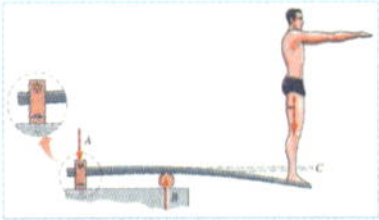
    - B1

F
B
A
  - C
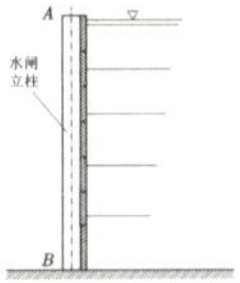
A
水闸
立柱
B
    - C1

A
B
- 特征
  - 外力特征
    - D

F
q
M_e
轴线
F_{R1}
F_{R2}
    - 外力或外力偶矢量垂直于杆轴 — 横向载荷（垂直于杆轴的载荷）
  - 变形特征 — 杆轴由直线变为曲线
  - 弯曲与梁
    - 弯曲 — 以轴线变弯为主要特征的变形形式
    - 梁 — 以弯曲为主要变形的杆件
  - 计算简图
    - E
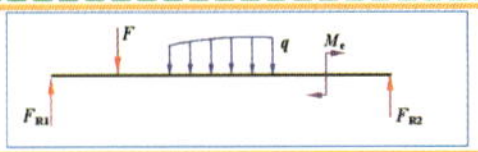
F
q
M_e
F_{R1}
F_{R2}
    - 画计算简图时，通常以轴线代表梁

5.1　引言

5.3　外力、内力与变形之间的对应关系

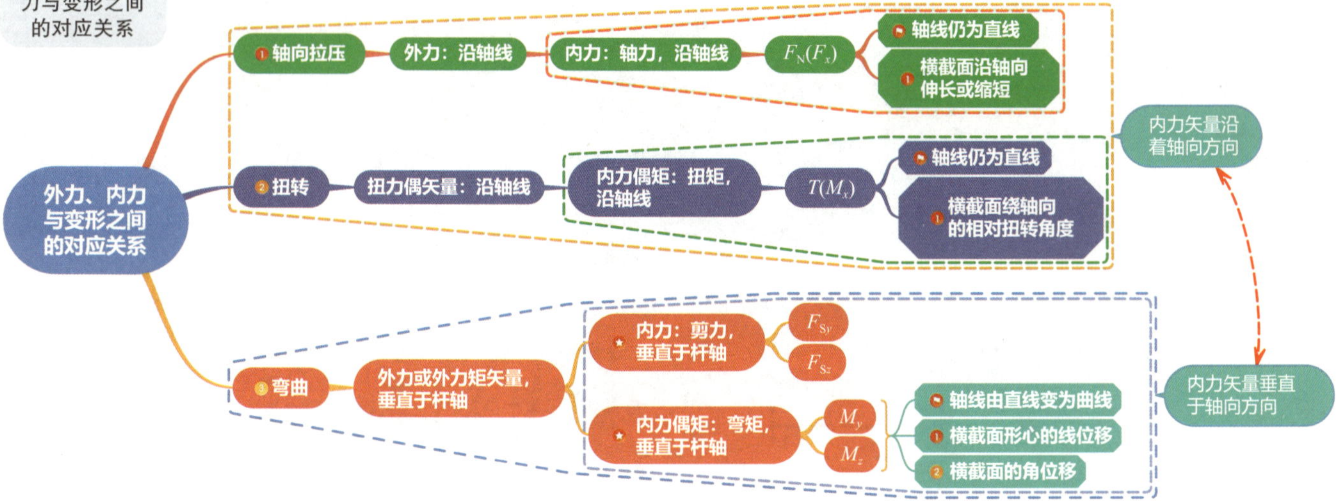
外力、内力与变形之间的对应关系
轴向拉压
外力：沿轴线
内力：轴力，沿轴线
$F_N(F_x)$
轴线仍为直线
横截面沿轴向伸长或缩短
扭转
扭力偶矢量：沿轴线
内力偶矩：扭矩，沿轴线
$T(M_x)$
轴线仍为直线
横截面绕轴向的相对扭转角度
内力矢量沿着轴向方向
弯曲
外力或外力矩矢量，垂直于杆轴
内力：剪力，垂直于杆轴
F_{Sy}
F_{Sz}
内力偶矩：弯矩，垂直于杆轴
M_y
M_z
轴线由直线变为曲线
横截面形心的线位移
横截面的角位移
内力矢量垂直于轴向方向

5.4 三种常见约束与相应支座反力

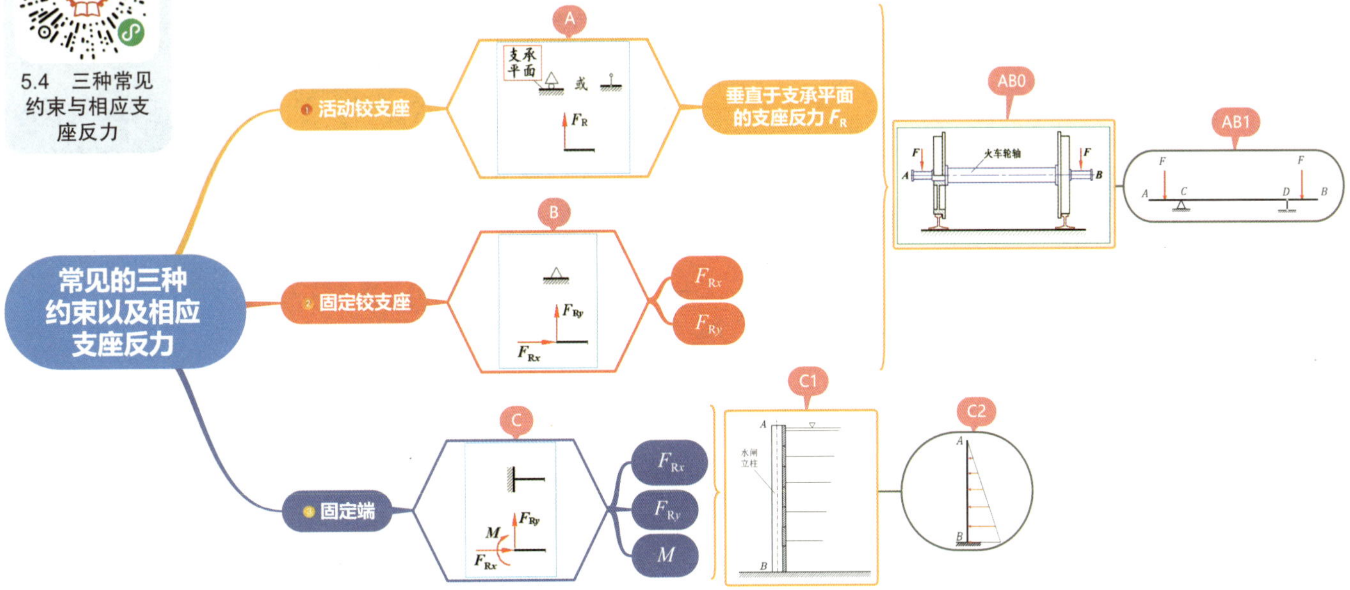
常见的三种约束以及相应支座反力
❶ 活动铰支座
A
支承平面
或
F_R
垂直于支承平面的支座反力 F_R
AB0
火车轮轴
F
A
B
AB1
F
F
A
C
D
B
❷ 固定铰支座
B
F_{Ry}
F_{Rx}
F_{Rx}
F_{Ry}
❸ 固定端
C
M
F_{Ry}
F_{Rx}
F_{Rx}
F_{Ry}
M
C1
A
水闸立柱
B
C2
A
B

5.5 梁的类型

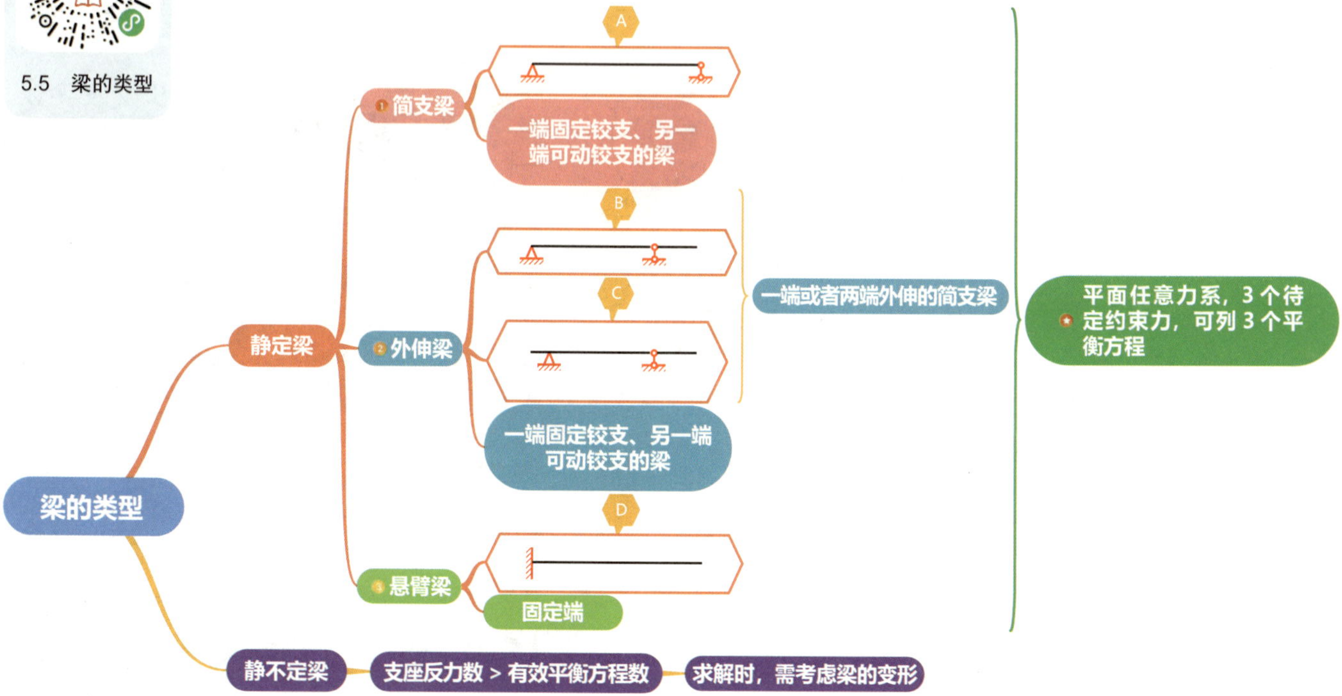
梁的类型
静定梁
简支梁
一端固定铰支、另一端可动铰支的梁
外伸梁
一端或者两端外伸的简支梁
一端固定铰支、另一端可动铰支的梁
悬臂梁
固定端
平面任意力系，3 个待定约束力，可列 3 个平衡方程
A
B
C
D
静不定梁
支座反力数 > 有效平衡方程数
求解时，需考虑梁的变形

5.6 弯曲内力的正负号规定

弯曲内力以及正负号规定

- 弯曲内力

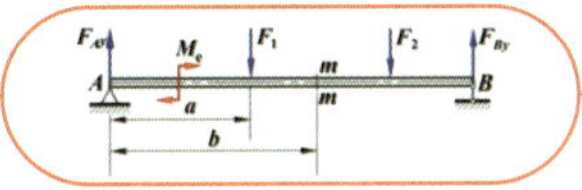

F_{Ay}
M_e
F_1
F_2
F_{By}
A
B
m
a
b

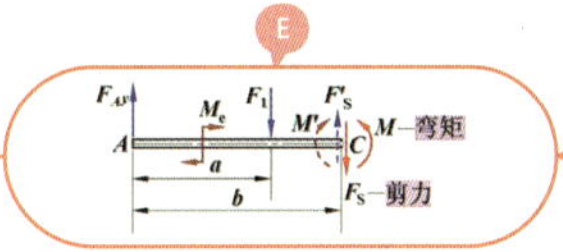

E
F_{Ay}
M_e
F_1
F'_S
M'
C
M—弯矩
F_S—剪力
A
a
b

  - 剪力
  - 弯矩
- 剪力

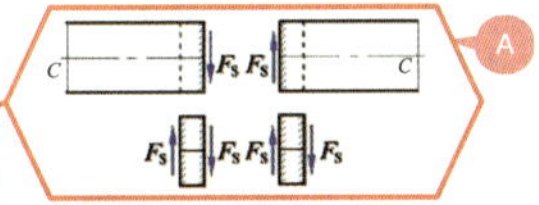

A
C
F_S

  - ＋ 使微段顺时针转动的剪力
  - − 使微段逆时针转动的剪力
  - 按转动的顺、逆时针分类 → 与切应力的正负号规定统一
- 弯矩
  - ＋ 使微段弯曲呈碗状
  - − 使微段弯曲呈伞状
  - 按弯曲形状分类
  - ＋ 使微段弯曲呈凹形的弯矩
  - − 使微段弯曲呈凸形的弯矩
  - 按弯曲形状分类

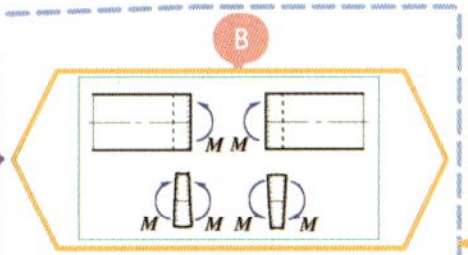

B
M

  - ＋ 使横截面顶部受压的弯矩
  - − 使横截面顶部受拉的弯矩
  - 按顶部受力特征分类

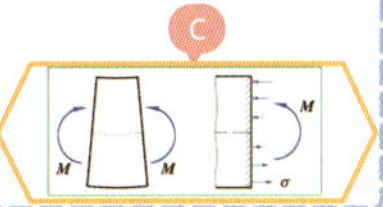

C
M
σ

  - 三者统一
- 设定特征
  - 微观对象：微段
  - 宏观对象：分左、右段
  - 二者统一
  - 两个正向内力同时标注在左（或右）侧截面上

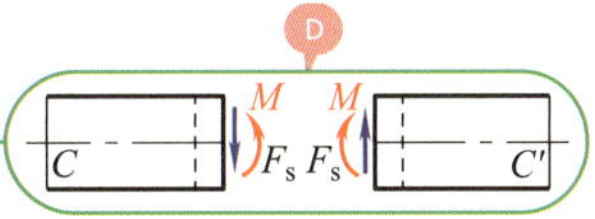

D
M
C
C'
F_S

5.7　梁任意截面的内力计算

梁任意截面的内力计算

A

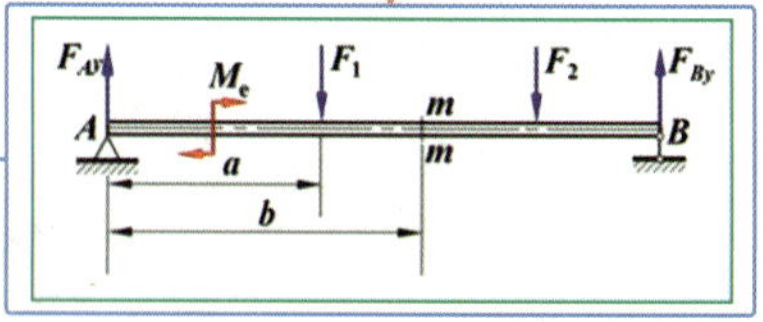
F_{Ay}
M_e
F_1
F_2
F_{By}
A
B
m
m
a
b

B

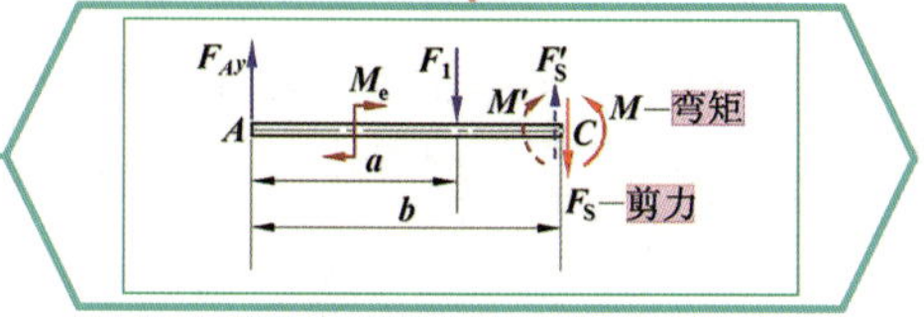
F_{Ay}
M_e
F_1
F'_S
M'
M—弯矩
A
C
a
b
F_S—剪力

求剪力

1. 对于截面的剪力设为正
2. 列力平衡方程，按照坐标系的正向设定（不影响结果的正确性）
   - ①$\sum F_{iy}=0,\ F_{Ay}-F_1-F_S=0$

求弯矩

1. 对于截面的弯矩设为正
2. 截面形心为矩心？
   - 即使剪力求错，不影响弯矩的正确性
3. 列力矩平衡方程，按照逆时针为正设定（不影响结果的正确性）
   - ②$\sum M_C=0,\ M+F_1(b-a)-F_{Ay}b-M_e=0$

5.8 求解梁内任意截面的内力

A

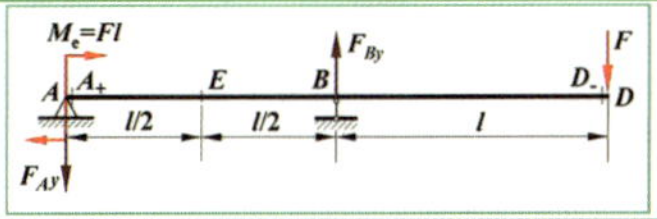

$M_e=Fl$
F_{By}
F
A
A_+
E
B
D_-
D
$l/2$
$l/2$
l
F_{Ay}

计算横截面 E 的剪力和弯矩

求解梁内任意截面的内力

- ① 求支座反力
  - $F_{Ay}=2F$
  - $F_{By}=3F$
  - 检查其结果的正确性，两种方法求支座反力
- ② 截面法：设剪力、弯矩为正

B

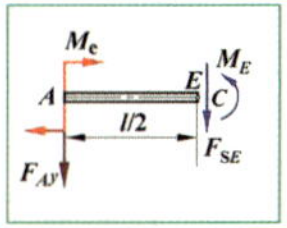

M_e
M_E
A
E
C
$l/2$
F_{SE}
F_{Ay}

- ③ 力平衡求剪力
  - 1 $\sum F_{iy}=0,\ F_{SE}+F_{Ay}=0$
    - 力矩不会出现在力的平衡方程中
  - 2 $F_{SE}=-F_{Ay}=-2F$
- ④ 力矩平衡求弯矩
  - 3 $\sum M_C=0,\ M_E+F_{Ay}\cdot\dfrac{l}{2}-M_e=0$
    - 以横截面的形心取矩，方程不会出现未知剪力
  - 4 $M_E=M_e-F_{Ay}\cdot\dfrac{l}{2}=0$

5.9 剪力方程、弯矩方程与剪力图、弯矩图

剪力方程、弯矩方程与剪力图、弯矩图

- A
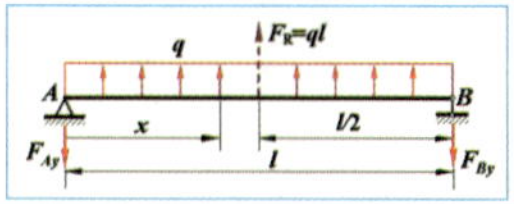
q
$F_R=ql$
A
B
x
l/2
l
F_{Ay}
F_{By}
  - 1 $F_{Ay}=F_{By}=\frac{ql}{2}$
- B
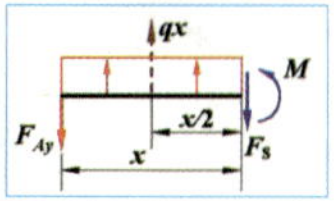
qx
M
x/2
x
F_{Ay}
F_S
  - 2 $F_S=-F_{Ay}+qx$ → 3 $F_S=-\frac{ql}{2}+qx$ → 4 $(0<x<l)$
  - 5 $M=-F_{Ay}\cdot x+qx\cdot\frac{x}{2}$ → 6 $M=-\frac{ql}{2}x+\frac{q}{2}x^2$ → 7 $(0\leqslant x\leqslant l)$
- 8 $F_S=F_S(x)$ → 剪力方程 → 剪力图
  - C

F_S
ql/2
x
⊕
⊖
ql/2
- 9 $M=M(x)$ → 弯矩方程 → 弯矩图
  - D
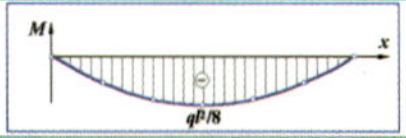
M
x
⊖
ql²/8
  - E
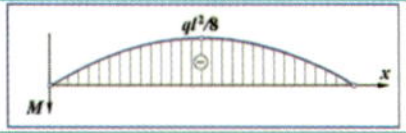
ql²/8
⊖
x
M
    - 土建专业符号规定相反

5.10 承集中力梁的剪力弯矩图

承集中力梁的弯曲内力图

A

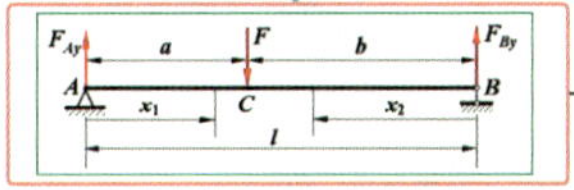

F_{Ay}
F
F_{By}
a
b
A
C
B
x_1
x_2
l

建立剪力方程与弯矩方程，画剪力图与弯矩图

- ❶ 计算支座反力
  - $F_{Ay}=\dfrac{bF}{l}$ ①
  - $F_{By}=\dfrac{aF}{l}$ ②
- ❷ 分段建立剪力方程、弯矩方程
  - AC 段

    B

    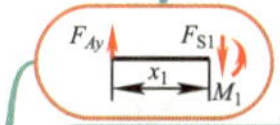

    F_{Ay}
    F_{S1}
    x_1
    M_1

    - $F_{S1}=F_{Ay}=\dfrac{bF}{l}\quad(0<x_1<a)$ ③
    - $M_1=F_{Ay}x_1=\dfrac{bF}{l}x_1\quad(0\leqslant x_1\leqslant a)$ ④
  - CB 段

    C

    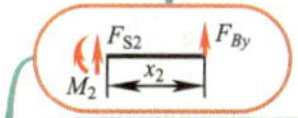

    F_{S2}
    F_{By}
    M_2
    x_2

    - $F_{S2}=-F_{By}=-\dfrac{aF}{l}\quad(0<x_2<b)$ ⑤
    - $M_2=F_{By}x_2=\dfrac{aF}{l}x_2\quad(0\leqslant x_2\leqslant b)$ ⑥
- ❸ 画剪力图、弯矩图

  D

  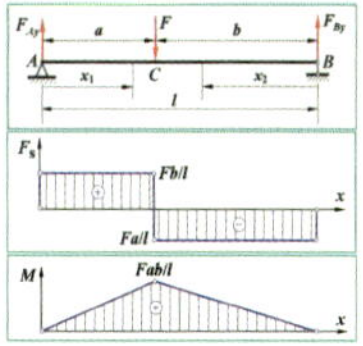

  F_{Ay}
  F
  F_{By}
  a
  b
  A
  C
  B
  x_1
  x_2
  l
  F_s
  Fb/l
  Fa/l
  x
  M
  Fab/l
  x

  - 剪力：在集中力处突变
    - 大小、方向：由集中力的大小和方向决定
  - 弯矩图：出现折点，斜率改变

5.11　承集中力偶梁的剪力弯矩图

A

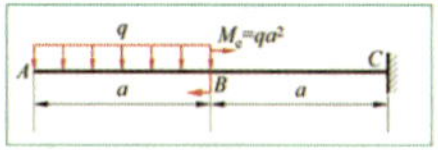
q
$M_e=qa^2$
A
B
C
a
a

建立剪力方程与弯矩方程，画剪力图与弯矩图

集中力偶作用下梁的弯曲内力图

❶ 求支座反力

B

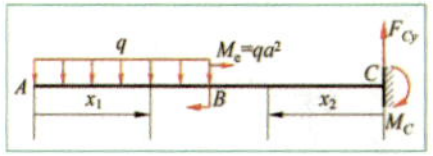
q
$M_e=qa^2$
F_{Cy}
A
B
C
x_1
x_2
M_C

1　$F_{Cy}=qa,\ M_C=\dfrac{qa^2}{2}$

❷ 建立剪力方程、弯矩方程

AB 段

2　$F_{S1}=-qx_1\quad(0\leqslant x_1\leqslant a)$

3　$M_1=-\dfrac{qx_1^2}{2}\quad(0\leqslant x_1<a)$

BC 段

4　$F_{S2}=-qa\quad(0<x_2\leqslant a)$

5　$M_2=qax_2-\dfrac{qa^2}{2}\quad(0<x_2<a)$

❸ 画剪力图、弯矩图

C

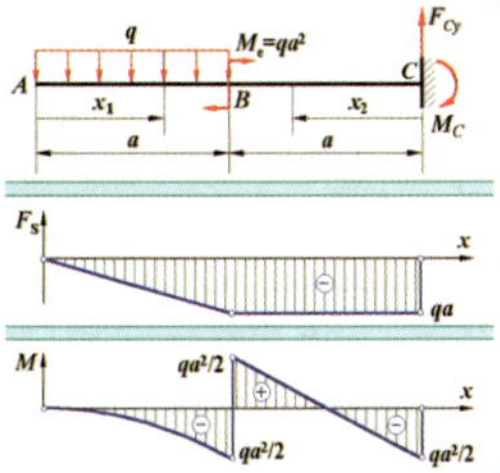
q
$M_e=qa^2$
F_{Cy}
A
B
C
x_1
x_2
a
a
M_C
F_S
x
qa
M
$qa^2/2$
$qa^2/2$
$qa^2/2$

剪力：在集中力偶处连续

弯矩：在集中力偶处突变——由集中力偶的大小和方向决定

5.12　剪力、弯矩与载荷集度之间的微分平衡关系

F_S、M、q 之间的微分平衡关系

A

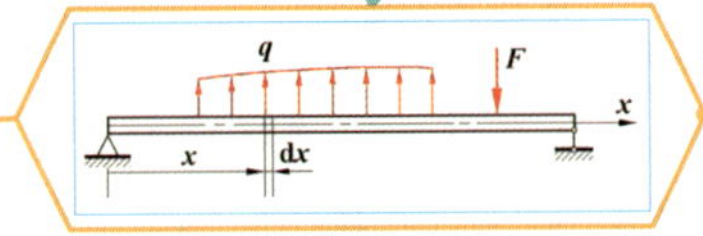
q
F
x
x
dx

B

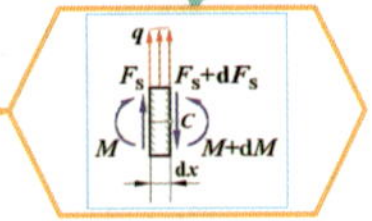
q
F_S
F_S+dF_S
C
M
M+dM
dx

1. $\sum F_{iy}=0,\ F_S+q\mathrm{d}x-(F_S+\mathrm{d}F_S)=0$　(a)

3. ① $\dfrac{\mathrm{d}F_S}{\mathrm{d}x}=q$

2. $\sum M_C=0,\ M+\mathrm{d}M-q\mathrm{d}x\cdot\dfrac{\mathrm{d}x}{2}-F_S\mathrm{d}x-M=0$　(b)

4. ② $\dfrac{\mathrm{d}M}{\mathrm{d}x}=F_S$

5. ③ $\dfrac{\mathrm{d}^2M}{\mathrm{d}x^2}=q$

注

- q 向上为 +
- x 轴方向向右为 +

5.13　利用微分平衡关系绘制剪力弯矩图

利用微分关系画剪力图、弯矩图

A

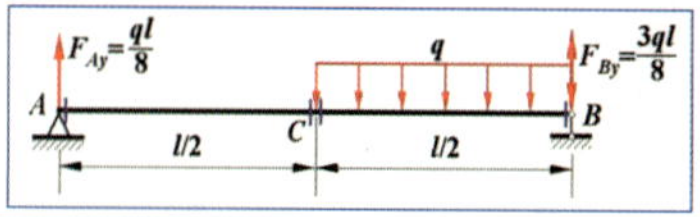
F_Ay=ql/8
q
F_By=3ql/8
A
C
B
l/2
l/2

① 形状判断

B

类型	AC 段	CB 段
F_S 图		
M 图	斜线	

② 计算 F_S、M

C

内力	A_+	C_-	C_+	B_-
剪力	$\frac{ql}{8}$	$\frac{ql}{8}$	$\frac{ql}{8}$	$-\frac{3ql}{8}$
弯矩	0	$\frac{ql^2}{16}$	$\frac{ql^2}{16}$	0

③ 画剪力图、弯矩图

D

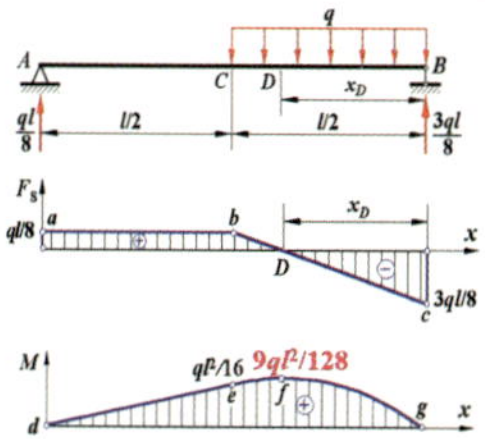
q
A
C
D
B
x_D
ql/8
l/2
l/2
3ql/8
F_S
a
b
ql/8
D
x
3ql/8
c
M
ql²/16
9ql²/128
d
e
f
g
x

1. $\frac{x_D}{\frac{l}{2}-x_D}=\frac{3}{1}$

2. $x_D=\frac{3l}{8}$

3. $M_D=\frac{3ql}{8}\frac{3l}{8}-\frac{q}{2}\left(\frac{3l}{8}\right)^2=\frac{9ql^2}{128}$

5.14　利用积分法计算或校核剪力、弯矩

用积分法计算或校核剪力、弯矩

- 微分关系的逆运算
- ★ 横截面 *B* 与 *A* 的剪力差，等于两截面间载荷集度图的面积
  - ④ $F_{S,B}-F_{S,A}=\int_{x_A}^{x_B} q(x)\mathrm{d}x \quad (x_B>x_A)$
    - ⑥ $F_{S,B}-F_{S,C}=-q\frac{l}{2}$ → ⑦ $F_{S,C}=-\frac{3}{8}ql+q\frac{l}{2}=\frac{1}{8}ql$
    - ⑧ $F_{S,B}-F_{S,D}=-q\cdot x_D$ → ⑨ $-\frac{3}{8}ql-0=-q\cdot x_D$ → ⑩ $x_D=\frac{3}{8}l$
- ★ 横截面 *B* 与 *A* 的弯矩差，等于两截面间剪力图的面积
  - ⑤ $M_B-M_A=\int_{x_A}^{x_B} F_S(x)\mathrm{d}x \quad (x_B>x_A)$ → ⑪ $M_B-M_D=-\frac{1}{2}\cdot x_D\cdot\frac{3}{8}ql$ → ⑫ $0-M_D=-\frac{1}{2}\cdot x_D\cdot\frac{3}{8}ql$ → ⑬ $M_D=\frac{9ql^2}{128}$
- D

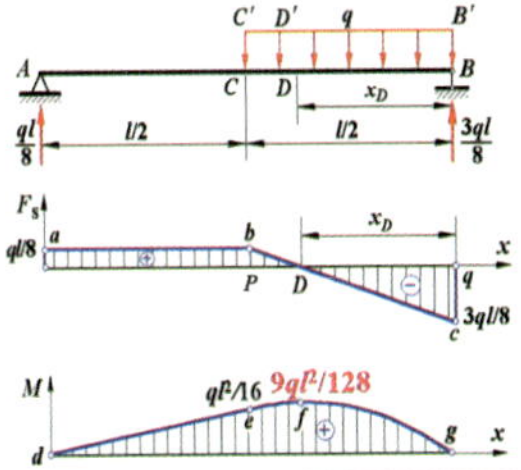

A
C′
D′
q
B′
B
C
D
x_D
$\frac{ql}{8}$
l/2
l/2
$\frac{3ql}{8}$
F_S
a
b
ql/8
P
D
x_D
x
q
3ql/8
c
M
ql²/16
9ql²/128
e
f
d
g
x

  - ① $\frac{x_D}{\frac{l}{2}-x_D}=\frac{3}{1}$
  - ② $x_D=\frac{3l}{8}$
  - ③ $M_D=\frac{3ql}{8}\frac{3l}{8}-\frac{q}{2}\left(\frac{3l}{8}\right)^2=\frac{9ql^2}{128}$
- 注意
  - ★ 保持上、下两个图的积分上下限一致，而且积分顺序不能出错
  - 面积有正负之分
  - 计算剪力，需看载荷集度包围的面积；计算弯矩，需看剪力包围的面积

5.15　剪力、弯矩与外力之间的关系图

剪力、弯矩与外力之间的关系图

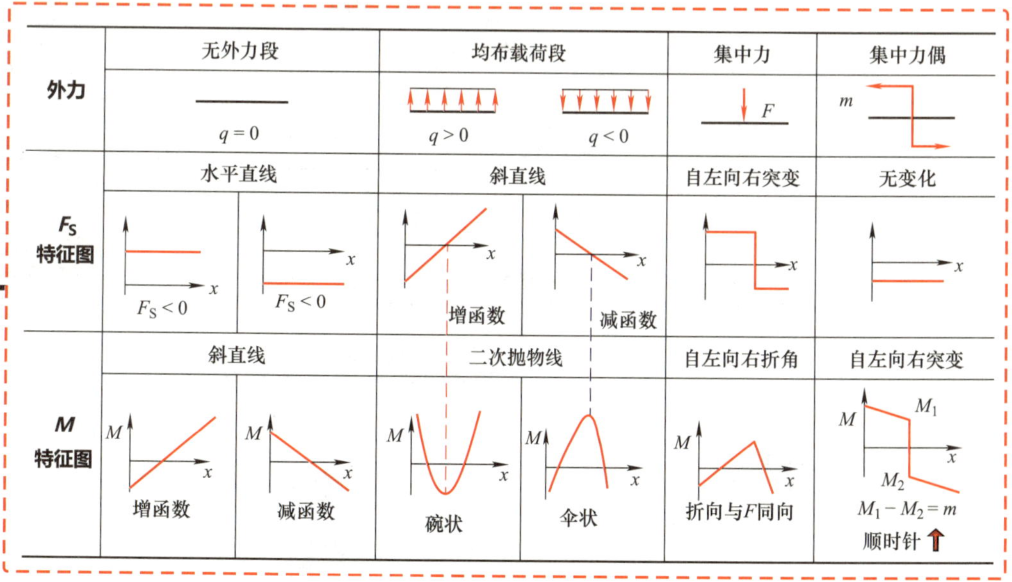
外力
无外力段
q = 0
均布载荷段
q > 0
q < 0
集中力
F
集中力偶
m
Fs 特征图
水平直线
Fs < 0
Fs < 0
x
斜直线
增函数
减函数
自左向右突变
无变化
M 特征图
斜直线
增函数
减函数
二次抛物线
碗状
伞状
自左向右折角
折向与F同向
自左向右突变
M1
M2
M1 − M2 = m
顺时针
M
x

5.16　组合梁的内力图绘制

组合梁的内力图绘制

A

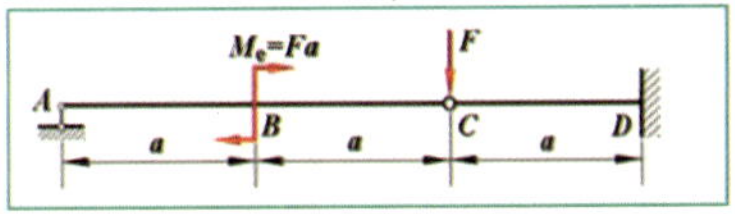

Me=Fa
F
A
B
C
D
a
a
a

画组合梁的剪力图与弯矩图

1. 将组合梁在梁间铰处拆开，分解成两段梁

B

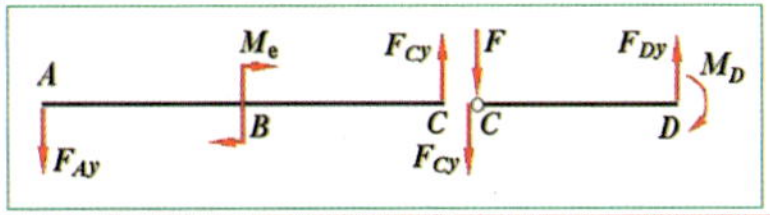

A
Me
FCy
F
FDy
MD
B
C
C
D
FAy
FCy

2. 首先研究左段梁：能求解出其上的所有作用力
   - 梁 AC 为对象
     - $F_{Ay}=F_{Cy}=\frac{F}{2}$ 　1
   - 考虑整体或者右段梁的平衡
     - $F_{Dy}=\frac{3F}{2}$ 　2
     - $M_D=\frac{3Fa}{2}$ 　3

3. 画剪力图和弯矩图

C

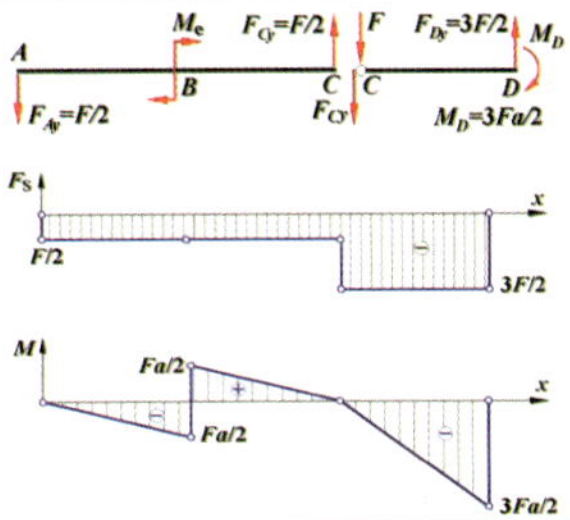

A
Me
FCy=F/2
F
FDy=3F/2
MD
B
C
C
D
FAy=F/2
FCy
MD=3Fa/2
FS
x
F/2
3F/2
M
x
Fa/2
Fa/2
3Fa/2
+
−

- ★弯矩：在铰链（梁间铰）处为 0
- 剪力：在梁间铰处不一定为 0

5.17　线性分布载荷的剪力弯矩图绘制

建立剪力方程和弯矩方程，画剪力图和弯矩图，用微分关系校核

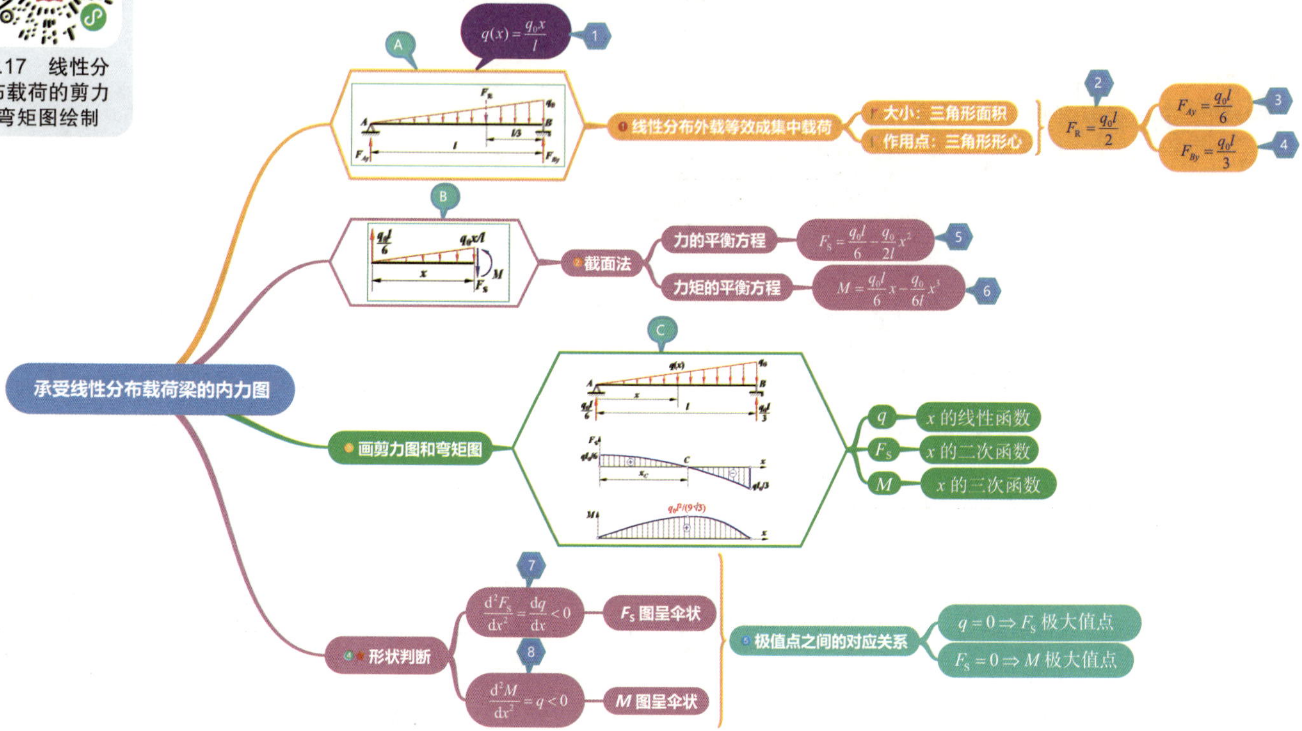
承受线性分布载荷梁的内力图
A
$q(x)=\frac{q_0 x}{l}$ 1
❶ 线性分布外载等效成集中载荷
大小：三角形面积
作用点：三角形形心
$F_R=\frac{q_0 l}{2}$ 2
$F_{Ay}=\frac{q_0 l}{6}$ 3
$F_{By}=\frac{q_0 l}{3}$ 4
B
❷ 截面法
力的平衡方程
$F_S=\frac{q_0 l}{6}-\frac{q_0}{2l}x^2$ 5
力矩的平衡方程
$M=\frac{q_0 l}{6}x-\frac{q_0}{6l}x^3$ 6
C
❸ 画剪力图和弯矩图
q　x 的线性函数
F_S　x 的二次函数
M　x 的三次函数
$q_0 l^2/(9\sqrt{3})$
❹ 形状判断
$\frac{d^2F_S}{dx^2}=\frac{dq}{dx}<0$ 7
F_S 图呈伞状
$\frac{d^2M}{dx^2}=q<0$ 8
M 图呈伞状
❺ 极值点之间的对应关系
$q=0\Rightarrow F_S$ 极大值点
$F_S=0\Rightarrow M$ 极大值点

- 平面刚架的内力图绘制
  - A
    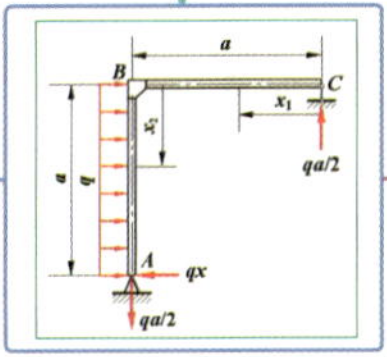

a
B
C
x_1
x_2
a
q
qa/2
A
qx
qa/2

    - 刚性接头连接的杆系结构
      - 可传力
      - 可传力偶矩
  - 内力图绘制的过程
    - 求约束力
    - 3 个内力方程
      - 轴力方程
      - 剪力方程
      - 弯矩方程
      - 2 个力平衡方程，1 个力矩平衡方程
    - 分别画剪力图、弯矩图、轴力图
      - B
        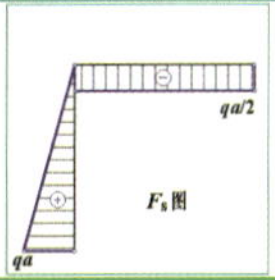

qa/2
F_S图
qa

      - C
        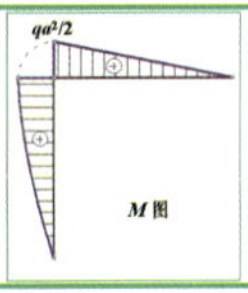

$qa^2/2$
M 图

        - 弯矩图
          1. 画在所在横截面弯曲时受压一侧（碗内）
          2. 如刚性接头处无外力偶，则弯矩连续（1/4 圆）
      - D
        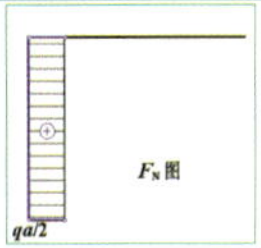

F_N图
qa/2

5.18　刚架内力图的绘制

5.19 曲梁的弯矩图绘制

A

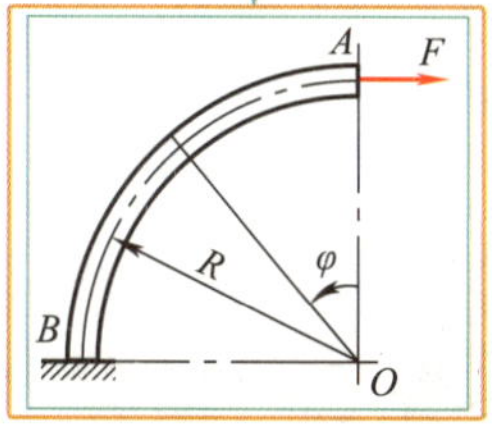
A
F
B
R
φ
O

- 平面曲梁的内力图绘制
  - 轴线为平面曲线，且横截面的纵向对称轴也位于轴线平面的杆件 — 平面曲杆
  - 以弯曲为主要变形的平面曲杆 — 平面曲梁
  - 平面任意力系，可列 3 个平衡方程（B） — 3 个内力方程
    1. $F_S=F\sin\varphi$
    2. $M=FR(1-\cos\varphi)$
    3. $F_N=F\cos\varphi$
  - 内力图 — 弯矩图（C）
    - 使杆微段越弯的弯矩为正（与之前的设定相反）
    - 画在横截面弯曲时受压一侧（碗内）

B

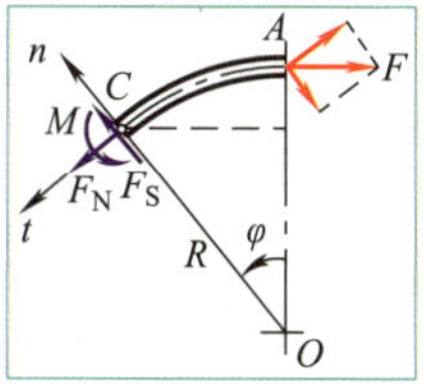
n
C
A
F
M
F_N
F_S
t
R
φ
O

C

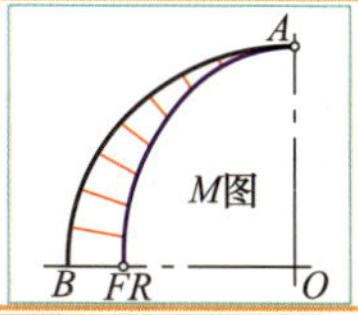
A
M图
B
FR
O

5.20　包含曲梁的刚架弯矩图绘制

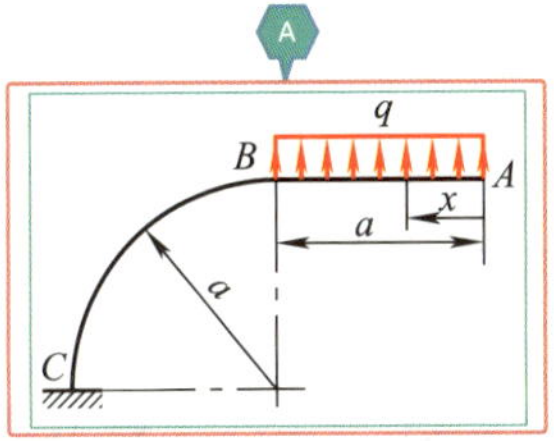
A
q
B
A
x
a
a
C

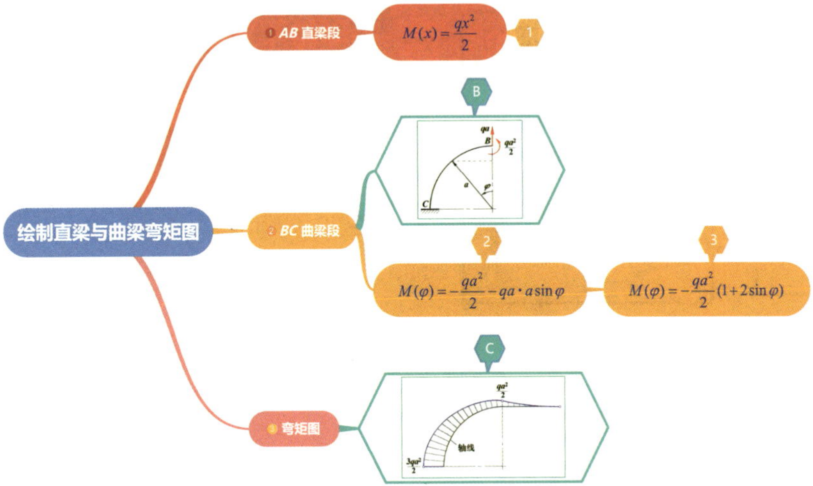
绘制直梁与曲梁弯矩图
1 AB 直梁段
$M(x)=\dfrac{qx^2}{2}$
1
2 BC 曲梁段
B
qa
B
$\dfrac{qa^2}{2}$
a
φ
C
2
$M(\varphi)=-\dfrac{qa^2}{2}-qa\cdot a\sin\varphi$
3
$M(\varphi)=-\dfrac{qa^2}{2}(1+2\sin\varphi)$
3 弯矩图
C
$\dfrac{qa^2}{2}$
轴线
$\dfrac{3qa^2}{2}$

5.21　最大弯矩、极值弯矩以及动载荷下外伸梁的最危险截面

5-1　如图 A 和图 B 所示，矩形截面悬臂梁和简支梁上下表面都作用切向分布载荷 q，则任意截面上剪力都为 0 的是（　）

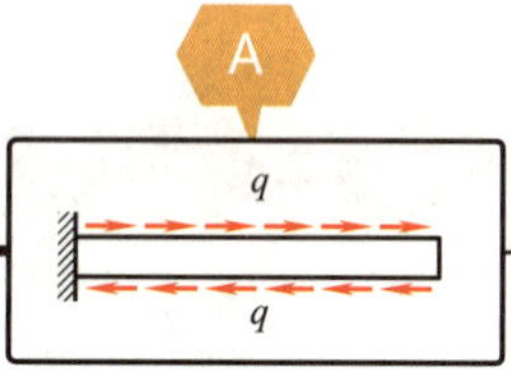
A
q
q

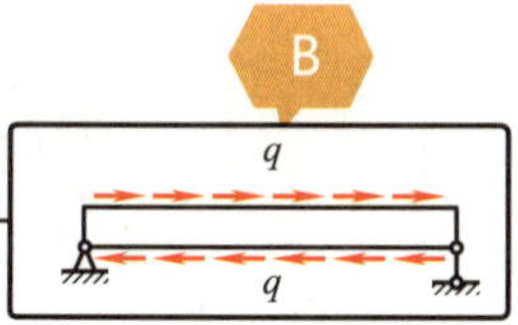
B
q
q

A. 图 A 梁 ✓

B. 图 B 梁

C. 图 A 梁和图 B 梁

D. 图 A 梁和图 B 梁都不是

5-2　在简支梁的中点 *E* 处作用有逆时针方向集中力偶 *M*，则（　）

- A. 剪力图在两支座处有突变 ☑
- B. 弯矩图在 *E* 点处突变，且从左向右观察，向下跳 *M* 值高度 ☑
- C. 弯矩图在 *E* 点处突变，且从左向右观察，向上跳 *M* 值高度
- D. 剪力图中对应的 *E* 点处会出现尖点，尖点方向向上

5-3　如图 A 和图 B 所示，静定组合梁的两种受载情形，唯一的区别是图 A 梁上的集中力 F 作用在铰链左侧梁上，图 B 梁上的集中力 F 作用在铰链右侧梁上，铰链尺寸忽略不计，则两梁的（　）

A

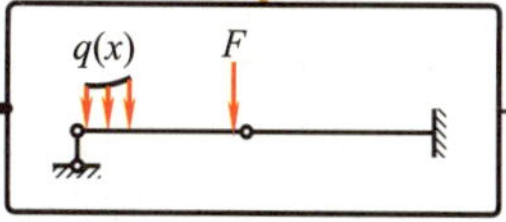
q(x)
F

B

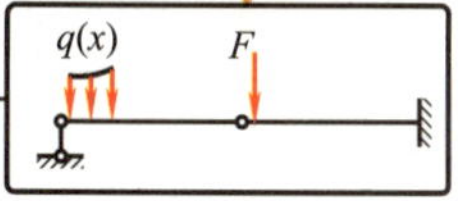
q(x)
F

- A. 剪力图相同 ☑
- B. 剪力图不同
- C. 弯矩图相同 ☑
- D. 弯矩图不同

5-4　如图 A 和图 B 所示，静定组合梁的两种受载情形，唯一的区别是图 A 梁上的集中力偶 M 作用在铰链左侧梁上，图 B 梁上的集中力偶 M 作用在铰链右侧梁上，铰链尺寸忽略不计，则两梁的（　）

A

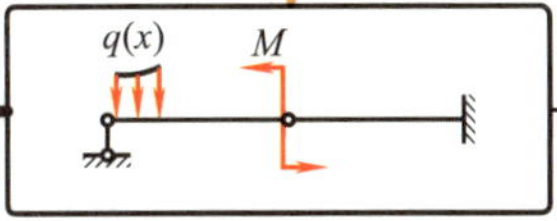

q(x)
M

B

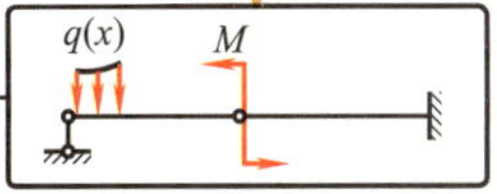

q(x)
M

A. 剪力图相同

B. 剪力图不同 ☑

C. 弯矩图相同

D. 弯矩图不同 ☑

5-5　如图 A 所示，梁 AD 在 C 点作用垂直力 F，若如图 B 所示，在 B 点焊接一钢架后，再在 C 点正上方作用垂直力 F，则两种情形下（　）

A

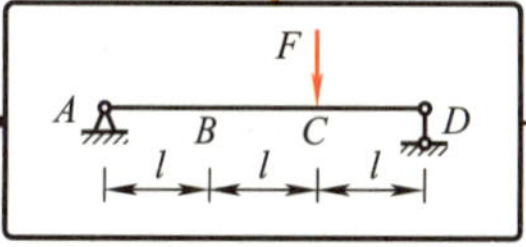
F
A
B
C
D
l
l
l

B

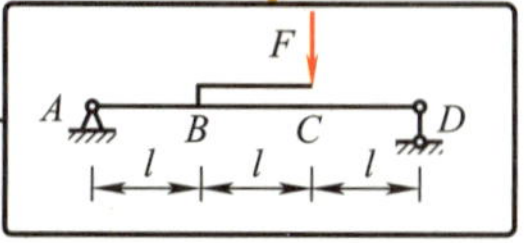
F
A
B
C
D
l
l
l

A. AB 梁段的剪力相同 ✓

B. BC 梁段的剪力相同

C. CD 梁段的剪力相同 ✓

D. AB 梁段的弯矩相同 ✓

E. BC 梁段的弯矩相同

F. CD 梁段的弯矩相同 ✓

5-6　如图 A~ 图 D 所示，梁的剪力 F_S、弯矩 M 和载荷集度 q 之间的微分关系 $\frac{dF_S}{dx}=q$，$\frac{dM}{dx}=F_S$，$\frac{d^2M}{dx^2}=q$ 适用于图（　）所示的微梁段。其中 F_0 和 M_0 分别为集中力和集中力偶

A

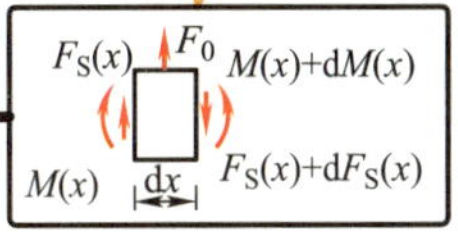

$F_S(x)$
F_0
$M(x)+dM(x)$
$M(x)$
dx
$F_S(x)+dF_S(x)$

B

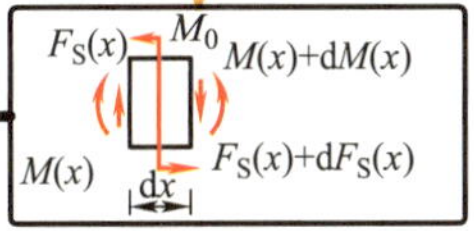

$F_S(x)$
M_0
$M(x)+dM(x)$
$M(x)$
dx
$F_S(x)+dF_S(x)$

C

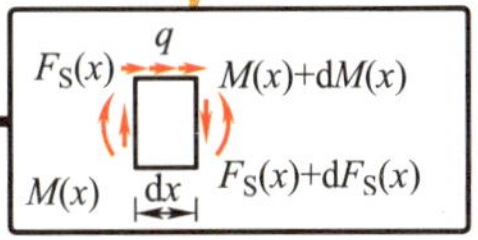

$F_S(x)$
q
$M(x)+dM(x)$
$M(x)$
dx
$F_S(x)+dF_S(x)$

D

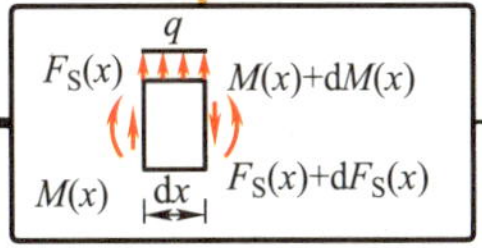

$F_S(x)$
q
$M(x)+dM(x)$
$M(x)$
dx
$F_S(x)+dF_S(x)$

5-7 如图 A 所示的组合梁，则（ ）

A

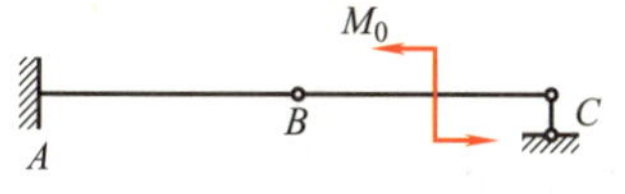
M_0
A
B
C

A. 梁段 *AB* 弯矩为常量

B. 梁段 *AB* 剪力为常量 ☑

C. 梁段 *BC* 弯矩为常量

D. 梁段 *BC* 剪力为常量 ☑

5-8　如图 A 所示，当集中力偶 *M* 沿简支梁 *AB* 任意移动时，下面说法正确的是（　）

A

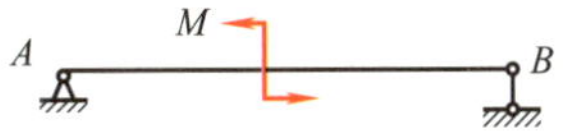

A
M
B

A. 梁内剪力为常量 ☑

B. 梁内剪力不为常量，但最大剪力值不变

C. 梁内弯矩为常量

D. 梁内弯矩不为常量，但最大弯矩值不变

5-9

A

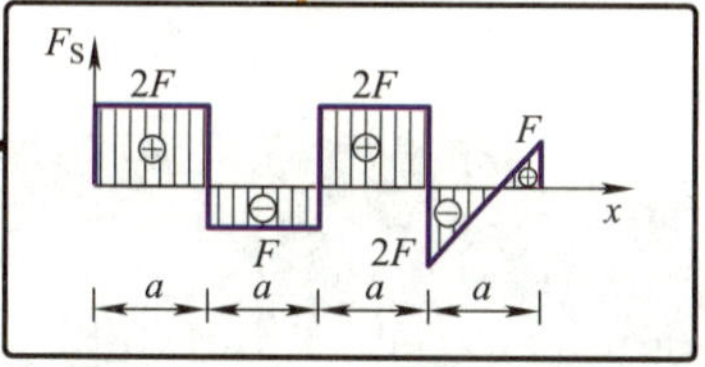
F_S
2F
2F
F
F
2F
x
a
a
a
a

悬臂梁左端自由，右端固定，梁上无集中力偶，剪力图如图 A 所示，则梁上作用的最大集中载荷 F_{max}=____，梁内最大弯矩 M_{max}=____

- $F_{max}=4F$
- 三个矩形面积求代数和
- $M_{max}=3Fa$
- 三个矩形面积求代数和 + 负的直角三角形面积
- $M_{极值}=\frac{7}{3}Fa$

A1

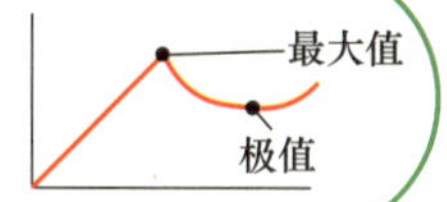
最大值
极值

5-10

A

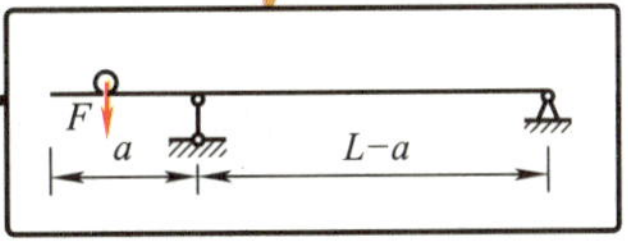

F
a
L−a

如图 A 所示，外伸梁长为 *L*，载荷 *F* 可能作用在梁的任意位置，为了减小梁的最大弯矩值，则外伸梁长度 *a*=____

- 载荷在梁左端点处，滑动支座承受的最大弯矩
  - $|M_{min}| = Fa$
- 载荷进入滑动支座以后，两支座中点处，承受最大弯矩
  - $M_{max} = \frac{1}{4}F(L-a)$

等强设计原则：$|M_{min}| = M_{max}$

$a = \frac{L}{5}$

6.1 弯曲应力概论

第6章 弯曲应力

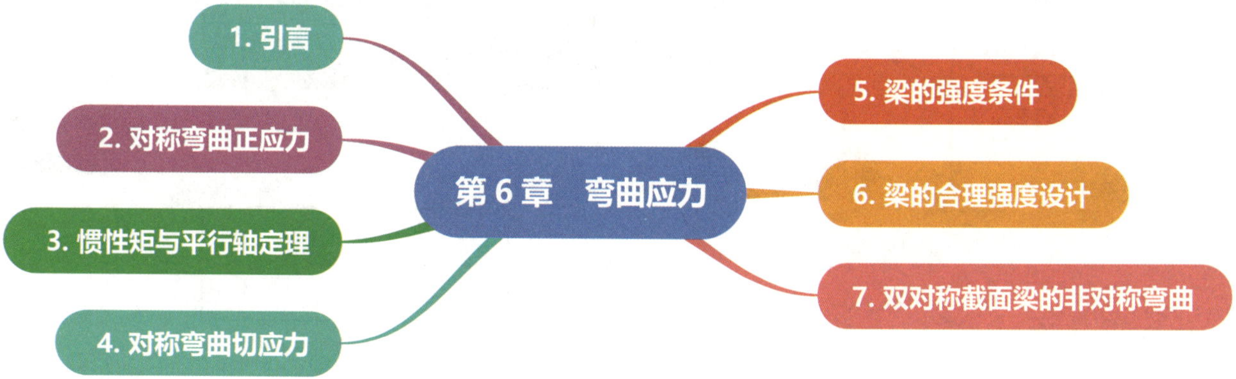
第6章 弯曲应力
1. 引言
2. 对称弯曲正应力
3. 惯性矩与平行轴定理
4. 对称弯曲切应力
5. 梁的强度条件
6. 梁的合理强度设计
7. 双对称截面梁的非对称弯曲

6.2 弯曲内力与弯曲应力之关系

引言：弯曲内力与弯曲应力的关系

A

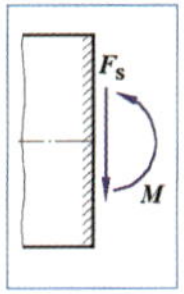

F_S
M

B

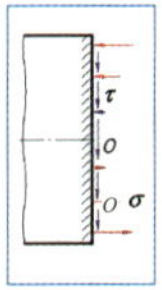

τ
O
O
σ

C

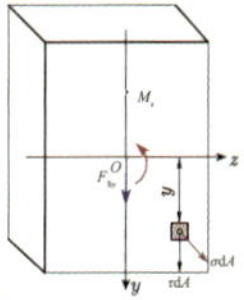

O
z
y
y

D

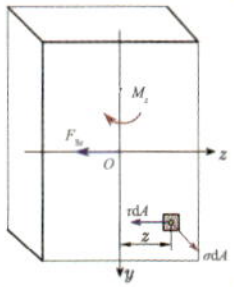

O
z
z
y

- 弯曲切应力 τ
  - ① $\int \tau \mathrm{d}A = F_{Sy}$
  - ② $\int \tau \mathrm{d}A = F_{Sz}$
  - （①②）剪力
- 弯曲正应力 σ
  - ③ $\int y\sigma \mathrm{d}A = M_z$
  - ④ $\int z\sigma \mathrm{d}A = M_y$
  - （③④）弯矩

6.3 对称弯曲与双对称截面梁的非对称弯曲

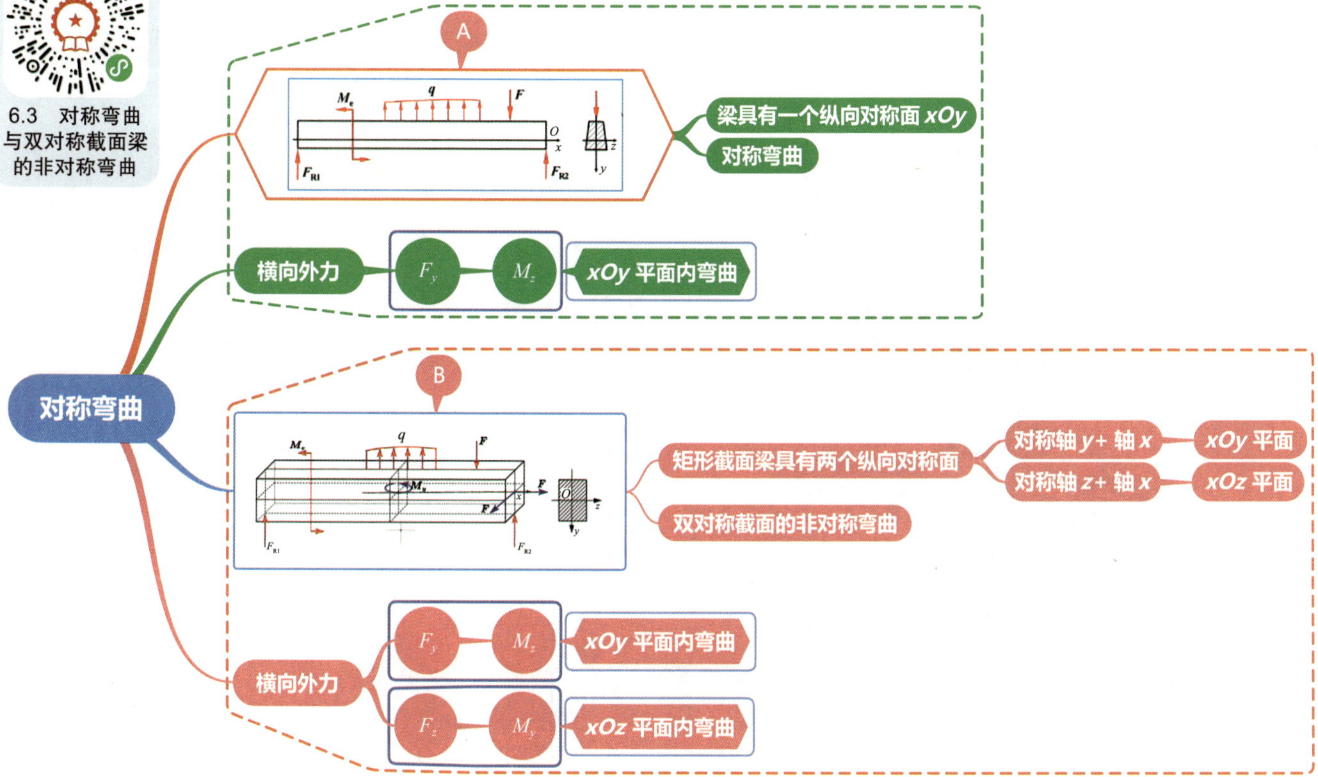
对称弯曲
A
梁具有一个纵向对称面 xOy
对称弯曲
横向外力
F_y
M_z
xOy 平面内弯曲
B
矩形截面梁具有两个纵向对称面
对称轴 y+ 轴 x
xOy 平面
对称轴 z+ 轴 x
xOz 平面
双对称截面的非对称弯曲
横向外力
F_y
M_z
xOy 平面内弯曲
F_z
M_y
xOz 平面内弯曲

6.4 弯曲试验与假设

弯曲试验与假设

A

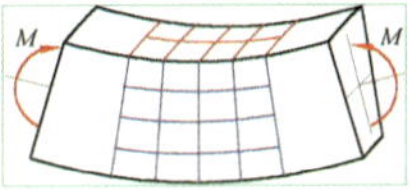

M
M

B

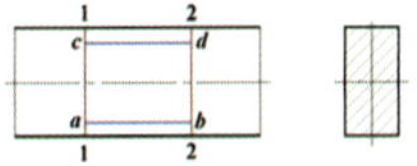

1
2
c
d
a
b
1
2

C

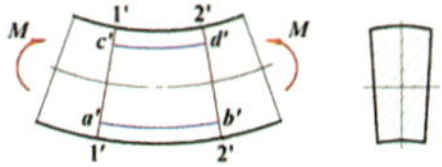

M
1'
2'
c'
d'
M
a'
b'
1'
2'

D

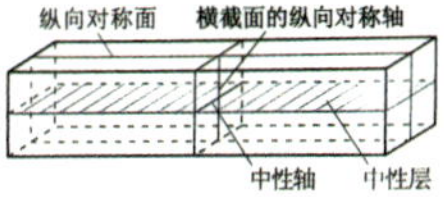

纵向对称面
横截面的纵向对称轴
中性轴
中性层

- ① 横线
  - 横线仍为直线 — 弯曲平面假设
  - 仍与纵线正交 — 无切应变 — 无切应力 — 单向受力假设
  - （弯曲平面假设、单向受力假设）— 两个假设
- ② 纵线变为弧线 — 靠顶部的纵线缩短，靠底部的纵线伸长 — 纵线长度不变的过渡层 — 中性层 — 中性轴
- ③ 梁宽度
  - 纵线伸长区，梁宽度减小
  - 纵线缩短区，梁宽度增大

6.5 弯曲正应力公式之推导

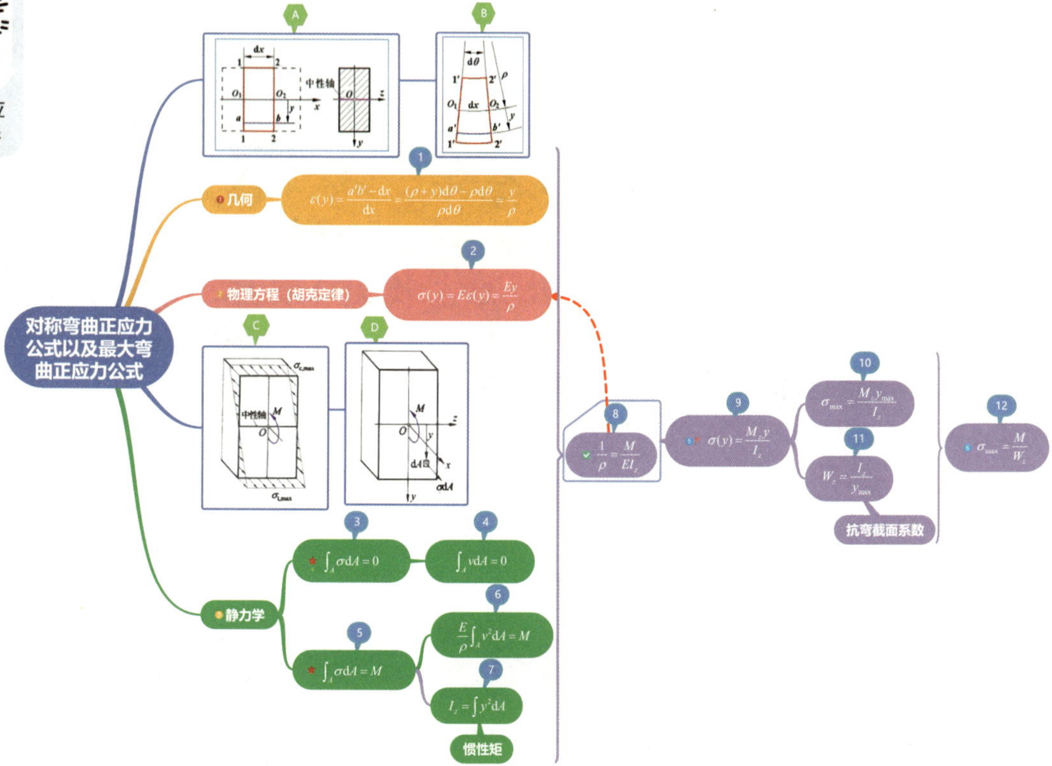
对称弯曲正应力公式以及最大弯曲正应力公式
A
B
中性轴
几何
$\varepsilon(y)=\frac{a'b'-dx}{dx}=\frac{(\rho+y)d\theta-\rho d\theta}{\rho d\theta}=\frac{y}{\rho}$
物理方程（胡克定律）
$\sigma(y)=E\varepsilon(y)=\frac{Ey}{\rho}$
C
D
静力学
$\int_A \sigma dA=0$
$\int_A y dA=0$
$\int_A \sigma dA=M$
$\frac{E}{\rho}\int_A y^2 dA=M$
$I_z=\int y^2 dA$
惯性矩
$\frac{1}{\rho}=\frac{M}{EI_z}$
$\sigma(y)=\frac{M_z y}{I_z}$
$\sigma_{max}=\frac{M_z y_{max}}{I_z}$
$W_z=\frac{I_z}{y_{max}}$
抗弯截面系数
$\sigma_{max}=\frac{M}{W_z}$

6.6 三种基本变形的相关公式汇总

三种基本变形的相关公式对比

对比情况	拉伸	扭转	弯曲
截面几何表征	面积（L^2）	极惯性矩（L^4） $I_P = \int \rho^2 dA$	惯性矩（L^4） $I_y = \int z^2 dA$ $I_z = \int y^2 dA$
		$I_P = I_y + I_z$	
		抗扭截面系数（L^3） $W_P = \frac{I_P}{R}$	抗弯截面系数（L^3） $W_z = \frac{I_z}{y_{max}}$ $W_y = \frac{I_y}{z_{max}}$
强度校核	$\sigma = \frac{F_N}{A}$	$I_{max} = \frac{T}{W_P}$	$\sigma_{y,max} = \frac{M_y}{W_y}$ $\sigma_{z,max} = \frac{M_z}{W_z}$
相应刚度	拉伸刚度 EA	扭转刚度 GI_P	弯曲刚度 EI_z EI_y
变形公式	$\frac{\Delta l}{l} = \frac{F_N}{EA}$	$\frac{\varphi}{l} = \frac{T}{GI_P}$	$\frac{1}{\rho_z} = \frac{M_z}{EI_z}$ $\frac{1}{\rho_y} = \frac{M_y}{EI_y}$

6.7　两组概念的对比分析

两组概念的对比分析

- **对称弯曲**
  - 梁至少有一个纵向对称面
  - 横向的广义力在纵向对称面内
- **纯弯曲**
  - $M=C$（C 为常数）
  - $F_S=0$

结论：对称弯曲未必是纯弯曲，纯弯曲也未必是对称弯曲，二者是两个不同的概念

- **中性轴**
  - 横截面受拉与受压区的分界线
  - 过截面形心，与受力方向有关
- **形心轴**
  - 通过横截面形心的坐标轴
  - 与截面几何形状相关，与受力无关

结论：圆形截面即使会有无数个形心轴，只有一个过形心的轴，与纵向对称轴正交的才是中性轴

6.8 静矩与惯性矩

惯性矩与平行轴定理

静矩与惯性矩

静矩（L³）		惯性矩（L⁴）	
截面对 y 轴的静矩	截面对 z 轴的静矩	截面对 y 轴的惯性矩	截面对 z 轴的惯性矩
$S_y=\int_A z\mathrm{d}A=z_C A$	$S_z=\int_A y\mathrm{d}A=y_C A$	$I_y=\int_A z^2\mathrm{d}A$	$I_z=\int_A y^2\mathrm{d}A$
$z_C=\dfrac{S_y}{A}$	$y_C=\dfrac{S_z}{A}$		
$S_y=\sum\limits_{i=1}^{n}S_{yi}=\sum\limits_{i=1}^{n}A_i z_{Ci}$	$S_z=\sum\limits_{i=1}^{n}S_{zi}=\sum\limits_{i=1}^{n}A_i y_{Ci}$	$I_y=\sum\limits_{i=1}^{n}I_{yi}$	$I_z=\sum\limits_{i=1}^{n}I_{zi}$
$z_C=\dfrac{\sum\limits_{i=1}^{n}A_i z_i}{\sum\limits_{i=1}^{n}A_i}$	$y_C=\dfrac{\sum\limits_{i=1}^{n}A_i y_i}{\sum\limits_{i=1}^{n}A_i}$		

惯性矩平行轴定理

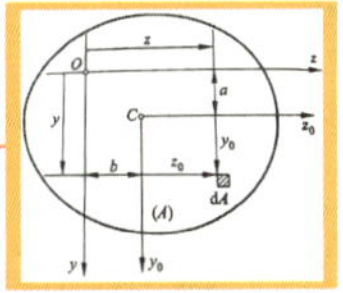

O
z
a
y
C
z_0
y_0
b
dA
(A)

- 一个形心轴 z_0
- 一个坐标轴 z 与 z_0 平行
- $I_z=\int_A y^2\mathrm{d}A=\int_A (y_0+a)^2\mathrm{d}A$ 1
- $I_z=\boxed{\int_A y_0^2\mathrm{d}A}+2a\int_A y_0\mathrm{d}A+Aa^2$ 2
- ★ $I_z=\boxed{I_{z0}}+Aa^2$ 3
- ★ $I_y=I_{y0}+Ab^2$ 4

矩形截面	
$I_y=\dfrac{1}{12}hb^3$	$I_z=\dfrac{1}{12}bh^3$
圆形截面	
$I_y=\dfrac{I_P}{2}=\dfrac{\pi d^4}{64}$	$I_z=\dfrac{I_P}{2}=\dfrac{\pi d^4}{64}$
※ 平行轴定理	
$I_z=I_{z_0}+Aa^2$	$I_y=I_{y_0}+Ab^2$

备注：Cy_0z_0——形心直角坐标系；
Oyz——任意直角坐标系；与 Cy_0z_0 对应坐标轴平行

6.9　计算 T 形梁之弯曲正应力举例

T 形梁的弯曲正应力分析

A
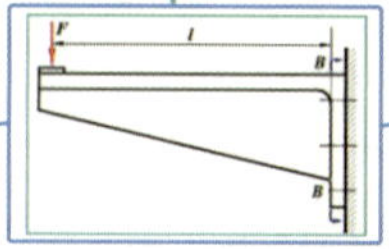
F
l
B
B

B
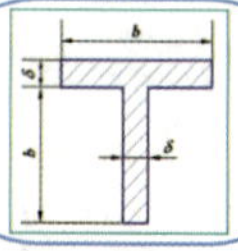
b
δ
b
δ

已知：$F = 15\text{kN}$，$l = 400\text{mm}$，$b = 120\text{mm}$，$\delta = 20\text{mm}$。
计算：截面 $B—B$ 的最大拉应力 $\sigma_{t,max}$ 与最大压应力 $\sigma_{c,max}$

- 求 B—B 截面的弯矩
  - ① $M_B = Fl = 15 \times 400\text{N} \cdot \text{m} = 6000\text{N} \cdot \text{m}$
- 通过静矩公式，计算组合截面的形心

C
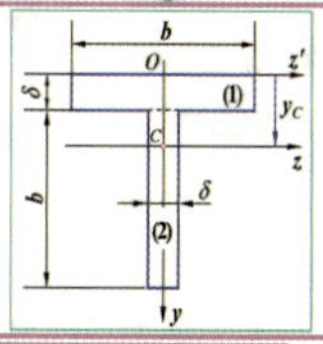
b
O
z'
δ
(1)
y_C
C
z
b
δ
(2)
y

  - Oyz' 为参考坐标系，选取合适可简化计算
  - ② $S_z = \sum_{i=1}^{n} A_i y_{Ci}$
  - ③ $y_C = \dfrac{\sum_{i=1}^{n} A_i y_{Ci}}{A} = 0.045\text{m}$
- 计算组合截面的惯性矩
  - 求和得组合截面惯性矩
    - ④ $I_z = I_{z1} + I_{z2}$
    - ⑤ $I_{z1} = \dfrac{b\delta^3}{12} + b\delta\left(y_C - \dfrac{\delta}{2}\right)^2 = 3.02 \times 10^{-6}\text{m}^4$
    - ⑥ $I_{z2} = \dfrac{\delta b^3}{12} + \delta b\left(\delta + \dfrac{b}{2} - y_C\right)^2 = 5.82 \times 10^{-6}\text{m}^4$
    - ⑦ $I_z = I_{z1} + I_{z2} = 8.84 \times 10^{-6}\text{m}^4$
- 弯曲正应力的计算
  - 弯曲应力正负号的判断
    - 拉：四个食指形伞状，大拇指过 B 截面的形心轴，四指指向外法线
    - 压：四指指向外法线的相反方向
    - 手势法：根据弯矩方向和右手定则判定

D
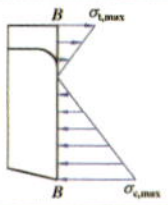
B
$\sigma_{t,max}$
B
$\sigma_{c,max}$

  - ⑧ $\sigma_{t,max} = \dfrac{M_B y_C}{I_z} = 30.5\text{MPa}$
  - ⑨ $\sigma_{c,max} = \dfrac{M_B(b + \delta - y_C)}{I_z} = 64.5\text{MPa}$

6.10 基于弯曲变形求应力和弯矩的例题

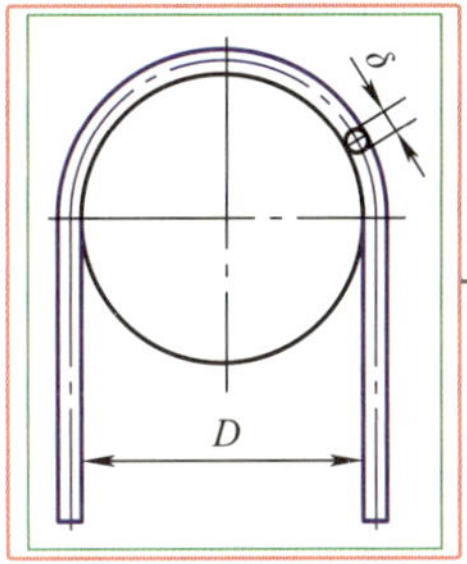

δ
D

钢带厚 δ=2mm，宽 b=6mm，D=1400mm，E=200GPa，计算带内的 σ_{max} 与 M

基于弯曲变形求弯曲应力

- ❶ 弯曲变形 — 中性层曲率半径
  - ① $\rho=\dfrac{D}{2}+\dfrac{\delta}{2}$
- ❷ 由胡克定律求应力
  - ② $\sigma=E\dfrac{y}{\rho}$
  - ③ $\sigma_{max}=E\dfrac{y_{max}}{\rho}$
  - ④ $\sigma_{max}=E\dfrac{\dfrac{\delta}{2}}{\dfrac{D}{2}+\dfrac{\delta}{2}}=285\text{MPa}$
- ❸ 由弯曲变形公式求弯矩
  - ⑤ $\dfrac{1}{\rho}=\dfrac{M}{EI_z}$
  - ⑥ $M=\dfrac{EI_z}{\rho}=\dfrac{E}{\rho}\dfrac{b\delta^3}{12}=1.141\text{N}\cdot\text{m}$

6.11　对称弯曲切应力之公式推导

对称弯曲切应力

狭窄矩形截面梁 ($h>b$)

A
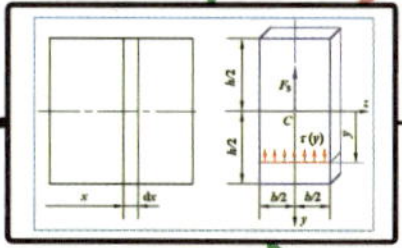

B
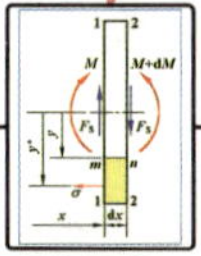

C
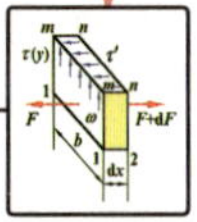

假设：$\tau(y)$ // 截面侧边，并沿截面宽度均匀分布

微段下部的轴向平衡方程

① $\tau' b\mathrm{d}x = \tau(y) b\mathrm{d}x = \mathrm{d}F$

② $\tau(y) = \dfrac{1}{b}\dfrac{\mathrm{d}F}{\mathrm{d}x}$

③ $F = \int_{\omega} \sigma \mathrm{d}A = \dfrac{M}{I_z}\int_{\omega} y^* \mathrm{d}A$

④ $F = \dfrac{MS_z(\omega)}{I_z}$

⑤ $\tau(y) = \dfrac{F_S S_z(\omega)}{I_z b}$

⑥ $S_z(\omega) = b\left(\dfrac{h}{2} - y\right)\cdot\dfrac{1}{2}\left(\dfrac{h}{2} + y\right) = \dfrac{b}{2}\left(\dfrac{h^2}{4} - y^2\right)$

D
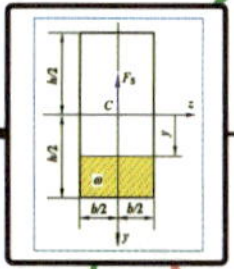

⑦ $I_z = \dfrac{bh^3}{12}$

E
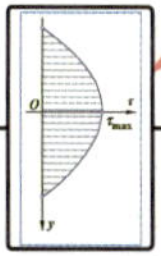

⑧ $\tau(y) = \dfrac{3F_S}{2bh}\left(1 - \dfrac{4y^2}{h^2}\right)$

⑨ $\tau_{max} = \dfrac{3}{2}\dfrac{F_S}{A}$

6.12 截面翘曲与弯曲正应力公式向非纯弯推广

截面翘曲与非纯弯推广

A

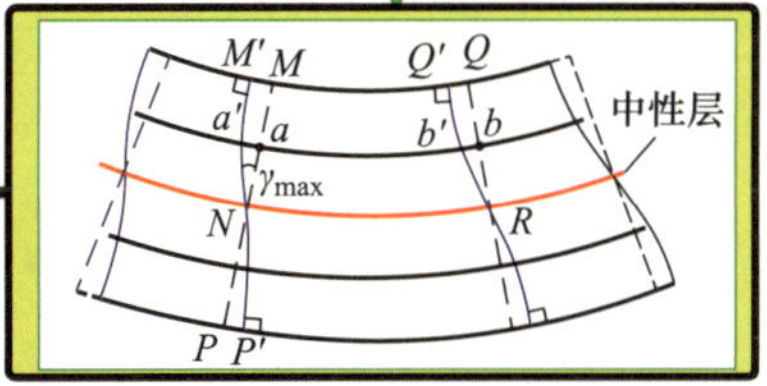

M′ M
Q′ Q
a′ a
b′ b
中性层
γ_{max}
N
R
P P′

- 切应力非均布 — 切应变非均布 — 截面翘曲
  - 与弯曲平面假设相矛盾
  - 与单向受力假设相矛盾
  - → 弯曲正应力计算公式是否还适用?
- ❶ $q=0$ — $F_S=C$（C 为常数） — $\overset{\frown}{ab}=\overset{\frown}{a'b'}$（相邻横截面的翘曲变形相同） — $\overset{\frown}{ab}$ 类似刚体位移，没有额外的伸缩变形 — 纯弯曲的正应力公式依然适用
- ❷ $q\neq 0$ — $F_S\neq C$（C 为常数） — $\overset{\frown}{ab}\neq\overset{\frown}{a'b'}$（相邻横截面的翘曲变形不同） — $\overset{\frown}{ab}$ 发生额外的伸缩 — 会影响弯曲正应力，如果 $l>5h$，弯曲正应力仍然相当精确

6.13　各形状截面梁的弯曲切应力以及沿截面高度分布图

几种常见截面的弯曲切应力计算公式以及沿截面高度分布图

情况	矩形	工字梁	箱形梁	圆形
假设	$\tau(y)$ // 截面侧边，并沿截面宽度均匀分布	$\tau(y)$ // 腹板侧边，并沿其厚度均匀分布	$\tau(y)$ // 腹板侧边，并沿其厚度均匀分布	最大弯曲切应力仍发生在中性轴上；可近似认为沿中性轴均匀分布
普适	$\tau(y)=\dfrac{F_S S_z(\omega)}{I_z b}$			
公式	$\tau(y)=\dfrac{3F_S}{2bh}\left(1-\dfrac{4y^2}{h^2}\right)$	$\tau(y)=\dfrac{F_S}{8I_z\delta}\left[b(h_0^2-h^2)+\delta(h^2-4y^2)\right]$	$\tau(y)=\dfrac{F_S}{16I_z\delta}\left[b(h_0^2-h^2)+2\delta(h^2-4y^2)\right]$	$\tau_{max}=\dfrac{4F_S}{3A}$
随高分布图	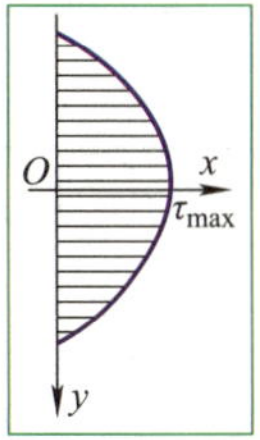O x τmax y	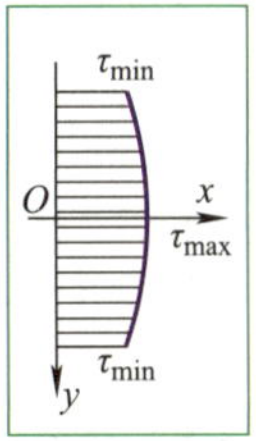τmin O x τmax τmin y	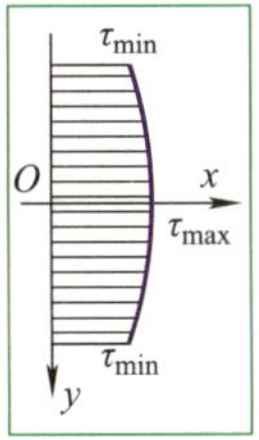τmin O x τmax τmin y	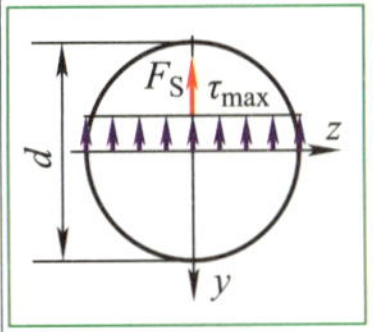FS τmax z d y

6.14　矩形截面细长梁的弯曲正应力与切应力之比较

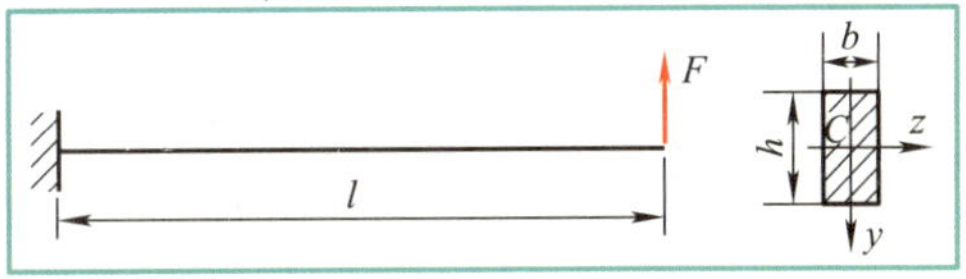

F
l
b
h
C
z
y

矩形截面细长梁的弯曲应力

❶ 弯曲正应力

1 $$\sigma_{max}=\frac{M_{max}}{W_z}=\frac{6Fl}{bh^2}$$

❷ 弯曲切应力

2 $$\tau_{max}=\frac{3}{2}\frac{F_S}{A}=\frac{3}{2}\frac{F}{bh}$$

3 $$\frac{\sigma_{max}}{\tau_{max}}=\frac{6Fl}{bh^2}\frac{2bh}{3F}=4\left(\frac{l}{h}\right)$$

当 $l \gg h$ 时，$\sigma_{max} \gg \tau_{max}$

弯曲正应力为主

❶ 短而高梁　❷ 薄壁梁　❸ M 小 F_S 大的梁或梁段

★ 弯曲切应力与弯曲正应力同样重要

A

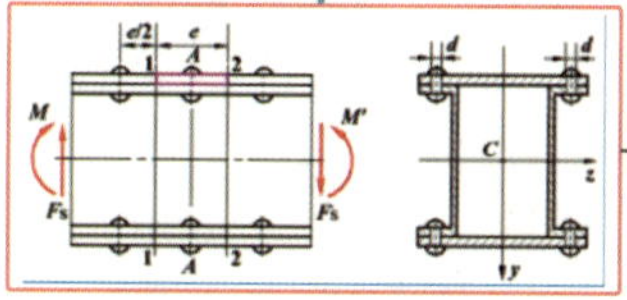

如图 A 所示组合梁，由上、下盖板与槽钢经铆接而成，铆钉沿梁轴等距离排列，试分析铆钉剪切面上的剪力。横截面上的剪力 F_S、铆钉直径 d 与间距 e 均为已知，上、下盖板的尺寸与材料均相同

分析铆钉承受的剪力

- 用横截面 1—1 与 2—2 截取上盖板作为研究对象
- B

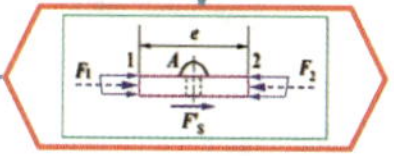

- 板轴向平衡方程
  - ① $F_S' = \frac{F_2 - F_1}{2}$
    - ② $F_1 = \frac{M_1 \overline{S_z}}{I_z}$
      - $\overline{S_z}$：上翼板横截面对中性轴 z 的静矩
    - ③ $F_2 = \frac{M_2 \overline{S_z}}{I_z} = \frac{(M_1 + F_S e)\overline{S_z}}{I_z}$
      - ④ $\frac{dM}{dx} = F_S = \frac{M_2 - M_1}{e}$
  - ⑤ $F_S' = \frac{F_S e \overline{S_z}}{2I_z}$

6.15　求铆钉上的剪力

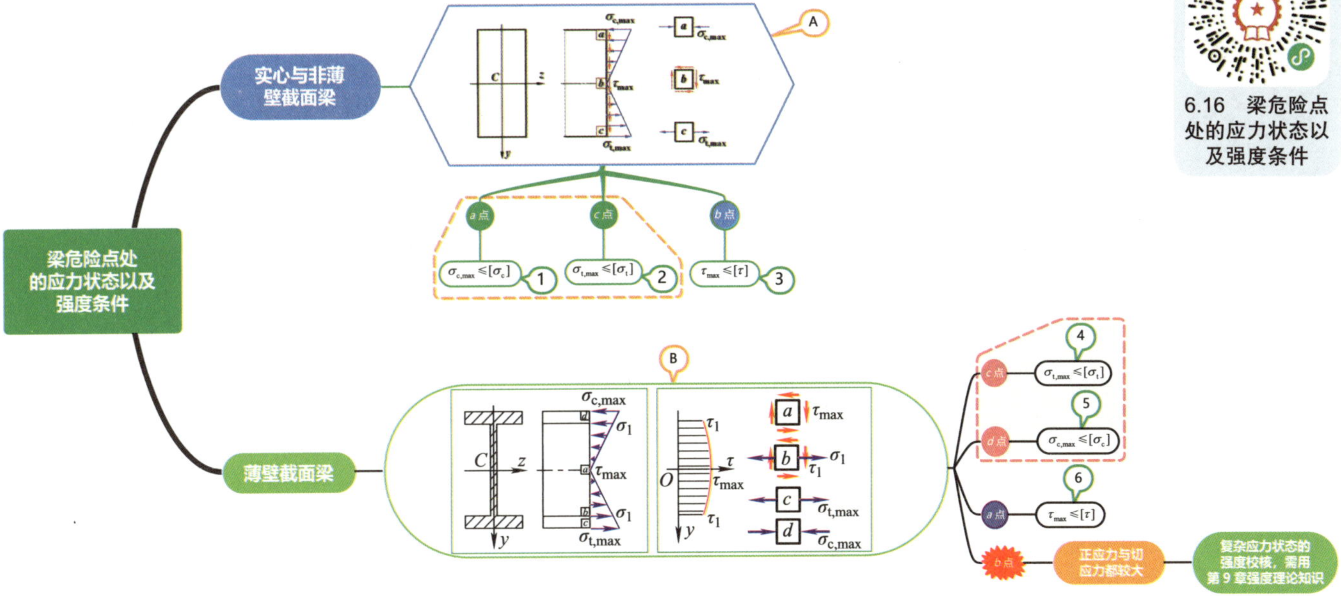
梁危险点处的应力状态以及强度条件
实心与非薄壁截面梁
A
a点
c点
b点
$\sigma_{c,max} \leqslant [\sigma_c]$
1
$\sigma_{t,max} \leqslant [\sigma_t]$
2
$\tau_{max} \leqslant [\tau]$
3
薄壁截面梁
B
c点
$\sigma_{t,max} \leqslant [\sigma_t]$
4
d点
$\sigma_{c,max} \leqslant [\sigma_c]$
5
a点
$\tau_{max} \leqslant [\tau]$
6
b点
正应力与切应力都较大
复杂应力状态的强度校核，需用第 9 章强度理论知识

6.16　梁危险点处的应力状态以及强度条件

A

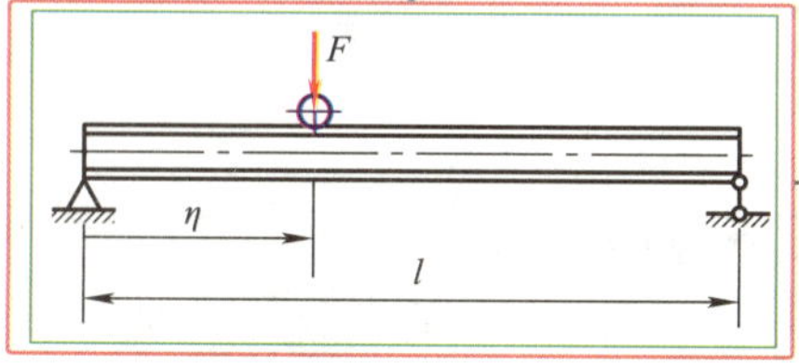
F
η
l

简易吊车梁如图 A 所示，$F = 20\text{kN}$，$l = 6\text{m}$，$[\sigma] = 100\text{MPa}$，$[\tau] = 60\text{MPa}$，请选择工字钢型号

工字钢型号的选择

- ① 内力图
  - 剪力图：$|F_S|_{max} = F$
  - 弯矩图：$|M|_{max} = \dfrac{Fl}{4}$

B

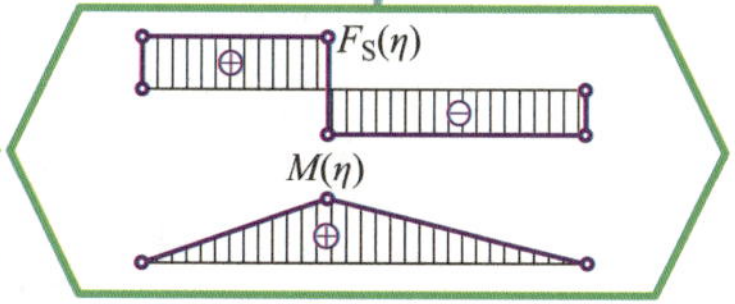
$F_S(\eta)$
$M(\eta)$

- ② 按弯曲正应力条件选截面
  - 1：$W_z \geqslant \dfrac{M_{max}}{[\sigma]} = \dfrac{Fl}{4[\sigma]}$
  - 选 22a 型号，$W_z = 3.09\times10^{-4}\text{m}^4$
- ③ 校核梁的剪切强度
  - 2：$\tau_{max} = \dfrac{F_{S,max}S_{z,max}}{I_z\delta} = \dfrac{F}{\dfrac{I_z}{S_{z,max}}\delta}$
  - $\tau_{max} = 14.11\text{MPa} < [\tau]$

6.17　选择工字钢型号的典型例题

6.18　铸铁 +T 形梁的梁弯曲强度校核

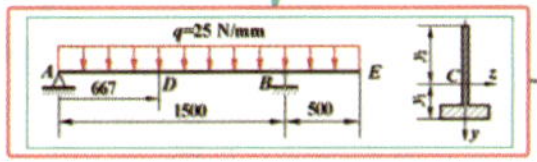

q=25 N/mm
A
667
D
1500
B
500
E
C
z
y

铸铁梁如图 A 所示，$y_1 = 45\text{mm}$，$y_2 = 95\text{mm}$，$[\sigma_t] = 35\text{MPa}$，$[\sigma_c] = 140\text{MPa}$，$I_z = 8.84\times10^{-6}\text{m}^4$，试校核梁的强度

铸铁 +T 形梁弯曲强度校核

- ❶ T 形梁 — 横截面不对称（中性轴距离顶部和底部距离不相等）
- ❷ 画弯矩图 — 两个危险截面 — M_D、M_B

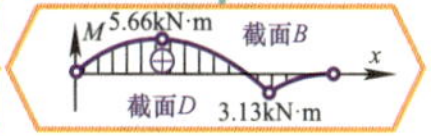

M
5.66kN·m
截面B
x
截面D
3.13kN·m

- $y_1 < y_2$

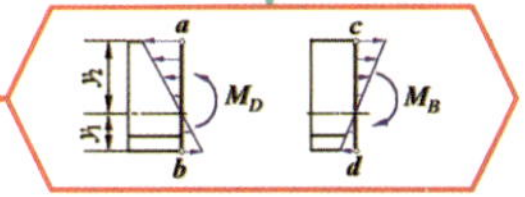

a
b
c
d
M_D
M_B

- 三个危险点
  - a 点：$\sigma_a = \dfrac{M_D y_a}{I_z} = \sigma_{c,\max} < [\sigma_c]$ ①
  - b 点：$\sigma_b = \dfrac{M_D y_b}{I_z} = 28.3\text{MPa} < [\sigma_t]$ ②
  - c 点：$\sigma_c = \dfrac{M_B y_c}{I_z} = 33.6\text{MPa} < [\sigma_t]$ ③
  - $\because |M_D| > |M_B|, |y_a| > |y_d|$
  - d 点：$\sigma_D = \dfrac{M_B y_d}{I_z}$ ④ — 故 $|\sigma_a| > |\sigma_d|$

6.19　梁的合理强度设计

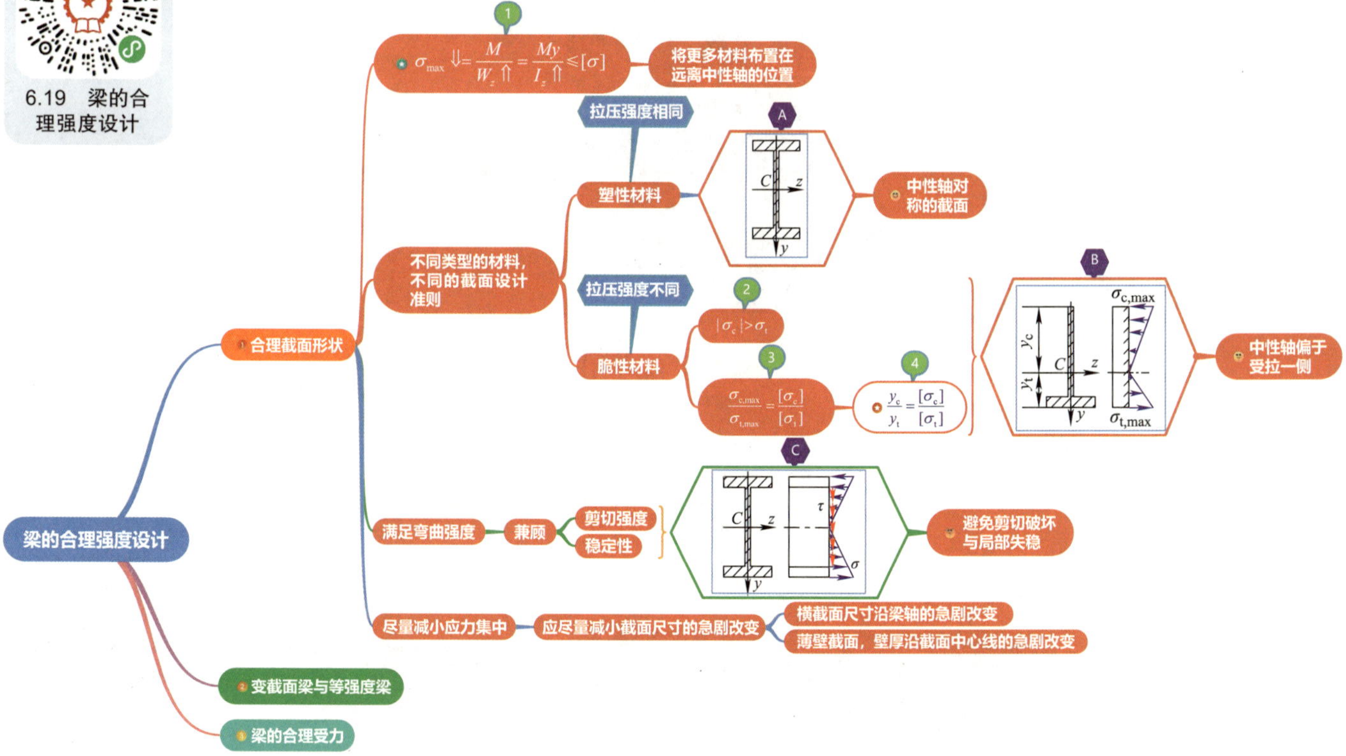
梁的合理强度设计
合理截面形状
$\sigma_{max}\Downarrow=\frac{M}{W_z\Uparrow}=\frac{My}{I_z\Uparrow}\leqslant[\sigma]$
将更多材料布置在远离中性轴的位置
不同类型的材料，不同的截面设计准则
拉压强度相同
塑性材料
中性轴对称的截面
拉压强度不同
脆性材料
$|\sigma_c|>\sigma_t$
$\frac{\sigma_{c,max}}{\sigma_{t,max}}=\frac{[\sigma_c]}{[\sigma_t]}$
$\frac{y_c}{y_t}=\frac{[\sigma_c]}{[\sigma_t]}$
中性轴偏于受拉一侧
满足弯曲强度
兼顾
剪切强度
稳定性
避免剪切破坏与局部失稳
尽量减小应力集中
应尽量减小截面尺寸的急剧改变
横截面尺寸沿梁轴的急剧改变
薄壁截面，壁厚沿截面中心线的急剧改变
变截面梁与等强度梁
梁的合理受力

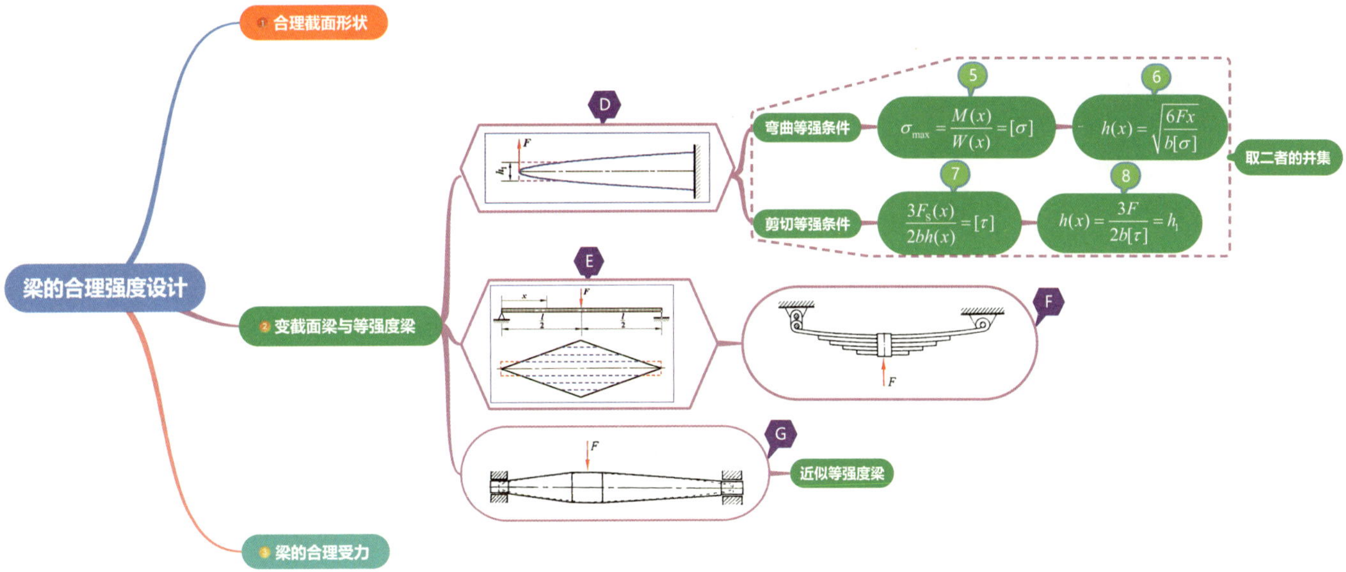
梁的合理强度设计
① 合理截面形状
② 变截面梁与等强度梁
③ 梁的合理受力
D
E
F
G
弯曲等强条件
剪切等强条件
$\sigma_{max} = \frac{M(x)}{W(x)} = [\sigma]$
$h(x) = \sqrt{\frac{6Fx}{b[\sigma]}}$
$\frac{3F_S(x)}{2bh(x)} = [\tau]$
$h(x) = \frac{3F}{2b[\tau]} = h_1$
5
6
7
8
取二者的并集
近似等强度梁

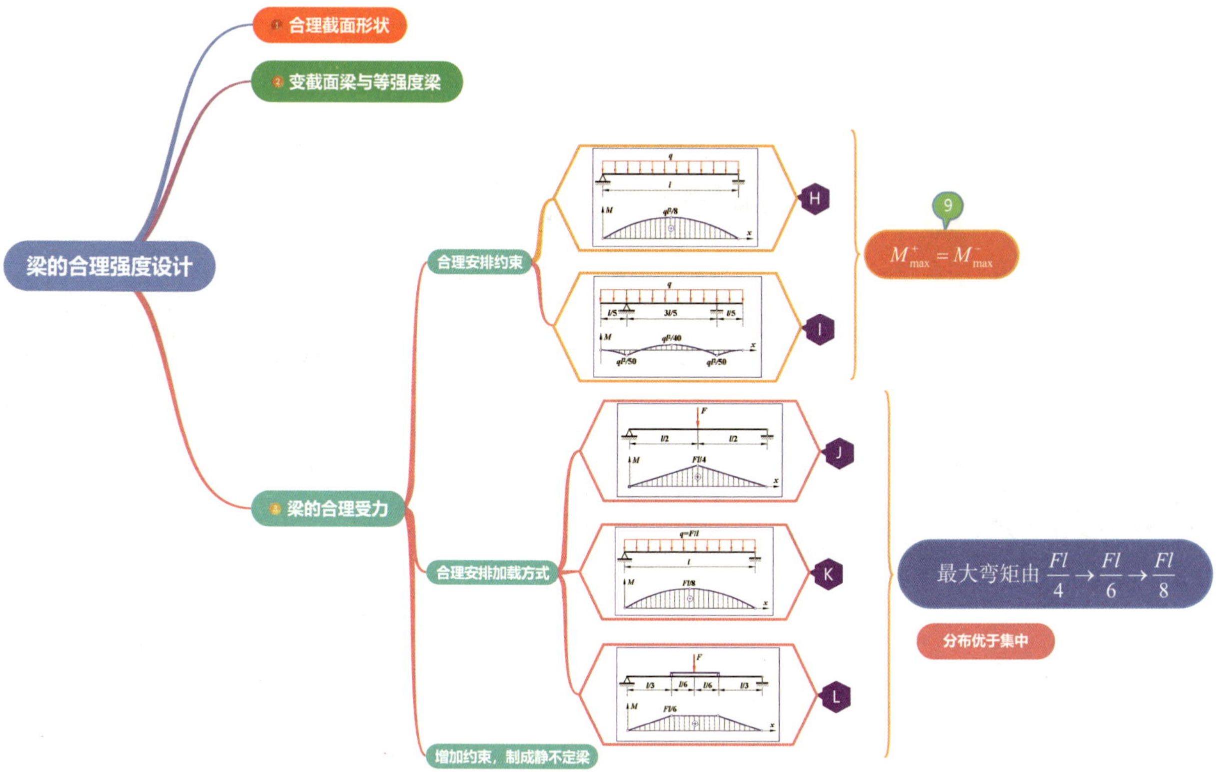
梁的合理强度设计
合理截面形状
变截面梁与等强度梁
梁的合理受力
合理安排约束
合理安排加载方式
增加约束，制成静不定梁
H
I
J
K
L
9
$M^+_{max} = M^-_{max}$
最大弯矩由 $\frac{Fl}{4} \rightarrow \frac{Fl}{6} \rightarrow \frac{Fl}{8}$
分布优于集中

6.20 非对称弯曲的几种典型例子

- 非对称弯曲的几种情形
  - 双对称截面梁
    - 有两个互垂的纵向对称面
      - 一个载荷偏离纵向对称面

        A

        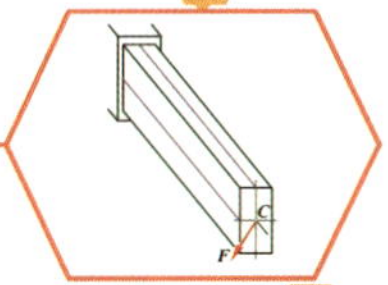
        C
F
      - 两个载荷分别作用在两个纵向对称面

        B

        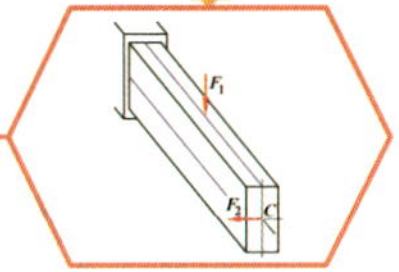
  - 单对称截面梁
    - 有一个纵向对称面
      - 载荷未处在纵向对称面内

        C

        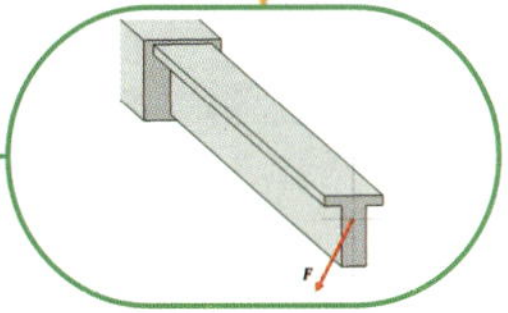
        F
  - 非对称截面梁
    - 没有纵向对称面
      - 载荷未过形心主轴

        D

        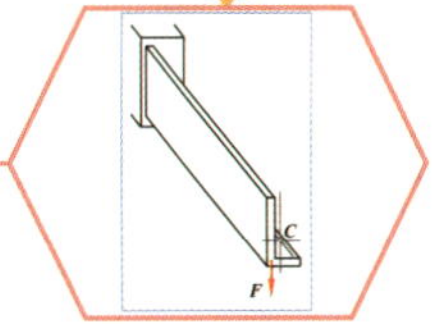
        C
F

6.21　两个正交载荷作用下，圆截面梁的对称弯曲正应力

圆截面上的对称弯曲正应力（两个纵向对称面同时作用载荷）

A

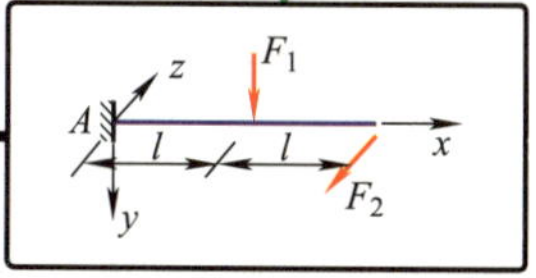
z
F_1
A
l
l
x
F_2
y

B

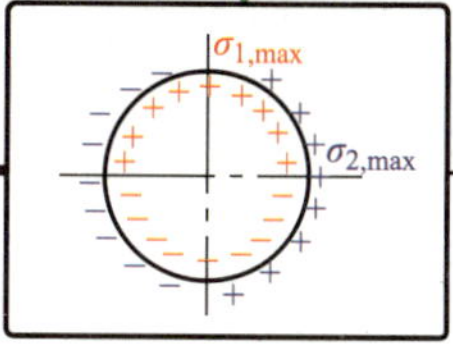
$\sigma_{1,max}$
$\sigma_{2,max}$

由力 F_1 引发的最大弯曲拉应力发生在截面顶端，由力 F_2 引发的最大弯曲拉应力发生在截面右侧，因此二者不能叠加

C

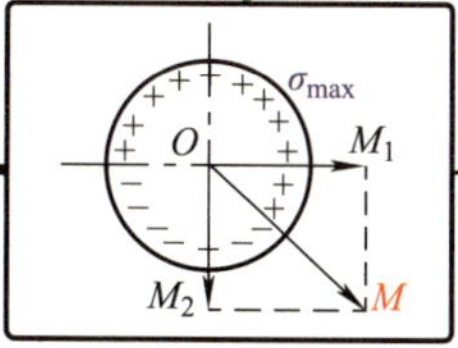
σ_{max}
O
M_1
M_2
M

圆关于任意直径的对称性

1

$$\sigma_{max}=\frac{\sqrt{M_y^2+M_z^2}}{W}$$

6.22 求解矩形截面梁的非对称弯曲正应力、中性轴，以及最大正应力

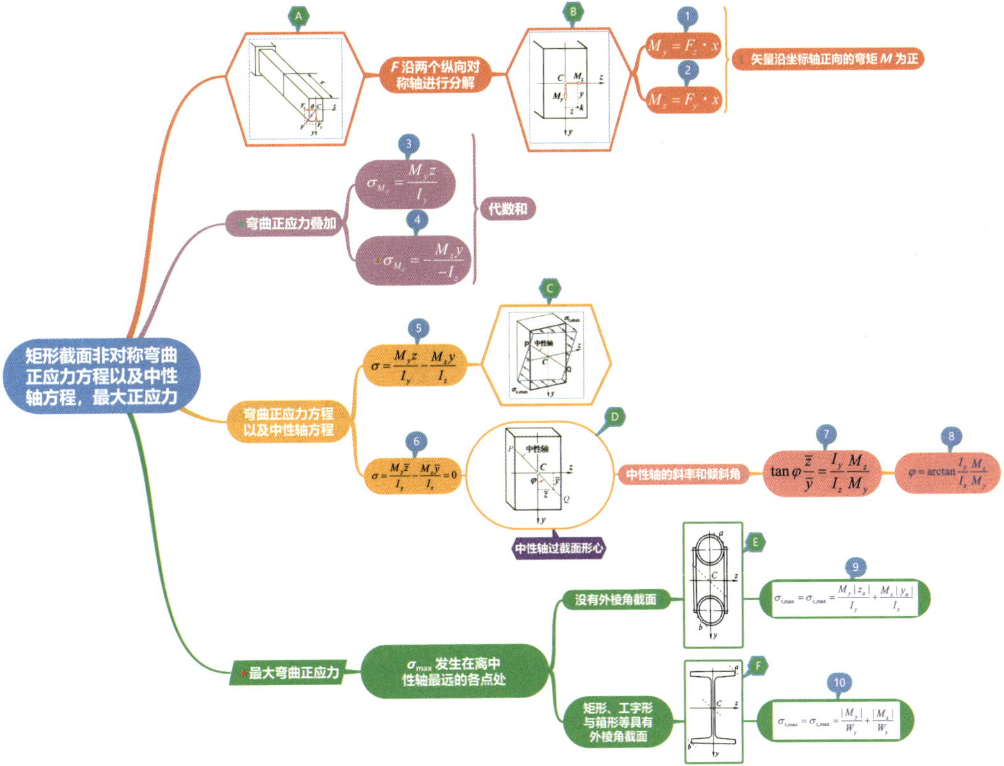

矩形截面非对称弯曲正应力方程以及中性轴方程，最大正应力
A
F 沿两个纵向对称轴进行分解
B
1
$M_y = F_z \cdot x$
2
$M_z = F_y \cdot x$
矢量沿坐标轴正向的弯矩 M 为正
弯曲正应力叠加
3
$\sigma_{M_y} = \dfrac{M_y z}{I_y}$
4
$\sigma_{M_z} = -\dfrac{M_z y}{-I_z}$
代数和
弯曲正应力方程以及中性轴方程
5
$\sigma = \dfrac{M_y z}{I_y} - \dfrac{M_z y}{I_z}$
C
中性轴
6
$\sigma = \dfrac{M_y \bar{z}}{I_y} - \dfrac{M_z \bar{y}}{I_z} = 0$
D
中性轴
中性轴过截面形心
中性轴的斜率和倾斜角
7
$\tan\varphi \dfrac{\bar{z}}{\bar{y}} = \dfrac{I_y}{I_z}\dfrac{M_z}{M_y}$
8
$\varphi = \arctan\dfrac{I_y}{I_z}\dfrac{M_z}{M_y}$
最大弯曲正应力
σ_{max} 发生在离中性轴最远的各点处
没有外棱角截面
E
9
$\sigma_{t,max} = \sigma_{c,max} = \dfrac{M_y|z_a|}{I_y} + \dfrac{M_z|y_a|}{I_z}$
矩形、工字形与箱形等具有外棱角截面
F
10
$\sigma_{t,max} = \sigma_{c,max} = \dfrac{|M_y|}{W_y} + \dfrac{|M_z|}{W_z}$

6.23 非对称弯曲梁的强度校核

A

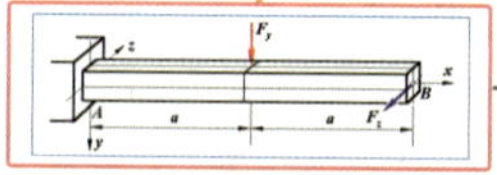

$F_y = F_z = F = 1.0\text{kN}$，$a = 800\text{mm}$，截面高 $h = 80\text{mm}$ 宽 $b = 400\text{mm}$，$[\sigma] = 160\text{MPa}$，试校核梁的强度

非对称弯曲梁的强度校核

1. 双对称截面梁，两个载荷分别作用在两个纵向对称面 — 非对称弯曲
2. 危险截面 — 弯矩图中最大弯矩对应的截面
   - $M_{y,\max}$ (B)

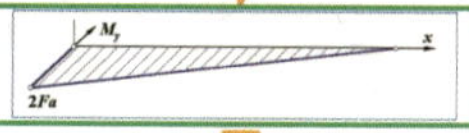

   - $M_{z,\max}$ (C)

3. ★危险截面上的危险点（两个对角的角点） (D)

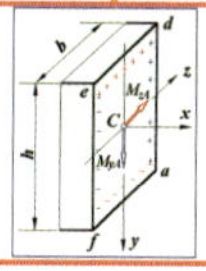

$$\sigma_{\max} = \frac{|M_{yA}|}{W_y} + \frac{|M_{zA}|}{W_z}$$ (1)

$$\frac{2Fa}{\frac{hb^2}{6}} + \frac{Fa}{\frac{bh^2}{6}} = 146.5\text{MPa}$$

4. 强度校核 — $\sigma_{\max} \leqslant [\sigma]$ (2)

6.24 弯拉组合变形梁的强度校核

弯拉组合及强度校核

- A 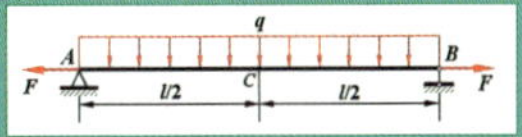
q
A
B
C
F
F
l/2
l/2
- ❶ **内力图**
  - 轴力图
  - 弯矩图
  - 危险截面 C
  - B 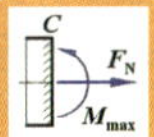
C
F_N
M_{max}
- ❷ **危险截面上的危险点：应力代数叠加**
  - 1 $\sigma_N=\dfrac{F_N}{A}$
    - C 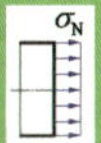
σ_N
  - 2 $\sigma_{M,max}=\dfrac{M_{max}}{W_z}$
    - D 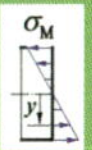
σ_M
y
  - 3 $\sigma_{max}=\sigma_{N,max}+\sigma_{M,max}$
    - E 
$\sigma_N+\sigma_M$
σ_{max}
- ❸ **强度校核**
  - 危险点处单向应力状态
  - 4 $\sigma_{max}<[\sigma]$

6.25　弯拉组合变形梁的合理设计攻略

弯拉组合变形梁的合理设计攻略

A

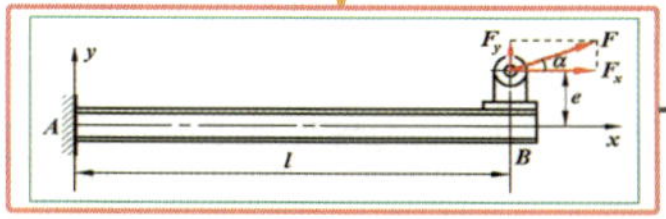
y
A
l
B
x
e
F_y
F
F_x
α

$F=10\text{kN}$，$l=2\text{m}$，$e=l/10$，$\alpha=30°$
$[\sigma]=160\text{MPa}$，请选择工字钢型号

- 画等效的受力简图

B

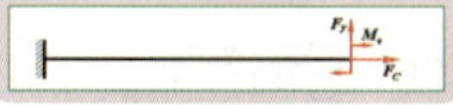
F_y
M_e
F_C

- ❶ 内力图
  - 轴力图

C

8.66 kN

  - 两个弯矩合成的弯矩图

D

8.27 kN·m
1.732 kN·m

  → 危险截面

- ❷ 危险截面上的危险点：应力代数叠加
  - ① $\sigma_{N,\max}=\dfrac{F_{N,\max}}{A}$
  - ② $\sigma_{M,\max}=\dfrac{M_{\max}}{W_z}$
  - → ③ $\sigma_{\max}=\sigma_{N,\max}+\sigma_{M,\max}$

- ❸ 弯曲强度初步设计
  - ④ $\sigma_{M,\max}<[\sigma]$
  - ⑤ $\sigma_{\max}=\dfrac{M}{W_z}<[\sigma]$
    - $W_z\geqslant 5.17\times10^{-5}\text{m}^4$
    - 选No12.6, $W_z=7.75\times10^{-4}\text{m}^4$, $A=1.81\times10^{-3}\text{m}^2$

- ❹ 进行拉弯校核与修改
  - ⑥ $\sigma_{\max}=\dfrac{F_N}{A}+\dfrac{M_{\max}}{W_z}<[\sigma]$
    - 如果满足，结束
    - 不满足，则进行修改

6.26　梁的合理强度设计理论依据与工程措施以及截面几何性质列表

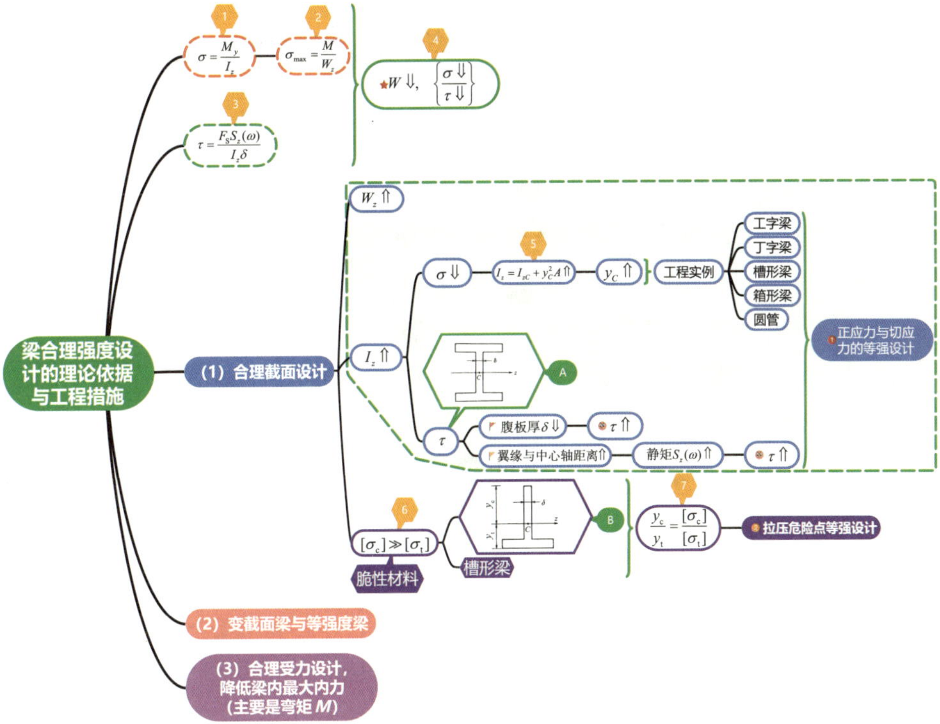

梁合理强度设计的理论依据与工程措施
$\sigma=\frac{M_y}{I_z}$
$\sigma_{max}=\frac{M}{W_z}$
$\tau=\frac{F_S S_z(\omega)}{I_z\delta}$
$W\Downarrow$, $\sigma\Downarrow$ $\tau\Downarrow$
（1）合理截面设计
$W_z\Uparrow$
$I_z\Uparrow$
$\sigma\Downarrow$
$I_z=I_{zC}+y_C^2A\Uparrow$
$y_C\Uparrow$
工程实例
工字梁
丁字梁
槽形梁
箱形梁
圆管
正应力与切应力的等强设计
A
τ
腹板厚$\delta\Downarrow$
$\tau\Uparrow$
翼缘与中心轴距离$\Uparrow$
静矩$S_z(\omega)\Uparrow$
$\tau\Uparrow$
$[\sigma_c]\gg[\sigma_t]$
脆性材料
槽形梁
B
$\frac{y_c}{y_t}=\frac{[\sigma_c]}{[\sigma_t]}$
拉压危险点等强设计
（2）变截面梁与等强度梁
（3）合理受力设计，降低梁内最大内力（主要是弯矩 M）

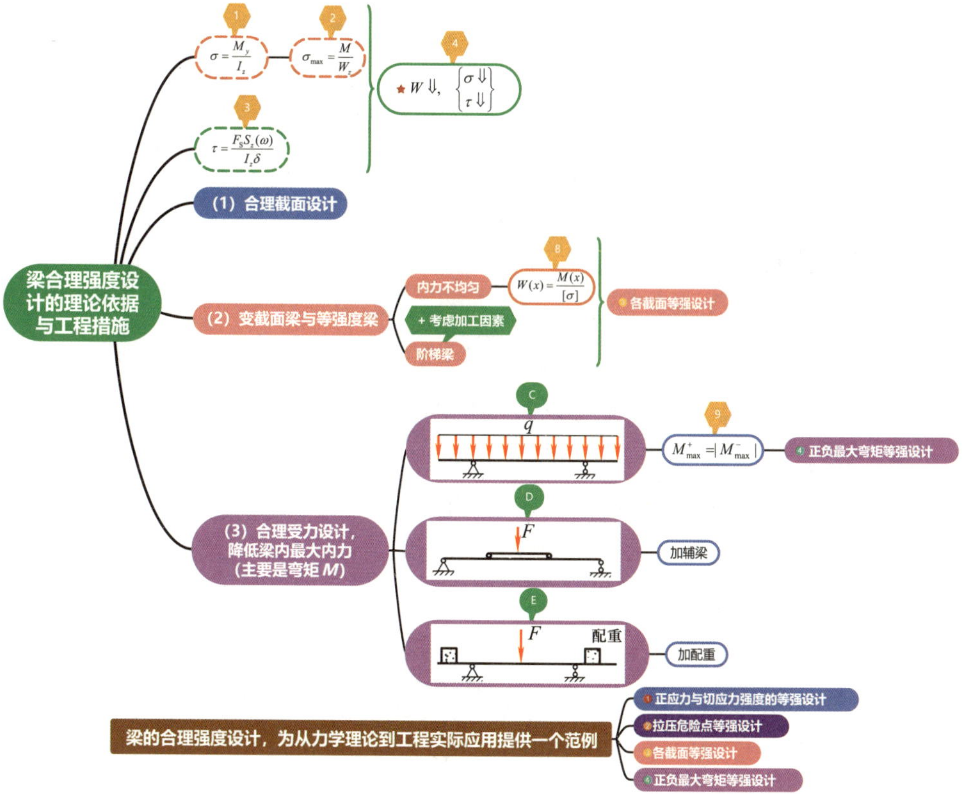
梁合理强度设计的理论依据与工程措施
$\sigma=\frac{M_y}{I_z}$
$\sigma_{max}=\frac{M}{W_z}$
$\tau=\frac{F_S S_z(\omega)}{I_z\delta}$
$W\Downarrow,\ \left\{\begin{matrix}\sigma\Downarrow\\ \tau\Downarrow\end{matrix}\right\}$
(1) 合理截面设计
(2) 变截面梁与等强度梁
内力不均匀
$W(x)=\frac{M(x)}{[\sigma]}$
+ 考虑加工因素
阶梯梁
各截面等强设计
(3) 合理受力设计，降低梁内最大内力（主要是弯矩 M）
q
$M^+_{max}=|M^-_{max}|$
正负最大弯矩等强设计
F
加辅梁
F
配重
加配重
梁的合理强度设计，为从力学理论到工程实际应用提供一个范例
正应力与切应力强度的等强设计
拉压危险点等强设计
各截面等强设计
正负最大弯矩等强设计

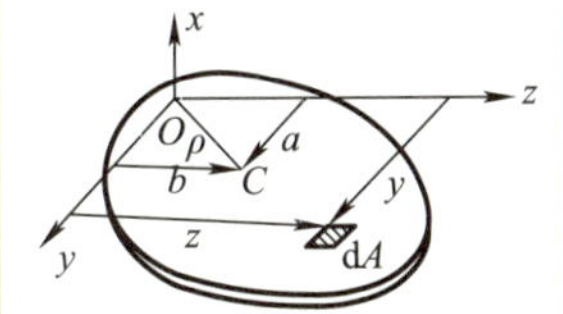
x
z
O
ρ
a
b
C
y
z
y
dA

薄板的质量几何和相应截面几何性质的对应关系

薄板质量几何	截面几何
质心：$y_C=\frac{\int_A y\mathrm{d}A}{A}$　$z_C=\frac{\int_A z\mathrm{d}A}{A}$ 均质薄板质心与形心重合	形心：$y_C=\frac{\int_A y\mathrm{d}A}{A}$　$z_C=\frac{\int_A z\mathrm{d}A}{A}$ 静矩：$S_z=\int_A y\mathrm{d}A$　$S_y=\int_A z\mathrm{d}A$
对 y、z 轴的转动惯量： $J_z=\int_A y^2\mathrm{d}(\gamma A)$　$J_y=\int_A z^2\mathrm{d}(\gamma A)$ （γ 为单位面积的板块质量，A 为板面积，$M=\gamma A$ 为板质量）	对 y、z 轴的惯性矩： $I_z=\int_A y^2\mathrm{d}A$　$I_y=\int_A z^2\mathrm{d}A$
对 x 轴的转动惯量：$J_x=\int_A \rho^2\mathrm{d}(\gamma A)$	对 O 点的惯性矩：$I_\mathrm{P}=\int_A \rho^2\mathrm{d}A$
对 y 轴、z 轴的惯性积：$J_{yz}=\int_A yz\mathrm{d}(\gamma A)$	对 y 轴、z 轴的惯性积：$I_{yz}=\int_A yz\mathrm{d}A$
平行移轴定理：$J_z=J_{z_C}+Ma^2$ $J_y=J_{y_C}+Mb^2$，　$J_{yz}=J_{yz_C}+Mab$	平行移轴定理：$I_z=I_{z_C}+Aa^2$ $I_y=I_{y_C}+Ab^2$，$I_{yz}=I_{yz_C}+Aab$
惯性半径：$i_y=\sqrt{\frac{J_y}{M}}$，　$i_z=\sqrt{\frac{J_z}{M}}$	惯性半径：$i_y=\sqrt{\frac{I_y}{A}}$　$i_z=\sqrt{\frac{I_z}{A}}$
直径为 d 的均质薄圆板： $J_{z_C}=J_{y_C}=\frac{1}{64}\pi\gamma d^4=\frac{1}{16}Md^2$，　$J_{x_C}=\frac{1}{32}\pi\gamma d^4=\frac{1}{8}Md^2$	直径为 d 的圆截面：$I_{z_C}=I_{y_C}=\frac{1}{64}\pi d^4$ $I_{\mathrm{P}_C}=\frac{1}{32}\pi d^4$
矩形薄板：$J_{z_C}=\frac{1}{12}\gamma bh^3=\frac{1}{12}Mh^2, J_{y_C}=\frac{1}{12}\gamma b^3h=\frac{1}{12}Mb^2$	矩形截面：$I_{z_C}=\frac{bh^3}{12}; I_{y_C}=\frac{b^3h}{12}$（$z$ 轴方向长 b；y 轴方向长 h）

6.27　贴应变片计算正应力弯矩等参数以及单侧开口与双侧开口的应力对比

A

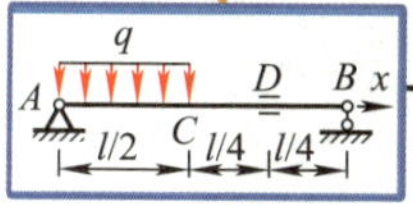
q
A
D
B
x
C
l/2
l/4
l/4

B

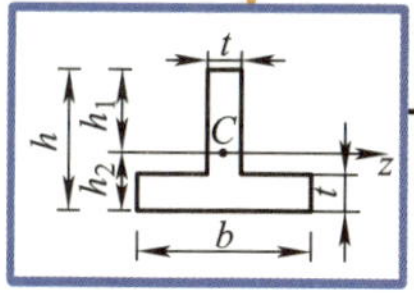
t
h
h1
h2
C
z
t
b

6-1　如图 A 和图 B 所示，简支梁长 l = 1m，左半部分作用均布载荷 q，距离右端 $l/4$ 的截面 D 处上、下表面贴有应变片，并测得上表面应变 $\varepsilon_D^{上}=-0.001$，下表面应变 $\varepsilon_D^{下}=0.0005$。已知梁横截面尺寸 b = 30mm，t = 5mm，材料弹性模量 E = 200GPa。设梁的变形为线弹性。试求：（1）梁内绝对值最大的正应力；（2）梁底部纵向纤维总伸长量；（3）截面高度 h 之值；（4）载荷 q 的大小

C

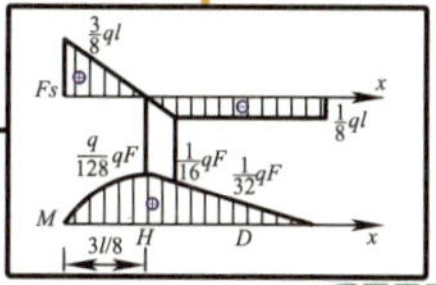
3/8 ql
Fs
x
1/8 ql
q/128 qF
1/16 qF
1/32 qF
M
3l/8
H
D
x

(1)

① $\sigma=E\varepsilon=\dfrac{M}{W}$

② $\sigma\propto\varepsilon$

③ $\sigma\propto M$

④ $\varepsilon\propto M$

⑤ $\varepsilon_H^{上}=\dfrac{M_H}{M_D}\varepsilon_D^{上}=\dfrac{\frac{9}{128}ql^2}{\frac{1}{32}ql^2}\times(-0.001)=-0.00225$

⑥ $\sigma_H^{上}=E\varepsilon_H^{上}=-450\text{MPa}$

(2)

6-1 如图 A 和图 B 所示，简支梁长 l = 1m，左半部分作用均布载荷 q，距离右端 $l/4$ 的截面 D 处上、下表面贴有应变片，并测得上表面应变 $\varepsilon_D^{上}=-0.001$，下表面应变 $\varepsilon_D^{下}=0.0005$。已知梁横截面尺寸 b = 30mm，t = 5mm，材料弹性模量 E = 200GPa。设梁的变形为线弹性。试求：（1）梁内绝对值最大的正应力；（2）梁底部纵向纤维总伸长量；（3）截面高度 h 之值；（4）载荷 q 的大小

A

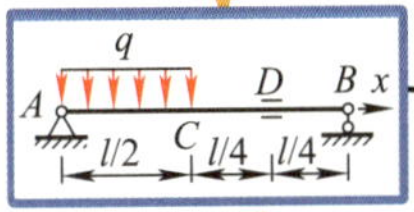

q
A
C
D
B
x
l/2
l/4
l/4

B

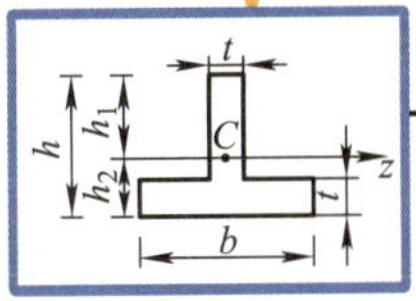

t
h
h1
h2
C
z
t
b

C

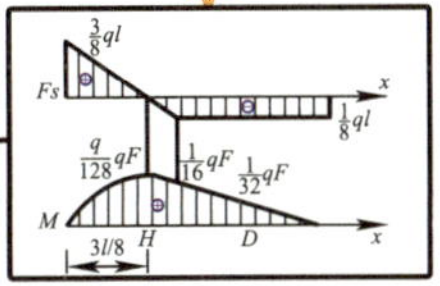

3/8 ql
Fs
x
1/8 ql
M
H
D
x
3l/8

(1)

(2)

7 $M(x)=\frac{1}{8}ql^2\left[3\cdot\frac{x}{l}-4\left(\frac{x}{l}\right)^2\right],0\leqslant x\leqslant\frac{1}{2}l$

9 $\varepsilon_1^{下}(x)=C_1\left[3\left(\frac{x}{l}\right)-4\left(\frac{x}{l}\right)^2\right],0\leqslant x\leqslant\frac{1}{2}l$

8 $M(x)=\frac{1}{8}ql^2\left[1-\frac{x}{l}\right],\frac{1}{2}l\leqslant x\leqslant l$

10 $\varepsilon_2^{下}(x)=C_2\left(1-\frac{x}{l}\right),\frac{1}{2}l\leqslant x\leqslant l$

5 $\frac{M_A}{\varepsilon_A^{下}}=\frac{M_B}{\varepsilon_B^{下}}$

11 $\varepsilon_D^{下}=0.0005\Rightarrow C_2=0.002$

应变连续条件

12 $\varepsilon_1^{下}\left(\frac{1}{2}l\right)=\varepsilon_2^{下}\left(\frac{1}{2}l\right)\Rightarrow C_1=0.002$

13 $\delta=\int_0^{\frac{l}{2}}0.002\left[3\left(\frac{x}{l}\right)-4\left(\frac{x}{l}\right)^2\right]dx+\int_{\frac{l}{2}}^{l}0.002\left(1-\frac{x}{l}\right)dx=\frac{2}{3}\times10^{-3}m$

(3)

6-1　如图 A 和图 B 所示，简支梁长 l = 1m，左半部分作用均布载荷 q，距离右端 $l/4$ 的截面 D 处上、下表面贴有应变片，并测得上表面应变 $\varepsilon_D^{上}=-0.001$，下表面应变 $\varepsilon_D^{下}=0.0005$。已知梁横截面尺寸 b = 30mm，t = 5mm，材料弹性模量 E = 200GPa。设梁的变形为线弹性。试求：（1）梁内绝对值最大的正应力；（2）梁底部纵向纤维总伸长量；（3）截面高度 h 之值；（4）载荷 q 的大小

A

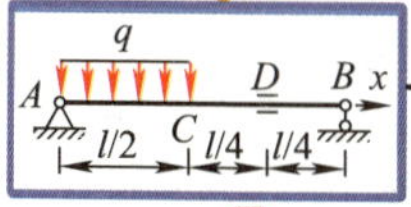
q
A
D
B
x
l/2
C
l/4
l/4

B

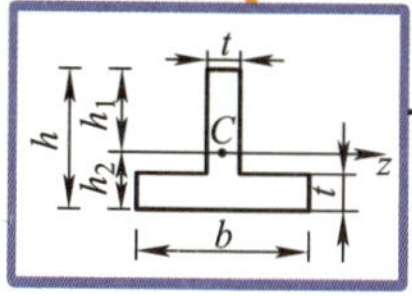
t
h
h1
h2
C
z
t
b

C

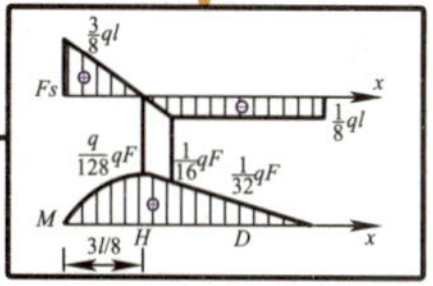
3/8 ql
Fs
x
1/8 ql
q/128 qF
1/16 qF
1/32 qF
M
3l/8
H
D
x

(1)

(2)

(3)

14　$h_1:h_2=\varepsilon_D^{上}:\varepsilon_D^{下}=2:1$

15　$h_1+h_2=h$

16　$h_1=\frac{2}{3}h, h_2=\frac{1}{3}h$

截面对形心轴的静矩 =0

17　$\frac{2}{3}ht\cdot\frac{1}{3}h-bt\cdot\left(\frac{1}{3}h-\frac{1}{2}t\right)+\frac{1}{2}\left(\frac{1}{3}h-t\right)^2t=0$

$h=5(5+\sqrt{10})\text{mm}=40.8\text{mm}$

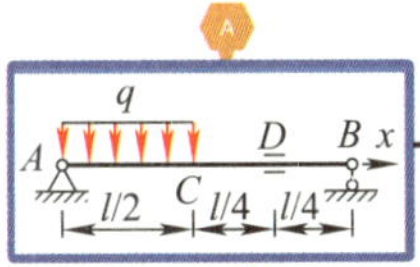

A
q
A
C
D
B
x
l/2
l/4
l/4

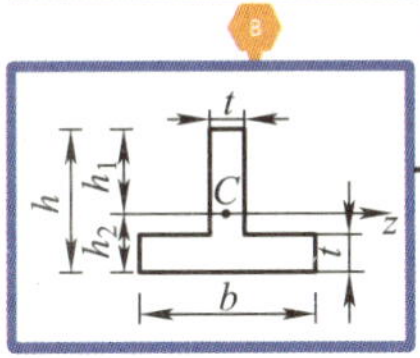

B
t
h
h1
h2
C
z
t
b

6-1 如图 A 和图 B 所示，简支梁长 l = 1m，左半部分作用均布载荷 q，距离右端 $l/4$ 的截面 D 处上、下表面贴有应变片，并测得上表面应变$\varepsilon_D^{上}=-0.001$，下表面应变$\varepsilon_D^{下}=0.0005$。已知梁横截面尺寸 b = 30mm，t = 5mm，材料弹性模量 E = 200GPa。设梁的变形为线弹性。试求：(1) 梁内绝对值最大的正应力；(2) 梁底部纵向纤维总伸长量；(3) 截面高度 h 之值；(4) 载荷 q 的大小

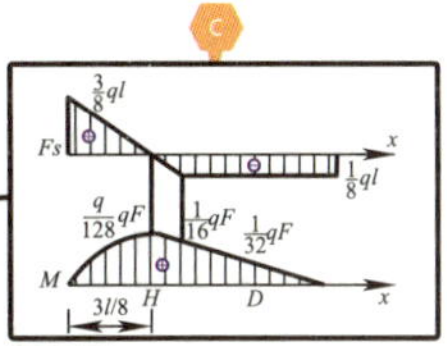

C
Fs
x
M
H
D
x
3l/8

(1)

(2)

(3)

(4)

18

$$\varepsilon_D^{下}=E\varepsilon_D^{下}=\frac{M_Dh_2}{I}=\frac{ql^2h}{96I}$$

$$I=\frac{t}{12}(h-t)^3+t(h-t)\left(h_1-\frac{h-t}{2}\right)^2+\frac{b}{12}t^3+bt\left(h_2-\frac{t}{2}\right)^2=53430.5\text{mm}^4$$

19

$$q=\frac{96EI\varepsilon_D^{下}}{l^2h}=12568.8\text{N/m}$$

6-2 如图所示，箱型梁横截面，剪力 F_S=40kN，计算 a—a 处弯曲切应力及最大弯曲切应力

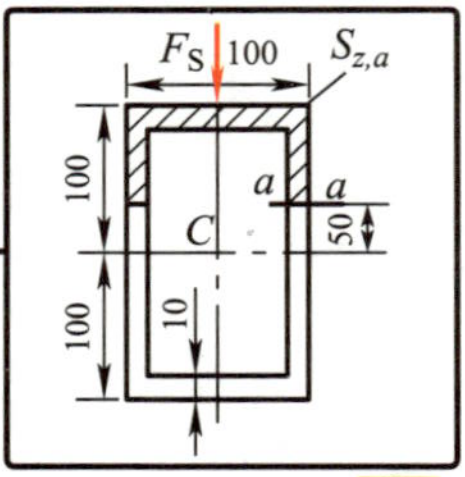
F_S
100
$S_{z,a}$
a
a
C
50
100
100
10

1. $I_z=\frac{1}{12}\times100\times200^3\text{mm}^4-\frac{1}{12}\times80\times180^3\text{mm}^4=2.779\times10^7\text{mm}^4$

2. a—a 以上面积对中性轴的静矩

$S_{z,a}=50\times10\times75\times2\text{mm}^3+80\times10\times95\text{mm}^3=1.51\times10^5\text{mm}^3$

3. 中性轴以上面积对中性轴的静矩

$S_{z,\max}=100\times10\times50\times2\text{mm}^3+80\times10\times95\text{mm}^3=1.76\times10^5\text{mm}^3$

4. $\tau_a=\frac{F_S S_{z,a}}{2tI_z}=\frac{4\times10^4\times1.51\times10^5}{20\times2.779\times10^7}\text{MPa}=10.85\text{MPa}$

5. $\tau_{\max}=\frac{F_S S_{z,\max}}{2tI_z}=12.65\text{MPa}$

6-3　如图A所示，矩形杆宽为 h，厚为 b，轴向载荷为 F，一侧有深 αh（$0<\alpha<0.5$）的缺口，求杆内最大应力随 α 变化，并与双侧开口情况比较

A

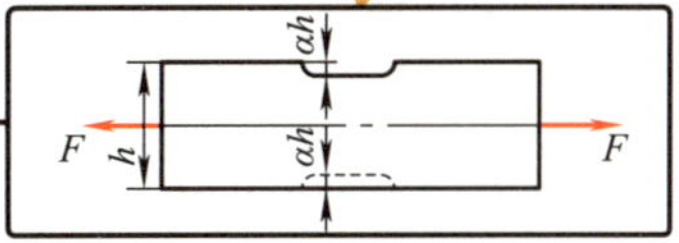
αh
F
h
αh
F

单开口情形　1

$$\sigma_{\max}^{1}=\frac{F}{A}+\frac{M}{W}=\frac{F}{(1-\alpha)bh}+\frac{\alpha hF/2}{bh^{2}(1-\alpha)^{2}/6}=\left[\frac{1}{1-\alpha}+\frac{3\alpha}{(1-\alpha)^{2}}\right]\cdot\frac{F}{bh}$$

双开口情形　2

$$\sigma_{\max}^{2}=\frac{F}{A}=\frac{1}{1-2\alpha}\cdot\frac{F}{bh}$$

B

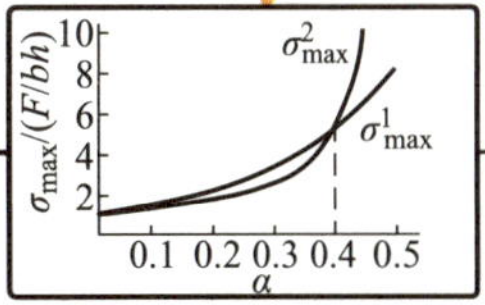
σmax/(F/bh)
10
8
6
4
2
σ²max
σ¹max
0.1 0.2 0.3 0.4 0.5
α

尽量避免载荷偏心矩

★ $\alpha<0.4,\sigma_{\max}^{2}<\sigma_{\max}^{1}$

6.28　梁的材料合理布局以及最大弯曲正应力

6-4　下面论述正确的是（　）

A. 对于对称弯曲的梁，各横截面绕中性轴做相对转动 ☑

B. 承受横力弯曲的细长梁（剪力和弯矩都存在），平面假设仍然严格成立

C. 承受横力弯曲的细长梁，平面假设已不严格成立，但是用于推导弯曲正应力仍然有足够精度 ☑

D. 承受横力弯曲的细长梁，推导弯曲正应力和切应力时都不能用平面假设

6-5　如图所示，铸铁悬臂梁的截面为槽形，从强度设计考虑，放置方式最合理的图为（　）

F

A 

B 

C 

D 

6-6　如图所示简支梁

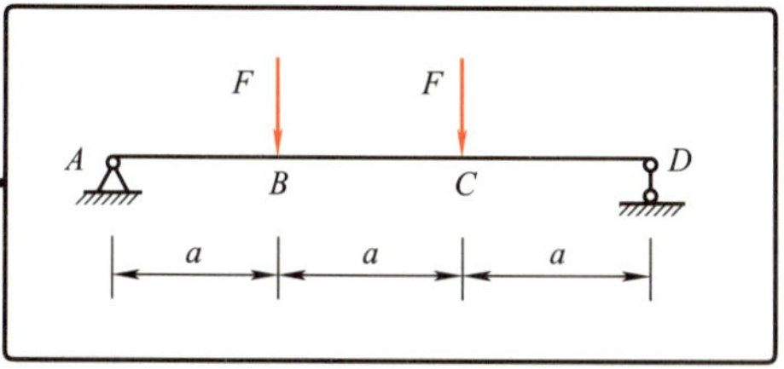
F
F
A
B
C
D
a
a
a

A. AB 段、CD 段是纯弯曲

B. BC 段是纯弯曲 ✓

C. 全梁是纯弯曲

D. 全梁都不是纯弯曲

A

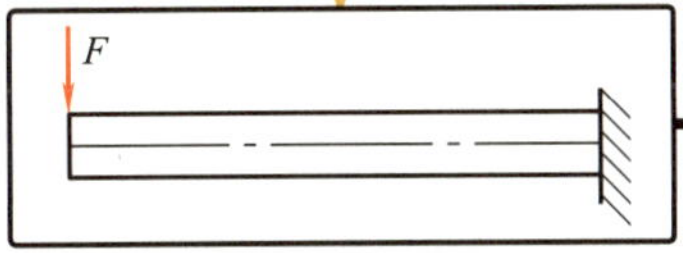
F

B

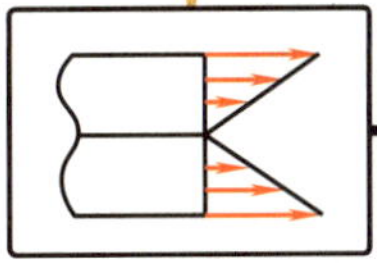

C

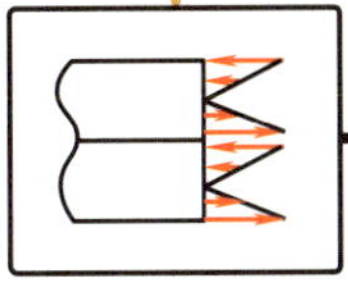

6-7　如图 A 所示，两个叠梁，一个牢固胶合，一个光滑叠合，图 B 和图 C 分别是两梁横截面应力图，则（　）

A. 图 B 对应胶合叠层，图 C 对应光滑叠层

B. 图 B 对应光滑叠层，图 C 对应胶合叠层

C. 胶合叠层与光滑叠层都对应图 B

D. 胶合叠层与光滑叠层都对应图 C

6-8　图示悬臂梁的截面是边长为 a 的正方形，外力分别作用在纵向和横向对称面内，则横截面 B 内的最大拉应力是（　）

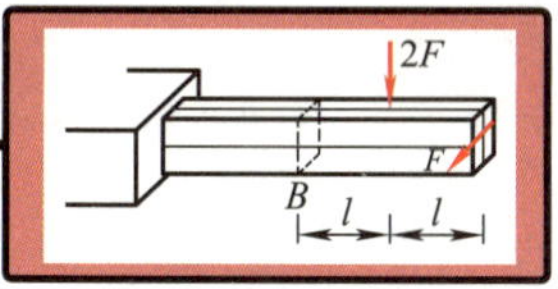
2F
F
B
l
l

A. $\dfrac{12Fl}{a^3}$

B. $\dfrac{24Fl}{a^3}$ ✓

$$\sigma=\frac{2Fl}{\frac{1}{6}a^3}+\frac{F\cdot 2l}{\frac{1}{6}a^3}=\frac{24Fl}{a^3}$$

C. $\dfrac{12\sqrt{2}Fl}{a^3}$

D. $\dfrac{24\sqrt{2}Fl}{a^3}$

6-9 四种截面梁的材料相同，横截面积相同，从强度设计角度考虑，截面梁能承受弯矩最大的是（ ）？

A

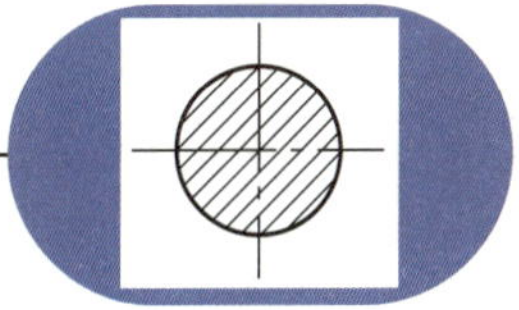

B

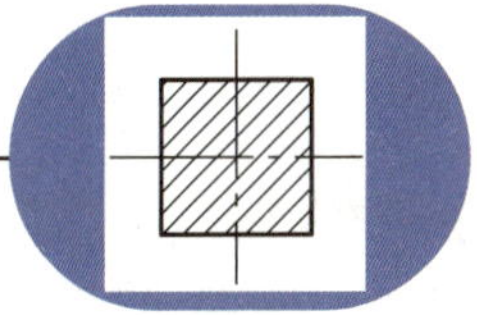

C

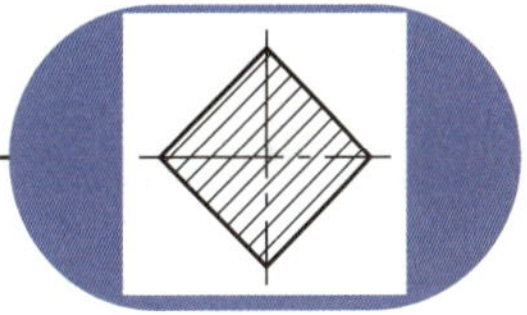

D

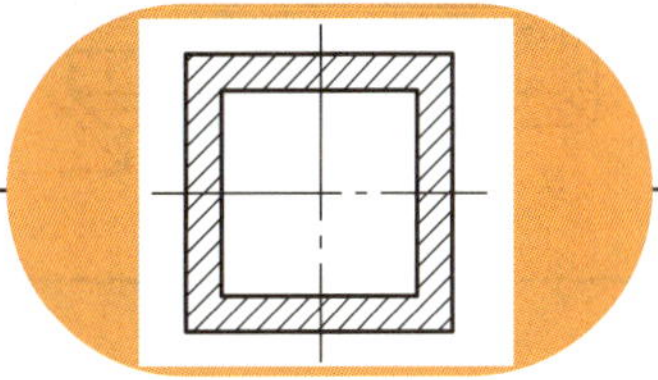

6-10　如图所示，悬臂梁承受铅垂载荷 F，截面 B 与固定端和载荷作用位置都有足够的距离，在其中性轴上，说法正确的是（　）

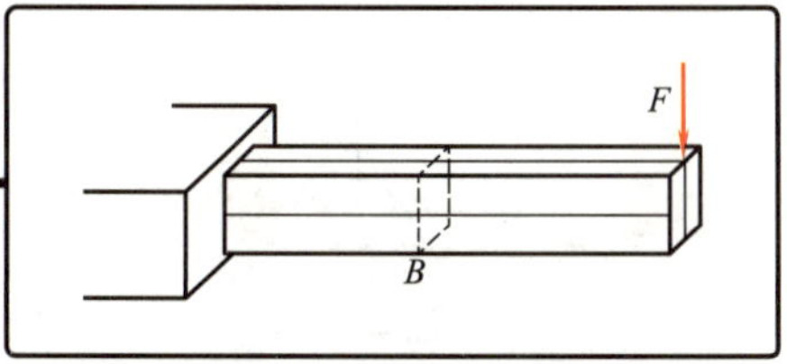
F
B

A. 正应力（绝对值）最大

B. 正应力（绝对值）最小 ✓

C. 切应力（绝对值）最大 ✓

D. 切应力（绝对值）最小

6-11　如图所示，矩形截面梁的拉伸模量大于压缩模量，则截面上的中性轴（　）

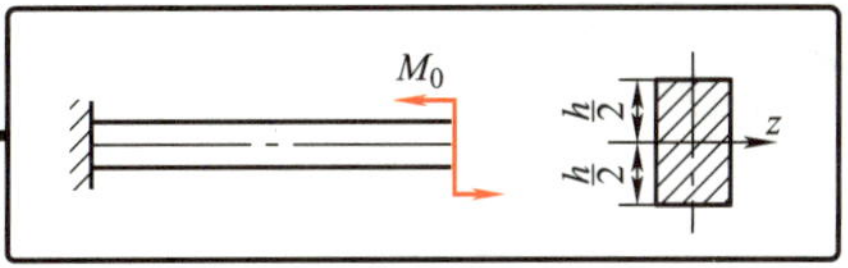

M_0
$\frac{h}{2}$
$\frac{h}{2}$
z

A. 在图示 *z* 轴上方，截面图形内

B. 在图示 *z* 轴上方，截面图形外

C. 在图示 *z* 轴下方，截面图形内 ✓

1. $-\sigma^{c}A^{c}+\sigma^{t}A^{t}=0$
2. $-E^{c}A^{c}+E^{t}A^{t}=0$
   - $\because E^{t}>E^{c}$
   - $\therefore A^{c}>A^{t}$

D. 在图示 *z* 轴下方，截面图形外

6-12　梁截面如图所示为等腰三角形，载荷作用在纵向对称面内，适当削去顶部一小部分材料（图示阴影面积部分），有两个结论：（1）削去高度在一定范围内可以提高梁的强度；（2）削去高度在一定范围内可以提高梁的刚度。说法正确的是（　）

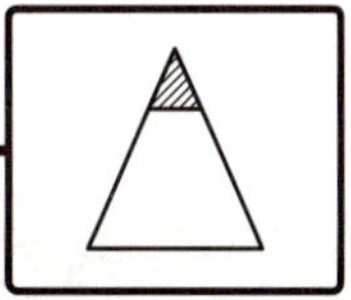

A. 两个结论都正确

B. 两个结论都不正确

C. 结论（1）正确，结论（2）不正确 ☑

1

$$\sigma(y)=\frac{My}{I_z}$$

$\because y\Downarrow$

$\therefore \sigma\Downarrow$

D. 结论（1）不正确，结论（2）正确

第 7 章　弯曲变形

7.1　梁的变形概论

第 7 章　弯曲变形
1. 引言
2. 梁变形的基本方程
3. 计算梁位移的积分法
4. 计算梁位移的叠加法
5. 简单静不定梁
6. 梁的刚度条件与合理设计

7.2　梁变形的基本概念

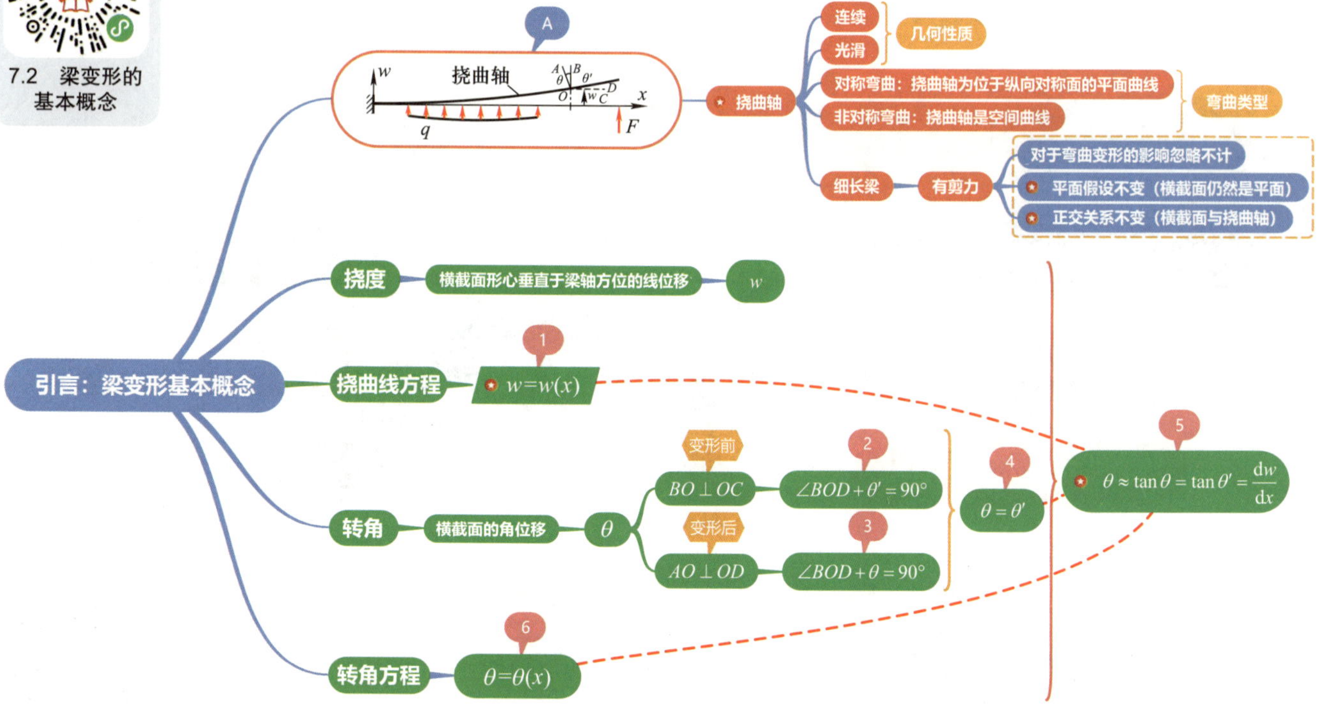
引言：梁变形基本概念
A
挠曲轴
w
x
q
F
A
B
θ
θ'
O
w
C
D
挠曲轴
连续
光滑
几何性质
对称弯曲：挠曲轴为位于纵向对称面的平面曲线
非对称弯曲：挠曲轴是空间曲线
弯曲类型
细长梁
有剪力
对于弯曲变形的影响忽略不计
平面假设不变（横截面仍然是平面）
正交关系不变（横截面与挠曲轴）
挠度
横截面形心垂直于梁轴方位的线位移
w
挠曲线方程
1
$w=w(x)$
转角
横截面的角位移
θ
变形前
$BO \perp OC$
2
$\angle BOD+\theta'=90°$
变形后
$AO \perp OD$
3
$\angle BOD+\theta=90°$
4
$\theta=\theta'$
5
$\theta \approx \tan\theta = \tan\theta' = \frac{dw}{dx}$
转角方程
6
$\theta=\theta(x)$

7.3 挠曲线微分方程与挠曲线近似微分方程

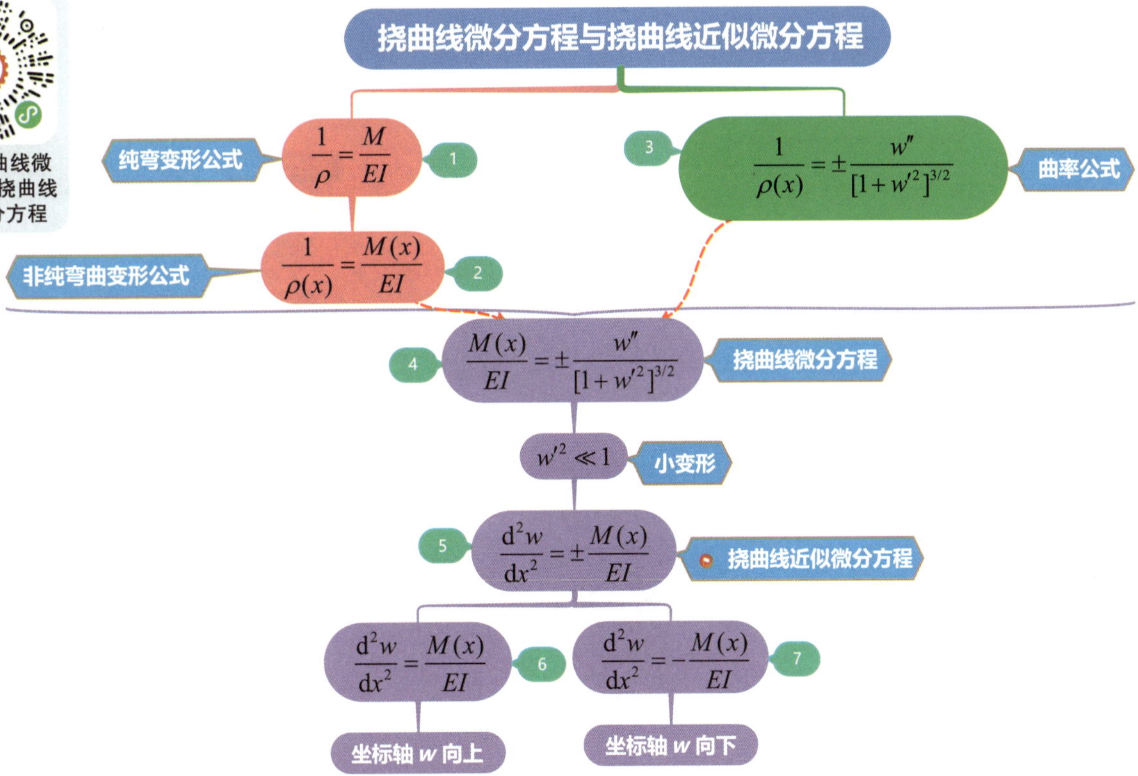

挠曲线微分方程与挠曲线近似微分方程
纯弯变形公式
$\frac{1}{\rho}=\frac{M}{EI}$
1
非纯弯曲变形公式
$\frac{1}{\rho(x)}=\frac{M(x)}{EI}$
2
3
$\frac{1}{\rho(x)}=\pm\frac{w''}{[1+w'^2]^{3/2}}$
曲率公式
4
$\frac{M(x)}{EI}=\pm\frac{w''}{[1+w'^2]^{3/2}}$
挠曲线微分方程
$w'^2\ll 1$
小变形
5
$\frac{d^2w}{dx^2}=\pm\frac{M(x)}{EI}$
挠曲线近似微分方程
$\frac{d^2w}{dx^2}=\frac{M(x)}{EI}$
6
$\frac{d^2w}{dx^2}=-\frac{M(x)}{EI}$
7
坐标轴 w 向上
坐标轴 w 向下

7.4　计算梁位移的积分法

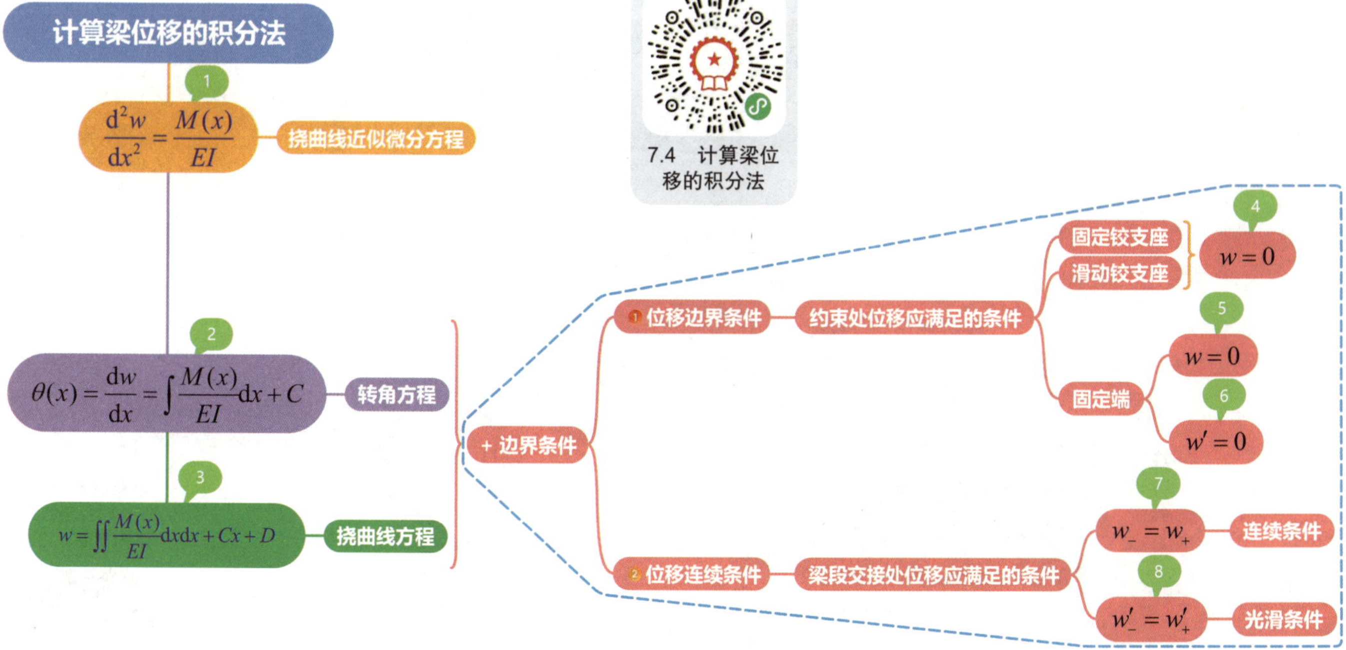
计算梁位移的积分法
1
$\frac{d^2w}{dx^2}=\frac{M(x)}{EI}$
挠曲线近似微分方程
2
$\theta(x)=\frac{dw}{dx}=\int\frac{M(x)}{EI}dx+C$
转角方程
3
$w=\iint\frac{M(x)}{EI}dxdx+Cx+D$
挠曲线方程
+ 边界条件
① 位移边界条件
约束处位移应满足的条件
固定铰支座
滑动铰支座
4
$w=0$
固定端
5
$w=0$
6
$w'=0$
② 位移连续条件
梁段交接处位移应满足的条件
7
$w_-=w_+$
连续条件
8
$w'_-=w'_+$
光滑条件

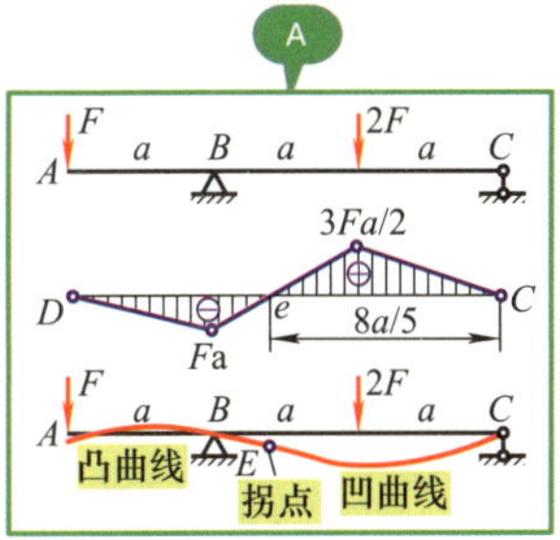
A
F
a
B
a
2F
a
C
3Fa/2
D
e
8a/5
C
Fa
凸曲线
E
拐点
凹曲线

7.5 挠曲线的绘制规则

挠曲线的绘制

- ★ $w'' = \dfrac{M(x)}{EI}$ ①
  - $M(x)$ — 画弯矩图
  - 确定挠曲线形状
    - ❶ $M>0$ — 碗状
    - ❷ $M<0$ — 伞状
    - ❸ $M=0$（零点）— 碗状与伞状的交界点，拐点处
    - ❹ $M(x)=0$（零值区）— 直线区
    - ☺ 与弯矩微分关系的类似性
      - ② $\dfrac{d^2M}{dx^2}=q$
      - ① ★ $\dfrac{d^2w}{dx^2}=\dfrac{M}{EI}$
        - ③ $\dfrac{d^3w}{dx^3}=\dfrac{F_S}{EI}$
        - ④ $\dfrac{d^4w}{dx^4}=\dfrac{q}{EI}$
  - 确定空间位置以及保证挠曲轴的连续性和光滑性
    - 在梁的被约束处，应满足位移边界条件
    - 在分段处，应满足位移连续条件

A

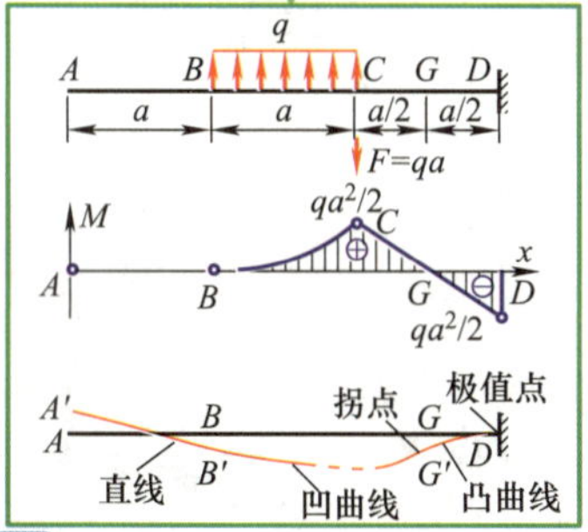
q
A
B
C
G
D
a
a
a/2
a/2
F=qa
M
qa²/2
C
x
A
B
G
D
qa²/2
A′
A
B
拐点
G
极值点
D
直线
B′
凹曲线
G′
凸曲线

7.6 挠曲轴的绘制规则以及例题

挠曲轴的绘制

1 ★ $w''=\dfrac{M(x)}{EI}$

- $M(x)$ — 画弯矩图
- 确定挠曲轴形状
  - ❶ $M>0$ — 碗状
  - ❷ $M<0$ — 伞状
  - ❸ $M=0$（零点）— 碗状与伞状的交界点，拐点处
  - ❹ $M(x)=0$（零值区）— 直线区
- 确定空间位置以及保证挠曲轴的连续性和光滑性
  - 在梁的被约束处，应满足位移边界条件
  - 在分段处，应满足位移连续条件

与弯矩微分关系的类似性

2 $\dfrac{\mathrm{d}^2M}{\mathrm{d}x^2}=q$ — 1 ★ $\dfrac{\mathrm{d}^2w}{\mathrm{d}x^2}=\dfrac{M}{EI}$

- 3 $\dfrac{\mathrm{d}^3w}{\mathrm{d}x^3}=\dfrac{F_S}{EI}$
- 4 $\dfrac{\mathrm{d}^4w}{\mathrm{d}x^4}=\dfrac{q}{EI}$

用积分法求梁的最大挠度，EI 为常数

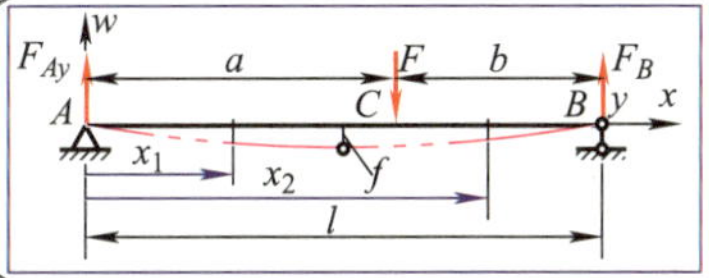

w
F_Ay
a
F
b
F_B
A
C
B
y
x
x_1
x_2
f
l

A

7.7 积分法求最大挠度

积分法求最大挠度

- ① C 截面突变力 — 弯矩图分段 — 挠曲轴分段
- ② 分段写挠曲线近似微分方程 — 2 个
- ③ 分别积分 — 每个方程 2 个待定系数，共 4 个待定参数 → 4 个条件
- ④ 边界条件
  - (1) $w_A=0$
  - (2) $w_B=0$
- ⑤ C 截面位移连续条件
  - 线位移连续 — (3) $w_{C_-}=w_{C_+}$ — 连续条件
  - 角位移连续 — (4) $\theta_{C_-}=\theta_{C_+}$ — 光滑条件
    - (5) $\theta_{C_-}=\dfrac{dw_1}{dx_1}$，$\theta_{C_+}=\dfrac{dw_2}{dx_2}$
  - 4 个条件
    - (6) $w_1=\dfrac{Fbx_1}{6EIl}(x_1^2-l^2+b^2)$
    - (7) $w_2=\dfrac{Fbx_2}{6EIl}(x_2^2-l^2+b^2)-\dfrac{F}{6EI}(x_2-a)^3$
- ⑥ 最大挠度发生在 AC 段 — (8) $\dfrac{dw_1}{dx_1}=0$ — (9) $x_o=\sqrt{\dfrac{l^2-b^2}{3}}$ — (10) $f=-\dfrac{Fb(l^2-b^2)^{3/2}}{9\sqrt{3}EIl}(\downarrow)$

建立挠曲线微分方程，写出边界条件，*EI* 为常数

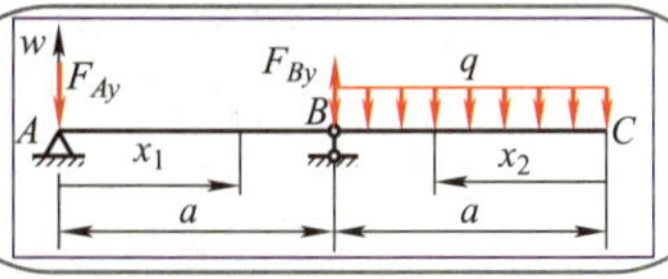
w
F_{Ay}
F_{By}
q
A
B
C
x_1
x_2
a
a

7.8　写挠曲线近似微分方程以及边界条件

建立挠曲线微分方程

- ❶ *B* 截面突变力⇒ *M* 分段⇒挠曲线分段
- ❷ 分别写挠曲线近似微分方程
  - *AB* 段：$\frac{d^2w_1}{dx_1^2}=-\frac{qa}{2EI}x_1$
  - *CB* 段：$\frac{d^2w_2}{dx_2^2}=-\frac{q}{2EI}x_2^2$
- ❸ 分别积分：每个方程 2 个待定系数，共 4 个待定参数
- ❹ 边界条件
  - $w_A=0$
  - $w_B=0$
- ❺ *C* 截面位移连续条件
  - 线位移连续：$w_{B_-}=w_{B_+}$ —— 连续条件
  - 角位移连续：$\theta_{B_-}=-\theta_{B_+}$ —— 光滑条件
    - $\theta_{B_-}=\frac{dw_{B_-}}{dx_1}$，$\theta_{B_+}=\frac{dw_{B_+}}{dx_2}$ —— 两个坐标轴假设的方向相反

4 个条件 —— 2 个挠曲线方程可求

7.9 变形与位移之联系与区别

变形与位移的区别与联系

	相关公式	表征对象	刚体	变形体
变形（deformation）	$$\frac{1}{\rho(x)}=\frac{M(x)}{EI} \quad (1)$$	微体 局部（微观）表征参数	无	有
位移（deflection）	$$\theta(x)=\int\frac{M(x)}{EI}\mathrm{d}x+C \quad (2)$$ $$w=\iint\frac{M(x)}{EI}\mathrm{d}x\mathrm{d}x+Cx+D \quad (3)$$	某截面 累积（宏观）表征参数	有	有
梁位移连续条件	刚体与变形体交界处 C 截面： $\theta_{C_-}=\theta_{C_+}$（光滑）（4） $w_{C_-}=w_{C_+}$（连续）（5）			

7.10　载荷叠加法

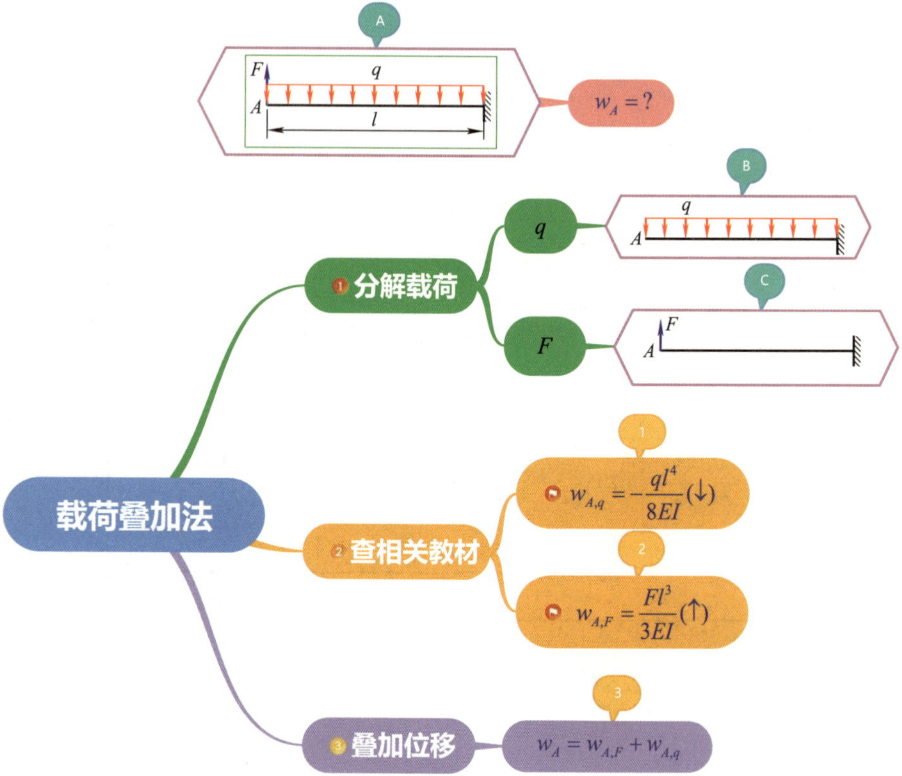
A
F
q
A
l
$w_A=?$
载荷叠加法
1 分解载荷
q
B
q
A
F
C
F
A
2 查相关教材
1
$w_{A,q}=-\frac{ql^4}{8EI}(\downarrow)$
2
$w_{A,F}=\frac{Fl^3}{3EI}(\uparrow)$
3 叠加位移
3
$w_A=w_{A,F}+w_{A,q}$

7.11 载荷叠加法的数学基础

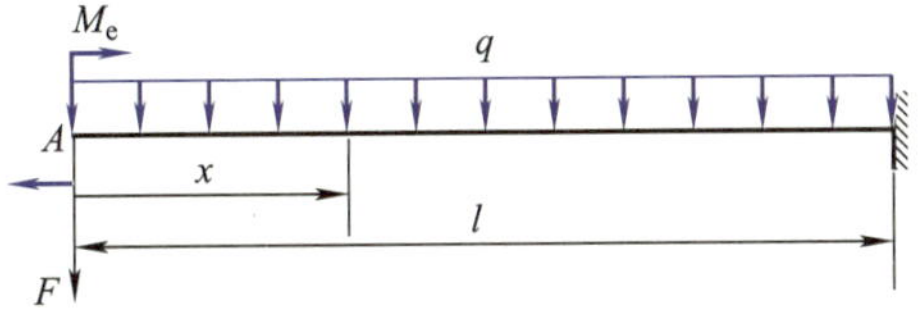

M_e
q
A
x
l
F

叠加法的数学基础

1. $EI\dfrac{d^2w}{dx^2}=M(x)$

2. $M=M_e-Fx-q\dfrac{x^2}{2}$

3. ❶ $EI\dfrac{d^2w}{dx^2}=M_F(x)$

4. $\rightarrow\theta=\theta_F(x)$, $w=w_F(x)$

5. ❷ $EI\dfrac{d^2w}{dx^2}=M_q(x)$

6. $\rightarrow\theta=\theta_q(x)$, $w=w_q(x)$

7. ❸ $EI\dfrac{d^2w}{dx^2}=M_{M_e}(x)$

8. $\rightarrow\theta=\theta_{M_e}(x)$, $w=w_{M_e}(x)$

9. $\theta=\theta_F(x)+\theta_q(x)+\theta_{M_e}(x)$

10. $w=w_F(x)+w_q(x)+w_{M_e}(x)$

7.12　逐段软化法以及典型例题讲解

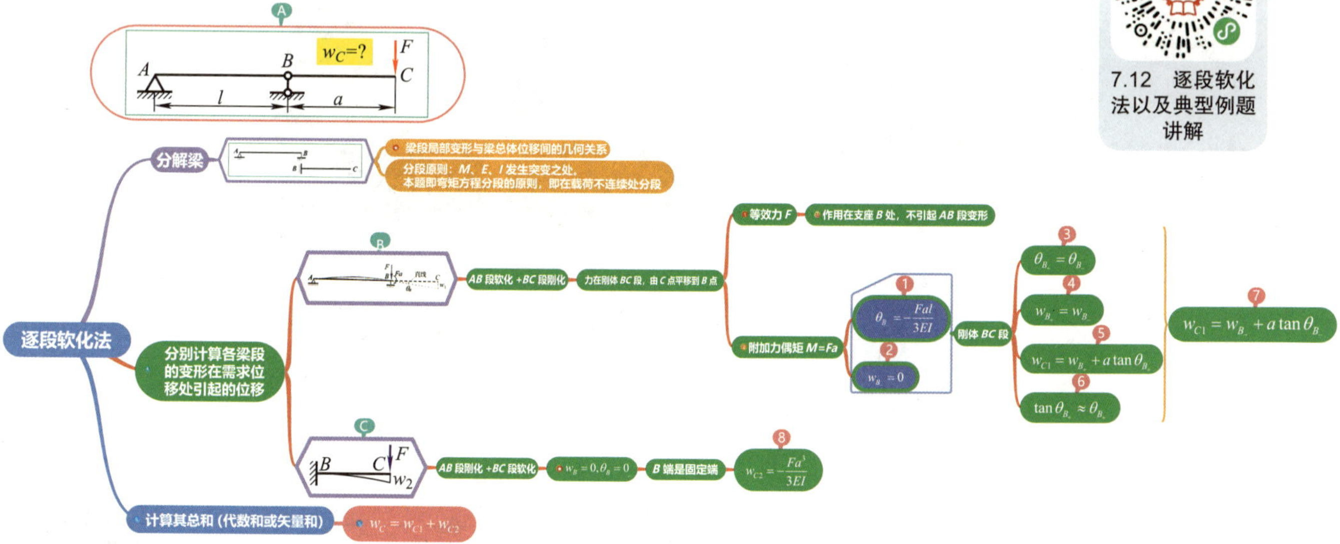
逐段软化法
A
w_C=?
分解梁
梁段局部变形与梁总体位移间的几何关系
分段原则：M、E、I 发生突变之处。
本题即弯矩方程分段的原则，即在载荷不连续处分段
分别计算各梁段的变形在需求位移处引起的位移
B
AB 段软化 +BC 段刚化
力在刚体 BC 段，由 C 点平移到 B 点
等效力 F
作用在支座 B 处，不引起 AB 段变形
附加力偶矩 M=Fa
$\theta_B = -\frac{Fal}{3EI}$
$w_B = 0$
刚体 BC 段
$\theta_{B_-} = \theta_{B_+}$
$w_{B_-} = w_{B_+}$
$w_{C1} = w_{B_+} + a\tan\theta_{B_+}$
$\tan\theta_{B_+} \approx \theta_{B_+}$
$w_{C1} = w_{B_+} + a\tan\theta_{B_+}$
C
AB 段刚化 +BC 段软化
$w_B = 0, \theta_B = 0$
B 端是固定端
$w_{C2} = -\frac{Fa^3}{3EI}$
计算其总和（代数和或矢量和）
$w_C = w_{C1} + w_{C2}$

7.13 求解悬臂梁任意位置处的集中力在自由端引起的位移

悬臂梁任意位置作用集中力在自由端引起的位移

A

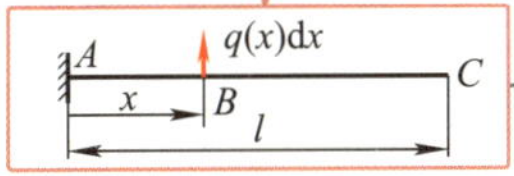

A
q(x)dx
C
x
B
l

$w_C = ?$

- ① 逐段软化法
- ② 软化 *BC* 段 + 刚化 *AB* 段

  B

  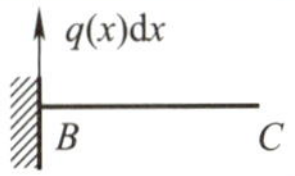

  q(x)dx
  B
  C

  - 悬臂梁 *BC*+ F_B
    - ① $w_{C1} = 0$
- ③ 软化 *AB* 段 + 刚化 *BC* 段

  C

  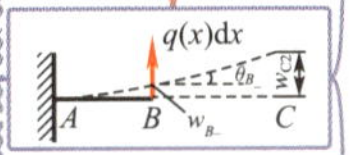

  q(x)dx
  A
  B
  C

  - 悬臂梁 *AB* 段 + F_B
    - ② $w_{B_-} = \dfrac{q(x)\mathrm{d}x \cdot x^3}{3EI}$
    - ③ $\theta_{B_-} = \dfrac{q(x)\mathrm{d}x \cdot x^2}{2EI}$
  - ★ *B* 截面 + 刚化 *BC* 段
    - ④ $w_{B_-} = w_{B_+}$
    - ⑤ $\theta_{B_+} = \theta_{B_-}$
    - 连续条件
    - ⑥ $w_{C2} = w_{B_+} + \theta_{B_+}(l - x)$
- ④ 叠加位移
  - $w_C = w_{C1} + w_{C2}$
  - $w_C = \dfrac{q(x)x^2(3l - x)\mathrm{d}x}{6EI}$

7.14　分段式悬臂梁的自由端挠度求解攻略

前后组合悬臂梁在自由端受集中外力的自由端挠度计算

- A
  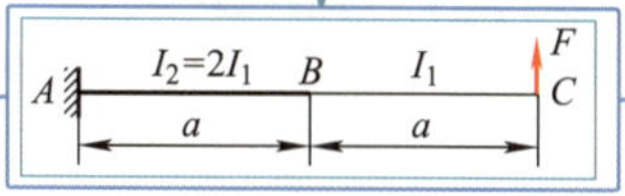
  A
$I_2=2I_1$
B
I_1
F
C
a
a
  - $w_C = ?$
- B
  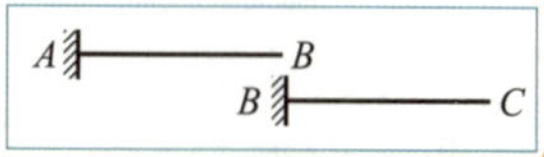
  A
B
B
C
  - 软化 BC 段 + 刚化 AB 段 → 悬臂梁 BC+ 力 F → ① $w_{C1}=\dfrac{Fa^3}{3EI_1}$
- C
  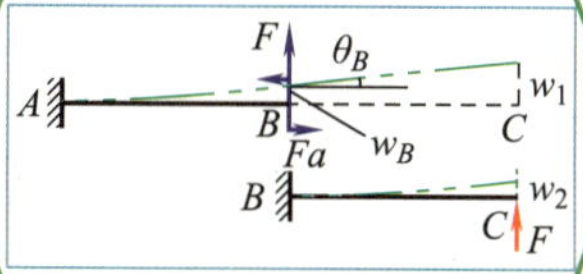
  F
θ_B
w_1
A
B
C
Fa
w_B
B
w_2
C
F
  - 软化 AB 段 + 刚化 BC 段
    - 悬臂梁 AB+ 力 F+ 附加力偶 Fa
      - ① w_{B_-}
        - ② $w_{B,F_B}=\dfrac{Fa^3}{3EI_2}$
        - ③ $w_{B,Fa}=\dfrac{Fa^3}{2EI_2}$
      - ② θ_{B_-}
        - ④ $\theta_{B,F_B}=\dfrac{Fa^2}{2EI}$
        - ⑤ $\theta_{B,Fa}=\dfrac{Fa^2}{EI_2}$
    - B 截面 + 刚化 BC
      - 连续条件
        - ⑥ $w_{B_-}=w_{B_+}$
        - ⑦ $\theta_{B_+}=\theta_{B_-}$
      - ⑧ $w_{C2}=w_{B_+}+\theta_{B_+}a$
- ⑨ $w_C=w_{C1}+w_{C2}$ → $w_C=\dfrac{7Fa^3}{3EI_2}+\dfrac{Fa^3}{3EI_1}=\dfrac{3Fa^3}{2EI_1}$

7.15 组合梁的叠加法

叠加法用于组合梁的位移计算

A

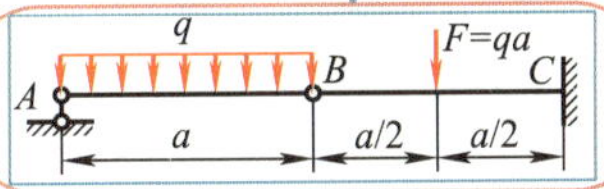
q
F=qa
A
B
C
a
a/2
a/2

图示组合梁，EI= 常数，求 w_B 与 θ_A

- 组合梁的分解

  B

  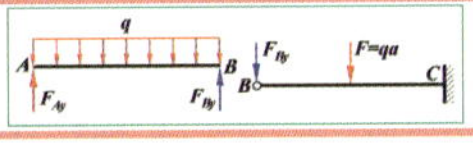
  q
F=qa
A
B
B
C
F_Ay
F_By
F_By

  - AB 段 — ① $F_{Ay}=F_{By}=\dfrac{qa}{2}$
  - BC 段 — 不宜做研究对象
  - （以上）求 AB 段、BC 段相互作用力

- 刚化 AB 段 + 软化 BC 段

  C

  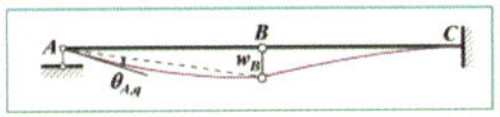
  A
B
C
w_B1
θ_A1

  - BC 变形主导
    - ② $w_{B,F_{By}}=-\dfrac{F_{By}a^3}{3EI}=-\dfrac{qa^4}{6EI}$
    - ③ $w_{B,F}=-\dfrac{5qa^4}{48EI}$
    - （②③）⑤ $w_{B1}=-\dfrac{13qa^4}{48EI}$
    - ④ $\theta_{A1}\approx\tan\theta_{A1}=\dfrac{w_{B1}}{a}=-\dfrac{13qa^3}{48EI}$ — 刚体 AB 段转动的角度

- 刚化 BC 段 + 软化 AB 段

  D

  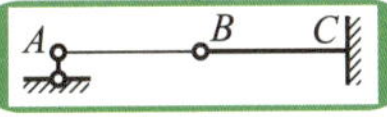
  A
B
C

  E

  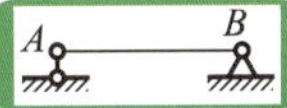
  A
B

  - B 截面
    - ⑥ $w_{Bx}=0$
    - ⑦ $w_{By}=0$
    - B 可自由转动
    - （以上）B 点等效于固定铰支座 — 简支梁 AB 段
      - ⑧ $w_{B2}=0$
      - ⑨ $\theta_{A2}=\theta_{A,q}=-\dfrac{qa^3}{24EI}$

- $w_B=w_{B1}+w_{B2}=-\dfrac{13qa^4}{48EI}$

- $\theta_A=\theta_{A1}+\theta_{A2}=-\dfrac{5qa^3}{16EI}$

7.16　弯扭组合变形的叠加法

弯扭组合变形的叠加法

A

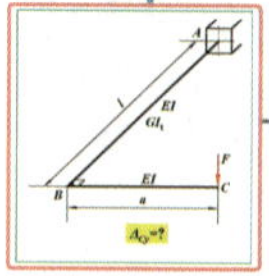
A
EI
GI_t
EI
F
B
C
a
Δ_{Cy}=?

图示刚架，求截面 C 的铅垂位移

B

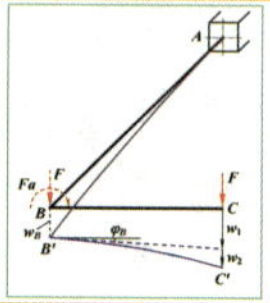
A
F
Fa
F
B
C
w_B
φ_B
w_1
B'
w_2
C'

刚化 AB 段 + 软化 BC 段

1. $w_{B_-}=0$
2. $\theta_{B_-}=0$
3. $w_{B_+}=0$，$\theta_{B_+}=0$

C

B
C
F
w_{C1}

4. $w_{C1}=-\dfrac{Fa^3}{3EI}$

刚化 BC 段 + 软化 AB 段

F 等效平移到刚体与变形体的交界处 B 截面

- F_B
  5. $w_{B,F}=-\dfrac{Fl^3}{3EI}$
  6. $\theta_{B,F}=-\dfrac{Fl^2}{2EI}$ —— 对 C 截面铅垂位移贡献为 0
- 7. $T_{B_+}=M_{B_-}=Fa$
  8. $\varphi_B=\dfrac{Tl}{GI_p}=\dfrac{Fal}{GI_p}$

9. $w_{C2}=w_{B,F}+\varphi_B a$

10. $w_C=w_{C1}+w_{C2}$

7.17 位移之矢量叠加法

A

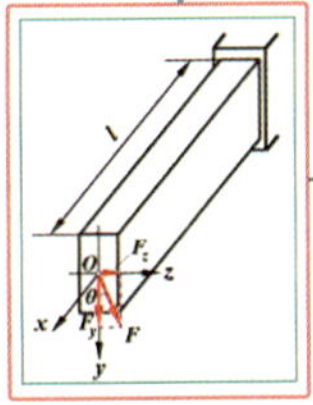

l
O
F_z
z
θ
x
F_y
F
y

求自由端位移 δ

位移的矢量叠加法

- ❶ 矩形截面的非对称弯曲 — 力 F 不在任意一个纵向对称面内 — 矩形截面，有两个纵向对称面
- ❷ F 分解
  - F_y — 1 $\delta_y = \dfrac{F_y l^3}{3EI_z} = \dfrac{Fl^3\cos\theta}{3EI_z}$
  - F_z — 2 $\delta_z = \dfrac{F_z l^3}{3EI_y} = \dfrac{Fl^3\sin\theta}{3EI_y}$
- ❸ 线位移的矢量叠加（矢量）
  - 3 $\delta = \sqrt{\delta_y^2 + \delta_z^2}$
  - 4 $\tan\alpha = \dfrac{\delta_z}{\delta_y}$
  - 总挠度的方位与载荷方位不重合

B

O
δ_z
z
θ
α
δ_y
δ
F
y

- ★ 同样条件下，圆形截面总挠度的方位与载荷方位重合

7.18　杆梁组合结构的逐段软化法

杆梁组合结构的逐段软化法

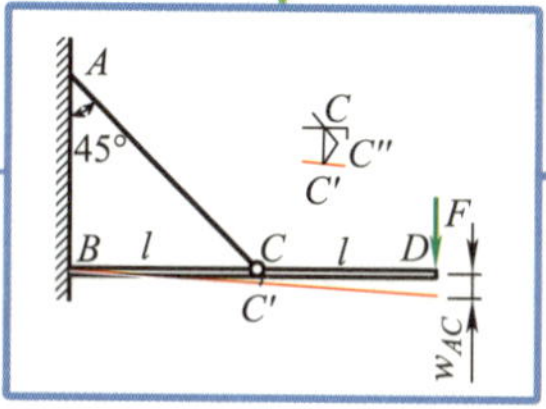
A
45°
C
C''
C'
F
B
l
C
l
D
C'
w_{AC}

如图 A 所示结构，由杆 *AC* 与梁 *BCD* 组成，并承受铅垂载荷 *F* 作用，杆 *AC* 横截面的拉压刚度为 *EA*，梁 *BCD* 横截面的弯曲刚度为 *EI*，试用叠加法计算截面 *D* 的铅垂位移

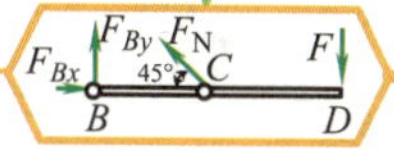
F_{Bx}
F_{By}
F_N
45°
C
F
B
D

① 刚化梁 *BCD* + 软化杆 *AC*

- (1) 根据矩的平衡，可求轴力 → ① $F_N = 2\sqrt{2}F$
- (2) *C* 截面的纵向线位移
  - 求轴向变形 → ② $\Delta l = \frac{F_N l_{AC}}{EA} = \frac{2\sqrt{2}F\cdot\sqrt{2}l}{EA} = \frac{4Fl}{EA}$
  - 变形协调关系，求 *C* 截面的位移
    - ③ $CC' = \sqrt{2}\Delta l$
    - ④ $w_{D1} = w_{AC} = 2\overline{CC'} = \frac{8\sqrt{2}Fl}{EA}$

拉压变形里的典型例题

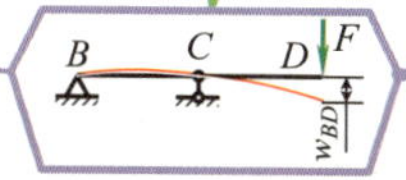
B
C
D
F
w_{BD}

② 刚化杆 *AC* + 软化梁 *BCD*

- ⑤ $w_{Cy} = 0$ → *C* 截面等效成滑动铰支座
- ⑥ $w_{Bx} = 0$，$w_{By} = 0$ → *B* 截面是固定铰支座

BCD 外伸梁 → 分段软化法 → ⑦ $w_{BD} = \frac{Fl^2}{3EI}(l + l) = \frac{2Fl^3}{3EI}(\downarrow)$

③ 叠加法

⑧ $w_D = w_{AC} + w_{BD}$ → $w_D = \frac{8\sqrt{2}Fl}{EA} + \frac{2Fl^3}{3EI}(\downarrow)$

7.19 折杆的叠加法

A

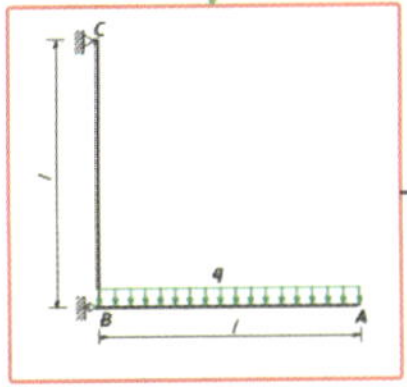

C
l
q
B
A

折杆 ABC 如图 A 所示，AB 段与 BC 段的弯曲刚度均为 EI，试求 AB 段在均布载荷 q 作用下，A 点的挠度（不计杆的重量及杆的轴向变形）

求折杆位移的叠加法

B

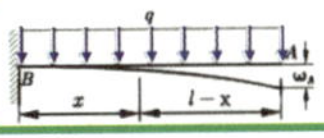

q
B
x
l − x

❶ 刚化杆 BC+ 软化杆 AB

1. $w_B=0$，$\theta_B=0$

B 截面为悬臂梁的固定端

2. $w_{A1}=-\dfrac{ql^4}{8EI}$

C

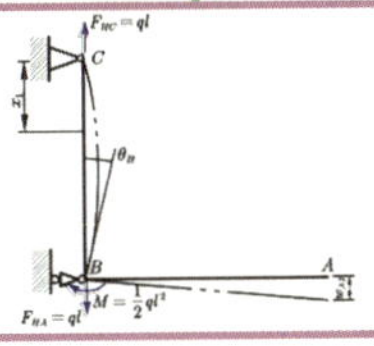

C
B
A

❷ 刚化杆 AB+ 软化杆 BC

均布载荷等效到 B 截面

3. $F=ql$

轴向拉压变形

4. $w_{A2}=0$

5. 附加力矩 $M_e=\dfrac{1}{2}ql^2$

6. $\theta_B=-\dfrac{ql^3}{2\cdot 3EI}=-\dfrac{ql^3}{6EI}$

7. $w_{A3}=\theta_B l=-\dfrac{ql^4}{6EI}$

❸ 叠加法

8. $w_A=w_{A1}+w_{A2}+w_{A3}=-\dfrac{7ql^4}{24EI}(\downarrow)$

7.20　简单静不定梁的静不定度与多余约束

静不定度与多余约束

- **静不定梁**：支座反力（力偶）数 > 平衡方程数
- **静不定度**：支座反力（力偶）数 − 有效平衡方程数
- **多余约束**：凡是多于维持平衡所必需的约束
- **多余支座反力**：与多余约束相应的支座反力或支座反力偶矩

静不定度 = 多余约束个数

A1

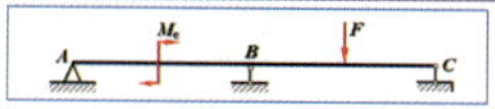
A
M_e
B
F
C

A2

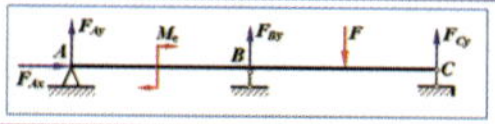
F_{Ay}
A
F_{Ax}
M_e
F_{By}
B
F
F_{Cy}
C

静不定度 4−3=1

B1

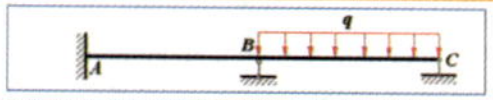
A
B
q
C

B2

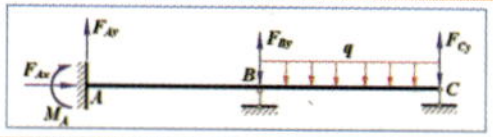
F_{Ay}
F_{Ax}
A
M_A
F_{By}
B
q
F_{Cy}
C

静不定度 5−3=2

7.21 简单静不定梁的分析方法与步骤

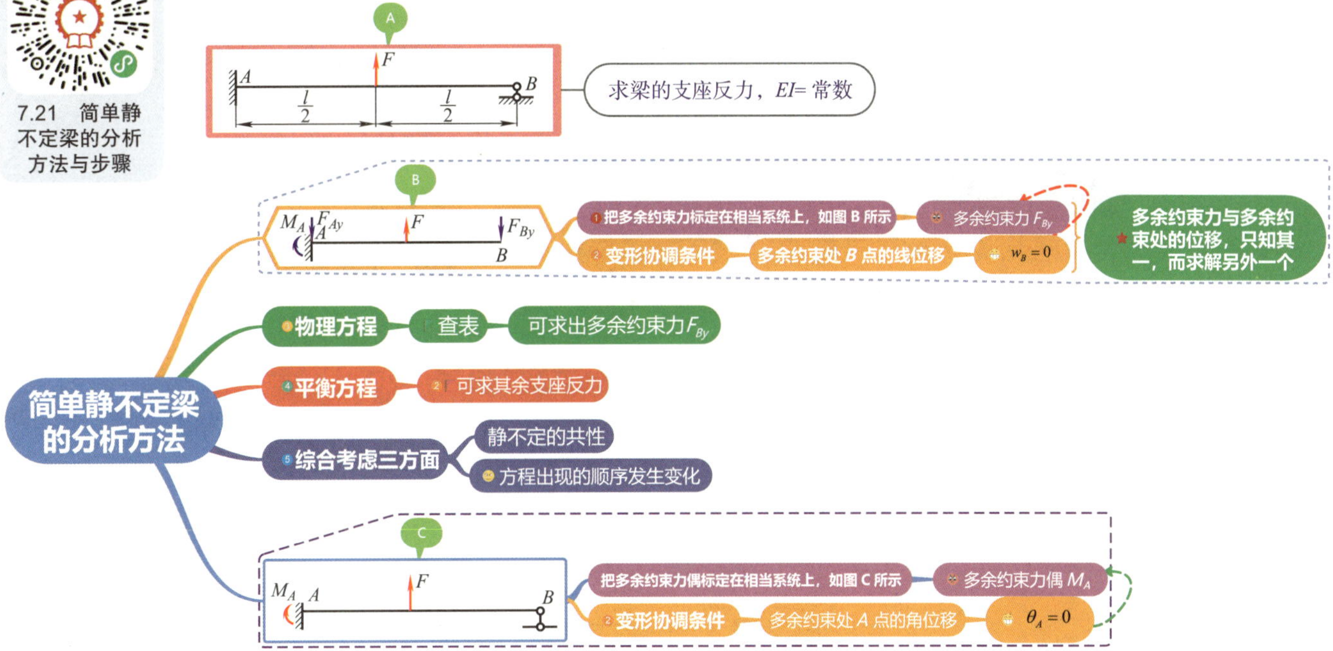
A
F
A
B
l/2
l/2
求梁的支座反力，EI= 常数
简单静不定梁的分析方法
B
M_A
F_{Ay}
A
F
F_{By}
B
把多余约束力标定在相当系统上，如图 B 所示
多余约束力 F_{By}
变形协调条件
多余约束处 B 点的线位移
$w_B=0$
多余约束力与多余约束处的位移，只知其一，而求解另外一个
物理方程
查表
可求出多余约束力 F_{By}
平衡方程
可求其余支座反力
综合考虑三方面
静不定的共性
方程出现的顺序发生变化
C
M_A
A
F
B
把多余约束力偶标定在相当系统上，如图 C 所示
多余约束力偶 M_A
变形协调条件
多余约束处 A 点的角位移
$\theta_A=0$

7.22　两度静不定梁的求解策略

简单静不定梁的分析方法

A
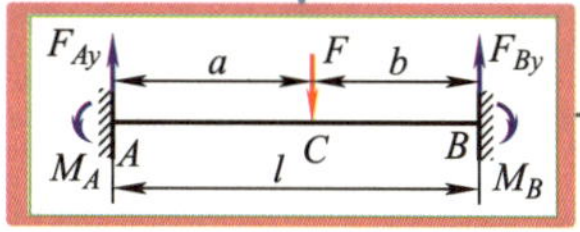
F_{Ay}
a
F
b
F_{By}
M_A
A
l
C
B
M_B

求支座反力

B
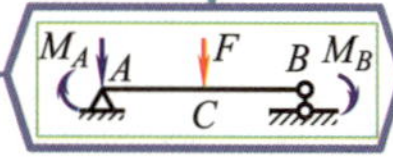
M_A
A
F
C
B
M_B

把多余约束力标定在相当系统上，如图 B 所示 — 多余约束力 M_A 和 M_B

- 变形协调条件 — 多余约束处 *A* 点、*B* 点的角位移
  - ① $\theta_A = 0$
  - ② $\theta_B = 0$
  - 2 个
- 物理方程 — 查表 — 包含未知的多余约束力 M_A 和 M_B — 2 个
- 2 个补充方程
  - ③ $\theta_A = \theta_{A,F} + \theta_{A,M_A} + \theta_{A,M_B} = -\dfrac{Fab(l+b)}{6EIl} + \dfrac{M_A l}{3EI} + \dfrac{M_B l}{6EI} = 0$
  - ④ $\theta_B = \theta_{B,F} + \theta_{B,M_A} + \theta_{B,M_B} = -\dfrac{Fab(l+b)}{6EIl} - \dfrac{M_A l}{6EI} - \dfrac{M_B l}{3EI} = 0$
  - ⑤ $M_A = \dfrac{Fab^2}{l^2}$　$M_B = \dfrac{Fa^2b}{l^2}$
- 平衡方程 — 可求其余支座反力
  - ⑥ $F_{Ay} = \dfrac{Fb^2(l+2a)}{l^3}$
  - ⑦ $F_{By} = \dfrac{Fa^2(l+2b)}{l^3}$

7.23　加固梁的加固效果分析

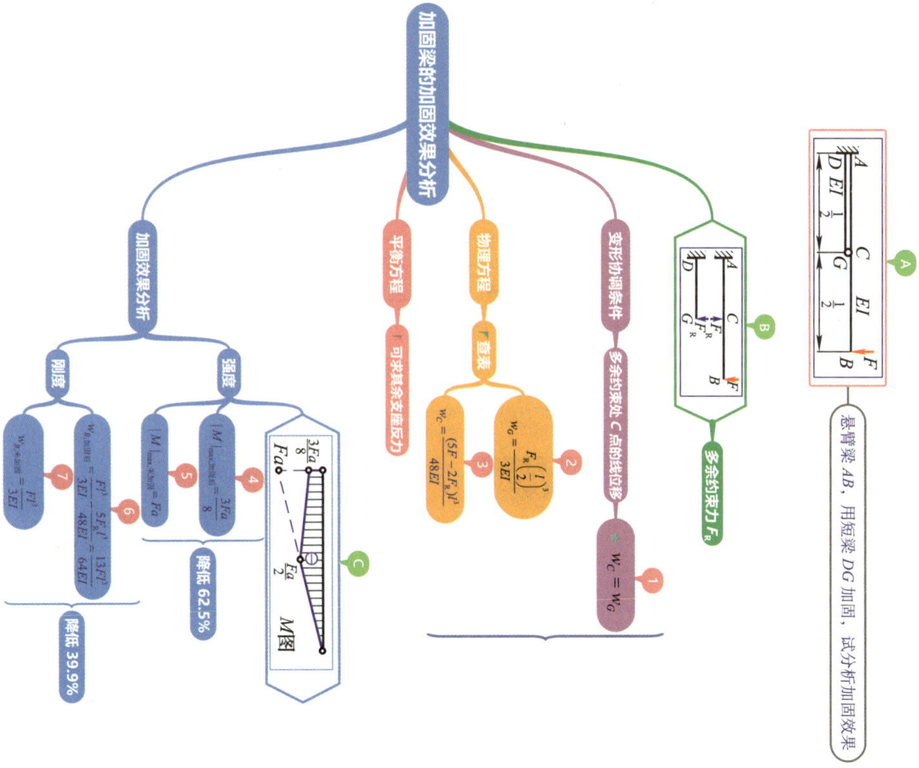
加固梁的加固效果分析
悬臂梁 AB，用短梁 DG 加固，试分析加固效果
多余约束力 F_R
变形协调条件
多余约束处 C 点的线位移
$w_C = w_G$
物理方程
查表
$w_G = \frac{F_R\left(\frac{l}{2}\right)^3}{3EI}$
$w_C = \frac{(5F-2F_R)l^3}{48EI}$
平衡方程
可求其余支座反力
加固效果分析
强度
$|M|_{max加固后} = \frac{3Fa}{8}$
$|M|_{max未加固} = Fa$
降低 62.5%
M图
刚度
$w_{B加固后} = \frac{Fl^3}{3EI} - \frac{5F_Rl^3}{48EI} = \frac{13Fl^3}{64EI}$
$w_{B未加固} = \frac{Fl^3}{3EI}$
降低 39.9%

杆梁组合静不定结构的分析方法

A
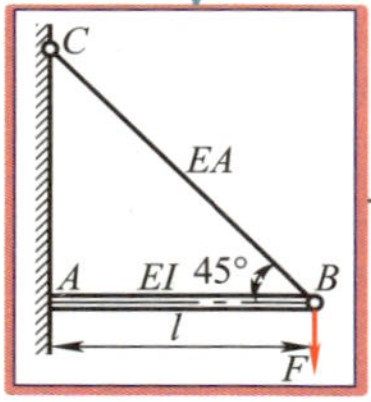
C
EA
A
EI
45°
B
l
F

杆梁结构如图 A 所示，试求杆 BC 的轴力

B
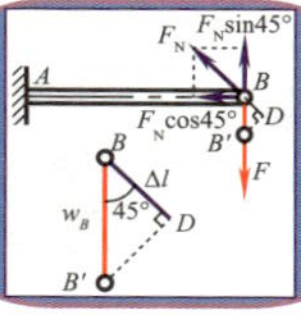
F_N
$F_N\sin45°$
A
B
$F_N\cos45°$
D
B′
F
B
Δl
w_B
45°
D
B′

把多余约束力 F_N 标在相当系统上，如图 B 所示

C
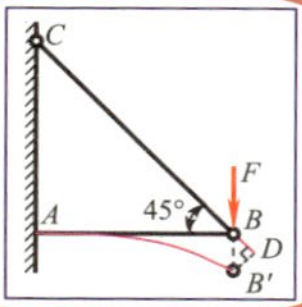
C
F
A
45°
B
D
B′

变形协调条件

1　$w_B=\sqrt{2}\Delta l$

物理方程

2　$w_B=\dfrac{(F-F_N/\sqrt{2})l^3}{3EI}$　叠加法

3　$\Delta l=\dfrac{F_N\cdot\sqrt{2}l}{EA}=\dfrac{\sqrt{2}F_Nl}{EA}$　拉压胡克定律

4　$F_N=\dfrac{\sqrt{2}FAl^2}{6\sqrt{2}I+Al^2}$

7.24　杆梁组合静不定结构的求解策略

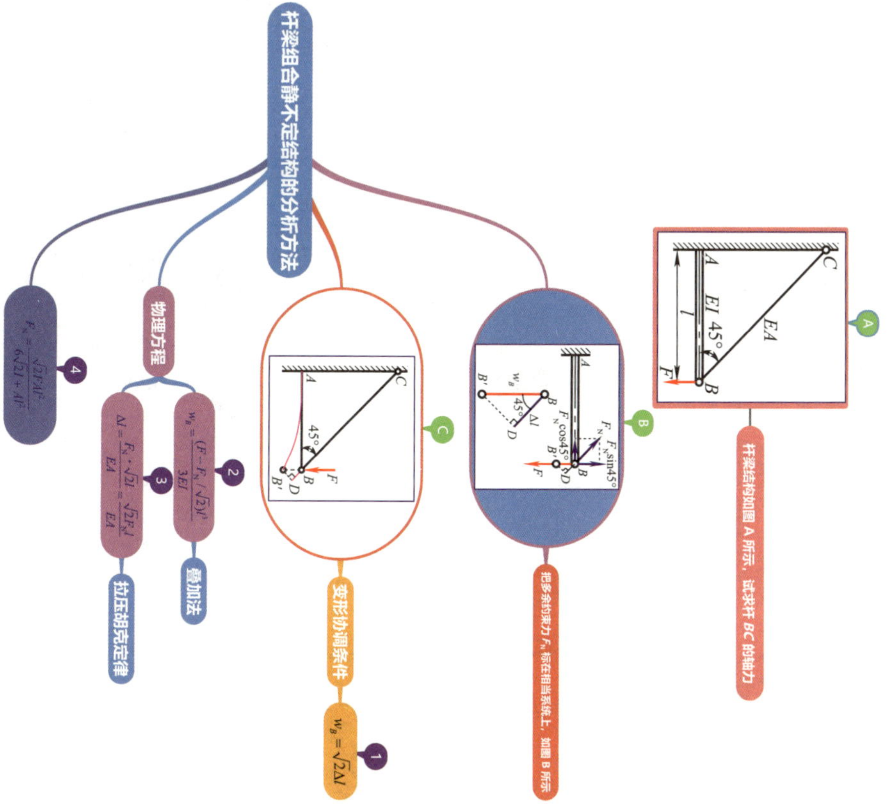

7.25 两度静不定梁的最大弯曲正应力求解攻略

A

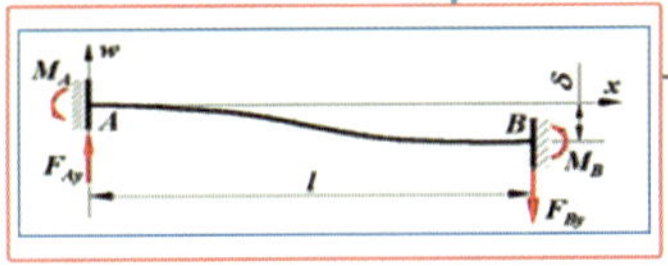

M_A
w
A
F_{Ay}
l
B
δ
x
M_B
F_{By}

直径为 d 的圆截面梁，支座 B 下沉 δ，求 $\sigma_{\max}$=?

求解两度静不定梁的最大正应力

- B 
  - 把多余约束力 M_B 和 F_{By} 标在相当系统上，如图 B 所示
- 变形协调条件
  - 多余约束处 B 点的位移
    - ① $w_B = -\delta$
    - ② $\theta_B = 0$
- 物理方程
  - 查表
    - ③ $w_B = \dfrac{l^3}{6EI}(3M_B - 2F_{By}l)$
    - ④ $\theta_B = \dfrac{l}{2EI}(2M_B - F_{By}l)$
    - ⑤ $F_{By} = \dfrac{12EI\delta}{l^3}, M_B = \dfrac{6EI\delta}{l^2}$
- C 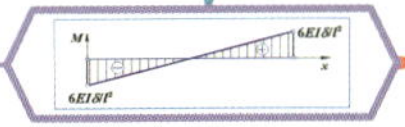

  M
  $6EI\delta/l^2$
  x
  $6EI\delta/l^2$

  - 画弯矩图
    - ⑥ $M_{\max} = \dfrac{6EI\delta}{l^2}$
- 危险截面上的危险点
  - ⑦ $\sigma_{\max} = \dfrac{M_{\max}}{W_z}$
    - ⑧ $\sigma_{\max} = \dfrac{6EI\delta}{l^2} \cdot \dfrac{d}{2I} = \dfrac{3E\delta d}{l^2}$

7.26　梁的刚度条件

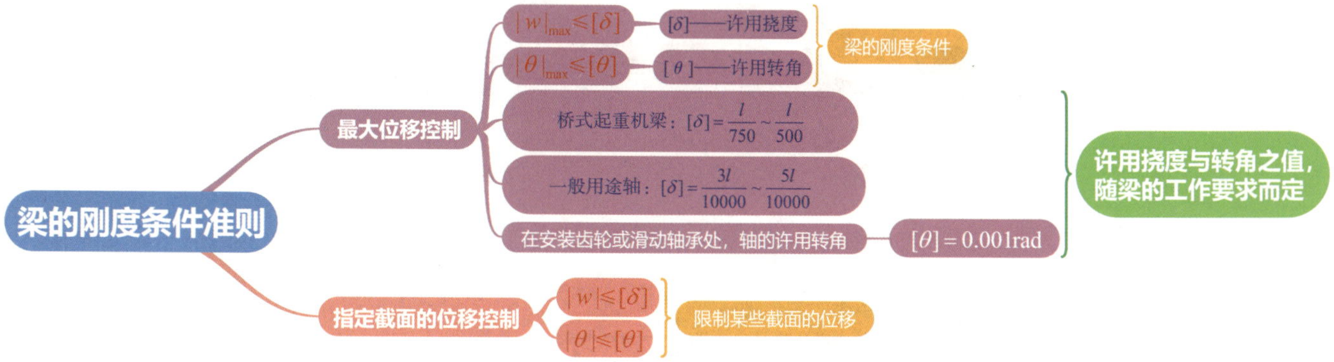
梁的刚度条件准则
最大位移控制
$|w|_{max} \leqslant [\delta]$
$[\delta]$——许用挠度
$|\theta|_{max} \leqslant [\theta]$
$[\theta]$——许用转角
梁的刚度条件
桥式起重机梁：$[\delta]=\frac{l}{750} \sim \frac{l}{500}$
一般用途轴：$[\delta]=\frac{3l}{10000} \sim \frac{5l}{10000}$
在安装齿轮或滑动轴承处，轴的许用转角
$[\theta]=0.001\text{rad}$
许用挠度与转角之值，随梁的工作要求而定
指定截面的位移控制
$|w| \leqslant [\delta]$
$|\theta| \leqslant [\theta]$
限制某些截面的位移

7.27 梁的合理刚度设计

梁的合理刚度设计

- $w=\dfrac{Fl^3}{\alpha EI}$ (1)
- $\theta=\dfrac{Fl^2}{\beta EI}$ (2)
  - α 和 β 由梁的约束条件而决定
- 减小 *A*，增大 *I*
  - 使用较小的横截面积，尽可能增加惯性矩 *I*
    - 工字形与盒形等薄壁截面
- 提高 E
  - 影响梁刚度的材料性能是 *E*
    - 各种钢材的 *E* 很接近
- 梁跨度的合理选取（尽量减小跨度）
  - 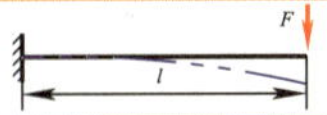

    F
    l

    - $\delta_{max}=\dfrac{Fl^3}{3EI}$
  - 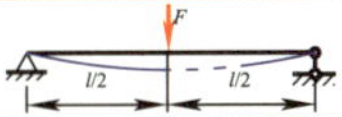

    F
    l/2
    l/2

    - $\delta_{max}=\dfrac{Fl^3}{48EI}$
  - $\delta_{max}\propto l^3$
    - *l* 缩短 20%，δ_{max} 减小 48.8%
- 合理安排约束与加载方式
  - 外伸梁优于简支梁
    - 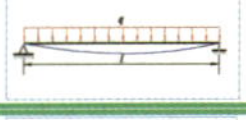
    - 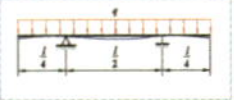
    - $\dfrac{\delta_{2,max}}{\delta_{1,max}}=8.75\%$
      - 合理安排约束
  - 增加约束，制作成静不定梁
  - 均布载荷优于集中载荷
    - 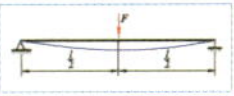
    - 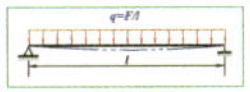
    - $\dfrac{\delta_{2,max}}{\delta_{1,max}}=62.5\%$
- 梁的合理加强
  - 必须在更大范围内增加梁截面的弯曲刚度 *EI*
    - 挠曲线近似微分方程积分的结果

7.28　两类叠加法的适用范围以及分段软化法用于分析简支梁的变形

比较计算梁与刚架位移的两类叠加法的适用范围（1）

方法	适用结构	适用的材料性质	变形性质
载荷叠加法	静定与静不定结构，包括杆，板，壳与一般三维体	线弹性体	小变形
逐段软化叠加法	静定的杆、轴、梁与刚架或其组合	线性与非线性弹性、非弹性	小变形

载荷叠加法

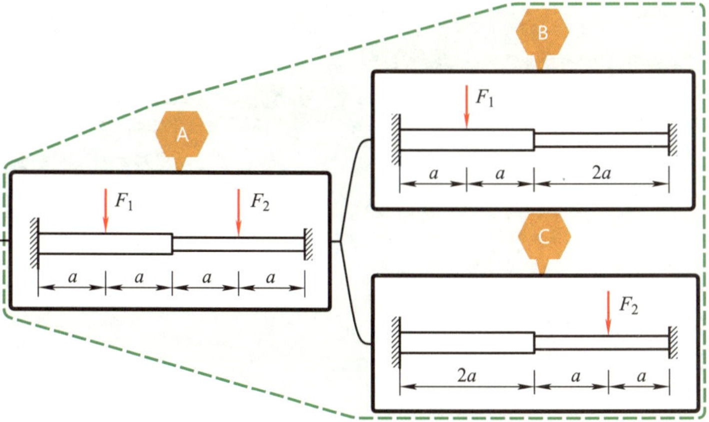
A
F1
F2
a
a
a
a
B
F1
a
a
2a
C
F2
2a
a
a

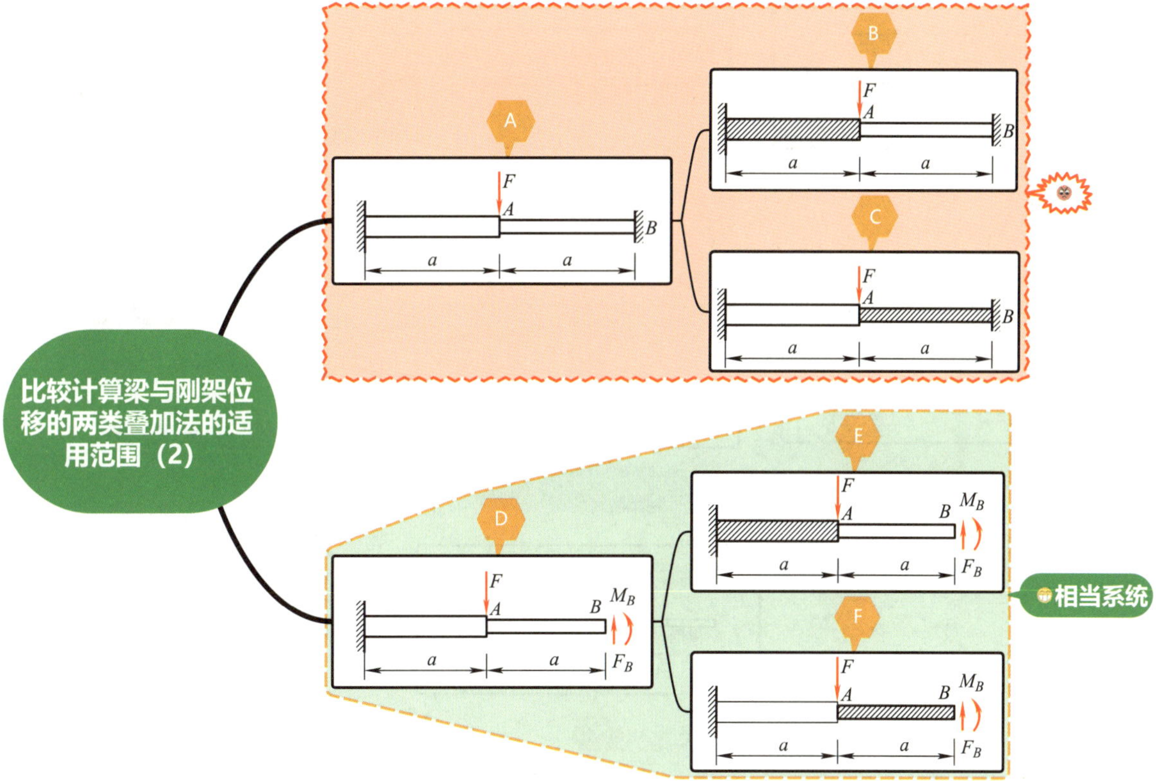
比较计算梁与刚架位移的两类叠加法的适用范围（2）
A
F
A
B
a
a
B
C
D
F
A
B
M_B
F_B
E
F
相当系统

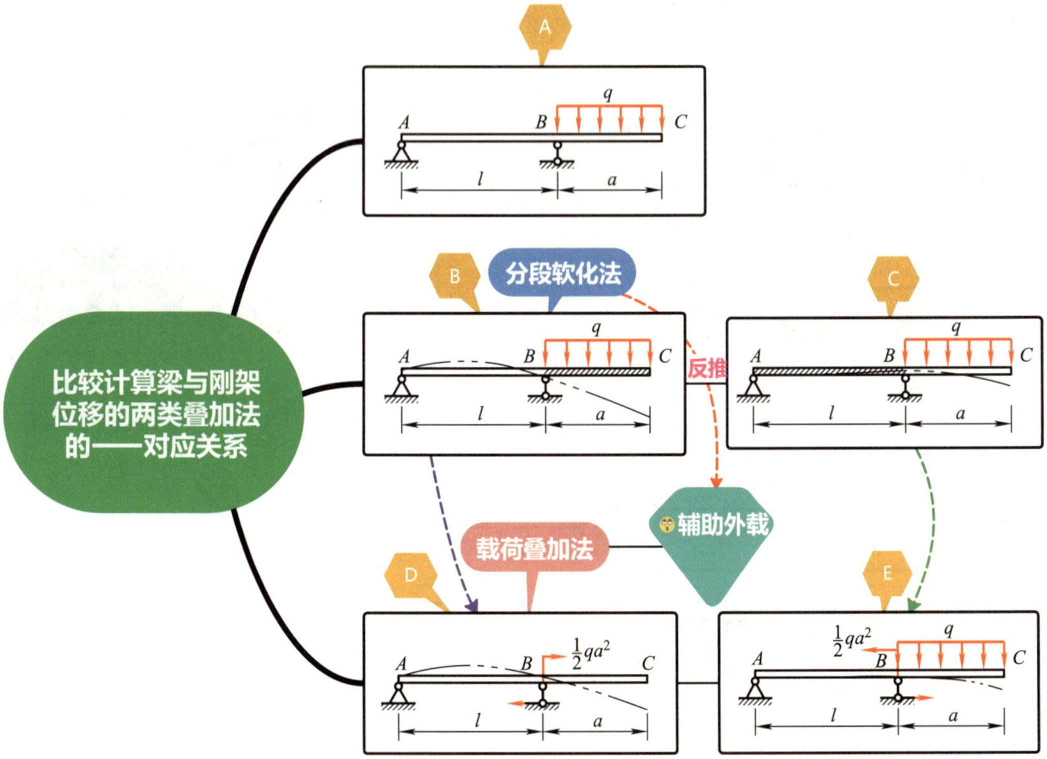
比较计算梁与刚架位移的两类叠加法的——对应关系
A
B
C
D
E
分段软化法
反推
辅助外载
载荷叠加法
q
A
B
C
l
a
$\frac{1}{2}qa^2$

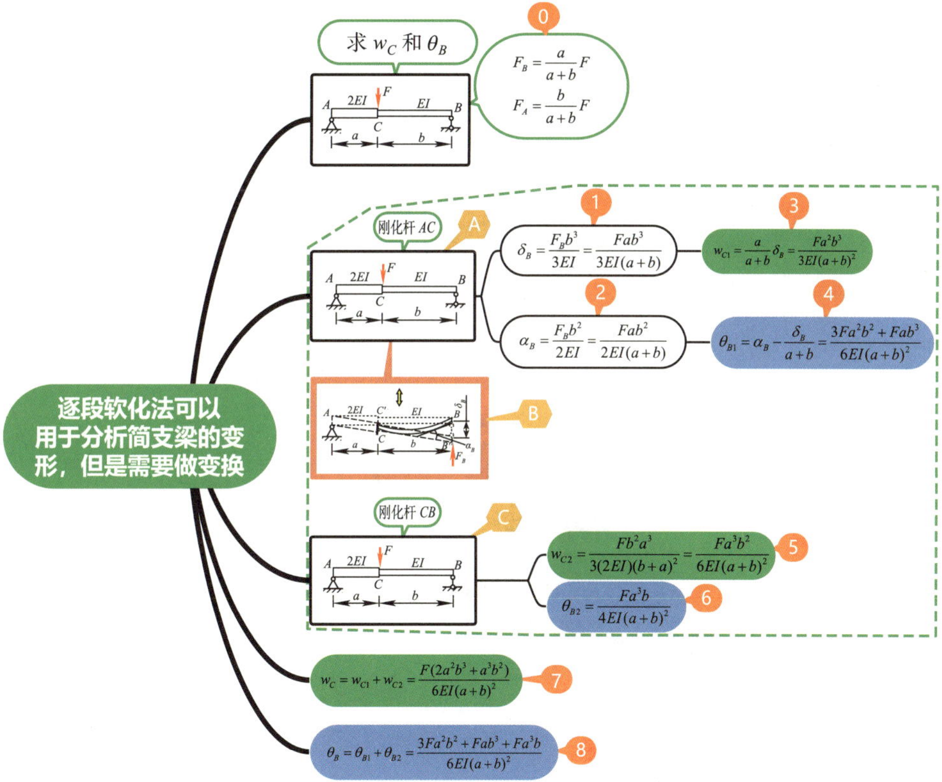
逐段软化法可以用于分析简支梁的变形，但是需要做变换
求 w_C 和 θ_B
0
$F_B=\frac{a}{a+b}F$
$F_A=\frac{b}{a+b}F$
刚化杆 AC
A
1
$\delta_B=\frac{F_Bb^3}{3EI}=\frac{Fab^3}{3EI(a+b)}$
3
$w_{C1}=\frac{a}{a+b}\delta_B=\frac{Fa^2b^3}{3EI(a+b)^2}$
2
$\alpha_B=\frac{F_Bb^2}{2EI}=\frac{Fab^2}{2EI(a+b)}$
4
$\theta_{B1}=\alpha_B-\frac{\delta_B}{a+b}=\frac{3Fa^2b^2+Fab^3}{6EI(a+b)^2}$
B
刚化杆 CB
C
5
$w_{C2}=\frac{Fb^2a^3}{3(2EI)(b+a)^2}=\frac{Fa^3b^2}{6EI(a+b)^2}$
6
$\theta_{B2}=\frac{Fa^3b}{4EI(a+b)^2}$
7
$w_C=w_{C1}+w_{C2}=\frac{F(2a^2b^3+a^3b^2)}{6EI(a+b)^2}$
8
$\theta_B=\theta_{B1}+\theta_{B2}=\frac{3Fa^2b^2+Fab^3+Fa^3b}{6EI(a+b)^2}$

7.29　梁的合理刚度设计与合理强度设计比较，一个工程建模举例

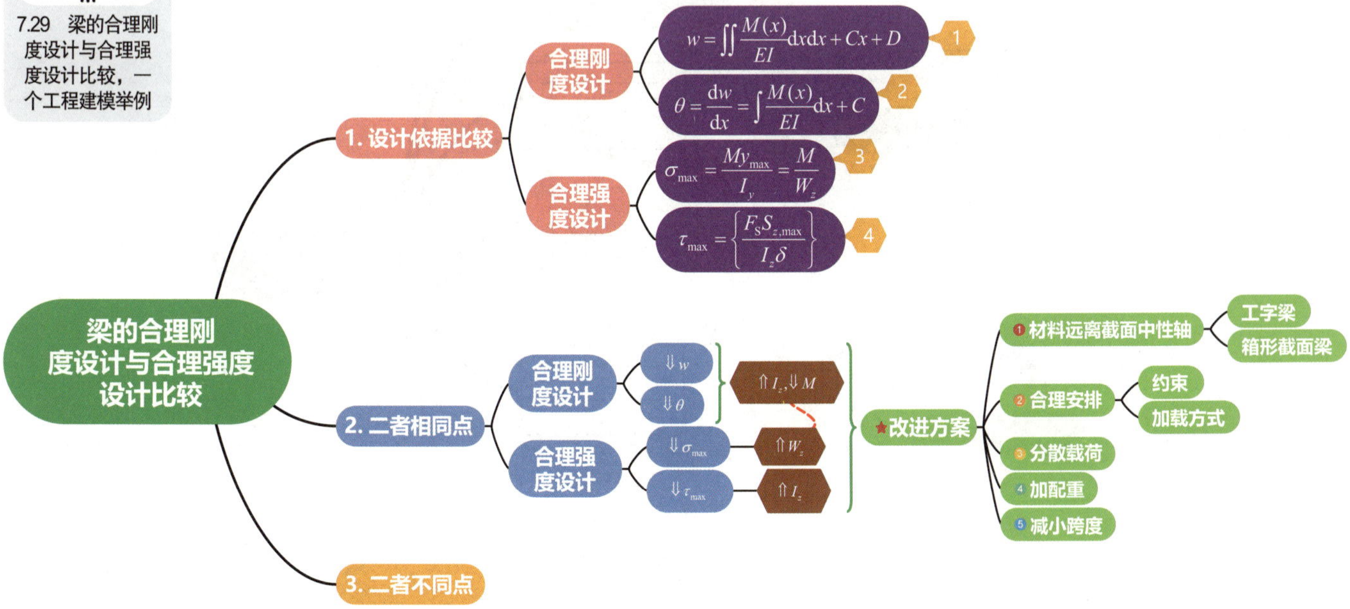
梁的合理刚度设计与合理强度设计比较
1. 设计依据比较
合理刚度设计
$w=\iint\frac{M(x)}{EI}\mathrm{d}x\mathrm{d}x+Cx+D$
1
$\theta=\frac{\mathrm{d}w}{\mathrm{d}x}=\int\frac{M(x)}{EI}\mathrm{d}x+C$
2
合理强度设计
$\sigma_{\max}=\frac{My_{\max}}{I_y}=\frac{M}{W_z}$
3
$\tau_{\max}=\left\{\frac{F_S S_{z,\max}}{I_z\delta}\right\}$
4
2. 二者相同点
合理刚度设计
$\Downarrow w$
$\Downarrow \theta$
$\Uparrow I_z, \Downarrow M$
合理强度设计
$\Downarrow \sigma_{\max}$
$\Uparrow W_z$
$\Downarrow \tau_{\max}$
$\Uparrow I_z$
改进方案
1 材料远离截面中性轴
工字梁
箱形截面梁
2 合理安排
约束
加载方式
3 分散载荷
4 加配重
5 减小跨度
3. 二者不同点

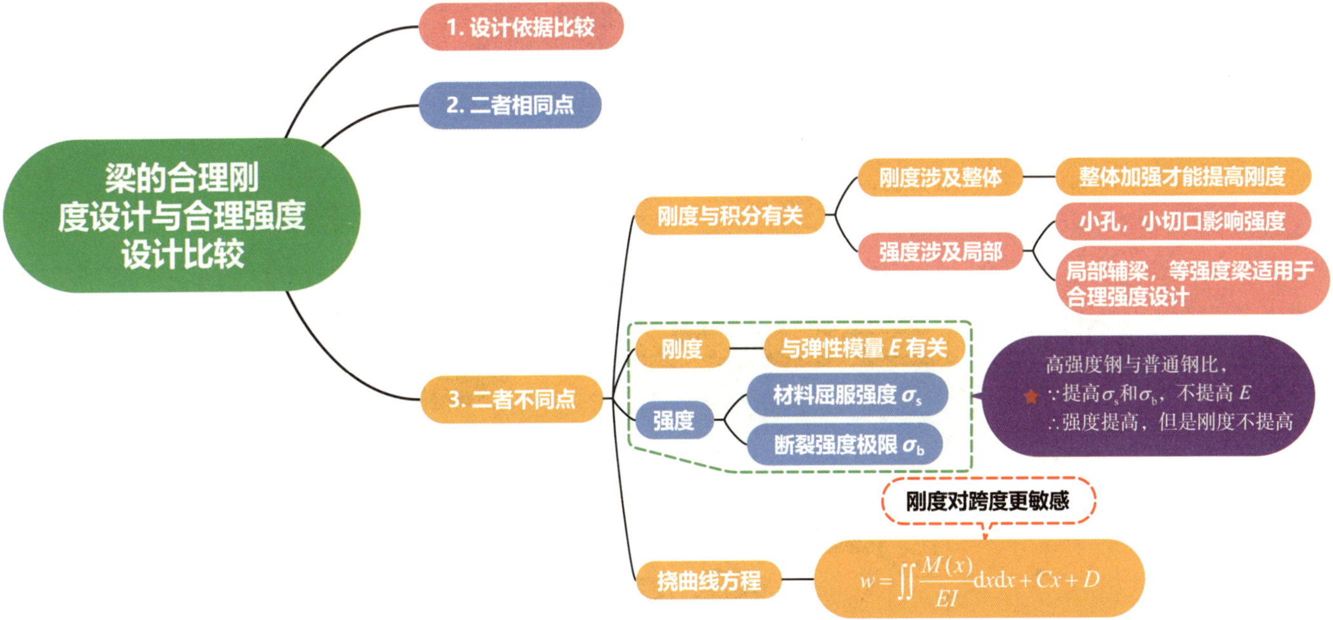
梁的合理刚度设计与合理强度设计比较
1. 设计依据比较
2. 二者相同点
3. 二者不同点
刚度与积分有关
刚度涉及整体
整体加强才能提高刚度
强度涉及局部
小孔，小切口影响强度
局部辅梁，等强度梁适用于合理强度设计
刚度
与弹性模量 E 有关
强度
材料屈服强度 σ_s
断裂强度极限 σ_b
高强度钢与普通钢比，
∵提高 σ_s 和 σ_b，不提高 E
∴强度提高，但是刚度不提高
刚度对跨度更敏感
挠曲线方程
$w=\iint \frac{M(x)}{EI}\mathrm{d}x\mathrm{d}x+Cx+D$

A

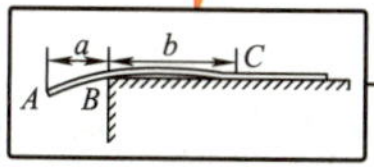
a
b
C
A
B

7-1　（工程建模举例）如图 A 所示，足够长的钢筋弯曲刚度为 EI，单位长度质量为 q，放置于刚性光滑平台上，外伸段长为 a，试对于下述两种情况计算自由端 A 的挠度：（1）钢筋除自重外，无其他外载；（2）钢筋还在自由端 A 作用有向上的集中力

- **1. 钢筋约束分析**
  - $w_B = 0$　①
  - C 截面
    - $w_C = 0$　②
    - $\theta_C = 0$　③
    - $M_C = \dfrac{EI}{\rho_{C_+}} = 0$　④　→　$\rho_{C_+} = \infty$
- **2. 模型 -1**
  - 式 1+ 式 2+ 式 3

    B

    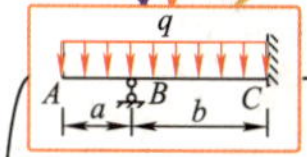
    q
    A
    B
    C
    a
    b

    C

    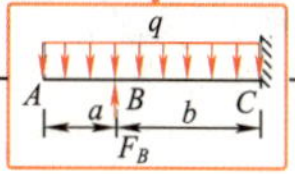
    q
    A
    B
    C
    a
    b
    F_B

    - 满足式 1：$\dfrac{(F_B - qa)b^3}{3EI} - \dfrac{\frac{1}{2}qa^2b^2}{2EI} - \dfrac{qb^4}{8EI} = 0$　⑤
    - 需满足式 4：$F_Bb - \dfrac{1}{2}q(a+b)^2 = 0$　⑥
  - 式 5+ 式 6　⑦
    - $b = \sqrt{2}a$
    - $F_B = \dfrac{q(a+b)^2}{2b}$
    - $w_A = \dfrac{q(a+b)^4}{8EI} - \dfrac{F_Bb^3}{3EI} - \dfrac{F_Bb^2a}{2EI} = -\dfrac{(2\sqrt{2}+3)qa^4}{24EI}(\downarrow)$
- **3. 模型 -2**
  - 式 1+ 式 2+ 式 4

    D

    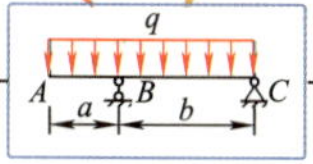
    q
    A
    B
    C
    a
    b

    - 需满足式 3：$\dfrac{\frac{1}{2}qa^2b}{6EI} - \dfrac{qb^3}{24EI} = 0$　⑧
    - 矩平衡方程：$F_Bb - \dfrac{1}{2}q(a+b)^2 = 0$　⑥
    - ⑨
      $b = \sqrt{2}a,\ F_B = \dfrac{q(a+b)^2}{2b}$

      $w_A = \dfrac{qa^4}{8EI} - \dfrac{\frac{1}{2}qa^2ba}{3EI} + \dfrac{qb^3a}{24EI} = -\dfrac{(2\sqrt{2}+3)qa^4}{24EI}(\downarrow)$

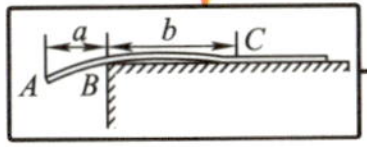

A
a
b
C
A
B

7-1 （工程建模举例）如图 A 所示，足够长的钢筋弯曲刚度为 *EI*，单位长度质量为 *q*，放置于刚性光滑平台上，外伸段长为 *a*，试对于下述两种情况计算自由端 *A* 的挠度：（1）钢筋除自重外，无其他外载；（2）钢筋还在自由端 *A* 作用有向上的集中力

- 1. 钢筋约束分析
- 2. 模型 -1
- 3. 模型 -2
- 4. 在自由端作用集中外力情况
  - $\alpha \geqslant 0.5$

    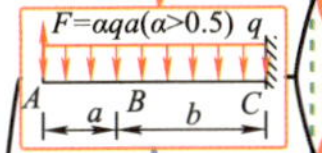

    F=αqa(α>0.5)
    q
    A
    a
    B
    b
    C

    E
    - 10（与式 8 对应）：$\dfrac{\dfrac{1}{2}qa^2b-\alpha qa^2b}{6EI}-\dfrac{qb^3}{24EI}=0$
      - 11：$b=\sqrt{2(1-2\alpha)}a$
    - 平衡条件式 6：$F_Bb-\dfrac{1}{2}q(a+b)^2=0$
  - 对于式 11 进一步讨论
    - $\alpha=0.5$ — $b=0$ — 钢筋与刚性桌面全接触
    - $\alpha>0.5$
      - 12：集中力$F^*=qa-\alpha F$
      - 13：力偶（顺）$M^*=\alpha Fa-\dfrac{1}{2}qa^2$
      - ★悬臂梁模型（$w_C=0$，$\theta_C=0$）；l：提起段长
        - 14：$w_B=\dfrac{M^*l^2}{2EI}(\uparrow)-\dfrac{F^*l^3}{3EI}(\downarrow)-\dfrac{ql^4}{8EI}(\downarrow)>0$
    - 15（力矩的平衡方程）：$-\alpha qa(a+l)+\dfrac{1}{2}q(a+l)^2=0$ — 16：$l=(2\alpha-1)a$ — 17：$w_A=\dfrac{\alpha qa(a+l)^3}{3EI}-\dfrac{q(a+l)^4}{8EI}=\dfrac{2\alpha^4qa^4}{3EI}(\uparrow)$

7.30 利用对称条件求解，一个静不定结构的三个相当系统举例

7-2 如图 A 所示，变截面简支梁，弹性模量 E 为常数，$I_2 = 2I_1$，求中点 C 的挠度和端点 B 的转角

A

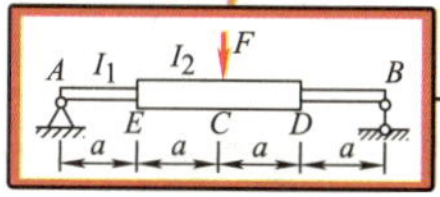
A
I_1
I_2
F
B
E
C
D
a
a
a
a

B

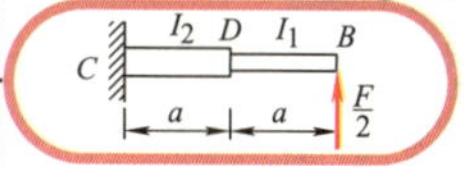
C
I_2
D
I_1
B
a
a
$\frac{F}{2}$

★坐标系架在 C 截面的位置

C

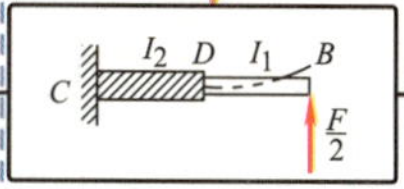
C
I_2
D
I_1
B
$\frac{F}{2}$

① $\theta_{B1} = \dfrac{Fa^2}{4EI_1}$ (↶)

② $w_{B1} = \dfrac{Fa^3}{6EI_1}$ (↑)

D

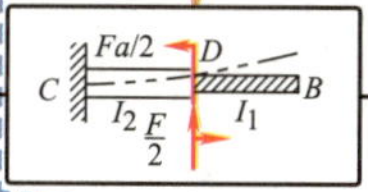
C
Fa/2
D
B
I_2
$\frac{F}{2}$
I_1

③ $\theta_{B2} = \theta_D = \theta_{D,F} + \theta_{D,M} = \dfrac{Fa^2}{4EI_2} + \dfrac{Fa^2}{4EI_1} = \dfrac{3Fa^2}{8EI_1}$ (↶)

④ $w_{B2} = w_{D,F} + w_{D,M} + \theta_D a = \dfrac{Fa^3}{6EI_2} + \dfrac{Fa^3}{4EI_2} + \dfrac{3Fa^3}{8EI_1} = \dfrac{7Fa^3}{12EI_1}$ (↑)

1+3: $\theta_B = \theta_{B1} + \theta_{B2} = \dfrac{5Fa^2}{8EI_1}$ (↶)

−(2+4): $w_C = -w_B = -(w_{B1} + w_{B2}) = -\dfrac{3Fa^3}{4EI_1}$ (↓)

7-3 画出图 A 所示静不定梁的三种相当系统，并计算端面 A 的约束力

A

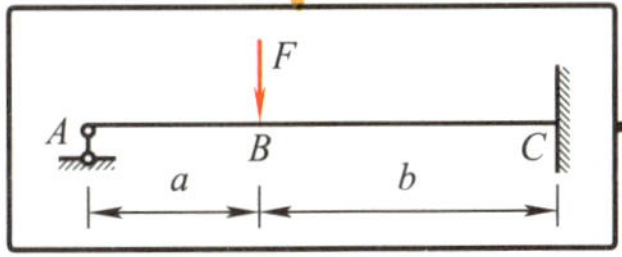

F
A
B
C
a
b

B

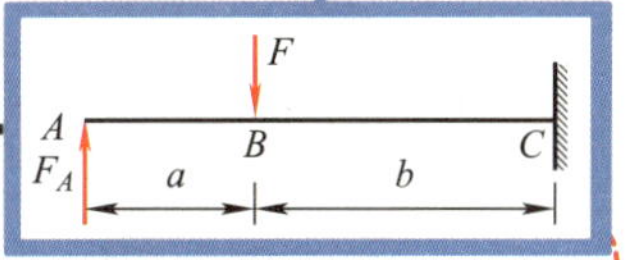

F
A
F_A
B
C
a
b

F_A 引起 A 端位移

① $\Delta_A = \dfrac{F_A(a+b)^3}{3EI}$

F 引起 A 端位移

② $\Delta'_A = \dfrac{Fb^3}{6EI} - \dfrac{Fb^2(a+b)}{2EI} = -\dfrac{Fb^3}{3EI} - \dfrac{Fb^2 a}{2EI}$

★需满足的变形协调条件

③ $\Delta_A + \Delta'_A = 0$

④ $F_A = \dfrac{3ab^2 + 2b^3}{2(a+b)^3} F(\uparrow)$

7-3　画出图 A 所示静不定梁的三种相当系统，并计算端面 A 的约束力

A

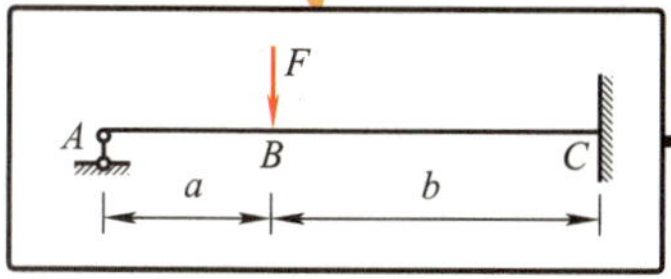
F
A
B
C
a
b

C

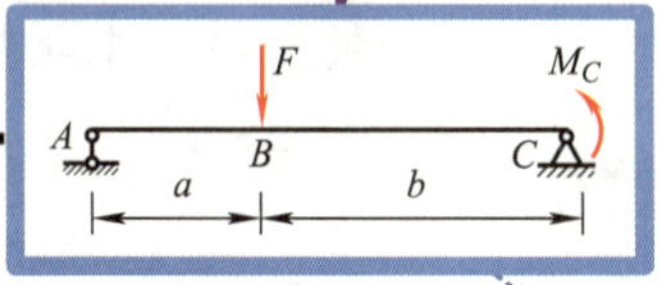
F
M_C
A
B
C
a
b

M_C 引起的 C 端转角

$$\theta_C=\frac{M_C(a+b)}{3EI}$$ ⑤

F 引起的 C 端转角

$$\theta'_C=\frac{Fa(2ab+b^2)}{6(a+b)EI}$$ ⑥

★**需满足的变形协调条件**

$$\theta_C+\theta'_C=0$$ ⑦

$$F_A=\frac{3ab^2+2b^3}{2(a+b)^3}F(\uparrow)$$ ⑧

A

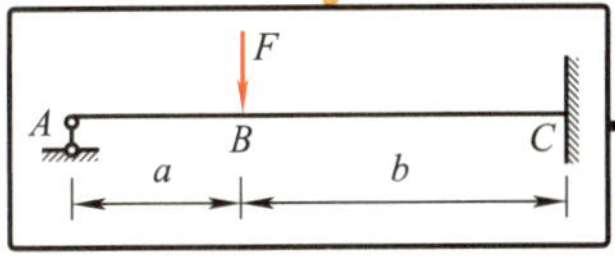

F
A
B
C
a
b

7-3 画出图 A 所示静不定梁的三种相当系统，并计算端面 A 的约束力

D

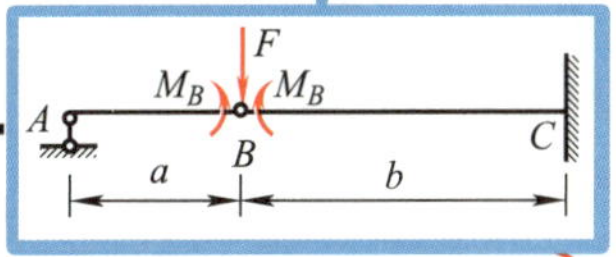

F
M_B
M_B
A
B
C
a
b

E

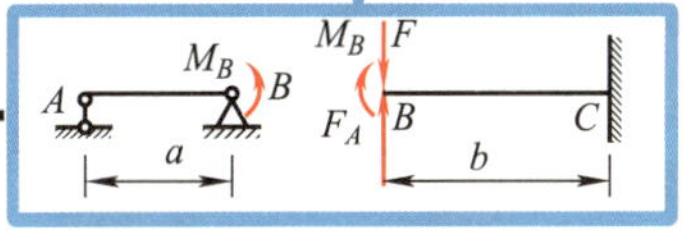

M_B
B
A
a
M_B
F
F_A
B
C
b

BC 梁

9 $\Delta_B = -\dfrac{(F-F_A)b^3}{3EI} + \dfrac{M_B b^2}{2EI}(\downarrow)$

10 $\theta_B = \dfrac{(F-F_A)b^2}{2EI} - \dfrac{M_B b}{EI}(\curvearrowleft)$

AB 梁

刚体转动 + 变形

11 $\theta'_B = \dfrac{M_B a}{3EI} + \dfrac{\Delta_B}{a}(\curvearrowleft)$

12 $\theta_B = \theta'_B$

★ 需满足的变形协调条件

13 $F_A = \dfrac{3ab^2+2b^3}{2(a+b)^3}F(\uparrow)$

7-4　如图所示，悬臂梁长 $2l$，在自由端受铅垂向下的集中力 F 和顺时针力偶 $M_0=Fl$ 作用，双点画线表示挠曲轴的大致形状，则正确的画法是（　）

A
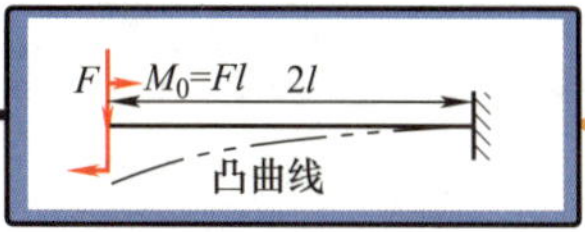
F
M0=Fl
2l
凸曲线

B
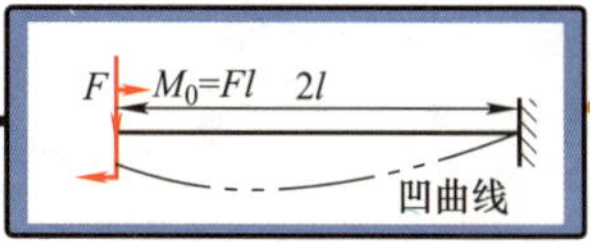
F
M0=Fl
2l
凹曲线

C ✓
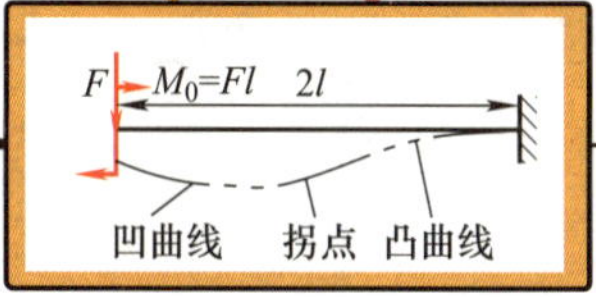
F
M0=Fl
2l
凹曲线
拐点
凸曲线

D
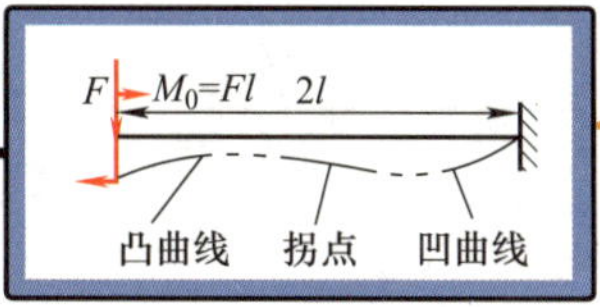
F
M0=Fl
2l
凸曲线
拐点
凹曲线

E
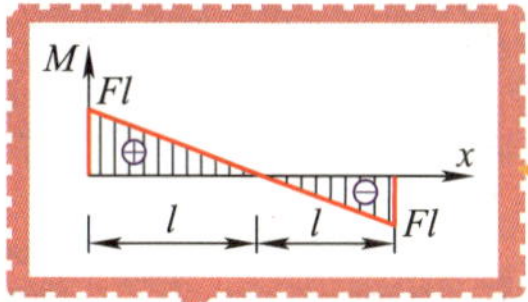
M
Fl
x
l
l
Fl

7-5　如图 A、B 所示，$w_C^{(a)}$、$w_C^{(b)}$、$w_C^{(c)}$和$\theta_C^{(a)}$、$\theta_C^{(b)}$、$\theta_C^{(c)}$分别表示各图自由端 *C* 的挠度和转角，则由载荷叠加法得到公式：

$$w_C^{(a)}=w_C^{(b)}+w_C^{(c)},\quad \theta_C^{(a)}=\theta_C^{(b)}+\theta_C^{(c)}$$

说法正确的是（　）

A

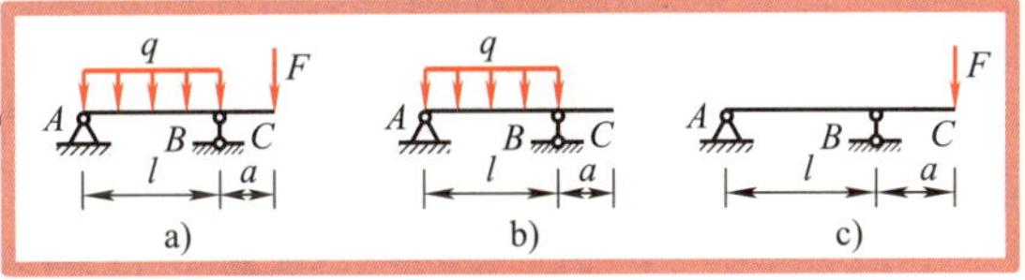

q
F
A
B
C
l
a
a)
b)
c)

B

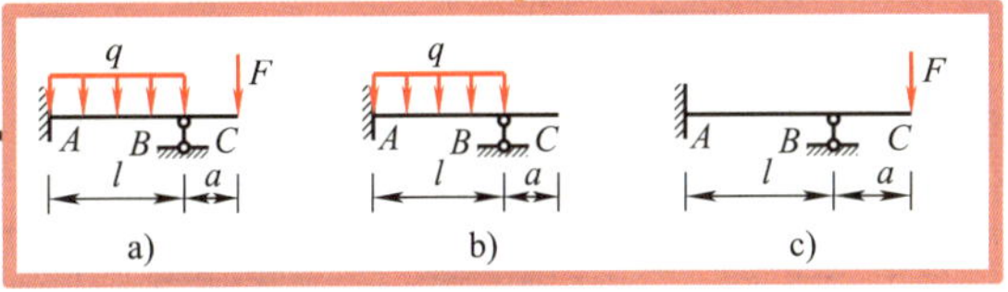

q
F
A
B
C
l
a
a)
b)
c)

A. 图 A 正确，图 B 不正确

B. 图 A 不正确，图 B 正确

C. 图 A 和图 B 都不正确

D. 图 A 和图 B 都正确 ✓

7-6　如图 A、B 所示，$w_C^{(a)}$、$w_C^{(b)}$、$w_C^{(c)}$和$\theta_C^{(a)}$、$\theta_C^{(b)}$、$\theta_C^{(c)}$分别表示各图自由端 C 的挠度和转角，图中阴影部分代表该梁已经刚化（弹性模量$E \to \infty$），则逐段软化法对应的公式：

$$w_C^{(a)} = w_C^{(b)} + w_C^{(c)}, \quad \theta_C^{(a)} = \theta_C^{(b)} + \theta_C^{(c)}$$

说法正确的是（　）

A

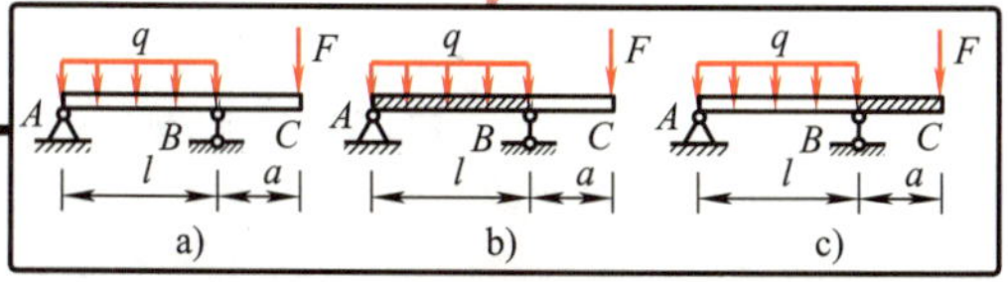
q
F
A
B
C
l
a
a)
b)
c)

B

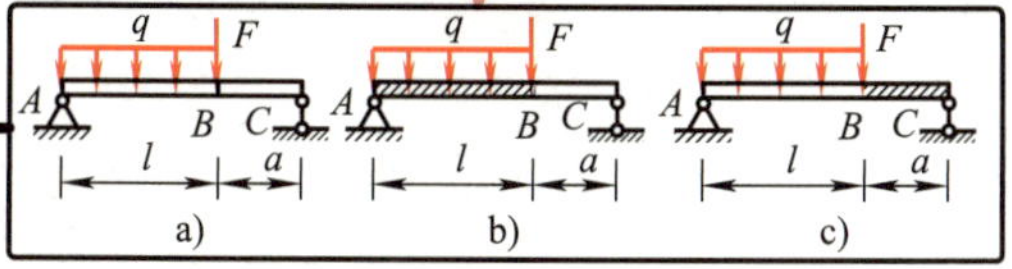
q
F
A
B
C
l
a
a)
b)
c)

A. 图 A 正确，图 B 不正确 ✓

B. 图 A 不正确，图 B 正确

C. 图 A 和图 B 都不正确

D. 图 A 和图 B 都正确

7-7　对于梁采用高强度钢代替普通碳素钢，下列说法正确的是（　）

- A. 有效提高梁的强度和刚度
- B. 对梁的强度和刚度影响甚微
- C. 有效提高梁的强度，对梁的刚度影响甚微 ✓
- D. 对于强度影响甚微，有效提高梁的刚度

7-8　如图所示，悬臂梁在靠近固定端处开一个小孔，则此小孔（　）

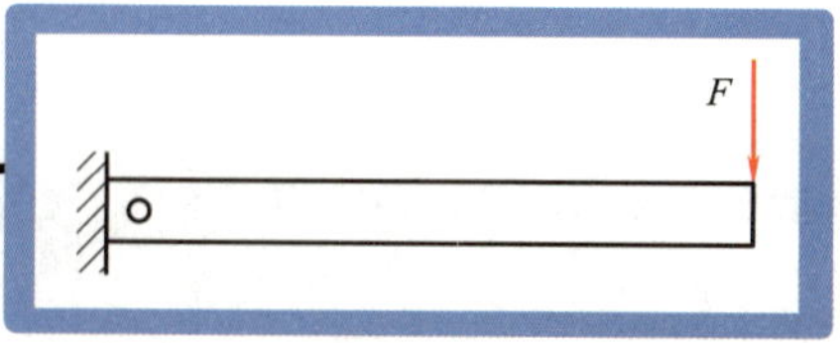
F

A. 显著降低梁的强度，对梁的刚度影响甚微 ✓

B. 显著降低梁的刚度，对梁的强度影响甚微

C. 显著降低梁的强度和刚度

D. 对梁的强度和刚度都影响甚微

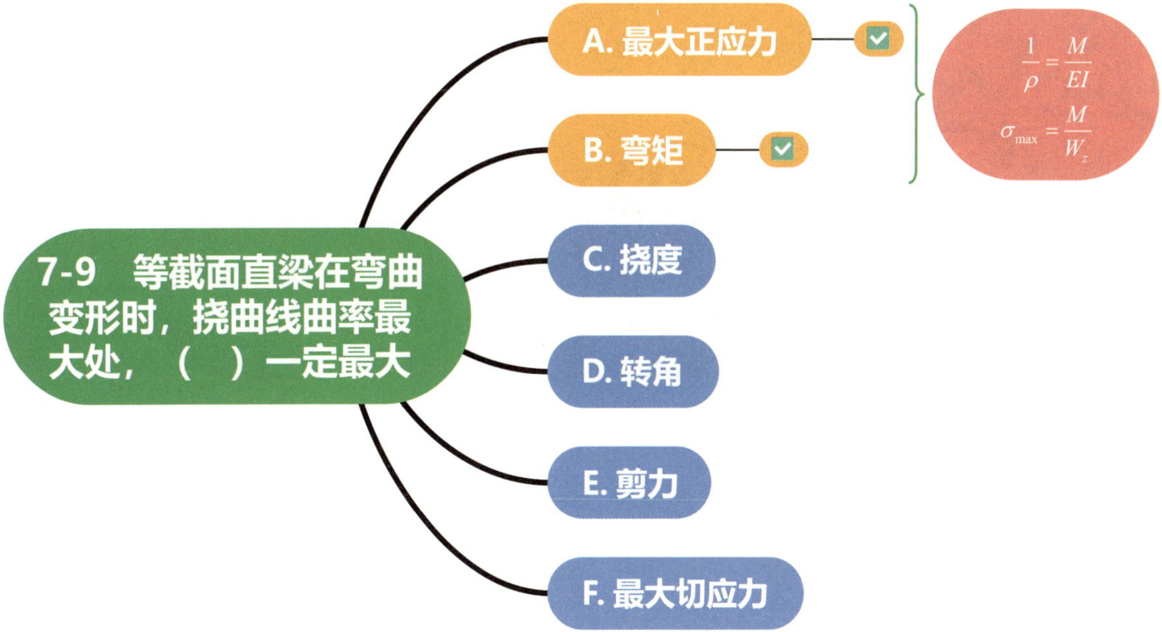
7-9 等截面直梁在弯曲变形时，挠曲线曲率最大处，（ ）一定最大
A. 最大正应力
B. 弯矩
C. 挠度
D. 转角
E. 剪力
F. 最大切应力
$\frac{1}{\rho}=\frac{M}{EI}$
$\sigma_{\max}=\frac{M}{W_z}$

7-10　如图 A~C 所示，三段梁的材料、尺寸和约束完全相同，承受不同的载荷，设三段梁中点 C 的挠度和转角分别为 w_1、w_2、w_3 和 θ_1、θ_2、θ_3，则有（　）

A

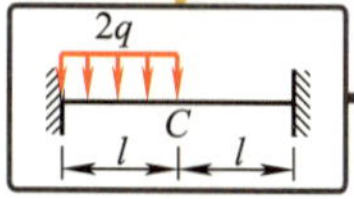
2q
C
l
l

B

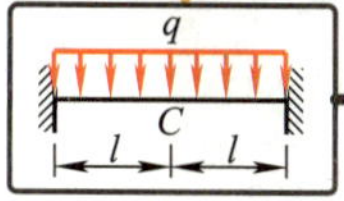
q
C
l
l

C

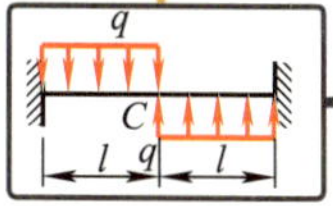
q
C
q
l
l

A. $w_1 = w_2$ ✔

B. $w_1 = w_3$

C. $\theta_1 = \theta_2$

D. $\theta_1 = \theta_3$ ✔

第 8 章　应力应变状态分析

8.1　应力应变状态分析

第 8 章　应力应变状态分析
1. 引言
2. 平面应力状态应力分析
3. 应力圆
4. 极值应力与主应力
5. 复杂应力状态的最大应力
6. 平面应变分析
7. 应变圆
8. 广义胡克定律
9. 复杂应力状态下应变能

8.2　构件上微元体的应力状态

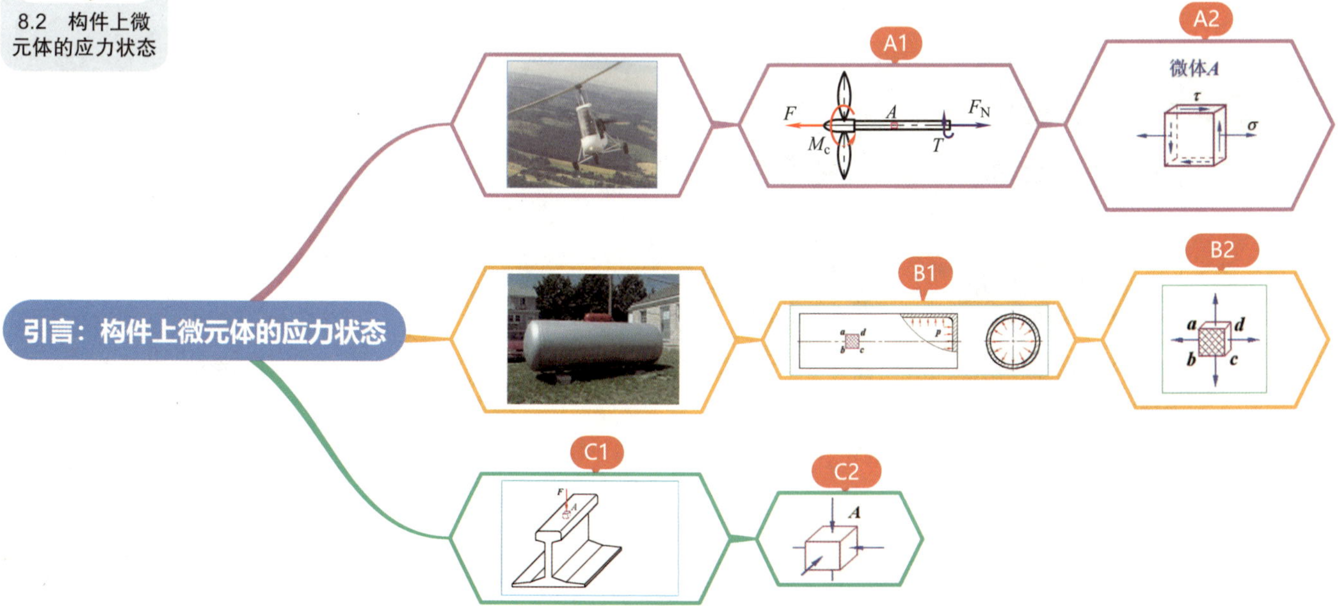
引言：构件上微元体的应力状态
A1
F
A
F_N
M_c
T
A2
微体A
τ
σ
B1
a
d
b
c
p
B2
a
d
b
c
C1
F
A
C2
A

8.3 几种常见的应力状态

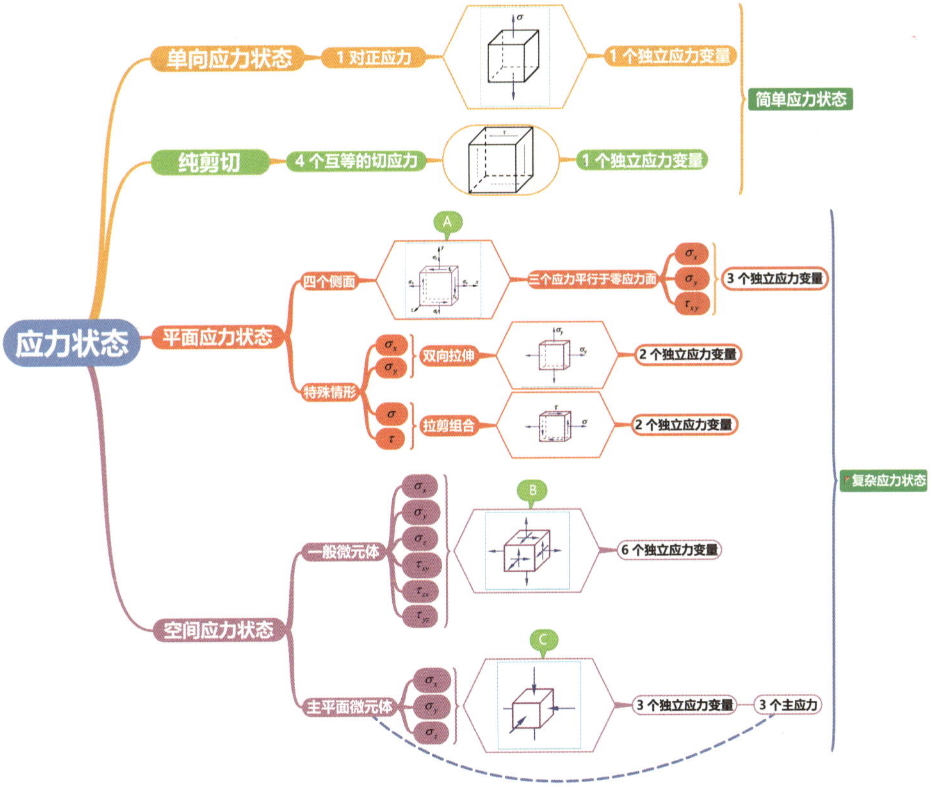
应力状态
单向应力状态
1 对正应力
1 个独立应力变量
简单应力状态
纯剪切
4 个互等的切应力
1 个独立应力变量
平面应力状态
A
四个侧面
三个应力平行于零应力面
σ_x
σ_y
τ_{xy}
3 个独立应力变量
特殊情形
σ_x
σ_y
双向拉伸
2 个独立应力变量
σ
τ
拉剪组合
2 个独立应力变量
复杂应力状态
空间应力状态
一般微元体
σ_x
σ_y
σ_z
τ_{xy}
τ_{zx}
τ_{yz}
B
6 个独立应力变量
主平面微元体
σ_x
σ_y
σ_z
C
3 个独立应力变量
3 个主应力

8.4　平面应力状态之斜截面应力推导与分析

平面应力状态之斜截面应力分析

A

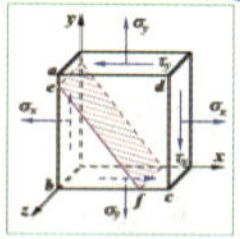

B

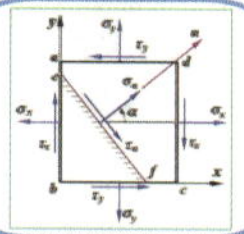

- 斜截面
  - //z 轴
  - 方位
    - 方位角 α：从 x 轴逆时针转向外法线为正
  - 应力
    - 正应力 σ_α：拉正，压负
    - 切应力 τ_α：顺正，逆负
  - σ_x, σ_y, τ_x, τ_y：3 个独立应力参量
- 力的平衡方程
  - ① $\sum F_n = 0, \sigma_\alpha dA + (\tau_x \cos\alpha dA)\sin\alpha - (\sigma_x \cos\alpha dA)\cos\alpha + (\tau_y \sin\alpha dA)\cos\alpha - (\sigma_y \sin\alpha dA)\sin\alpha = 0$
  - ② $\sum F_t = 0, \tau_\alpha dA - (\tau_x \cos\alpha dA)\cos\alpha - (\sigma_x \cos\alpha dA)\sin\alpha + (\tau_y \sin\alpha dA)\sin\alpha + (\sigma_y \sin\alpha dA)\cos\alpha = 0$
- 三角形倍角关系转换
  - $\cos^2\alpha = \dfrac{1+\cos 2\alpha}{2}$
  - $\sin^2\alpha = \dfrac{1-\cos 2\alpha}{2}$
  - $\sin 2\alpha = 2\sin\alpha\cos\alpha$
- 切应力互等定理
  - ⑤ $\tau_x = \tau_y$
- 力的平衡方程
  - 线弹性、非线弹性、非弹性；各向同性与各向异性：均适用

③ $\sigma_\alpha = \dfrac{\sigma_x + \sigma_y}{2} + \dfrac{\sigma_x - \sigma_y}{2}\cos 2\alpha - \tau_x \sin 2\alpha$

④ $\tau_\alpha = \dfrac{\sigma_x - \sigma_y}{2}\sin 2\alpha + \tau_x \cos 2\alpha$

8.5　应力圆方程与应力圆的绘制

应力圆方程以及绘制应力图

- 任意截面方向角的应力分析
  - 1a：$\sigma_\alpha = \dfrac{\sigma_x+\sigma_y}{2} + \dfrac{\sigma_x-\sigma_y}{2}\cos 2\alpha - \tau_x \sin 2\alpha$
  - 2a：$\tau_\alpha = \dfrac{\sigma_x-\sigma_y}{2}\sin 2\alpha + \tau_x \cos 2\alpha$
- 平方后的两等式右侧相加，消参 α
  - 1b：$\sigma_\alpha = \dfrac{\sigma_x+\sigma_y}{2} = \dfrac{\sigma_x-\sigma_y}{2}\cos 2\alpha - \tau_x \sin 2\alpha$
  - 2b：$\tau_\alpha - 0 = \dfrac{\sigma_x-\sigma_y}{2}\sin 2\alpha + \tau_x \cos 2\alpha$
  - 3：$\left(\sigma_\alpha - \dfrac{\sigma_x+\sigma_y}{2}\right)^2 + (\tau_\alpha - 0)^2 = \left(\dfrac{\sigma_x-\sigma_y}{2}\right)^2 + \tau_x^2$
- 应力圆
  - 圆心 *C*（圆心坐标）
    - 4：$\sigma_{cx} = \dfrac{1}{2}(\sigma_x+\sigma_y)$
    - $\tau_{cy} = 0$
  - 半径
    - 5：$R = \sqrt{\left(\dfrac{\sigma_x-\sigma_y}{2}\right)^2 + \tau_x^2}$

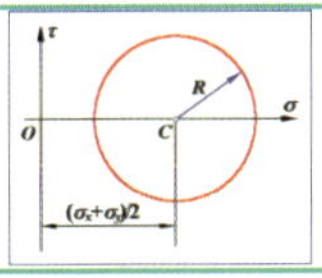

τ
σ
O
C
R
(σx+σy)/2

8.6　应力圆的绘制

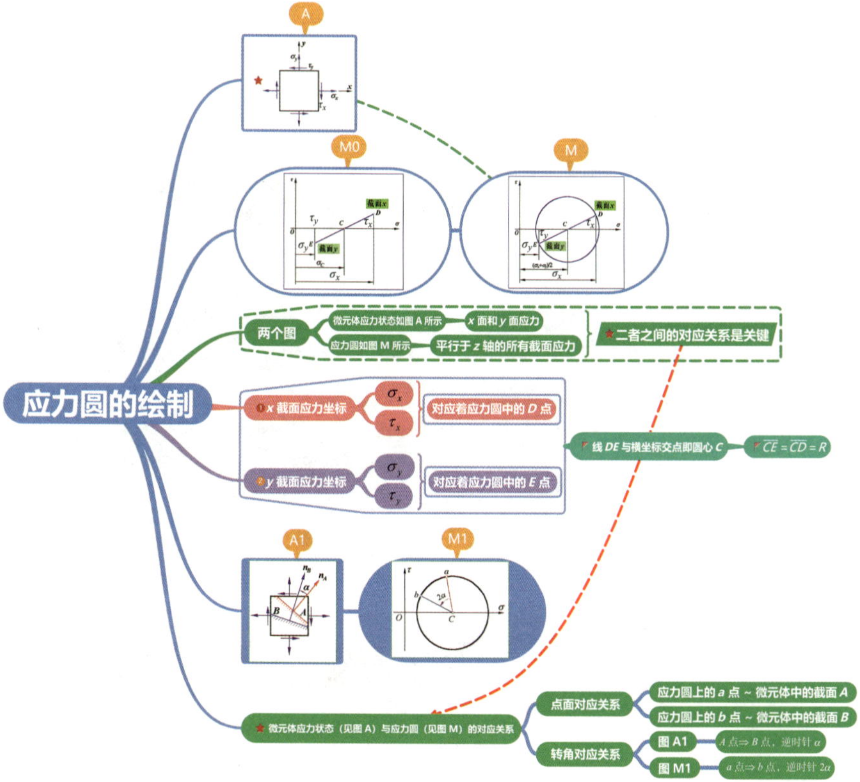
应力圆的绘制
A
M0
M
截面x
截面y
两个图
微元体应力状态如图 A 所示
x 面和 y 面应力
应力圆如图 M 所示
平行于 z 轴的所有截面应力
二者之间的对应关系是关键
x 截面应力坐标
σ_x
τ_x
对应着应力圆中的 D 点
y 截面应力坐标
σ_y
τ_y
对应着应力圆中的 E 点
线 DE 与横坐标交点即圆心 C
$\overline{CE}=\overline{CD}=R$
A1
M1
微元体应力状态（见图 A）与应力圆（见图 M）的对应关系
点面对应关系
应力圆上的 a 点 ~ 微元体中的截面 A
应力圆上的 b 点 ~ 微元体中的截面 B
转角对应关系
图 A1
A 点⇒ B 点，逆时针 α
图 M1
a 点⇒ b 点，逆时针 2α

8.7　应力圆的应用

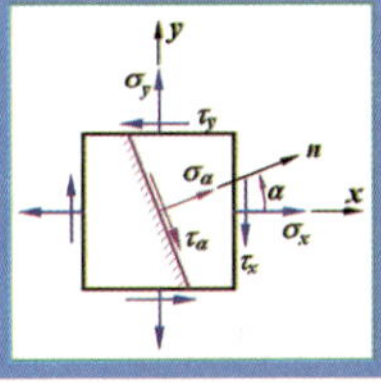

A
y
σ_y
τ_y
n
σ_α
α
x
τ_α
σ_x
τ_x

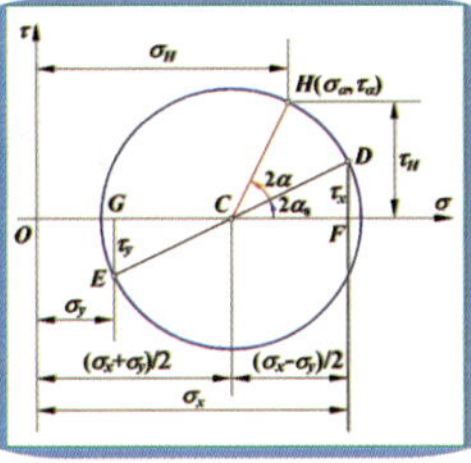

M
τ
σ_H
$H(\sigma_\alpha,\tau_\alpha)$
D
τ_H
2α
$2\alpha_0$
G
C
σ
O
τ_x
F
E
τ_y
σ_y
$(\sigma_x+\sigma_y)/2$
$(\sigma_x-\sigma_y)/2$
σ_x

应力圆与微元体应力状态图转换关系的数学基础

- ★核心：几何对应关系
  - 微元体应力状态（见图 A）
  - 应力圆（见图 M）
- 应力圆里的几何关系
  - ① $\sigma_H=\overline{OC}+\overline{CD}\cos(2\alpha_0+2\alpha)$
  - ② $\sigma_H=\overline{OC}+\overline{CD}\cos 2\alpha_0\cos 2\alpha-\overline{CD}\sin 2\alpha_0\sin 2\alpha$
  - ③ $\sigma_H=\dfrac{\sigma_x+\sigma_y}{2}+\dfrac{\sigma_x-\sigma_y}{2}\cos 2\alpha-\tau_x\sin 2\alpha$
- 微元体应力圆里的应力关系
  - ④ $\sigma_\alpha=\dfrac{\sigma_x+\sigma_y}{2}+\dfrac{\sigma_x-\sigma_y}{2}\cos 2\alpha-\tau_x\sin 2\alpha$
- ⑤ ★ $\sigma_H=\sigma_\alpha$

8.8　极值应力及其方位

平面应力状态的极值应力及其方位

A0

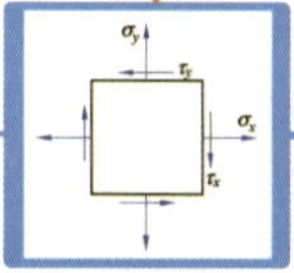

M0

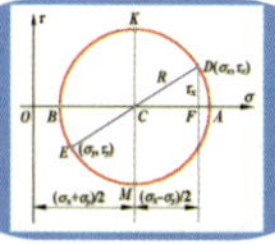

- 正应力极值
  - $\left.\begin{matrix}\sigma_{max}\\ \sigma_{min}\end{matrix}\right\}=\overline{OC}\pm\overline{CA}$
  - ① $=\dfrac{\sigma_x+\sigma_y}{2}\pm\sqrt{\left(\dfrac{\sigma_x-\sigma_y}{2}\right)^2+\tau_x^2}$
- 切应力极值
  - $\left.\begin{matrix}\tau_{max}\\ \tau_{min}\end{matrix}\right\}=\pm\overline{CK}$
  - ② $=\pm\sqrt{\left(\dfrac{\sigma_x-\sigma_y}{2}\right)^2+\tau_x^2}$

M1

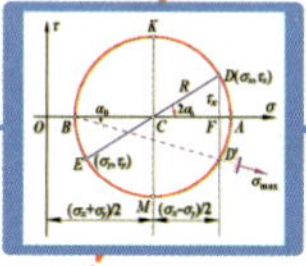

A1

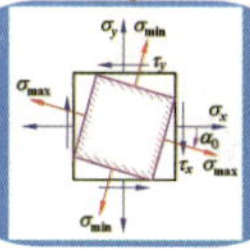

- A 点 — 最大正应力截面 — 在 A1 中的截面法线?
- D 点 — x 截面
  - 截面法线即 x 轴 — 图 A1
  - 最大正应力在 σ 轴 — 图 M1
    - σ_x 轴和 σ 轴方向一致

③ $\tan 2\alpha_0=-\dfrac{2\tau_x}{\sigma_x-\sigma_y}$ — $\angle DCA=2\alpha_0$

④ $\tan\alpha_0=-\dfrac{\tau_x}{\sigma_x-\sigma_{min}}=-\dfrac{\tau_x}{\sigma_{max}-\sigma_y}$ — $\angle ABD'=\alpha_0$

A2

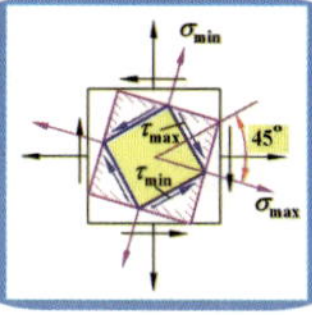

- 正应力极值与切应力极值所在截面，成 45°夹角 — 应力圆上呈直角
- τ_{max} 与 τ_{min} 所在截面正交 — 应力圆上直径两端

8.9 主应力与主平面等概念

M1

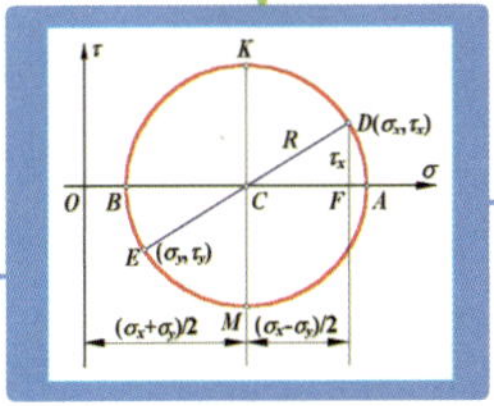

τ
K
D(σx, τx)
R
τx
σ
O
B
C
F
A
E
(σx, τy)
(σx+σy)/2
M
(σx-σy)/2

A0

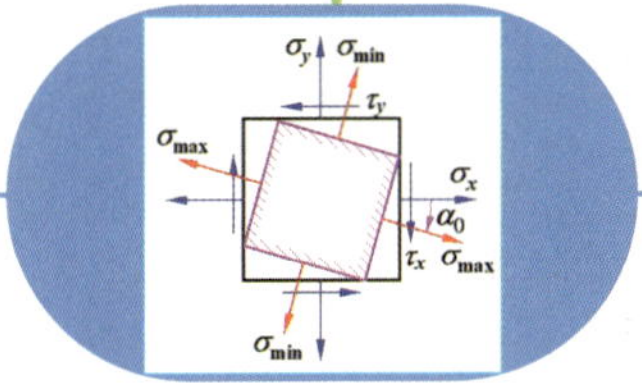

σy
σmin
τy
σmax
σx
α0
τx
σmax
σmin

A1

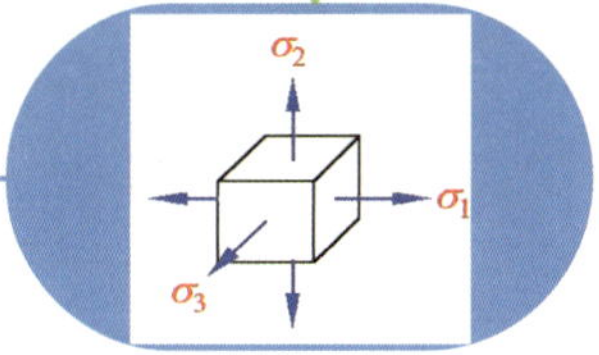

σ2
σ1
σ3

主平面与主应力

- ① 主平面
  - 切应力为零的截面 — 只有正应力
  - M1 图中的 *A* 点、*B* 点 — A0 图中的粉色截面 — σ_{max}、σ_{min}
    - ① $\left.\begin{matrix}\sigma_{max}\\ \sigma_{min}\end{matrix}\right\} = C \pm R = \dfrac{\sigma_x+\sigma_y}{2} \pm \sqrt{\left(\dfrac{\sigma_x-\sigma_y}{2}\right)^2+\tau_x^2}$ — 最大（小）正应力
    - ② $\left.\begin{matrix}\tau_{max}\\ \tau_{min}\end{matrix}\right\} = \pm R = \pm\sqrt{\left(\dfrac{\sigma_x-\sigma_y}{2}\right)^2+\tau_x^2}$ — 最大（小）切应力
- ② 主平面微元体 — 三个主平面，构成三向正交的微元体
- ③ 主应力 — 主平面上的正应力 — $\sigma_1 \geqslant \sigma_2 \geqslant \sigma_3$
  - 按照主应力的代数值排序

8.10　纯剪切与扭转破坏

纯剪切与扭转破坏

A

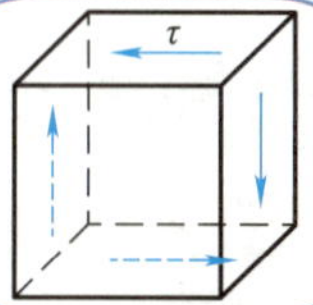
τ

M

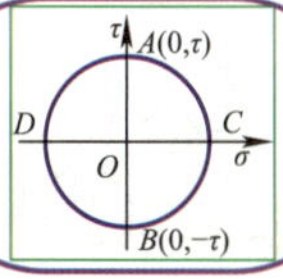
τ
A(0,τ)
D
C
σ
O
B(0,−τ)

A1

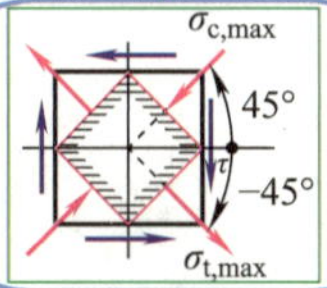
σc,max
45°
τ
−45°
σt,max

纯剪切

- $\sigma_{t,max} = \sigma_C = \tau$
- $\sigma_{c,max} = |\sigma_D| = \tau$
- $\tau_{max} = -\tau_{min} = \tau$

扭转破坏

塑性材料

1

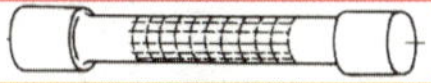

2

- 剪切破坏——滑移或剪断发生在 τ_{max} 作用面

脆性材料

3

45°

- 拉伸破坏——断裂发生在 σ_{max} 作用面

8.11 主应力迹线

主应力迹线

- A
  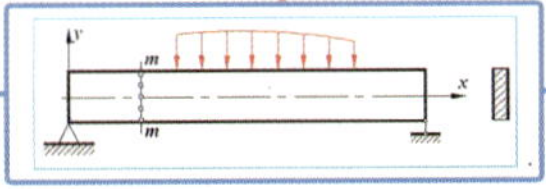
  - B
    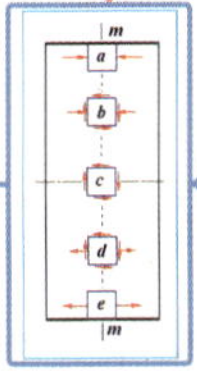
    - 1 $\sigma=\dfrac{My}{I_z}$
    - 2 $\tau=\dfrac{3F_S}{2bh}\left(1-\dfrac{4y^2}{h^2}\right)$
- 主应力
  - 3 $\sigma_1=\dfrac{1}{2}\left(\sigma+\sqrt{\sigma^2+4\tau^2}\right)\geqslant 0$
    - 5 $\tan 2\alpha_0=-\dfrac{2\tau}{\sigma}$
  - $\sigma_2=0$
  - 4 $\sigma_3=\dfrac{1}{2}\left(\sigma-\sqrt{\sigma^2+4\tau^2}\right)\leqslant 0$
  - C
    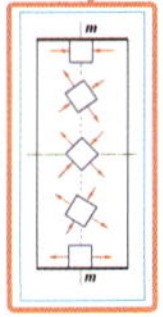
- D
  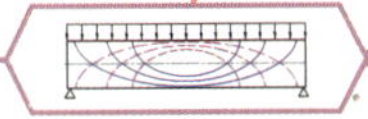
  - 主拉应力迹线
  - 主压应力迹线
- E
  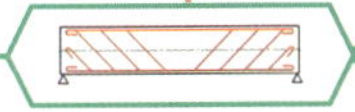
  - 混凝土材料
    - 脆性材料
      - 不耐拉
  - 钢筋主要沿主拉应力迹线排列
    - 增强耐拉性

8.12 三向应力圆

A

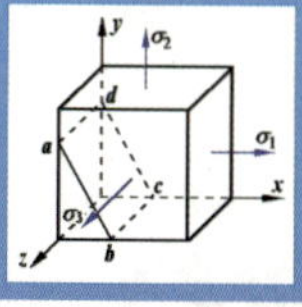
y
σ₂
d
a
σ₁
c
x
σ₃
z
b

B

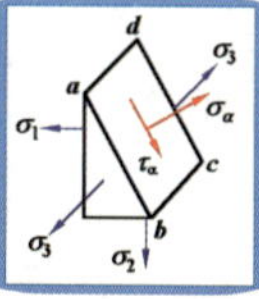
d
σ₃
a
σ₁
σ_α
τ_α
c
σ₃
b
σ₂

C

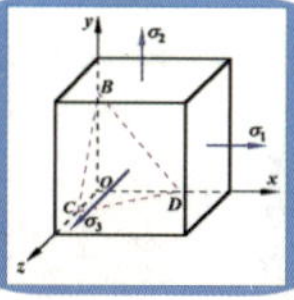
y
σ₂
B
σ₁
O
x
C
D
σ₃
z

三向应力圆

- 与主应力 σ_3 平行的斜截面应力 — 由 σ_1 和 σ_2 所画的红色应力圆上
- 与主应力 σ_2 平行的斜截面应力 — 由 σ_1 和 σ_3 所画的紫色应力圆上
- 与主应力 σ_1 平行的斜截面应力 — 由 σ_2 和 σ_3 所画的蓝色应力圆上
- 与三个主应力均不平行的任意斜截面 ABC — 三向应力圆中的阴影区域内

M

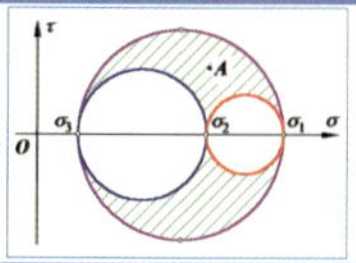
τ
A
σ₃
σ₂
σ₁
σ
O

8.13 确定三向应力状态下危险截面的空间方位

三向应力圆中的最大应力

M

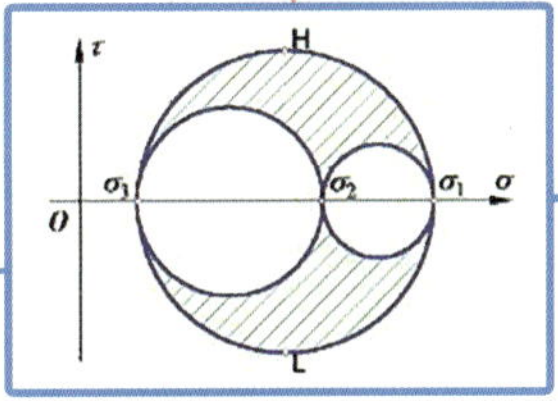
τ
H
σ3
σ2
σ1
σ
O
L

A0

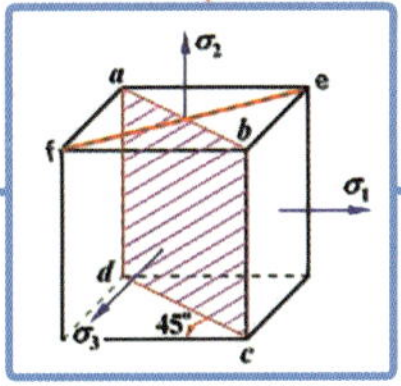
σ2
a
e
b
f
σ1
d
σ3
45°
c

A1

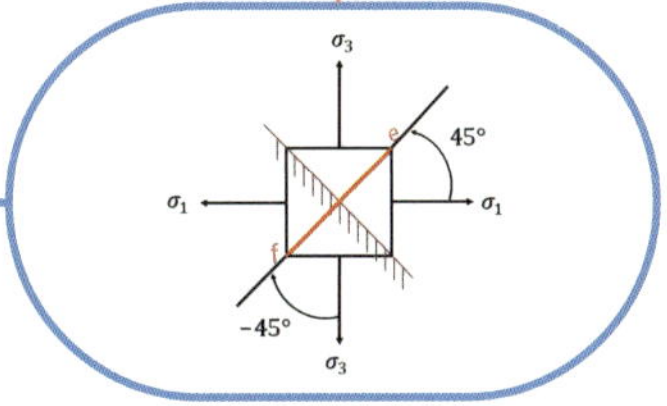
σ3
45°
e
σ1
σ1
f
−45°
σ3

- 1 $\sigma_{\max} = \sigma_1$
- 2 $\sigma_{\min} = \sigma_3$
- 3 $\tau_{\max} = \dfrac{\sigma_1 - \sigma_3}{2}$
  - 方位
    - σ_1 对应方位逆时针转动 45° — 确定最大切应力的截面法线方向
    - σ_3 对应方位顺时针转动 45° — 校核最大切应力的截面法线方向
    - 可找到最大切应力截面

8.14　三向应力状态求最大主应力和最大切应力

求主应力以及最大切应力

- A0
  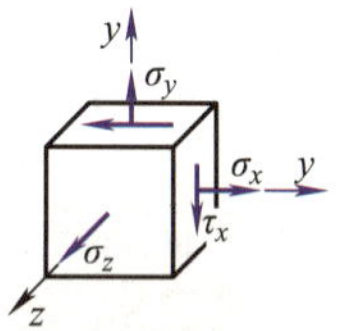
  y
  σ_y
  σ_x
  y
  τ_x
  σ_z
  z
  - σ_z
  - $\tau_z = 0$
  - σ_z 是三个主应力之一
- A1
  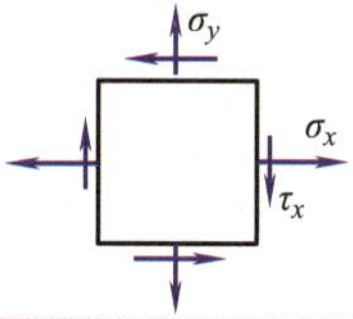
  σ_y
  σ_x
  τ_x
  - σ_x
  - σ_y
  - τ_x
  - 平面应力状态 → 画应力圆 → σ_C、σ_D → 另外两个主应力
- 对三个主应力排序，画三向应力圆
- M
  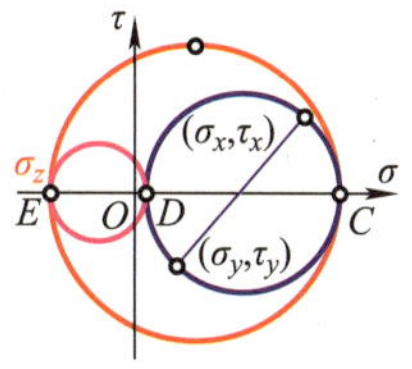
  τ
  σ_z
  (σ_x,τ_x)
  σ
  E
  O
  D
  C
  (σ_y,τ_y)
  - $\sigma_{max} = \sigma_1 = 96.1\text{MPa}$
  - $\tau_{max} = \dfrac{\sigma_1 - \sigma_3}{2} = 68.1\text{MPa}$

8.15 平面内任意方位的应变求解攻略

平面应变分析中的叠加法

A

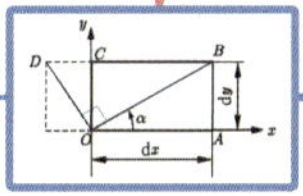

y
D
C
B
α
dy
O
A
x
dx

$\varepsilon_x,\varepsilon_y,\gamma_{xy}$ — α 方位的应变

- ε_α
- γ_α

以 x 轴为始边，方位角 α 逆时针转动为 +
γ_{xy} 代表左下直角的改变量，使该直角增大为 +

B

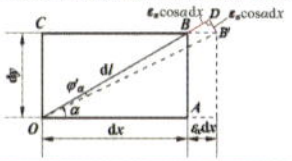

$\varepsilon_x\cos\alpha dx$
$\varepsilon_x\cos\alpha dx$
C
B
D
B'
dy
dl
α
O
A
dx
$\varepsilon_x dx$

ε_x

- $\varepsilon'_\alpha=\dfrac{\varepsilon_x\cos\alpha dx}{dl}$ $=\varepsilon_x=\cos^2\alpha$
- $\varphi'_\alpha=\dfrac{\varepsilon_x\sin\alpha dx}{dl}$ $=-\varepsilon_x\cos\alpha\sin\alpha$

C

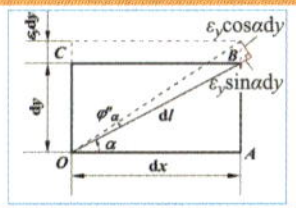

$\varepsilon_y\cos\alpha dy$
$\varepsilon_y\sin\alpha dy$
C
B
dy
dl
α
O
A
dx

ε_y

- $\varepsilon''_\alpha=\dfrac{\varepsilon_y\sin\alpha dy}{dl}=\varepsilon_y\sin^2\alpha$ $=\varepsilon_y\sin^2\alpha$
- $\varphi''_\alpha=\dfrac{\gamma_{xy}\cos\alpha dy}{dl}=\varepsilon_y\sin\alpha\cos\alpha$ $=\varepsilon_y\sin\alpha\cos\alpha$

D

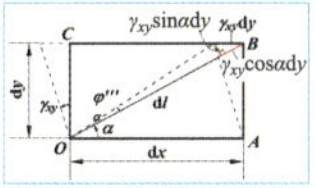

$\gamma_{xy}\sin\alpha dy$
$\gamma_{xy}dy$
$\gamma_{xy}\cos\alpha dy$
C
B
dy
dl
α
O
A
dx

γ_{xy}

- $\varepsilon'''_\alpha=\dfrac{\gamma_{xy}dy\cos\alpha}{dl}=-\dfrac{\gamma_{xy}\sin2\alpha}{2}$ $=-\dfrac{\gamma_{xy}\sin2\alpha}{2}$
- $\varphi'''_\alpha=\dfrac{\gamma_{xy}dy\sin\alpha}{dl}=\gamma_{xy}\sin^2\alpha$ $=\gamma_{xy}\sin^2\alpha$

叠加法

- $\varepsilon_\alpha=\varepsilon'_\alpha+\varepsilon''_\alpha+\varepsilon'''_\alpha$
  - 1 $\varepsilon_\alpha=\dfrac{\varepsilon_x+\varepsilon_y}{2}+\dfrac{\varepsilon_x-\varepsilon_y}{2}\cos2\alpha-\dfrac{\gamma_{xy}}{2}\sin2\alpha$
- $\varphi_\alpha=\varphi'_\alpha+\varphi''_\alpha+\varphi'''_\alpha$
  - 2 $\varphi_\alpha=(\varepsilon_y-\varepsilon_x)\cos\alpha\sin\alpha+\gamma_{xy}\sin^2\alpha$
  - 3 $\varphi_{\alpha+90^\circ}=(\varepsilon_x-\varepsilon_y)\cos\alpha\sin\alpha+\gamma_{xy}\cos^2\alpha$
  - 4 $\gamma_\alpha=\varphi_{\alpha+90^\circ}-\varphi_\alpha$
  - 5 $\dfrac{\gamma_\alpha}{2}=\dfrac{\varepsilon_x-\varepsilon_y}{2}\sin2\alpha+\dfrac{\gamma_{xy}}{2}\cos2\alpha$

8.16　应力圆与应变圆

应力圆与应变圆

应力圆

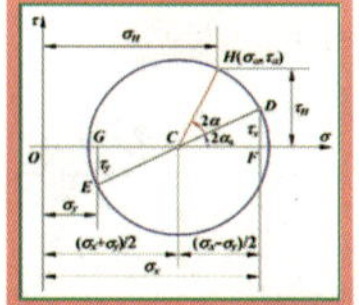
τ
σ
O
σ_H
$H(\sigma_\alpha,\tau_\alpha)$
τ_H
D
F
G
C
E
2α
$2\alpha_0$
σ_y
$(\sigma_x+\sigma_y)/2$
$(\sigma_x-\sigma_y)/2$
σ_x

$$\left(\sigma_\alpha-\frac{\sigma_x+\sigma_y}{2}\right)^2+(\tau_\alpha-0)^2=\left(\frac{\sigma_x-\sigma_y}{2}\right)^2+\tau_x^2$$

$$\sigma_\alpha=\frac{\sigma_x+\sigma_y}{2}+\frac{\sigma_x-\sigma_y}{2}\cos 2\alpha-\tau_x\sin 2\alpha$$

$$\tau_\alpha=\frac{\sigma_x-\sigma_y}{2}\sin 2\alpha+\tau_x\cos 2\alpha$$

$$R=\sqrt{\left(\frac{\sigma_x-\sigma_y}{2}\right)^2+\tau_x^2}$$

应变圆

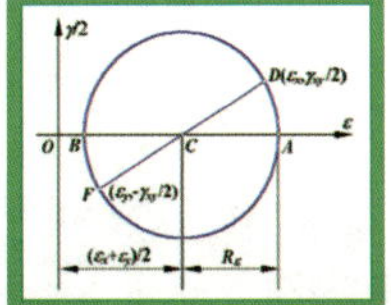
γ/2
ε
O
B
C
A
$D(\varepsilon_x,\gamma_{xy}/2)$
$F(\varepsilon_y,-\gamma_{xy}/2)$
$(\varepsilon_x+\varepsilon_y)/2$
R_ε

$$\left(\varepsilon_\alpha-\frac{\varepsilon_x+\varepsilon_y}{2}\right)^2+\left(\frac{\gamma_\alpha}{2}-0\right)^2=\left(\frac{\varepsilon_x-\varepsilon_y}{2}\right)^2+\left(\frac{\gamma_{xy}}{2}\right)^2$$

$$\varepsilon_\alpha=\frac{\varepsilon_x+\varepsilon_y}{2}+\frac{\varepsilon_x-\varepsilon_y}{2}\cos 2\alpha-\frac{\gamma_{xy}}{2}\sin 2\alpha$$

$$\frac{\gamma_\alpha}{2}=\frac{\varepsilon_x-\varepsilon_y}{2}\sin 2\alpha+\frac{\gamma_{xy}}{2}\cos 2\alpha$$

$$R_\varepsilon=\sqrt{\left(\frac{\varepsilon_x-\varepsilon_y}{2}\right)^2+\left(\frac{\gamma_{xy}}{2}\right)^2}$$

1. 与任意方位的应力公式对比，切应变处需乘 1/2 系数
2. 互垂方位的应变
   - $\varepsilon_\alpha+\varepsilon_{\alpha+90^\circ}=\varepsilon_x+\varepsilon_y$
   - $\gamma_\alpha=-\gamma_{\alpha+90^\circ}$
   - 该结论同样适用于类似于互垂方位的应力关系

8.17 广义胡克定律

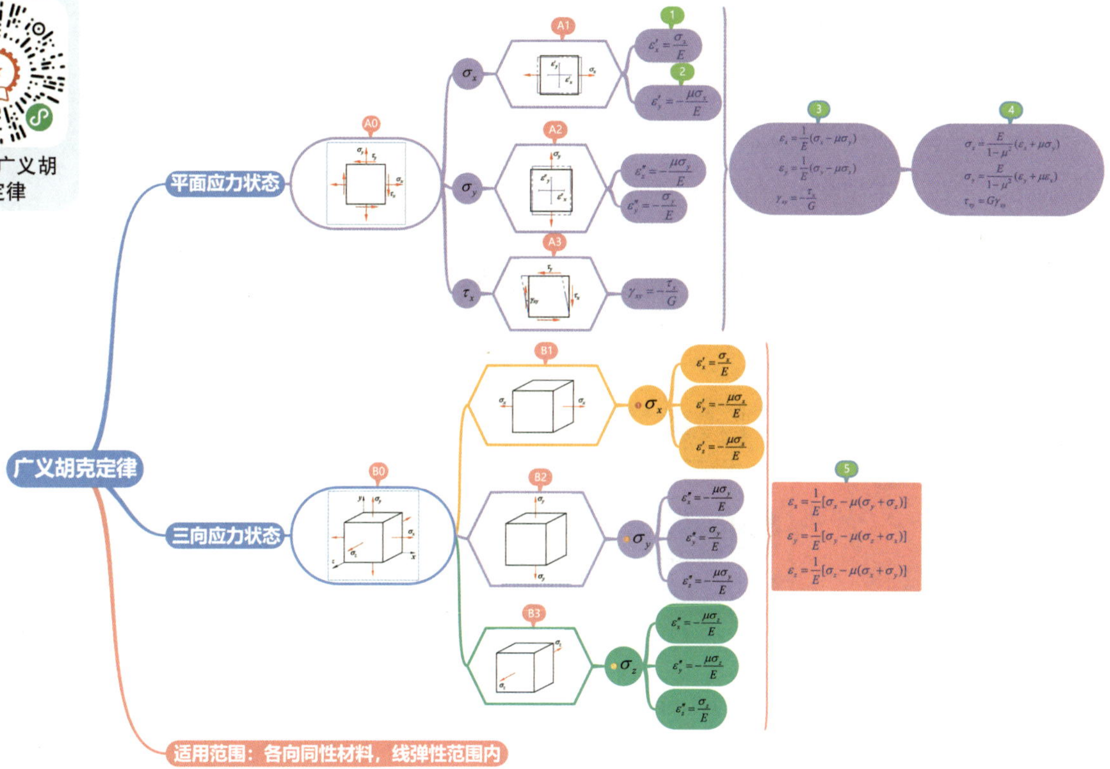

广义胡克定律
平面应力状态
A0
A1
σ_x
1
$\varepsilon_x' = \frac{\sigma_x}{E}$
2
$\varepsilon_y' = -\frac{\mu\sigma_x}{E}$
A2
σ_y
$\varepsilon_x'' = -\frac{\mu\sigma_y}{E}$
$\varepsilon_y'' = -\frac{\sigma_y}{E}$
A3
τ_x
$\gamma_{xy} = -\frac{\tau_x}{G}$
3
$\varepsilon_x = \frac{1}{E}(\sigma_x - \mu\sigma_y)$
$\varepsilon_y = \frac{1}{E}(\sigma_y - \mu\sigma_x)$
$\gamma_{xy} = -\frac{\tau_x}{G}$
4
$\sigma_x = \frac{E}{1-\mu^2}(\varepsilon_x + \mu\sigma_y)$
$\sigma_y = \frac{E}{1-\mu^2}(\varepsilon_y + \mu\varepsilon_x)$
$\tau_{xy} = G\gamma_{xy}$
三向应力状态
B0
B1
σ_x
$\varepsilon_x' = \frac{\sigma_x}{E}$
$\varepsilon_y' = -\frac{\mu\sigma_x}{E}$
$\varepsilon_z' = -\frac{\mu\sigma_x}{E}$
B2
σ_y
$\varepsilon_x'' = -\frac{\mu\sigma_y}{E}$
$\varepsilon_y'' = \frac{\sigma_y}{E}$
$\varepsilon_z'' = -\frac{\mu\sigma_y}{E}$
B3
σ_z
$\varepsilon_x''' = -\frac{\mu\sigma_z}{E}$
$\varepsilon_y''' = -\frac{\mu\sigma_z}{E}$
$\varepsilon_z''' = \frac{\sigma_z}{E}$
5
$\varepsilon_x = \frac{1}{E}[\sigma_x - \mu(\sigma_y + \sigma_z)]$
$\varepsilon_y = \frac{1}{E}[\sigma_y - \mu(\sigma_z + \sigma_x)]$
$\varepsilon_z = \frac{1}{E}[\sigma_z - \mu(\sigma_x + \sigma_y)]$
适用范围：各向同性材料，线弹性范围内

8.18　主应力与主应变

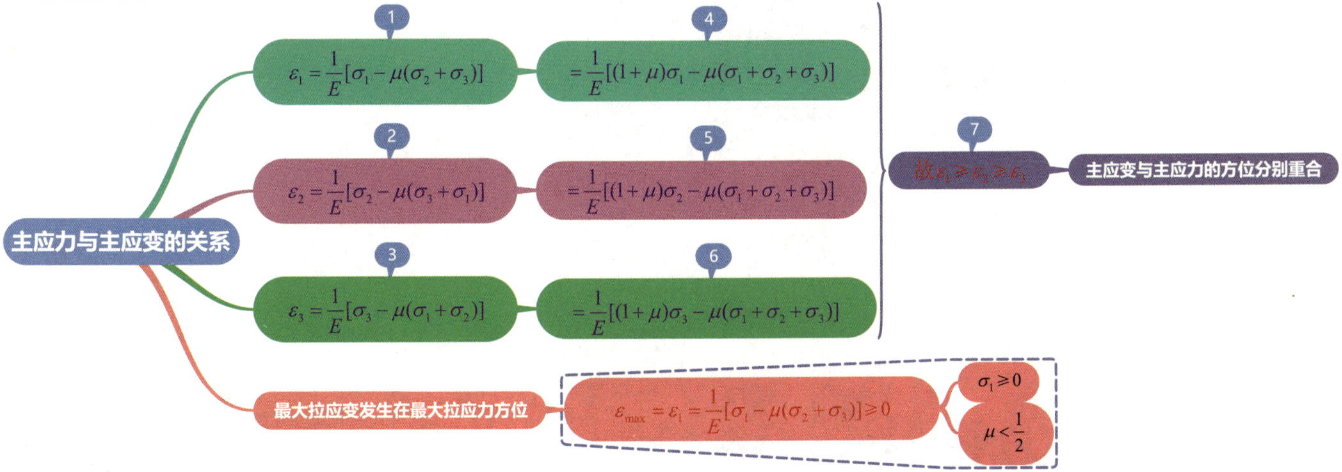
主应力与主应变的关系
1
$\varepsilon_1=\frac{1}{E}[\sigma_1-\mu(\sigma_2+\sigma_3)]$
4
$=\frac{1}{E}[(1+\mu)\sigma_1-\mu(\sigma_1+\sigma_2+\sigma_3)]$
2
$\varepsilon_2=\frac{1}{E}[\sigma_2-\mu(\sigma_3+\sigma_1)]$
5
$=\frac{1}{E}[(1+\mu)\sigma_2-\mu(\sigma_1+\sigma_2+\sigma_3)]$
3
$\varepsilon_3=\frac{1}{E}[\sigma_3-\mu(\sigma_1+\sigma_2)]$
6
$=\frac{1}{E}[(1+\mu)\sigma_3-\mu(\sigma_1+\sigma_2+\sigma_3)]$
7
故$\varepsilon_1\geqslant\varepsilon_2\geqslant\varepsilon_3$
主应变与主应力的方位分别重合
最大拉应变发生在最大拉应力方位
$\varepsilon_{max}=\varepsilon_1=\frac{1}{E}[\sigma_1-\mu(\sigma_2+\sigma_3)]\geqslant 0$
$\sigma_1\geqslant 0$
$\mu<\frac{1}{2}$

8.19 广义胡克定律应用例题

已知 $E=70\text{GPa}$，$\mu=0.33$，求ε_{45°

A

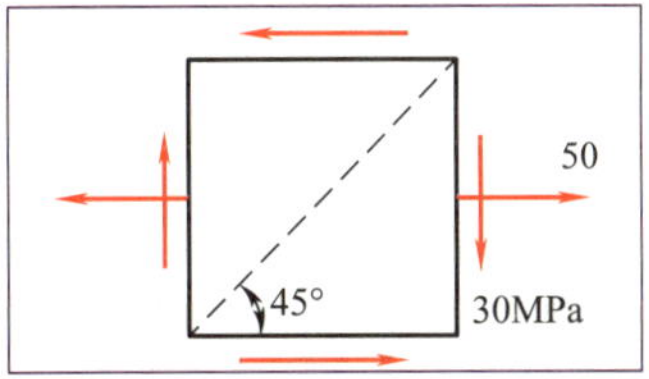
50
45°
30MPa

广义胡克定律的应用例题

- ❶ 平面应力状态
  - $\sigma_x=50\text{MPa}$
  - $\tau_x=30\text{MPa}$
- ❷ 两个正交截面的正应力公式
  - $\sigma_\alpha=\dfrac{\sigma_x+\sigma_y}{2}+\dfrac{\sigma_x-\sigma_y}{2}\cos 2\alpha-\tau_x\sin 2\alpha$
    - 45°
      - $\sigma_{45^\circ}=\dfrac{50+0}{2}+\dfrac{50-0}{2}\cos 90^\circ-30\sin 90^\circ=-5\text{MPa}$
    - ★ 135°
      - $\sigma_{135^\circ}=55\text{MPa}$
- ❸ 广义胡克定律
  - 1 $\varepsilon_{45^\circ}=\dfrac{1}{E}(\sigma_{45^\circ}-\mu\sigma_{135^\circ})=-0.33\times10^{-3}$

对于各向同性材料，试证明 $G=\dfrac{E}{2(1+\mu)}$

8.20　三个弹性常数之关系式证明

$G=\dfrac{E}{2(1+\mu)}$

1. 构造纯剪切的应力状态模式

A0
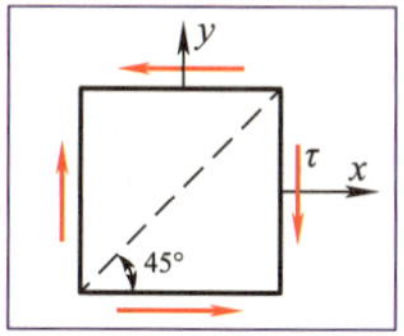
y
τ
x
45°

A1
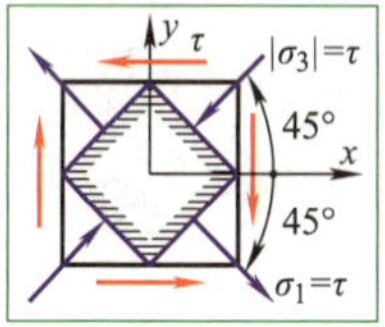
y
τ
|σ3|=τ
45°
x
45°
σ1=τ

2. 由应变圆求 45°方位截面的正应变

$$\varepsilon_\alpha=\frac{\varepsilon_x+\varepsilon_y}{2}+\frac{\varepsilon_x-\varepsilon_y}{2}\cos 2\alpha-\frac{\gamma_{xy}}{2}\sin 2\alpha$$

$$\varepsilon_x=\varepsilon_y=0$$

$$\gamma_{xy}=\tau/G$$

① $$\varepsilon_{45^\circ}=-\frac{\gamma_{xy}}{2}=-\frac{\tau}{2G}$$

3. 由广义胡克定律求 45°方位截面的正应变

② $$\varepsilon_{45^\circ}=\frac{1}{E}(\sigma_3-\mu\sigma_1)=-\frac{(1+\mu)\tau}{E}$$

③ $$G=\frac{E}{2(1+\mu)}$$

边长 $a=10\text{mm}$ 的正方形钢块，置于槽形刚体内，$F=8\text{kN}$，$\mu=0.3$，求钢块的主应力

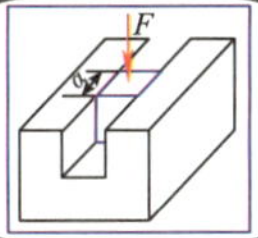

F

广义胡克定律应用例题

A

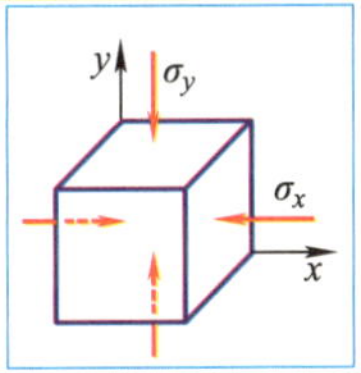

y
σy
σx
x

1 $\sigma_y=\dfrac{F}{a^2}=-80\text{MPa}$

$\sigma_z=0$

2 $\varepsilon_x=0$

3 $-\dfrac{\sigma_x}{E}+\dfrac{\mu\sigma_y}{E}=0$ → $\sigma_x=\mu\sigma_y$ → $=24\text{MPa}$(压)

- $\sigma_1=0$
- $\sigma_2=-24\text{MPa}$
- $\sigma_3=-80\text{MPa}$

按代数值大小进行排序

8.21 广义虎克定律应用例题

8.22　应变能密度一般表达式

应变能密度一般表达式

A

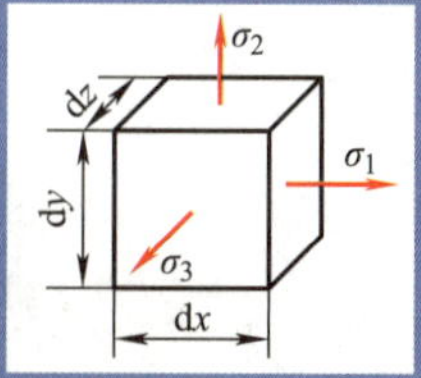
σ2
σ1
σ3
dz
dy
dx

B

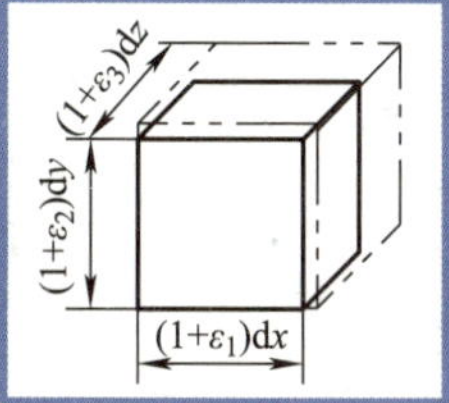
(1+ε3)dz
(1+ε2)dy
(1+ε1)dx

❶ 应变能 = 外力功

1. $$dV_\varepsilon = dW = \frac{\sigma_1 dydz \cdot \varepsilon_1 dx}{2} + \frac{\sigma_2 dzdx \cdot \varepsilon_2 dy}{2} + \frac{\sigma_3 dxdy \cdot \varepsilon_3 dz}{2}$$

2. $$dV_\varepsilon = \frac{1}{2}(\sigma_1\varepsilon_1 + \sigma_2\varepsilon_2 + \sigma_3\varepsilon_3)dxdydz$$

❷ 应变能密度 — 单位体积内的应变能

3. $$V_\varepsilon = \frac{1}{2}(\sigma_1\varepsilon_1 + \sigma_2\varepsilon_2 + \sigma_3\varepsilon_3)$$

4. $$V_\varepsilon = \frac{1}{2E}[\sigma_1^2 + \sigma_2^2 + \sigma_3^2 - 2\mu(\sigma_1\sigma_2 + \sigma_2\sigma_3 + \sigma_3\sigma_1)]$$

8.23　体应变

体应变

A

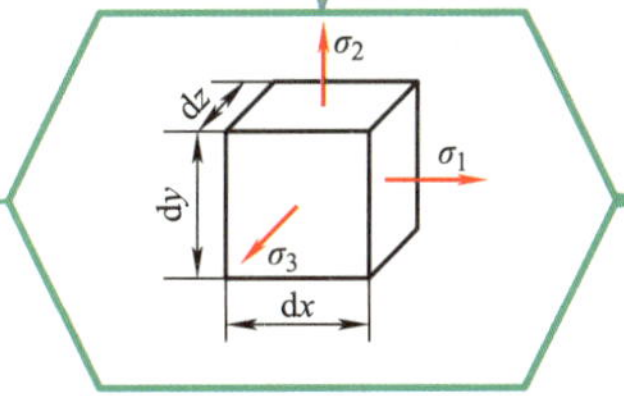

dz
dy
dx
σ_1
σ_2
σ_3

B

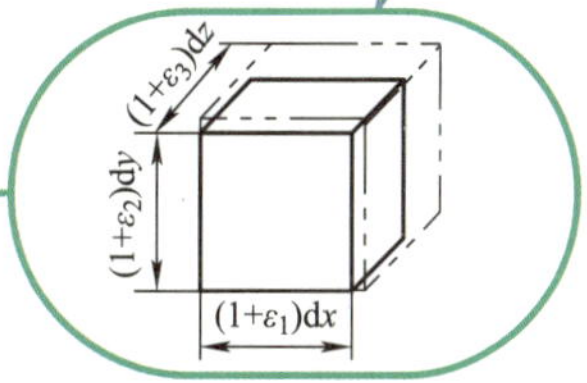

$(1+\varepsilon_3)dz$
$(1+\varepsilon_2)dy$
$(1+\varepsilon_1)dx$

1 $dV=(1+\varepsilon_1)(1+\varepsilon_2)(1+\varepsilon_3)dxdydz$

- $dV_0=dxdydz$——原体积
- 2 $dV\approx(1+\varepsilon_1+\varepsilon_2+\varepsilon_3)dV_0$

体应变——微元体的体积变化率

3 $\theta=\dfrac{dV-dV_0}{dV_0}=\varepsilon_1+\varepsilon_2+\varepsilon_3$

4 $=\dfrac{1-2\mu}{E}(\sigma_1+\sigma_2+\sigma_3)$

平均应力——5 $\sigma_{avg}=\dfrac{1}{3}(\sigma_1+\sigma_2+\sigma_3)$

6 $\theta=\dfrac{3(1-2\mu)\sigma_{avg}}{E}$

8.24　绘制应力圆的进阶攻略

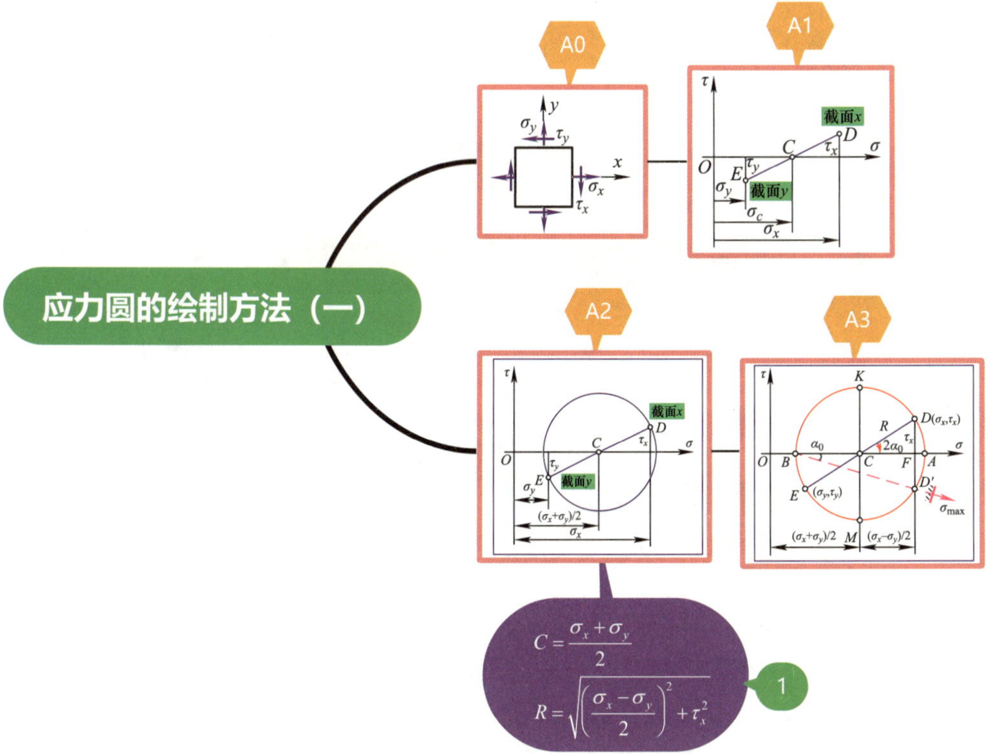
应力圆的绘制方法（一）
A0
A1
A2
A3
截面x
截面y
1
$C=\frac{\sigma_x+\sigma_y}{2}$
$R=\sqrt{\left(\frac{\sigma_x-\sigma_y}{2}\right)^2+\tau_x^2}$

应力圆的绘制方法（二）

已知某点 A 处截面 AB 与 AC 的应力如图 B0 所示（应力单位为 MPa），试用图解法求主应力的大小及所在截面的方位

B0

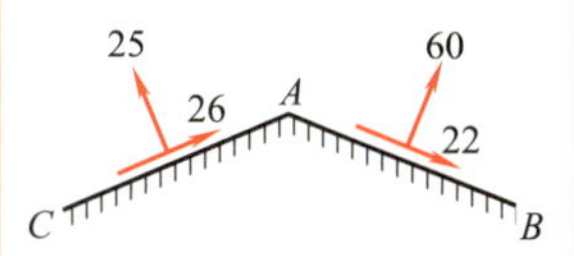

25
26
A
60
22
C
B

B1

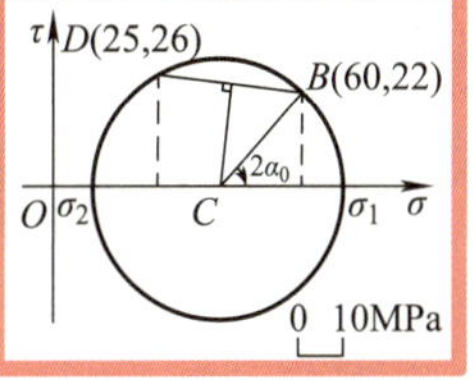

τ
D(25,26)
B(60,22)
2α0
O
σ2
C
σ1
σ
0 10MPa

$$\begin{cases}\sigma_1 = 69.7\text{MPa} \\ \sigma_2 = 9.9\text{MPa} \\ \sigma_3 = 0\end{cases}$$

$\alpha_0 = -23.7°$

$-$ 表示从 AB 截面外法线顺时针转动 23.7°到最大应力截面所在方位

应力圆的绘制方法（三）

已知分别与水平面成 ±30°的两相交斜面上的应力如图 C0 所示。试用应力圆求该点的主应力，并画出主应力单元体。

C0

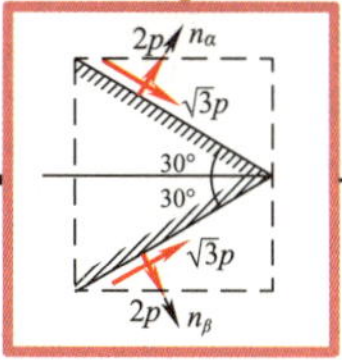
2p
n_α
$\sqrt{3}p$
30°
30°
$\sqrt{3}p$
2p
n_β

C1

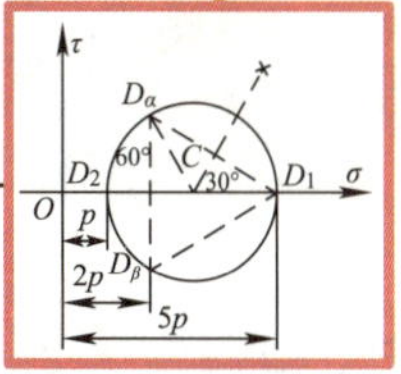
τ
D_α
60°
C
30°
D_2
D_1
σ
O
p
2p
D_β
5p

圆心 C？

1. $\angle D_\alpha CD_2 = \frac{1}{2}\angle D_\alpha CD_\beta = 60°$

   $\angle D_\alpha D_1 D_2 = \frac{1}{2}\angle D_\alpha CD_2 = 30°$

2. 过D_α点或D_β点做斜面的平行线，交 σ 轴于 D_1 点
3. 作线段$D_\alpha D_1$的中垂线，交 σ 轴于 C 点

2

$$\sigma_1 = \overline{OC} + \overline{CD_1} = \left(2p + \frac{\sqrt{3}p}{\tan 60°}\right) + \frac{\sqrt{3}p}{\sin 60°} = 5p$$

$$\sigma_2 = \overline{OC} - \overline{CD_1} = p$$

$$\sigma_3 = 0$$

C2

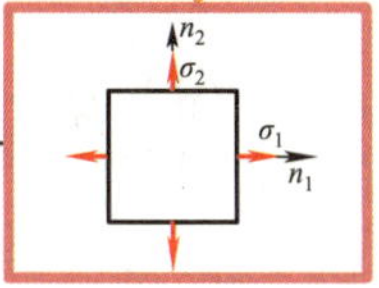
n_2
σ_2
σ_1
n_1

8.25 确定危险截面方位角的倍角公式与正切公式

8-1 用解析法求图 A 所示的平面应力微体 n—n 截面上的正应力 σ_n 和切应力 τ_n，并求平行于 z 轴各截面的最大和最小正应力 σ_{max}、σ_{min}，最大和最小切应力 τ_{max}、τ_{min} 及最大正应力所在截面方位角 α_0

A

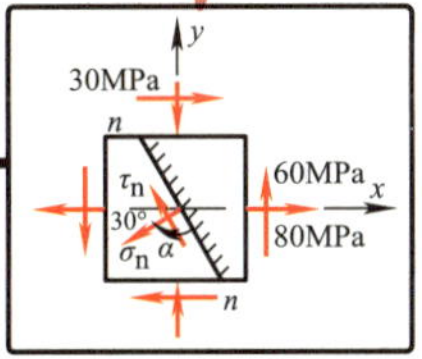
y
30MPa
n
τn
30°
σn
α
60MPa
x
80MPa
n

★ 斜截面的应力公式

1 $$\sigma_\alpha = \frac{\sigma_x+\sigma_y}{2} + \frac{\sigma_x-\sigma_y}{2}\cos 2\alpha - \tau_x \sin 2\alpha$$

2 $$\tau_\alpha = 0 + \frac{\sigma_x-\sigma_y}{2}\sin 2\alpha + \tau_x \cos 2\alpha$$

n—n 截面上的正应力与切应力

3 $$\sigma_n = \left[\frac{80+(-30)}{2} + \frac{80-(-30)}{2}\times\cos(-300°) - (-60)\times\sin(-300°)\right]\text{MPa}=104.46\text{MPa}$$

4 $$\tau_n = \left[\frac{80-(-30)}{2}\times\sin(-300°) + (-60)\times\cos(-300°)\right]\text{MPa}=17.63\text{MPa}$$

8-1　用解析法求图 A 所示的平面应力微体 n—n 截面上的正应力 σ_n 和切应力 τ_n，并求平行于 z 轴各截面的最大和最小正应力 σ_{max}、σ_{min}，最大和最小切应力 τ_{max}、τ_{min} 及最大正应力所在截面方位角 α_0

A

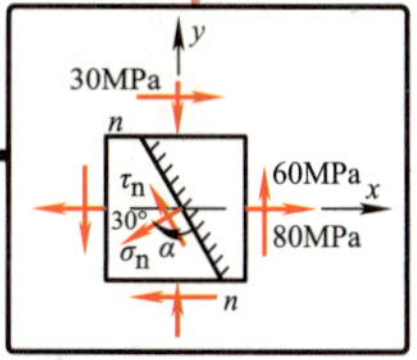
y
30MPa
n
τn
30°
σn
α
60MPa
x
80MPa
n

最大和最小正应力

5　$\sigma_{max}=C+R=106.39\text{MPa}$

6　$\sigma_{min}=C-R=-56.39\text{MPa}$

7　$C=\dfrac{\sigma_x+\sigma_y}{2}$

8　$R=\sqrt{\left(\dfrac{\sigma_x-\sigma_y}{2}\right)^2+\tau_x^2}$

最大最小切应力

9　$\tau_{max}=+R=\sqrt{\left(\dfrac{\sigma_x-\sigma_y}{2}\right)^2+\tau_x^2}=81.39\text{MPa}$

10　$\tau_{min}=-R=-\sqrt{\left(\dfrac{\sigma_x-\sigma_y}{2}\right)^2+\tau_x^2}=-81.39\text{MPa}$

8-1 用解析法求图 A 所示的平面应力微体 n—n 截面上的正应力 σ_n 和切应力 τ_n，并求平行于 z 轴各截面的最大和最小正应力 σ_{max}、σ_{min}，最大和最小切应力 τ_{max}、τ_{min} 及最大正应力所在截面方位角 α_0

A

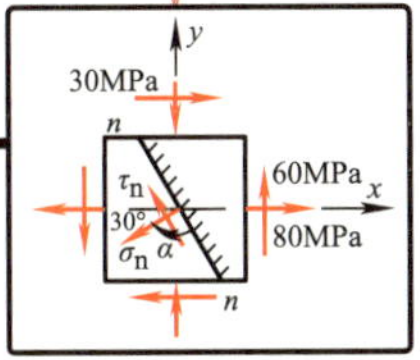

y
30MPa
n
60MPa
x
80MPa
τn
30°
σn
α
n

- **最大正应力所在截面的方位角 α_0**
  - 11 $\tan 2\alpha_0 = -\dfrac{2\tau_x}{\sigma_x - \sigma_y} = 1.09$ 　$\left(-\dfrac{\pi}{2}, \dfrac{\pi}{2}\right)$
    - 代入等式（1），得最大值：$\alpha_{01} = 23.7°$ — 图像法 — 最大应力位于第一象限
    - 代入等式（1），得最小值：$\alpha_{02} = -66.3°$
  - 12 $\tan\alpha_0 = -\dfrac{\tau_x}{\sigma_x - \sigma_{min}} = -\dfrac{\tau_y}{\sigma_{max} - \sigma_y} = 0.44$ 　$\left(-\dfrac{\pi}{2}, \dfrac{\pi}{2}\right)$ — $\alpha_0 = 23.7°$
    - 可唯一确定角度，但是需要首先计算出 σ_{max} 或 σ_{min}

8-2　用图示法确定图 A 所示平面应力微体主应力的大小和方向

A

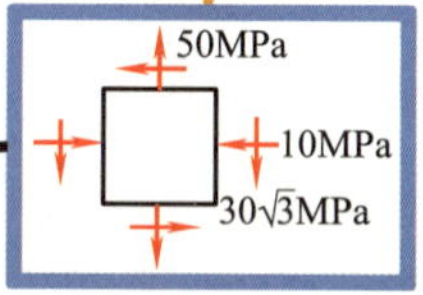
50MPa
10MPa
30√3MPa

- σ-τ 坐标图
  - $D(-10, 30\sqrt{3})$
  - $E(50, -30\sqrt{3})$
- 连接 DE 作应力圆
  - $\sigma_1 = 80\text{MPa}$
  - $\sigma_2 = -40\text{MPa}$
  - $\alpha_0 = -60°$
    - $\tan 2\alpha_0 = \dfrac{2\tau_x}{\sigma_x - \sigma_y}$
      - $\alpha_0 = -60°$
      - $\alpha_0 = 30°$

1

B

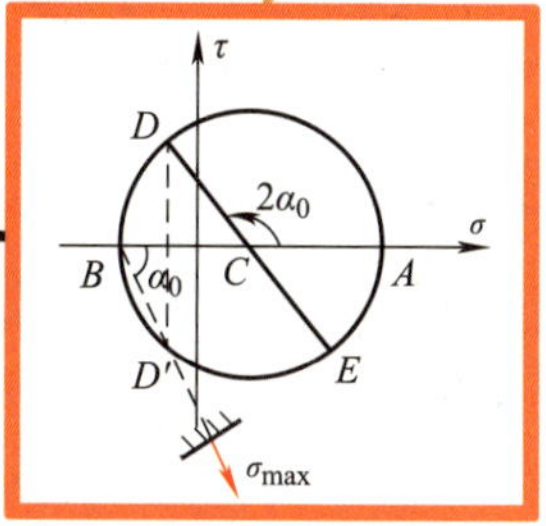
τ
D
2α0
σ
B
α0
C
A
D′
E
σmax

8-3 图A所示微体三向应力圆，计算微体的σ_{max}、σ_{min}、τ_{max}、主应力与第一主应力方位

A

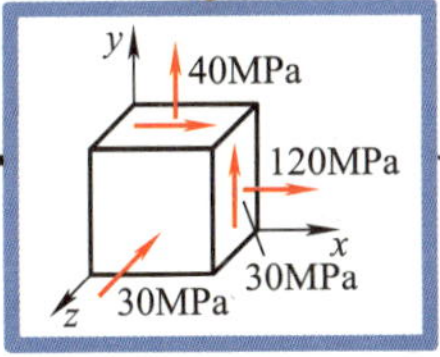

y
40MPa
120MPa
x
30MPa
z
30MPa

B

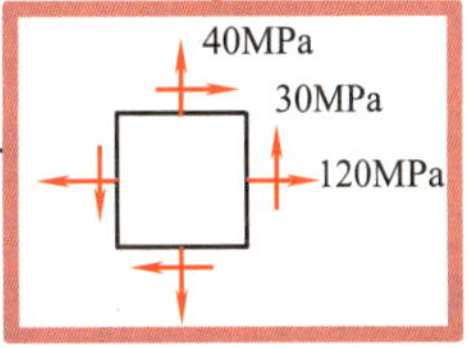

40MPa
30MPa
120MPa

1

$$\left.\begin{matrix}\sigma'_{max}\\ \sigma'_{min}\end{matrix}\right\} = \frac{\sigma_x+\sigma_y}{2} \pm \sqrt{\left(\frac{\sigma_x-\sigma_y}{2}\right)^2+\tau_x^2} = \left\{\begin{matrix}130\text{MPa}\\ 30\text{MPa}\end{matrix}\right.$$

2

- $\sigma_1 = 130\text{MPa}$
- $\sigma_2 = 30\text{MPa}$
- $\sigma_3 = -30\text{MPa}$

C

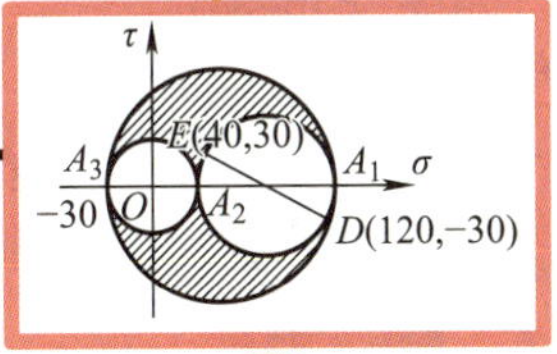

τ
E(40,30)
A3
A1
σ
-30
O
A2
D(120,-30)

3

$$\tan\alpha_0 = -\frac{\tau_x}{\sigma_{max}-\sigma_y} = -\frac{-30}{130-40} = \frac{1}{3}$$

$\alpha_0 = 18°$

8.26　面积应变，平面应力与平面应变之区别

8-4　如图 A 所示，直径 d = 5cm，弹性模量 E = 70GPa，泊松比 μ = 0.3 的铝圆柱体放置在直径 D = 5.001cm 的光滑刚性圆柱凹槽内，圆柱体承受合力为 F 的均布压力作用，试求两种 F 情况下圆柱体的主应力和主应变：（1）F = 80kN；（2）F = 200kN

A

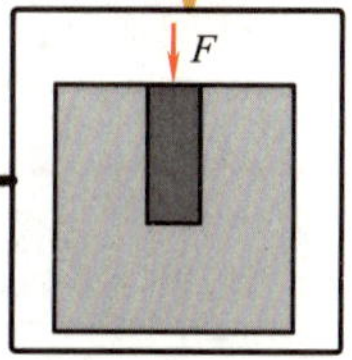
F

假设：铝圆柱体未塞满凹槽

1. 单向受压

1　$\sigma_1 = \sigma_2 = 0$

$$\sigma_3 = -\frac{F}{A} = -\frac{80\times10^3}{\pi\times\frac{50^2}{4}\times10^{-6}}\text{MPa} = -40.8\text{MPa}$$

2　$\varepsilon_3 = \frac{\sigma_3}{E} = -582.9\times10^{-6}$

3　$\varepsilon_1 = \varepsilon_2 = -\frac{\mu}{E}\sigma_3 = 174.9\times10^{-6}$

4　$d' = d(1+\varepsilon_1) = 5.0009\text{cm} < 5.001\text{cm}$

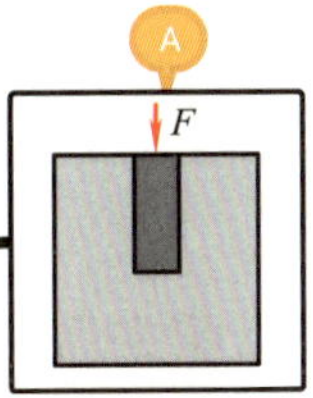

A
F

8-4　如图 A 所示，直径 d = 5cm，弹性模量 E = 70GPa，泊松比 μ = 0.3 的铝圆柱体放置在直径 D = 5.001cm 的光滑刚性圆柱凹槽内，圆柱体承受合力为 F 的均布压力作用，试求两种 F 情况下圆柱体的主应力和主应变：（1）F = 80kN；（2）F = 200kN

2. 三向受压

1. $\sigma_3 = -\frac{F}{A} = -\frac{200\times10^3}{\pi\times\frac{50^2}{4}}\text{MPa} = -101.9\text{MPa}$

2. $\varepsilon_1 = \varepsilon_2 = \frac{D-d}{d} = 2\times10^{-4}$（变形协调条件）

3. $\varepsilon_1 = \frac{1}{E}[\sigma_1 - \mu(\sigma_2 + \sigma_3)]$

4. $\sigma_1 = \sigma_2$

5. $\sigma_1 = \sigma_2 = -23.7\text{MPa} < 0$

6. $\varepsilon_3 = \frac{1}{E}[\sigma_3 - \mu(\sigma_1 + \sigma_2)] = -1.25\times10^{3}$

8-5　如图 A 所示，厚度 t = 10mm 的薄板上画有一个半径 R = 100mm 的圆，薄板弹性模量 E = 200GPa，泊松比 μ= 0.25，σ_x = 160MPa，σ_y = − 40MPa，求：(1) 应变 ε_x、ε_y、ε_z；(2) ε_{30°、$\gamma_{30^\circ/120^\circ}$（沿与 x 轴成 30°和 120°方向）；(3) 计算板厚改变量 Δt 和圆面积改变量 ΔA；(4) 若板上画有与圆面积相等的任意形状图形，求此图形变形后的面积变化

A

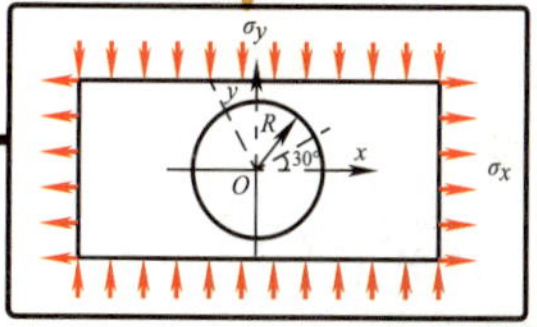
σy
σx
y
R
30°
x
O

1. 广义胡克定律

1. $\varepsilon_x = \dfrac{1}{E}(\sigma_x - \mu\sigma_y) = 8.5\times10^{-4}$
2. $\varepsilon_y = \dfrac{1}{E}(\sigma_y - \mu\sigma_x) = -4\times10^{-4}$
3. $\varepsilon_z = -\dfrac{\mu}{E}(\sigma_x + \sigma_y) = -1.5\times10^{-4}$

2. 应变转轴公式

4. $\varepsilon_{30^\circ} = \dfrac{\varepsilon_x+\varepsilon_y}{2} + \dfrac{\varepsilon_x-\varepsilon_y}{2}\cos2\times30^\circ - \dfrac{\gamma_{xy}}{2}\sin2\times30^\circ = 5.38\times10^{-4}$
5. $\gamma_{30^\circ/120^\circ} = (\varepsilon_x - \varepsilon_y)\sin2\times30^\circ + \gamma_{xy}\cos2\times30^\circ = 1.08\times10^{-3}$

8-5　如图 A 所示，厚度 t = 10mm 的薄板上画有一个半径 R = 100mm 的圆，薄板弹性模量 E = 200GPa，泊松比 μ = 0.25，σ_x = 160MPa，σ_y = －40MPa，求：（1）应变 ε_x、ε_y、ε_z；（2）ε_{30°、$\gamma_{30^\circ/120^\circ}$（沿与 x 轴成 30°和 120°方向）；（3）计算板厚改变量 Δt 和圆面积改变量 ΔA；（4）若板上画有与圆面积相等的任意形状图形，求此图形变形后的面积变化

A

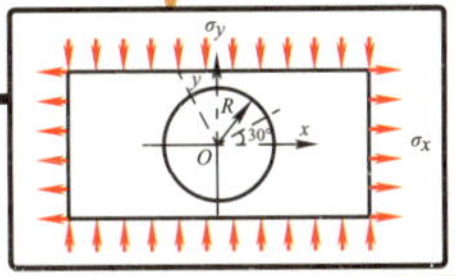

σ_y
y
R
$30°$
x
O
σ_x

3. 板厚以及面积改变量

- 6 $\Delta t = \varepsilon_z t = -1.5\times10^{-3}\text{mm}$
- 7 $a = (1+\varepsilon_x)R$
- 8 $b = (1+\varepsilon_y)R$

圆变形为椭圆，长、短轴分别长度为 a，b

9 $\Delta A = \pi ab - \pi R^2 \approx \pi(\varepsilon_x+\varepsilon_y)R^2 = 14\text{mm}^2$

4. 面积改变量

- 10 $\Delta(\mathrm{d}A) = (\varepsilon_x+\varepsilon_y)\mathrm{d}A$（微面积 d$A$ 的改变量）
- 11 $\Delta A = \int_A \Delta(\mathrm{d}A) = (\varepsilon_x+\varepsilon_y)\int_A \mathrm{d}A = (\varepsilon_x+\varepsilon_y)A = (\varepsilon_x+\varepsilon_y)\pi R^2 = 14\text{mm}^2$

★面应变

- 12 $\eta = \varepsilon_1+\varepsilon_2 = \varepsilon_x+\varepsilon_y$
- $\Delta A = (\varepsilon_x+\varepsilon_y)A$ — 13 $\Delta A = \eta A$

★体应变

- 14 $\theta = \varepsilon_1+\varepsilon_2+\varepsilon_3 = \varepsilon_x+\varepsilon_y+\varepsilon_z$
- $\Delta V = (\varepsilon_x+\varepsilon_y+\varepsilon_z)V$ — 15 $\Delta V = \theta V$

8-6　通过构件内部一点作微截面，在一般受力情况下，当微截面方位发生改变时，微截面上的（　）

A. 正应力与切应力均不变化

B. 正应力与切应力均可能变化 ✓

C. 正应力可能变化，切应力不变化

D. 正应力不变化，切应力可能变化

A

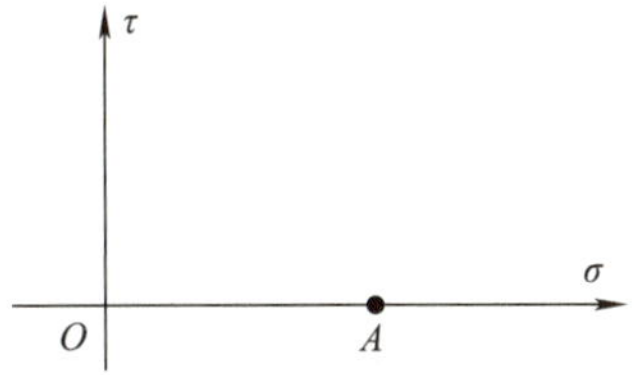

τ
σ
O
A

8-7　构件内某点的平面应力状态所对应的应力圆退缩成如图 A 所示的 *A* 点，则在其受力平面内，该点处（　）

A. 面内正应力为 0

B. 面内切应力为 0 ✓

C. 面内均匀受拉 ✓

D. 面内均匀受压

8-8　如图 A 所示，承受轴向拉力的长板条有一个尖角突起和一个尖角凹沟，则（　）

A

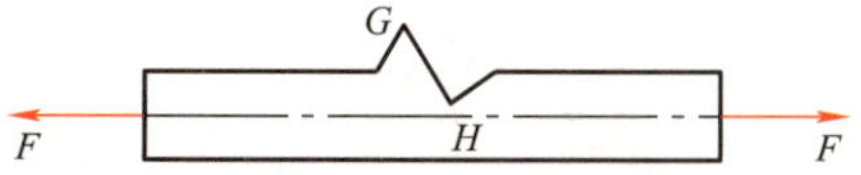
G
H
F
F

A. 尖顶 G 处和凹沟尖底 H 处的应力均为 0

B. 尖顶 G 处和凹沟尖底 H 处都存在应力集中

C. 尖顶 G 处存在应力集中，凹沟尖底 H 处应力为 0

D. 尖顶 G 处应力为 0，凹沟尖底 H 处存在应力集中 ✓

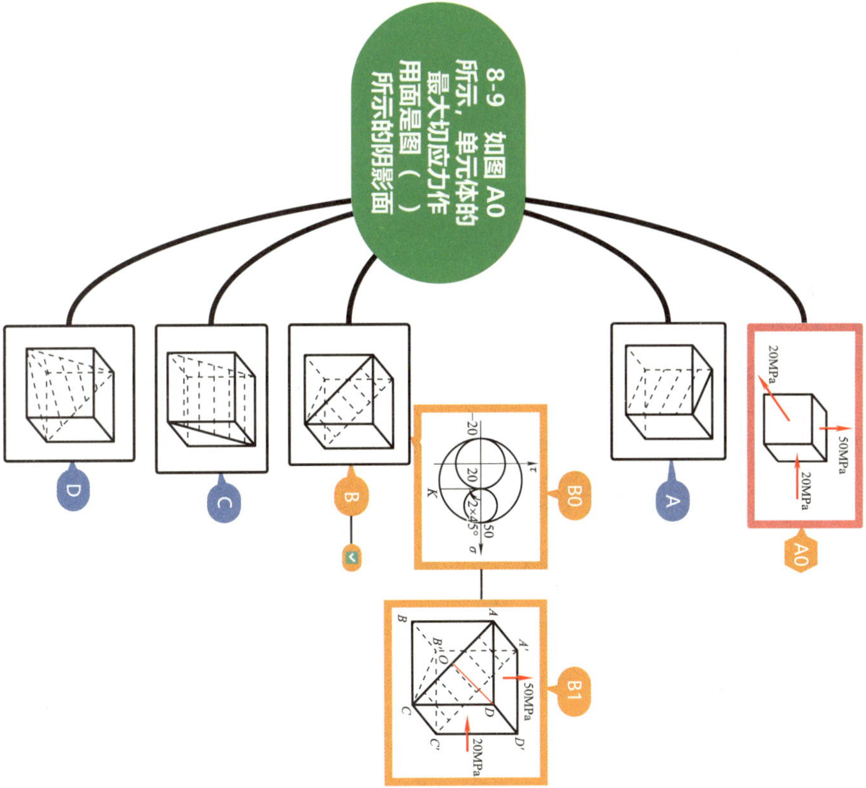
8-9 如图A0所示，单元体的最大切应力作用面是图（ ）所示的阴影面
D
C
B
A
A0
B0
B1
20MPa
50MPa
20MPa
A
B
A'
B'
O
C
D
C'
D'
50MPa
20MPa
τ
σ
K
20
20
50
2×45°

8-10　构件某点处应力的三向应力圆如图 A 所示，H_1 点位于阴影区内，H_2 点位于无阴影区内，则（　）

A

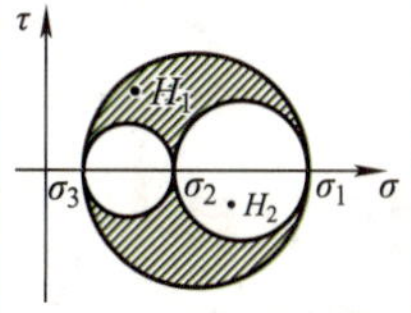
τ
σ
σ_3
σ_2
σ_1
H_1
H_2

A. H_1 点的坐标值一定是该点处某一微截面的应力值 ✓

B. H_1 点的坐标值一定不是该点处任何微截面的应力值

C. H_2 点的坐标值一定是该点处某一微截面的应力值

D. H_2 点的坐标值一定不是该点处任何微截面的应力值 ✓

8-11　如图 A 所示，各向同性等厚度均质薄板两对边上分别承受均布载荷 q_1 和 q_2，板面无外载，则该板处于（　）

A

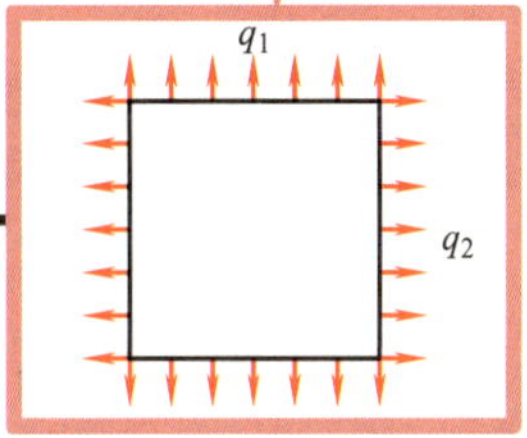

q1
q2

A. 既是平面应力状态，也是平面应变状态

B. 平面应力状态，不是平面应变状态 ✔

C. 平面应变状态，不是平面应力状态

D. 既不是平面应力状态，也不是平面应变状态

8-12　图 A 所示为很长的等截面拦水坝的一段，在静水载荷下，坝体可以认为处于（　）

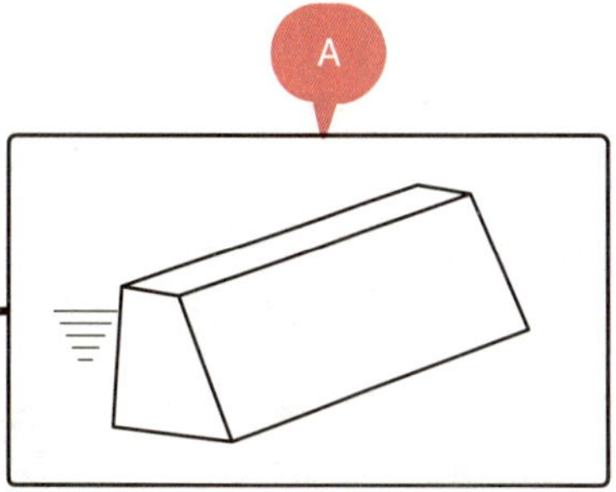
A

A. 平面应力状态，不是平面应变状态

B. 平面应变状态，不是平面应力状态 ✓

C. 既是平面应力状态，也是平面应变状态

D. 既不是平面应力状态，也不是平面应变状态

8-13 如图 A 所示，等直杆杆端承受均布载荷 q，图 B 将该杆放入刚性模中，加载前杆的侧面与光滑壁面刚好贴合，无间隙也无摩擦，则（ ）

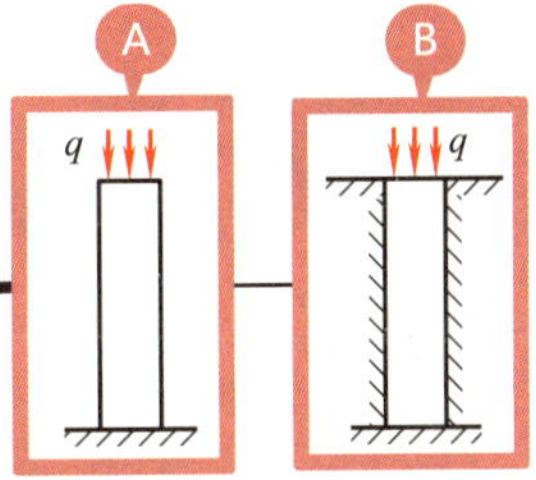

A
B
q
q

A. 两图轴向正应力相等 ✓

B. 两图轴向正应变相等

C. 图 A 的轴向正应变大于图 B 的轴向正应变 ✓

$$\varepsilon_1 = \frac{q}{E}$$

1: $$\varepsilon_2' = \frac{1}{E}[\sigma_r - \mu(\sigma_r + q)] = 0$$

2: $$\sigma_r = \frac{\mu q}{1-\mu}$$

3: $$|\varepsilon_1'| = \frac{1}{E}|q - 2\mu\sigma_r| = \left|\varepsilon_1 - \frac{2\mu^2 q}{E(1-\mu)}\right| = |\varepsilon_1|\left|\frac{(-2\mu+1)(\mu+1)}{1-\mu}\right| < |\varepsilon_1|$$

D. 图 A 内任一点的最大切应力大于图 B 内任一点的最大切应力 ✓

4: $$|\tau_{\max}^1| = \frac{|q|}{2}$$

5: $$\tau_{\max}^2 = \frac{\left|q - \frac{\mu q}{1-\mu}\right|}{2} = \left|\frac{1-2\mu}{1-\mu}\right|\frac{|q|}{2} < \frac{|q|}{2}$$

第9章　强度理论

9.1　简介

第 9 章　强度理论
1. 引言
2. 关于断裂的强度理论
3. 关于屈服的强度理论
4. 强度理论的应用
5. 承压薄壁圆筒

9.2 材料静载破坏形式与原因，以及四大强度理论简介

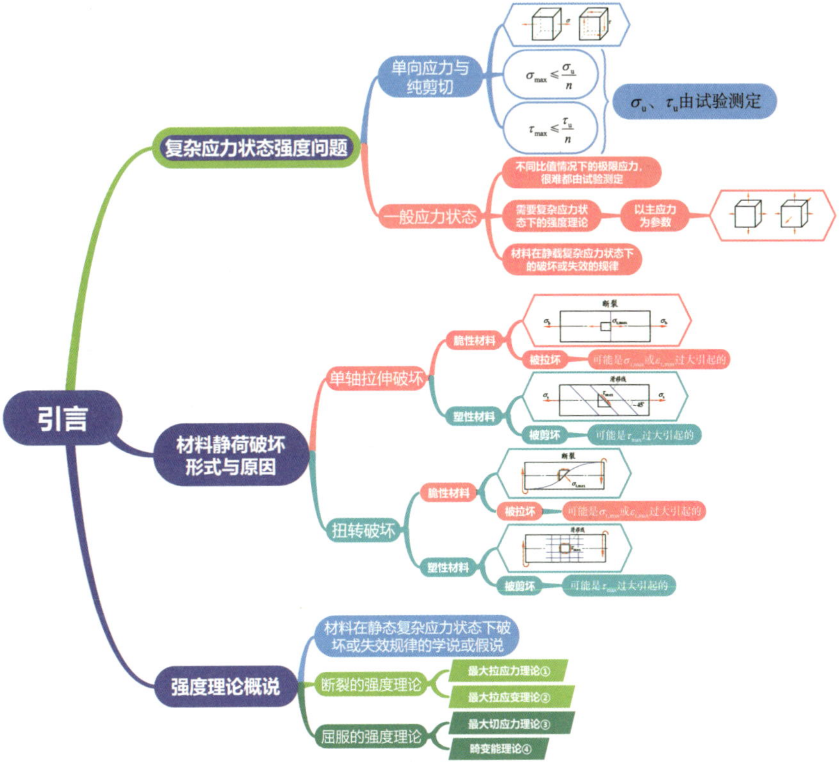

引言
复杂应力状态强度问题
单向应力与纯剪切
$\sigma_{max} \leqslant \frac{\sigma_u}{n}$
$\tau_{max} \leqslant \frac{\tau_u}{n}$
σ_u、τ_u由试验测定
一般应力状态
不同比值情况下的极限应力，很难都由试验测定
需要复杂应力状态下的强度理论
以主应力为参数
材料在静载复杂应力状态下的破坏或失效的规律
材料静荷破坏形式与原因
单轴拉伸破坏
脆性材料
断裂
被拉坏
塑性材料
滑移线
被剪坏
扭转破坏
脆性材料
断裂
被拉坏
塑性材料
滑移线
被剪坏
强度理论概说
材料在静态复杂应力状态下破坏或失效规律的学说或假说
断裂的强度理论
最大拉应力理论①
最大拉应变理论②
屈服的强度理论
最大切应力理论③
畸变能理论④

9.3　断裂的强度理论

关于断裂的强度理论

- 最大拉应力理论（第一强度理论）
  - 不论材料处于何种应力状态
  - 材料的断裂条件：$\sigma_1 = \sigma_b$
  - 强度条件：$\sigma_1 < [\sigma]$
    - $[\sigma] = \dfrac{\sigma_b}{n}$
    - $\sigma_1 \leqslant \dfrac{\sigma_b}{n}$
- 最大拉应变理论（第二强度理论）
  - 不论材料处于何种应力状态
  - 材料的断裂条件
    - $\varepsilon_1 = \varepsilon_{1u,单拉}$
    - $\varepsilon_1 = \dfrac{1}{E}(\sigma_1 - \mu(\sigma_2 + \sigma_3))$
    - $\varepsilon_{1u,单拉} = \dfrac{\sigma_b}{E}$
    - 以上得：$\sigma_1 - \mu(\sigma_2 + \sigma_3) = \sigma_b$
  - 强度条件：$\sigma_1 - \mu(\sigma_2 + \sigma_3) \leqslant [\sigma]$
    - $[\sigma] = \dfrac{\sigma_b}{n}$
    - σ_1、σ_2、σ_3 为构件危险截面上危险点处的三个主应力
    - 相当应力
      - σ_r：$\sigma_{r,2} = \sigma_1 - \mu(\sigma_2 + \sigma_3)$
      - 与复杂应力状态等效的单向应力

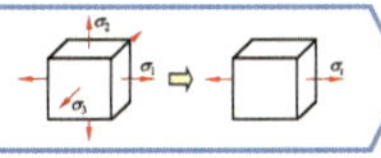
σ_2
σ_1
σ_3
σ_r

9.4 断裂理论的试验验证

试验验证

以铸铁的双向拉压为例

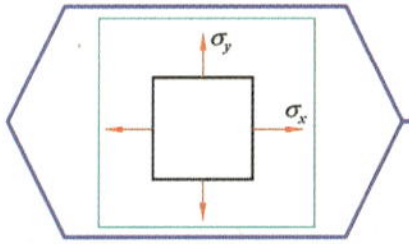

σ_y
σ_x

- 最大拉应力理论（拉为主）
  - 第一强度理论的极限曲线

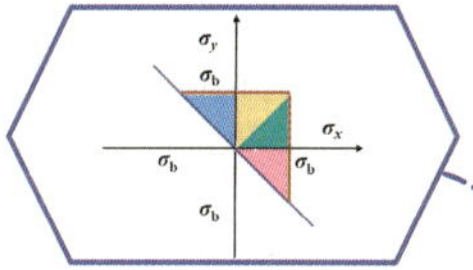

σ_y
σ_b
σ_x
σ_b
σ_b
σ_b

    - 双拉
      - ① $\sigma_x > \sigma_y, \sigma_x = \sigma_b$
      - ② $\sigma_y > \sigma_x, \sigma_y = \sigma_b$
    - 拉压
      - ③ $\sigma_x > 0, \quad \sigma_y < 0$
$\sigma_x > |\sigma_y| \quad \sigma_y = \sigma_b$
      - ④ $\sigma_y > 0, \quad \sigma_x < 0$
$\sigma_y > |\sigma_x| \quad \sigma_y = \sigma_b$
- 最大拉应变理论（压为主）
  - 第二强度理论的极限曲线

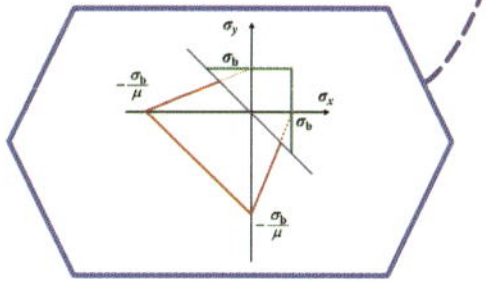

σ_y
σ_b
$-\frac{\sigma_b}{\mu}$
σ_x
σ_b
$-\frac{\sigma_b}{\mu}$

    - 双压
      - $-\mu(\sigma_x + \sigma_y) = \sigma_b$
    - 拉压
      - $\sigma_x > 0, \quad \sigma_y < 0$
$|\sigma_y| > \sigma_x \quad \sigma_x - \mu\sigma_y = \sigma_b$
      - $\sigma_y > 0, \quad \sigma_x < 0$
$|\sigma_x| > \sigma_y \quad \sigma_y - \mu\sigma_x = \sigma_b$

铸铁二向断裂试验

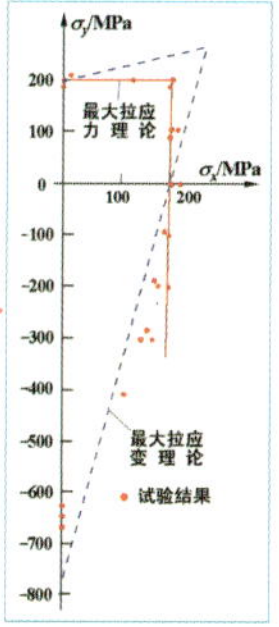

σ_y/MPa
σ_x/MPa
200
100
0
100
200
-100
-200
-300
-400
-500
-600
-700
-800
最大拉应力理论
最大拉应变理论
试验结果

结论：在二向拉伸及压应力超过拉应力不多的二向拉、压应力状态下，最大拉应力理论与试验结果相当接近；而当压应力超过拉应力较多时，最大拉应变理论与试验结果大致相符

9.5　脆性材料的几个力学关系

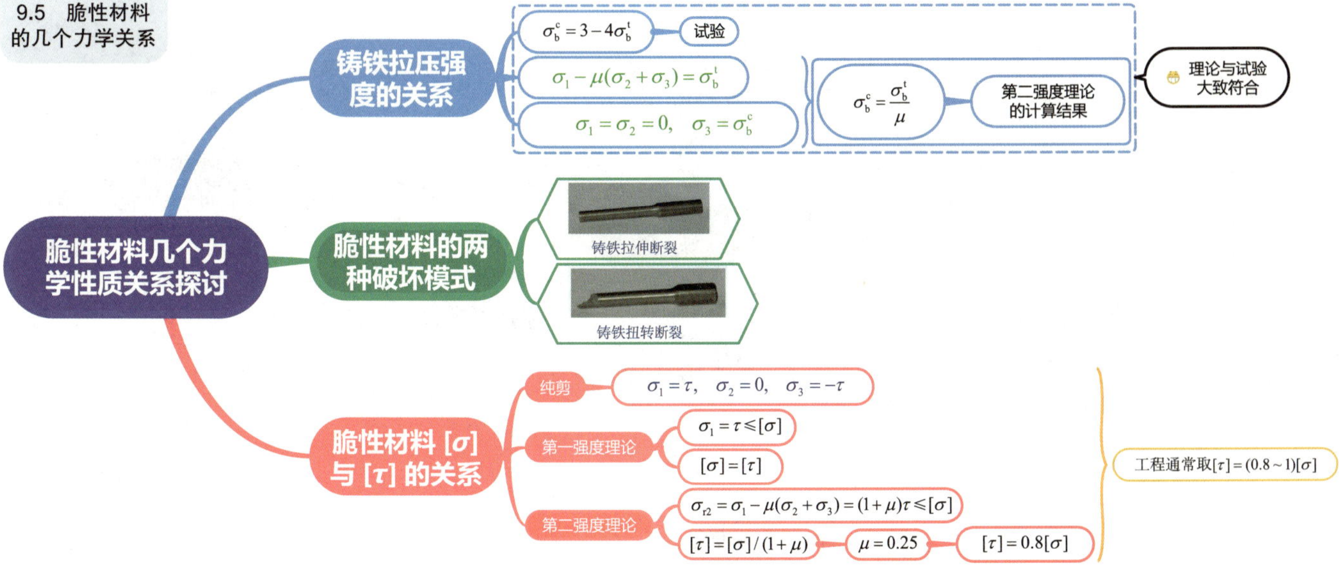
脆性材料几个力学性质关系探讨
铸铁拉压强度的关系
$\sigma_b^c = 3-4\sigma_b^t$
试验
$\sigma_1-\mu(\sigma_2+\sigma_3)=\sigma_b^t$
$\sigma_1=\sigma_2=0,\quad \sigma_3=\sigma_b^c$
$\sigma_b^c=\frac{\sigma_b^t}{\mu}$
第二强度理论的计算结果
理论与试验大致符合
脆性材料的两种破坏模式
铸铁拉伸断裂
铸铁扭转断裂
脆性材料 [σ] 与 [τ] 的关系
纯剪
$\sigma_1=\tau,\quad \sigma_2=0,\quad \sigma_3=-\tau$
第一强度理论
$\sigma_1=\tau\leqslant[\sigma]$
$[\sigma]=[\tau]$
第二强度理论
$\sigma_{r2}=\sigma_1-\mu(\sigma_2+\sigma_3)=(1+\mu)\tau\leqslant[\sigma]$
$[\tau]=[\sigma]/(1+\mu)$
$\mu=0.25$
$[\tau]=0.8[\sigma]$
工程通常取$[\tau]=(0.8\sim1)[\sigma]$

铸铁构件危险点处受力如图所示，$[\sigma]=30\text{MPa}$，试校核强度

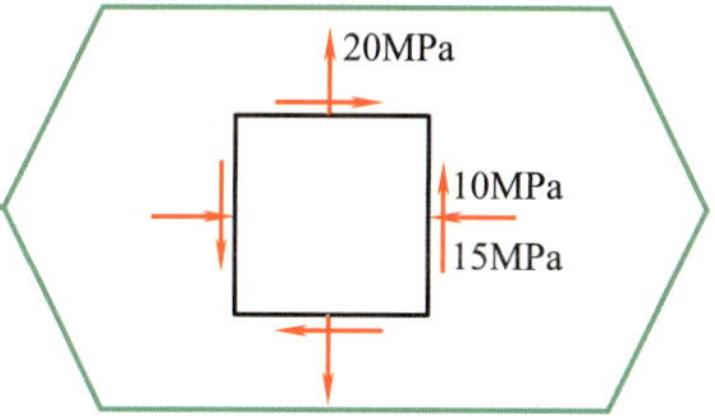
20MPa
10MPa
15MPa

9.6　脆性材料选择断裂的强度准则校核强度

脆性材料选择断裂的强度准则校核强度

- **求三个主应力**
  - 主应力的公式
    - $$\left.\begin{matrix}\sigma_{max}\\ \sigma_{min}\end{matrix}\right\}=\frac{\sigma_x+\sigma_y}{2}\pm\sqrt{\left(\frac{\sigma_x-\sigma_y}{2}\right)^2+\tau_x^2}$$
- **对主应力结果的分析**
  - $\sigma_1=26.2\text{MPa}$
  - $\sigma_2=0$
  - $\sigma_3=-16.2\text{MPa}$
  - **以拉应力为主**
    - ★ 第一强度准则
- $\sigma_1<[\sigma]$
  - 安全

9.7　屈服的强度理论

关于屈服的强度理论

- **最大切应力理论**（第三强度理论）
  - 不论材料处于何种应力状态
  - 材料的屈服条件
    - $\tau_{max}=\tau_{s,单拉}$
    - $\tau_{max}=\dfrac{\sigma_1-\sigma_3}{2}$
    - $\tau_{s,单拉}=\dfrac{\sigma_s-0}{2}=\dfrac{\sigma_s}{2}$
    - → $\sigma_1-\sigma_3=\sigma_s$
  - 材料的强度条件
    - $\sigma_{r,3}=\sigma_1-\sigma_3\leqslant[\sigma]$
      - σ_1、σ_3：构件危险截面上危险点处的工作应力
      - $[\sigma]$：单向拉伸时的许用应力
- **畸变能理论**（第四强度理论）
  - 不论材料处于何种应力状态
  - 材料的屈服条件
    - $v_d=v_{ds,单拉}$
    - $v_d=\dfrac{1+\mu}{6E}[(\sigma_1-\sigma_2)^2+(\sigma_2-\sigma_3)^2+(\sigma_3-\sigma_1)^2]$
    - $v_{ds,单拉}=\dfrac{1+\mu}{3E}\sigma_s^2$
    - → $\sigma_{r,4}=\dfrac{1}{\sqrt{2}}\sqrt{(\sigma_1-\sigma_2)^2+(\sigma_1-\sigma_3)^2+(\sigma_2-\sigma_3)^2}=\sigma_s$
  - 材料的强度条件
    - $\sigma_{r,4}=\dfrac{1}{\sqrt{2}}\sqrt{(\sigma_1-\sigma_2)^2+(\sigma_1-\sigma_3)^2+(\sigma_2-\sigma_3)^2}\leqslant[\sigma]$
      - σ_1、σ_2、σ_3 为构件危险截面上危险点处的工作应力
      - $[\sigma]$：单向拉伸时的许用应力

9.8　第三、第四强度准则的实验验证

对于第三、第四强度理论的试验验证

- 铜、铝二向屈服试验

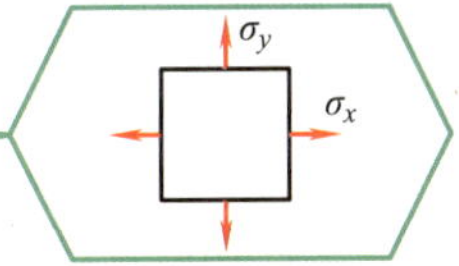

σ_y
σ_x

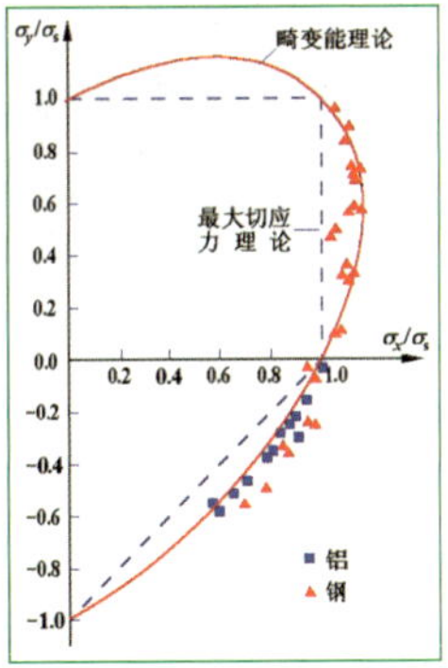

σ_y/σ_s
畸变能理论
最大切应力理论
σ_x/σ_s
1.0
0.8
0.6
0.4
0.2
0.0
0.2
0.4
0.6
0.8
1.0
-0.2
-0.4
-0.6
-0.8
-1.0
铝
钢

- 最大切应力理论
- 畸变能理论
  - 与试验结果均相当接近
- 第三强度理论的极限曲线
  - 双拉 a：$\sigma_x > \sigma_y > 0$ — $\sigma_1 - \sigma_3 = \sigma_x - 0 = \sigma_s$ — 第一象限①
  - 双拉 b：$\sigma_y > \sigma_x > 0$ — $\sigma_y - 0 = \sigma_s$ — 第一象限②
  - 双压 a：$\sigma_y < \sigma_x < 0$ — $\sigma_1 - \sigma_3 = 0 - \sigma_y = \sigma_s$ — 第三象限③
  - 双压 b：$\sigma_x < \sigma_y < 0$ — $0 - \sigma_x = \sigma_s$ — 第三象限④
  - 拉压 a：$\sigma_x > 0 > \sigma_y$ — $\sigma_1 - \sigma_3 = \sigma_x - \sigma_y = \sigma_s$ — 第四象限⑤
  - 拉压 b：$\sigma_y > 0 > \sigma_x$ — $\sigma_y - \sigma_x = \sigma_s$ — 第二象限⑥
  - 第三强度理论更保守

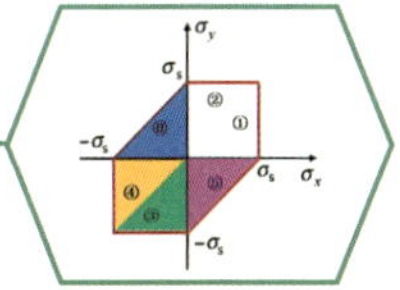

σ_y
σ_s
$-\sigma_s$
σ_s
σ_x
$-\sigma_s$
①
②
③
④
⑤
⑥

- 第四强度理论的极限曲线
  - $\sigma_z = 0$
  - $(\sigma_y - \sigma_z)^2 + \sigma_y^2 + \sigma_z^2 = 2\sigma_s^2$
  - $\sigma_x^2 + \sigma_y^2 - \sigma_x\sigma_y = \sigma_s^2$
  - 第四强度理论与试验结果更加吻合

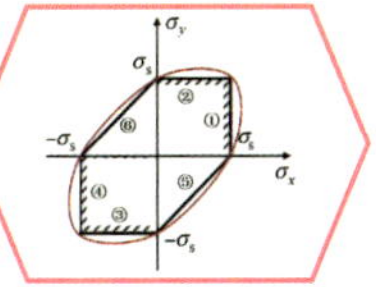

σ_y
σ_s
$-\sigma_s$
σ_s
σ_x
$-\sigma_s$
①
②
③
④
⑤
⑥

9.9 塑性材料力学性质和规律的探讨

强度理论的应用：塑性材料力学性质和规律的探讨

- **纯剪状态**
  - 试验：$\tau \leqslant [\tau]$

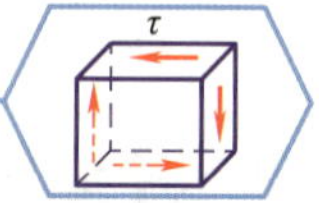
τ

  - 理论
    - 第三强度理论：$\sigma_{r3} = \tau - (-\tau) \leqslant [\sigma]$
      - $\tau \leqslant 0.5[\sigma]$
      - $\tau \leqslant [\tau]$
      - $[\tau] = 0.5[\sigma]$
    - 第四强度理论：$\sigma_1 = \tau$，$\sigma_2 = 0$，$\sigma_3 = -\tau$
      - $\sigma_{r,4} = \dfrac{1}{\sqrt{2}}\sqrt{\tau^2 + (-\tau)^2 + (\tau - (-\tau))^2} \leqslant [\sigma]$
      - $[\tau] = \dfrac{\sqrt{3}}{3}[\sigma] = 0.577[\sigma]$
  - $[\tau] = (0.5 \sim 0.577)[\sigma]$
- **一种常见应力状态的强度条件**
  - $\left.\begin{matrix}\sigma_{max}\\ \sigma_{min}\end{matrix}\right\} = \dfrac{1}{2}\left(\sigma \pm \sqrt{\sigma^2 + 4\tau^2}\right)$
    - $\sigma_1 = \dfrac{1}{2}\left(\sigma + \sqrt{\sigma^2 + 4\tau^2}\right)$
    - $\sigma_2 = 0$
    - $\sigma_3 = \dfrac{1}{2}\left(\sigma - \sqrt{\sigma^2 + 4\tau^2}\right)$
  - $\sigma_{r3} = \sqrt{\sigma^2 + 4\tau^2} \leqslant [\sigma]$ —— 第三强度理论
  - $\sigma_{r4} = \sqrt{\sigma^2 + 3\tau^2} \leqslant [\sigma]$ —— 第四强度理论

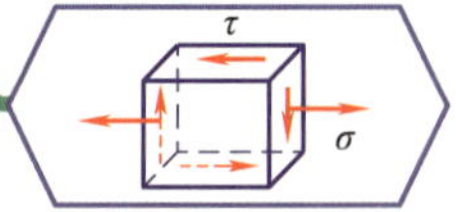
τ
σ

- **塑性材料破坏的规律**

低碳钢拉伸断口

  - 三向等拉 —— 低碳钢 —— 塑性→脆性
  - 三向受压 —— 岩石 —— 脆性→塑性
  - 低温 —— 金属 —— 塑性→脆性
  - 材料的失效形式：材料性质、应力状态形式、温度、加载速率

9.10 工字梁的两种材料强度校核

典型复杂应力强度校核例题以及求解步骤

如图所示，一个外伸梁 AD，在 B 截面和 D 截面分别作用两个集中力 F_1、F_2。如果有两种材料，一种为铸铁，一种为钢梁。脆性材料对应的拉伸和压缩许用应力分别为$[\sigma_t^b][\sigma_c^t]$，塑性材料的许用应力为$[\sigma_s]$；两种截面，一种为工字形，一种为T形。请分别对于上述四种情况进行强度校核

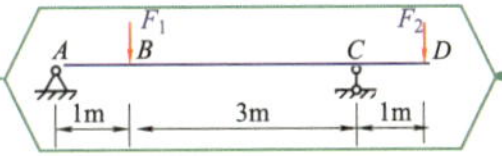

F_1
F_2
A
B
C
D
1m
3m
1m

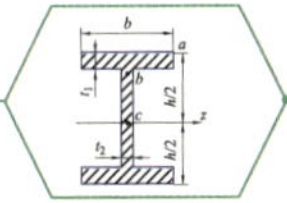

b
a
t_1
t_2
c
h/2
h/2
z

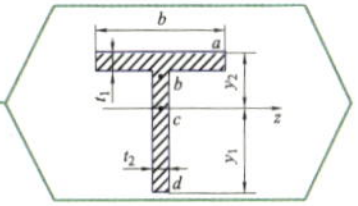

b
a
t_1
t_2
b
c
d
y_2
y_1
z

工字钢的强度校核

危险截面

- 弯矩图 — 工字钢 — 截面的对称性 — 危险截面为 C 截面

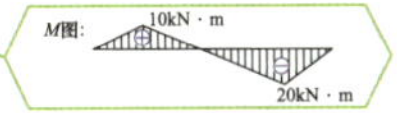

M图:
10kN · m
20kN · m

危险点

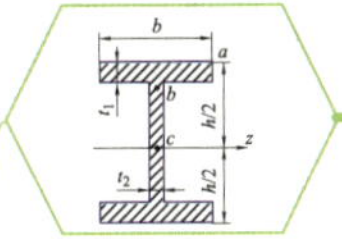

b
a
t_1
t_2
b
c
h/2
h/2
z

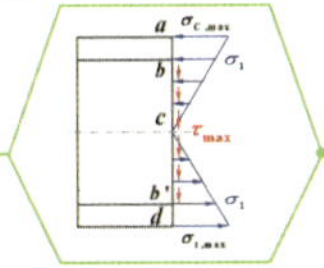

a
b
c
b'
d
$\sigma_{c,max}$
σ_1
τ_{max}
σ_1
$\sigma_{t,max}$

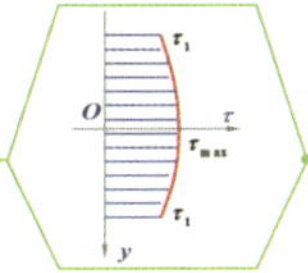

O
τ_1
τ
τ_{max}
τ_1
y

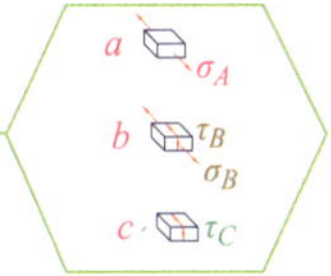

a
σ_A
b
τ_B
σ_B
c
τ_C

- 危险点 a — 单向应力状态 — $\sigma_a \leqslant [\sigma_s]$
- 危险点 b — 复杂应力状态 — 纯剪切 + 单向拉伸 — $\sigma_{r,3} = \sqrt{\sigma^2 + 4\tau^2} < [\sigma_s]$ — 钢梁的校核
- 危险点 c — 纯剪切应力状态 — $\tau_C < [\tau] = \frac{[\sigma_s]}{2}$

危险点

- 危险点 a — 单向应力状态 — $\sigma_a < [\sigma_t^b]$
- 危险点 b — 复杂应力状态 — 纯剪切 + 单向拉伸 — 计算三个主应力
  - $\sigma_1 > |\sigma_3|$ — 第一强度理论 — $\sigma_1 < [\sigma_t^b]$
  - $\sigma_1 < |\sigma_3|$ — 第二强度理论 — $\sigma_1 - \mu(\sigma_2 + \sigma_3) < [\sigma_t^b]$
- 危险点 c — 纯剪切应力状态
  - 第一强度理论 — $[\tau] = [\sigma_t^b]$
  - 第二强度理论 — $[\tau] = 0.8[\sigma_t^b]$
- 铸铁梁的校核

T 形 + 钢梁

T 形 + 铸铁

如图所示，一个外伸梁 AD，在 B 截面和 D 截面分别作用两个集中力 F_1、F_2。如果有两种材料，一种为铸铁，一种为钢梁。脆性材料对应的拉伸和压缩许用应力分别为$[\sigma_t^b][\sigma_c^t]$，塑性材料的许用应力为$[\sigma_s]$；两种截面，一种为工字形，一种为 T 形。请分别对于上述四种情况进行强度校核

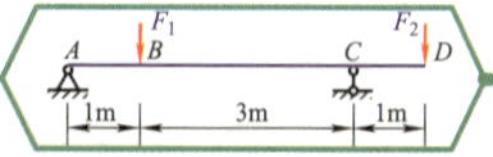
F1
F2
A
B
C
D
1m
3m
1m

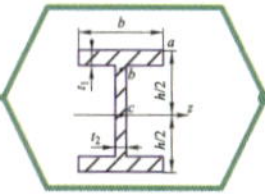

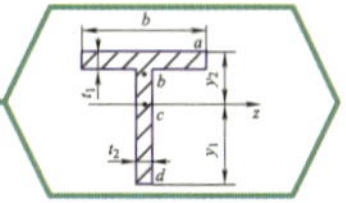

9.11　T 形钢梁的强度校核

典型复杂应力强度校核例题以及求解步骤

- 工字钢的强度校核
- T 形 + 钢梁
  - 危险截面
    - C 截面

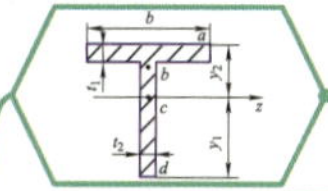

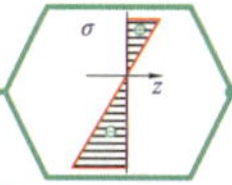

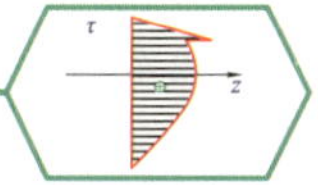

  - 危险点
    - 危险点 b → 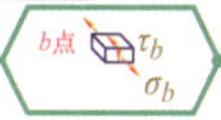 b点 → 复杂应力状态 → $\sigma_{r,3}=\sqrt{\sigma^2+4\tau^2}<[\sigma_s]$
    - 危险点 c →  c点 → 纯剪切校核 → $\tau_c<[\tau]=\dfrac{[\sigma_s]}{2}$
    - 危险点 d →  d点 → 单向应力校核 → $\sigma_d<[\sigma_s]$
- T 形 + 铸铁

如图所示，一个外伸梁 AD，在 B 截面和 D 截面分别作用两个集中力 F_1、F_2。如果有两种材料，一种为铸铁，一种为钢梁。脆性材料对应的拉伸和压缩许用应力分别为$[\sigma_t^b][\sigma_c^t]$，塑性材料的许用应力为$[\sigma_s]$；两种截面，一种为工字形，一种为 T 形。请分别对于上述四种情况进行强度校核

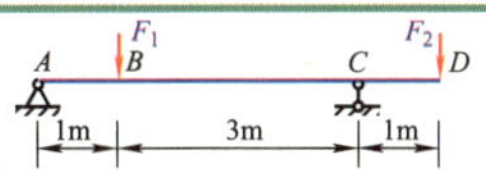

F1
F2
A
B
C
D
1m
3m
1m

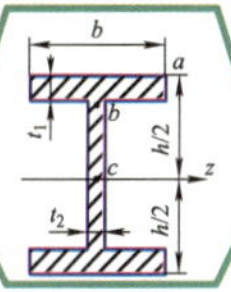

b
a
t1
b
c
z
h/2
h/2
t2

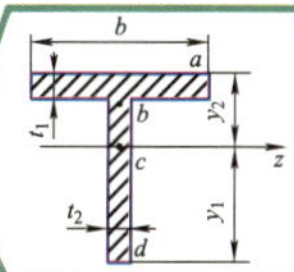

b
a
t1
b
c
z
y2
y1
t2
d

典型复杂应力强度校核例题以及求解步骤

- 工字钢的强度校核
- T 形 + 钢梁
- T 形 + 铸铁
  - 危险截面
    - 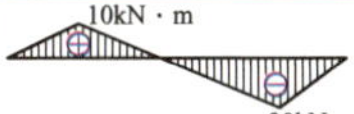

      M图
      10kN · m
      20kN · m

    - 截面的非对称性 → ★危险截面是 B、C 两个截面
  - 危险点
    - C 截面的危险点
      - 危险点 a → a点
      σa → 单向拉应力校核 → $\sigma_a=\frac{M}{I_z}y_2$ → $\sigma_a\leqslant[\sigma_t^b]$ → 第一强度理论
      - 危险点 b → b点
      τb
      σb → 复杂应力状态
        - $\sigma_b=\frac{M}{I_z}(y_2-t_1)$
        - $\tau_b=\frac{F_S S_z(\omega)}{I_z t_2}$
        - 主应力
          - 拉为主，第一强度理论
          - 压为主，第二强度理论
      - 危险点 c → c点
      τc → 纯剪切校核 → $\tau_c=\frac{F_S}{I_z t_2}\left[bt_1\left(y_2-\frac{t_1}{2}\right)+\frac{1}{2}(y_2-t_1)^2 t_2\right]$
        - $\sigma_1=\tau_c<[\sigma_t^b]$ → 第一强度理论
        - $\tau_c<[\tau]=0.8[\sigma_t^b]$ → 第二强度理论
      - 危险点 d → d点
      σd → 单向压应力校核 → $\sigma_d=\frac{M}{I_z}y_1$ → 第二强度理论
    - B 截面的危险点
      - 危险点 a' → 单向压缩 → $M_C>M_B$；$y_1>y_2$ → $\sigma_d>\sigma_a$ → 该点不用校核，仅校核 d 点即可
      - 危险点 b' → 单向拉伸

9.12 T 形 + 铸铁的复杂应力强度校核

9.13　四个强度理论的盘点式比较

强度理论	第一强度理论	第二强度理论	第三强度理论	第四强度理论
断裂 / 屈服条件	$\sigma_1=\sigma_b$	$\sigma_1-\mu(\sigma_2+\sigma_3)=\sigma_b$	$\sigma_1-\sigma_3=\sigma_s$	$\frac{1}{2}\sqrt{(\sigma_1-\sigma_2)^2+(\sigma_2-\sigma_3)^2+(\sigma_3-\sigma_1)^2}\leqslant\sigma_s$
强度条件	$\sigma_1\leqslant[\sigma]$	$\sigma_1-\mu(\sigma_2+\sigma_3)\leqslant[\sigma]$	$\sigma_1-\sigma_3\leqslant[\sigma]$	$\frac{1}{2}\sqrt{(\sigma_1-\sigma_2)^2+(\sigma_2-\sigma_3)^2+(\sigma_3-\sigma_1)^2}\leqslant[\sigma]$
主应力个数	1	3	2	3
适用条件	拉为主	压为主	更加保守	更接近于实验结果
单拉 + 纯剪切组合的强度条件	求第一主应力，与许用应力比较	求三个主应力，代入第二相当应力公式，与许用应力比较	$\sigma_{r3}=\sqrt{\sigma^2+4\tau^2}\leqslant[\sigma]$	$\sigma_{r4}=\sqrt{\sigma^2+3\tau^2}\leqslant[\sigma]$
纯剪切许用切应力与许用应力	$[\tau]=[\sigma]$	$[\tau]=0.8[\sigma]$	$[\tau]=\frac{[\sigma]}{2}$	$[\tau]=\frac{[\sigma]}{\sqrt{3}}$

如图所示，用 Q235 钢制成的实心截面杆，受轴向拉力 F 以及扭转力偶矩 M_e 共同作用，且$M_e=\frac{1}{10}Fd$。今测得圆杆表面 k 点处沿图示方向的线应变$\varepsilon_{30^\circ}=14.33\times10^{-5}$。已知杆的直径 $d=10\text{mm}$，材料的弹性常数 $E=200\text{GPa}$，$\gamma=0.3$，试求载荷 F 和 M_e。若其许用应力 $[\sigma]=160\text{MPa}$，请用第四强度准则校核杆的强度

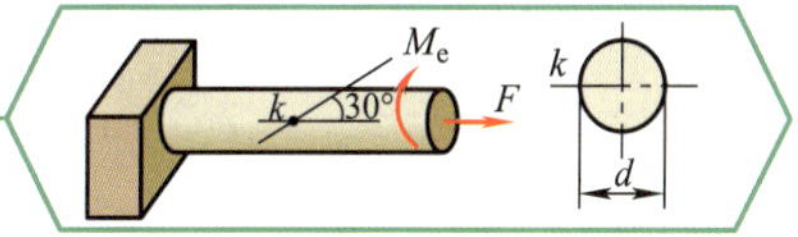

M_e
k
30°
F
k
d

9.14 与实验结果相结合的广义胡克定律以及强度校核

与实验相结合的理论分析

- **1. k 点应力分析**
  - $\sigma_x=\frac{F}{A}=\frac{4F}{\pi d^2}$
  - $\tau_{xy}=\frac{M_e}{W_P}=\frac{8F}{5\pi d^2}$
  - A 点的应力状态 → 单向拉伸 + 纯剪切
- **2. 应力圆中任意截面的应力公式**
  - $\sigma_{\alpha=30^\circ}=\frac{\sigma_x+\sigma_y}{2}+\frac{\sigma_x-\sigma_y}{2}\cos 2\alpha-\tau_{xy}\sin 2\alpha$
  - $\sigma_{\alpha=30^\circ+90^\circ}=\frac{\sigma_x+\sigma_y}{2}+\frac{\sigma_x-\sigma_y}{2}\cos 2\alpha-\tau_{xy}\sin 2\alpha$
- **3. 广义胡克定律**
  - $\varepsilon_{30^\circ}^{理}=\frac{1}{E}(\sigma_{30^\circ}-\mu\sigma_{30^\circ+90^\circ})=\varepsilon_{30^\circ}^{实}$
    - $F=$
    - $M_e=$
- **4. 第四强度理论校核**
  - $\sigma_{r4}=\sqrt{\sigma^2+3\tau^2}$
    - $\sqrt{25.46^2+3\times10.19^2}\text{MPa}=31\text{MPa}<[\sigma]=160\text{MPa}$

如图所示的矩形截面钢拉伸试样的轴向拉力 $F = 2\text{kN}$ 时，测得试样中段 B 点处与其轴线成 30° 方向的线应变为 $\varepsilon_{30^\circ} = 3.25\times10^{-4}$，已知材料的弹性模量 $E = 210\text{GPa}$，试求泊松比 μ

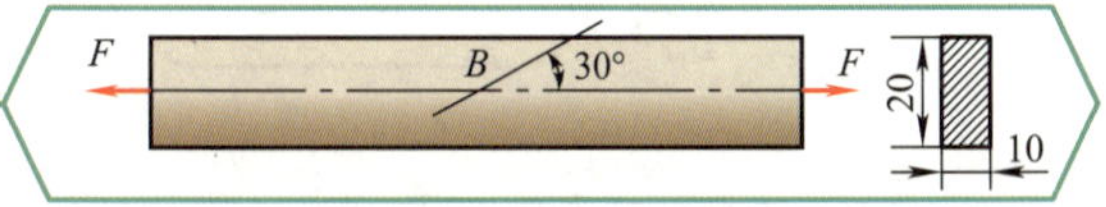
F
B
30°
F
20
10

9.15　用广义胡克定律求泊松比的实验方法

运用广义胡克定律求泊松比

1. 求解正应力

$$\sigma_x = \frac{F}{A} = \frac{20\times10^3}{0.01\times0.02}\text{Pa} = 100\text{MPa}$$

2. 求两个正交方向的正应力

❶ 拉压杆斜截面上正应力公式

$$\sigma_{30^\circ} = \sigma_x \cos^2 30^\circ = (100\times\cos^2 30^\circ)\text{MPa} = 75\text{MPa}$$

$$\sigma_{120^\circ} = \sigma_x \cos^2 120^\circ = (100\times\cos^2 120^\circ)\text{MPa} = 25\text{MPa}$$

❷ ★应力圆法 — 更通用

$$\sigma_{\alpha=30^\circ} = \frac{\sigma_x+\sigma_y}{2} + \frac{\sigma_x-\sigma_y}{2}\cos 2\alpha - \tau_{xy}\sin 2\alpha = 75\text{MPa}$$

$$\sigma_{\alpha=30^\circ+90^\circ} = \frac{\sigma_x+\sigma_y}{2} + \frac{\sigma_x-\sigma_y}{2}\cos 2\alpha - \tau_{xy}\sin 2\alpha = 25\text{MPa}$$

3. 应用广义胡克定律

$$\varepsilon_{30^\circ} = \frac{1}{E}[\sigma_{30^\circ} - \mu\sigma_{120^\circ}]$$

$$3.25\times10^{-4} = (75\times10^5 - 25\times10^6\mu)/(210\times10^9)$$

$$\mu = 0.27$$

在集中力偶矩 M_e 作用的矩形截面简支梁中，测得中性层上 K 点处沿 45° 方向的线应变为 $\varepsilon_{45°}$。已知材料的弹性常数 E、μ，横截面的宽度和高度分别为 b、h，试求集中力偶矩 M_e

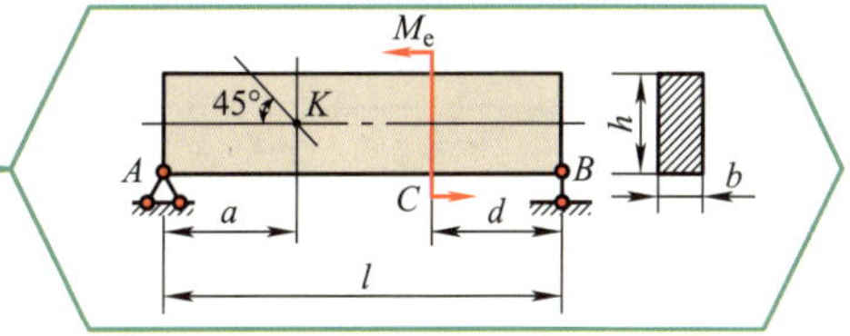

M_e
45°
K
h
A
B
C
a
d
b
l

9.16 与实验结果对应的广义胡克定律的工程应用

与实验结果挂钩的广义胡克定律工程应用

1. 求出支座反力
   - $F_B = F_A = \dfrac{M_e}{l}$
2. K 点在中性层
   - ★纯剪切状态

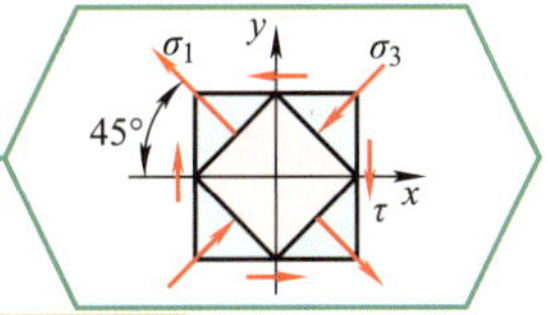

σ_1
y
σ_3
45°
τ
x

3. 应力圆
   - $\left.\begin{matrix}\sigma_1\\ \sigma_3\end{matrix}\right\} = \dfrac{\sigma_x+\sigma_y}{2} \pm \sqrt{\left(\dfrac{\sigma_x-\sigma_y}{2}\right)^2+\tau_{xy}^2} = \pm\sqrt{\tau^2} = \pm\tau$
   - $\sigma_2 = 0$
4. 广义胡克定律
   - $\varepsilon_{45°}^{理} = \dfrac{1}{E}[\sigma_1 - \mu(\sigma_2+\sigma_3)]$
   - $\tau = \dfrac{3F_S}{2A} = \dfrac{3F_A}{2A} = \dfrac{3M_e}{2lbh}$
   - $\varepsilon_{45°}^{理}$ → $E\varepsilon_{45°}^{理} = \dfrac{3M_e}{2lbh} + \mu\dfrac{3M_e}{2lbh}$ → $M_e = \dfrac{2Elbh}{3(1+\mu)}\varepsilon_{45°}^{实}$
5. 实验结果
   - $\varepsilon_{45°}^{实}$

如图所示，一拉杆由两段杆沿 $m—n$ 面胶接而成。由于实用的原因，图中的 α 角限于 $0\sim60°$ 范围内。作为“假定计算”，对于胶合缝强度计算时，可以把其上的正应力和切应力分别与对应的许用应力比较。现设胶合缝的许用切应力 $[\tau]$ 为许用拉应力 $[\sigma]$ 的$\frac{3}{4}$，且这一拉杆的强度由胶合缝控制。为了使杆能承受最大的载荷 F，试问 α 角的值该取多少

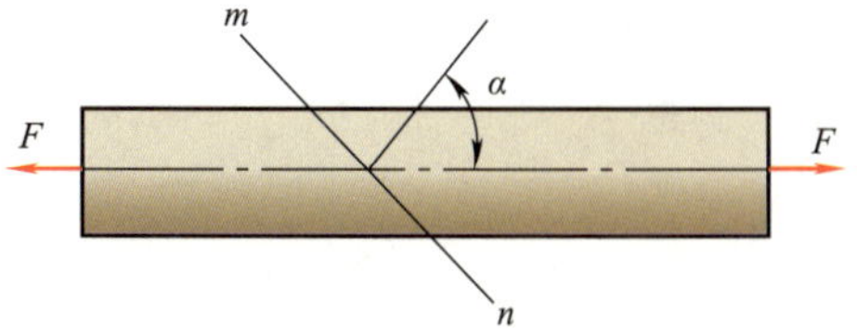
m
α
F
F
n

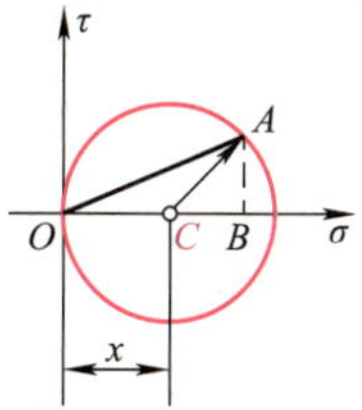
τ
A
O
C
B
σ
x

正应力与切应力都达到许用强度的两种解法

单向拉伸

- $\sigma_\alpha = \sigma\cos^2\alpha$ → $\sigma_\alpha = \sigma\cos^2\alpha = [\sigma]$
- $\tau_\alpha = \frac{\sigma}{2}\sin 2\alpha$ → $\tau_\alpha = \frac{\sigma}{2}\sin 2\alpha = [\tau] = \frac{3}{4}[\sigma]$
- → $\tan\alpha = \frac{3}{4}$ → $\alpha = 36.9°$

应力圆

- $\sigma_A = \overline{OB} = [\sigma]$
- $\tau_A = \overline{AB} = \frac{3}{4}[\sigma]$
- → $\tan\angle AOB = \frac{\overline{AB}}{\overline{OB}} = \frac{3}{4}$ → $\angle AOB = \arctan\frac{3}{4}$ → $\alpha = 36.9°$；圆周角与微体图中的实际夹角相等

9.17　正应力与切应力都达到各自许用强度

9.18 承压薄壁圆筒

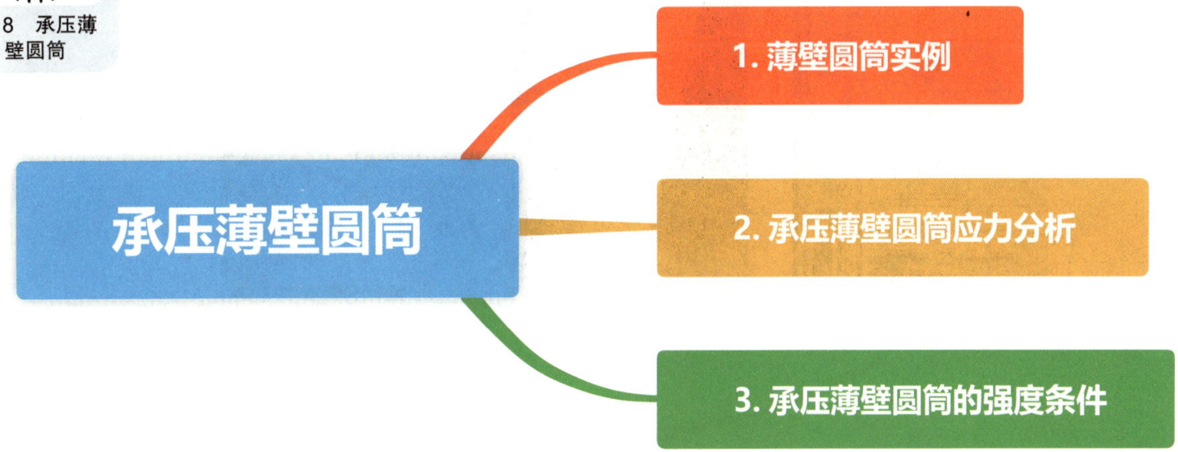
承压薄壁圆筒
1. 薄壁圆筒实例
2. 承压薄壁圆筒应力分析
3. 承压薄壁圆筒的强度条件

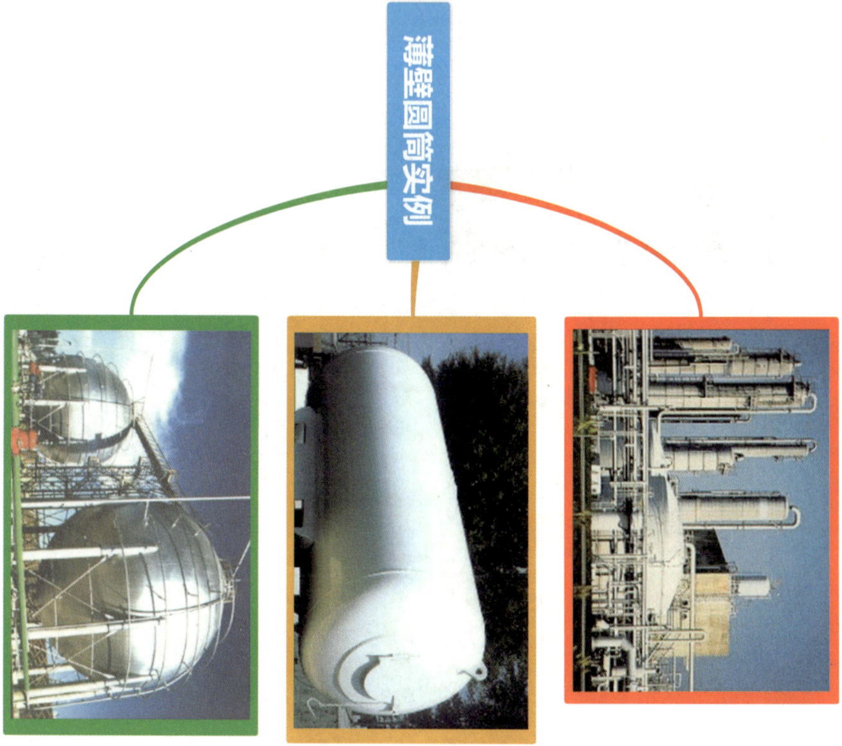
薄壁圆筒实例

承压薄壁圆筒应力分析（1）

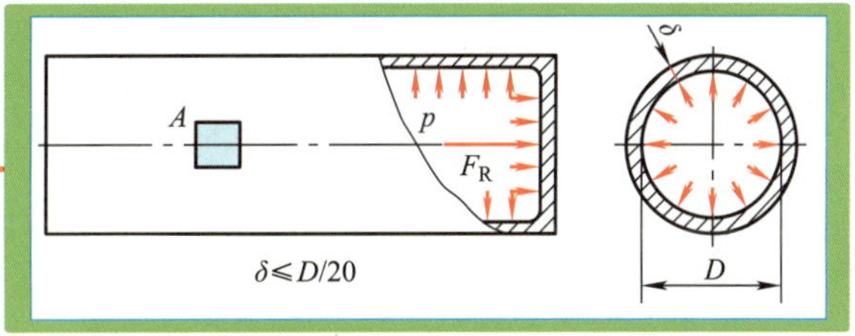

A
p
F_R
$\delta \leqslant D/20$
δ
D

横与纵截面上均存在正应力，对于薄壁圆筒，可认为沿壁厚**均匀分布**

薄壁的条件：$\delta \leqslant \dfrac{D}{20}$

❶ 轴向应力：σ_x

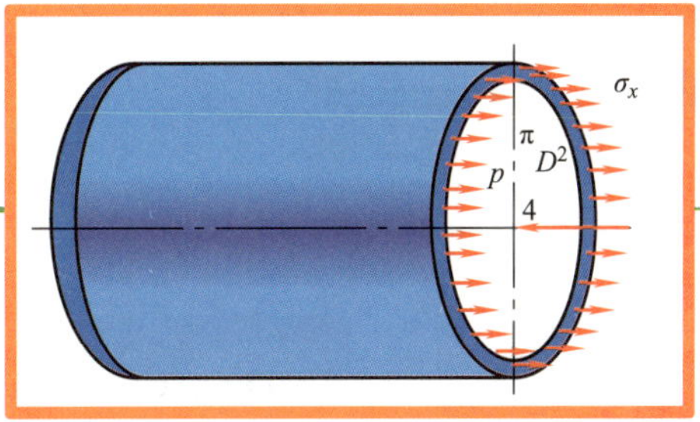

σ_x
p
πD^2
4

$\sum F_{ix} = 0$

$$\sigma_x \pi D \delta = p \frac{\pi D^2}{4}$$

$$\Downarrow$$

$$\boxed{\sigma_x = \frac{\pi D}{4\delta}}$$

承压薄壁圆筒应力分析（2）

② 周向应力

σ_t

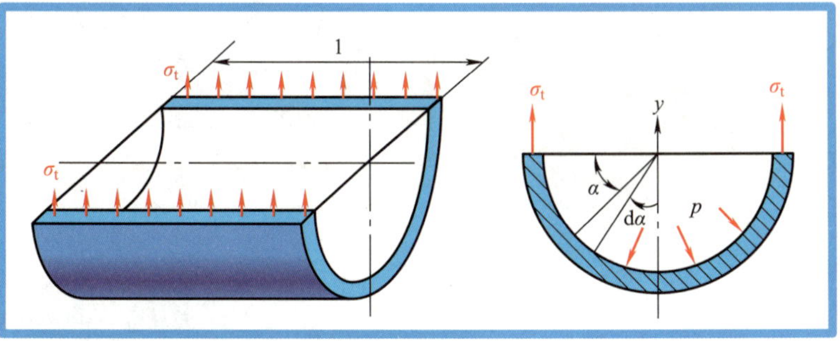
1
σ_t
σ_t
σ_t
σ_t
y
α
dα
p

$$2\sigma_t(1\cdot\delta)-p(1\cdot D)=0$$

$$\Downarrow$$

$$\sigma_t \frac{pD}{2\delta}$$

$\sigma_t=2\sigma_x$

承压薄壁圆筒应力分析（3）

③ 径向应力 — σ_r

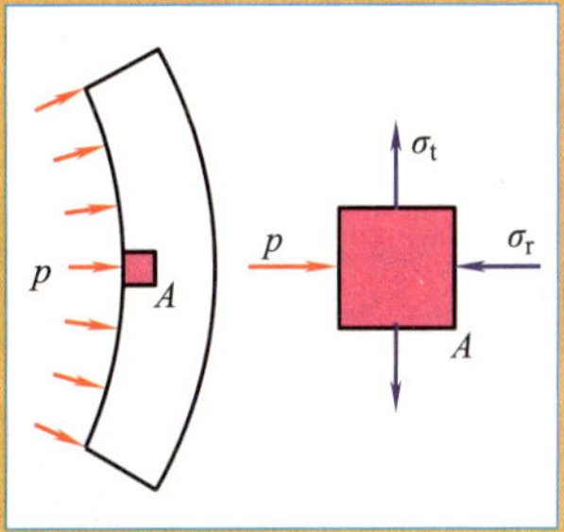

p
A
p
σ_t
σ_r
A

$$|\sigma_r|_{max} = p$$

$$\frac{|\sigma_r|_{max}}{\sigma_t} = \frac{p}{\frac{pD}{2\delta}} = \frac{2\delta}{D} \xrightarrow{\delta \leqslant D/20} \frac{|\sigma_r|_{max}}{\sigma_t} \leqslant \frac{1}{10}$$

径向应力一般忽略不计

承压薄壁圆筒的强度条件

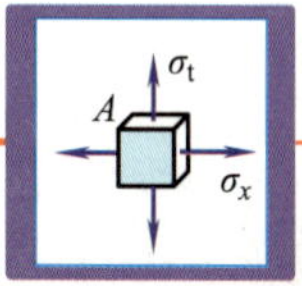
σ_t
A
σ_x

二向应力状态

- $\sigma_1 = \sigma_t = \dfrac{pD}{2\delta}$
- $\sigma_2 = \sigma_x = \dfrac{pD}{4\delta}$
- $\sigma_3 = \sigma_r = 0$

脆性材料

1. $\sigma_{r1} = \sigma_1 = \dfrac{pD}{2\delta} \leqslant [\sigma]$
2. $\sigma_{r2} = \sigma_1 - \mu(\sigma_2 + \sigma_3) = \dfrac{pD(2-\mu)}{4\delta} \leqslant [\sigma]$

塑性材料

3. $\sigma_{r3} = \sigma_1 - \sigma_3 = \dfrac{pD}{2\delta} - 0 = \dfrac{pD}{2\delta} \leqslant [\sigma]$
4. $\sigma_{r4} = \dfrac{1}{\sqrt{2}}\sqrt{(\sigma_1-\sigma_2)^2+(\sigma_2-\sigma_3)^2+(\sigma_3-\sigma_1)^2} = \dfrac{\sqrt{3}pD}{4\delta} \leqslant [\sigma]$

9.19 承压薄壁圆筒的静不定问题

承内压 p 的圆筒位于两刚性壁之间，计算圆筒应力

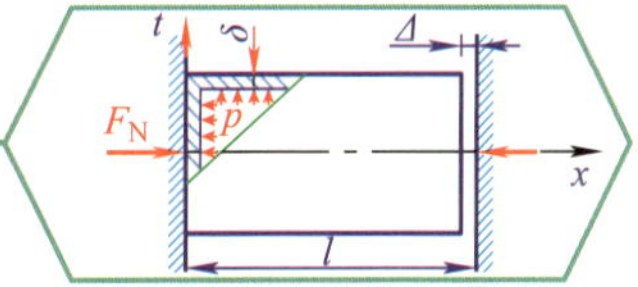

t
δ
Δ
F_N
p
x
l

承压容器的静不定问题

- **1. 分解载荷**
  - p
    - $\sigma_{x,p}=\dfrac{pD}{4\delta}$
    - $\sigma_{t,p}=\dfrac{pD}{2\delta}$
  - F_N
    - $\sigma_{x,F_N}=-\dfrac{F_N}{2\pi R\delta}$
- **2. 计算应变**
  - $\varepsilon_{x,p}=\dfrac{1}{E}(\sigma_{x,p}-\mu\sigma_{t,p})$
- **3. 计算变形**
  - $\Delta l_p=\varepsilon_{x,p}l$
  - $\Delta l_{F_N}=-\dfrac{F_N l}{EA}$
  - $\Delta l_p+\Delta l_{F_N}=\Delta$ — 变形协调关系
- **4. 计算得到 F_N**
  - $F_N=\dfrac{\pi(1-2\mu)pD^2}{4}-\dfrac{\pi\Delta\delta DE}{l}$
- $\sigma_x=\sigma_{x,p}+\sigma_{x,F_N}=\dfrac{\mu pD}{2\delta}+\dfrac{\Delta E}{l}$
- $\sigma_{t,p}=\dfrac{pD}{2\delta}$

9.20　两管相套的静不定问题

铝棒、钢筒套在一起，无间隙，无摩擦。钢的弹性模量是 E_S，铝的弹性模量是 E_A，泊松比是 μ_A，铝棒的上、下表面中心受到一对轴向压力 F 作用，求筒内应力

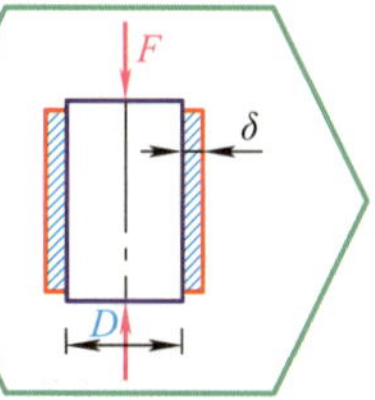
F
δ
D

套筒的静不定问题分析

- ❶ 钢筒为研究对象

  x
σt
筒侧面受均匀内压 p
  - 筒侧面受到均匀内压 p：$\sigma_t^S = \dfrac{pD}{2\delta}$
  - 钢筒的周向应变：$\varepsilon_t^S = \sigma_t^S / E_S$
- ❷ 铝棒为研究对象
  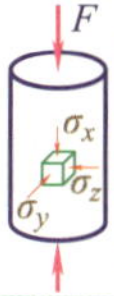
  F
σx
σz
σy
棒侧面受均匀外压 p
  - 棒侧面受到均匀外压 p
  - 铝棒的径向应变：$\varepsilon_D^A = \dfrac{1}{E_A}[\sigma_y - \mu_A(\sigma_z + \sigma_x)]$
    - $\sigma_x^A = -\dfrac{4F}{\pi D^2}$
    - $\sigma_y^A = \sigma_z^A = -p$
- ❸ 变形协调条件
  - ★ $\Delta D_A = \Delta D_S$
    - $\Delta D_A = (D\varepsilon_D^A)\pi$
    - $\Delta D_S = \varepsilon_t^S(\pi D)$
    - ★ $\varepsilon_D^A = \varepsilon_t^S$
- 4. 计算 p
  - $$p = \frac{8\mu_A F\delta}{\pi D^2[D + 2(1-\mu_A)\delta]}$$

9.21 承内压的薄壁圆筒的强度校核

已知：$[\sigma]$、E、μ、$M=\dfrac{\pi pD^3}{4}$。
（1）按第三强度理论建立筒体强度条件；
（2）计算筒体轴向变形

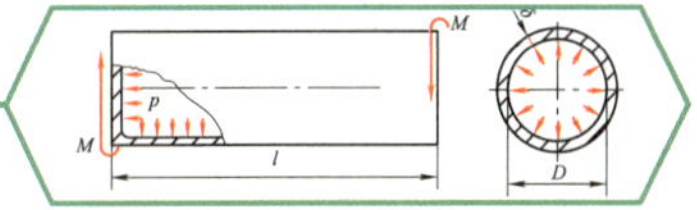

M
p
M
l
D
δ

承受扭矩的受内压压力容器

1. 变形分解

p — σ：

$$\sigma_t=\frac{pD}{2\delta}$$

$$\sigma_x=\frac{pD}{4\delta}$$

M — τ：

$$\tau_T=\frac{2M}{\pi D^2\delta}=\frac{pD}{2\delta}$$

2. 微体应力状态

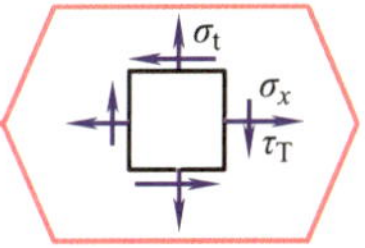

σt
σx
τT

3. 求主应力

$$\left.\begin{matrix}\sigma_{max}\\ \sigma_{min}\end{matrix}\right\}=\frac{\sigma_x+\sigma_t}{2}\pm\sqrt{\left(\frac{\sigma_x-\sigma_t}{2}\right)^2+\tau_T^2}=\frac{3\pm\sqrt{17}}{8}\cdot\frac{pD}{\delta}$$

应力圆圆心加减半径公式

$$\sigma_1=\frac{3+\sqrt{17}}{8}\cdot\frac{pD}{\delta}$$ — $$\sigma_2=0$$ — $$\sigma_3=\frac{3-\sqrt{17}}{8}\cdot\frac{pD}{\delta}$$

4. 第三强度理论

$$\sigma_{r3}=\sigma_1-\sigma_3=\frac{\sqrt{17}pD}{4\delta}\leqslant[\sigma]$$

5. 广义胡克定律求应变

$$\varepsilon_x=\frac{1}{E}(\sigma_x-\mu\sigma_t)$$

$$\Delta l=\varepsilon_x l=\frac{1}{E}(\sigma_x-\mu\sigma_t)$$

9.22　薄壁结构的应变片布局以及静不定梁的转角叠加攻略

9-1　如图 A 所示薄壁圆筒，承受弯矩 M、扭矩 T 和内压 p 作用，材料弹性模量为 E，许用应力为 $[\sigma]$，求：（1）危险点的应力值；（2）根据第三强度理论写出强度校核表达式；（3）求下端母线 AB 的伸长量

A

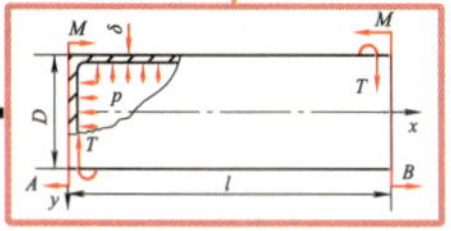
M
δ
M
D
p
T
T
x
x
A
y
l
B

❶ 横截面上的应力
- $\sigma_x^p = \dfrac{pD}{4\delta}$ 1
- $\sigma_x^M = \dfrac{M}{W}$ 2
  - $W = \dfrac{\pi D^3}{32}(1-\alpha^4)$
- $\tau = \dfrac{T}{2W}$ 3

❷ 纵截面上的应力
- $\sigma_t^p = \dfrac{pD}{2\delta}$ 4
- $\tau = \dfrac{T}{2W}$ 3

❸ 危险点位于最下端母线上
- $\sigma_x = \sigma_x^p + \sigma_{x,\max}^M = \dfrac{pD}{4\delta} + \dfrac{M}{W}$ 5 (=1+2)
- $\sigma_t = \sigma_t^p = \dfrac{pD}{2\delta}$ 6
- $\tau = \dfrac{T}{2W}$ 3
- $\sigma_r = 0$ 7

平面应力状态

9-1　如图 A 所示薄壁圆筒，承受弯矩 M、扭矩 T 和内压 p 作用，材料弹性模量为 E，许用应力为 $[\sigma]$，求：（1）危险点的应力值；（2）根据第三强度理论写出强度校核表达式；（3）求下端母线 AB 的伸长量

A

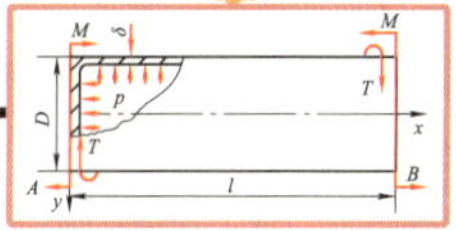

M
δ
M
p
T
D
x
T
A
y
l
B

④ 最大、最小应力

8 $$\left.\begin{matrix}\sigma_{max}\\ \sigma_{min}\end{matrix}\right\}=\frac{\sigma_x+\sigma_t}{2}\pm\sqrt{\left(\frac{\sigma_x-\sigma_t}{2}\right)^2+\tau^2}=\frac{3pD}{8\delta}+\frac{M}{2W}\pm\sqrt{\left(\frac{M}{2W}-\frac{pD}{8\delta}\right)^2+\frac{T^2}{4W^2}}$$

9 $$\sigma_1=\frac{3pD}{8\delta}+\frac{M}{2W}+\sqrt{\left(\frac{M}{2W}-\frac{pD}{8\delta}\right)^2+\frac{T^2}{4W^2}}$$

⑤ 第三强度理论强度条件

$\sigma_3=0$

10 $$\sigma_{min}=\frac{3pD}{8\delta}+\frac{M}{2W}-\sqrt{\left(\frac{M}{2W}-\frac{pD}{8\delta}\right)^2+\frac{T^2}{4W^2}}\geqslant 0\Rightarrow\sigma_{min}=\sigma_2$$

11 $$\sigma_{r3}=\sigma_1-\sigma_3=\frac{3pD}{8\delta}+\frac{M}{2W}+\sqrt{\left(\frac{M}{2W}-\frac{pD}{8\delta}\right)^2+\frac{T^2}{4W^2}}\leqslant[\sigma]$$

$\sigma_2=0$

12 $$\sigma_{min}=\frac{3pD}{8\delta}+\frac{M}{2W}-\sqrt{\left(\frac{M}{2W}-\frac{pD}{8\delta}\right)^2+\frac{T^2}{4W^2}}<0\Rightarrow\sigma_{min}=\sigma_3$$

13 $$\sigma_{r3}=\sigma_1-\sigma_3=\sqrt{\left(\frac{M}{W}-\frac{pD}{4\delta}\right)^2+\frac{T^2}{W^2}}\leqslant[\sigma]$$

⑥ AB 边的伸长

14 $$\varepsilon_{AB}=\frac{1}{E}(\sigma_x-\mu\sigma_t)=\frac{1}{E}\left(\frac{pD}{4\delta}+\frac{M}{W}-\mu\frac{pD}{2\delta}\right)$$

15 $$\Delta l_{AB}=l\cdot\varepsilon_{AB}=\frac{1}{E}\left(\frac{pD}{4\delta}+\frac{M}{W}-\mu\frac{pD}{2\delta}\right)$$

9-2　薄壁圆筒内径为 D，厚度为 δ，内压为 p，用宽为 b 的板条滚压，板条焊口要求 $\sigma_W \leqslant 0.7\sigma_1$，$\tau_W \leqslant 0.5\sigma_1$，试确定 b 的取值范围。σ_1 为第一主应力

A

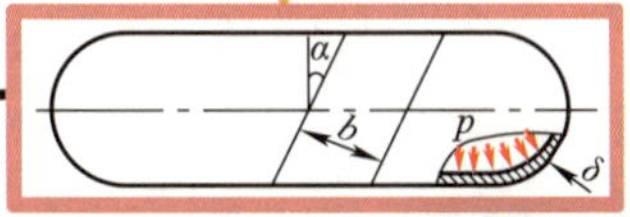
α
b
p
δ

❶ 确定 α 的取值范围

1. $\sigma_t = \dfrac{pD}{2\delta} = \sigma_1$
2. $\sigma_x = \dfrac{1}{2}\sigma_1$
3. $\tau_x = 0$

4. $\sigma_W = \dfrac{\sigma_x + \sigma_t}{2} + \dfrac{\sigma_x - \sigma_t}{2}\cos 2\alpha = \left(\dfrac{3}{4} - \dfrac{1}{4}\cos 2\alpha\right)\sigma_1 \leqslant 0.7\sigma_1$

6. $\dfrac{3}{4} - \dfrac{1}{4}\cos 2\alpha \leqslant 0.7$

7. $\alpha \leqslant 39.2^\circ$

5. $\tau_W = \dfrac{\sigma_x - \sigma_t}{2}\sin 2\alpha = -\dfrac{1}{4}\sigma_1 \sin 2\alpha \Rightarrow |\tau_W| \leqslant 0.5\sigma_1$

❷ 确定 b 的范围

B

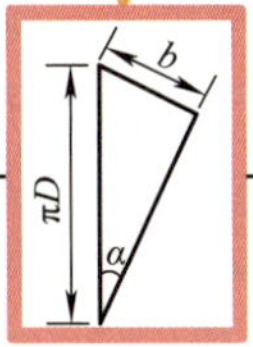
b
πD
α

8. $\dfrac{\sqrt{(\pi D)^2 - b^2}}{\pi D} \geqslant \cos 39.2^\circ$

9. $b \leqslant 1.98D \approx 2D$

9-3　如图 A 所示两端开口的薄壁圆筒，已知内压 p，扭力偶矩 T，圆筒内径 d，壁厚 t，材料的弹性模量 E 和泊松比 μ。由电测法测量 p 和 T，下列哪种布片方案合理？采用所选取的合理方案建立内压 p 和扭力偶矩 T 与所测应变之间的关系。

（1）沿轴向和环向布片，测出 $\varepsilon_{0°}$ 和 $\varepsilon_{90°}$；

（2）沿与轴线成 45°方向布片，测出 $\varepsilon_{45°}$ 和 $\varepsilon_{-45°}$

A

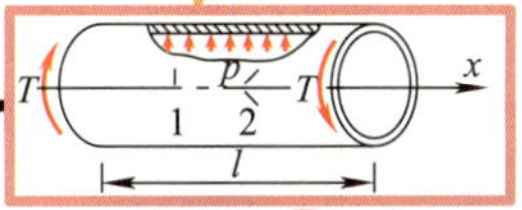

T
p
1
2
T
x
l

方案（1）：

1. $\sigma_x = 0$
2. $\sigma_t = \dfrac{pd}{2t}$
3. $\tau_x = \dfrac{T}{2\Omega t}$

不能测切应力，也就不能测扭矩，不合理

方案（2）：

4. $\sigma_{45°} = \dfrac{\sigma_x + \sigma_t}{2} + \dfrac{\sigma_x - \sigma_t}{2}\cos 90° - \tau_x \sin 90° = \dfrac{pd}{4t} - \dfrac{T}{2\Omega t}$
5. $\sigma_{-45°} = \dfrac{pd}{4t} + \dfrac{T}{2\Omega t}$
6. $\Omega = \dfrac{\pi(d+t)^2}{4}$
7. $p = \dfrac{2t}{d}(\sigma_{45°} + \sigma_{-45°})$，$T = \Omega t(\sigma_{-45°} - \sigma_{45°})$
8. $\sigma_{45°} = \dfrac{E}{1-\mu^2}(\varepsilon_{45°} + \mu\varepsilon_{-45°})$，$\sigma_{-45°} = \dfrac{E}{1-\mu^2}(\varepsilon_{-45°} + \mu\varepsilon_{45°})$
9. $p = \dfrac{2tE}{(1-\mu)d}(\varepsilon_{45°} + \varepsilon_{-45°})$，$T = \dfrac{Et\Omega}{1+\mu}(\varepsilon_{-45°} - \varepsilon_{45°})$

9-4　如图 A 所示，圆轴 AB 两端固定，矩形截面梁 CD 和 AB 焊接。l = 300mm，d = 40mm，b = 20mm，h = 60mm，弹性模量 E = 210GPa，切变模量 G = 84GPa，结构受集中载荷 F = 1kN。

（1）计算轴 AB 危险点的 σ_{r3}。

（2）计算截面 D 的转角 θ_D 和挠度 w_D

A

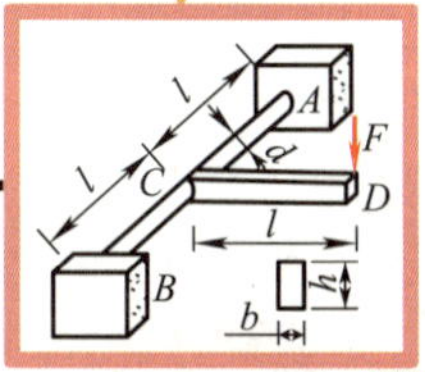
A
B
C
D
F
d
l
l
l
h
b

(1)

B

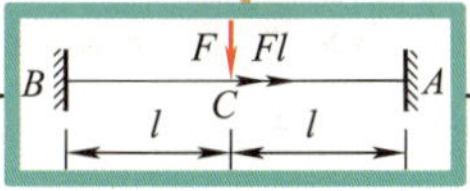
F
Fl
B
C
A
l
l

静不定

扭 + 弯

C　扭转静不定

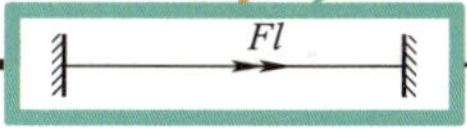
Fl

对称性

D

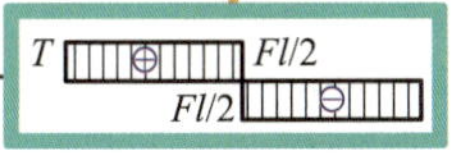
T
Fl/2
Fl/2

E　弯曲静不定

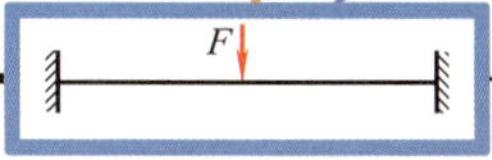
F

相当系统

F

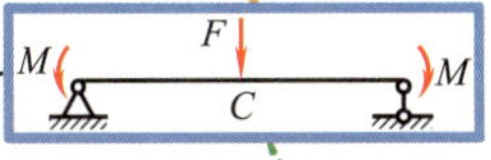
M
F
M
C

1　$\theta_A = 0$

2　$\theta_A = \dfrac{F\cdot(2l)^2}{16EI} - \dfrac{M\cdot(2l)}{3EI} - \dfrac{M\cdot(2l)}{6EI} = 0 \Rightarrow M = \dfrac{Fl}{4}$

9-4 如图 A 所示，圆轴 AB 两端固定，矩形截面梁 CD 和 AB 焊接。l = 300mm，d = 40mm，b = 20mm，h = 60mm，弹性模量 E = 210GPa，切变模量 G = 84GPa，结构受集中载荷 F = 1kN。

(1) 计算轴 AB 危险点的 σ_{r3}。

(2) 计算截面 D 的转角 θ_D 和挠度 w_D

A

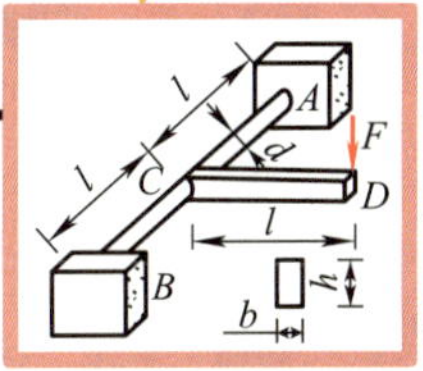

l
A
F
d
l
C
D
l
B
h
b

F

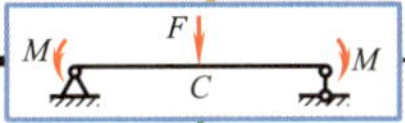

F
M
M
C

F1

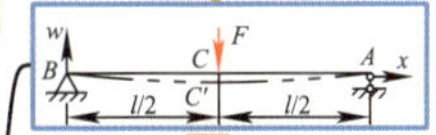

w
F
B
C
A
x
C'
l/2
l/2

F2

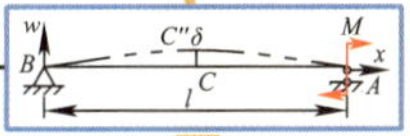

w
C''δ
M
B
x
C
l
A

F3

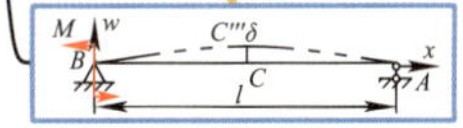

M
w
C'''δ
B
x
C
A
l

① $\theta_A = 0$

② $\theta_A = \dfrac{F\cdot(2l)^2}{16EI} - \dfrac{M\cdot(2l)}{3EI} - \dfrac{M\cdot(2l)}{6EI} = 0 \Rightarrow M = \dfrac{Fl}{4}$

G

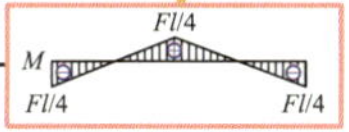

Fl/4
M
Fl/4
Fl/4

危险点：截面顶部或底部

危险截面：B_+ 面，C_- 面，C_+ 面，A_- 面

③ $M_0 = \dfrac{Fl}{4}$

④ $T_0 = \dfrac{Fl}{2}$

⑤ $\sigma_{r3} = \dfrac{\sqrt{M_0^2 + T_0^2}}{W} = \dfrac{32\times\sqrt{\left(\dfrac{Fl}{2}\right)^2 + \left(\dfrac{Fl}{4}\right)^2}}{\pi d^3} = \dfrac{8\sqrt{5}Fl}{\pi d^3} = 26.7\text{MPa}$

9-4　如图 A 所示，圆轴 AB 两端固定，矩形截面梁 CD 和 AB 焊接。l = 300mm，d = 40mm，b = 20mm，h = 60mm，弹性模量 E = 210GPa，切变模量 G = 84GPa，结构受集中载荷 F = 1kN。
(1) 计算轴 AB 危险点的 σ_{r3}。
(2) 计算截面 D 的转角 θ_D 和挠度 w_D

A
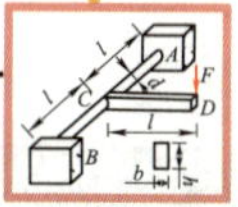

(2)

刚化杆 AB

H
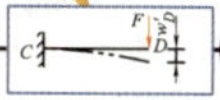

6 $\theta'_D=\frac{Fl^2}{2EI}=\frac{6Fl^2}{Ebh^3}$

7 $w'_D=\frac{Fl^3}{3EI}=\frac{4Fl^3}{Ebh^3}$

刚化杆 CD

I
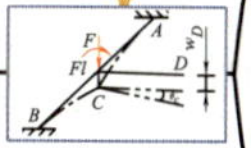

8 $\theta''_D=\theta_C$

I1

I2
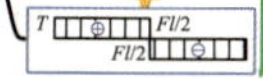

9 $\theta_C=\frac{\frac{1}{2}Fl^2}{GI_p}=\frac{16Fl^2}{\pi Gd^4}$

10 $w''_D=w_C+\theta_C\cdot l$

I3
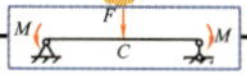

11 $w_C=\frac{F(2l)^3}{48EI}-2\times\frac{\frac{Fl}{4}(2l)^2}{16EI}=\frac{8Fl^3}{3\pi Ed^4}$

12
$$\theta_D=\theta'_D+\theta''_D=\theta'_D+\theta_C=\frac{16Fl^2}{\pi Gd^4}+\frac{6Fl^2}{Ebh^3}=2.727\times10^{-3}\text{rad}$$
$$w_D=w'_D+w''_D=w'_D+w_C+\theta_C l=\frac{4Fl^3}{Ebh^3}+\frac{8Fl^3}{3\pi Ed^4}+\frac{16Fl^3}{\pi Gd^4}=0.801\text{mm}$$

9-5　低碳钢圆截面试件拉伸断面中心部分垂直于试件轴线，原因是（　）；海底岩石被观察到产生明显的塑性变形，原因是（　）

A. 低碳钢是脆性材料；海底岩石是塑性材料

B. 试验的偶然性；试验的偶然性；

C. 试件内有缺陷；试件内有缺陷

D. 低碳钢拉伸后期的局部颈缩引起内部三向拉应力；海底岩石承受三向静水压力

9-6 塑性材料制成的圆轴抗弯截面系数为 W，承受弯矩 M 和扭矩 T 的作用，横截面对应最大正应力和最大切应力分别为 σ_M 和 τ_M，材料单向拉伸许用应力为 $[\sigma]$。根据第三强度理论，强度条件可写为（ ）

A. $\sqrt{\sigma_M^2+4\tau_T^2}\leqslant[\sigma]$ ✓

B. $\sqrt{\sigma_M^2+3\tau_T^2}\leqslant[\sigma]$

C. $\sqrt{\dfrac{M^2+T^2}{W}}\leqslant[\sigma]$ ✓

D. $\sqrt{\dfrac{M^2+0.75T^2}{W}}\leqslant[\sigma]$

9-7　塑性材料制成的圆轴处于弯拉扭组合变形状态，横截面弯曲正应力、拉伸正应力和扭转切应力分别 σ_M、σ_N、τ_T，材料单向拉伸许用应力为 $[\sigma]$。根据第四强度理论，强度条件可写为（　）

A. $\sqrt{\sigma_M^2+4\tau_T^2}+\sigma_N\leqslant[\sigma]$

B. $\sqrt{\sigma_M^2+3\tau_T^2}+\sigma_N\leqslant[\sigma]$

C. $\sqrt{(\sigma_M+\sigma_N)^2+4\tau_T^2}\leqslant[\sigma]$

D. $\sqrt{(\sigma_M+\sigma_N)^2+3\tau_T^2}\leqslant[\sigma]$ ✔

9-8　铸铁构件许用拉应力 $[\sigma^+] = 30\text{MPa}$，泊松比 $\mu = 0.3$，构件危险点主应力分别为 $\sigma_1 = 25\text{MPa}$，$\sigma_2 = -20\text{MPa}$，$\sigma_3 = -30\text{MPa}$，根据强度理论，该构件（　）

A. 安全

B. 不安全

C. 不能确定

$|\sigma_3| > \sigma_1$

1

$\sigma_{r2} = \sigma_1 - \mu(\sigma_2 + \sigma_3) = 25\text{MPa} - 0.3\times(-20-30)\text{MPa} = 40\text{MPa} > [\sigma^+] = 30\text{MPa}$

9-9　厚壁玻璃杯因倒入沸水而破裂，裂纹一般起始于（　）

- A. 内壁
- B. 外壁 ✔
- C. 壁厚中间
- D. 无规律

9-10　圆轴承受弯矩和扭矩（二者均不等于 0）的联合作用，根据第三和第四强度理论设计轴的直径分别为 d_3 和 d_4，则（　）

A. $d_3 > d_4$ ✓

B. $d_3 = d_4$

C. $d_3 < d_4$

D. d_3 和 d_4 的相对大小不能确定

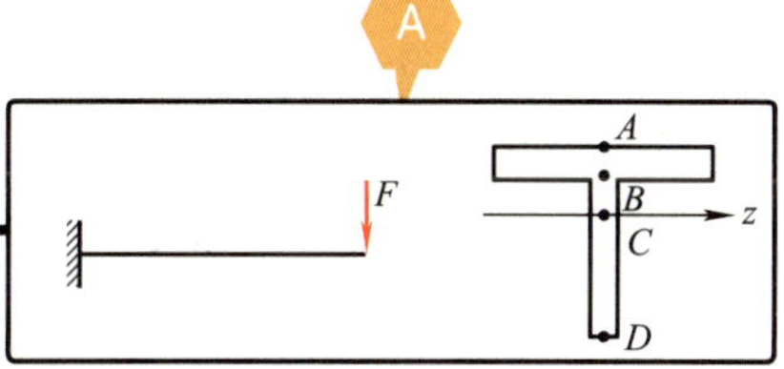
A
F
A
B
C
z
D

9-11　如图 A 所示，铸铁悬臂梁，自由端承受集中力 *F*，危险截面的危险点有 *A*、*B*、*C*、*D* 四点，其中 *C* 点为截面形心。*B*、*D* 两点的强度分别适宜于（　）强度理论校核

A. 第一、第一

B. 第二、第二

C. 第一、第二 ✓

D. 第二、第一

9-12 低碳钢拉伸试件断口不在标距长度的 1/3 的中间区段内时，如果不采用断口移中办法，测得的延伸率较实际值（ ）

- A. 偏大
- B. 偏小 ✓
- C. 不变
- D. 不能判断

第 10 章　组合变形

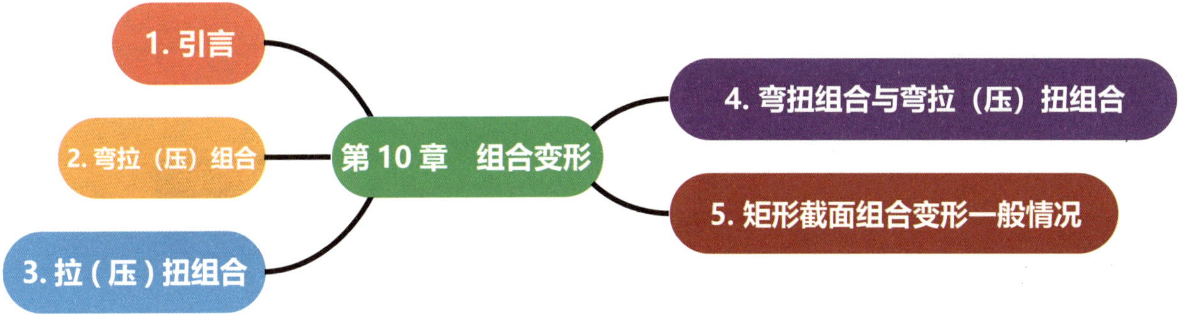
第 10 章　组合变形
1. 引言
2. 弯拉（压）组合
3. 拉（压）扭组合
4. 弯扭组合与弯拉（压）扭组合
5. 矩形截面组合变形一般情况

10.1　组合变形及强度校核的研究方法和思路

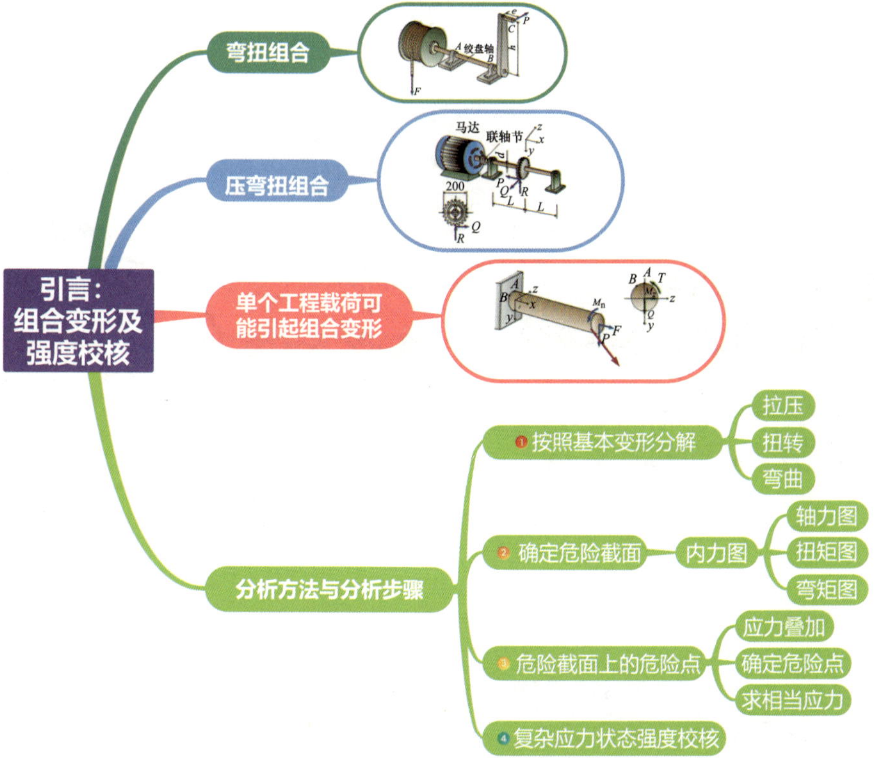
引言：组合变形及强度校核
弯扭组合
A 绞盘轴
B
C
h
e
P
F
压弯扭组合
马达
联轴节
200
P
Q
R
L
L
z
x
y
单个工程载荷可能引起组合变形
A
B
z
x
y
M_n
F
P
T
Q
分析方法与分析步骤
按照基本变形分解
拉压
扭转
弯曲
确定危险截面
内力图
轴力图
扭矩图
弯矩图
危险截面上的危险点
应力叠加
确定危险点
求相当应力
复杂应力状态强度校核

10.2 各基本变形外力-内力-应力的简介

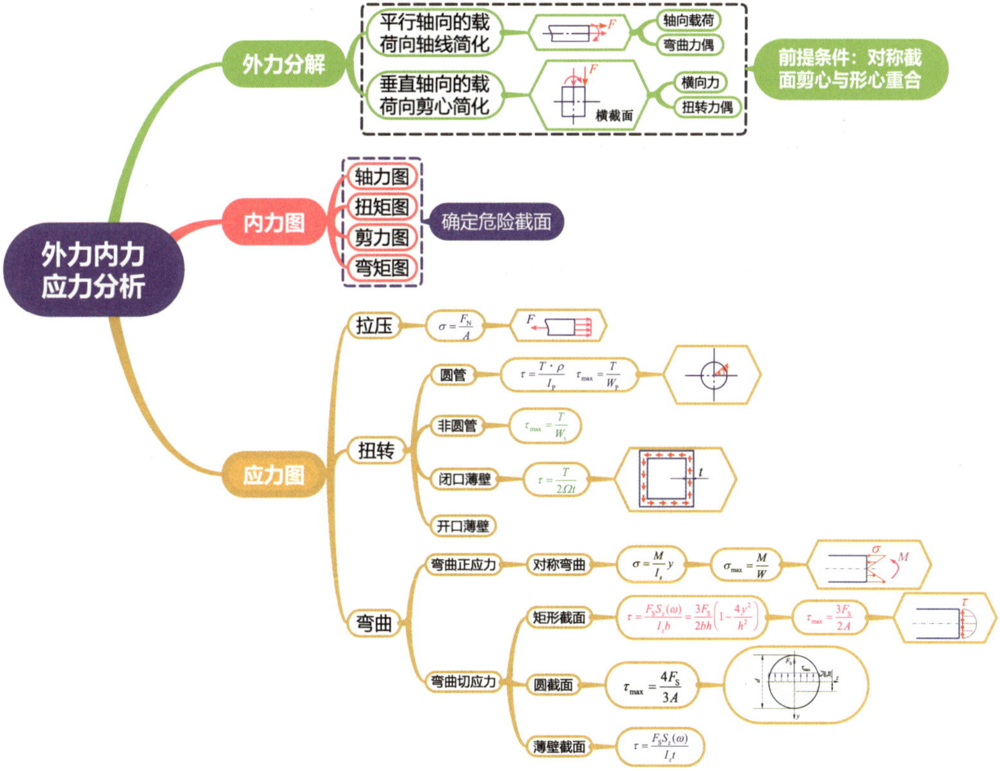

外力内力应力分析
外力分解
平行轴向的载荷向轴线简化
F
轴向载荷
弯曲力偶
垂直轴向的载荷向剪心简化
F
横截面
横向力
扭转力偶
前提条件：对称截面剪心与形心重合
内力图
轴力图
扭矩图
剪力图
弯矩图
确定危险截面
应力图
拉压
σ = F_N/A
F
扭转
圆管
τ = T·ρ/I_p
τ_max = T/W_p
非圆管
τ_max = T/W_t
闭口薄壁
τ = T/(2Ωt)
t
开口薄壁
弯曲
弯曲正应力
对称弯曲
σ = M y/I_z
σ_max = M/W
σ
M
弯曲切应力
矩形截面
τ = F_S S_z(ω)/(I_z b) = 3F_S/(2bh)(1 − 4y²/h²)
τ_max = 3F_S/(2A)
τ
圆截面
τ_max = 4F_S/(3A)
薄壁截面
τ = F_S S_z(ω)/(I_z t)

10.3 拉弯组合强度校核

钢丝绳横截面积为 A，每根钢丝直径为 d，弹性模量为 E，许用应力为 $[\sigma]$，滑轮直径为 D，求许用拉力 F。两种情况：（1）单根圆钢：$A=\frac{1}{4}\pi d^2$；（2）n 根圆钢丝：$A=\frac{1}{4}n\pi d_1^2$

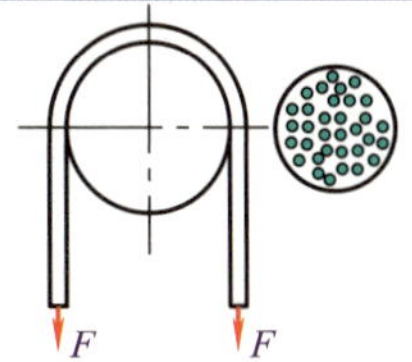
F
F

拉弯组合例题

- $\sigma=\sigma_N+\sigma_M$
  - $\sigma_M=E\frac{y}{\rho}$
  - $\sigma_N=\frac{F}{A}$
- $\frac{1}{4}\pi d^2=\frac{1}{4}n\pi d_1^2$ → $d_1=\frac{d}{\sqrt{n}}$
- **单根圆钢**
  - $y=\frac{d}{2}$
  - $\rho=\frac{D}{2}+\frac{d}{2}\approx\frac{D}{2}$
  - $\sigma=\frac{F}{A}+E\frac{d}{D}$ → $\frac{F}{A}+E\frac{d}{D}\leqslant[\sigma]$
  - $[F_1]=\left([\sigma]-E\frac{d}{D}\right)A$ → $F_1<\left([\sigma]-E\frac{d}{D}\right)A$
- **n 根圆钢丝**
  - $y=\frac{d_1}{2}$
  - $\rho=\frac{D}{2}+\frac{d_1}{2}\approx\frac{D}{2}$
  - $\sigma=\frac{F}{A}+E\frac{d_1}{D}$ → $\frac{F}{A}+E\frac{d_1}{D}<[\sigma]$
  - $[F_2]=\left([\sigma]-E\frac{d_1}{D}\right)A$ → $F_2<\left([\sigma]-E\frac{d_1}{\sqrt{n}D}\right)A$
- $F_2>F_1$

弯拉组合变形梁的合理设计攻略

y
A
l
B
x
e
F
F_y
F_x
α

已知 $F = 100\text{kN}$，$l = 2\text{m}$，$e = l/10$，$\alpha=30°$，$[\sigma] = 160\text{MPa}$，请选择工字钢型号

- 画等效的受力简图

F_y
M_e
F_C

- ① 内力图
  - 轴力图

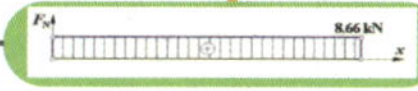

F_N
8.66 kN
x

  - 两个弯矩合成的弯矩图

M
8.27 kN·m
x
1.732 kN·m

  - → 危险截面
- ② 危险截面上的危险点：应力代数叠加
  - ① $\sigma_{N,max} = \dfrac{F_{N,max}}{A}$
  - ② $\sigma_{M,max} = \dfrac{M_{max}}{W_z}$
  - ③ $\sigma_{max} = \sigma_{N,max} + \sigma_{M,max}$
- ③ 弯曲强度初步设计
  - ④ $\sigma_{M,max} < [\sigma]$ — ⑤ $\sigma_{max} = \dfrac{M}{W_z} < [\sigma]$
    - $W_z \geqslant 5.17\times10^{-5}\text{m}^4$
    - 选 12.6 型号工字钢，$W_z = 7.75\times10^{-4}\text{m}^4$，$A = 1.81\times10^{-3}\text{m}^2$
- ④ 进行拉弯校核与修改
  - ⑥ $\sigma_{max} = \dfrac{F_N}{A} + \dfrac{M_{max}}{W_z} < [\sigma]$
    - 如果满足，结束
    - 不满足，则进行修改

10.4　拉压扭组合的强度校核

拉（压）扭组合

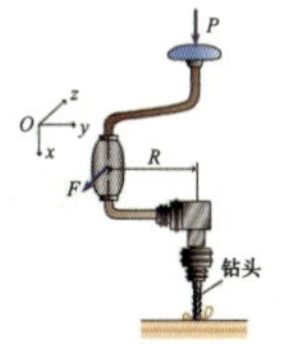
P
O
z
y
x
R
F
钻头

螺旋桨轴

M_n
P

应力

$$\sigma_N = \frac{F_N}{A} = \frac{P}{A}$$

$$\tau_{max} = \frac{T}{W_P} = \frac{M_n}{W_P}$$

强度校核

$$\sigma_{r3} = \sqrt{\sigma^2 + 4\tau^2} < [\sigma]$$

$$\sigma_{r4} = \sqrt{\sigma^2 + 3\tau^2} < [\sigma]$$

10.5 圆轴弯扭组合的强度校核

弯扭组合（圆轴）

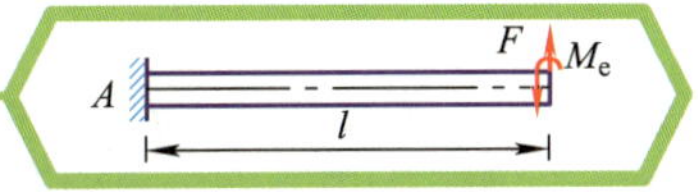

F
M_e
A
l

- **危险截面**
  - 内力图

    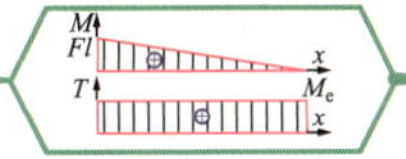

    M
    Fl
    x
    T
    M_e
    x

    - A 截面最危险
- **危险点**
  - a 点
  - b 点

  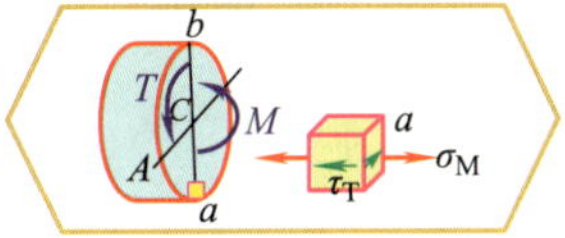

  b
  T
  C
  M
  A
  a
  a
  σ_M
  τ_T

- **应力状态**
  - 单向＋纯剪切
- **应力表征的强度条件**
  - $\sigma_{r3}=\sqrt{\sigma_M^2+4\tau_T^2}\leqslant[\sigma]$
  - $\sigma_{r4}=\sqrt{\sigma_M^2+3\tau_T^2}\leqslant[\sigma]$
  - **适用条件**
    - 单向＋纯剪切
    - 塑性材料
- **内力表征的强度条件**
  - $\sigma_{r3}=\dfrac{\sqrt{M^2+T^2}}{W}\leqslant[\sigma]$
  - $\sigma_{r4}=\dfrac{\sqrt{M^2+0.75T^2}}{W}\leqslant[\sigma]$
  - **适用条件**
    - 圆截面
      - $\sigma_M=\dfrac{M}{W_z}$
      - $\tau_T=\dfrac{T}{W_P}$ — $W_P=\dfrac{1}{16}\pi d^3$
      - $W_P=2W_z=2W_y$ — $W_y=W_z=\dfrac{1}{32}\pi d^3$
    - 单向 ＋ 纯剪切
    - 塑性材料

10.6　弯拉扭组合的强度校核

弯拉（压）扭组合

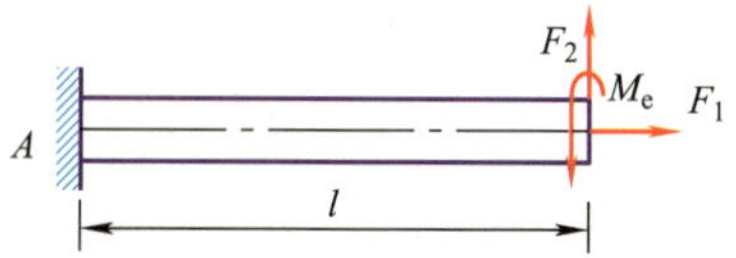
F2
Me
F1
A
l

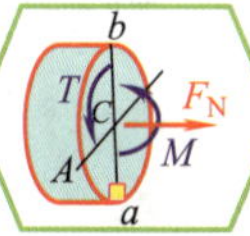
b
T
C
FN
M
A
a

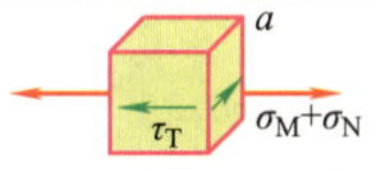
a
τT
σM+σN

- **危险截面**：内力图 → A 危险截面
- **危险点**
  - ☑ a 点：$\sigma_a = \sigma_M + \sigma_N$；$\tau_a$
  - ☒ b 点：$\sigma_b = -\sigma_M + \sigma_N$；$\tau_b = \tau_a$
  - a 点是危险点
- **应力状态**：单向＋纯剪切
- **计算相当应力校核强度**
  - $\sigma_{r3} = \sqrt{(\sigma_M + \sigma_N)^2 + 4\tau_T^2} \leqslant [\sigma]$
  - $\sigma_{r4} = \sqrt{(\sigma_M + \sigma_N)^2 + 3\tau_T^2} \leqslant [\sigma]$

10.7 典型的弯弯扭组合变形强度校核问题

圆轴在力 F_1、F_2 的作用下处于平衡状态。已知力 F_1 的大小，力 F_2 作用的角度 θ，轴的直径 D 和结构尺寸 a、R_1、R_2，分别按第三和第四强度理论校核轴的强度

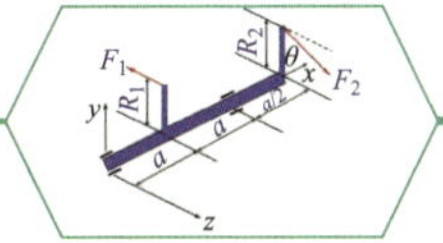

F_1
R_1
R_2
θ
F_2
x
y
a
a
$a/2$
z

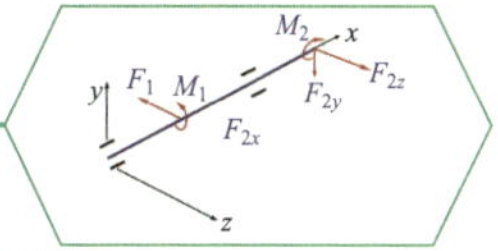

M_2
x
y
F_1
M_1
F_{2y}
F_{2z}
F_{2x}
z

弯弯扭组合的强度问题

- **1. 外力分析**
  - 计算简图 — 各横向力向轴线简化 — 根据平衡方程 — 求出各外载荷的大小
  - $\sum M_x = 0$ — $F_z = \dfrac{F_1 \cdot R_1}{R_2 \sin\theta}$ — 求出所有支座反力
- **2. 分解变形**
  - 扭 — M_1、M_2 为扭力矩
  - 弯 — F_{2y} 使轴在铅垂面（x-y 面）内弯曲
  - 弯 — F_1、F_{2z} 使轴在水平面（y-z 面）内弯曲
- **3. 确定危险截面**

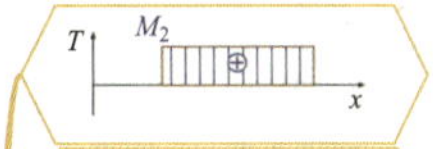

T
M_2
x

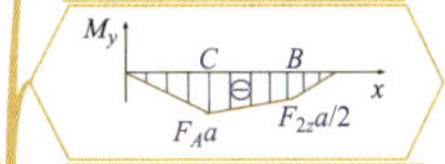

M_y
C
B
x
F_Aa
$F_{2z}a/2$

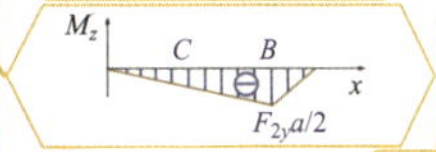

M_z
C
B
x
$F_{2y}a/2$

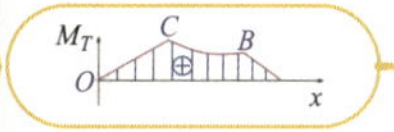

M_T
C
B
O
x

  - 圆截面需要在弯矩层面上叠加
  - 危险截面 C 或 B — CB 段的合弯矩图为凹曲线
    - $M_y = k_1 x + b_1$ — $M_z = k_2 x + b_2$
    - $M_T = \sqrt{M_y^2 + M_z^2} = \sqrt{(k_1^2 + k_2^2)x^2 + (2k_1b_1 + 2k_2b_2)x + b_1^2 + b_2^2}$
    - $\dfrac{\mathrm{d}^2 M_T}{\mathrm{d}x^2} \geqslant 0$
- **4. 危险点的应力分析**
  - 弯 — $\sigma_{\max} = \dfrac{M_T}{W_z}$
  - 扭 — $\tau_{\max} = \dfrac{T}{W_P}$
- **5. 计算相当应力，校核强度**
  - $\sigma_{r3} = \sqrt{\sigma_{\max}^2 + 4\tau_{\max}^2} < [\sigma]$
  - $\sigma_{r4} = \sqrt{\sigma_{\max}^2 + 3\tau_{\max}^2} < [\sigma]$
  - 适用范围：圆形截面
- **非圆截面** — 画微体的应力图 — 计算主应力 — 第三强度理论 / 第四强度理论 — 求得相当应力 — 校核强度

10.8　弯弯扭压组合变形的强度校核

标语牌重 P = 150N，风力 F = 120N，钢柱的相关参数为 D = 50mm，d = 45mm，$[\sigma]$ = 80MPa，a = 0.2m，l = 2.5m，按第三强度理论校核强度

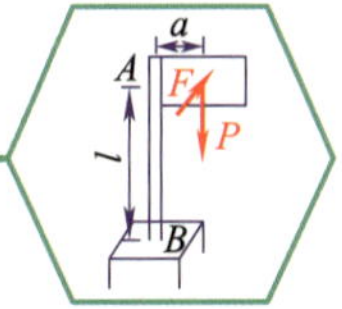
a
A
F
P
l
B

弯弯扭压典型例题

- 1. 受力简图

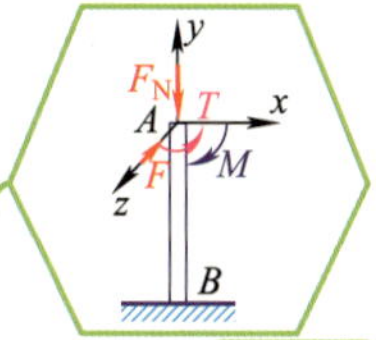
y
F_N
T
x
A
F
M
z
B

  - 力等效
    - $F \Rightarrow F + T(=Fa)$
    - $P \Rightarrow F_N(=P) + M_z(=Pa)$
- 2. 确定危险截面
  - 内力图
    - 轴力：$F_N = 150\text{N}$
    - 扭矩：$T = Fa = 24\text{N}\cdot\text{m}$
    - 弯矩：$M_z = Pa$
    - 弯矩：$M_x = Fx\quad(0<x<l)$
  - B 截面为危险截面
- 3. 确定危险点
  - 轴力 → 拉压应力 → $\sigma_N = \dfrac{F_N}{A}$
  - 弯矩、弯矩 → 圆形截面，弯矩合成 → 弯曲应力 → $\sigma_M = \dfrac{\sqrt{M_z^2 + M_x^2}}{W}$
  - → $\sigma = \sigma_N + \sigma_M$
  - 扭矩 → 切应力 → $\tau_T = \dfrac{T}{W_P}$
  - 单向拉伸 + 纯剪切
- 4. 计算相当应力，强度校核
  - $\sigma_{r3} = \sqrt{(\sigma_N + \sigma_M)^2 + 4\tau^2} = 72\text{MPa} < [\sigma]$

矩形截面组合变形的强度校核

图示钢质曲柄，试分析截面 B—B 的强度

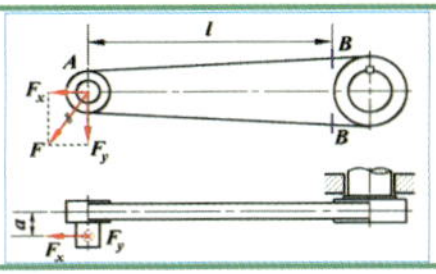

A
l
B
F_x
F
F_y
B
a
F_x
F_y

力的等效平移

$F_y a$
F_y
F_y
M_z
z
T
F_{Sy}
y

- $M_z = F_y x (0<x<l)$
- $T = F_y a$
- $F_{Sy} = F_y$

F_x
$F_x a$
F_x
M_y
z
F_N
y

- $F_x = F_N$
- $M_y = F_x a$

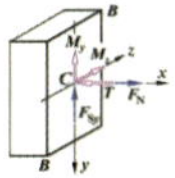

B
M_y
M_z
z
C
T
F_N
x
F_{Sy}
B
y

应力分析

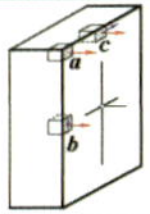

c
a
b

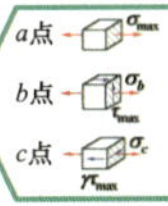

a点
σ_{max}
b点
σ_b
τ_{max}
c点
σ_c
$\gamma\tau_{max}$

正应力

- F_N
- M_y
- M_z

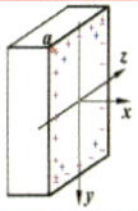

a
z
x
y

a 点应力最大

$$\sigma_a = \frac{M_y}{W_y} + \frac{M_z}{W_z} + \frac{F_N}{A}$$

$$\frac{M_y}{W_y} + \frac{M_z}{W_z} + \frac{F_N}{A} \leqslant [\sigma]$$

切应力

- T
- F_{Sy}

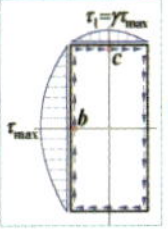

$\tau_1 = \gamma\tau_{max}$
c
τ_{max}
b

b 点切应力最大

- b 点正应力：$\sigma_b = \dfrac{M_y}{W_y} + \dfrac{F_N}{A}$
- b 点切应力：$\tau_b = \tau_{bT} + \tau_{bS} = \dfrac{T}{W_t} + \dfrac{3F_{Sy}}{2A}$

$$\sqrt{\left(\frac{M_y}{W_y} + \frac{F_N}{A}\right)^2 + 4\left(\frac{T}{W_t} + \frac{3F_S}{2A}\right)^2} \leqslant [\sigma]$$

$$\sigma_{r3} = \sqrt{\left(\frac{M_y}{W_y} + \frac{F_N}{A}\right)^2 + 4\left(\frac{T}{W_t}\right)^2} \leqslant [\sigma]$$

c 点切应力次大

- c 点正应力：$\sigma_c = \dfrac{M_z}{W_z} + \dfrac{F_N}{A}$
- c 点切应力：$\tau_c = \dfrac{\gamma T}{W_t}$

$$\sigma_{r3} = \sqrt{\left(\frac{M_z}{W_z} + \frac{F_N}{A}\right)^2 + 4\left(\frac{\gamma T}{W_t}\right)^2} \leqslant [\sigma]$$

10.9　矩形截面组合变形的强度校核

10.10　包含扭矩和弯矩的薄壁结构强度校核新

已知塑性材料 $[\sigma]$，校核筒身强度，求 AB 的伸长

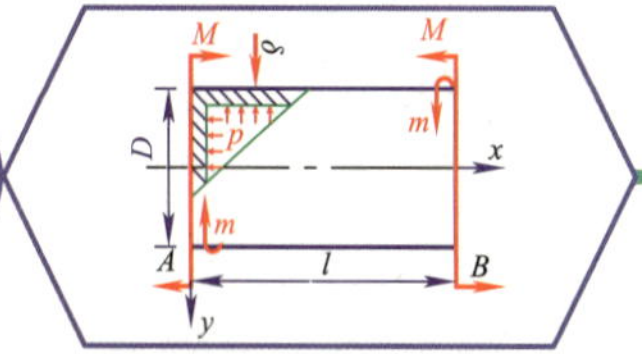
M
δ
M
D
p
m
x
m
A
l
B
y

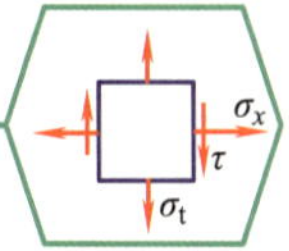
σx
τ
σt

承受弯矩和扭矩的薄壁压力容器强度校核

- **1. 分解载荷**
  - p
    - $\sigma_{x,p}$：$\sigma_x^p=\dfrac{pD}{4\delta}$
    - σ_t：$\sigma_t^p=\dfrac{pD}{2\delta}$
  - M
    - $\sigma_{x,M}$：$\sigma_x^M=\dfrac{M}{W_z}$，$W_z=\dfrac{\pi D^3}{32}(1-\alpha^4)$
  - $T=m$
    - τ：$\tau=\dfrac{m}{W_p}$
- **2. 危险点**
  - 底部 AB 边上：$\sigma_x=\sigma_x^p+\sigma_x^M$，$\sigma_t=\sigma_t^p$，$\tau^m$ → 平面应力状态
- **3. 求主应力**
  - $\begin{cases}\sigma_{\max}\\ \sigma_{\min}\end{cases}=\dfrac{\sigma_x+\sigma_t}{2}\pm\sqrt{\left(\dfrac{\sigma_x+\sigma_t}{2}\right)^2+\tau^2}$
  - $\sigma_r\approx 0$
  - ★ 应力圆圆心加减半径公式
  - 应力圆

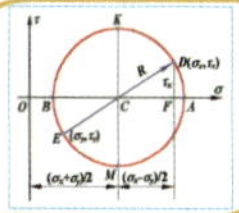
τ
K
D(σx,τx)
R
τx
σ
O
B
C
F
A
E(σy,τy)
(σx+σy)/2
M
(σx-σy)/2

- **4. 塑性材料强度准则**
  - $\sigma_{r3}=\sigma_1-\sigma_3\leqslant[\sigma]$
  - $\sigma_{r4}=\dfrac{1}{\sqrt{2}}\sqrt{(\sigma_1-\sigma_2)^2+(\sigma_1-\sigma_3)^2+(\sigma_2-\sigma_3)^2}\leqslant[\sigma]$
- **5. 广义胡克定律**
  - 应变：$\varepsilon_{AB}=\dfrac{1}{E}(\sigma_x-\mu\sigma_t)$
  - 变形：$\Delta l_{AB}=l\cdot\varepsilon_{AB}$

10.11　盘点第 9 章 + 第 10 章

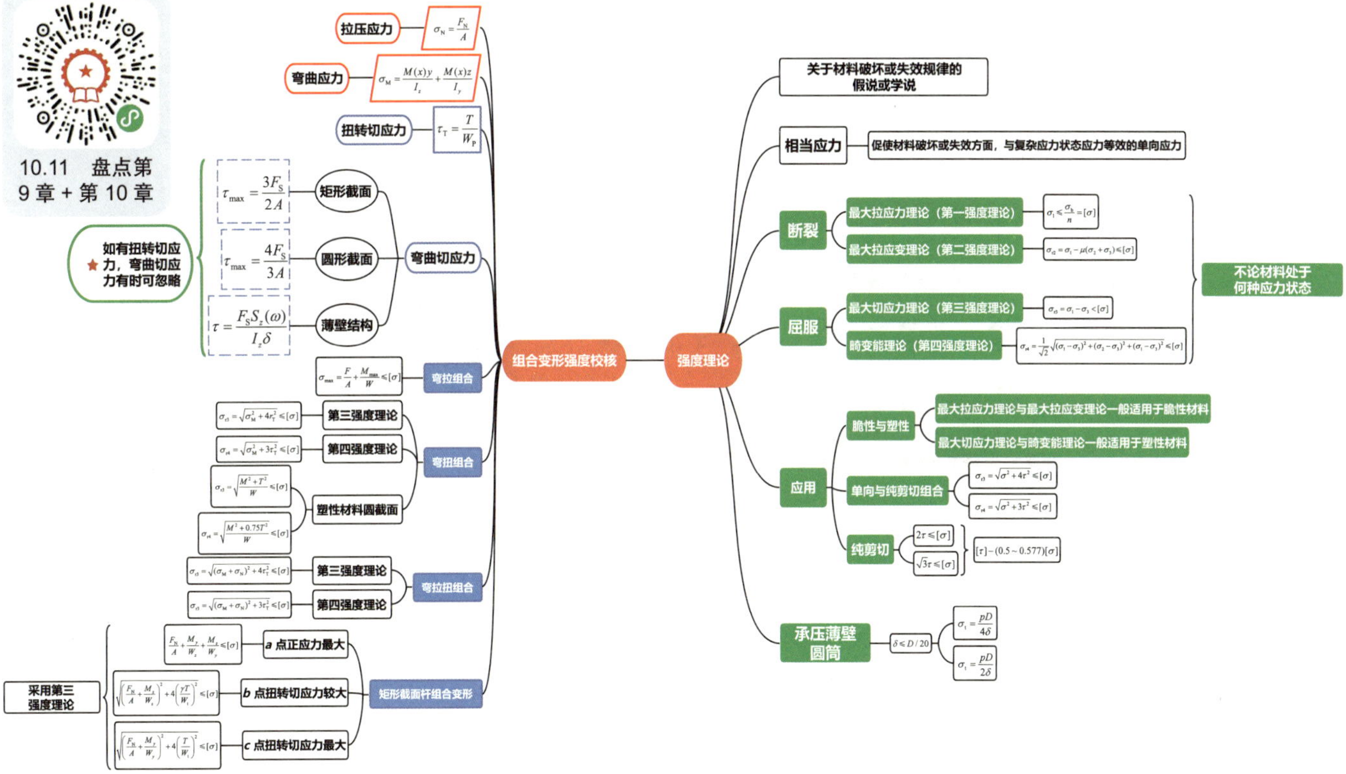
组合变形强度校核
拉压应力
$\sigma_N=\frac{F_N}{A}$
弯曲应力
$\sigma_M=\frac{M(x)y}{I_z}+\frac{M(x)z}{I_y}$
扭转切应力
$\tau_T=\frac{T}{W_P}$
弯曲切应力
矩形截面
$\tau_{max}=\frac{3F_S}{2A}$
圆形截面
$\tau_{max}=\frac{4F_S}{3A}$
薄壁结构
$\tau=\frac{F_S S_z(\omega)}{I_z\delta}$
★如有扭转切应力，弯曲切应力有时可忽略
弯拉组合
$\sigma_{max}=\frac{F}{A}+\frac{M_{max}}{W}\leqslant[\sigma]$
弯扭组合
第三强度理论
$\sigma_{r3}=\sqrt{\sigma_M^2+4\tau_T^2}\leqslant[\sigma]$
第四强度理论
$\sigma_{r4}=\sqrt{\sigma_M^2+3\tau_T^2}\leqslant[\sigma]$
塑性材料圆截面
$\sigma_{r3}=\frac{\sqrt{M^2+T^2}}{W}\leqslant[\sigma]$
$\sigma_{r4}=\frac{\sqrt{M^2+0.75T^2}}{W}\leqslant[\sigma]$
弯拉扭组合
第三强度理论
$\sigma_{r3}=\sqrt{(\sigma_M+\sigma_N)^2+4\tau_T^2}\leqslant[\sigma]$
第四强度理论
$\sigma_{r3}=\sqrt{(\sigma_M+\sigma_N)^2+3\tau_T^2}\leqslant[\sigma]$
矩形截面杆组合变形
采用第三强度理论
a 点正应力最大
$\frac{F_N}{A}+\frac{M_z}{W_z}+\frac{M_y}{W_y}\leqslant[\sigma]$
b 点扭转切应力较大
$\sqrt{\left(\frac{F_N}{A}+\frac{M_z}{W_z}\right)^2+4\left(\frac{\gamma T}{W_t}\right)^2}\leqslant[\sigma]$
c 点扭转切应力最大
$\sqrt{\left(\frac{F_N}{A}+\frac{M_y}{W_y}\right)^2+4\left(\frac{T}{W_t}\right)^2}\leqslant[\sigma]$
强度理论
关于材料破坏或失效规律的假说或学说
相当应力
促使材料破坏或失效方面，与复杂应力状态应力等效的单向应力
断裂
最大拉应力理论（第一强度理论）
$\sigma_1\leqslant\frac{\sigma_b}{n}=[\sigma]$
最大拉应变理论（第二强度理论）
$\sigma_{r2}=\sigma_1-\mu(\sigma_2+\sigma_3)\leqslant[\sigma]$
屈服
最大切应力理论（第三强度理论）
$\sigma_{r3}=\sigma_1-\sigma_3<[\sigma]$
畸变能理论（第四强度理论）
$\sigma_{r4}=\frac{1}{\sqrt{2}}\sqrt{(\sigma_1-\sigma_2)^2+(\sigma_2-\sigma_3)^2+(\sigma_1-\sigma_3)^2}\leqslant[\sigma]$
不论材料处于何种应力状态
应用
脆性与塑性
最大拉应力理论与最大拉应变理论一般适用于脆性材料
最大切应力理论与畸变能理论一般适用于塑性材料
单向与纯剪切组合
$\sigma_{r3}=\sqrt{\sigma^2+4\tau^2}\leqslant[\sigma]$
$\sigma_{r4}=\sqrt{\sigma^2+3\tau^2}\leqslant[\sigma]$
纯剪切
$2\tau\leqslant[\sigma]$
$\sqrt{3}\tau\leqslant[\sigma]$
$[\tau]=(0.5\sim0.577)[\sigma]$
承压薄壁圆筒
$\delta\leqslant D/20$
$\sigma_t=\frac{pD}{4\delta}$
$\sigma_t=\frac{pD}{2\delta}$

10.5　矩形截面组合变形一般情况

第 11 章　压杆稳定问题

11.1　压杆稳定引论

第 11 章　压杆稳定问题
1. 引言
2. 两端铰支细长压杆的临界载荷
3. 两端非铰支细长压杆的临界载荷
4. 中小柔度杆的临界应力
5. 压杆稳定条件与合理设计

11.2　短粗杆和细长杆破坏机理的区别

压杆稳定引言

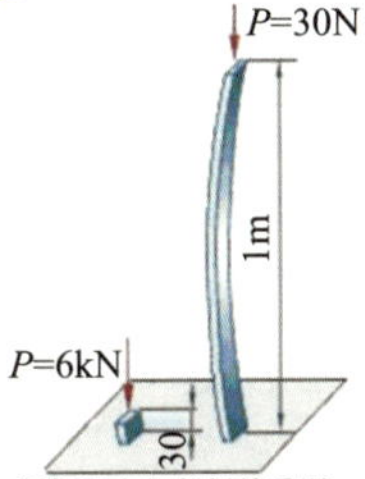

P=30N
1m
P=6kN
30

短粗杆和细长杆的受压

A

强度条件是否适用于压杆?

$$\sigma=\frac{F_N}{A}\leqslant[\sigma]$$

- 短粗杆

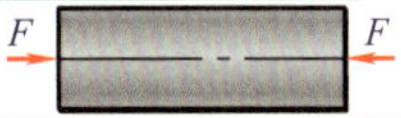

F
F

正确

- 细长杆

F
F

错误

- 对于细长压杆，必须研究稳定问题

11.3　稳定性概念

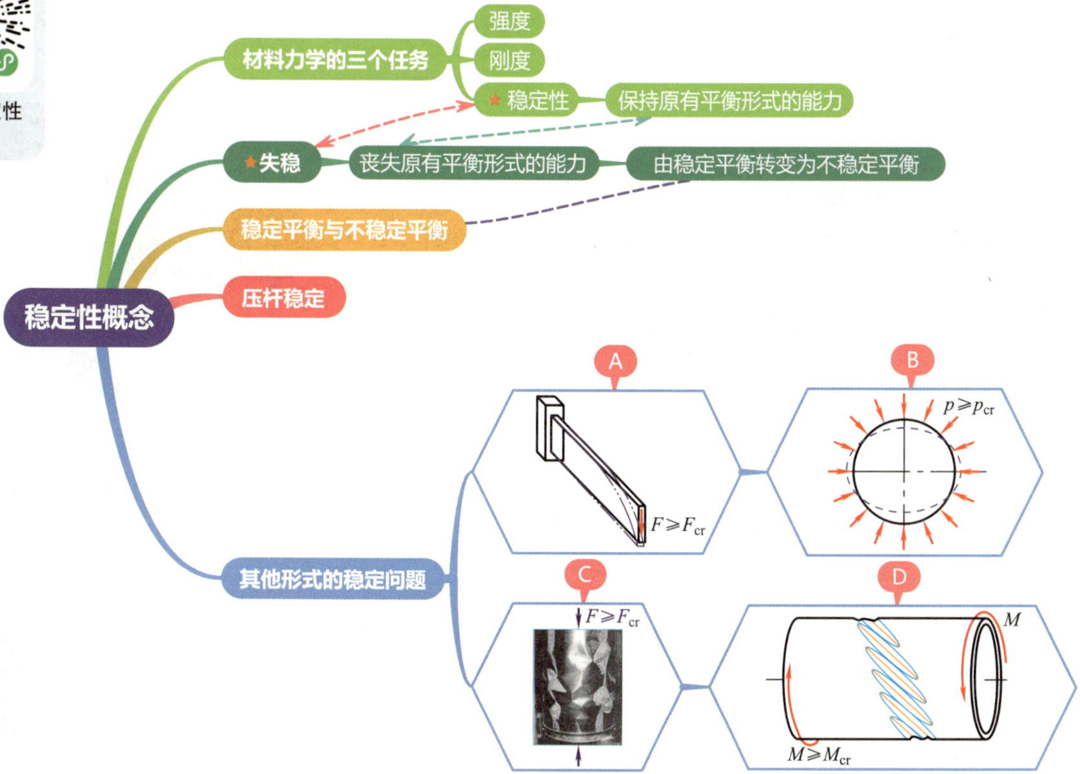
稳定性概念
材料力学的三个任务
强度
刚度
★稳定性
保持原有平衡形式的能力
★失稳
丧失原有平衡形式的能力
由稳定平衡转变为不稳定平衡
稳定平衡与不稳定平衡
压杆稳定
其他形式的稳定问题
A
$F \geqslant F_{cr}$
B
$p \geqslant p_{cr}$
C
$F \geqslant F_{cr}$
D
M
$M \geqslant M_{cr}$

11.4　稳定平衡与不稳定平衡

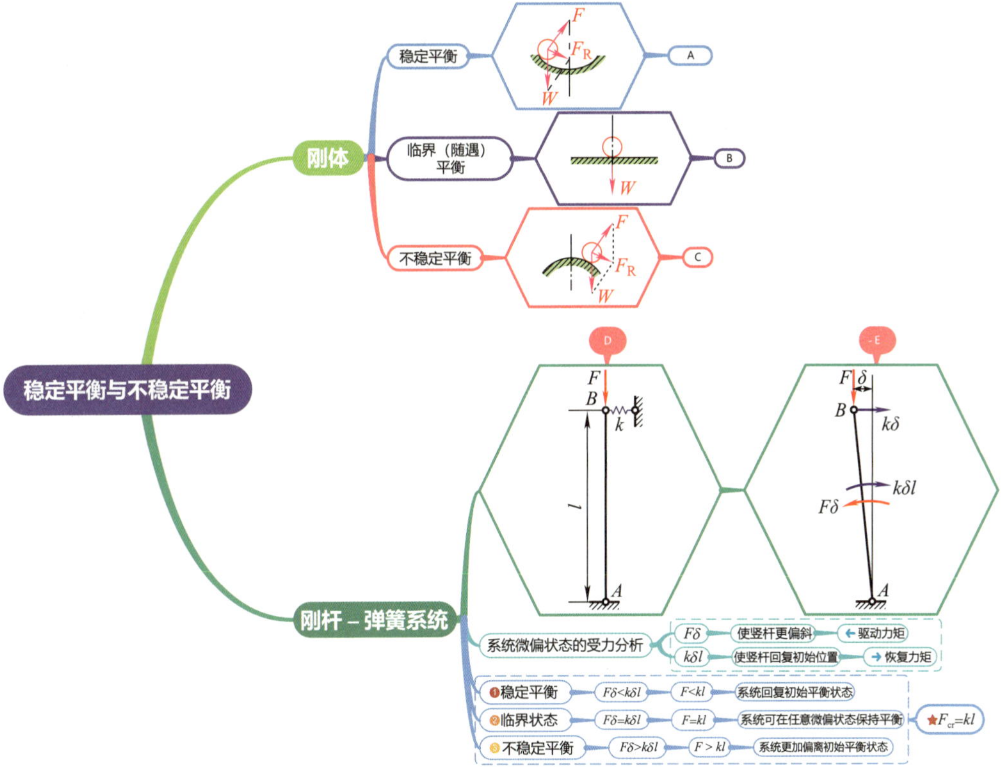
稳定平衡与不稳定平衡
刚体
稳定平衡
A
临界（随遇）平衡
B
不稳定平衡
C
F
F_R
W
刚杆－弹簧系统
D
E
B
k
l
A
δ
kδ
kδl
Fδ
系统微偏状态的受力分析
Fδ
使竖杆更偏斜
驱动力矩
kδl
使竖杆回复初始位置
恢复力矩
❶稳定平衡
$F\delta<k\delta l$
$F<kl$
系统回复初始平衡状态
❷临界状态
$F\delta=k\delta l$
$F=kl$
系统可在任意微偏状态保持平衡
★$F_{cr}=kl$
❸不稳定平衡
$F\delta>k\delta l$
$F>kl$
系统更加偏离初始平衡状态

11.5　压杆稳定初探

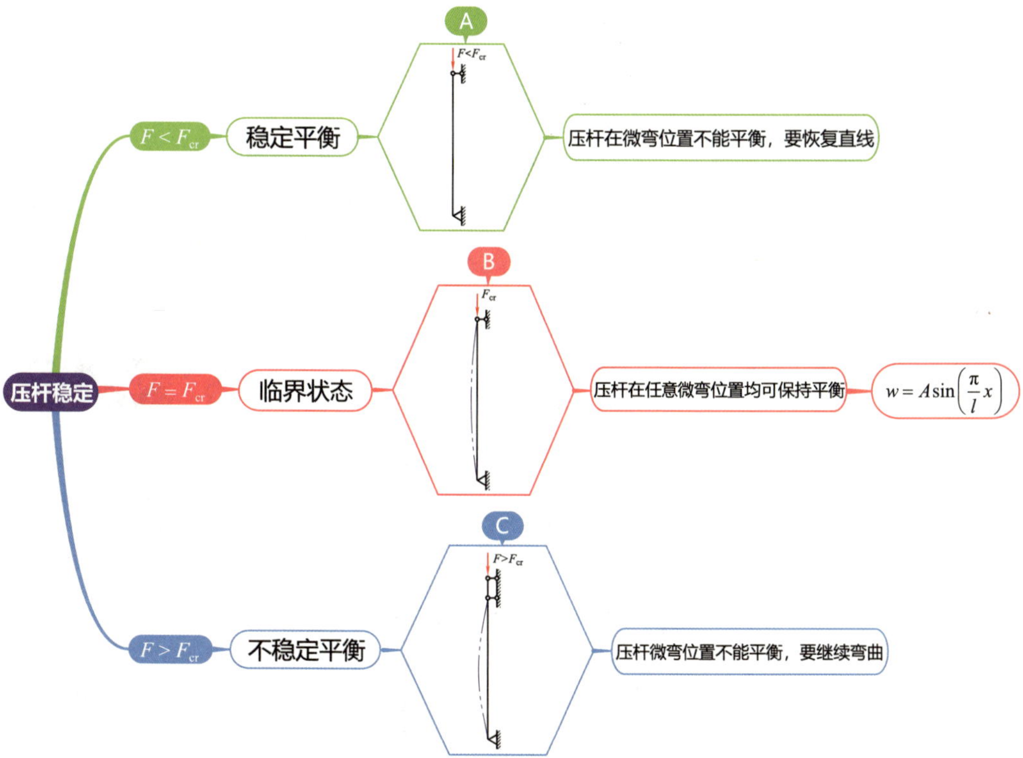
压杆稳定
$F < F_{cr}$
稳定平衡
A
$F<F_{cr}$
压杆在微弯位置不能平衡，要恢复直线
$F = F_{cr}$
临界状态
B
F_{cr}
压杆在任意微弯位置均可保持平衡
$w = A\sin\left(\frac{\pi}{l}x\right)$
$F > F_{cr}$
不稳定平衡
C
$F>F_{cr}$
压杆微弯位置不能平衡，要继续弯曲

11.6　欧拉临界载荷公式的推导

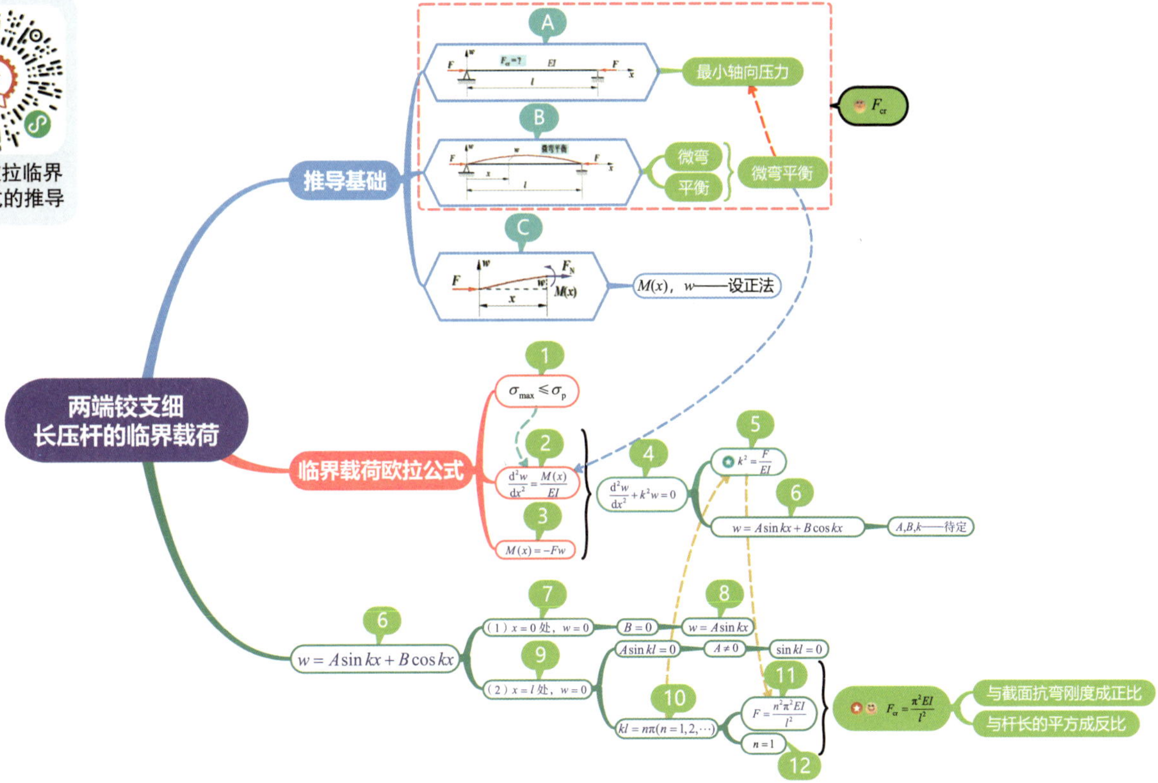
两端铰支细长压杆的临界载荷
推导基础
A
$F_{cr}=?$
EI
F
w
x
l
最小轴向压力
F_{cr}
B
微弯平衡
F
w
x
l
微弯
平衡
微弯平衡
C
F
w
F_N
$M(x)$
x
$M(x)$，w——设正法
临界载荷欧拉公式
1
$\sigma_{max} \leqslant \sigma_p$
2
$\frac{d^2w}{dx^2}=\frac{M(x)}{EI}$
3
$M(x)=-Fw$
4
$\frac{d^2w}{dx^2}+k^2w=0$
5
$k^2=\frac{F}{EI}$
6
$w=A\sin kx+B\cos kx$
A,B,k——待定
6
$w=A\sin kx+B\cos kx$
7
（1）$x=0$处，$w=0$
$B=0$
8
$w=A\sin kx$
9
（2）$x=l$处，$w=0$
$A\sin kl=0$
$A\neq 0$
$\sin kl=0$
10
$kl=n\pi(n=1,2,\cdots)$
11
$F=\frac{n^2\pi^2EI}{l^2}$
12
$n=1$
$F_{cr}=\frac{\pi^2EI}{l^2}$
与截面抗弯刚度成正比
与杆长的平方成反比

11.7　临界状态的挠曲线方程

临界状态的挠曲线方程

F
w
F
x

13

$w = A\sin\dfrac{\pi x}{l}$

- *A* 是待定系数 —— 微弯程度可任意
- 压杆在临界状态的平衡，是一种有条件的平衡

挠曲线形状一定

11.8 小挠度理论与理想压杆模型的实际意义

小挠度理论与理想压杆模型的实际意义

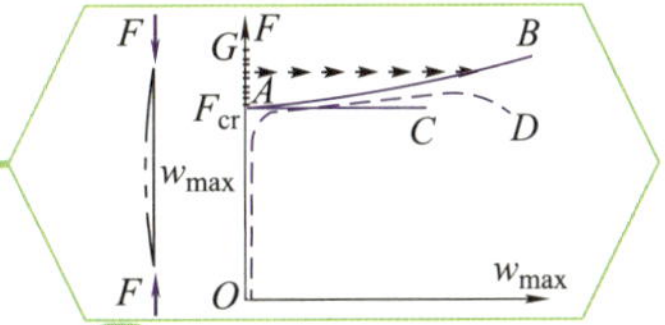

F
F
G
F
B
F_{cr}
A
C
D
w_{max}
O
w_{max}

- ① $\frac{d^2w}{dx^2}=\frac{M(x)}{EI}$ — 挠曲线近似微分方程 — 小挠度理论 — ★微弯平衡
- ② $M(x)=-Fw$ — 微弯平衡方程
- ③ $\frac{1}{\rho(x)}=\frac{M(x)}{EI}=\frac{d\theta}{dx}$ — 挠曲线基本方程
- 大挠度理论
  - $F<F_{cr}$ — 直线 OA — 直线形态的平衡 — 稳定
  - $F>F_{cr}$
    - 直线 AG — 直线形态的平衡 — 不稳定
    - 曲线 AB — 曲线形态的平衡 — 稳定
  - $F=F_{cr}$
    - 直线 OA — 直线形态的平衡 — 稳定
    - 曲线 AB — ★微弯平衡 — 稳定
  - 利用小变形条件对于大挠度理论进行合理的简化，既正确又简单实用
- 大挠度理论
  - 曲线 AB 在 A 点附近极平坦 — 可用水平短直线代替曲线
  - 当 F 略超过 F_{cr} 时 — 压杆变形急剧增大 — 更鲜明地说明失稳的危险性
- 实际压杆
  - 1. 材料非均匀
  - 2. 外加压力稍许偏离杆轴
  - 3. 未受力，已有微小弯曲
  - $F<F_{cr}$ — 压杆发生微小弯曲变形 — 随着压力增大而缓慢增长
  - $F\to F_{cr}$ — w_{max} 急剧增大 — F_{cr} 同样导致实际压杆失效
  - 说明采用理想压杆作为分析模型确定 F_{cr} 具有实际意义

图示细长压杆，$l=0.8\text{m}$，$d=20\text{mm}$，$E=200\text{GPa}$，$\sigma_s=235\text{MPa}$，求 F_{cr}

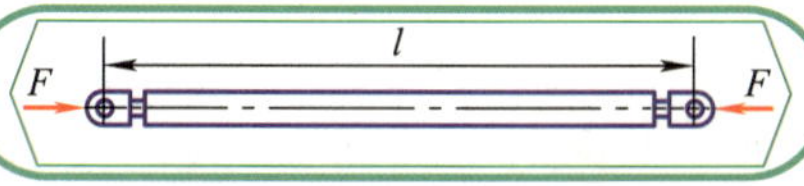
F
l
F

11.9　细长压杆的承压能力计算

确定细长压杆承压能力

$$F_{cr}=\frac{\pi^2 EI}{l^2}$$

$$F_{cr}=\frac{\pi^2 E}{l^2}\cdot\frac{\pi d^4}{64}=24.2\text{kN}$$

欧拉临界载荷

$$I_z=\frac{\pi D^4}{64}\qquad I_p=\frac{\pi D^4}{32}$$

$$W_z=\frac{\pi D^3}{32}\qquad W_p=\frac{\pi D^3}{16}$$

$$F_s=\sigma_s\cdot\frac{\pi d^2}{4}=73.8\text{kN}$$

压缩强度限定的临界载荷

细长杆的承压能力由稳定性要求确定

11.10 一端铰支，一端固定细长压杆之临界载荷

两端非铰支细长压杆的临界载荷

一端铰支一端固定的细长压杆

A

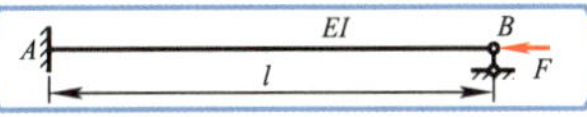

A
EI
B
F
l

B

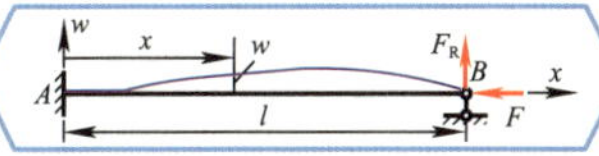

w
x
w
F_R
B
x
A
F
l

① 微弯平衡方程 — 1: $M(x)=-Fw+F_R(l+x)$

② 挠曲线近似微分方程 — 2: $M(x)=EI\dfrac{d^2w}{dx^2}$

3: $\dfrac{d^2w}{dx^2}+\dfrac{F}{EI}w=\dfrac{F_R}{EI}(l-x)$

4: $w=A\sin kx+B\cos kx+\dfrac{F_R}{EIk^2}(l-x)$

5: $k^2=\dfrac{F}{EI}$

③ 位移边界条件 — 6:

$x=0, w=0$

$x=0, w'=0$

$x=l, w=0$

④ 解关于 A、B、F_R 的线性齐次方程组 — 7:

$B+\dfrac{F_R l}{EIk^2}=0$

$Ak-\dfrac{F_R}{EIk^2}=0$

$A\sin kl+B\cos kl=0$

⑤

8: $\begin{vmatrix} 0 & 1 & \dfrac{1}{EIk^2} \\ k & 0 & -\dfrac{1}{EIk^2} \\ \sin kl & \cos kl & 0 \end{vmatrix}=0$

9: $\tan kl=kl$ — 超越方程

10:

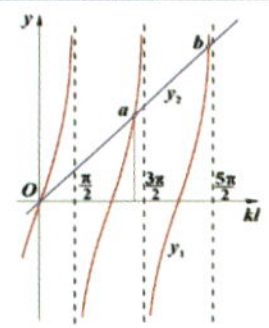

y
b
a
y_2
O
π/2
3π/2
5π/2
kl
y_1

$y_1=\tan kl$

$y_2=kl$

11: $(kl)_1=4.493$

12: $\sqrt{\dfrac{F}{EI}}\,l=4.493$

13: $F_{cr}=\dfrac{4.493^2EI}{l^2}\approx\dfrac{\pi^2EI}{(0.7l)^2}$

细长压杆临界载荷的一般公式

11.11　细长压杆临界载荷的一般公式

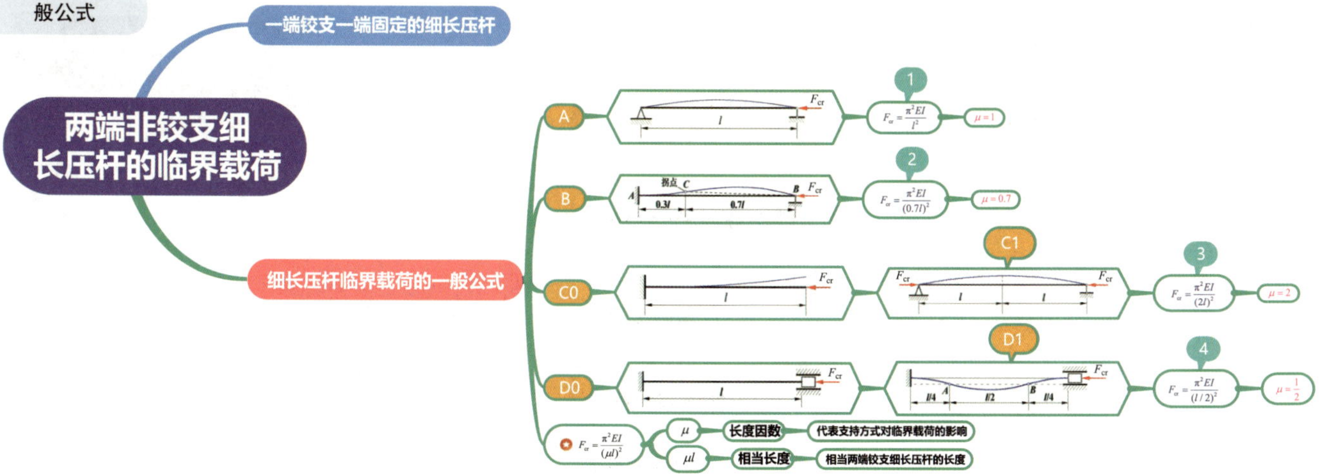
两端非铰支细长压杆的临界载荷
一端铰支一端固定的细长压杆
细长压杆临界载荷的一般公式
A
B
C0
C1
D0
D1
1
2
3
4
F_{cr}
l
拐点 C
A
B
0.3l
0.7l
$l/4$
$l/2$
$l/4$
$F_{cr}=\frac{\pi^2EI}{l^2}$
$\mu=1$
$F_{cr}=\frac{\pi^2EI}{(0.7l)^2}$
$\mu=0.7$
$F_{cr}=\frac{\pi^2EI}{(2l)^2}$
$\mu=2$
$F_{cr}=\frac{\pi^2EI}{(l/2)^2}$
$\mu=\frac{1}{2}$
$F_{cr}=\frac{\pi^2EI}{(\mu l)^2}$
μ
长度因数
代表支持方式对临界载荷的影响
μl
相当长度
相当两端铰支细长压杆的长度

11.12 求细长压杆临界载荷的例题

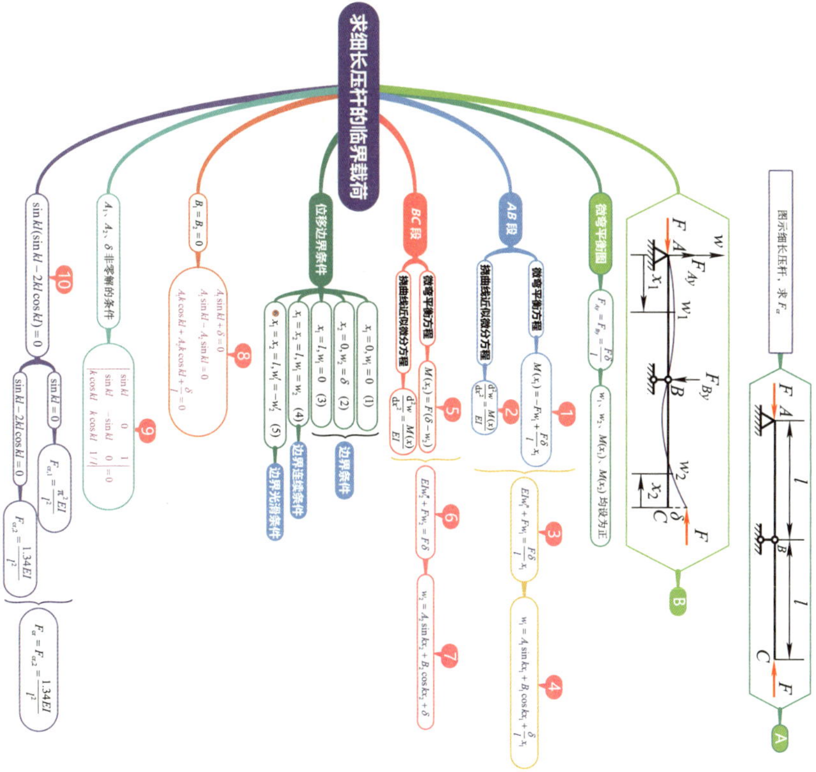
求细长压杆的临界载荷
图示细长压杆，求 F_{cr}
F A l B l C F
A
w F_{Ay} F_{By} F A w_1 B w_2 δ x_1 x_2 C F
B
微弯平衡图
$F_{Ay}=F_{By}=\frac{F\delta}{l}$
w_1、w_2、$M(x_1)$、$M(x_2)$ 均设为正
AB 段
微弯平衡方程
1
$M(x_1)=-Fw_1+\frac{F\delta}{l}x_1$
挠曲线近似微分方程
2
$\frac{d^2w}{dx^2}=\frac{M(x)}{EI}$
3
$EIw_1''+Fw_1=\frac{F\delta}{l}x_1$
4
$w_1=A_1\sin kx_1+B_1\cos kx_1+\frac{\delta}{l}x_1$
BC 段
微弯平衡方程
5
$M(x_2)=F(\delta-w_2)$
挠曲线近似微分方程
$\frac{d^2w}{dx^2}=\frac{M(x)}{EI}$
6
$EIw_2''+Fw_2=F\delta$
7
$w_2=A_2\sin kx_2+B_2\cos kx_2+\delta$
位移边界条件
$x_1=0, w_1=0$ (1)
$x_2=0, w_2=\delta$ (2)
$x_1=l, w_1=0$ (3)
边界条件
$x_1=x_2=l, w_1=w_2$ (4)
边界连续条件
$x_1=x_2=l, w_1'=-w_2'$ (5)
边界光滑条件
$B_1=B_2=0$
8
$A_1\sin kl+\delta=0$
$A_1\sin kl-A_2\sin kl=0$
$A_1k\cos kl+A_2k\cos kl+\frac{\delta}{l}=0$
A_1、A_2、δ 非零解的条件
9
$\begin{vmatrix}\sin kl & 0 & 1\\ \sin kl & -\sin kl & 0\\ k\cos kl & k\cos kl & 1/l\end{vmatrix}=0$
10
$\sin kl(\sin kl-2kl\cos kl)=0$
$\sin kl=0$
$F_{cr,1}=\frac{\pi^2EI}{l^2}$
$\sin kl-2kl\cos kl=0$
$F_{cr,2}=\frac{1.34EI}{l^2}$
$F_{cr}=F_{cr,2}=\frac{1.34EI}{l^2}$

11.13　类比法求临界载荷

等截面细长杆，用类比法求 F_{cr}

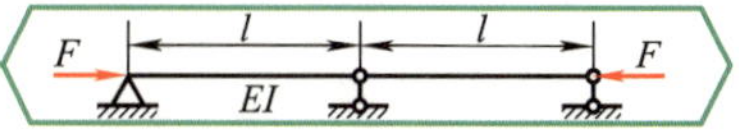
F
l
l
F
EI

类比法求 F_{cr}

对称变形

A

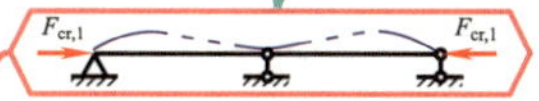
Fcr,1
Fcr,1

中截面：$w=0$，$\theta=0$ = 固定端 → 一端固定一端铰支 → $\mu=0.7$ → $F_{cr,1}=\dfrac{\pi^2 EI}{(0.7l)^2}$ ①

反对称变形

B

Fcr,2
Fcr,2

两端铰支 → $\mu=1$ → $F_{cr,2}=\dfrac{\pi^2 EI}{l^2}$ ②

$$F_{cr}=F_{cr,2}=\frac{\pi^2 EI}{l^2}$$

11.14 求弹性梁与刚杆组合结构的临界载荷

AB 刚性杆，BC 弹性梁，弯曲刚度 EI，求 F_{cr}

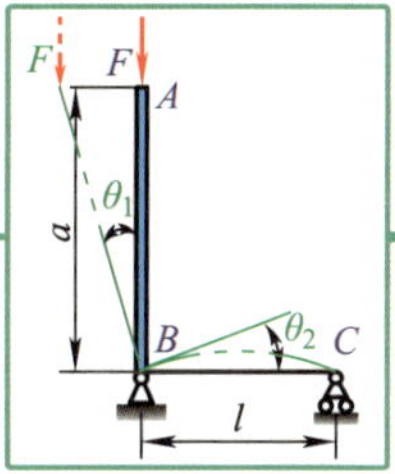

F
F
A
a
θ_1
B
θ_2
C
l

A

求 F_{cr}

- **AB 杆为研究对象**
  - ① $M_B = F_{cr} a \theta_1$
  - ② $\theta_1 = \dfrac{M_B}{F_{cr} a}$
- **BC 梁为研究对象**
  - ③ $\theta_2 = \dfrac{M_B l}{3EI}$
- **B 点为刚性接头**
  - ④ $\theta_1 = \theta_2$

由①～④：⑤ $\dfrac{M_B}{F_{cr} a} = \dfrac{M_B l}{3EI}$ → ⑥ $F_{cr} = \dfrac{3EI}{al}$

- B

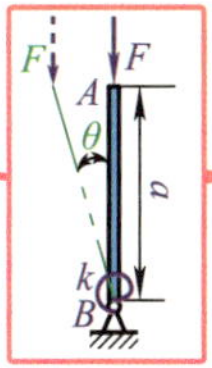

F
F
A
θ
a
k
B

  - ⑦ $F_{cr} a \theta = k\theta$ → ⑧ $k = F_{cr} a$ → ⑨ $k = \dfrac{3EI}{l}$ → 梁段 *BC* 相当于弹簧常数为 $k=3EI/l$ 的碟形弹簧

11.15　欧拉临界应力公式及其适用范围

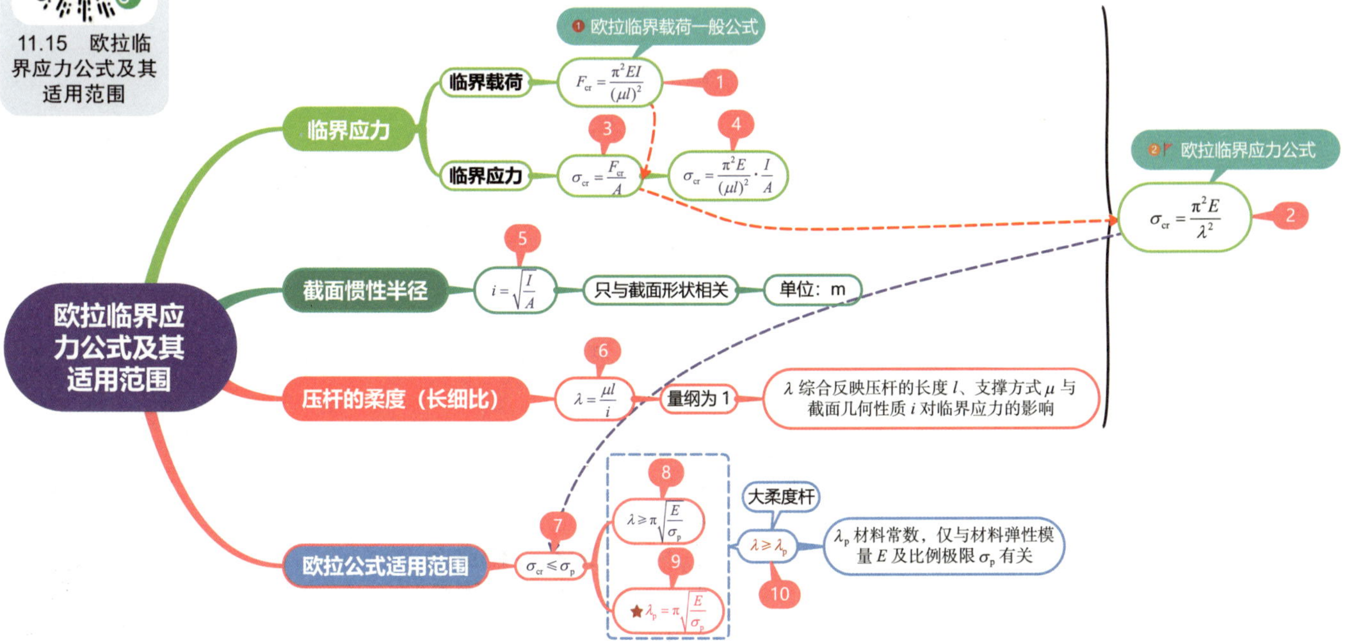
欧拉临界应力公式及其适用范围
临界应力
临界载荷
1 欧拉临界载荷一般公式
$F_{cr}=\frac{\pi^2 EI}{(\mu l)^2}$
1
临界应力
$\sigma_{cr}=\frac{F_{cr}}{A}$
3
$\sigma_{cr}=\frac{\pi^2 E}{(\mu l)^2}\cdot\frac{I}{A}$
4
2 欧拉临界应力公式
$\sigma_{cr}=\frac{\pi^2 E}{\lambda^2}$
2
截面惯性半径
$i=\sqrt{\frac{I}{A}}$
5
只与截面形状相关
单位：m
压杆的柔度（长细比）
$\lambda=\frac{\mu l}{i}$
6
量纲为 1
λ 综合反映压杆的长度 l、支撑方式 μ 与截面几何性质 i 对临界应力的影响
欧拉公式适用范围
$\sigma_{cr}\leqslant\sigma_p$
7
$\lambda\geqslant\pi\sqrt{\frac{E}{\sigma_p}}$
8
$\lambda_p=\pi\sqrt{\frac{E}{\sigma_p}}$
9
大柔度杆
$\lambda\geqslant\lambda_p$
10
λ_p 材料常数，仅与材料弹性模量 E 及比例极限 σ_p 有关

11.16 临界应力总图

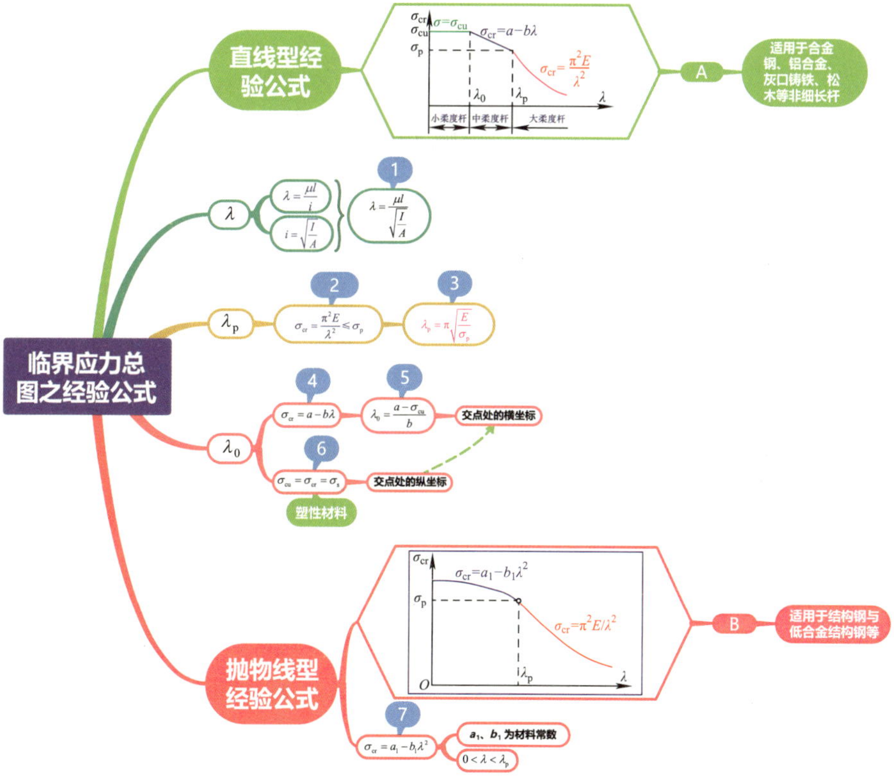

临界应力总图之经验公式
直线型经验公式
σ_{cr}
σ_{cu}
$\sigma=\sigma_{cu}$
$\sigma_{cr}=a-b\lambda$
σ_p
$\sigma_{cr}=\frac{\pi^2E}{\lambda^2}$
λ_0
λ_p
λ
小柔度杆
中柔度杆
大柔度杆
A
适用于合金钢、铝合金、灰口铸铁、松木等非细长杆
λ
$\lambda=\frac{\mu l}{i}$
$i=\sqrt{\frac{I}{A}}$
1
$\lambda=\frac{\mu l}{\sqrt{\frac{I}{A}}}$
λ_p
2
$\sigma_{cr}=\frac{\pi^2E}{\lambda^2}\leq\sigma_p$
3
$\lambda_p=\pi\sqrt{\frac{E}{\sigma_p}}$
λ_0
4
$\sigma_{cr}=a-b\lambda$
5
$\lambda_0=\frac{a-\sigma_{cu}}{b}$
交点处的横坐标
6
$\sigma_{cu}=\sigma_{cr}=\sigma_s$
交点处的纵坐标
塑性材料
抛物线型经验公式
σ_{cr}
$\sigma_{cr}=a_1-b_1\lambda^2$
σ_p
$\sigma_{cr}=\pi^2E/\lambda^2$
O
λ_p
λ
B
适用于结构钢与低合金结构钢等
7
$\sigma_{cr}=a_1-b_1\lambda^2$
a_1、b_1 为材料常数
$0<\lambda<\lambda_p$

$E = 210\text{GPa}$，$\sigma_p = 200\text{MPa}$，$\alpha = 12.5\times10^{-6}/℃$
$D = 10\text{cm}$，$d = 8\text{cm}$，$l = 7\text{m}$，求保证结构不失稳允许的温度差

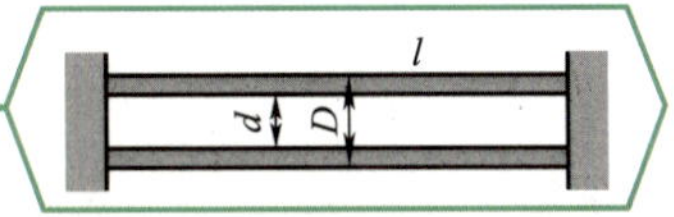
l
d
D

含温度参数的静不定结构稳定性校核

- λ
  - ① $\lambda = \dfrac{\mu l}{i} = \dfrac{4\mu l}{D\sqrt{1+\left(\dfrac{d}{D}\right)^2}} = \dfrac{4\times0.5\times7}{0.1\sqrt{1+\left(\dfrac{8}{10}\right)^2}} = 109.3$
- λ_p
  - ② $\lambda_p = \sqrt{\dfrac{\pi^2 E}{\sigma_p}} = 102$
- ③ $\lambda > \lambda_p$ —— 大柔度杆
- 欧拉临界应力公式
  - ④ $\sigma_{cr} = \dfrac{\pi^2 E}{\lambda^2}$
- 热应力
  - ⑤ $\Delta l_T = \alpha l \Delta T$
  - ⑥ $\Delta l = \alpha l \Delta T - \dfrac{F_R l}{EA} = 0$
  - ⑦ $\sigma_T = \dfrac{F_R}{A} E\alpha\Delta T$
- $\sigma_T = \sigma_{cr}$
  - ⑧ $\Delta T = \dfrac{\pi^2}{\alpha\lambda^2} = \dfrac{\pi^2}{12.5\times10^{-6}\times109.3^2}℃ = 66.1℃$

11.17　带热应力的静不定压杆稳定计算

11.18 刚性梁的静不定结构稳定性分析

有一刚性梁，下方支承两大柔度杆（EI），试求：
（1）使杆 O_2C 失稳的 F_{cr2}；
（2）使结构失稳的 F_{cr}

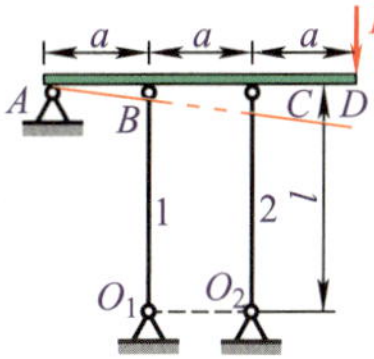

a
a
a
F
A
B
C
D
1
2
l
O_1
O_2

静不定结构的稳定性分析

- F_{N2}（静不定结构的多余内力求解模块）
  - 刚性梁 *AD* 绕 *A* 点转动
  - $\sum M_A = 0$ → ① $F \cdot 3a = F_{N1} \cdot a + F_{N2} \cdot 2a$
  - ② ★ $\Delta l_2 = 2\Delta l_1$ → ③ $F_{N2} = 2F_{N1}$ → ④ $F = \frac{5}{6}F_{N2}$
- F_{cr}（基于杆 2 的临界载荷计算模块）
  - ⑤ $[F_{N2}]_{cr} = \frac{\pi^2 EI}{l^2}$ → ⑥ $F_{cr} = \frac{5}{6}[F_{N2}]_{cr} = \frac{5\pi^2 EI}{6l^2}$
- 整体结构的临界失稳（两杆均失稳计算模块）
  - ⑦ $[F_{N1}]_{cr} = [F_{N2}]_{cr} = \frac{\pi^2 EI}{l^2}$
  - $\sum M_A = 0$ → ⑧ $F \cdot 3a = [F_{N1}]_{cr} \cdot a + [F_{N2}]_{cr} \cdot 2a$ → ⑨ $F_{cr} = \frac{\pi^2 EI}{l^2}$

11.19　弹性梁的静不定结构稳定性分析

有一弹性梁（EI_0），下方支承两大柔度杆（EI），设两杆拉压强度足够，且轴向拉压变形可忽略。试求：（1）使杆 O_2C 失稳的 F_{cr2}；（2）使结构失稳的 F_{cr}

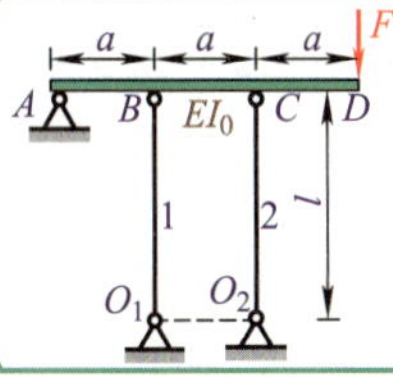
a
a
a
F
A
B
EI_0
C
D
1
2
l
O_1
O_2

静不定弹性梁的稳定性问题

- 静不定结构的多余内力求解模块
  - 解除 O_1B 杆约束
    - ① F_B —— 多余约束力
    - ② $w_B=0$
  - 外伸梁的位移叠加法
    - $w_B=0$
      - F：$w_{B,F}=\dfrac{Fa^3}{4EI_0}$
      - F_B：$w_{B,F_B}=-\dfrac{F_B(2a)^3}{48EI_0}$
    - $w_B=w_{B,F}+w_{B,F_B}=0$
    - ③ $F_B=\dfrac{3}{2}F(\downarrow)$
- 基于杆 2 的临界载荷计算模块
  - 力矩平衡方程：④ $F_C=\dfrac{9}{4}F(\uparrow)$
  - 杆 2 先失稳：⑤ $[F_C]_{cr}=\dfrac{\pi^2EI}{l^2}$
  - ⑥ $F_{cr2}=\dfrac{4}{9}[F_C]_{cr}=\dfrac{4\pi^2EI}{9l^2}$
  - ★ 与刚性梁相比，临界载荷变小，因为杆 2 达临界失稳时，杆 1 受拉
- 两杆均失稳计算模块
  - 整个结构失稳
    - ⑦ $[F_C]_{cr}=\dfrac{\pi^2EI}{l^2}$
    - ⑧ $[F_B]_{cr}=\dfrac{\pi^2EI}{l^2}$
  - ⑨ $F_{cr}=\dfrac{\pi^2EI}{l^2}$

图示硅钢活塞杆，$d=40\text{mm}$，$l=1\text{m}$，$E=210\text{GPa}$，$\lambda_p=100$，求 F_{cr}

- A
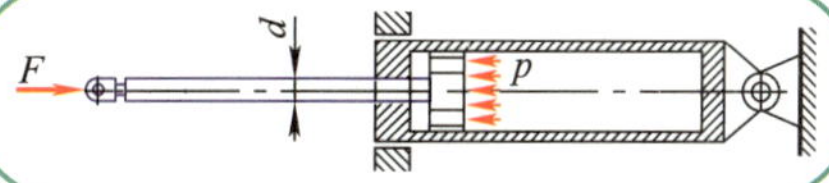
F
d
p
- B
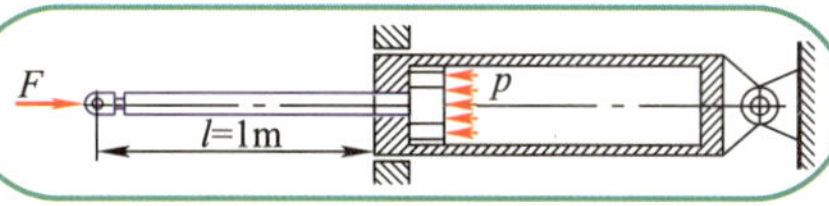
F
p
l=1m

11.20 求欧拉临界载荷典型例题

求临界载荷

- λ
  - ① $i=\sqrt{\dfrac{I}{A}}=\sqrt{\dfrac{\pi d^4}{64}\cdot\dfrac{4}{\pi d^2}}=\dfrac{d}{4}=1.0\times10^{-2}\text{m}$ — 截面惯性半径
  - ② $\lambda=\dfrac{\mu l}{i}=200$ — ③ $\lambda>\lambda_p$ — 大柔度杆
- 欧拉临界载荷
  - μ — ④ $\mu=2$ — 一端自由；一端固定端
  - ⑤ $F_{cr}=\dfrac{\pi^2 EI}{(\mu l)^2}=\dfrac{\pi^2 E}{(\mu l)^2}\cdot\dfrac{\pi d^4}{64}=65.1\text{kN}$

求图示铬钼钢连杆的 F_{cr}。$A = 70\text{mm}^2$，$I_z = 6.5 \times 10^4\text{mm}^4$，$I_y = 3.8 \times 10^4\text{mm}^4$，中柔度压杆的临界应力为 $\sigma_{cr} = 980\text{MPa} - (5.29\text{MPa})\lambda (0 < \lambda < 55)$

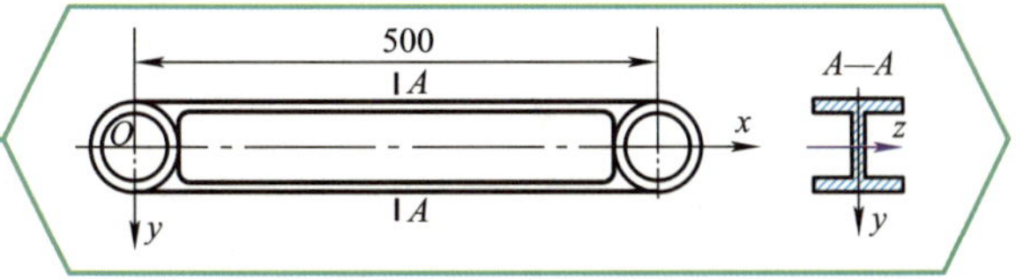
500
A
A
O
x
y
A—A
z
y

11.21　空间两向失稳问题

柱状铰的空间失稳问题

1. 在 x-y 平面失稳
   - $\mu_z = 1$
   - ① $\lambda_z = \frac{(\mu l)_z}{\sqrt{\frac{I_z}{A}}} = 52.6$
2. 在 x-z 平面失稳
   - ② $\mu_y = 0.7$
     - 两端铰支：1
     - 两端固支：0.5
   - ③ $\mu_y \approx \frac{1+0.5}{2}$
   - ④ $\lambda_y = \frac{(\mu l)_y}{\sqrt{\frac{I_y}{A}}} = 48.2 < \lambda_z$
   - 比较（①与④）→ 会在 x-y 平面失稳
3. $0 < \lambda_z < 55$ → 中柔度压杆
4. 临界应力经验公式
   - ⑤ $F_{cr} = A[980\text{MPa} - (5.29\text{MPa}) \times 52.6] = 505\text{kN}$

11.22　压杆稳定条件与折减系数法

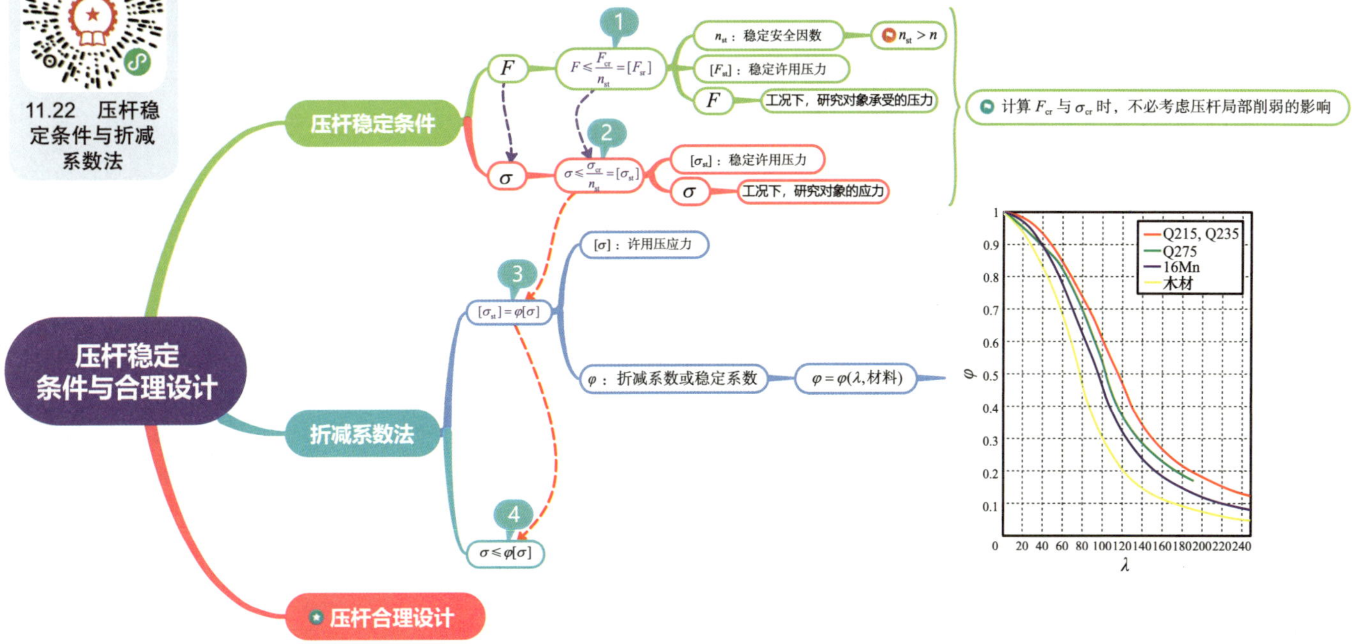

压杆稳定条件与合理设计
压杆稳定条件
F
1
$F \leqslant \frac{F_{cr}}{n_{st}} = [F_{st}]$
n_{st}：稳定安全因数
$n_{st} > n$
$[F_{st}]$：稳定许用压力
F
工况下，研究对象承受的压力
计算 F_{cr} 与 σ_{cr} 时，不必考虑压杆局部削弱的影响
σ
2
$\sigma \leqslant \frac{\sigma_{cr}}{n_{st}} = [\sigma_{st}]$
$[\sigma_{st}]$：稳定许用压力
σ
工况下，研究对象的应力
折减系数法
3
$[\sigma_{st}] = \varphi[\sigma]$
$[\sigma]$：许用压应力
φ：折减系数或稳定系数
$\varphi = \varphi(\lambda, 材料)$
4
$\sigma \leqslant \varphi[\sigma]$
压杆合理设计
Q215, Q235
Q275
16Mn
木材
φ
1
0.9
0.8
0.7
0.6
0.5
0.4
0.3
0.2
0.1
0
20 40 60 80 100 120 140 160 180 200 220 240
λ

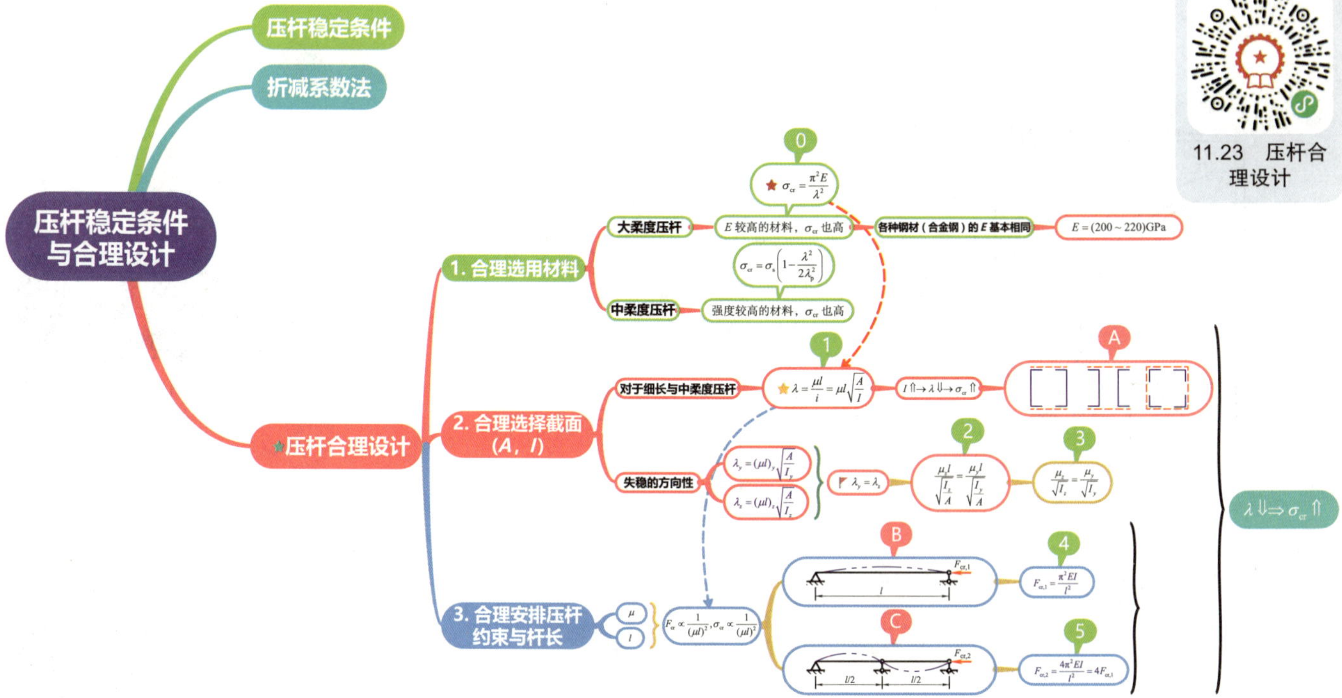
压杆稳定条件与合理设计
压杆稳定条件
折减系数法
压杆合理设计
1. 合理选用材料
大柔度压杆
E 较高的材料，σ_{cr} 也高
$\sigma_{cr}=\frac{\pi^2 E}{\lambda^2}$
各种钢材（合金钢）的 E 基本相同
$E=(200\sim220)$GPa
$\sigma_{cr}=\sigma_s\left(1-\frac{\lambda^2}{2\lambda_p^2}\right)$
中柔度压杆
强度较高的材料，σ_{cr} 也高
2. 合理选择截面 (A，I)
对于细长与中柔度压杆
$\lambda=\frac{\mu l}{i}=\mu l\sqrt{\frac{A}{I}}$
$I\Uparrow\to\lambda\Downarrow\to\sigma_{cr}\Uparrow$
失稳的方向性
$\lambda_y=(\mu l)_y\sqrt{\frac{A}{I_y}}$
$\lambda_z=(\mu l)_z\sqrt{\frac{A}{I_z}}$
$\lambda_y=\lambda_z$
$\frac{\mu_z l}{\sqrt{\frac{I_z}{A}}}=\frac{\mu_y l}{\sqrt{\frac{I_y}{A}}}$
$\frac{\mu_z}{\sqrt{I_z}}=\frac{\mu_y}{\sqrt{I_y}}$
3. 合理安排压杆约束与杆长
μ
l
$F_{cr}\propto\frac{1}{(\mu l)^2},\sigma_{cr}\propto\frac{1}{(\mu l)^2}$
$F_{cr,1}$
l
$F_{cr,1}=\frac{\pi^2 EI}{l^2}$
$F_{cr,2}$
$l/2$
$l/2$
$F_{cr,2}=\frac{4\pi^2 EI}{l^2}=4F_{cr,1}$
$\lambda\Downarrow\Rightarrow\sigma_{cr}\Uparrow$
0
1
2
3
4
5
A
B
C

11.23　压杆合理设计

11.24 校核斜撑杆的稳定性

校核斜撑杆的稳定性。$F=12\text{kN}$，杆外径 $D=45\text{mm}$，杆内径 $d=36\text{mm}$，$n_{st}=2.5$，低碳钢 Q235 制成。其中，$\sigma_{cr}=235\text{MPa}-(0.00669\text{MPa})\lambda^2$，$\lambda_p=100$

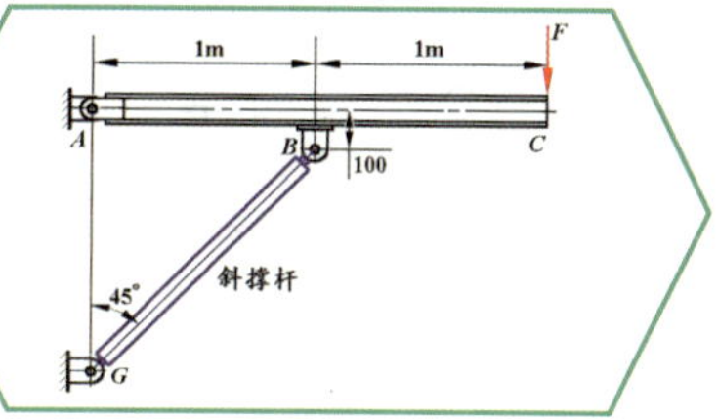

1m
1m
F
A
B
C
100
45°
斜撑杆
G

稳定性校核

- ① ★ $F \leqslant [F_{st}]$ （1）
  - F — 斜杆所受的实际压载荷
  - $[F_{st}]$ — 稳定许用压力
- ② F
  - $\sum M_A=0$，$F_N=30.9\text{kN}$ （2） — 静力平衡计算模块
- ③ λ （压杆稳定性计算模块）
  - $i=\sqrt{\dfrac{I}{A}}$ （3） → $i=\sqrt{\dfrac{\pi(D^4-d^4)}{64}\cdot\dfrac{4}{\pi(D^2-d^2)}}$ → $i=\sqrt{\dfrac{D^2+d^2}{4}}=0.0144\text{m}$
  - $\lambda=\dfrac{\mu l}{i}$ （4） → $\lambda=\dfrac{1\times\sqrt{2}}{0.0144}=98.1<\lambda_p$ （5） → 中柔度杆
- ④ $[F_{st}]$ （压杆稳定性计算模块）
  - $F_{cr}=A\sigma_{cr}$ （6） → $F_{cr}=\dfrac{\pi(D^2-d^2)}{4}\cdot[235\text{MPa}-(0.00669\text{MPa})\lambda^2]=116.8\text{kN}$ → $[F_{st}]=\dfrac{F_{cr}}{n_{st}}=41.4\text{kN}$ （7）
- ⑤ 校核不等式
  - $F_N=30.9\text{kN}<[F_{st}]$

图示两端铰支的钢柱，长度 $l = 2\text{m}$，承受轴向压力 $F = 500\text{kN}$，材料的许用应力 $[\sigma] = 160\text{MPa}$，试选择工字钢截面

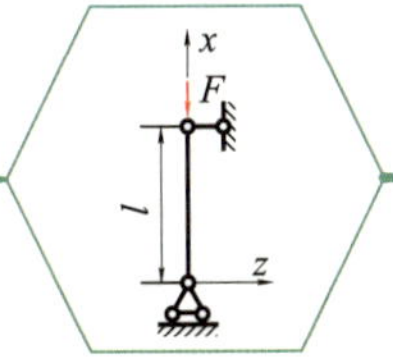
x
F
l
z

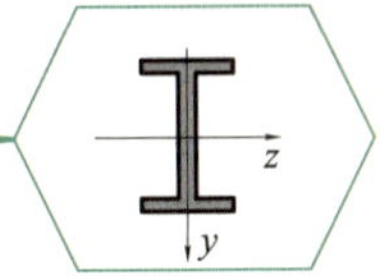
z
y

11.25　折减系数之试算法

折减系数之试算法

1. ★ $\sigma \leqslant \varphi[\sigma] = [\sigma_{st}]$
2. $A \geqslant \dfrac{F}{\varphi[\sigma]}$ — φ之值与横截面的几何性质有关 — 折减系数之试算法

第一次试算

3. $\varphi_1 = 0.5$

$A_1 \geqslant \dfrac{F}{\varphi_1[\sigma]} = \dfrac{500\times10^3}{0.5\times160\times10^6}\text{m}^2 = 62.5\times10^{-4}\text{m}^2$

试选 28b 工字钢

4. $\lambda_1 = \dfrac{\mu l}{i_y} = \dfrac{1\times2}{2.49\times10^{-2}} = 80$

5. 查表 $\varphi_1' = 0.731$

第二次试算

$\varphi_2 = \dfrac{\varphi_1 + \varphi_1'}{2} = 0.616$

$A_2 \geqslant \dfrac{F}{\varphi_2[\sigma]} = \dfrac{500\times10^3}{0.616\times160\times10^6}\text{m}^2 = 50.73\times10^{-4}\text{m}^2$

试选 25b 工字钢

$\lambda_2 = \dfrac{\mu l}{i_y} = \dfrac{1\times2}{2.40\times10^{-2}} = 83$

查表 $\varphi_2' = 0.712$

第三次试算

$\varphi_3 = \dfrac{\varphi_2 + \varphi_2'}{2} = 0.664$

$A \geqslant \dfrac{F}{\varphi_3[\sigma]} = \dfrac{500\times10^3}{0.664\times160\times10^6}\text{m}^2 = 47.06\times10^{-4}\text{m}^2$

试选 22b 工字钢

$\lambda_3 = \dfrac{\mu l}{i_y} = \dfrac{1\times2}{2.27\times10^{-2}} = 88$

查表 $\varphi_3' = 0.681$

φ_3 和 φ_3' 相差不大

稳定性校核

$\dfrac{F}{\varphi_3' A_3} = \dfrac{500\times10^3}{0.681\times46.4\times10^{-4}}\text{Pa} = 158.2\times10^6\text{Pa} = 158.2\text{MPa} < [\sigma]$

11.26 静不定结构的临界载荷确定攻略

平面结构如图 A 所示，三根杆材料相同，截面均为直径相等的圆形，且均为大柔度压杆。C 处为固定端，其余为铰接。假设由于杆件失稳引起破坏，试确定 A 点处载荷 F 的临界值

A

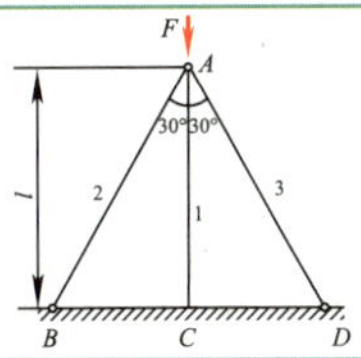

F
A
30° 30°
l
2
1
3
B
C
D

静不定结构的稳定性分析

- **计算各杆的轴力**（静力学子模块）
  - B

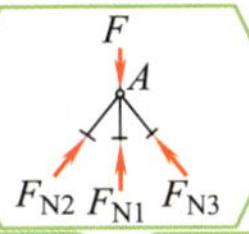

F
A
F_N2 F_N1 F_N3

  - $\sum F_{ix}=0$ → $F_{N2}=F_{N3}$
  - $\sum F_{iy}=0$ → $F_{N1}+2F_{N2}\cos\alpha=F$
- **变形协调方程**（变形协调子模块）
  - C

A
Δl₂
Δl₃
Δl₁
A'

  - $\Delta l_1\cos\alpha=\Delta l_2$ → $\dfrac{F_{N1}l}{EA}\cos\alpha=\dfrac{F_{N2}l/\cos\alpha}{EA}$
- **静不定结构之计算模块**
  - $F_{N1}=\dfrac{F}{1+2\cos^3\alpha}=0.435F$
  - $F_{N2}=\dfrac{F\cos^2\alpha}{1+2\cos^3\alpha}=0.326F$
- **计算各杆的临界载荷**（压杆稳定计算模块）
  - $\mu_1=0.7$ → $F_{cr1}=\dfrac{\pi^2EI}{(0.7l)^2}=2.04\dfrac{\pi^2EI}{l^2}$
  - $\mu_2=1$，$\mu_3=1$ → $F_{cr2}=F_{cr3}=\dfrac{\pi^2EI}{(l/\cos30°)^2}=0.75\dfrac{\pi^2EI}{l^2}$
- **杆 2、杆 3 先失稳** → **随后杆 1 失稳** → **整个结构破坏**
  - 1: $F_{cr}=F_{cr1}+2F_{cr2}\cos\alpha=2.04\dfrac{\pi^2EI}{l^2}+2\times0.75\dfrac{\pi^2EI}{l^2}\cos30°=3.34\dfrac{\pi^2EI}{l^2}=33\dfrac{EI}{l^2}$

11.27 确定压力机的最小临界载荷

两根直径为 d 的圆杆，上下两端分别与刚性杆固结，如图 A 所示。试分析在总压力为 F 时，压杆可能失稳的几种形式，并求出最小临界载荷（设满足欧拉公式的使用条件）

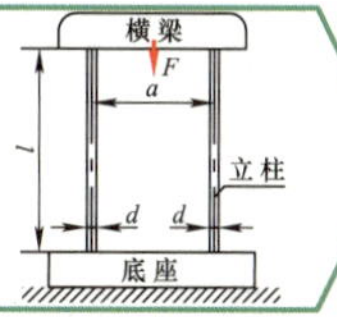
横梁
F
a
l
立柱
d
d
底座

A

求出最小临界载荷

B 两杆分别失稳

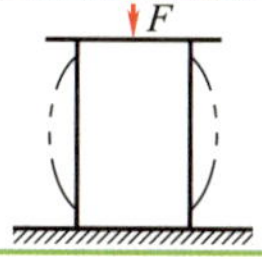
F

1. $I_1=\dfrac{\pi d^4}{64}$
2. $\mu_1=0.5$
3. $F_{cr1}=2\dfrac{\pi^2EI_1}{(\mu_1 l)^2}=2\dfrac{\pi^2E\pi d^4}{64\times(0.5l)^2}=\dfrac{\pi^3Ed^4}{8l^2}$

C 以 z 轴为对称轴，弯曲失稳

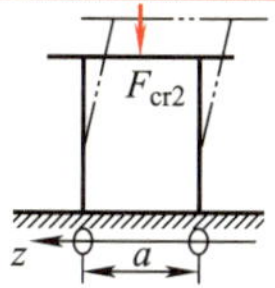
Fcr2
z
a

$I_2=\dfrac{\pi d^4}{64}$

$\mu_2=2$

4. $F_{cr2}=2\dfrac{\pi^2EI_2}{(\mu_2 l)^2}=2\dfrac{\pi^2E\pi d^4}{64\times(2l)^2}=\dfrac{\pi^3Ed^4}{128l^2}$

D 以 y 轴为对称轴，弯曲失稳

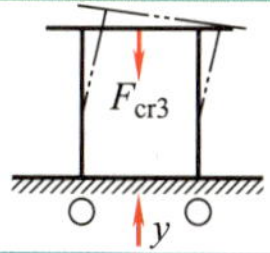
Fcr3
y

5. $I_y=2\left[\dfrac{\pi d^4}{64}+\left(\dfrac{a}{2}\right)^2\dfrac{\pi d^4}{4}\right]=\dfrac{\pi d^4}{32}+\dfrac{\pi a^2d^2}{8}$

$\mu_3=2$

6. $F_{cr3}=\dfrac{\pi^2EI_y}{(\mu_3 l)^2}=\dfrac{\pi^2E\left(\dfrac{\pi d^4}{32}+\dfrac{\pi a^2d^2}{8}\right)}{(2l)^2}=\dfrac{\pi^3E(d^4+4a^2d^2)}{128l^2}$

$$F_{cr}=F_{cr2}=\frac{\pi^3Ed^4}{128l^2}$$

图 A 所示为万能机的示意图，四根立柱长度为 $l=3\text{m}$，钢材的 $E=210\text{GPa}$，立柱丧失稳定后的变形曲线如图 B 所示。若 F 的最大值为 1000kN，规定的稳定安全因数为 $n_{st}=4$，试按照稳定条件设计立柱的直径（$\lambda_1=100$）

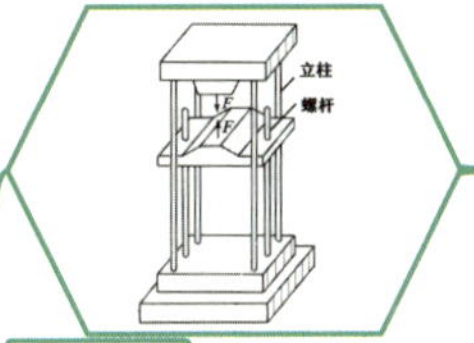

立柱
螺杆

A

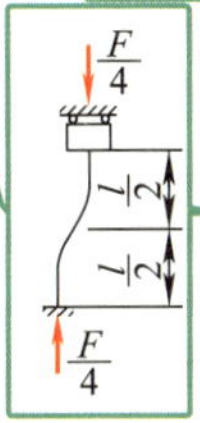

$\frac{F}{4}$
$\frac{l}{2}$
$\frac{l}{2}$
$\frac{F}{4}$

B

11.28 基于稳定条件的万能机设计

基于稳定条件的设计

- **对于立柱进行等效设定**：相当于长 $\frac{l}{2}$、一端固定、一端自由杆的失稳
  - ① $\mu l'=2\times\frac{l}{2}=l$
    - ② 整个立柱 $\mu=1$
- **基于欧拉临界载荷公式进行初步设计**
  - ③ $F_{cr}=\frac{F}{4}n_{st}=1000\text{kN}=\frac{\pi^2 EI}{(\mu l)^2}$
- **确定截面的惯性矩和直径**
  - ④ $I=\frac{\pi d^4}{64}\geqslant\frac{(\mu l)^2\times1000\times10^3}{\pi^2 E}$
    - ⑤ $d\geqslant\sqrt[4]{\frac{64\times3^2\times1000\times10^3}{\pi^3\times210\times10^9}}\text{m}=0.097\times10^{-3}\text{m}$
      - 97mm
- **再次核算柔度**
  - 验证欧拉公式是否适用
    - ⑥ $\lambda=\frac{\mu l}{i}=\frac{4\mu l}{d}=\frac{4\times3}{0.097}=123.7>\lambda_1=100$
      - 欧拉公式适用

11.29　多杆之强度与稳定性校核攻略

如图所示结构，AB 杆和 AC 杆均为等截面钢杆，直径 $d=40\text{mm}$，AB 杆长 $l_1=600\text{mm}$，AC 杆长 $l_2=1200\text{mm}$，材料为 Q235 钢，$E=200\text{GPa}$，$\sigma_s=240\text{MPa}$，$\lambda_1=100$，$\lambda_2=57$，若两根杆的安全因数均取 2，试求结构的最大许可载荷

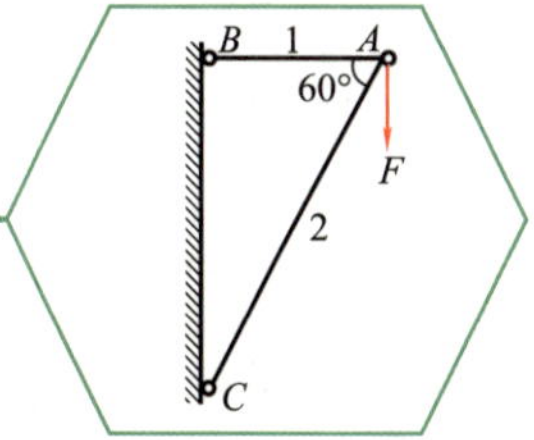
B
1
A
60°
F
2
C

最大许可载荷

- **确定各杆轴力**
  - ① $F_{N1}=\dfrac{1}{\sqrt{3}}F$
  - ② $F_{N2}=\dfrac{2}{\sqrt{3}}F$
- **AB 杆强度校核**（强度校核模块）
  - ③ $[F_{N1}]=A_1[\sigma]=A_1\dfrac{\sigma_s}{n}=150.8\text{kN}$
  - ⑦ $[F_1]=\sqrt{3}[F_{N1}]=261\text{kN}$
- **AC 杆稳定性校核**（稳定性校核模块）
  - ④ λ（大柔度杆）
    - $i=\dfrac{d}{4}=\dfrac{40\text{mm}}{4}=10\text{mm}$
    - $\mu=1$
    - $\lambda=\dfrac{\mu l_2}{i}=\dfrac{1\times1200}{10}=120>\lambda_1=100$
  - 欧拉临界应力 σ_{cr}
    - ⑤ $\sigma_{cr}=\dfrac{\pi^2E}{\lambda^2}=\dfrac{\pi^2\times200\times10^9\text{Pa}}{120^2}=137.1\times10^6\text{Pa}=137.1\text{MPa}$
  - $[F_{st}]$
    - ⑥ $A_2=\dfrac{\sigma_{cr}}{n}=\dfrac{\pi(40\times10^{-3})^2}{4}\times\dfrac{137.1\times10^6}{2}\text{N}$
    - ⑧ $[F_2]=\dfrac{\sqrt{3}}{2}[F_{N2}]=\dfrac{\sqrt{3}}{2}\times86.1\text{kN}=74.6\text{kN}$
- ⑨ $[F]=\min([F_1],[F_2])$ → 74.6kN

11.30 组合杆的临界载荷求解攻略

总结并举例说明类比法确定细长压杆临界载荷的要点

- 压杆或相应延长
  - 两端铰支
  - 弯矩 =0
  - 挠曲线拐点
  - 解析或实验的方法确定临界载荷

- A 对称性与反对称性

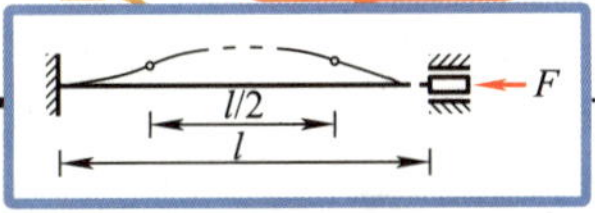

F
l/2
l

1a $l' = \frac{l}{2}$

1b $F_{cr} = \frac{\pi^2 EI}{l'^2} = \frac{\pi^2 EI}{\left(\frac{l}{2}\right)^2} = \frac{4\pi^2 EI}{l^2}$

- B 对称性与反对称性

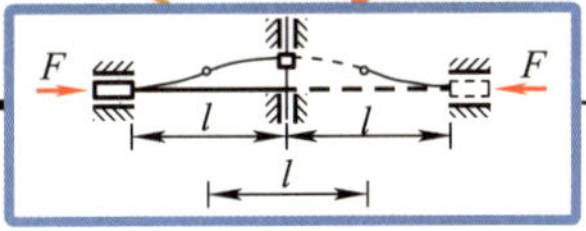

F
F
l
l
l

2a $l' = \frac{l}{2} \times 2 = l$

2b $F_{cr} = \frac{\pi^2 EI}{l^2}$

- C 反对称性

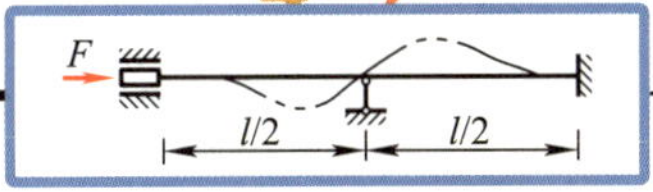

F
l/2
l/2

D

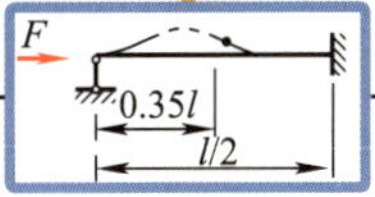

F
0.35l
l/2

3a $l' = 0.35l$

3b $F_{cr1} \approx \frac{\pi^2 EI}{(0.35l)^2}$

- E 对称性

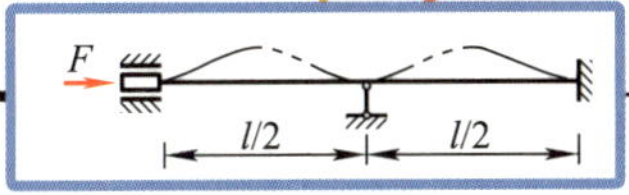

F
l/2
l/2

F

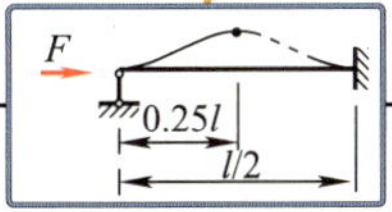

F
0.25l
l/2

4a $l' = 0.25l$

4b $F_{cr2} \approx \frac{\pi^2 EI}{(0.25l)^2} > F_{cr1}$

第 12 章　弯曲问题进一步研究

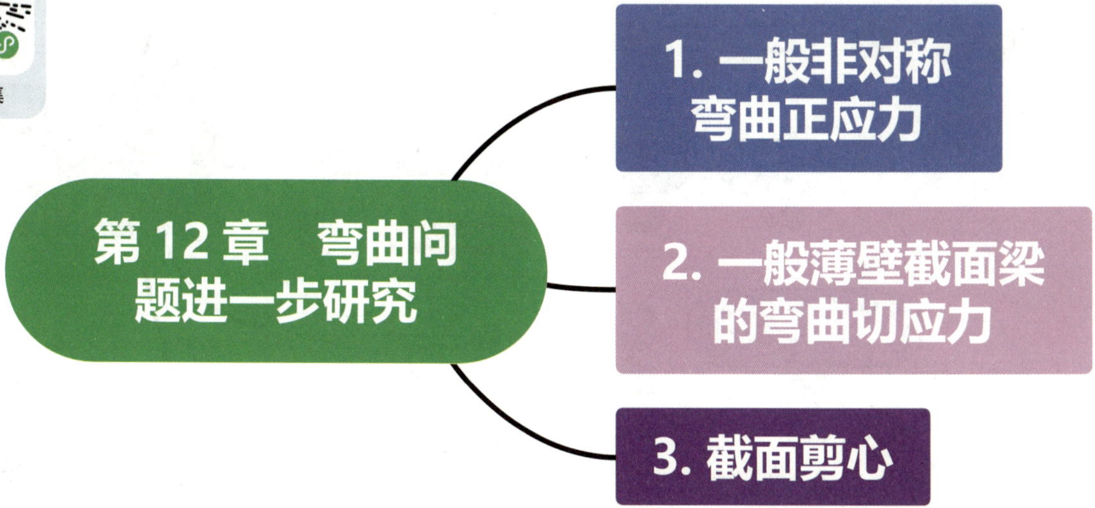
第 12 章　弯曲问题进一步研究
1. 一般非对称弯曲正应力
2. 一般薄壁截面梁的弯曲切应力
3. 截面剪心

惯性积与主惯性矩

（截面）惯性积

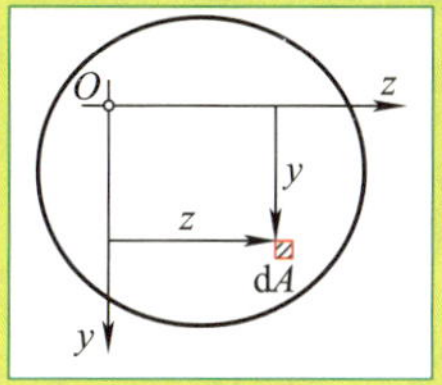
O
z
y
z
dA
y

$$I_{yz}=\int_A yz\mathrm{d}A$$

量纲：L^4

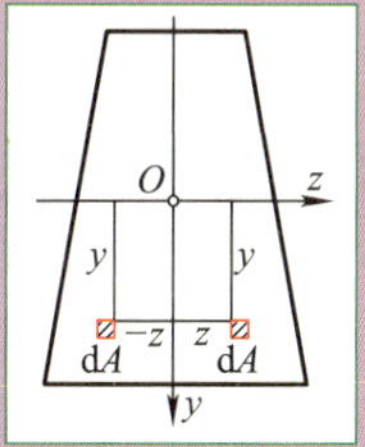
O
z
y
y
dA
−z
z
dA
y

当 y 轴或 z 轴为截面对称轴时，$I_{yz}=0$

$$I_{yz}=-\int_{A/2} yz\mathrm{d}A+\int_{A/2} yz\mathrm{d}A=0$$

惯性积可能为 +，可能为 −，也可能为 0

惯性积平行轴定理

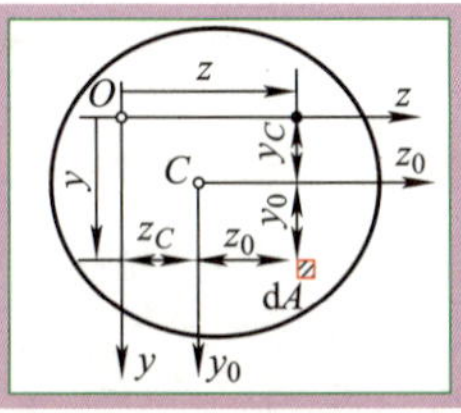
O
z
z
yC
z0
C
y
y0
zC
z0
dA
y
y0

Cy_0z_0：形心直角坐标系

Oyz：任意直角坐标系

//

建立 I_{yz} 与 $I_{y_0z_0}$ 之间的关系

$y = y_0 + y_C$

$z = z_0 + z_C$

$I_{yz} = \int_A yz\mathrm{d}A$

$$I_{yz} = \int_A (y_C + y_0)(z_C + z_0)\mathrm{d}A$$
$$= \underbrace{\int_A y_0z_0\mathrm{d}A}_{I_{y_0z_0}} + y_C \underbrace{\int_A z_0\mathrm{d}A}_{S_{y_0}=0} + z_C \underbrace{\int_A y_0\mathrm{d}A}_{S_{z_0}=0} + y_Cz_CA$$
$$= I_{y_0z_0} + y_Cz_CA$$

截面对任一直角坐标轴 y 与 z 的惯性积 I_{yz}，等于对其平行形心坐标轴 y_0 与 z_0 的惯性积 $I_{y_0z_0}$，加上截面形心 C 的坐标积 y_Cz_C 与截面面积 A 之乘积，称为惯性积平行轴定理

试计算图示截面的惯性积 I_{yz}，以及平行形心坐标轴 y_0 与 z_0 的惯性积

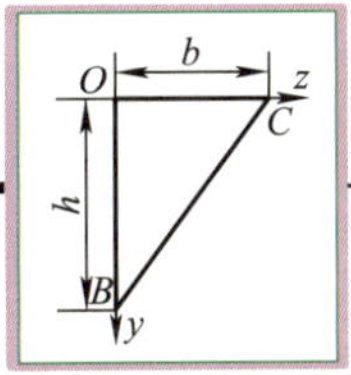

O
b
z
C
h
B
y

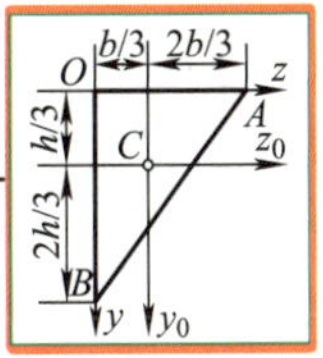

O
b/3
2b/3
z
A
h/3
C
z0
2h/3
B
y
y0

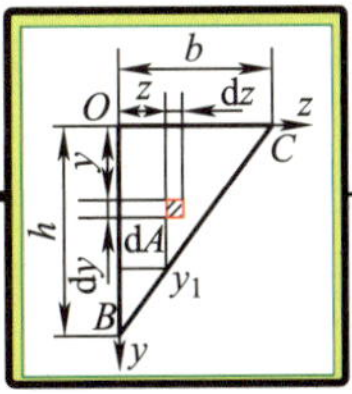

b
O
z
dz
z
y
C
h
dA
dy
y1
B
y

$$\frac{z}{b}+\frac{y}{h}=1 \Rightarrow y_1=\frac{h(b-z)}{b}$$

$$I_{yz}=\int_0^b\int_0^{y_1} yz\mathrm{d}y\mathrm{d}z$$

$$I_{yz}=\int_0^b\int_0^{h(b-z)/b} yz\mathrm{d}y\mathrm{d}z=\frac{b^2h^2}{24}$$

$$y_C=\frac{h}{3},\quad z_C=\frac{b}{3}$$

$$I_{yz}=I_{y_0z_0}+y_Cz_CA \Rightarrow$$

$$I_{y_0z_0}=I_{yz}-y_Cz_CA=\frac{b^2h^2}{24}-\frac{h}{3}\frac{b}{3}\frac{bh}{2}=-\frac{b^2h^2}{72}$$

试计算惯性积 I_{yz}

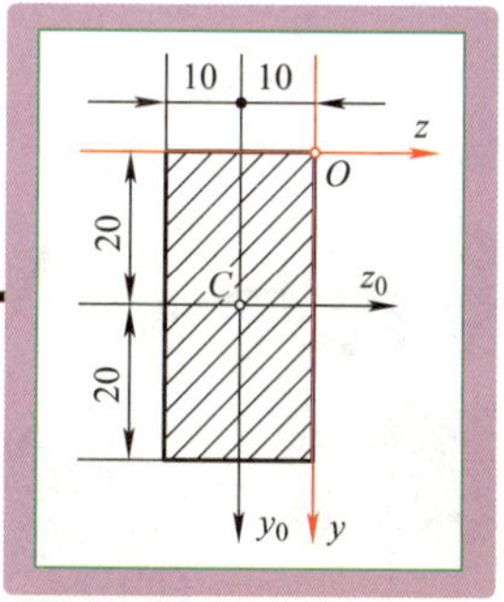
10
10
z
O
20
C
z_0
20
y_0
y

坐标轴 y、z 只要有一个位于形心轴

$I_{y_0z_0}=0$

$y_C=20\text{mm},\ z_C=-10\text{mm}$

$I_{yz}=I_{y_0z_0}+Ay_Cz_C$

$$I_{yz}=0+20\times(-10)\times20\times40\times10^{-12}\text{m}^4=-16\times10^{-8}\text{m}^4$$

惯性积转轴公式

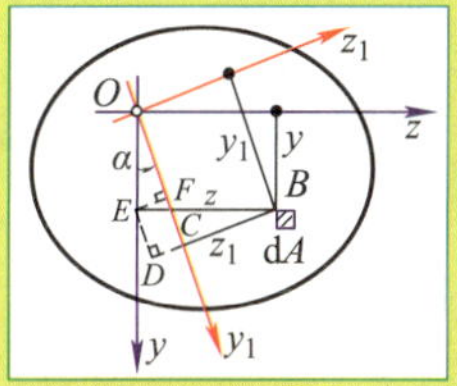
O
z_1
z
y_1
y
α
F
z
B
E
C
z_1
$\mathrm{d}A$
D
y
y_1

方位角 α 以 y 轴为始边，逆时针转动为 +

$$y_1 = y\cos\alpha + z\sin\alpha$$

$$z_1 = z\cos\alpha - y\sin\alpha$$

$$I_{y_1z_1} = \int_A y_1 z_1 \mathrm{d}A$$

$$I_{y_1z_1} = \int_A (y\cos\alpha + z\sin\alpha)(z\cos\alpha - y\sin\alpha)\mathrm{d}A$$

$$= \frac{\sin 2\alpha}{2}\left(\overbrace{\int_A z^2\mathrm{d}A}^{I_y} - \overbrace{\int_A y^2\mathrm{d}A}^{I_z}\right) + \cos 2\alpha \overbrace{\int_A yz\mathrm{d}A}^{I_{yz}}$$

$$I_{y_1z_1} = \frac{I_y - I_z}{2}\sin 2\alpha + I_{yz}\cos 2\alpha$$

$$\tau_\alpha = \frac{\sigma_x - \sigma_y}{2}\sin 2\alpha + \tau_x \cos 2\alpha$$

$$\sigma_\alpha = \frac{\sigma_x + \sigma_y}{2} + \frac{\sigma_x - \sigma_y}{2}\cos 2\alpha - \tau_x \sin 2\alpha$$

$$I_{y_1} = \frac{I_y + I_z}{2} + \frac{I_y - I_z}{2}\cos 2\alpha - I_{yz}\sin 2\alpha$$

$$I_{z_1} = \frac{I_y + I_z}{2} - \frac{I_y - I_z}{2}\cos 2\alpha + I_{yz}\sin 2\alpha$$

主轴与主惯性矩

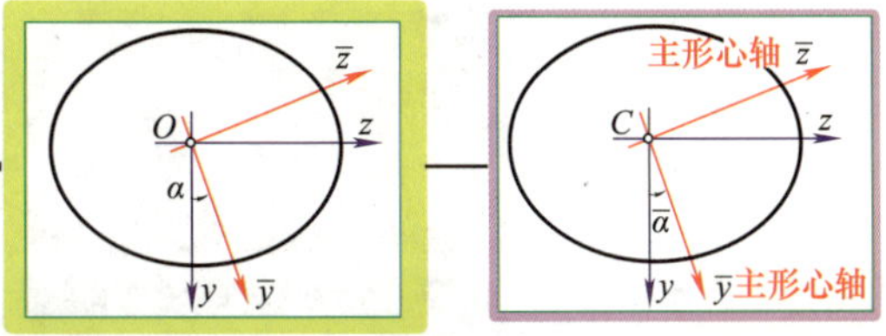
O
z
$\bar{z}$
α
y
$\bar{y}$
C
主形心轴 $\bar{z}$
$\bar{\alpha}$
$\bar{y}$主形心轴

$$I_{yz}=\frac{I_y-I_z}{2}\sin 2\bar{\alpha}+I_{yz}\cos 2\bar{\alpha}=0$$

$$\tan 2\bar{\alpha}=\frac{2I_{yz}}{I_z-I_y}$$

$$\left.\begin{matrix}I_{\bar{y}}\\I_{\bar{z}}\end{matrix}\right\}=\frac{I_y+I_z}{2}\pm\frac{I_y-I_z}{2}\cos 2\bar{\alpha}\mp I_{yz}\sin 2\bar{\alpha}$$

- 一个极大值
- 一个极小值

$$\frac{\mathrm{d}I_y}{\mathrm{d}\alpha}=(I_z-I_y)\sin 2\alpha-2I_{yz}\cos 2\alpha=0$$

当截面具有对称轴时，则该对称轴及垂直于该轴的形心轴，均为**主形心轴**，因为截面对此互垂形心轴的惯性积为 0

截面的几何性质与应力状态之类比

类比关系	截面的几何性质	微体的应力状态
1	惯性积： $I_{y_1z_1} = \frac{I_y - I_z}{2}\sin 2\alpha + I_{yz}\cos 2\alpha$	切应力： $\tau_\alpha = \frac{\sigma_x - \sigma_y}{2}\sin 2\alpha + \tau_x \cos 2\alpha$
2	惯性矩： $I_{y_1} = \frac{I_y + I_z}{2} + \frac{I_y - I_z}{2}\cos 2\alpha - I_{yz}\sin 2\alpha$	正应力： $\sigma_\alpha = \frac{\sigma_x + \sigma_y}{2} + \frac{\sigma_x - \sigma_y}{2}\cos 2\alpha - \tau_x \sin 2\alpha$
3	主轴： 原点位于 O 点，$I_{yz}=0$，坐标轴 $\bar{y}$、$\bar{z}$ 称为截面过 O 点的主轴。 主轴的方位角：$\tan 2\bar{\alpha} = -\frac{I_{yz}}{I_y - I_z}$	主平面： 切应力 $\tau = 0$ 的截面。 主应力的方位角：$\tan 2\alpha_0 = -\frac{\tau_{xy}}{\sigma_x - \sigma_y}$
4	主惯性矩： 截面对主轴的惯性矩	主应力： 主平面上的正应力
5	主形心轴： 通过截面形心的主轴	主平面： 切应力 $\tau = 0$ 的截面
6	主形心惯性矩： 截面对主形心轴的惯性矩	主应力： 主平面上的正应力

确定主形心轴与主形心惯性矩（$h=2b$）

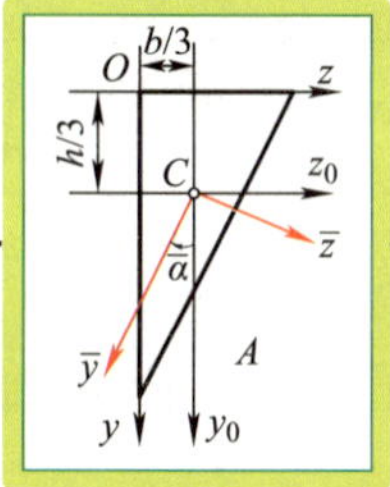
O
b/3
z
h/3
C
z0
z̄
α
ȳ
A
y
y0

形心 C 位置（$b/3$，$h/3$）

两套坐标系

- Oyz 坐标系
- Cy_0z_0 坐标系 — **形心轴**

宽 b，高 h，坐标轴 z 为平行于底边的形心轴

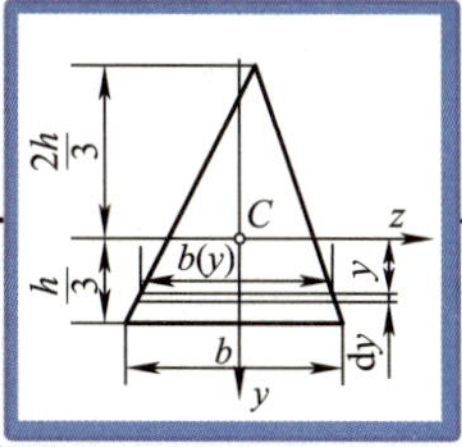
2h/3
h/3
C
z
b(y)
y
dy
b
y

$$I_z=\frac{bh^3}{36}$$

$$I_{y_0}=\frac{hb^3}{36}=\frac{b^4}{18}$$

$$I_{z_0}=\frac{bh^3}{36}=\frac{2b^4}{9}$$

确定主形心轴与主形心惯性矩（$h=2b$）

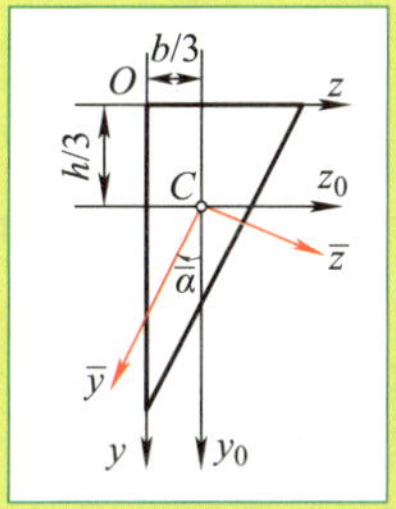

b/3
O
z
h/3
C
z0
z̄
ᾱ
ȳ
y
y0

$$I_{y_0z_0}=-\frac{b^2h^2}{72}=-\frac{b^4}{18}$$

$$I_{y_0}=\frac{hb^3}{36}=\frac{b^4}{18}$$

$$I_{z_0}=\frac{bh^3}{36}=\frac{2b^4}{9}$$

$$\tan 2\bar{\alpha}=-\frac{2I_{y_0z_0}}{I_{y_0}-I_{z_0}}=-\frac{2\left(-\dfrac{b^4}{18}\right)}{\dfrac{b^4}{18}-\dfrac{2b^4}{9}}=-\frac{2}{3}$$

$\bar{\alpha}=-16°51'$

$\bar{y}$ 轴、$\bar{z}$ 轴为主形心轴

$$\left.\begin{matrix}I_{\bar{y}}\\ I_{\bar{z}}\end{matrix}\right\}=\frac{1}{2}\left(\frac{b^4}{18}+\frac{2b^4}{9}\right)\pm\frac{1}{2}\left(\frac{b^4}{18}-\frac{2b^4}{9}\right)\cos(-33°41')\mp\left(-\frac{b^4}{18}\right)\sin(-33°41')$$

$I_{\bar{y}}=0.038b^4\quad I_{\bar{z}}=0.239b^4$

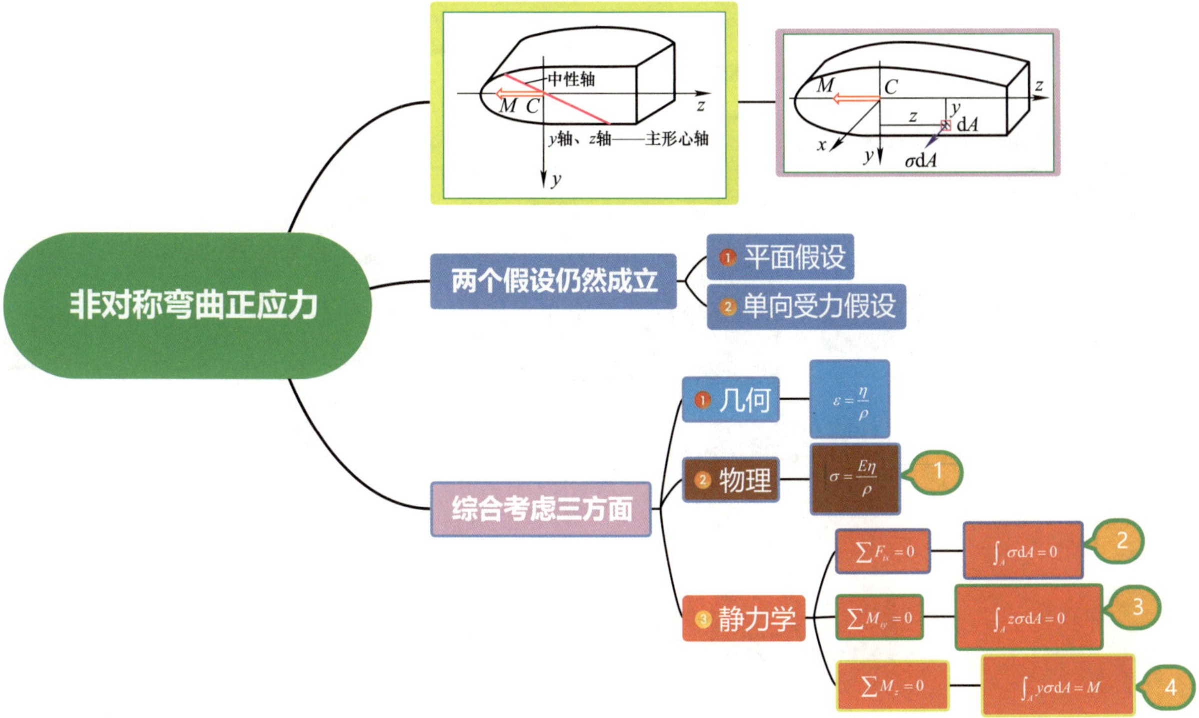
非对称弯曲正应力
中性轴
M C
z
y轴、z轴——主形心轴
y
M
C
z
y
dA
x
σdA
两个假设仍然成立
1 平面假设
2 单向受力假设
综合考虑三方面
1 几何
$\varepsilon=\frac{\eta}{\rho}$
2 物理
$\sigma=\frac{E\eta}{\rho}$
1
3 静力学
$\sum F_{lx}=0$
$\int_A \sigma \mathrm{d}A=0$
2
$\sum M_{iy}=0$
$\int_A z\sigma \mathrm{d}A=0$
3
$\sum M_z=0$
$\int_A y\sigma \mathrm{d}A=M$
4

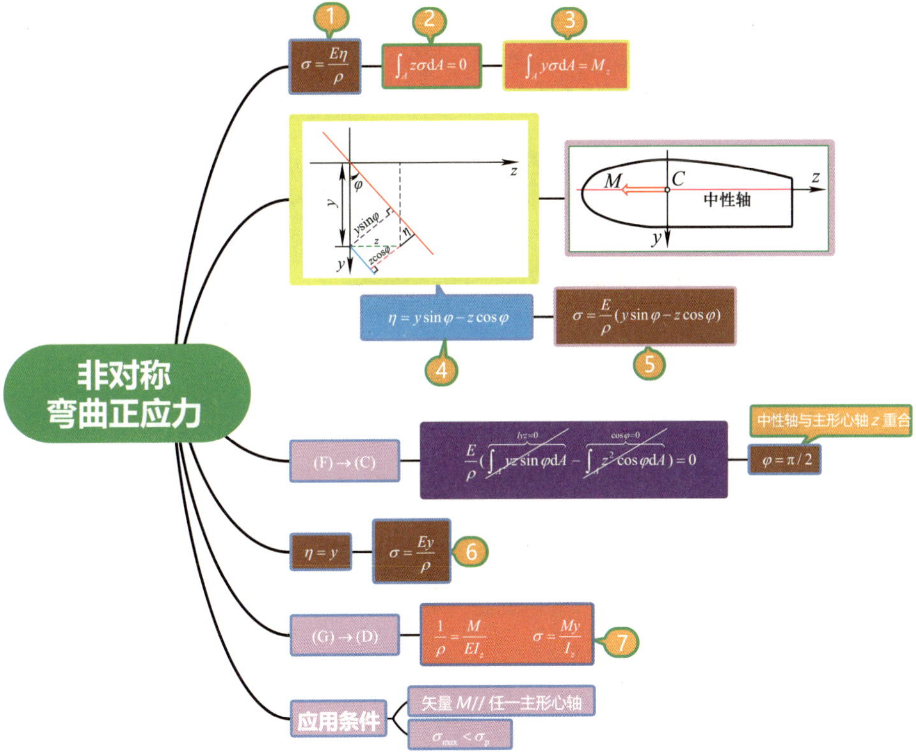
非对称
弯曲正应力
1
$\sigma=\frac{E\eta}{\rho}$
2
$\int_A z\sigma\mathrm{d}A=0$
3
$\int_A y\sigma\mathrm{d}A=M_z$
z
φ
y
$y\sin\varphi$
η
z
$z\cos\varphi$
y
M
C
z
中性轴
y
$\eta=y\sin\varphi-z\cos\varphi$
4
$\sigma=\frac{E}{\rho}(y\sin\varphi-z\cos\varphi)$
5
(F)→(C)
$\frac{E}{\rho}(\overbrace{\int_A yz\sin\varphi\mathrm{d}A}^{I_{yz}=0}-\overbrace{\int_A z^2\cos\varphi\mathrm{d}A}^{\cos\varphi=0})=0$
中性轴与主形心轴 z 重合
$\varphi=\pi/2$
$\eta=y$
$\sigma=\frac{Ey}{\rho}$
6
(G)→(D)
$\frac{1}{\rho}=\frac{M}{EI_z}$
$\sigma=\frac{My}{I_z}$
7
应用条件
矢量 M// 任一主形心轴
$\sigma_{max}<\sigma_p$

非对称弯曲正应力一般公式

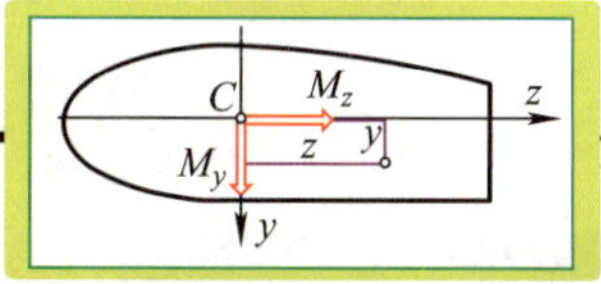
C
M_z
M_y
z
y
z
y

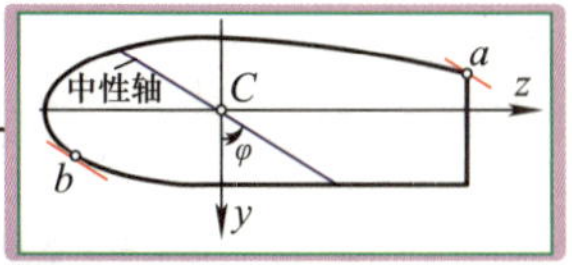
中性轴
C
a
b
z
y
φ

1. **应力一般公式**：$\sigma=\dfrac{M_y z}{I_y}-\dfrac{M_z y}{I_z}$
2. **中性轴方位**：$\bar{\sigma}=\dfrac{M_y\bar{z}}{I_y}-\dfrac{M_z\bar{y}}{I_z}=0$ —— $\tan\varphi=\dfrac{\bar{z}}{\bar{y}}=\dfrac{I_y}{I_z}\dfrac{M_z}{M_y}$
3. **最大应力位置**：位于离中性轴最远点 *a* 与 *b* 处

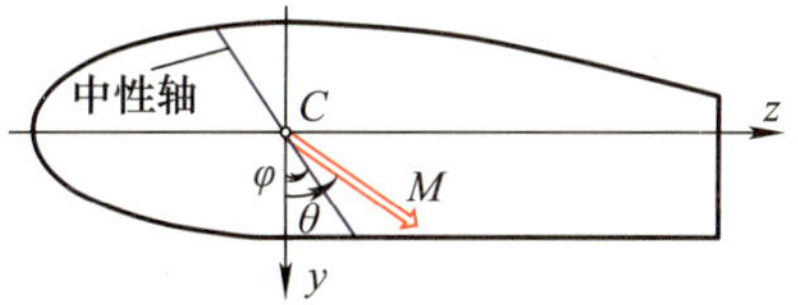
中性轴
C
z
φ
M
θ
y

斜弯曲

$M_y = M\cos\theta$

$M_z = M\sin\theta$

$\tan\varphi = \dfrac{I_y M_z}{I_z M_y} = \dfrac{I_y}{I_z}\tan\theta$

$I_y \neq I_z$，$\varphi \neq \theta$

中性轴不垂直于弯矩作用面的变形形式——斜弯曲

几个概念及其关系

弯曲形式	平面弯曲	斜弯曲	对称弯曲	非对称弯曲
特征	中性轴（或主形心轴之一）// 弯矩 M（矢量）	中性轴 $\not\parallel$ 弯矩 M（矢量），主形心轴 $\not\parallel$ 弯矩 M（矢量）	属于平面弯曲，但是比平面弯曲的条件更高	平面弯曲：主形心轴（或中性轴）// 弯矩 M（矢量） 斜弯曲：主形心轴（或中性轴）$\not\parallel$ 弯矩 M（矢量）
备注	注：中性轴与主形心轴之一重合	注：中性轴与主形心轴之一不重合。四个方向，没有任何两个方向是重合的。[中性轴一个，正交的主形心轴两个，弯矩 M（矢量）一个]	注：只有满足截面对称，才是对称弯曲，是特殊的平面弯曲形式	注：非对称弯曲，未必是斜弯曲。如果能满足主形心轴（或中性轴）// 弯矩 M（矢量），则仍然是平面弯曲
	斜弯曲 = 两个互垂平面弯曲的组合		—	

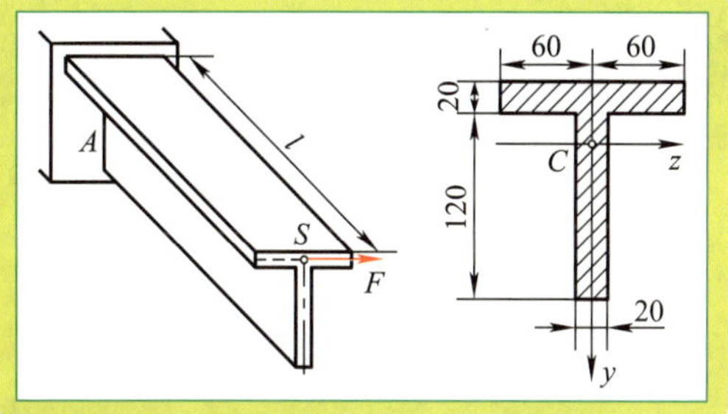
60
60
20
A
l
C
z
120
S
F
20
y

已知 $F=6\text{kN}$, $l=1.2\text{m}$, $[\sigma]=160\text{MPa}$, 试校核梁的强度

矢量 M_A // 主形心轴 y，发生平面弯曲

$M_A = Fl = 7.2\times10^3\,\text{N}\cdot\text{m}$

$$I_y = \frac{0.02\text{m}\times(0.12\text{m})^3 + 0.12\text{m}\times(0.02\text{m})^3}{12} = 2.96\times10^{-6}\,\text{m}^4$$

$$\sigma_{\max} = \frac{M_A z_\alpha}{I_y} = \frac{7.2\times10^3\times0.06}{2.96\times10^{-6}}\text{Pa}=146\text{MPa}<[\sigma]$$

薄壁梁的弯曲切应力

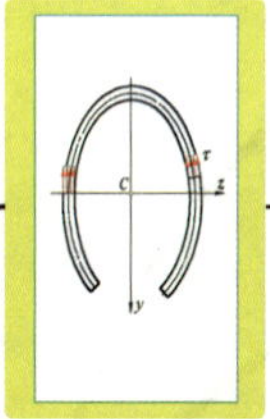
C
z
y
τ

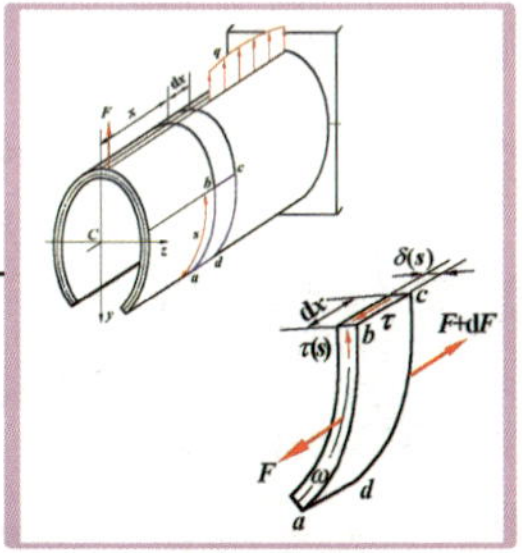
F
dx
q
C
z
y
δ(s)
F+dF
τ(s)
b
c
τ
F
ω
d
a

假设

1. 切应力平行于截面中心线切线
2. 沿壁厚均布

$\sum F_{ix}=0,\ \tau(s)\delta(s)\mathrm{d}x=\mathrm{d}F \Rightarrow \tau(s)=\dfrac{1}{\delta(s)}\dfrac{\mathrm{d}F}{\mathrm{d}x}$

$F=\int_{\omega}\sigma\mathrm{d}A=\int_{\omega}\dfrac{My}{I_z}\mathrm{d}A=\dfrac{MS_z(\omega)}{I_z}$

$\tau(s)=\dfrac{1}{\delta(s)}\dfrac{\mathrm{d}M}{\mathrm{d}x}\dfrac{S_z(\omega)}{I_z}=\dfrac{F_S S_z(\omega)}{\delta(s)I_z}$

$\tau(s)=\dfrac{F_S S_z(\omega)}{I_z\delta(s)}$

- F_S：剪力
- S_z：截面 ω 对 z 轴的静矩
- I_z：整个截面对 z 轴的惯性矩
- $\delta(s)$：壁厚

剪流

$\Rightarrow q(s)=\tau(s)\delta(s)=\dfrac{S_S S_z(\omega)}{I_z}$

确定工字形截面梁的剪流分布

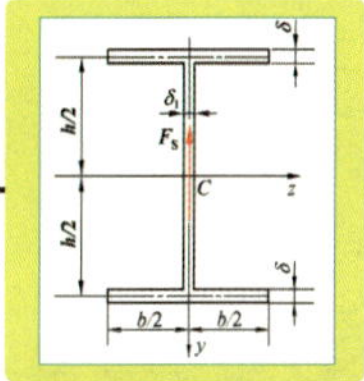

δ
h/2
δ1
FS
C
z
h/2
δ
b/2
b/2
y

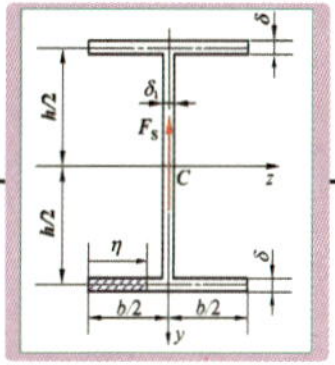

δ
h/2
δ1
FS
C
z
h/2
η
δ
b/2
b/2
y

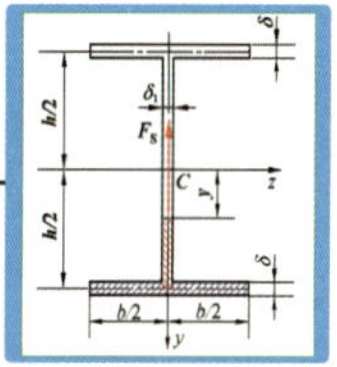

δ
h/2
δ1
FS
C
y
z
h/2
δ
b/2
b/2
y

① 翼缘剪流计算

$$q_f(\eta)=\frac{F_S S_z(\eta)}{I_z}=\frac{F_S}{I_z}\cdot\eta\delta\cdot\frac{h}{2}=\frac{F_S h\eta\delta}{2I_z}$$

② 腹板剪流计算

$$S_z(y)=b\delta\cdot\frac{h}{2}+\delta_1\left(\frac{h}{2}-y\right)\frac{1}{2}\left(\frac{h}{2}+y\right)$$

$$q_w(y)=\frac{F_S S_z(y)}{I_z}=\frac{F_S}{I_z}\left[\frac{b\delta h}{2}+\frac{\delta_1}{2}\left(\frac{h^2}{4}-y^2\right)\right]$$

$$q_{w,\max}=\frac{F_S h(4b\delta+h\delta_1)}{8I_z}$$

中性轴处

确定工字形截面梁的剪流分布

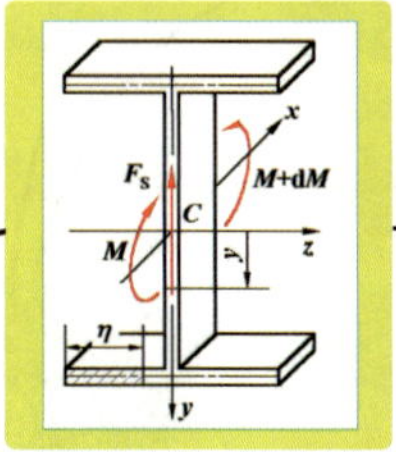
x
F_S
M+dM
C
M
y
z
η
y

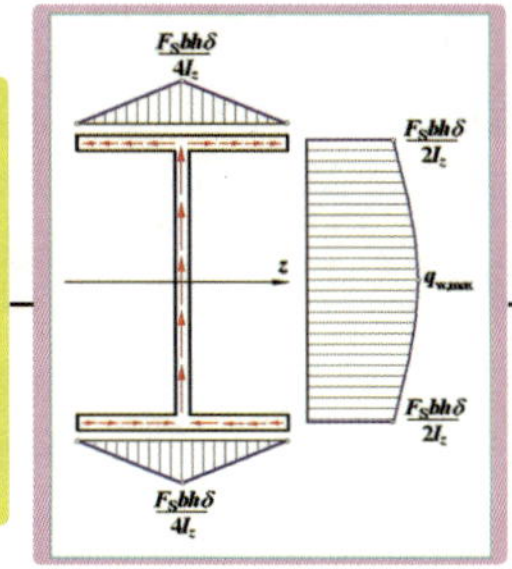
$\frac{F_S bh\delta}{4I_z}$
$\frac{F_S bh\delta}{2I_z}$
z
$q_{w,max}$
$\frac{F_S bh\delta}{2I_z}$
$\frac{F_S bh\delta}{4I_z}$

$$q_{f,max}=\frac{F_S bh\delta}{4I_z}$$

翼缘剪流

$$q_{w,max}=\frac{F_S h(4b\delta+h\delta_1)}{8I_z}$$

$$q_{w,\pm\frac{h}{2}}=\frac{F_S bh\delta}{2I_z}$$

腹板剪流

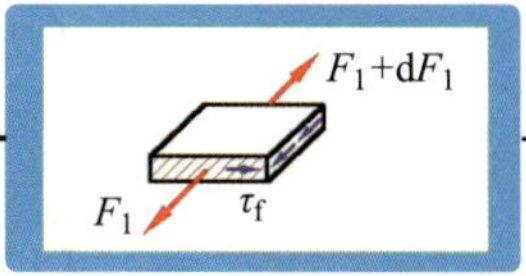
F_1+dF_1
F_1
τ_f

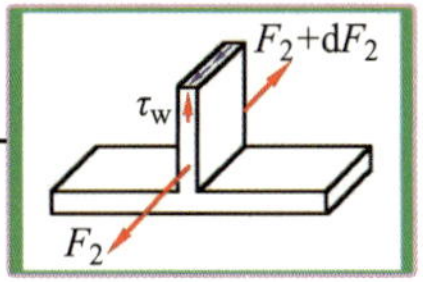
F_2+dF_2
τ_w
F_2

确定闭口薄壁圆截面梁的弯曲切应力分布

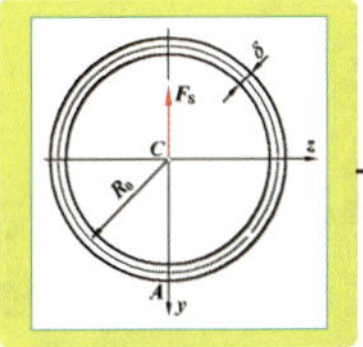

δ
F_S
C
z
R_0
A
y

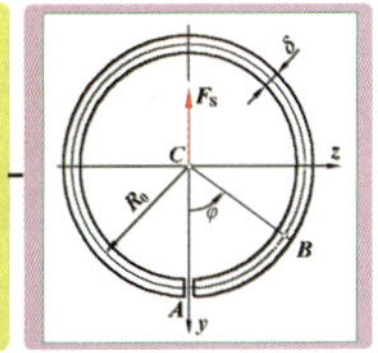

δ
F_S
C
z
R_0
φ
B
A
y

- 切应力分布对称于 y 轴
- 切应力具有反对称性质
  - 对称轴处的切应力 =0

$$\tau(\varphi)=\frac{F_S S_z(\varphi)}{I_z\delta}$$

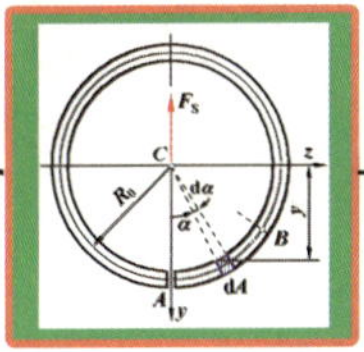

F_S
C
z
R_0
$\mathrm{d}\alpha$
α
y
B
$\mathrm{d}A$
A
y

$$S_z(\varphi)=\int_\omega y\mathrm{d}A=\int_0^\varphi R_0\cos\alpha\cdot\delta R_0\mathrm{d}\alpha=R_0^2\delta\sin\varphi$$

$$I_z=\pi R_0^3\delta$$

$$\tau(\varphi)=\frac{F_S\sin\varphi}{\pi R_0\delta}$$

$$\tau_{max}=\frac{F_S}{\pi R_0\delta}$$

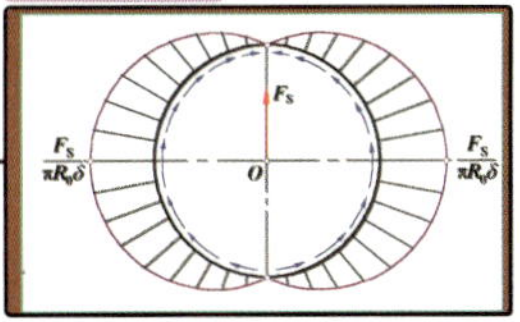

F_S
O
$\frac{F_S}{\pi R_0\delta}$
$\frac{F_S}{\pi R_0\delta}$

薄壁梁的截面剪心

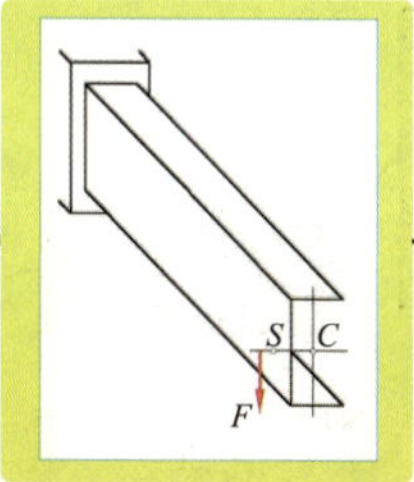
S
C
F

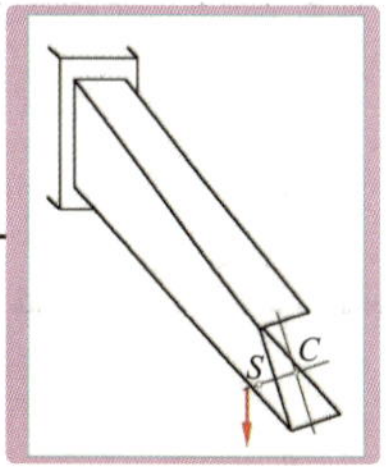
S
C

- 要使梁仅弯不扭，横向载荷 F 或 q 应如何施加
- 平面弯曲的外力条件

外载荷 ⊥ z 轴（或 // y 轴）

梁 ⊥ z 轴发生平面弯曲

e_z=?

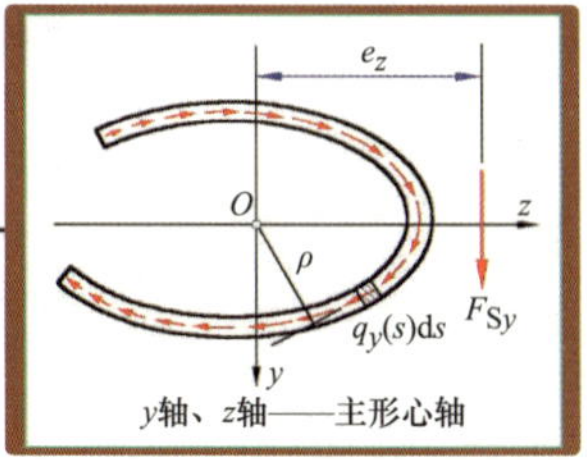
e_z
O
z
ρ
F_{Sy}
$q_y(s)ds$
y
y轴、z轴——主形心轴

薄壁梁的截面剪心

- 梁 ⊥ z 轴发生平面弯曲
  - 外载荷 ⊥ z 轴（或 //y 轴）
  - e_z=?

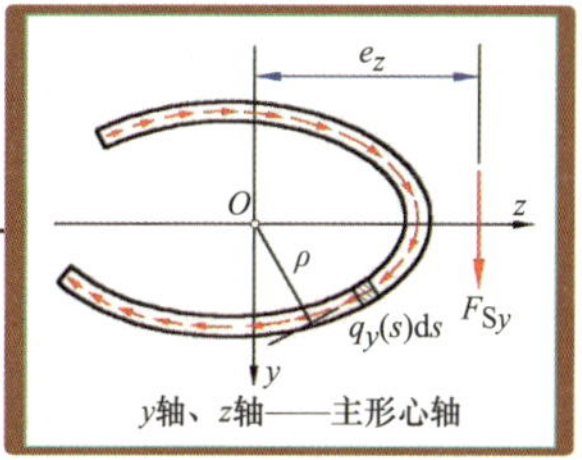

e_z
O
z
ρ
F_{Sy}
$q_y(s)ds$
y
y轴、z轴——主形心轴

- 已知剪流分布方式，剪力位置也应确定
- $q_y(s)=\dfrac{F_{Sy}S_z(\omega)}{I_z}$ —— 合力矩定理 —— $F_{Sy}e_z=\int_l q_y(s)\rho\mathrm{d}s$
- $F_{Sy}e_z=\int_l \dfrac{F_{Sy}S_z(\omega)}{I_z}\rho\mathrm{d}s$ —— $e_z=\dfrac{\int_l S_z(\omega)\rho\mathrm{d}s}{I_z}$

薄壁梁的截面剪心

- 梁 ⊥ y 轴发生平面弯曲
  - 外载荷 ⊥ y 轴（或 $//z$ 轴）
  - $e_y=?$

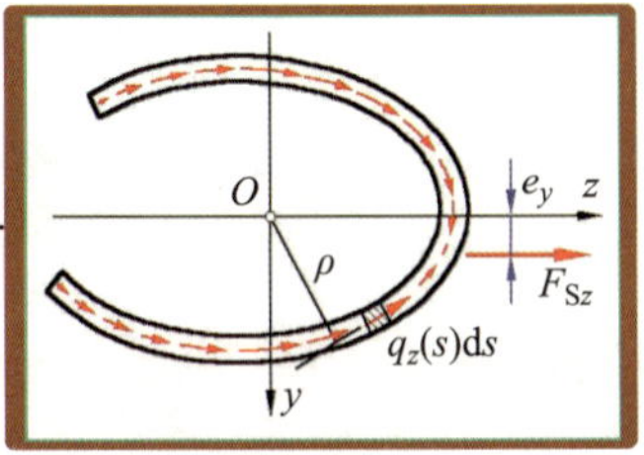
O
e_y
z
ρ
F_{Sz}
$q_z(s)\mathrm{d}s$
y

- 已知剪流分布方式，剪力位置也应确定
- $q_z(s)=\dfrac{F_{Sz}S_y(\omega)}{I_y}$ —— 合力矩定理 —— $F_{Sz}e_y=\int_l q_z(s)\rho\mathrm{d}s$
- $F_{Sz}e_y=\int_l \dfrac{F_{Sz}S_y(\omega)}{I_y}\rho\mathrm{d}s$ —— $e_y=\dfrac{\int_l S_y(\omega)\rho\mathrm{d}s}{I_y}$

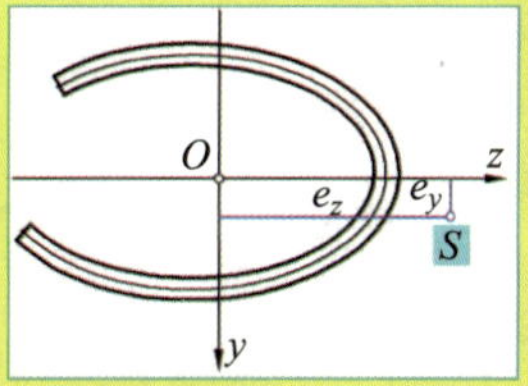

O
z
e_z
e_y
S
y

剪心概念

- **剪心定义**：剪力 F_{Sy}，F_{Sz} 作用线的交点 S (e_y, e_z)
- **剪心位置**：

$$e_y=\frac{\int_l S_y(\omega)\rho \mathrm{d}s}{I_y} \qquad e_z=\frac{\int_l S_z(\omega)\rho \mathrm{d}s}{I_z}$$

- **剪心性质**：
  - 剪心位置仅与截面的形状及尺寸有关，与外力无关，属于截面**几何**性质
  - 当横向外力作用线通过剪心时，梁将只弯不扭，故**剪心**又称**弯心**

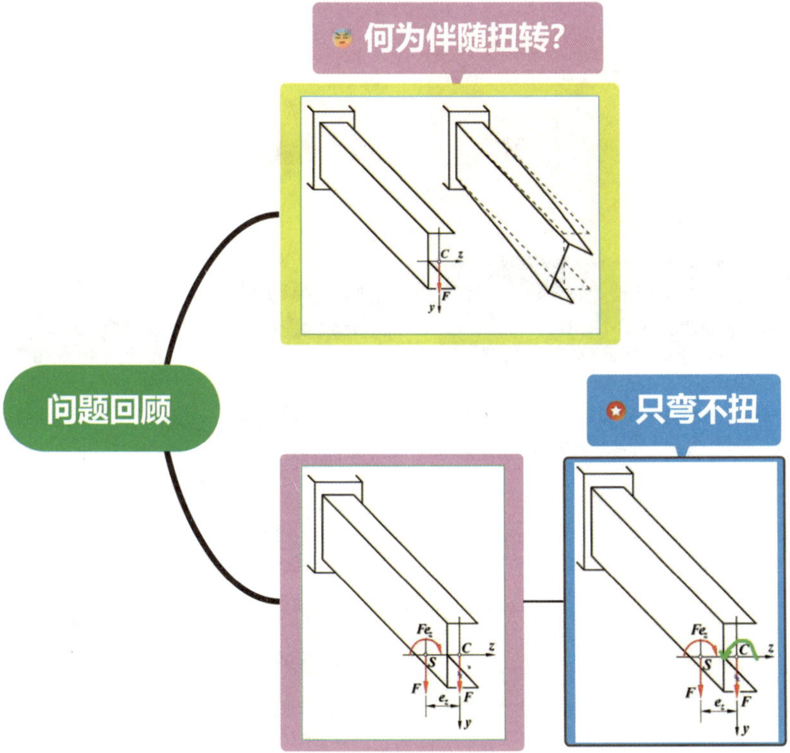
何为伴随扭转?
C
z
F
y
问题回顾
只弯不扭
Fe_z
C
z
S
F
e_z
F
y
Fe_z
C
z
S
F
e_z
F
y

试确定图示槽形薄壁截面的剪心位置

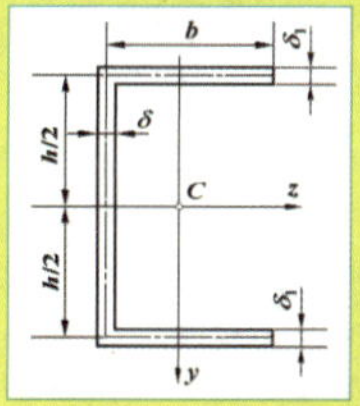

b
δ₁
δ
h/2
h/2
C
z
y

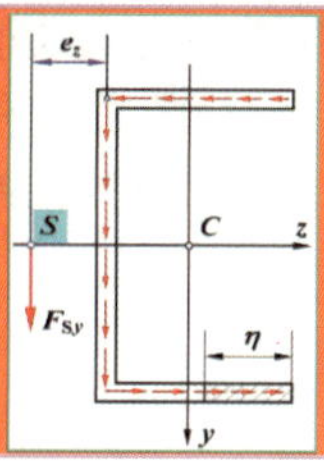

e_z
S
C
z
F_Sy
η
y

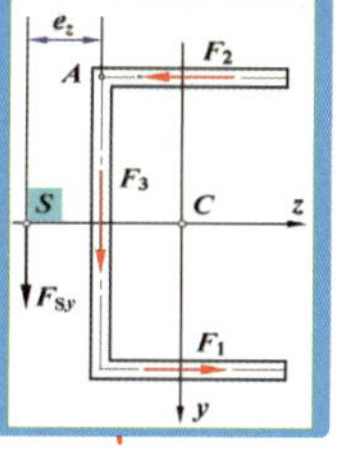

e_z
F₂
A
F₃
S
C
z
F_Sy
F₁
y

$$q(\eta)=\frac{F_{Sy}S_z(\eta)}{I_z}=\frac{F_{Sy}}{I_z}\cdot\eta\delta_1\cdot\frac{h}{2}$$

$$I_z\approx\frac{\delta h^3}{12}+2b\delta_1\left(\frac{h}{2}\right)^2=\frac{h^2(\delta h+6b\delta_1)}{12}$$

$$F_1=\int_0^b q(\eta)\mathrm{d}\eta=\frac{3F_{Sy}\delta_1 b^2}{h(\delta h+6b\delta_1)}$$

合力矩定理

$$F_{Sy}e_z=F_1h$$

$$e_z=\frac{F_1h}{F_{Sy}}=\frac{3\delta_1 b^2}{\delta h+6b\delta_1}$$

试确定图示圆环形薄壁截面的剪心位置

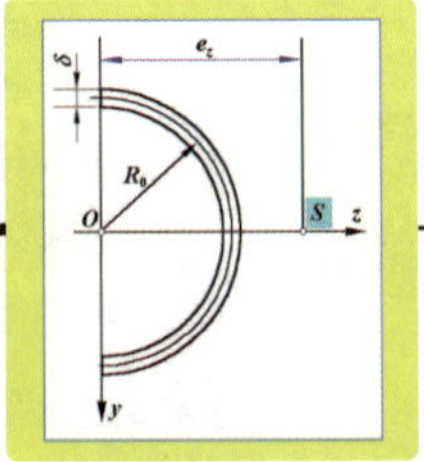
δ
e_z
R_0
O
S
z
y

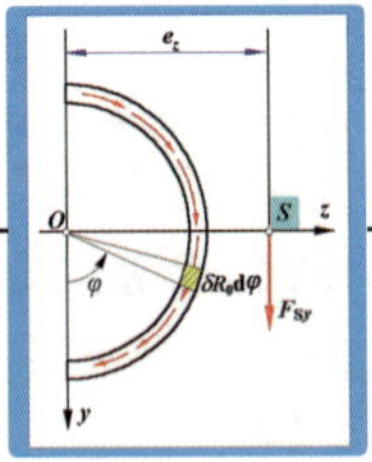
e_z
O
S
z
φ
$\delta R_0 d\varphi$
F_{Sy}
y

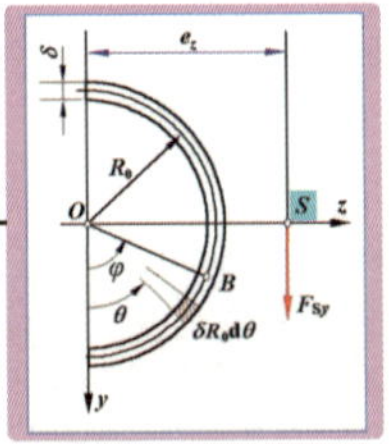
δ
e_z
R_0
O
S
z
φ
θ
B
$\delta R_0 d\theta$
F_{Sy}
y

$$S_z(\varphi)=\int_0^{\varphi} R_0\cos\theta\cdot\delta R_0 d\theta=R_0^2\delta\sin\varphi$$

$$q(\varphi)=\frac{F_{Sy}S_z(\varphi)}{I_z}$$

$$I_z=\frac{\pi R_0^3\delta}{2}$$

$$q(\varphi)=\frac{2F_{Sy}\sin\varphi}{\pi R_0}$$

合力矩定理

$$F_{Sy}e_z=\int_0^{\pi} R_0\cdot q(\varphi)R_0 d\varphi=\frac{4F_{Sy}R_0}{\pi}$$

$$e_z=\frac{4R_0}{\pi}$$

常见截面的剪心位置

- 单对称截面

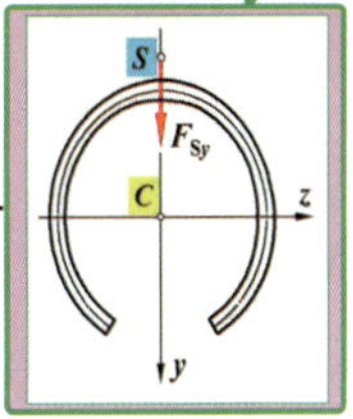

S
F_Sy
C
z
y

剪心位于对称轴上

- 双对称截面

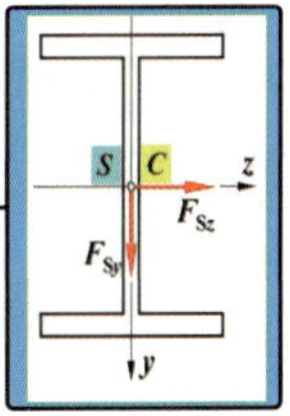

S
C
z
F_Sz
F_Sy
y

- L 形、T 形与 V 形截面

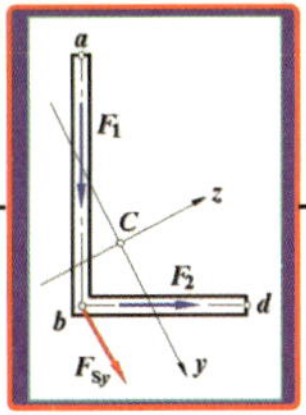

a
F1
C
z
F2
b
d
F_Sy
y

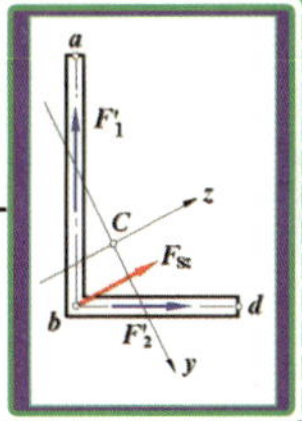

a
F'1
C
z
F_Sz
b
d
F'2
y

截面中心线为两段直线，剪心位于两直线的交点

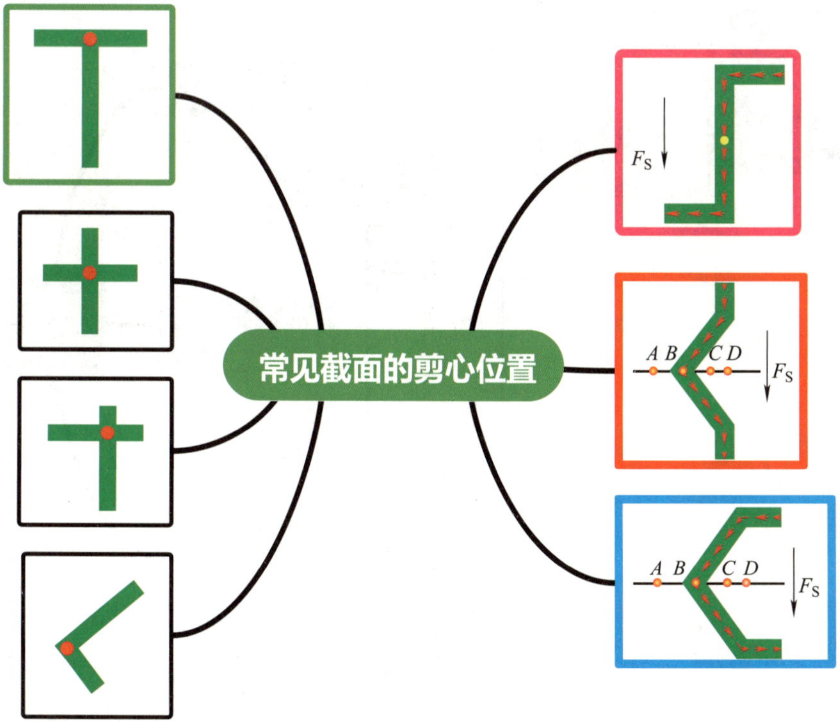
常见截面的剪心位置
F_S
A B C D
F_S
A B C D
F_S

13.1 能量法概况

第 13 章　能量法

第 13 章　能量法
1. 外力功、应变能与克拉珀龙定理
2. 互等定理
3. 卡氏定理
4. 变形体虚功原理
5. 单位载荷法

13.2　计算某截面某方向的位移的几种方法盘点

计算 A 点的铅垂位移

求节点 A 铅垂位移的三种方法

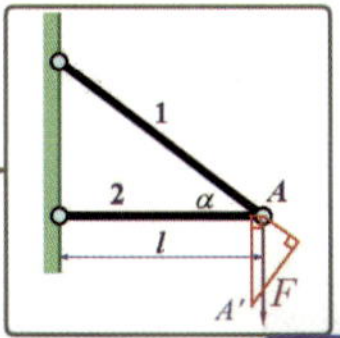
1
2
α
A
l
A′
F

- 1. 杆的变形协调关系
  - $F_{N1}=F/\sin\alpha$ → $\Delta l_1=\dfrac{F_{N1}l_1}{EA}$
  - $F_{N2}=F/\tan\alpha$ → $\Delta l_2=\dfrac{F_{N2}l}{EA}$
  - $\Delta=\dfrac{\Delta l_1}{\sin\alpha}+\dfrac{\Delta l_2}{\tan\alpha}=\dfrac{Fl}{EA\sin^2\alpha}\left(\cos^2\alpha+\dfrac{1}{\cos\alpha}\right)$
- 2. 能量法
  - $V_\varepsilon=\dfrac{F_{N1}^2l_1}{2EA}+\dfrac{F_{N2}^2l}{2EA}=\dfrac{F^2l}{2EA\sin^2\alpha}\left(\cos^2\alpha+\dfrac{1}{\cos\alpha}\right)$
  - $W=\dfrac{F\Delta}{2}$
  - $\Delta=\dfrac{Fl}{EA\sin^2\alpha}\left(\cos^2\alpha+\dfrac{1}{\cos\alpha}\right)$
- 3. 梁的叠加法
  - 需查表
- 4. 多个构件

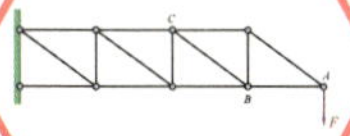
C
A
B
F

  - 能量法最高效
    - 功的互等定理
    - 位移互等定理
    - 卡氏定理
    - 单位载荷法

13.3 外力功的基本表达式

外力功的基本表达式

- 一般弹性体
  - 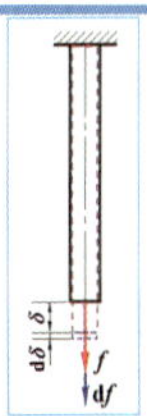
δ
dδ
f
df
  - 广义载荷 $f: 0 \to F$
  - 相应位移 $\delta: 0 \to \Delta$
    - $\mathrm{d}W = f\mathrm{d}\delta$ —— $W = \int_0^{\Delta} f\mathrm{d}\delta$
- 线性弹性体
  - 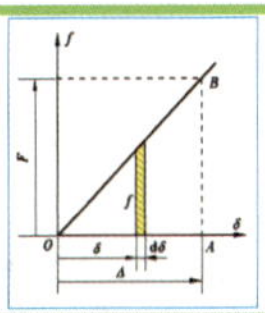
f
B
F
f
O
δ
dδ
A
Δ
  - $f \propto \delta$
  - $f = k\delta$
    - $W = \int_0^{\Delta} f\mathrm{d}\delta = \int_0^{\Delta} k\delta\mathrm{d}\delta$ —— $W = \dfrac{k\Delta^2}{2}$ —— $W = \dfrac{F\Delta}{2}$
  - 刚度系数 —— k —— 线弹性体在载荷作用点、沿载荷作用方向产生单位位移所需的力
  - 为什么线弹性体外力功表达式有常系数 1/2

13.4　外力功的基本概念

外力功的基本概念

相应位移

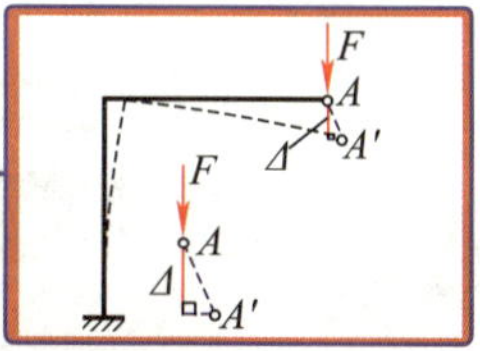
F
A
A′
Δ
F
A
Δ
A′

载荷作用点沿载荷作用方向的位移 Δ：F、Δ 方向一致

外力功

载荷 F 在相应位移 Δ 上所做的功

广义载荷与相应广义位移的四副“手套”

广义载荷	力	力偶	一对大小相等、方向相反的力	一对大小相等、方向相反的力偶
符号和表征	F	M	$F \rightarrow \leftarrow F$	$M \curvearrowleft\curvearrowright M$
			$F \leftarrow \rightarrow F$	$M \curvearrowright\curvearrowleft M$
广义位移	线位移	角位移	相对线位移	相对角位移
符号和表征	Δ	θ	$\Delta_{A/B}$	$\theta_{A/B}$

13.5 克拉珀龙定理

克拉珀龙定理

- 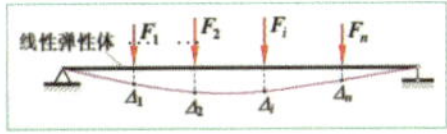

线性弹性体
F_1
F_2
F_i
F_n
Δ_1
Δ_2
Δ_i
Δ_n

  - 多力做功问题
- $W=\sum_{i=1}^{n}\frac{F_i\Delta_i}{2}$
  - 与加载顺序无关
  - 与比例加载/非比例加载无关
- 本定理只适用于线性弹性体
- 克拉珀龙定理是否说明可由叠加法计算多个力的功
  - 不能
    - 一般情况下，各载荷所做的功并非仅与该载荷所引起的位移有关
- 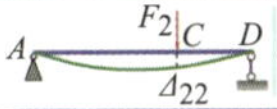

F_2
A
C
D
Δ_{22}

- 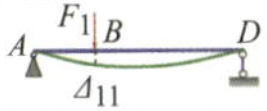

F_1
A
B
D
Δ_{11}

  - $W=\frac{1}{2}F_1\Delta_{11}+\frac{1}{2}F_2\Delta_{22}$?
- 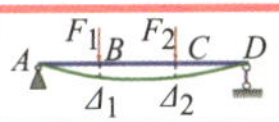

F_1
F_2
A
B
C
D
Δ_1
Δ_2

  - $W=\frac{1}{2}F_1\Delta_1+\frac{1}{2}F_2\Delta_2$?
- 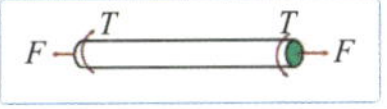

F
T
T
F

  - 注意事项
    - 广义位移可以用叠加法求解
    - 外力功一般不可以用叠加法求解
    - 可以用叠加法求外力功的特例情况
      - 一种载荷在另外一种载荷引起的位移上不做功
      - 一种载荷不在另一种载荷方向上引起相应位移

13.5-1 克拉珀龙定理之比例加载与非比例加载

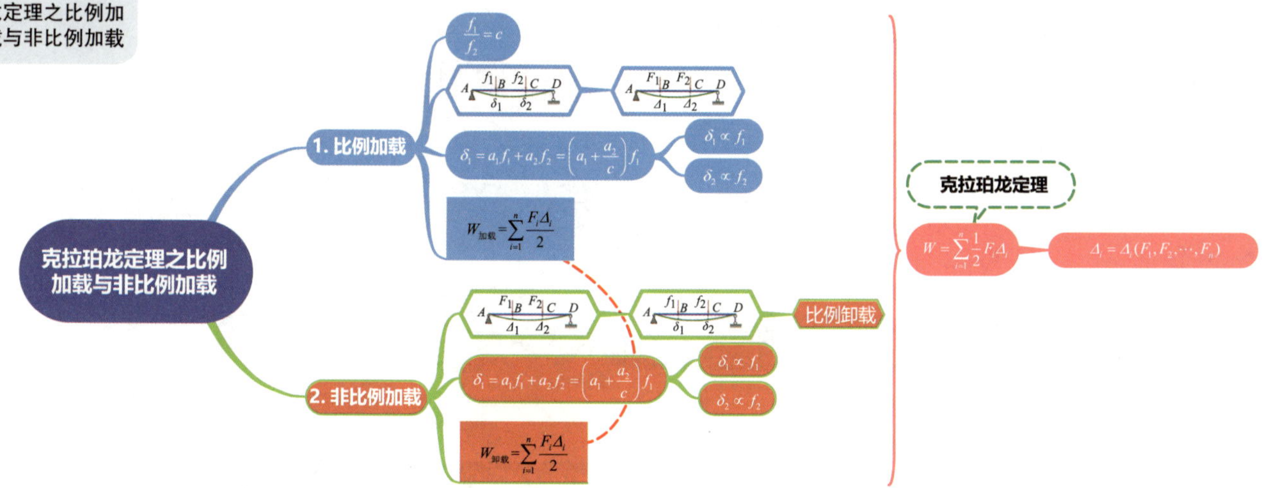
克拉珀龙定理之比例加载与非比例加载
1. 比例加载
$\frac{f_1}{f_2}=c$
$\delta_1=a_1f_1+a_2f_2=\left(a_1+\frac{a_2}{c}\right)f_1$
$\delta_1\propto f_1$
$\delta_2\propto f_2$
$W_{加载}=\sum_{i=1}^{n}\frac{F_i\Delta_i}{2}$
2. 非比例加载
$\delta_1=a_1f_1+a_2f_2=\left(a_1+\frac{a_2}{c}\right)f_1$
$\delta_1\propto f_1$
$\delta_2\propto f_2$
$W_{卸载}=\sum_{i=1}^{n}\frac{F_i\Delta_i}{2}$
比例卸载
克拉珀龙定理
$W=\sum_{i=1}^{n}\frac{1}{2}F_i\Delta_i$
$\Delta_i=\Delta_i(F_1,F_2,\cdots,F_n)$

悬臂梁承受集中力与集中力偶作用，计算外力所做的总功。弯曲刚度为 EI

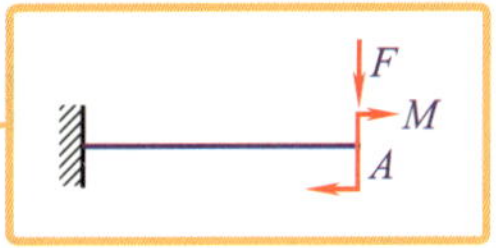

F
M
A

多外力做功

- $W=\frac{1}{2}Fy_A+\frac{1}{2}M\theta_A$
- 位移叠加
  - $y_A=y_{A,F}+y_{A,M}$ → $y_A=-\left(\frac{Fl^3}{3EI}+\frac{Ml^2}{2EI}\right)(\downarrow)$
  - $\theta_A=\theta_{A,F}+\theta_{A,M}$ → $\theta_A=-\left(\frac{Fl^2}{2EI}+\frac{Ml}{2EI}\right)(\circlearrowright)$
- $W=\frac{F^2l^3}{6EI}+\frac{M^2l}{2EI}+\frac{FMl^2}{2EI}$
  - $\frac{FMl^2}{2EI}$
    - $\frac{1}{2}F\frac{Ml^2}{2EI}=\frac{1}{2}Fy_{A,M}$
    - $\frac{1}{2}M\frac{Fl^2}{2EI}=\frac{1}{2}M\theta_{A,F}$
  - 功的互等定理：$Fy_{A,M}=M\theta_{A,F}$

13.6　多外力做功之例题

13.7 构成线性弹性结构的条件

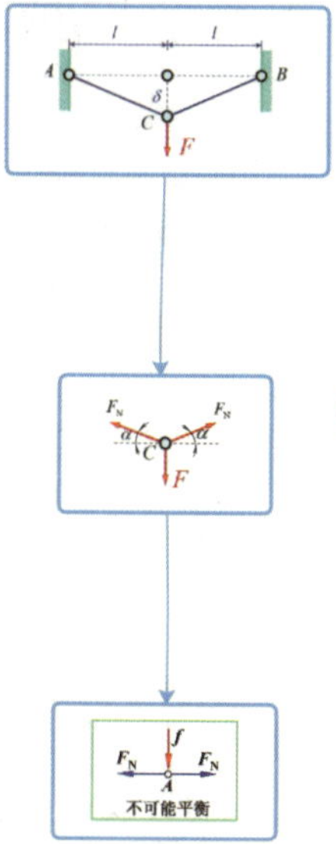
l
l
A
B
C
δ
F
F_N
F_N
α
α
C
F
f
F_N
F_N
A
不可能平衡

构成线性弹性结构的条件

- 1. 材料符合胡克定律（物理线性）
- 2. 小变形
- 3. 可按原始几何关系分析内力（几何线性）

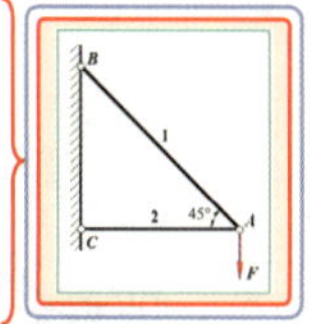
B
1
2
45°
A
C
F

- 已知 F，l，EA，求 F 与 δ 关系
  - $\sum F_y = 0$ → $F_N = \dfrac{F}{2\sin\alpha}$ → $\sin\alpha \approx \dfrac{\delta}{l}$ → $F_N = \dfrac{Fl}{2\delta}$ → 内力值与结构的位置有关
  - $\Delta l = \dfrac{F_N l}{EA}$ → $\dfrac{2Fl}{2EA\delta}$
  - $\Delta l = \sqrt{l^2+\delta^2} - l \approx \dfrac{\delta^2}{2l}$
  - $\dfrac{Fl^2}{2EA\delta} \approx \dfrac{\delta^2}{2l}$ → $F = \dfrac{FA}{l^3}\delta^3$ → 非线性弹性结构

13.8　弹性杆的应变能

弹性杆应变能 V_ε

- 1. $W=V_\varepsilon$
  - 
F_N
    - $V_\varepsilon=W=\frac{F_N(x)\Delta}{2}=\frac{F_N^2 l}{2EA}$
  - 
T
    - $V_\varepsilon=W=\frac{T\varphi}{2}=\frac{T^2 l}{2GI_t}$
  - 
M
    - $V_\varepsilon=W=\frac{M\theta}{2}=\frac{M^2 l}{2EI}$
  - 当外力为常值时，且其相应位移可直接求出时，宜用此法
- 2. 先计算微段的内力功，再积分
  - 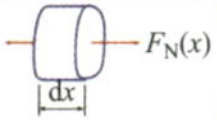
$F_N(x)$
dx
    - $dW=\frac{F_N(x)d\delta}{2}=\frac{F_N^2(x)dx}{2EA}$　$W=\int\frac{F_N^2(x)dx}{2EA}$
  - 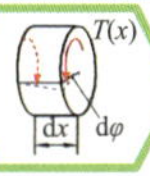
$T(x)$
dx
$d\varphi$
    - $dW=\frac{T(x)d\varphi}{2}=\frac{T^2(x)dx}{2GI_t}$　$W=\int\frac{T^2(x)dx}{2GI_t}$
  - 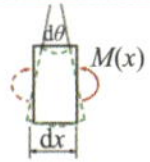
$d\theta$
$M(x)$
dx
    - $dW=\frac{M(x)d\theta}{2}=\frac{M^2(x)dx}{2EI}$　$W=\int\frac{M^2(x)dx}{2EI}$
- 3. 组合变形

弹性杆应变能 V_ε

- 1.$W=V_\varepsilon$
- 2. 先计算微段的内力功，再积分

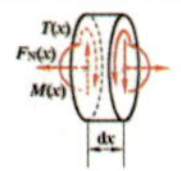
T(x)
FN(x)
M(x)
dx

  - 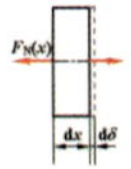
FN(x)
dx
dδ
 $dW=\dfrac{F_N(x)d\delta}{2}$，$d\delta=\dfrac{F_N(x)dx}{EA}$
  - 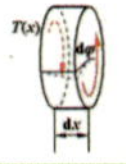
T(x)
dφ
dx
 $dW=\dfrac{T(x)d\varphi}{2}$，$d\varphi=\dfrac{T(x)dx}{GI_p}$
  - 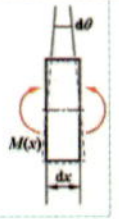
dθ
M(x)
dx
 $dW=\dfrac{M(x)d\theta}{2}$，$d\theta=\dfrac{M(x)dx}{EI}$

- 组合变形
  - 圆截面杆或杆系：$V_\varepsilon=\int_l \dfrac{F_N^2(x)}{2EA}dx+\int_l \dfrac{T^2(x)}{2GI_p}dx+\int_l \dfrac{M^2(x)}{2EI}dx$
  - 非圆截面杆或杆系（y 轴、z 轴——主形心轴）：$V_\varepsilon=\int_l \dfrac{F_N^2(x)}{2EA}dx+\int_l \dfrac{T^2(x)}{2GI_t}dx+\int_l \dfrac{M_y^2(x)}{2EI_y}dx+\int_l \dfrac{M_z^2(x)}{2EI_z}dx$
- 基本变形情况
  - 拉压杆：$V_\varepsilon=\dfrac{1}{2}\int_l \dfrac{F_N^2(x)}{EA}dx$
  - 桁架：$V_\varepsilon=\dfrac{1}{2}\sum_{i=1}^{n}\dfrac{F_{Ni}^2 l_i}{E_iA_i}$
  - 圆轴：$V_\varepsilon=\dfrac{1}{2}\int_l \dfrac{T^2(x)}{GI_p}dx$
  - 非圆轴：$V_\varepsilon=\dfrac{1}{2}\int_l \dfrac{T^2(x)}{GI_t}dx$
  - 平面弯曲的梁与钢架：$V_\varepsilon=\int_l \dfrac{M^2(x)}{2EI}dx$

13.9 能量法计算节点位移

用能量法计算Δ_{By}

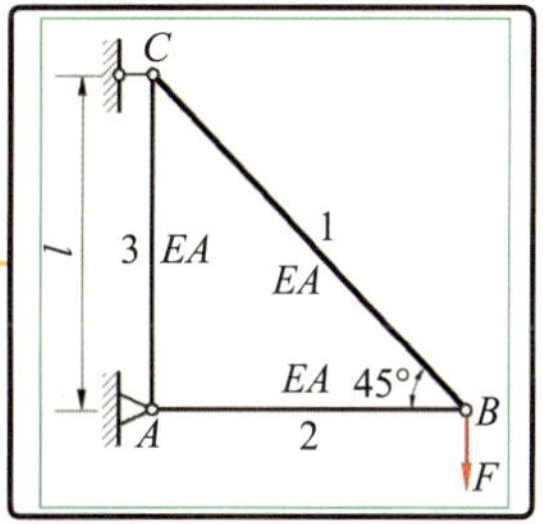

C
l
3
EA
1
EA
EA
45°
B
A
2
F

用能量法计算节点位移

- ★ $W=V_\varepsilon$
- W
  - $W=\dfrac{F\Delta_{By}}{2}$
- V_ε
  - $V_\varepsilon=\sum\limits_{i=1}^{3}\dfrac{F_{Ni}^2 l_i}{2E_iA_i}$
    - $F_{N1}=\sqrt{2}F$
    - $F_{N2}=F_{N3}=F$
- $V_\varepsilon=\dfrac{F_{N1}^2\cdot\sqrt{2}l_1}{2EA}+\dfrac{F_{N2}^2 l}{2EA}+\dfrac{F_{N3}^2 l}{2EA}=\dfrac{F^2 l(\sqrt{2}+1)}{EA}$
- $\Delta_{By}=\dfrac{2Fl(\sqrt{2}+1)}{EA}(\downarrow)$

试计算弹簧的轴向变形

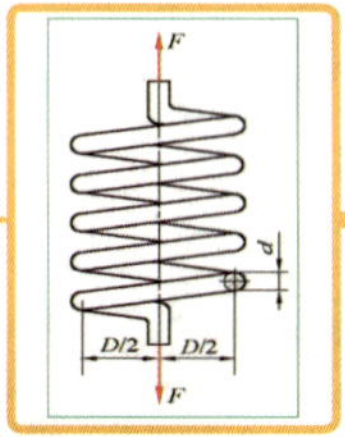
F
D/2
D/2
d
F

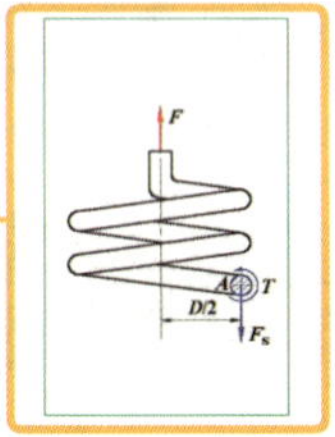
F
A
T
D/2
Fs

13.10　基于功能互等定理的弹簧轴向变形计算

计算弹簧的轴向变形

- ★ $W=V_\varepsilon$
- W → $\frac{1}{2}F\lambda$
- V_ε → $V_\varepsilon=\frac{1}{2}\int_s\frac{T^2}{GI_p}\mathrm{d}s$
  - $T=\frac{FD}{2}$
  - $S=n\pi D$ –弹簧丝总长
  - $I_p=\frac{\pi d^4}{32}$
  - → $V_\varepsilon=\frac{4F^2D^3n}{Gd^4}$
- $\frac{4F^2D^3n}{Gd^4}=\frac{F\lambda}{2}$ → $\lambda=\frac{8FD^3n}{Gd^4}$

13.11 功的互等定理与位移互等定理

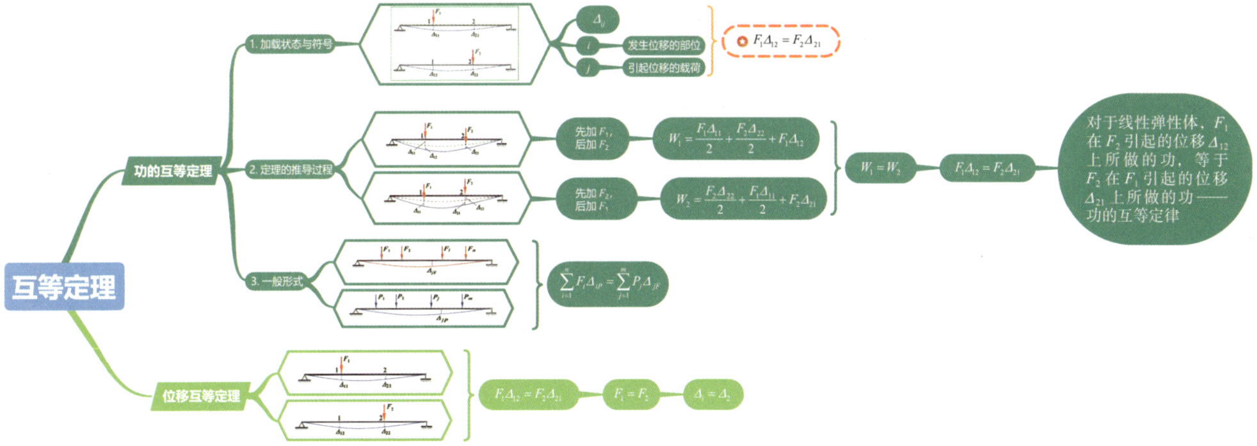

互等定理
功的互等定理
1. 加载状态与符号
Δ_{ij}
i
发生位移的部位
j
引起位移的载荷
$F_1\Delta_{12}=F_2\Delta_{21}$
2. 定理的推导过程
先加F_1，后加F_2
$W_1=\frac{F_1\Delta_{11}}{2}+\frac{F_2\Delta_{22}}{2}+F_1\Delta_{12}$
先加F_2，后加F_1
$W_2=\frac{F_2\Delta_{22}}{2}+\frac{F_1\Delta_{11}}{2}+F_2\Delta_{21}$
$W_1=W_2$
$F_1\Delta_{12}=F_2\Delta_{21}$
对于线性弹性体，F_1在F_2引起的位移Δ_{12}上所做的功，等于F_2在F_1引起的位移Δ_{21}上所做的功——功的互等定律
3. 一般形式
$\sum_{i=1}^{n}F_i\Delta_{iP}=\sum_{j=1}^{m}P_j\Delta_{jF}$
位移互等定理
$F_1\Delta_{12}=F_2\Delta_{21}$
$F_1=F_2$
$\Delta_1=\Delta_2$

13.12 位移互等定理的工程应用（一）

测量线弹性梁（等截面或任意形状变截面）A、B 两点挠度，但仅端点 C 适合装千分表。

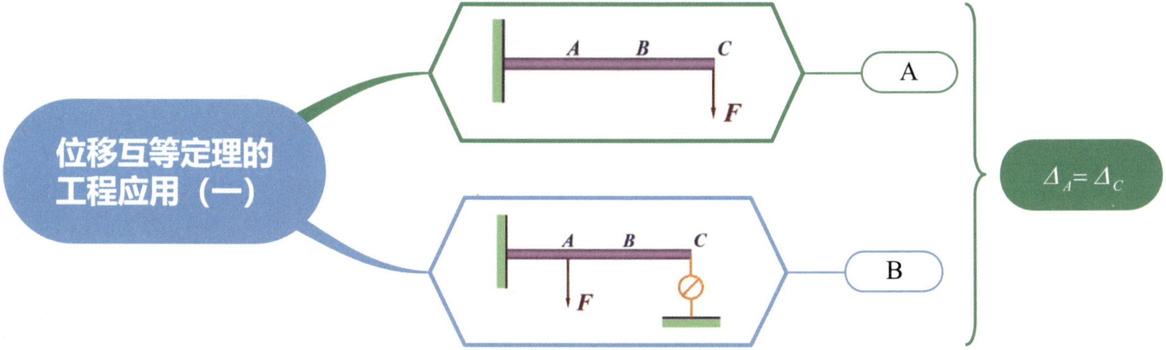
位移互等定理的工程应用（一）
A
B
C
F
A
A
B
C
F
B
$\Delta_A = \Delta_C$

13.13 位移互等定理的工程应用（二）

位移互等定理的工程应用（二）

等直杆宽为 b，拉压刚度为 EA，泊松比为 μ，求 Δl

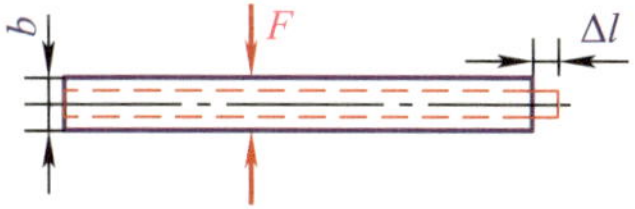

b
F
Δl

A

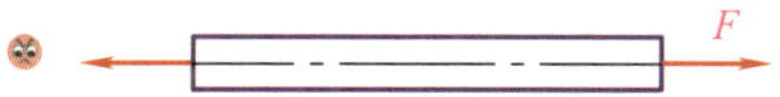

F

B

- $F \cdot \Delta b_2 = F \cdot \Delta l$ — $\Delta b_2 = \Delta l$
- $\Delta b_2 = -\varepsilon' b = \mu \varepsilon b = \mu \dfrac{\sigma}{E} b = \dfrac{\mu F}{EA} b$

$$\Delta l = \frac{\mu F}{EA} b$$

★ 位移互等定理的适用范围：等截面或任意形状变截面的杆（梁）

13.14　用功的互等定理解静不定问题

利用互等定理确定 B 端的支座反力

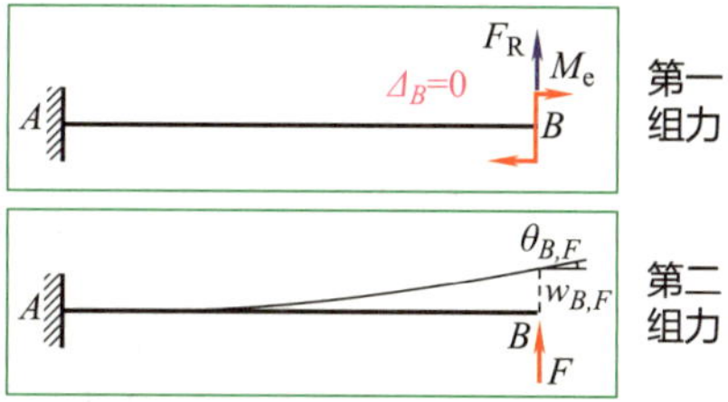

F_R
M_e
$\Delta_B=0$
A
B
第一组力
$\theta_{B,F}$
$w_{B,F}$
A
B
F
第二组力

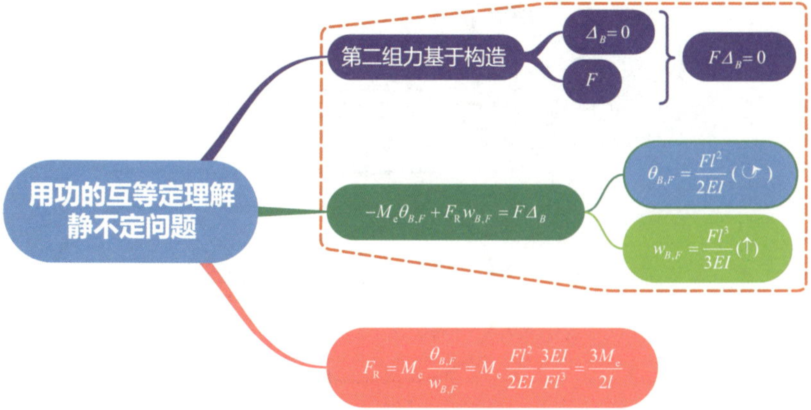

用功的互等定理解静不定问题
第二组力基于构造
$\Delta_B=0$
F
$F\Delta_B=0$
$-M_e\theta_{B,F}+F_R w_{B,F}=F\Delta_B$
$\theta_{B,F}=\dfrac{Fl^2}{2EI}$ (↻)
$w_{B,F}=\dfrac{Fl^3}{3EI}$ (↑)
$F_R=M_e\dfrac{\theta_{B,F}}{w_{B,F}}=M_e\dfrac{Fl^2}{2EI}\dfrac{3EI}{Fl^3}=\dfrac{3M_e}{2l}$

13.15 功的互等定理例题

轴承中的滚珠，直径为 d，沿直径两端作用一对大小相等、方向相反的集中力。材料的弹性常数 E、μ 均已知，试求圆珠的体积改变量

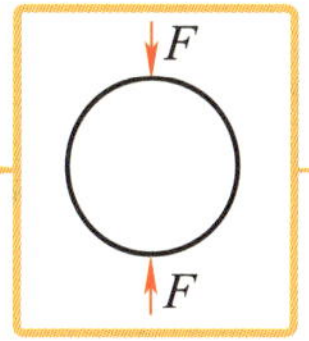

F
F

A

功的互等定理例题

三维图形 — $\sigma_1 = \sigma_2 = \sigma_3 = -q$

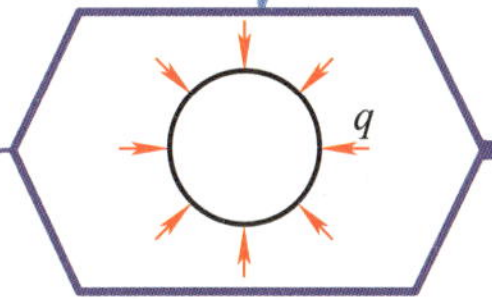

q

B

$$q(\Delta V)_F = F(\Delta d)_q$$

$$(\Delta d)_q = \frac{1}{E}(-q + 2\mu q)d = -\frac{1}{E}(1-2\mu)qd$$

$$(\Delta V)_F = \frac{F}{q}(\Delta d)_q = -\frac{1-2\mu}{E}Fd$$

已知 E、μ、厚度 h，求均质薄板面积改变量 ΔA

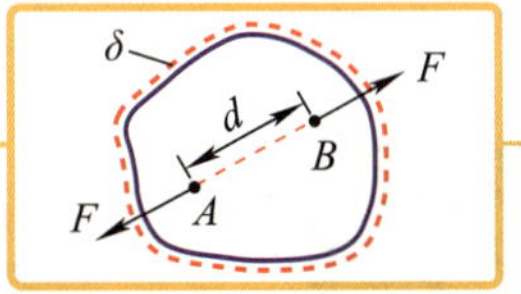
δ
F
d
B
A
F

A

13.16　功的互等定理之面积增加计算

功的互等定理工程应用之面积改变

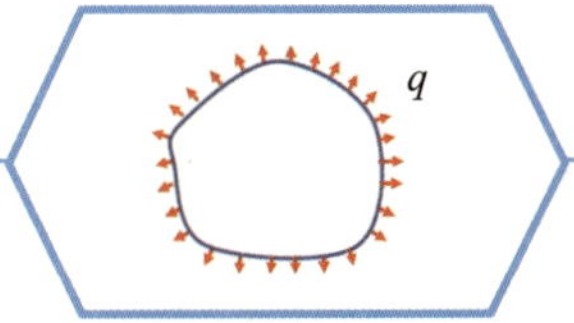
q

B

$$F\Delta d_q=\int_0^s q\delta h\mathrm{d}s=q\Delta Ah$$

$$\varepsilon_q=\frac{1}{E}(\sigma_x-\mu\sigma_y)=\frac{1-\mu}{E}q$$

$$\Delta d_q=\frac{1-\mu}{E}qd$$

$$\Delta A=\frac{(1-\mu)}{Eh}\mathrm{d}F$$

13.17　功的互等定理工程应用例题

功的互等定理之工程应用实例

如图 A 所示，支座 A 因装配应力破坏，A、B 点分别下降 δ_A 和 δ_B，在新的无初应力位置修复（见图 B），求 B 点作用 F 时支座 A 的约束力

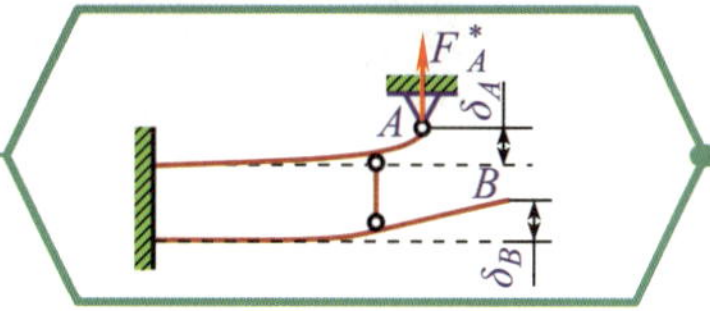

F*A
δA
A
B
δB

A

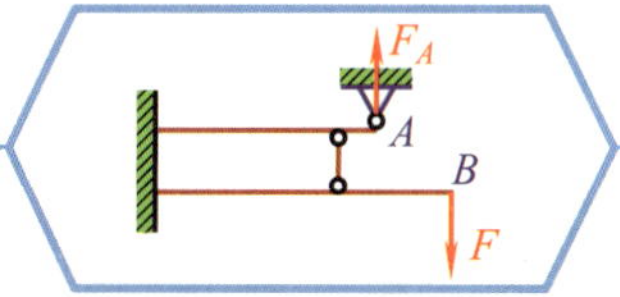

FA
A
B
F

B

$$F_A^* \Delta_A = 0 = F_A \delta_A - F\delta_B$$

$$F_A = \frac{\delta_B}{\delta_A} F$$

13.18 卡氏定理的推导

卡氏定理

1. 卡氏定理的推导

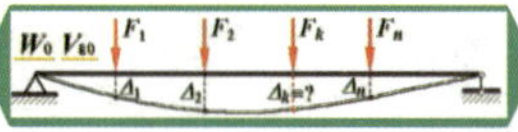
W_0 $V_{\varepsilon 0}$
F_1
F_2
F_k
F_n
Δ_1
Δ_2
Δ_k=?
Δ_n

$$W_0=\sum_{i=1}^{n}\frac{F_i\Delta_i}{2}=V_{\varepsilon_0}$$

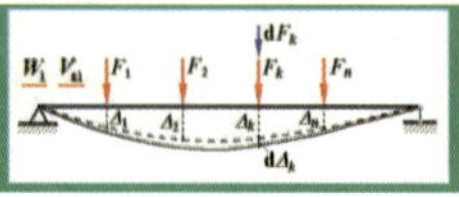
W_1' $V_{\varepsilon 1}'$
F_1
F_2
dF_k
F_k
F_n
Δ_1
Δ_2
Δ_k
Δ_n
dΔ_k

$$V_{\varepsilon_1}=V_{\varepsilon_0}+\frac{\partial V_\varepsilon}{\partial F_k}\mathrm{d}F_k$$

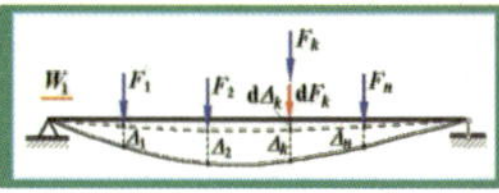
W_1'
F_1
F_2
dΔ_k
dF_k
F_k
F_n
Δ_1
Δ_2
Δ_k
Δ_n

$$W_1=\frac{\mathrm{d}F_k\cdot\mathrm{d}\Delta_k}{2}+W_0+\mathrm{d}F_k\cdot\Delta_k$$

$$W_1=V_{\varepsilon 1}$$

$$\frac{\mathrm{d}F_k\cdot\mathrm{d}\Delta_k}{2}+W_0+\mathrm{d}F_k\cdot\Delta_k=V_{\varepsilon_0}+\frac{\partial V_\varepsilon}{\partial F_k}\mathrm{d}F_k$$

$$\frac{\mathrm{d}F_k\cdot\mathrm{d}\Delta_k}{2}+\mathrm{d}F_k\cdot\Delta_k=\frac{\partial V_\varepsilon}{\partial F_k}\mathrm{d}F_k$$

$$\Delta_k=\frac{\partial V_\varepsilon}{\partial F_k}$$

卡氏定理：线性弹性体的应变能对载荷 F_k 的偏导数等于该载荷的相应位移 Δ

2. 卡氏定理的应用

13.19 卡氏定理的应用

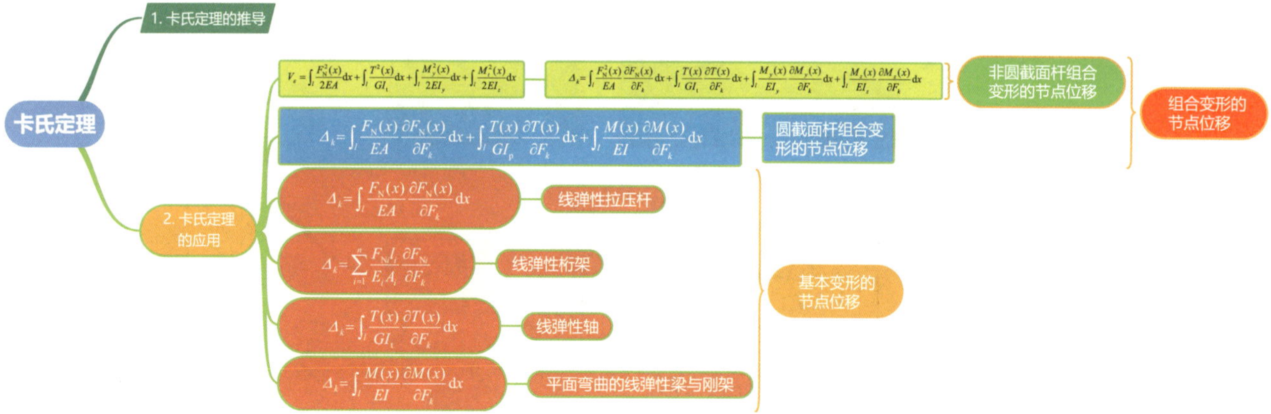

卡氏定理
1. 卡氏定理的推导
2. 卡氏定理的应用
$V_\varepsilon=\int_l \frac{F_N^2(x)}{2EA}dx+\int_l \frac{T^2(x)}{GI_t}dx+\int_l \frac{M_y^2(x)}{2EI_y}dx+\int_l \frac{M_z^2(x)}{2EI_z}dx$
$\Delta_k=\int_l \frac{F_N^2(x)}{EA}\frac{\partial F_N(x)}{\partial F_k}dx+\int_l \frac{T(x)}{GI_t}\frac{\partial T(x)}{\partial F_k}dx+\int_l \frac{M_y(x)}{EI_y}\frac{\partial M_y(x)}{\partial F_k}dx+\int_l \frac{M_z(x)}{EI_z}\frac{\partial M_z(x)}{\partial F_k}dx$
非圆截面杆组合变形的节点位移
$\Delta_k=\int_l \frac{F_N(x)}{EA}\frac{\partial F_N(x)}{\partial F_k}dx+\int_l \frac{T(x)}{GI_p}\frac{\partial T(x)}{\partial F_k}dx+\int_l \frac{M(x)}{EI}\frac{\partial M(x)}{\partial F_k}dx$
圆截面杆组合变形的节点位移
组合变形的节点位移
$\Delta_k=\int_l \frac{F_N(x)}{EA}\frac{\partial F_N(x)}{\partial F_k}dx$
线弹性拉压杆
$\Delta_k=\sum_{i=1}^{n}\frac{F_{Ni}l_i}{E_iA_i}\frac{\partial F_{Ni}}{\partial F_k}$
线弹性桁架
$\Delta_k=\int_l \frac{T(x)}{GI_t}\frac{\partial T(x)}{\partial F_k}dx$
线弹性轴
$\Delta_k=\int_l \frac{M(x)}{EI}\frac{\partial M(x)}{\partial F_k}dx$
平面弯曲的线弹性梁与刚架
基本变形的节点位移

13.20 用卡氏定理求杆的节点位移

应用卡氏定理求节点位移

利用卡氏定理求 Δ_{BY}

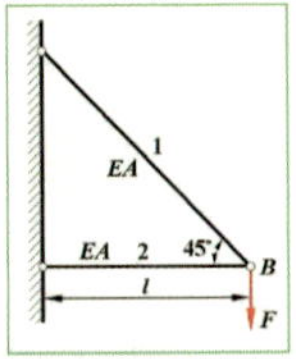
EA
1
EA
2
45°
B
l
F

$$\Delta_k = \sum_{i=1}^{n} \frac{F_{Ni} l_i}{E_i A_i} \frac{\partial F_{Ni}}{\partial F_k}$$

$$\Delta_{By} = \frac{F_{N1} l_1}{EA} \frac{\partial F_{N1}}{\partial F} + \frac{F_{N2} l_2}{EA} \frac{\partial F_{N2}}{\partial F}$$

节点 B 的力平衡方程

$$F_{N1} = \sqrt{2}F$$

$$F_{N2} = -F$$

$$\Delta_{By} = \frac{(2\sqrt{2}+1)Fl}{EA}(\downarrow)$$

13.21　卡氏定理之附加力法

利用卡氏定理计算 θ_B

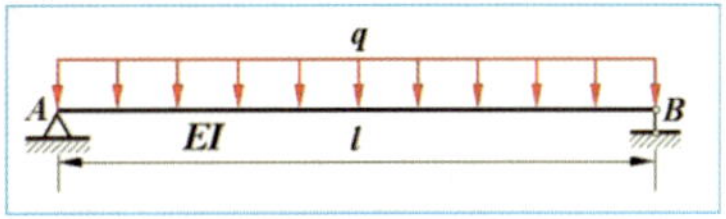

q
A
B
EI
l

卡氏定理之附加力法

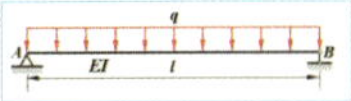

无对应的广义外力 M_B

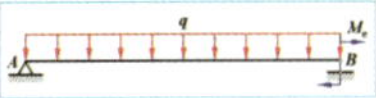

q
A
B

附加力法

$$\theta_B(q)=[\theta_B(q,M_e)]_{M_e=0}$$

① $$\theta_B(q)=\left[\int_l \frac{M(x)}{EI}\frac{\partial M(x)}{\partial M_e}\mathrm{d}x\right]_{M_e=0}$$

② $$\theta_B(q)=\int_l\left[\frac{M(x)}{EI}\frac{\partial M(x)}{\partial M_e}\right]_{M_e=0}\mathrm{d}x$$

$$F_{Ay}=\frac{ql}{2}-\frac{M_e}{l}$$

$$M(x)=\frac{ql}{2}x-\frac{M_e x}{l}-\frac{qx^2}{2}$$

$$\frac{\partial M}{\partial M_e}=-\frac{x}{l}$$

$$\theta_B(q)=\frac{1}{EI}\int_0^l\left(\frac{qlx}{2}-\frac{qx^2}{2}\right)\left(-\frac{x}{l}\right)\mathrm{d}x=-\frac{ql^3}{24EI}\ (\circlearrowright)$$

$\theta_B<0$：说明它的转动方向与所加 M_e 方向相反

13.22　用卡氏定理计算刚架的节点位移

利用卡氏定理计算 Δ_{Ay}，EI = 常数

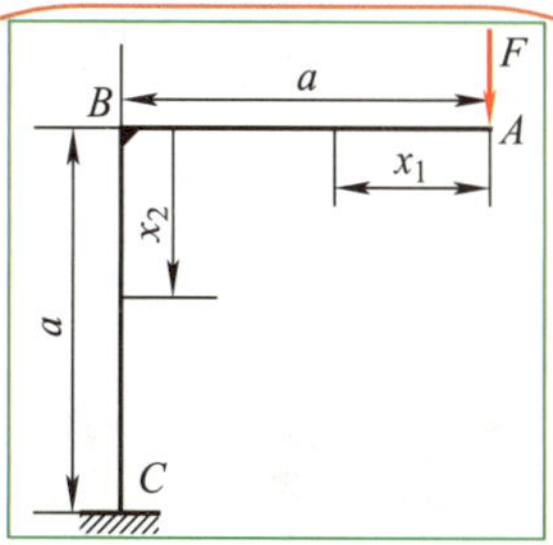
F
a
B
A
x_1
x_2
a
C

卡氏定理用于平面刚架的节点位移计算

$$\Delta_{Ay}=\frac{1}{EI}\left(\int_0^a M_1(x)\frac{\partial M_1(x)}{\partial F}\mathrm{d}x_1+\int_0^a M_2(x)\frac{\partial M_2(x)}{\partial F}\mathrm{d}x_2\right)$$

AB 段弯矩方程　$M_1(x)=-Fx$

BC 段弯矩方程　$M_2(x)=-Fa$

$$\Delta_k=\frac{1}{EI}\left[\int_0^a(-Fx_1)(-x_1)\mathrm{d}x_1+\int_0^a(-Fa)(-a)\mathrm{d}x_2\right]$$

$$\Delta_k=\frac{4Fa^3}{3EI}(\downarrow)$$

13.23 结合附加力法的卡氏定理曲梁节点位移计算

利用卡氏定理计算 Δ_{Bx}，EI = 常数

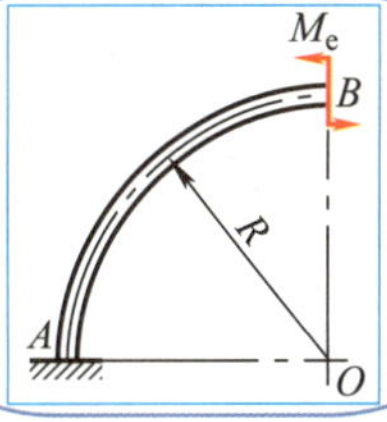

M_e
B
R
A
O

结合附加力法的卡氏定理计算平面曲梁节点位移

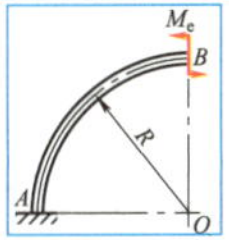

M_e
B
R
A
O

无对应的广义外力

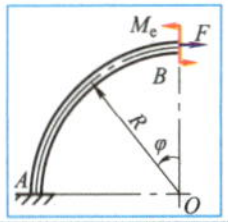

M_e
F
B
R
φ
A
O

$$\Delta_{By}=\frac{1}{EI}\int_0^{\pi/2}\left[M(\varphi)\frac{\partial M(\varphi)}{\partial F}\right]_{F=0}R\mathrm{d}\varphi$$

附加力法

$$M(\varphi)=FR(1-\cos\varphi)-M_e$$

$$\Delta_{Bx}=\frac{1}{EI}\int_0^{\pi/2}(-M_e)\cdot R(1-\cos\varphi)R\mathrm{d}\varphi=-\frac{(2+\pi)M_eR^2}{2EI}(\leftarrow)$$

B 截面真实的位移方向

Δ_{Bx} 中的负号（−），表示与所加附加力方向相反

用卡氏定理求 A 点挠度，EI 为弯曲刚度

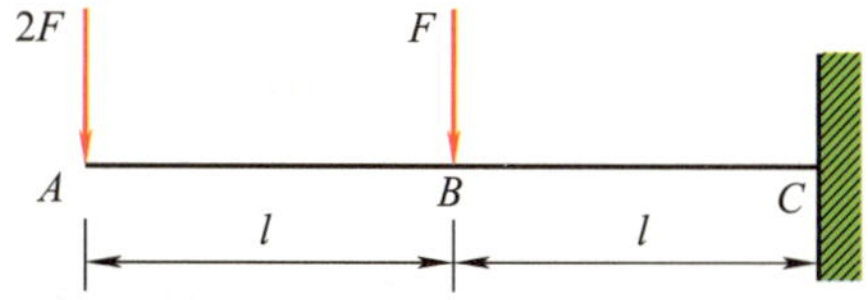
2F
F
A
B
C
l
l

卡氏定理之同名载荷求解方法

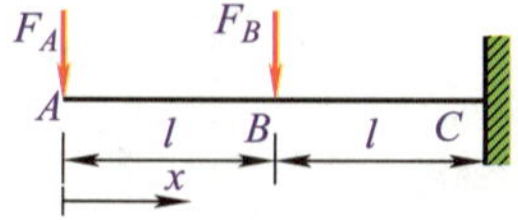
F_A
F_B
A
B
C
l
l
x

$F_A=2F,\ F_B=F$

AB 段的弯矩方程

$M_1(x)=-F_Ax,\ 0<x<l$

BC 段的弯矩方程

$M_2(x)=-F_Ax-F_B(x-l),\ l<x<2l$

$$\Delta_A=\int_0^l \frac{M_1(x)}{EI}\frac{\partial M_1(x)}{\partial F_A}\mathrm{d}x+\int_l^{2l}\frac{M_2(x)}{EI}\frac{\partial M_2(x)}{\partial F_A}\mathrm{d}x=\frac{37Fl^3}{6EI}(\downarrow)$$

13.24　卡氏定理之同名载荷计算

13.25　卡氏定理之求杆的转角

已知各杆的参数 E、A，求 AB 转角 θ_{AB}

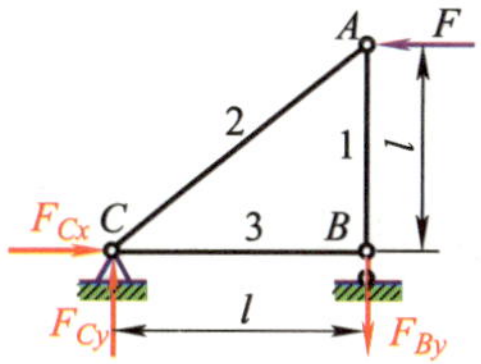

A
F
2
1
l
F
Cx
C
3
B
F
Cy
l
F
By

卡氏定理之求某杆转角

对应的广义外力?

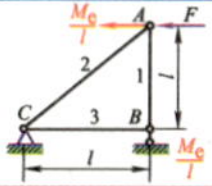

A
F
2
1
C
3
B
l

杆 AB 上加一个力偶 M_e

在 A、B 两点加大小相等、方向相反，且与轴 AB 正交的力 $\frac{M_e}{l}$

附加力法

$F_{N1}=F+\frac{M_e}{l}$　　$\frac{\partial F_{N1}}{\partial M_e}=\frac{1}{l}$

$F_{N2}=-\sqrt{2}\left(F+\frac{M_e}{l}\right)$　　$\frac{\partial F_{N2}}{\partial M_e}=-\frac{\sqrt{2}}{l}$

$F_{N3}=-\frac{M_e}{l}$　　$\frac{\partial F_{N3}}{\partial M_e}=-\frac{1}{l}$

卡氏定理

$$\theta_{AB}=\frac{1}{EA}\left[F_{N1}\frac{\partial F_{N1}}{\partial M_e}+F_{N2}\frac{\partial F_{N2}}{\partial M_e}+F_{N3}\frac{\partial F_{N3}}{\partial M_e}\right]_{M_e=0}=\frac{(1+2\sqrt{2})F}{EA}$$

13.26 用卡氏定理之求扫掠面积

用卡氏定理求梁轴线变形前后所扫过的面积Ω

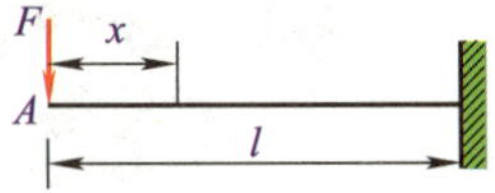
F
x
A
l

卡氏定理之计算扫掠面积

1. 相应载荷?

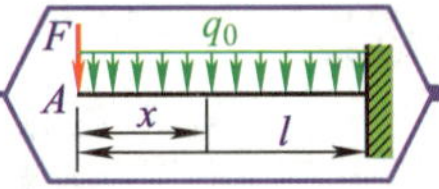
F
q0
A
x
l

在全梁加一附加均布载荷q_0

2. 附加力法

$$\Omega=\left.\frac{\partial V_\varepsilon}{\partial q_0}\right|_{q_0=0}=\int_0^l\frac{M(x)}{EI}\left.\frac{\partial M(x)}{\partial q_0}\right|_{q_0=0}\mathrm{d}x$$

3. 弯矩方程

$$M(x)=-Fx-\frac{1}{2}q_0x^2$$

$$\frac{\partial M(x)}{\partial q_0}=-\frac{1}{2}x^2$$

$$\Omega=\frac{1}{EI}\int_0^l(-Fx)\left(-\frac{1}{2}x^2\right)\mathrm{d}x=\frac{Fl^2}{8EI}$$

4. 对比校验

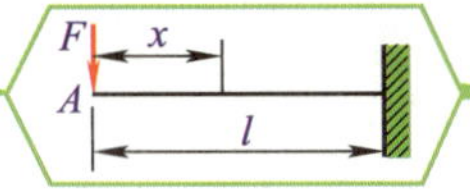
F
x
A
l

$$\Omega=\int_0^l w(x)\mathrm{d}x$$

13.27　卡氏定理之对称问题求解

计算铰链 A 两侧的相对转角 $\bar{\theta}$

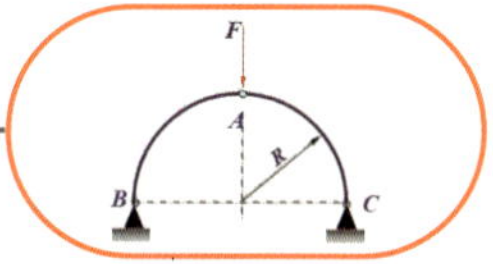

F
A
R
B
C

卡氏定理之对称问题计算

- 广义位移 θ 所对应的广义力（↻，↺）
- 附加力法

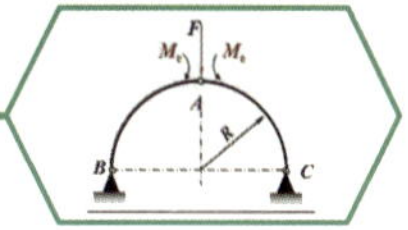

F
M_e
M_e
A
R
B
C

- 对称结构取一半 AC 弧段 → 静定结构

需“配平”

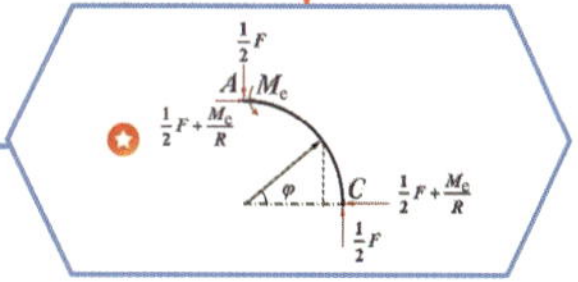

$\frac{1}{2}F$
A
M_e
$\frac{1}{2}F+\frac{M_e}{R}$
φ
C
$\frac{1}{2}F+\frac{M_e}{R}$
$\frac{1}{2}F$

- $$\theta = 2\int_0^{\frac{\pi}{2}} \frac{M(\varphi)}{EI}\cdot\left.\frac{\partial M(\varphi)}{\partial M_e}\right|_{M_e=0} R\mathrm{d}\varphi$$
- $$M(\varphi)=\left(\frac{1}{2}F+\frac{M_e}{R}\right)R\sin\varphi-\frac{1}{2}FR(1-\cos\varphi)$$
- $$\frac{\partial M(\varphi)}{\partial M_e}=\sin\varphi$$

$$\theta=\frac{FR^2}{EI}\int_0^{\frac{\pi}{2}}(\sin\varphi+\cos\varphi-1)\sin\varphi\mathrm{d}\varphi=\frac{FR^2}{4EI}(\pi-2)$$

13.28　卡氏定理之梁杆结构的节点位移计算

图示简易吊车的吊重 F=2.83kN。撑杆 AC 长为 2m，截面的惯性矩为 $I=8.53\times10^6\text{mm}^4$，拉杆 BD 的横截面面积为 60mm^2。若撑杆只考虑弯曲的影响，试求 C 点的垂直位移。设 E=200GPa

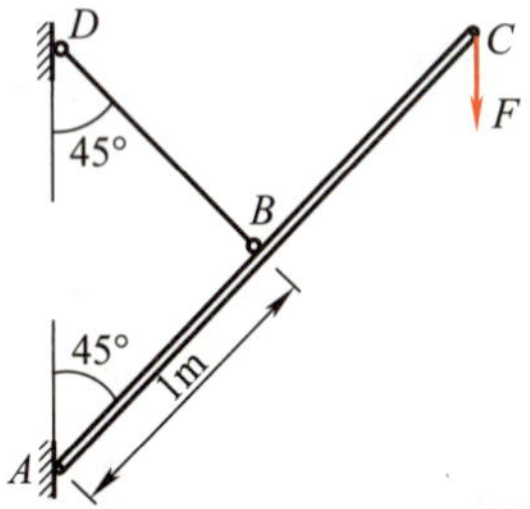
D
C
F
45°
B
45°
1m
A

卡氏定理用于梁杆组合结构的节点位移计算

1. 求 BD 杆的轴力：$\sum M_A=0$ → $F_{NDB}=\sqrt{2}F$ → $\dfrac{\partial F_N}{\partial F}=\sqrt{2}$

2. AB 段或 BC 段的弯矩：$M(x_1)=\dfrac{Fx_1}{\sqrt{2}}$ → $\dfrac{\partial M(x_1)}{\partial F}=\dfrac{x_1}{\sqrt{2}}$

3. 卡氏定理：$\delta_c=\dfrac{2}{EI}\int_0^l\dfrac{F}{2}x_1^2\mathrm{d}x_1+\dfrac{1}{EA}\int_0^l 2F\mathrm{d}x_3=\dfrac{Fl^3}{3EI}+\dfrac{2Fl}{EA}=1.1\times10^{-3}\text{m}$

13.29　虚功原理与功的互等定理，单位载荷法之间的关系

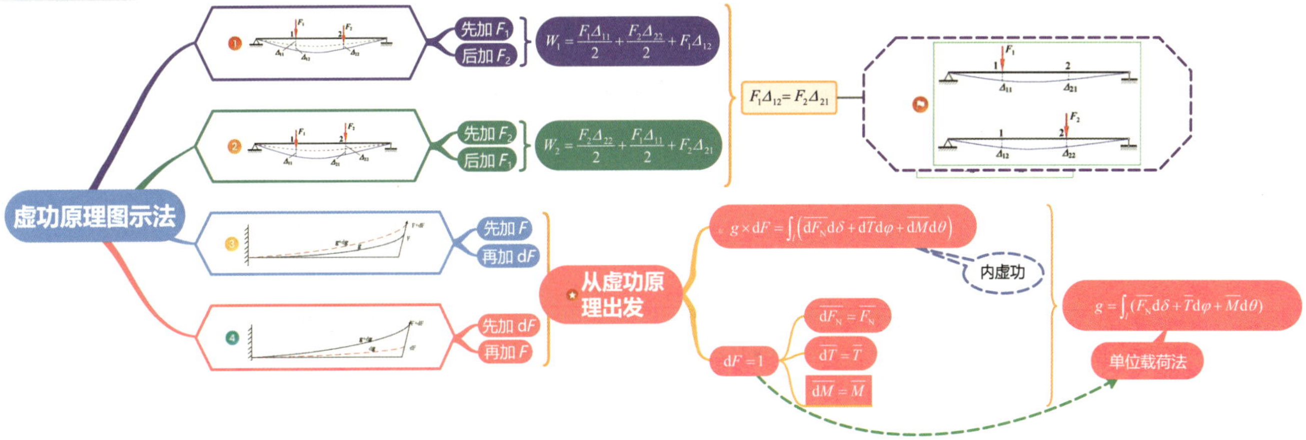

虚功原理图示法
先加 F_1
后加 F_2
$W_1=\frac{F_1\Delta_{11}}{2}+\frac{F_2\Delta_{22}}{2}+F_1\Delta_{12}$
先加 F_2
后加 F_1
$W_2=\frac{F_2\Delta_{22}}{2}+\frac{F_1\Delta_{11}}{2}+F_2\Delta_{21}$
$F_1\Delta_{12}=F_2\Delta_{21}$
先加 F
再加 dF
先加 dF
再加 F
从虚功原理出发
$g\times \mathrm{d}F=\int_l(\overline{\mathrm{d}F_N}\mathrm{d}\delta+\overline{\mathrm{d}T}\mathrm{d}\varphi+\overline{\mathrm{d}M}\mathrm{d}\theta)$
内虚功
$\mathrm{d}F=1$
$\overline{\mathrm{d}F_N}=\overline{F_N}$
$\overline{\mathrm{d}T}=\overline{T}$
$\overline{\mathrm{d}M}=\overline{M}$
$g=\int_l(\overline{F_N}\mathrm{d}\delta+\overline{T}\mathrm{d}\varphi+\overline{M}\mathrm{d}\theta)$
单位载荷法

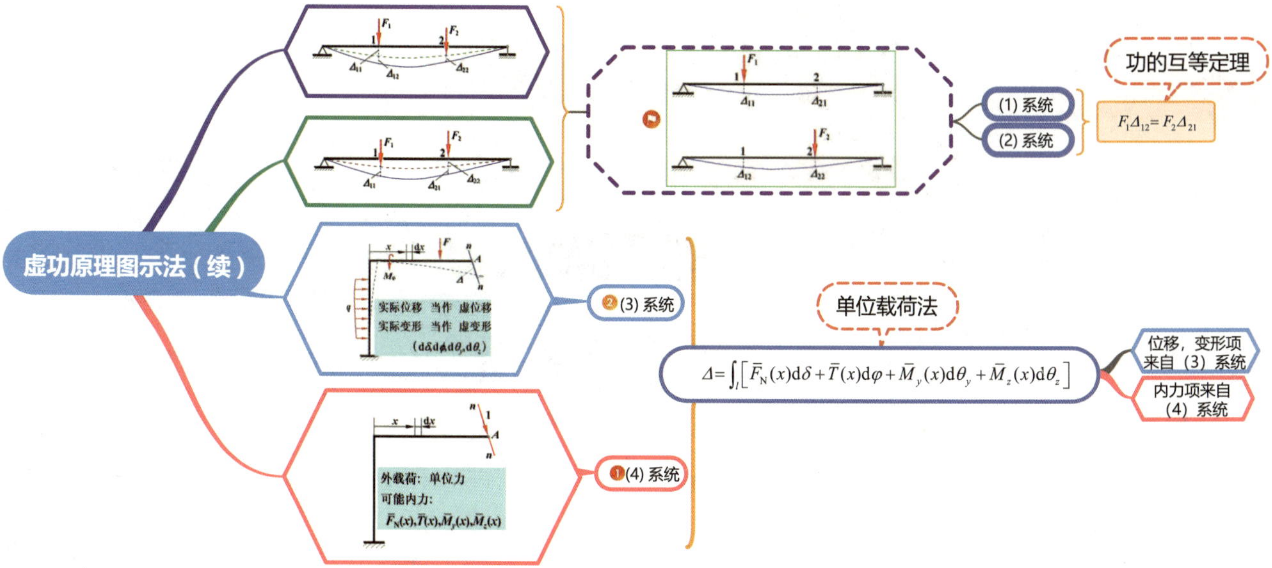
虚功原理图示法（续）
F_1
F_2
1
2
Δ_{11}
Δ_{12}
Δ_{21}
Δ_{22}
(1) 系统
(2) 系统
功的互等定理
$F_1\Delta_{12}=F_2\Delta_{21}$
实际位移　当作　虚位移
实际变形　当作　虚变形
（dδ,dφ,dθ_y,dθ_z）
② (3) 系统
外载荷：单位力
可能内力：
$\bar{F}_N(x),\bar{T}(x),\bar{M}_y(x),\bar{M}_z(x)$
① (4) 系统
单位载荷法
$\Delta=\int_l\left[\bar{F}_N(x)\mathrm{d}\delta+\bar{T}(x)\mathrm{d}\varphi+\bar{M}_y(x)\mathrm{d}\theta_y+\bar{M}_z(x)\mathrm{d}\theta_z\right]$
位移，变形项来自（3）系统
内力项来自（4）系统

13.30 虚功原理

虚功原理

- **刚体虚功原理**
  - 处于平衡状态的任意刚体
  - 作用于其上的力系在任意虚位移上所做的总虚功等于零
- **变形体的虚功原理**
  - A 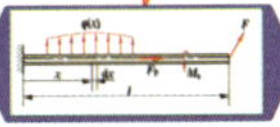 B 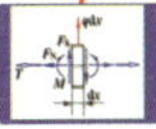
    - 杆的可能内力用 F_N，T，F_S 与 M 表示
      - 可能内力
        - 与外力保持平衡的内力 (1)
          - 静定结构 —— 可能内力 = 真实内力
          - 静不定结构 —— 满足变形协调条件的可能内力 = 真实内力
          - 静力边界条件 (2) —— 可能内力在边界处需要满足条件
  - 刚性虚位移 + 虚变形
    - 变形
      - 任意微小变形
      - (3)
      - 连续条件
      - 可能变形 —— 虚变形
        - $d\delta^*$
        - $d\theta^*$
        - $d\varphi^*$
        - C 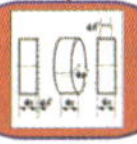
    - +
    - 位移
      - 任意微小位移
      - (4)
      - 边界条件
      - 可能位移 —— 刚性虚位移
        - w^*
        - D 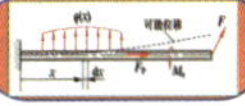
  - 内虚功与外虚功
    - 内虚功 —— 作用在所有微段上的可能内力在虚变形上做的总虚功
      - $W_i = \int_l (F_N d\delta^* + T d\varphi^* + M d\theta^*)$ —— 圆形截面
      - $W_i = \int_l (F_N d\delta^* + T d\varphi^* + M_y d\theta_y^* + M_z d\theta_z^*)$ —— 非圆截面
      - 注：坐标轴 y 与 z- 主形心轴
    - 外虚功 —— 外力在可能位移上所做的总虚功
    - 变形体虚功原理：$W_e = W_i$ —— 外力在可能位移上所做外虚功，等于可能内力在虚变形上所做内虚功
      - 适用于线性、非线性弹性体与非弹性体

13.31　变形体虚功原理的证明

变形体虚功原理的证明

- 静不定结构

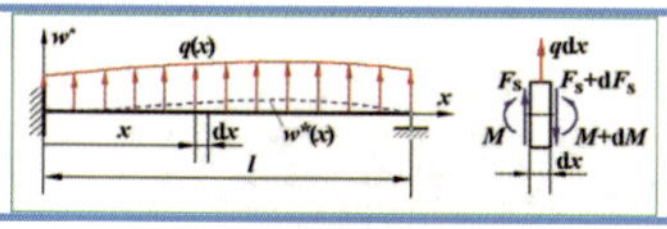
w*
q(x)
x
x
dx
w*(x)
l
qdx
Fs
Fs+dFs
M
M+dM
dx

- 可能内力满足
  - ① 平衡条件
    - 1a　$\dfrac{dF_s}{dx}=q$
    - 1b　$\dfrac{dM}{dx}=F_s$
  - ② 静力边界条件
    - 2　$M(l)=0$
- 虚位移满足
  - ③ 位移边界条件
    - 3　$w^*(0)=w^*(l)=0$
    - 4　$\theta^*(0)=0$
  - ④ 变形连续条件
    - 5　$\theta^*=\dfrac{dw^*}{dx}$
- 外虚功
  - $W_e=\int_l w^* q dx$ （+ 式 1a）→ $W_e=\int_l w^*\dfrac{dF_s}{dx}dx$ （第一次分部积分）
  - $W_e=F_s w^*\big|_0^l-\int_l F_s\dfrac{dw^*}{dx}dx$ （式 3 + 式 1b + 式 5）
  - $=0-\int_l\dfrac{dM}{dx}\theta^* dx$ （第二次分部积分）
  - $=-M\theta^*\big|_0^l+\int_l Md\theta^*$ （式 2 + 式 4）
  - $W_e=\int_l Md\theta^*$
- 内虚功
  - $W_i=\int_l Md\theta^*$

$W_e=W_i$

13.32 单位载荷法的推导和应用

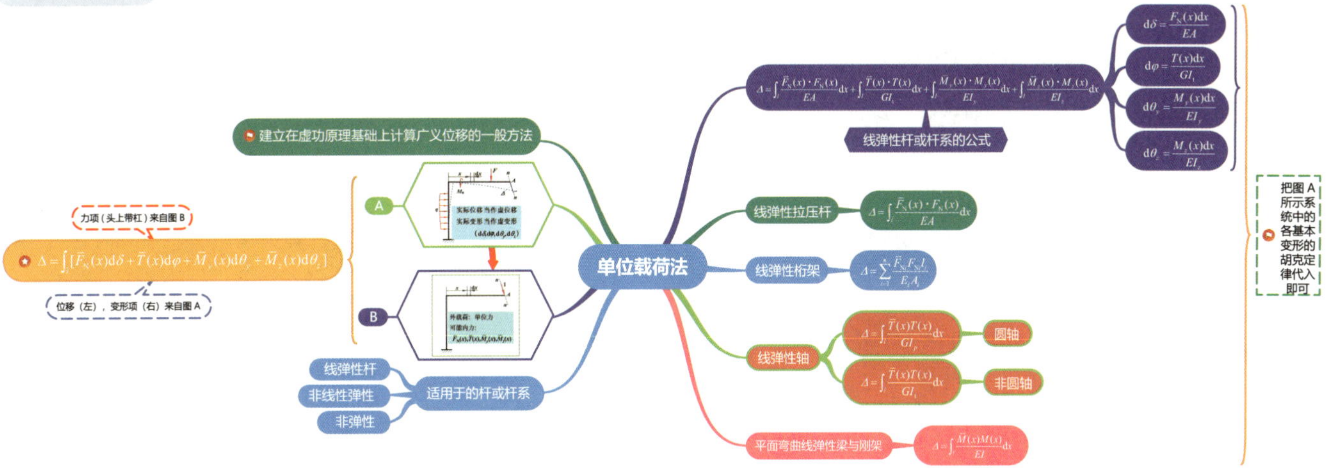
单位载荷法
建立在虚功原理基础上计算广义位移的一般方法
A
实际位移当作虚位移
实际变形当作虚变形
$(\mathrm{d}\delta,\mathrm{d}\varphi,\mathrm{d}\theta_y,\mathrm{d}\theta_z)$
B
外载荷：单位力
可能内力：
$\bar{F}_N(x),\bar{T}(x),\bar{M}_y(x),\bar{M}_z(x)$
$\Delta=\int_l[\bar{F}_N(x)\mathrm{d}\delta+\bar{T}(x)\mathrm{d}\varphi+\bar{M}_y(x)\mathrm{d}\theta_y+\bar{M}_z(x)\mathrm{d}\theta_z]$
力项（头上带杠）来自图 B
位移（左），变形项（右）来自图 A
适用于的杆或杆系
线弹性杆
非线性弹性
非弹性
$\Delta=\int_l\frac{\bar{F}_N(x)\cdot F_N(x)}{EA}\mathrm{d}x+\int_l\frac{\bar{T}(x)\cdot T(x)}{GI_t}\mathrm{d}x+\int_l\frac{\bar{M}_y(x)\cdot M_y(x)}{EI_y}\mathrm{d}x+\int_l\frac{\bar{M}_z(x)\cdot M_z(x)}{EI_z}\mathrm{d}x$
线弹性杆或杆系的公式
$\mathrm{d}\delta=\frac{F_N(x)\mathrm{d}x}{EA}$
$\mathrm{d}\varphi=\frac{T(x)\mathrm{d}x}{GI_t}$
$\mathrm{d}\theta_y=\frac{M_y(x)\mathrm{d}x}{EI_y}$
$\mathrm{d}\theta_z=\frac{M_z(x)\mathrm{d}x}{EI_z}$
把图 A 所示系统中的各基本变形的胡克定律代入即可
线弹性拉压杆
$\Delta=\int_l\frac{\bar{F}_N(x)\cdot F_N(x)}{EA}\mathrm{d}x$
线弹性桁架
$\Delta=\sum_{i=1}^{n}\frac{\bar{F}_{Ni}F_{Ni}l_i}{E_iA_i}$
线弹性轴
$\Delta=\int_l\frac{\bar{T}(x)T(x)}{GI_p}\mathrm{d}x$
圆轴
$\Delta=\int_l\frac{\bar{T}(x)T(x)}{GI_t}\mathrm{d}x$
非圆轴
平面弯曲线弹性梁与刚架
$\Delta=\int_l\frac{\bar{M}(x)M(x)}{EI}\mathrm{d}x$

13.33 单位载荷法之刚架节点位移计算

$EI=$常数，求截面 A 水平位移

A

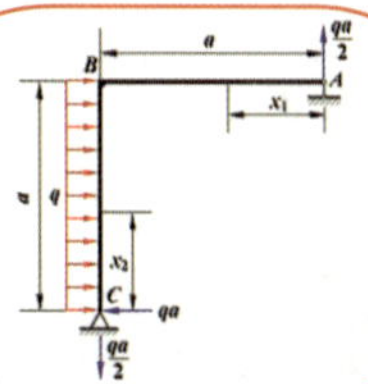
a
B
A
x_1
q
a
x_2
C
qa

B

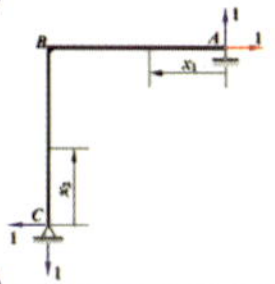
B
A
1
1
x_1
x_2
C
1
1

只有单位载荷一个主动力，其他力是为保持平衡而存在

需配平

平面刚架某截面的位移

- 求支座反力，建立弯矩方程
  - 见图 A
    - AB 段：$M(x_1)=\frac{qa}{2}x_1$
    - BC 段：$M(x_2)=qax_2-\frac{q}{2}x_2^2$
  - 见图 B
    - AB 段：$\bar{M}(x_1)=1\cdot x_1=x_1$
    - BC 段：$\bar{M}(x_2)=1\cdot x_2=x_2$
- 单位载荷法
  - $\Delta_{Ay}=\int_l\frac{\bar{M}(x)M(x)}{EI}dx$
  - $\Delta_{Ay}=\frac{1}{EI}\left[\int_0^a x_1\cdot\frac{qa}{2}x_1dx_1+\int_0^a x_2\left(qax_2-\frac{q}{2}x_2^2\right)dx_2\right]=\frac{3qa^4}{8EI}(\rightarrow)$

13.34　直梁曲梁的单位载荷法

直梁和曲梁的单位载荷法

弯曲刚度 EI，求 A 点铅垂位移

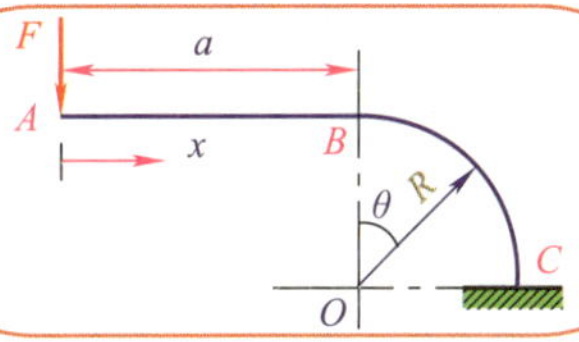

F
a
A
x
B
θ
R
C
O

A

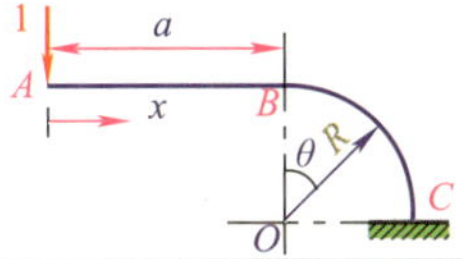

1
a
A
x
B
θ
R
C
O

B

图 A 和图 B 中的分段与坐标应相同

分段建立弯矩方程

- 见图 A
  - AB 段：$M(x)=Fx$
  - BC 段：$M(\theta)=F(a+R\sin\theta)$
    - 圆弧段用极坐标更方便
- 见图 B
  - AB 段：$\bar{M}(x)=x$
  - BC 段：$\bar{M}(\theta)=a+R\sin\theta$

单位载荷法

$$\Delta_A=\int_0^a\frac{M(x)\bar{M}(x)\mathrm{d}x}{EI}+\int_0^{\frac{\pi}{2}}\frac{M(\theta)\bar{M}(\theta)}{EI}R\mathrm{d}\theta=\frac{F}{EI}\left(\frac{a^3}{3}+\frac{\pi Ra^2}{2}+\frac{\pi R^2}{4}+2aR^2\right)$$

13.35 单位载荷法之于对称刚架的位移计算

弯曲刚度为 EI，求 C 点挠度 Δ_C 和 A 点转角 θ_A

A
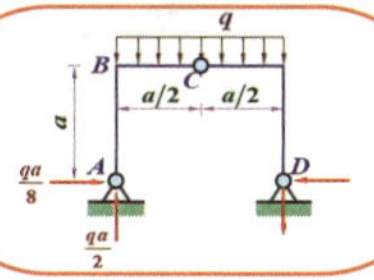
q
B
C
a/2
a/2
a
qa/8
A
D
qa/2

B（需配平）
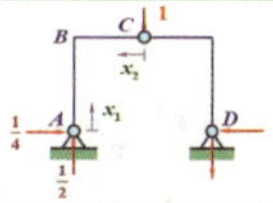
C
1
B
x₂
x₁
1/4
A
D
1/2

用单位载荷法求解对称的静定结构问题

- C 截面挠度
  - 见图 A
    - AB 段：$M(x_1)=\frac{1}{8}qax$
    - BC 段：$M(x_2)=\frac{1}{2}qx^2$
  - 见图 B
    - AB 段：$\bar{M}(x_1)=\frac{1}{4}x$
    - BC 段：$\bar{M}(x_2)=\frac{1}{2}x$
  - 对称性条件
    - 法 1（一半载荷加在 C 截面上）

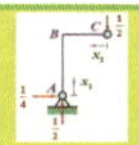

$$\Delta_C=\frac{2}{EI}\int_0^a M(x_1)\overline{M(x_1)}\mathrm{d}x_1+\frac{2}{EI}\int_0^{a/2}M(x_2)\overline{M(x_2)}\mathrm{d}x_2$$

    - 法 2（单位载荷加在 C 截面上）

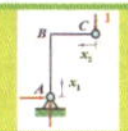

$$\Delta_C=\frac{1}{EI}\int_0^a M(x_1)\overline{M(x_1)}\mathrm{d}x_1+\frac{1}{EI}\int_0^{a/2}M(x_2)\overline{M(x_2)}\mathrm{d}x_2$$

    - $\Delta_C=\frac{11qa^4}{384EI}(\downarrow)$
- A 点转角

用单位载荷法求解对称的静定结构问题

弯曲刚度为 EI，求 C 点挠度 Δ_C 和 A 点转角 θ_A

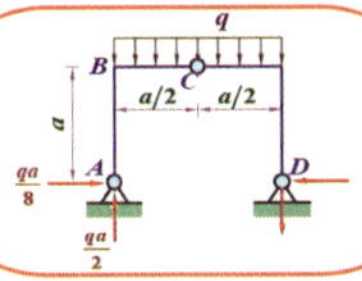

q
B
C
a/2
a/2
a
A
D
qa/8
qa/2

A

- A 点转角
  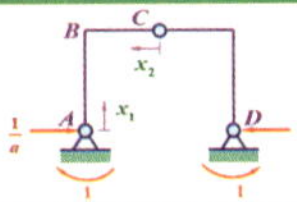

  B
  C
  x_2
  x_1
  A
  D
  1/a
  1
  1

  C
  - 单位载荷法
    - 见图 A
      - $M(x_1)=\frac{1}{8}qax$
      - $M(x_2)=\frac{1}{2}qx^2$
    - 见图 C
      - $\bar{M}(x_1)=\frac{x}{a}-1$
      - $\bar{M}(x_2)=0$
    - 一对单位力偶分别作用在刚架的 A、D 两端，这样求出的是 A 点、D 点的相对转角 θ_{AD}
      - $\theta_A=\frac{1}{2}\theta_{A/D}=\frac{1}{EI}\int_0^a M(x_1)\bar{M}(x_1)\mathrm{d}x_1$
        - $\theta_A=-\frac{qa^3}{48EI}$ (↻)

求杆 BC 的转角 θ_{BC}

A

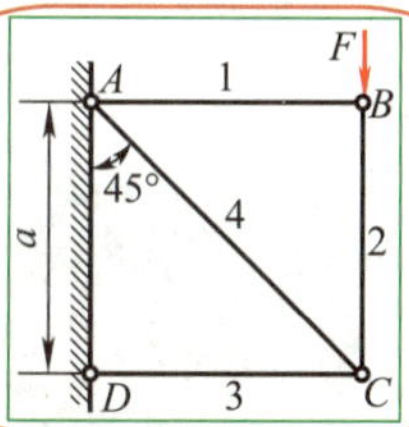
F
A
1
B
45°
4
2
a
D
3
C

B

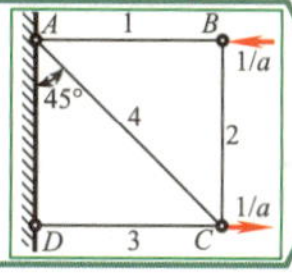
A
1
B
1/a
45°
4
2
1/a
D
3
C

13.36　单位载荷法计算杆的转角

用单位载荷法求杆的转角

- 单位载荷法
  - $\theta_{BC}=\sum\limits_{i=1}^{4}\frac{\bar{F}_{Ni}F_{Ni}l_i}{E_iA_i}$
- 计算轴力
  - 见图 B
    - $\bar{F}_{N1}=-\frac{1}{a}$
    - $\bar{F}_{N3}=\frac{1}{a}$
  - 见图 A
    - $F_{N1}=0$
    - $F_{N3}=-F$
  - $\theta_{BC}=\frac{1}{EA}\left(-\frac{1}{a}\right)\cdot 0\cdot a+\frac{1}{EA}\frac{1}{a}(-F)a=-\frac{F}{EA}$（↺）

13.37 单位载荷法求复杂受力状态下的位移

用单位载荷法求钢架节点的线位移

求刚架截面 A 的铅垂位移 Δ_{Ay}

A

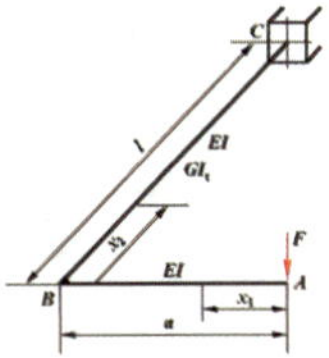

C
l
EI
GIt
x2
F
EI
A
B
x1
a

B

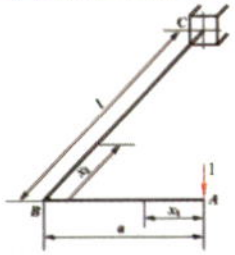

C
l
x2
1
A
B
x1
a

$$\Delta_{Ay}=\int_0^a \frac{\overline{M(x_1)}M(x_1)}{EI}\mathrm{d}x_1+\int_0^l \frac{\overline{M(x_2)}M(x_2)}{EI}\mathrm{d}x_2+\int_0^l \frac{\overline{T(x_2)}T(x)}{GI_t}\mathrm{d}x_2$$

见图 A

- $M(x_1)=-Fx_1$
- $M(x_2)=-Fx_2$
- $T(x_2)=-Fa$

见图 B

- $\bar{M}(x_1)=-x_1$
- $\bar{M}(x_2)=-x_2$
- $\bar{T}(x_2)=-a$

$$\Delta_{Ay}=\frac{F(a^3+l^3)}{3EI}+\frac{Fa^2l}{GI_t}(\downarrow)$$

13.38 单位载荷法用于非线性杆的节点位移计算

已知杆 1：$\sigma = c\sqrt{\varepsilon}$；杆 2：$\sigma = E\varepsilon$。求 Δ_{By}

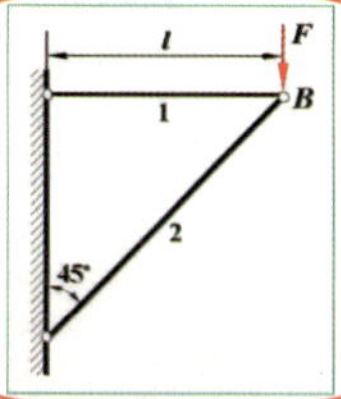
F
l
B
1
2
45°

A

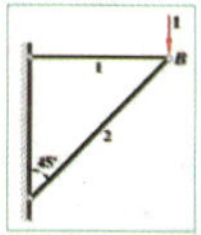
1
B
1
2
45°

B

非线性本构 + 单位载荷法

- 单位载荷法
  - $\Delta_{By} = \int_l \bar{F}_N(x)\mathrm{d}\delta = \sum_{i=1}^{2} \bar{F}_{Ni}\Delta l_i$
- $\bar{F}_{Ni}$
  - 见图 B
    - $\bar{F}_{N1} = 1$
    - $\bar{F}_{N2} = -\sqrt{2}$
- Δl_i
  - 见图 A
    - $F_{N1} = F$ → $\varepsilon_1 = \frac{\sigma^2}{c^2} = \frac{F_{N1}^2}{A^2c^2}$ → $\Delta l_1 = \varepsilon_1 l_1$
    - $F_{N2} = -\sqrt{2}F$ → $\varepsilon_2 = \frac{F_{N2}}{A_2E}$ → $\Delta l_2 = \varepsilon_2 l_2$

$$\Delta_{By} = \frac{F^2 l}{A^2c^2} + \frac{2\sqrt{2}Fl}{EA}(\downarrow)$$

13.39 单位载荷法用于非线性梁的位移计算

利用单位载荷法计算 w_A

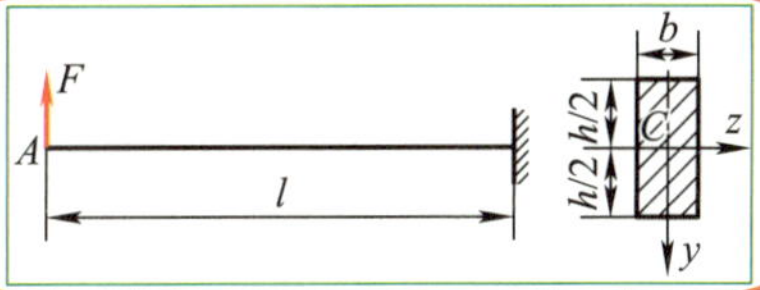

F
A
l
b
h/2
h/2
C
z
y

A

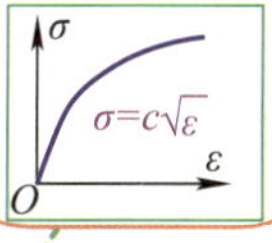

σ
σ=c√ε
ε
O

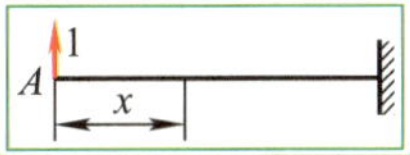

1
A
x

B

用单位载荷法求弯曲变形的非线性弹性梁的位移

- $w_A = \int_l \overline{M(x)}\mathrm{d}\theta$
- $\overline{M(x)}$ —— 见图 B —— $\overline{M(x)} = x$
- $\mathrm{d}\theta$ —— 见图 A
  - $\varepsilon = \dfrac{y}{\rho}$
  - $\sigma = c\sqrt{\varepsilon}$
  - $M = \int y\sigma \mathrm{d}A$
  - $\dfrac{1}{\rho} = \dfrac{50M^2}{c^2b^2h^5}$ —— $\mathrm{d}\theta = \dfrac{1}{\rho}\mathrm{d}x$
- $w_A = \dfrac{25F^2l^4}{2c^2b^2h^5}$

13.40　单位载荷法于复杂结构形式的求解策略

求图 A1 所示杆系中 C、D 两点之间的相对位移

A1

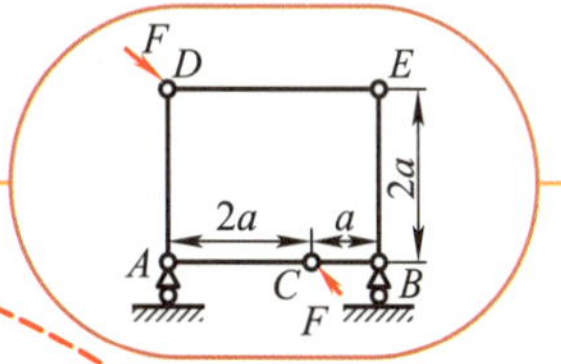
F
D
E
2a
2a
a
A
C
B
F

A2

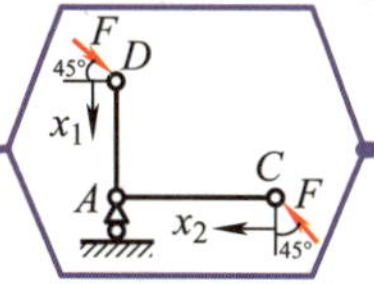
F
D
45°
x1
C
A
F
x2
45°

B

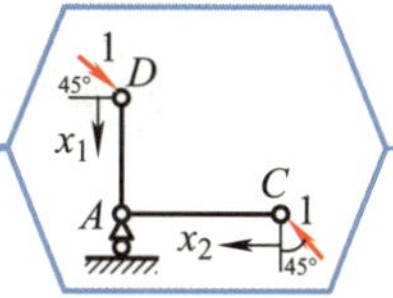
1
D
45°
x1
C
1
A
x2
45°

平面刚架＋单位载荷法求相对线位移

- 单位载荷法：$\Delta_{C/D}=2\dfrac{F_{N1}\overline{F_{N1}}}{EA}(2l)+2\int_{2l}\dfrac{M_1(x)\overline{M_1(x)}}{EI}dx_1$
- 见图 A2
  - $F_{N1}=F_{N2}=-F\sin 45°$
  - $M_1(x_1)=M_2(x_2)=Fx_1\cos 45°$
- 见图 B
  - $\overline{F_{N1}}=\overline{F_{N2}}=-\sin 45°$
  - $\overline{M_1(x)}=\overline{M_2(x)}=x_1\cos 45°$

$\Delta_{C/D}=\dfrac{2Fa}{EA}+\dfrac{8Fa^3}{3EI}(\leftarrow,\rightarrow)$

13.41 单位载荷法用于力系平移的曲梁位移计算

3/4 圆弧 + 单位载荷法

等截面曲杆 BC 的轴线为 3/4 圆弧，如图 A 所示。若 AB 杆可视为刚体，试求在 F 作用下，截面 B 的垂直位移

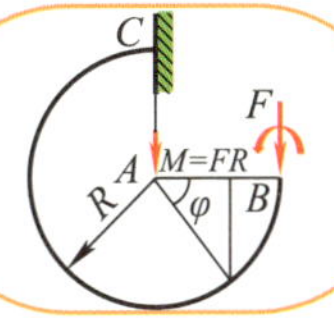

C
F
A
M=FR
R
φ
B

A

- 载荷 F 由 A 点等效平移到 B 点
  - F
  - $M=FR$

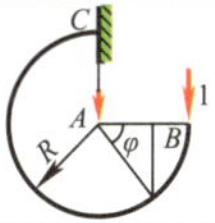

C
1
A
R
φ
B

B

- 见图 A：$M(\varphi)=FR-FR(1-\cos\varphi)=FR\cos\varphi$
- 见图 B：$\overline{M_1(\varphi)}=-R(1-\cos\varphi)$

$$y=\frac{1}{EI}\int M(\varphi)\overline{M_1(\varphi)}\,\mathrm{d}s=\frac{1}{EI}\int_0^{\frac{3\pi}{2}}-FR^3(1-\cos\varphi)\cos\varphi\,\mathrm{d}\varphi=\left(1+\frac{3\pi}{4}\right)\frac{FR^3}{EI}(\downarrow)$$

13.42　单位载荷法用于对称三角架的位移计算

如图 A1 和图 A2 所示，圆截面刚架，横截面的直径为 d，且杆长 $a=10d$。试按下述原则计算节点 A 的铅垂位移 Δ_A，并进行比较：
（1）同时考虑弯矩和轴力作用。
（2）只考虑弯矩作用

A1

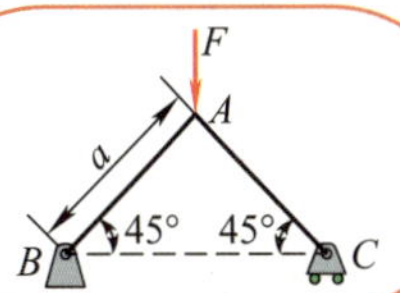
F
A
a
B
45°
45°
C

A2

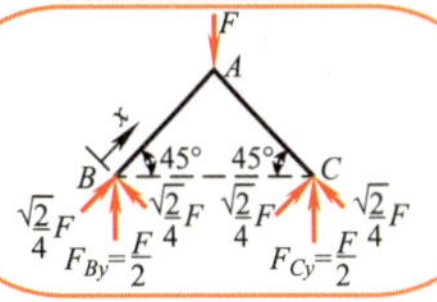
F
A
x
B
45°
45°
C

B

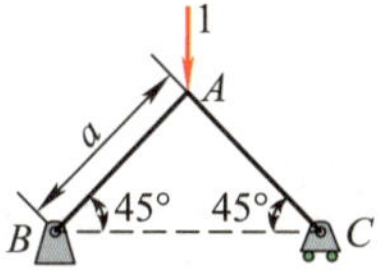
1
A
a
B
45°
45°
C

单位载荷法用于对称三角刚架的位移计算

- 见图 A2
  - $F_N(x)=-\frac{\sqrt{2}}{4}F$
  - $M(x)=\frac{\sqrt{2}}{4}Fx$
- 见图 B
  - $\bar{F}_N(x)=-\frac{\sqrt{2}}{4}$
  - $\bar{M}(x)=\frac{\sqrt{2}}{4}x$

$$\Delta_A=\frac{2}{EI}\int_0^a\frac{1}{8}Fx^2\mathrm{d}x+\frac{2}{EA}\int_0^a\frac{1}{8}F\mathrm{d}x=\frac{Fa^3}{12EI}+\frac{Fa}{4EA}$$

- $\Delta_A''=\frac{Fa^3}{12EI}$　弯矩贡献项
- $\Delta_A'=\frac{Fa}{4EA}$　轴力贡献项

图 A 所示曲杆 AB 的轴线是半径为 R 的 1/4 圆弧，杆的横截面是直径为 d 的实心圆，且 $d \ll R$，杆的 A 端固定，B 端自由，并在 B 端作用垂于杆轴线所在平面的集中力 F。已知材料的弹性模量 E、切变模量 G 与许用拉应用力 $[\sigma]$。

（1）按第三强度理论，求许可载荷 $[F]$。

（2）在力 F 作用下，求自由端绕杆轴线的转角 θ_B

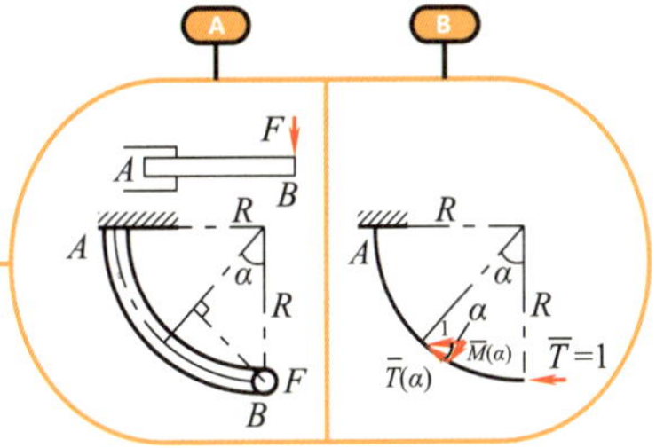

A
B
F
A
B
R
α
R
F
B
A
R
α
α
R
$\overline{M}(\alpha)$
$\overline{T}=1$
$\overline{T}(\alpha)$

13.43 曲梁的强度校核与单位载荷法求扭转角

曲梁的强度校核与单位载荷法求扭转角

- 复杂应力强度校核
  - $M(\alpha)=-FR\sin\alpha$
  - $T(\alpha)=-FR(1-\cos\alpha)$
  - A 截面最危险
    - $M_{\max}=T_{\max}=FR$
    - $\sigma_{r3}=\dfrac{1}{W}\sqrt{M^2+T^2}=\dfrac{32\sqrt{2}}{\pi d^3}FR\leqslant[\sigma]$
- 单位载荷法
  - 见图 A
    - $M(\alpha)=-FR\sin\alpha$ —— 出入平面弯曲
    - $T(\alpha)=-FR(1-\cos\alpha)$
  - 见图 B
    - $\overline{M(\alpha)}=1\cdot\sin\alpha$
    - $\overline{T(\alpha)}=-1\cdot\cos\alpha$
  - $\theta_B=\dfrac{1}{EI}\left[\int_0^{\frac{\pi}{2}}M(\alpha)\overline{M}(\alpha)R\mathrm{d}\alpha\right]+\dfrac{1}{GI_p}\int_0^{\frac{\pi}{2}}T(\alpha)\overline{T}(\alpha)R\mathrm{d}\alpha=\dfrac{16FR^2}{d^4}\left(-\dfrac{1}{E}+\dfrac{4-\pi}{2\pi G}\right)$

如图 A 所示，确定均匀径向受载薄壁半圆环自由端的水平、铅垂位移分量及总位移

A

q
dθ
θ
R
A
B

13.44　单位载荷法于薄壁圆环的节点位移计算

单位载荷法于薄壁半圆环

见图 A　$M(\varphi)=\int_0^{\varphi} qR^2\sin(\varphi-\theta)\mathrm{d}\theta=-qR^2(1-\cos\varphi)$　(1)

B

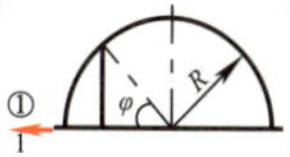
①
1
φ
R

$\overline{M(\varphi)}=-R\sin\varphi$　(2)

C

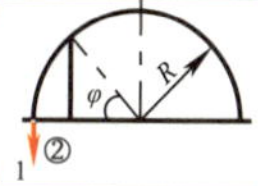
φ
R
1
②

$\overline{M(\varphi)}=1\cdot R\cdot(1-\cos\varphi)$　(3)

(1)+(2)　$x_B=\frac{1}{EI}\int_0^{\pi}M(\varphi)\overline{M(\varphi)}R\mathrm{d}\varphi=\frac{1}{EI}\int_0^{\pi}qR^3(1-\cos\varphi)\sin\varphi R\mathrm{d}\varphi=\frac{2qR^4}{EI}(\leftarrow)$

(1)+(3)　$y_B=\frac{1}{EI}\int_0^{\pi}M(\varphi)\overline{M(\varphi)}R\mathrm{d}\phi=-\frac{1}{EI}\int_0^{\pi}qR^4(1-\cos\varphi)^2\mathrm{d}\varphi=-\frac{3\pi qR^4}{2EI}(\uparrow)$

$\Delta_B=\sqrt{x_B^2+y_B^2}=\frac{qR^4}{2EI}\sqrt{16+9\pi^2}$

13.45 单位载荷法于小接缝线角位移计算

图示圆弧形小曲率杆，横截面 A 与 B 间存在一夹角为 $\Delta\theta$ 的微小缝隙，试问在横截面 A 与 B 上需加何种外力，才能使该两截面恰好密合。设弯曲刚度 EI 为常数

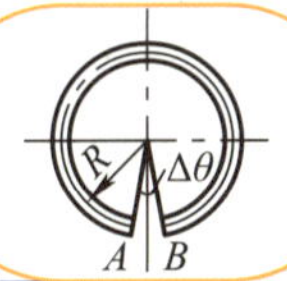

R
Δθ
A
B

- **单位载荷法应用于微小缝隙接合问题的求解**
  - 在 A 截面处加弯矩 M
    - $\theta_{A/B}=\Delta\theta$

      M
      A

      - (a1) — $M(\varphi)=M$

      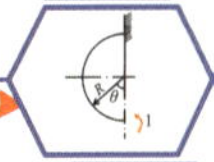

      - (b1) — $\overline{M(\varphi)}=1$
      - $\frac{1}{EI}\int_0^{\pi} M\overline{M}R\mathrm{d}\varphi=\frac{\Delta\theta}{2}$ — $M=\frac{EI\Delta\theta}{2\pi R}$
    - $\Delta_{A/B}=R\Delta\theta$

      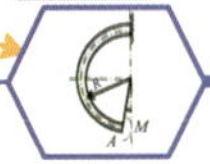

      M
      A

      - (a1) — $M(\varphi)=M$

      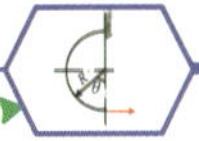

      - (c1) — $\overline{M(\varphi)}=R(1-\cos\varphi)$
      - $\frac{1}{EI}\int_0^{\pi} M\overline{M}R\mathrm{d}\varphi=\frac{R\Delta\theta}{2}$ — 等式成立
  - 在 A 截面处加力 F

单位载荷法应用于微小缝隙接合问题的求解

- 在 A 截面处加弯矩 M
- 在 A 截面处加力 F
  - $\Delta_{A/B} = R\Delta\theta$
    - 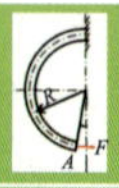 (a2)　$M(\varphi) = FR(1-\cos\varphi)$
    - 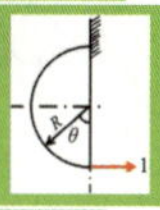 (b2)　$\overline{M(\varphi)} = R(1-\cos\varphi)$
    - $\frac{1}{EI}\int_0^{\pi} M(\varphi)\overline{M(\varphi)}R\mathrm{d}\varphi = \frac{R\Delta\theta}{2}$ → $F = \frac{EI\Delta\theta}{3\pi R^2}$
  - $\theta_{A/B} = \Delta\theta$
    - 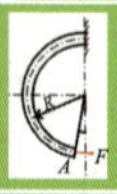 (a2)　$M(\varphi) = FR(1-\cos\varphi)$
    - 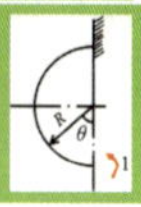 (c2)　$\overline{M(\varphi)} = 1$
    - $\frac{1}{EI}\int_0^{\pi} M(\varphi)\overline{M(\varphi)}R\mathrm{d}\varphi = \frac{\Delta\theta}{2}$ → $\frac{\Delta\theta}{3} \neq \frac{\Delta\theta}{2}$ → 等式不成立

13.46 第 13 章
能量法的盘点

能量法

- **外力功**
  - 一般弹性体 — $W=\int_0^{\Delta} f\mathrm{d}\delta$
  - 线性弹性体
    - 条件
      - 符合胡克定律
      - 小变形
      - 可根据原始几何关系分析内力
    - $W=\frac{1}{2}f\Delta$

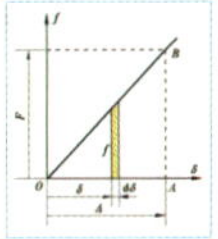

f
B
F
f
0
δ
dδ
Δ
δ
Δ

    - 克拉珀龙定理（多力做功）： $W=\sum_{i=1}^{n}\frac{F_i\Delta_i}{2}$ — 并不是功的简单叠加

F
M
A

$$W=\frac{F^2l^3}{6EI}+\frac{M^2l}{2EI}+\frac{FMl^2}{2EI}$$

- **应变能**
  - 基本情况
    - 拉压杆 — $V_\varepsilon=\frac{1}{2}\int_l\frac{F_N^2(x)}{EA}\mathrm{d}x$
    - 桁架 — $V_\varepsilon=\frac{1}{2}\sum_{i=1}^{n}\frac{F_{Ni}}{EA_i}$
    - 圆轴 — $V_\varepsilon=\frac{1}{2}\int_l\frac{T^2(x)}{GI_p}\mathrm{d}x$
    - 平面刚架、梁 — $V_\varepsilon=\frac{1}{2}\int_l\frac{M(x)^2}{EI}\mathrm{d}x$
    - 进而，组合变形的应变能求和
  - 组合变形 — $V_\varepsilon=\int_l\frac{F_N(x)^2}{2EA}+\int_l\frac{T(x)^2}{2GI_p}+\int_l\frac{M(x)^2}{2EI}$

- **互等定理**
  - 功的互等定理

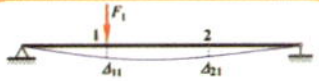

F_1
1
2
Δ_{11}
Δ_{21}

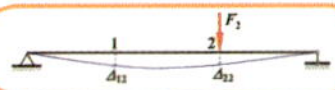

F_2
1
2
Δ_{12}
Δ_{22}

    - $F_1\Delta_{12}=F_2\Delta_{21}$

F_R
M_e
$\Delta_B=0$
A
B

$\theta_{B,F}$
$w_{B,F}$
A
B
F

    - 巧妙求解静不定问题
  - 位移互等定理 — $F_1=F_2$ — $\Delta_{12}=\Delta_{21}$ — 工程应用

能量法

卡氏定理

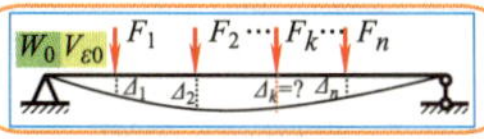
W_0 $V_{\varepsilon 0}$
F_1
$F_2 \cdots F_k \cdots F_n$
Δ_1 Δ_2 $\Delta_k=?$ Δ_n

$$W_0=\sum_{i=1}^{n}\frac{F_i\Delta_i}{2}=V_{\varepsilon 0}$$

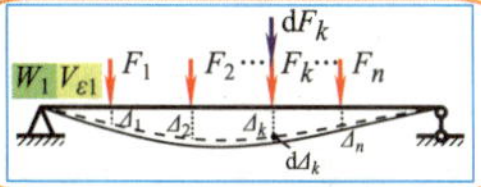
W_1 $V_{\varepsilon 1}$
$\mathrm{d}F_k$
F_1
$F_2 \cdots F_k \cdots F_n$
Δ_1 Δ_2 Δ_k Δ_n
$\mathrm{d}\Delta_k$

$$V_{\varepsilon 1}=V_{\varepsilon 0}+\frac{\partial V_\varepsilon}{\partial F_k}\mathrm{d}F_k$$

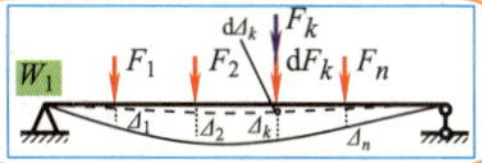
W_1
F_1 F_2 F_k F_n
$\mathrm{d}\Delta_k$ $\mathrm{d}F_k$
Δ_1 Δ_2 Δ_k Δ_n

$$W_1=\frac{\mathrm{d}F_k\cdot\mathrm{d}\Delta_k}{2}+W_0+\mathrm{d}F_k\cdot\Delta_k$$

有克拉珀龙定理的影子

$$\Delta_k=\frac{\partial V_\varepsilon}{\partial F_k}$$

广义载荷	力	力偶	一对大小相等、方向相反的力	一对大小相等、方向相反的力偶
符号和表征	F	M	$F\rightarrow\leftarrow F$ $F\leftarrow\rightarrow F$	M ↶↷ M M ↷↶ M
广义位移	线位移	角位移	相对线位移	相对角位移
符号和表征	Δ	θ	Δ_A 或 Δ_B	$\theta_{A/B}$

基本情况（线弹性）

- 拉压杆：$\Delta_k=\int_l\frac{F_N(x)}{EA}\frac{\partial F_N(x)}{\partial F_k}\mathrm{d}x$
- 桁架：$\Delta_k=\sum_{i=1}^{n}\frac{F_{Ni}l_i}{EA_i}\frac{\partial F_{Ni}}{\partial F_k}$
- 圆轴：$\Delta_k=\int_l\frac{T(x)}{GI_p}\frac{\partial T(x)}{\partial F_k}\mathrm{d}x$
- 平面刚架、梁：$\Delta_k=\int_l\frac{M(x)}{EI}\frac{\partial M(x)}{\partial F_k}\mathrm{d}x$

进而，组合变形的位移求和

附加力法

- 通过添加相应载荷求得某点相应位移
- 注：求导在前，代数在后

变形体虚功原理

单位载荷法

能量法

- **卡氏定理**
- **变形体虚功原理**
  - 内虚功 —— 作用在所有微段上的可能内力在虚变形上的总虚功
  - 外虚功 —— 外力在可能位移上做的总虚功
  - $W_e = W_i$
  - 条件
    - 平衡条件与静力边界条件 —— 可能内力
    - 微小位移，满足变形连续和位移边界条件 —— 可能位移
    - 适用于弹性和非弹性杆（系）
- **单位载荷法**
  - 两张图
    - 实际载荷作用图
    - 单位力（力偶）图
  - 最基本公式（非弹性和弹性）
    - ★ $\Delta = \int_l [\bar{F}_N(x)\mathrm{d}\delta + \bar{T}(x)\mathrm{d}\varphi + \bar{M}_y(x)\mathrm{d}\theta_y + \bar{M}_z(x)\mathrm{d}\theta_z]$
  - 基本情况（弹性）
    - 拉压杆 —— $\Delta = \int_l \frac{F_N(x)\bar{F}_N(x)\mathrm{d}x}{EA}$
    - 桁架 —— $\Delta = \sum_{i=1}^{n} \frac{F_{Ni} l_i}{EA_i} \bar{F}_{Ni}$
    - 圆轴 —— $\Delta = \int_l \frac{T(x)\bar{T}(x)\mathrm{d}x}{GI_p}$
    - 平面刚架、梁 —— $\Delta = \int_l \frac{M(x)\bar{M}(x)\mathrm{d}x}{EI}$
    - 进而，组合变形，总位移求和

13.47 单位载荷法用于非弹性杆系，应用变形体虚功原理的两个注意事项

变形体的虚功原理以及应用

- 作用在杆或杆系的**外力**在**虚位移**上所做总虚功或**外虚功** W_e，恒等于作用在所有微段的**可能内力**在**虚变形**上所做总虚功或**内虚功** W_i：$W_e=W_i$
- 应用虚功原理的两个注意事项★
  - (1) 对于所研究的力系，包括外力与内力，必须满足**平衡条件**与**静力边界条件**
  - (2) 对于所选择的虚位移，则应当是微小的，而且满足**变形连续条件**与**位移边界条件**
- 变形体虚功原理不仅适用于线性弹性杆或杆系，也适用于非线性弹性与非弹性杆或杆系

A

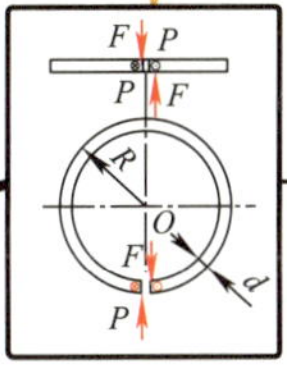
F
P
P
F
R
O
F
d
P

弯扭

B

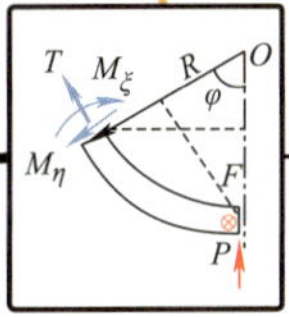
T
M_ξ
R
O
φ
M_η
F
P

图 A 所示开口圆环，弹性模量 E=200GPa，切变模量 G=80GPa，R=35mm，d=4mm，F=10N，P=2F，许用应力 [σ]=200MPa，忽略开口处间隙尺寸。试：
（1）按第三强度理论校核强度；
（2）求开口沿 F 方向相对位移

1 $M_\xi = PR\sin\varphi$

2 $M_\eta(\varphi) = FR\sin\varphi$

3 $T(\varphi) = FR(1-\cos\varphi)$

4 $M_T(\varphi) = \sqrt{M_\xi^2(\varphi)+M_\eta^2(\varphi)} = \sqrt{5}FR\sin\varphi$

11 $\overline{M_\xi(\varphi)} = 0$

12 $\overline{M_\eta(\varphi)} = R\sin\varphi$

13 $\overline{T(\varphi)} = R(1-\cos\varphi)$

5 $\sigma_{r3} = \sqrt{\dfrac{M_T^2+T^2}{W}} = \dfrac{FR}{W}\sqrt{4\sin^2\varphi-2\cos\varphi+2}$

6 $\dfrac{d\sigma_{r3}}{d\varphi} = 0$

7 $\dfrac{d(4\sin^2\varphi-2\cos\varphi+2)}{d\varphi} = 0$

8 $\cos\varphi = -\dfrac{1}{4}$

9 $\sin^2\varphi = \dfrac{15}{16}$

10 $\sigma_{r3,\max} = \dfrac{5FR}{2W} = 139.26\text{MPa} < [\sigma] = 200\text{MPa}$

14
$$\Delta = 2\left[\frac{1}{EI}\int_0^\pi M_\eta(\varphi)\overline{M_\eta(\varphi)}R\,d\varphi + \frac{1}{GI_t}\int_0^\pi T(\varphi)\overline{T(\varphi)}R\,d\varphi\right]$$
$$= \frac{\pi FR^3}{I}\left(\frac{1}{E}+\frac{3}{2G}\right) = 2.546\text{mm}$$

如图 A 所示，杆 1 有制造误差 $\delta>0$，求 B 点竖直位移 f_B 和 CD 杆的转角 θ_{CD}

A

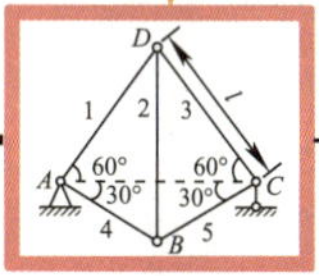
D
1
2
3
l
60°
30°
A
C
4
B
5

① $\Delta l_1=\delta$

② $\Delta l_2 \sim \Delta l_5 \approx 0$

B

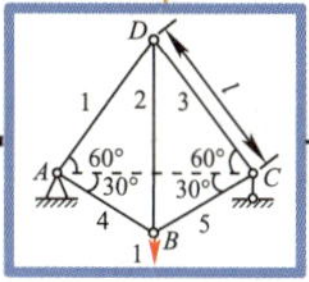
D
1
2
3
l
60°
30°
A
C
4
B
5
1

3′ $F_{Cy}=F_{Ay}=\frac{1}{2}$

$F_{N1}+\frac{1}{2}\cdot\cos 30°=0 \Rightarrow F_{N1}=-\frac{\sqrt{3}}{4}$

③ $\overline{F_{N1}}=-\frac{\sqrt{3}}{4}$

④ $f_B=\overline{F_{N1}}\Delta l_1=-\frac{\sqrt{3}}{4}\delta(\uparrow)$

C

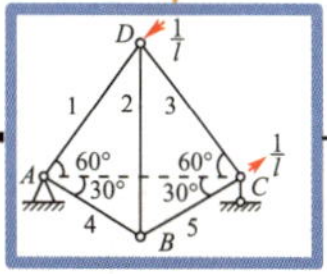
D
1/l
1
2
3
60°
30°
A
C
4
B
5

5′ $F_{Ay}=-F_{Cy}=\frac{1}{l}$(力偶)

$F_{N1}+\frac{1}{l}\cos 30°=0 \Rightarrow F_{N1}=-\frac{\sqrt{3}}{2l}$

⑤ $\overline{F_{N1}}=-\frac{\sqrt{3}}{2l}$

⑥ $\theta_{CD}=\overline{F_{N1}}\Delta l_1=-\frac{\sqrt{3}}{2l}\delta(\curvearrowleft)$

★ 单位载荷法应用于非弹性杆系（杆系没有变形）的例证

某线弹性结构在 F_1 单独作用下的外力功 $W_1=\frac{1}{2}F_1\Delta_1$，在 F_2 单独作用下的外力功 $W_2=\frac{1}{2}F_2\Delta_2$，式中，$\Delta_1$ 和 Δ_2 为沿相应载荷方向的位移。设在 F_1 和 F_2 共同作用下的外力功为 $W_{总}$，则一定有（ ）

- A. $W_{总}=W_1+W_2$
- B. $W_{总}>W_1+W_2$
- C. $W_{总}<W_1+W_2$
- D. 上述答案都不正确 ☑

简支梁在均布载荷 q 作用下，变形前后的挠曲线如图 A 所示，则广义力 q 所对应的广义位移为（ ）

A

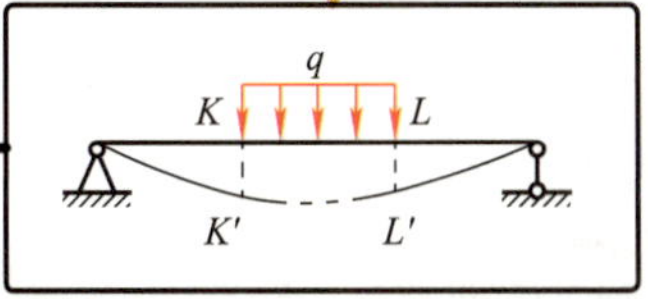
q
K
L
K'
L'

A. 从 K 点到 L 点的平均挠度

B. 挠曲线在 K' 点转角

C. $KK'L'L$ 所围成的面积 ✓

D. 整个挠曲线与变形前轴线位置所围成的面积

图 A 所示悬臂梁弯曲刚度为 *EI*，图 B 所示阶梯悬臂梁弯曲刚度分别为 *EI* 和 2*EI*，在同样的铅垂力 *F* 作用下，两梁内的应变能分别为 V_ε^a 和 V_ε^b，则有（　）

A

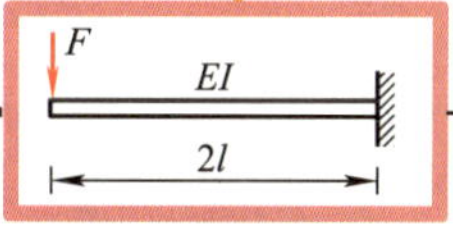

F
EI
2l

B

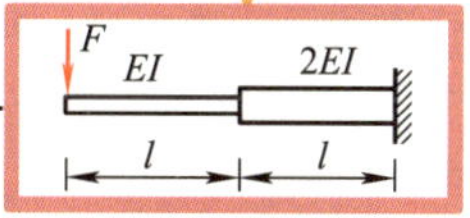

F
EI
2EI
l
l

A. $V_\varepsilon^a = V_\varepsilon^b$

B. $V_\varepsilon^a > V_\varepsilon^b$ ✔

$$V_\varepsilon^a = \frac{1}{2}\int_0^{2l}\frac{M^2(x)}{EI}\mathrm{d}x = \frac{F^2}{2EI}\int_0^{2l}x^2\mathrm{d}x = \frac{4F^2l^3}{3EI}$$

$$V_\varepsilon^b = \frac{1}{2}\left(\int_0^{l}\frac{M_1^2(x)}{EI}\mathrm{d}x + \int_0^{2l}\frac{M_2^2(x)}{2EI}\mathrm{d}x\right) = \frac{F^2l^3}{6EI} + \frac{7F^2l^3}{12EI} = \frac{3F^2l^3}{4EI}$$

C. $V_\varepsilon^a < V_\varepsilon^b$

D. 上述三个答案都不正确

某线弹性结构无初应力，在某一位置作用力 F 后，结构的应变能为 V_{ε}^{a}。若该结构在作用初载荷后，再在同一位置作用力 F，使结构应变能增加 V_{ε}^{b}，则一定有（　）

A. $V_{\varepsilon}^{a}=V_{\varepsilon}^{b}$

B. $V_{\varepsilon}^{a}>V_{\varepsilon}^{b}$

C. $V_{\varepsilon}^{a}<V_{\varepsilon}^{b}$

D. 上述三个答案都不正确

如图A和图B所示，简支梁有两种受力状态，虚线表示承载后的挠曲线形状，则有（　）

A

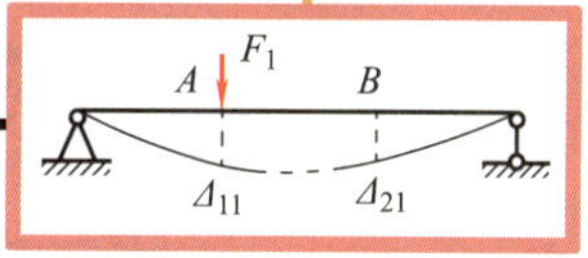

F_1
A
B
Δ_{11}
Δ_{21}

B

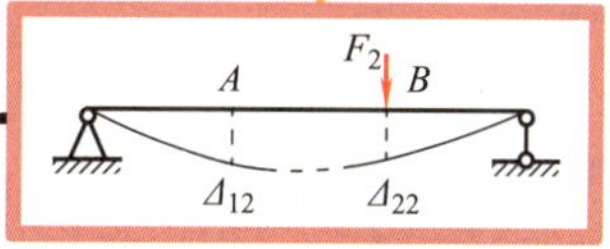

F_2
A
B
Δ_{12}
Δ_{22}

A. $F_1\Delta_{12} = F_2\Delta_{21}$

B. $F_1\Delta_{21} = F_2\Delta_{12}$

C. $F_1\Delta_{11} = F_2\Delta_{22}$

D. $F_1\Delta_{22} = F_2\Delta_{11}$

图 A 所示悬臂梁在力 F 作用下挠度为 Δ，图 B 所示桁架在力 $2F$ 作用下位移为 $\frac{\Delta}{2}$。设梁的应变能为 V_{ε}^{a}，桁架各杆应变能之和为 V_{ε}^{b}（线弹性范围内），则（　）

A

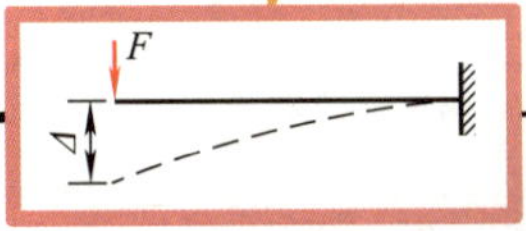
F
Δ

B

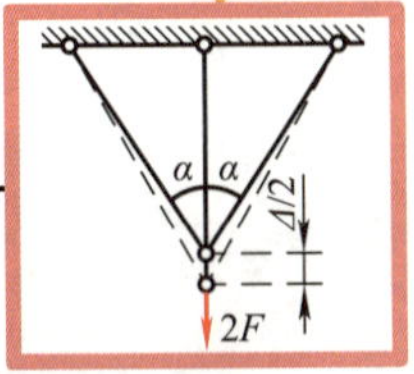
α
α
Δ/2
2F

A. $V_{\varepsilon}^{a}=V_{\varepsilon}^{b}$ ✓

$$\left.\begin{aligned}W_A&=\frac{1}{2}F\cdot\Delta=V_{\varepsilon}^{a}\\W_B&=\frac{1}{2}2F\cdot\frac{\Delta}{2}=\frac{1}{2}F\cdot\Delta=V_{\varepsilon}^{b}\end{aligned}\right\}W_A=W_B\Rightarrow V_{\varepsilon}^{a}=V_{\varepsilon}^{b}$$

B. $V_{\varepsilon}^{a}>V_{\varepsilon}^{b}$

C. $V_{\varepsilon}^{a}<V_{\varepsilon}^{b}$

D. 缺少条件，不能判断

某线弹性结构在图 A 所示受力状态下发生小变形，K_1 点向左和向上的位移分量分别为 Δ 和 f，则图 B 受力状态下 K_2 点（ ）

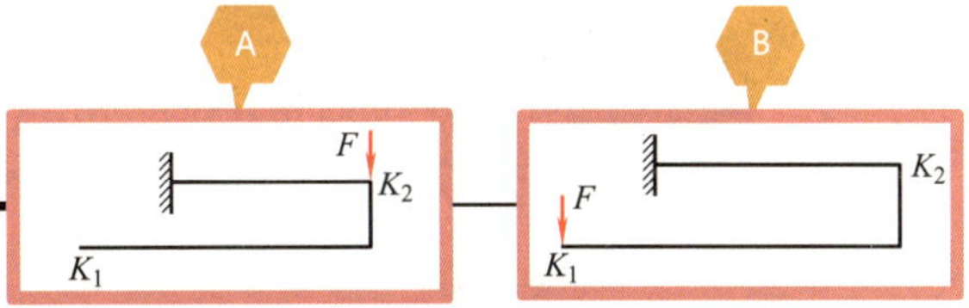

A
F
K_2
K_1
B
K_2
F
K_1

A. 向左和向上的位移分量分别为 Δ 和 f

$$F\cdot(-f)=F\cdot(f_{K2})\Rightarrow f_{K2}=-f$$

B. 向上的位移分量为 f ✓

C. 向左和向上的位移分量分别为 f 和 Δ

D. 向左和向上的位移均为 0

用虚功原理推导计算结构位移的单位载荷法时，（ ）

A. 实际载荷所引起的位移作为所引进单位力系统的虚位移 ✓

$$\Delta=\int_l[\overline{F_{\mathrm{N}}(x)}\mathrm{d}\delta+\overline{T(x)}\mathrm{d}\varphi+\overline{M_y(x)}\mathrm{d}\theta_y+\overline{M_z(x)}\mathrm{d}\theta_z]$$

B. 单位力所引起的位移作为该单位力系统的虚位移

C. 实际载荷所引起的变形作为所引进单位力系统的虚变形 ✓

D. 单位力所引起的变形作为该单位力系统的虚变形

如图 A 所示，设线弹性材料的阶梯悬臂梁在力 F 和 $2F$ 作用点的挠度分别为 Δ_1 和 Δ_2，设悬臂梁的应变能为 V_ε，则 $\dfrac{\partial V_\varepsilon}{\partial F}=$ ____

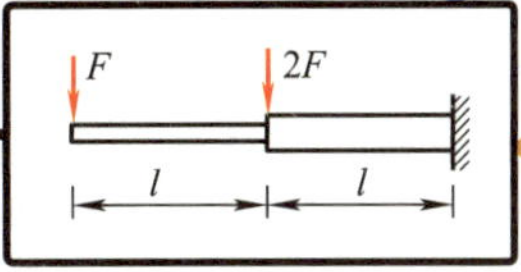

F
2F
l
l

A

$$\frac{\partial V_\varepsilon}{\partial F}=\frac{\partial V_\varepsilon}{\partial F_1}\frac{\partial F_1}{\partial F}+\frac{\partial V_\varepsilon}{\partial F_2}\frac{\partial F_2}{\partial F}=\frac{\partial V_\varepsilon}{\partial F_1}+2\frac{\partial V_\varepsilon}{\partial F_2}=\Delta_1+2\Delta_2$$

如图 A 所示，线弹性刚架各杆弯曲刚度为 EI，截面 A 水平与垂直位移大小分别为 Δ_{Ax} 和 Δ_{Ay}，总应变能为 V_ε，则 $\frac{\partial V_\varepsilon}{\partial F}=$ ____

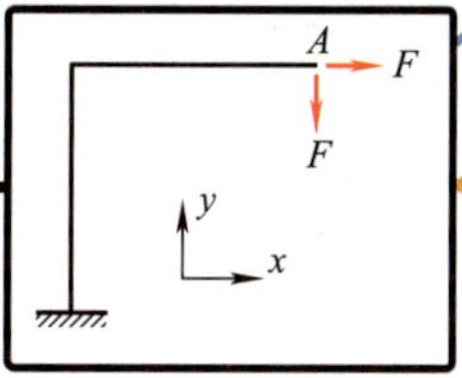
A
F
F
y
x

A

$$\frac{\partial V_\varepsilon}{\partial F}=\frac{\partial V_\varepsilon}{\partial F_{Ax}}\frac{\partial F_{Ax}}{\partial F}+\frac{\partial V_\varepsilon}{\partial F_{Bx}}\frac{\partial F_{Bx}}{\partial F}=\frac{\partial V_\varepsilon}{\partial F_{Ax}}\cdot 1+\frac{\partial V_\varepsilon}{\partial F_{Bx}}\cdot 1=\Delta_{Ax}+\Delta_{Ay}$$

13.48　广义载荷与相应位移之间的 8 套配对关系

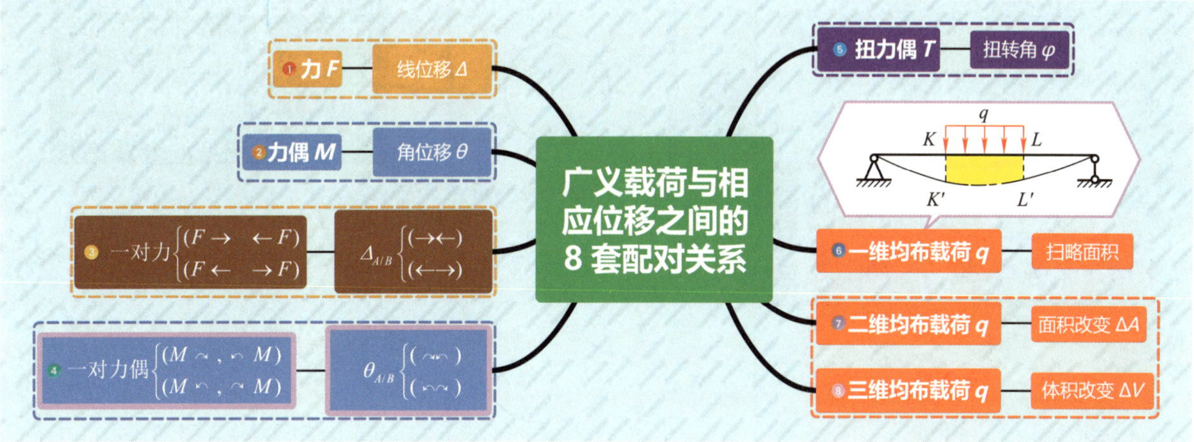

广义载荷与相应位移之间的8套配对关系
❶ 力 F
线位移 Δ
❷ 力偶 M
角位移 θ
❸ 一对力
Δ A/B
❹ 一对力偶
θ A/B
❺ 扭力偶 T
扭转角 φ
q
K
L
K′
L′
❻ 一维均布载荷 q
扫略面积
❼ 二维均布载荷 q
面积改变 ΔA
❽ 三维均布载荷 q
体积改变 ΔV

轴承中的滚珠，直径为 d，沿直径两端作用一对大小相等、方向相反的集中力。材料的弹性常数 E、μ 均已知。试求圆珠的体积改变量

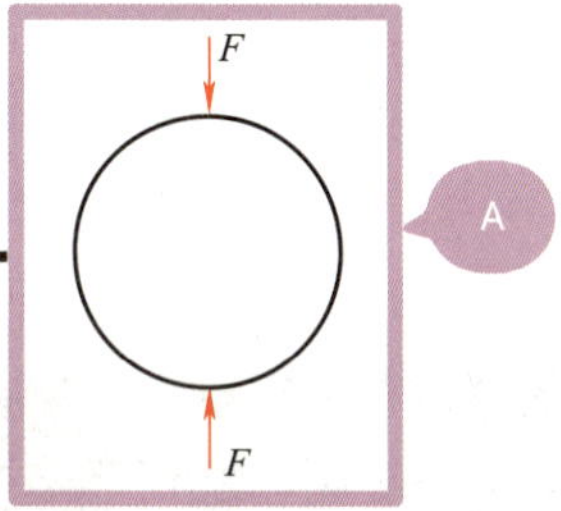
F
F
A

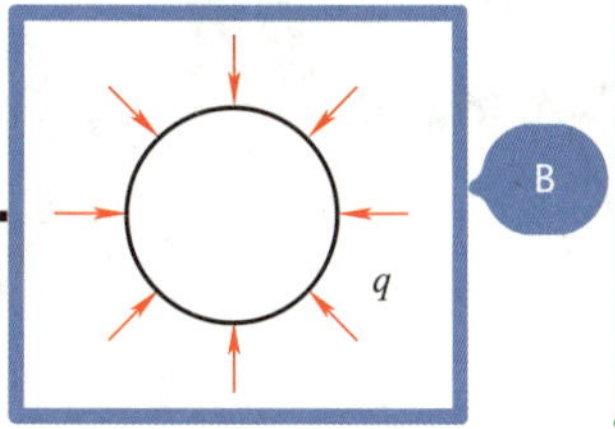
q
B

$$\overset{B}{\overbrace{q}}(\overset{A}{\overbrace{\Delta V}})=\overset{A}{\overbrace{F}}\,(\overset{B}{\overbrace{\Delta d}})$$

$\sigma_1=\sigma_2=\sigma_3=-q$

$$\Delta d=\frac{1}{E}(-q+2\mu q)d=-\frac{(1-2\mu)qd}{E}$$

$$\Delta V=\frac{F\Delta d}{q}=-\frac{(1-2\mu)Fd}{E}$$

14.1 静不定问题概论

第 14 章 静不定问题的分析

1. 引言
2. 用力法分析
静不定问题
第 14 章 静不定问题
的分析
3. 对称与反对称
静不定问题分析
4. 静不定刚架
空间受力分析

14.2　静不定类型与静不定度

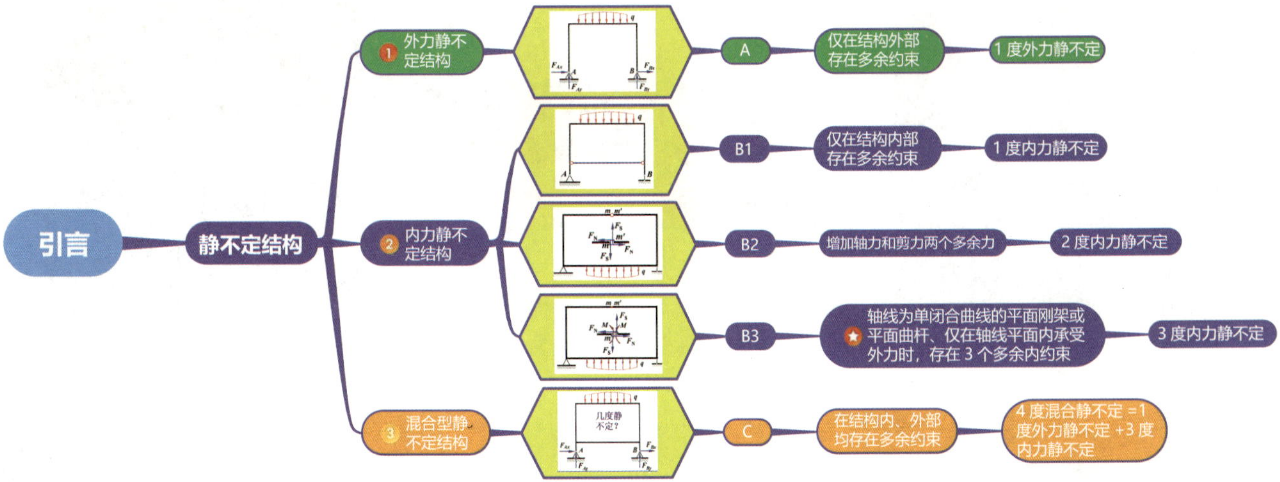
引言
静不定结构
1 外力静不定结构
2 内力静不定结构
3 混合型静不定结构
A
B1
B2
B3
C
仅在结构外部存在多余约束
仅在结构内部存在多余约束
增加轴力和剪力两个多余力
轴线为单闭合曲线的平面刚架或平面曲杆、仅在轴线平面内承受外力时，存在 3 个多余内约束
在结构内、外部均存在多余约束
1 度外力静不定
1 度内力静不定
2 度内力静不定
3 度内力静不定
4 度混合静不定 =1 度外力静不定 +3 度内力静不定
几度静不定？

14.3 外力静不定度的判断

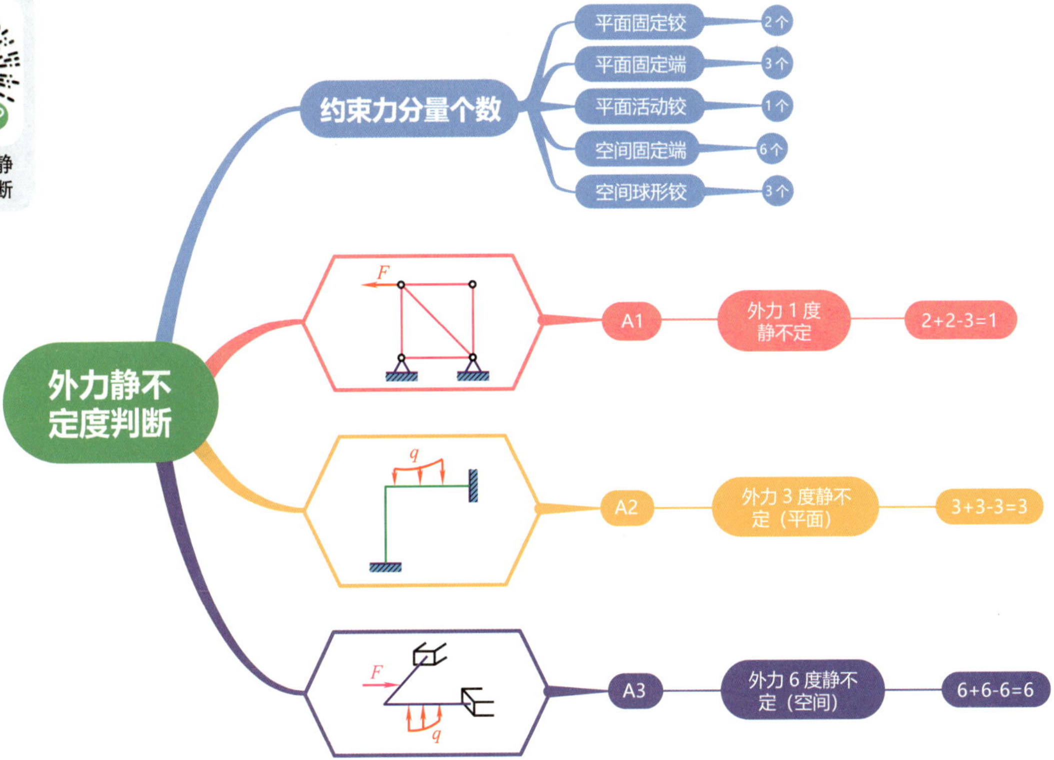

外力静不定度判断
约束力分量个数
平面固定铰
2个
平面固定端
3个
平面活动铰
1个
空间固定端
6个
空间球形铰
3个
F
A1
外力1度静不定
2+2-3=1
q
A2
外力3度静不定（平面）
3+3-3=3
F
q
A3
外力6度静不定（空间）
6+6-6=6

14.4　桁架的内力静不定判断

桁架的内力静不定判断

- **静不定度 $=m-(2n-3)$**
  - m：杆数
  - n：节点数
- A1 —— 内 1 度

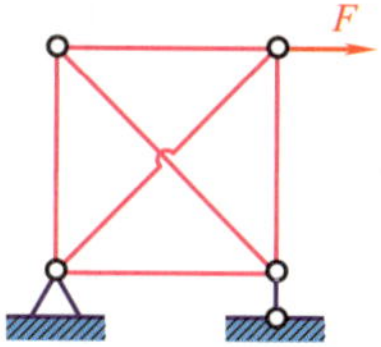
F

- A2 —— 内 2 度

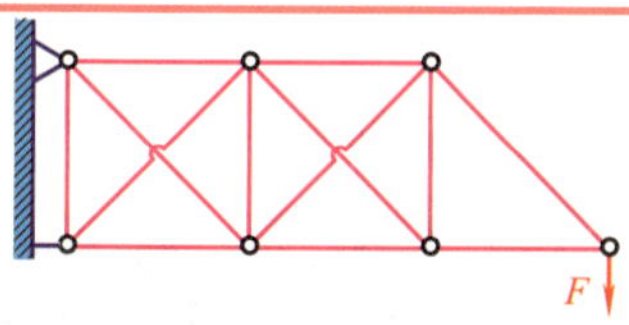
F

14.5 刚架的内力静不定判断

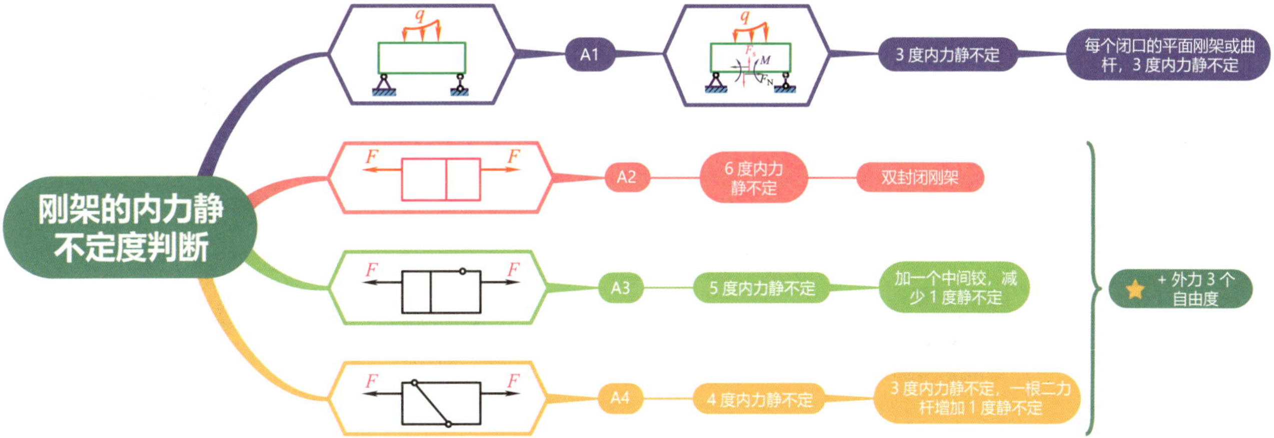

刚架的内力静不定度判断
q
A1
q
F_s
M
F_N
3 度内力静不定
每个闭口的平面刚架或曲杆，3 度内力静不定
F
F
A2
6 度内力静不定
双封闭刚架
F
F
A3
5 度内力静不定
加一个中间铰，减少 1 度静不定
F
F
A4
4 度内力静不定
3 度内力静不定，一根二力杆增加 1 度静不定
+ 外力 3 个自由度

14.6　混合刚架的静不定度判断

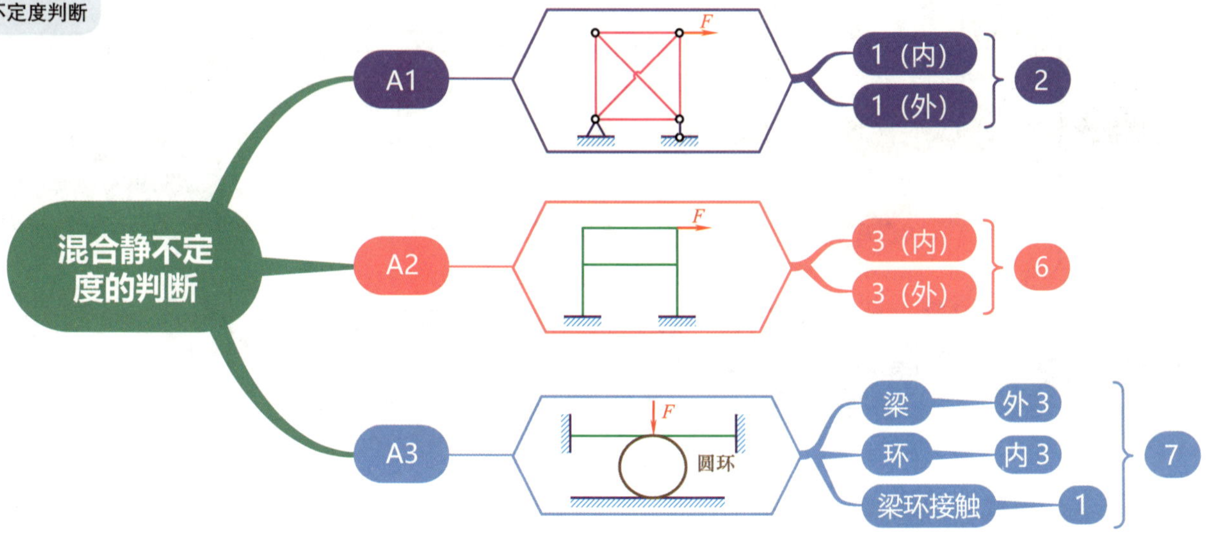
混合静不定度的判断
A1
F
1（内）
1（外）
2
A2
F
3（内）
3（外）
6
A3
F
圆环
梁
外 3
环
内 3
梁环接触
1
7

14.7　梁杆结构的静不定度判断

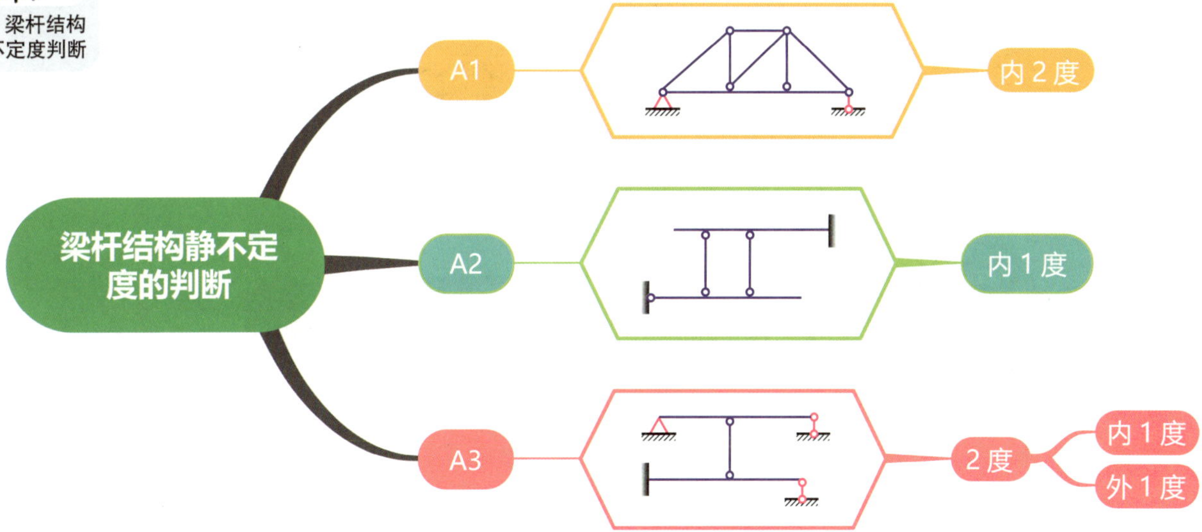

梁杆结构静不定度的判断
A1
内 2 度
A2
内 1 度
A3
2 度
内 1 度
外 1 度

14.8 静不定问题中力法求解步骤

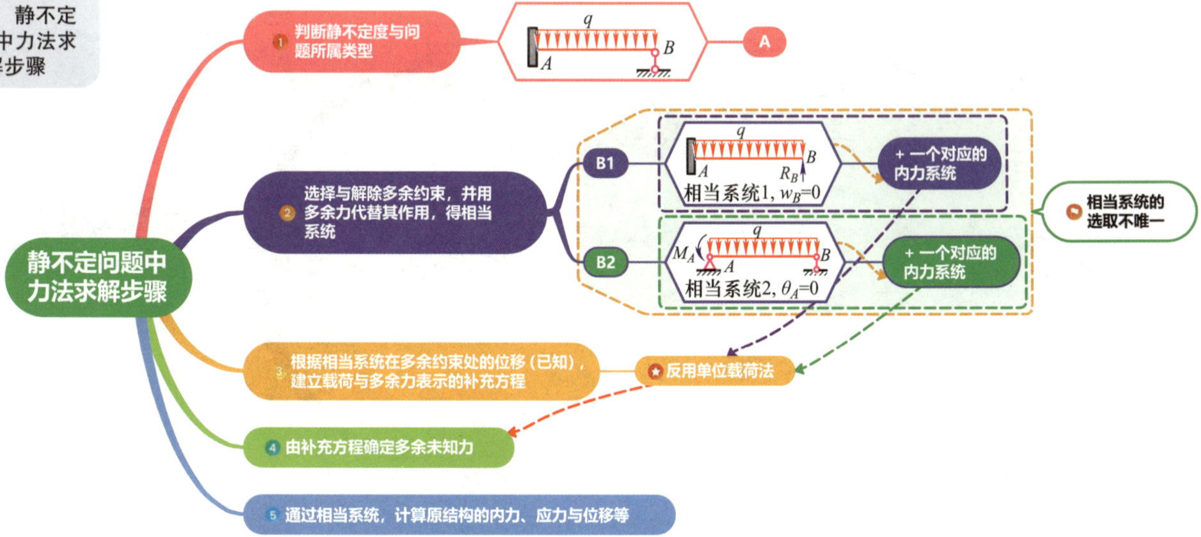
静不定问题中力法求解步骤
1 判断静不定度与问题所属类型
q
A
B
A
2 选择与解除多余约束，并用多余力代替其作用，得相当系统
B1
R_B
相当系统1, w_B=0
+ 一个对应的内力系统
B2
M_A
相当系统2, θ_A=0
+ 一个对应的内力系统
相当系统的选取不唯一
3 根据相当系统在多余约束处的位移（已知），建立载荷与多余力表示的补充方程
反用单位载荷法
4 由补充方程确定多余未知力
5 通过相当系统，计算原结构的内力、应力与位移等

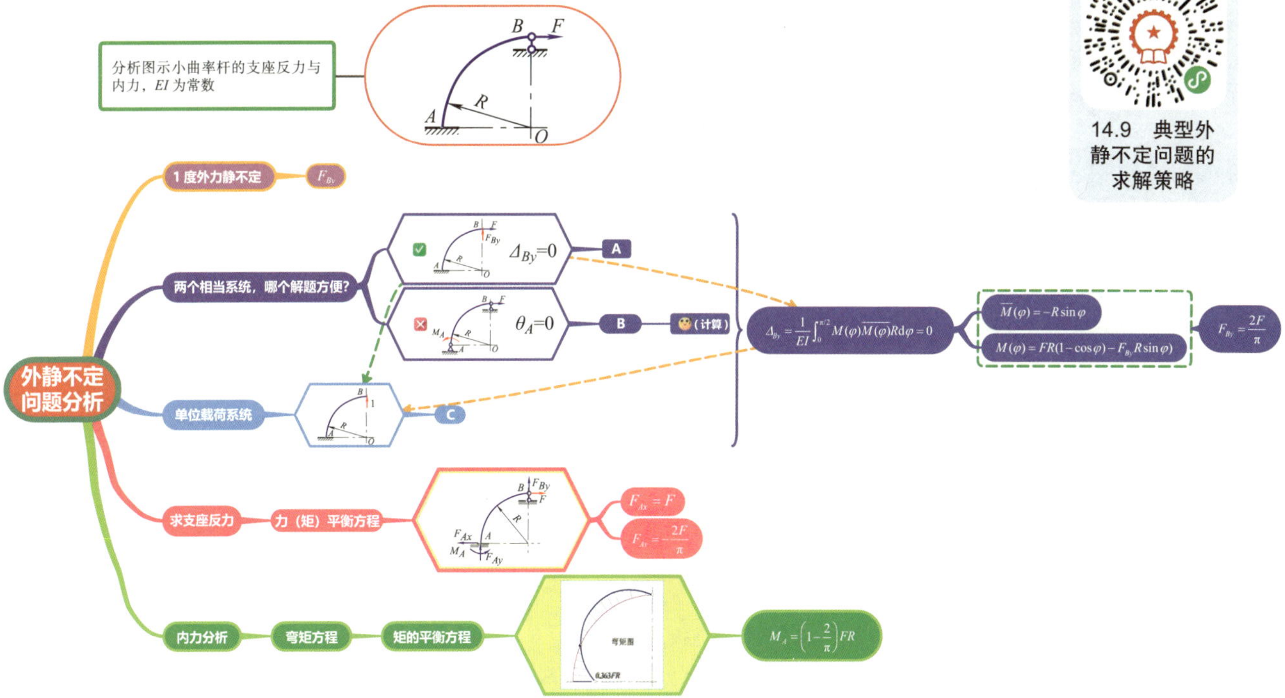

分析图示小曲率杆的支座反力与内力，EI 为常数
B
F
R
A
O
外静不定问题分析
1 度外力静不定
F_{By}
两个相当系统，哪个解题方便?
F_{By}
$\Delta_{By}=0$
A
M_A
$\theta_A=0$
B
(计算)
$\Delta_{By}=\frac{1}{EI}\int_0^{\pi/2}M(\varphi)\overline{M(\varphi)}R\mathrm{d}\varphi=0$
$\overline{M}(\varphi)=-R\sin\varphi$
$M(\varphi)=FR(1-\cos\varphi)-F_{By}R\sin\varphi)$
$F_{By}=\frac{2F}{\pi}$
单位载荷系统
1
C
求支座反力
力（矩）平衡方程
F_{Ax}
F_{Ay}
$F_{Ax}=F$
$F_{Ay}=-\frac{2F}{\pi}$
内力分析
弯矩方程
矩的平衡方程
弯矩图
0.363FR
$M_A=\left(1-\frac{2}{\pi}\right)FR$

14.9 典型外静不定问题的求解策略

14.10　悬臂曲梁的外静不定求解策略

已知图示结构中，外力偶 M_0，求 B 端的约束力 F_B 和水平位移 Δ_B

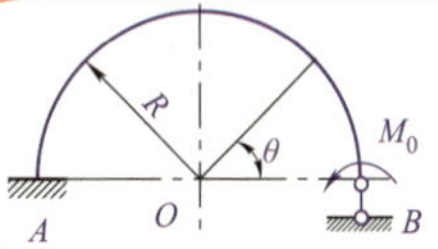
R
θ
M0
A
O
B

力法分析外静不定问题 -1

1. 1 度外力静不定 — F_B
2. 相当系统（见图 A）

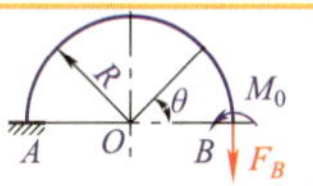
R
θ
M0
A
O
B
FB

A — $w_B = 0$

3. 单位载荷系统（见图 B）

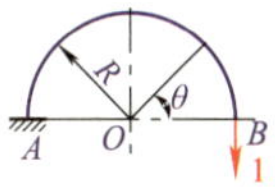
R
θ
A
O
B
1

B

4. 计算 B 端水平位移的单位载荷系统

$$w_B = \int_0^{\pi} M(\varphi)\bar{M}(\varphi)R\mathrm{d}\varphi = 0$$

$$F_B = \frac{2M_0}{3R}$$

力法分析外静不定问题 -1

④ 计算 B 端水平位移的单位载荷系统

已知图示结构中，外力偶 M_0，求 B 端的约束力 F_B 和水平位移 Δ_B

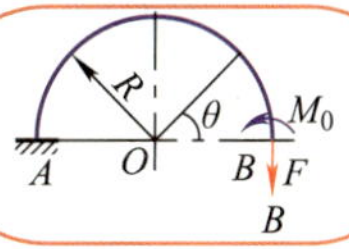

R
θ
M0
A
O
B
F
B

C

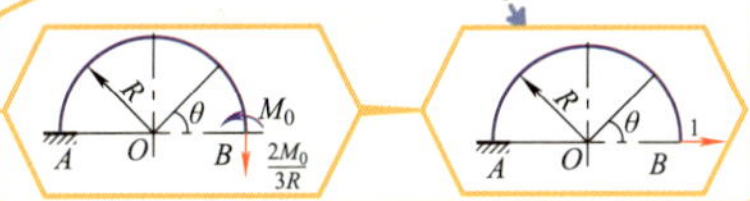

R
θ
M0
A
O
B
2M0
3R
R
θ
1
A
O
B

★在原静定结构上加单位载荷计算最简便

$$M(\theta)=\frac{2M_0}{3R}R(1-\cos\theta)-M_0=-\frac{(1+2\cos\theta)}{3}M_0$$

$$\bar{M}(\theta)=R\sin\theta$$

$$\begin{aligned}\Delta_B&=\frac{1}{EI}\int_0^{\pi}\left[-\frac{(1+2\cos\theta)}{3}M_0\right](-R\sin\theta)R\mathrm{d}\theta\\&=\frac{M_0R^2}{3EI}\int_0^{\pi}(\sin\theta+\sin 2\theta)R\mathrm{d}\theta\\&=\frac{2M_0R^2}{3EI}\end{aligned}$$

D

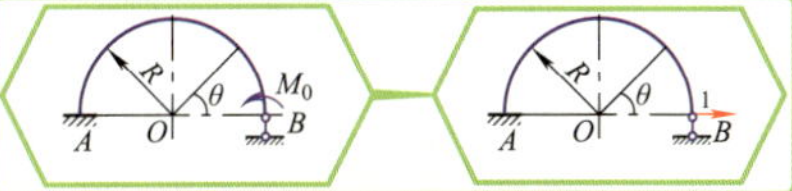

R
θ
M0
A
O
B
R
θ
1
A
O
B

×

E

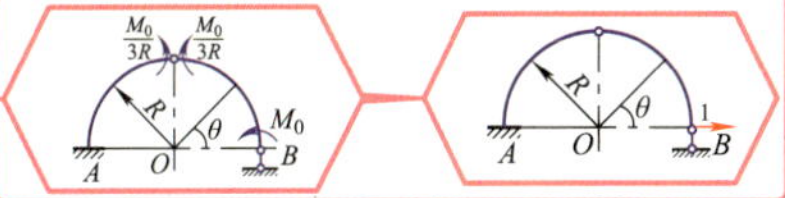

M0
3R
M0
3R
R
θ
M0
A
O
B
R
θ
1
A
O
B

×

14.11　双外静不定问题求解策略

如图所示结构，
求 B 端支座反力

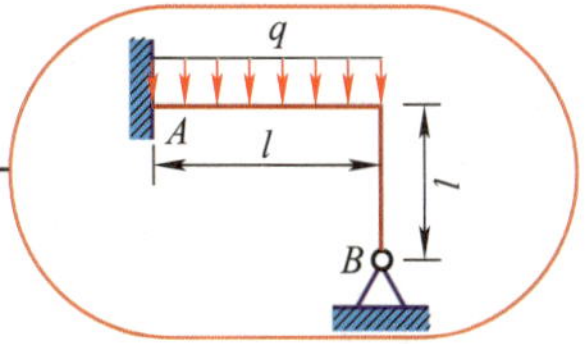
q
A
l
l
B

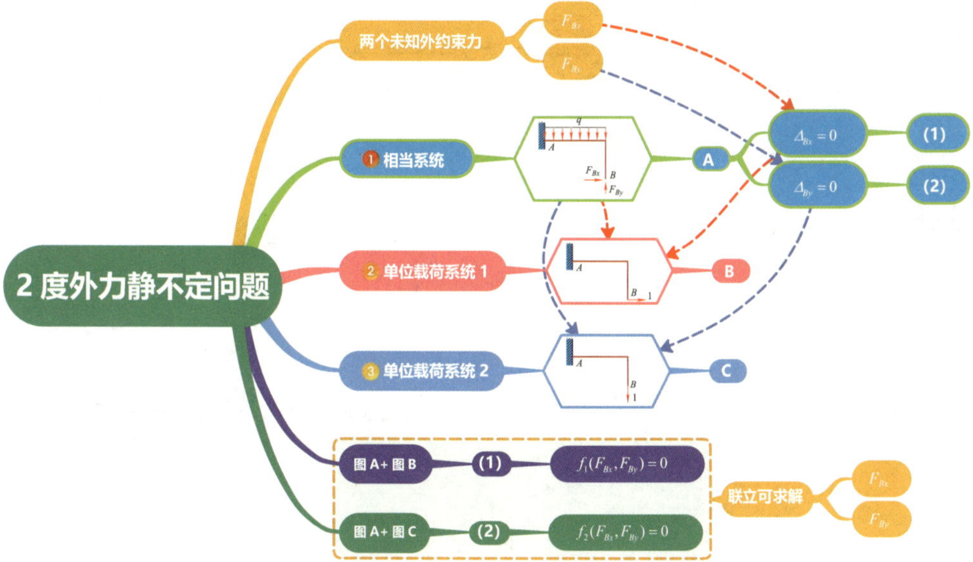
2 度外力静不定问题
两个未知外约束力
F_{Bx}
F_{By}
1 相当系统
A
2 单位载荷系统 1
B
3 单位载荷系统 2
C
$\Delta_{Bx}=0$
(1)
$\Delta_{By}=0$
(2)
图 A+ 图 B
(1)
$f_1(F_{Bx},F_{By})=0$
图 A+ 图 C
(2)
$f_2(F_{Bx},F_{By})=0$
联立可求解
F_{Bx}
F_{By}

14.12　1 度内静不定问题求解策略

分析图示桁架的内力与 θ_{AB}，各杆的拉伸刚度 EA 相同

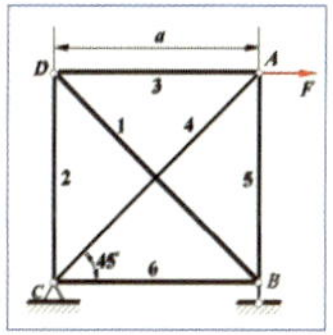

a
D
A
F
3
1
4
2
5
45°
6
C
B

力法分析内静不定问题

1. 1 度内力静不定 —— F_N

2. 相当系统 a

A

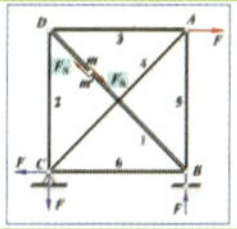

$\Delta_m = 0$

3. 单位载荷系统 b

B

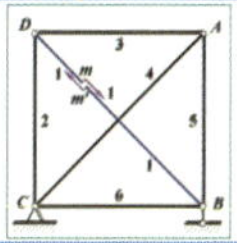

图 A+ 图 B —— $\Delta_m = \sum_{i=1}^{6} \dfrac{\overline{F}_{Ni} F_{Ni} l_i}{E_i A_i}$ —— $F_N = -0.561F$

4. 单位载荷系统 c

C

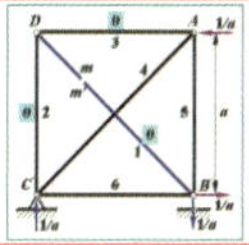

图 A+ 图 C —— $\theta_{AB} = \sum_{i=1}^{6} \dfrac{\overline{F}_{Ni} F_{Ni} l_i}{E_i A_i} = -\dfrac{1.91F}{EA}$

14.13　对称结构与反对称结构

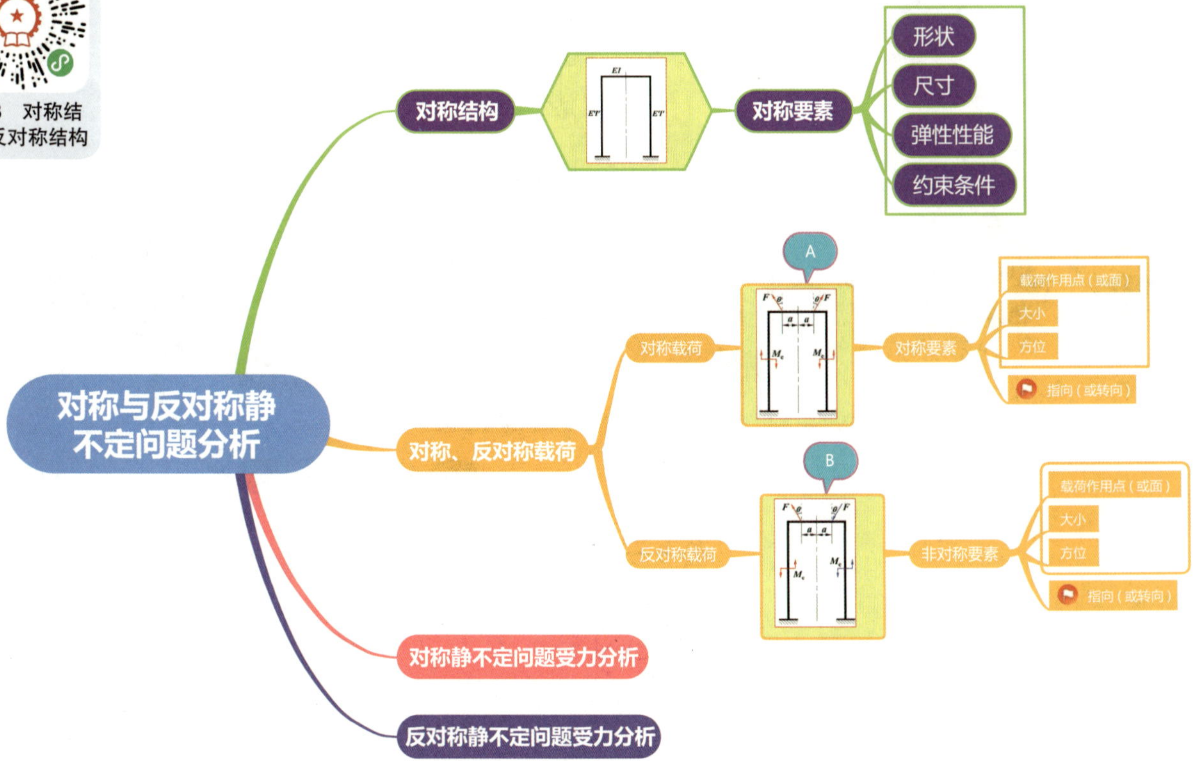
对称与反对称静不定问题分析
对称结构
EI
EI'
EI'
对称要素
形状
尺寸
弹性性能
约束条件
对称、反对称载荷
对称载荷
A
F
θ
a
a
M_e
对称要素
载荷作用点（或面）
大小
方位
指向（或转向）
反对称载荷
B
非对称要素
载荷作用点（或面）
大小
方位
指向（或转向）
对称静不定问题受力分析
反对称静不定问题受力分析

14.14 对称与反对称结构的内力和变形特征

- 对称与反对称问题的内力与变形特点
  - ① 对称问题的内力与变形特点
    - 变形特征

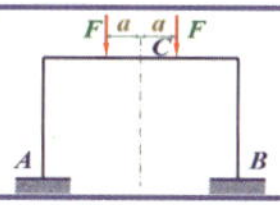

F
a
a
F
C
A
B

      - 对称截面 C
        - $\Delta_{Cx}=0$ + 单位载荷法 → F_{NC} ✓
        - $\theta_C=0$ + 单位载荷法 → M_C ✓
        - 两个对称内力可求
    - 内力特征

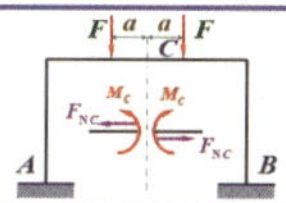

F
a
a
F
C
M_C
M_C
F_{NC}
F_{NC}
A
B

      - 对称截面 C → $F_{SC}=0$ → 反对称内力分量
  - ② 反对称问题的内力与变形特点
    - 变形特征

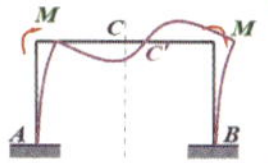

M
C
M
C'
A
B

      - $w_C=0$ + 单位载荷法 → F_{SC} ✓ → 一个反对称内力可求
    - 内力特征

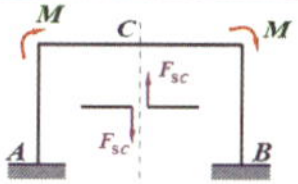

M
C
M
F_{SC}
F_{SC}
A
B

      - $F_{NC}=0$
      - $M_C=0$
      - 对称性质的内力
  - 利用对称性或反对称性，可直接计算多余力，简化计算，但是没有降低自由度

14.15　求解平面刚架的弯矩

试分析图示刚架的弯矩，EI 为常数

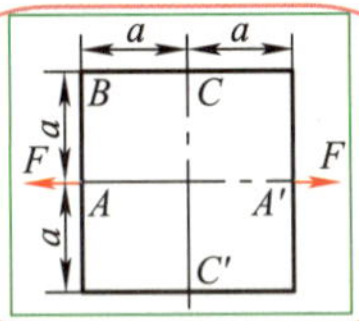
a
a
B
C
F
a
a
F
A
A'
C'

对称 + 静不定

- 3 度内力静不定
  - 对称条件
    - 反对称内力为 0
    - 对称内力轴力
      - 轴力 → 力平衡方程 → $F_N = \frac{F}{2}$
      - M_C
- A

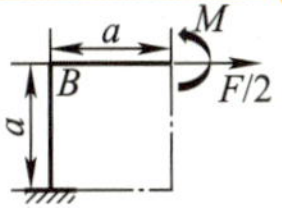
a
M
B
F/2
a

- B

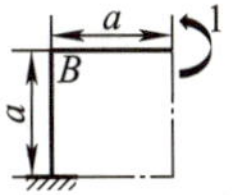
a
1
B
a

- $\theta_{A/C} = 0$ → $\theta_{A/C} = \frac{1}{EI}\int_0^a M(x_1)\bar{M}(x_1)dx_1 + \frac{1}{EI}\int_0^a M(x_2)\bar{M}(x_2)dx_2 = 0$ → $M_C = \frac{Fa}{8}$
- 通过图 A 画弯矩图

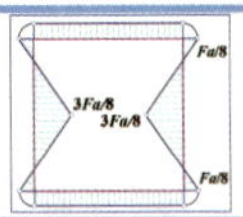
Fa/8
3Fa/8
3Fa/8
Fa/8

  - $|M|_{max} = \frac{3Fa}{8}$

14.16 圆环的相对线位移计算攻略

圆环的相对线位移（一）

已知圆环的 EI，求点 B、点 D 与点 A、点 C 的相对位移

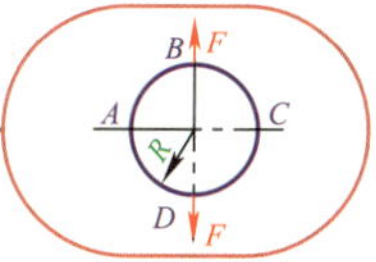

B
F
A
C
R
D
F

- 对称封闭圆环 — 3 度内力静不定 — 取$\frac{1}{4}$圆环为对象

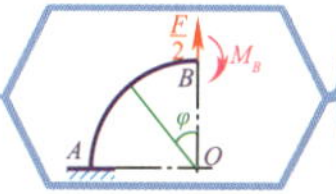

F/2
M_B
B
φ
A
O

  - 剪力 =0 — 反对称内力
  - 纵向外力 = $\frac{F}{2}$ — 对称条件
  - 轴力 =0 — 平衡条件
  - 弯矩 M_B

- ① 点 B、点 D 相对位移

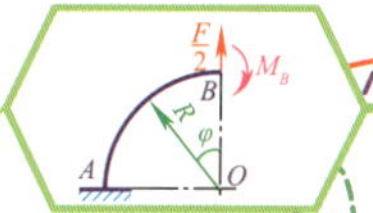

F/2
M_B
B
R
φ
A
O

  - A：$\theta_{B,A}=\frac{1}{EI}\int_0^{\pi/2}M(\varphi)\bar{M}(\varphi)\mathrm{d}\varphi=0$ — $M(\varphi)=M_B-\frac{F}{2}R\sin\varphi$

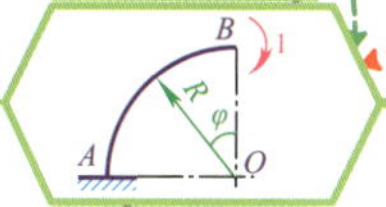

B
1
R
φ
A
O

  - B：$\bar{M}(\varphi)=1$

  → $M_B=\frac{FR}{\pi}$ — $M(\varphi)=FR\left(\frac{1}{\pi}-\frac{\sin\varphi}{2}\right)$

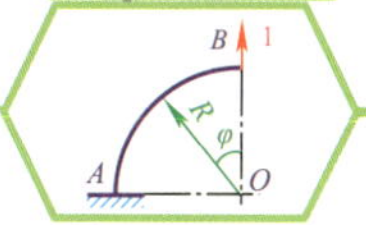

B
1
R
φ
A
O

  - C + 图 A：$\Delta_{B/D}=2\Delta_B$ — $=\frac{2}{EI}\int_0^{\pi/2}(-R\sin\varphi)FR\left(\frac{1}{\pi}-\frac{\sin\varphi}{2}\right)R\mathrm{d}\varphi$ — $=\frac{FR^3}{4\pi EI}(\pi^2-8)=0.419\frac{FR^3}{EI}$

- ② 点 A、点 C 相对位移

已知圆环的 EI，求点 B、点 D 与点 A、点 C 的相对位移

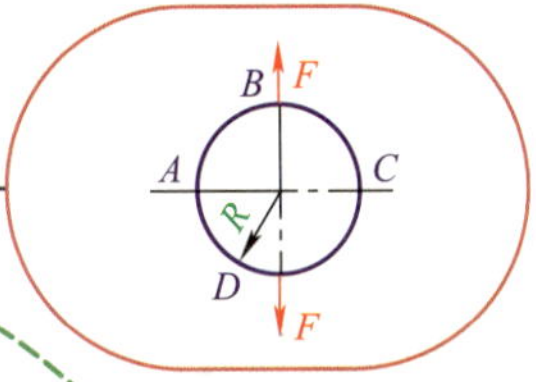
B
F
A
C
R
D
F

圆环的相对线位移（二）

1. B、D 相对位移
2. A，C 相对位移

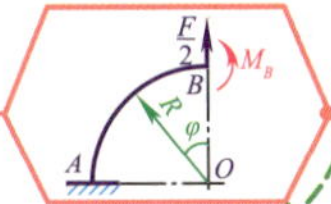
F
2
M_B
B
R
φ
A
O

D

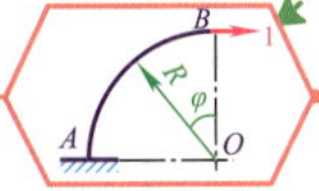
B
1
R
φ
A
O

E

$$\Delta_{A/C}=2\Delta_{Bx}=\frac{2}{EI}\int_0^{\pi/2}M(\varphi)\bar{M}(\varphi)R\mathrm{d}\varphi=\frac{4-\pi}{2\pi}\frac{FR^3}{EI}$$

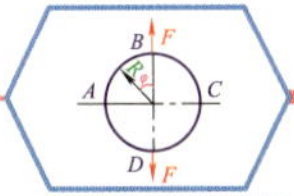

F：需进一步转换成对应的相当系统

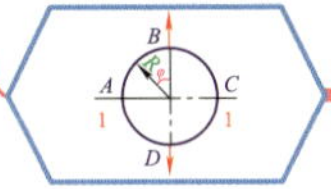

G：需根据图 F 所示的相当系统，进行单位载荷系统的加载

方法可行，但是计算量较大

14.17 对称刚架静不定问题求解策略和方法

图示刚架，各截面的弯曲刚度均为 EI，不考虑刚架的拉压变形，试计算：（1）刚架内的最大弯矩；（2）A 截面的铅垂位移

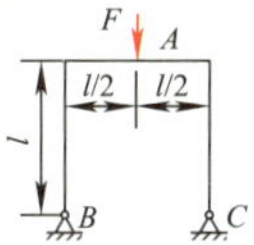

F
A
l/2
l/2
l
B
C

对称刚架的静不定问题求解

- **1 度外力静不定**
  - F_A
  - M_A
  - $F_{SA}=0$
  - $F_A=\frac{F}{4}-\frac{M_A}{l}$ → 矩的平衡方程 → M_A

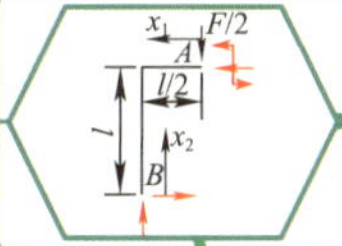

x1
F/2
A
l/2
l
x2
B

A

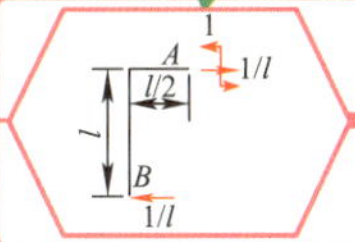

1
A
1/l
l/2
l
B
1/l

B

$\theta_A=0$ → $0=\frac{1}{EI}\left[\int_0^{l/2}M(x_1)\bar{M}(x_1)\mathrm{d}x_1+\int_0^{l}M(x_2)\bar{M}(x_2)\mathrm{d}x_2\right]$ → $M_A=\frac{7Fl}{40}$

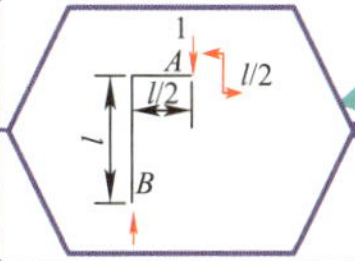

1
A
l/2
l/2
l
B

C + 图 A → $f_A=\frac{1}{EI}\int_0^{l/2}M(x_1)\bar{M}(x_1)\mathrm{d}x_1=\frac{11Fl^3}{960EI}$

图示钢架，各截面的弯曲刚度为 EI，试绘制钢架的弯矩图

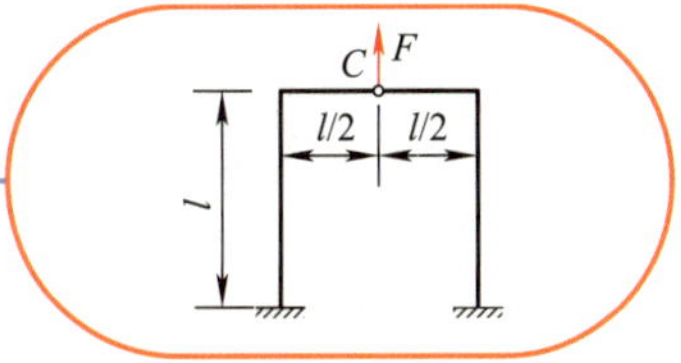
C
F
l/2
l/2
l

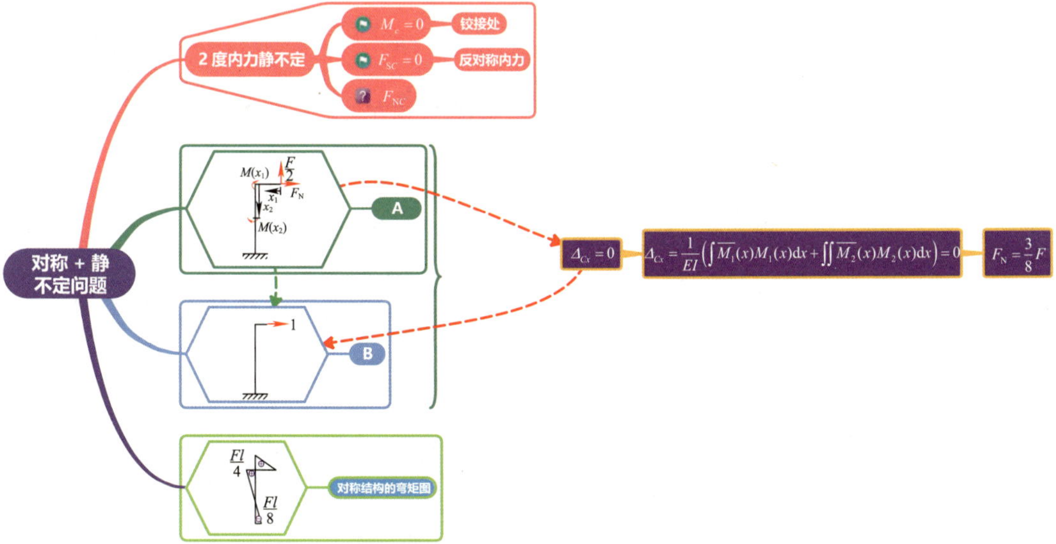
对称 + 静不定问题
2 度内力静不定
$M_c=0$
铰接处
$F_{SC}=0$
反对称内力
F_{NC}
$M(x_1)$
$\frac{F}{2}$
x_1
F_N
x_2
$M(x_2)$
A
1
B
$\Delta_{Cx}=0$
$\Delta_{Cx}=\frac{1}{EI}\left(\int\overline{M_1}(x)M_1(x)dx+\iint\overline{M_2}(x)M_2(x)dx\right)=0$
$F_N=\frac{3}{8}F$
$\frac{Fl}{4}$
$\frac{Fl}{8}$
对称结构的弯矩图

14.18 反对称载荷的静不定典型问题求解策略

图示小曲率圆环，已知 R、EI，求 A 截面内力

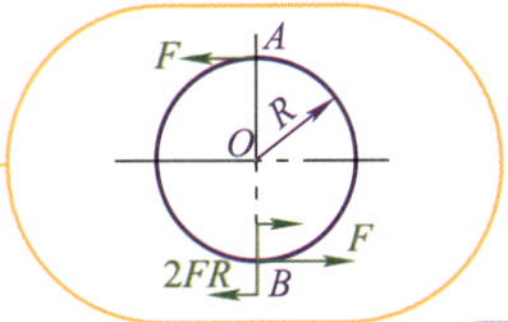

F
A
R
O
F
2FR
B

反对称载荷的静不定问题分析

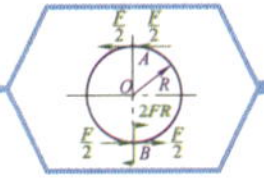

反对称轴 AB

反对称问题

- $M_A=0$
- $F_{NA}=0$
- F_S是多余内力?

相当系统 a

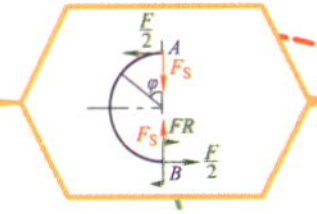

$\Delta_{A/B}=0$

单位载荷系统 b

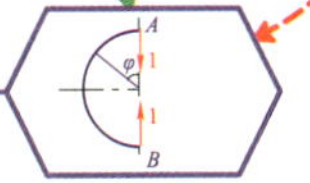

$$\Delta_{A/B}=\frac{1}{EI}\int_0^{\pi}M(\varphi)\bar{M}(\varphi)R\mathrm{d}\varphi=0$$

$$M(\varphi)=F_SR\sin\varphi-\frac{1}{2}FR(1-\cos\varphi)$$

$$\bar{M}(\varphi)=R\sin\varphi$$

$$F_S=\frac{2F}{\pi}$$

试求图示刚架截面 C 的转角，EI 为常数

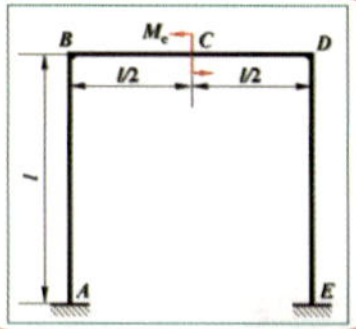
B
M_e
C
D
l/2
l/2
l
A
E

反对称静不定问题受力分析

- **3 度内力静不定**
  - 反对称
    - $M_C = F_{NC} = 0$
    - ? F_{SC}
- A

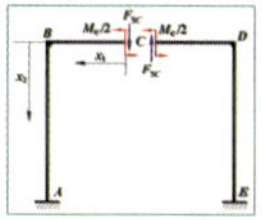

- B

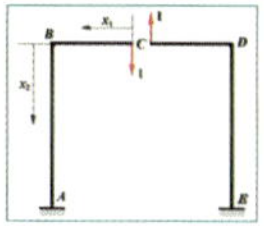

$$\Delta_{C-/C+} = \frac{2}{EI}\left(\int_0^{l/2}\bar{M}(x_1)M(x_1)\mathrm{d}x_1 + \int_0^{l}\bar{M}(x_2)M(x_2)\mathrm{d}x_2\right) = 0$$

$$F_{SC} = \frac{15M_e}{14l}$$

- C

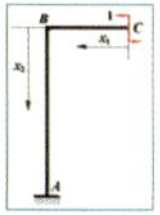

+图A

$$\theta_C = \frac{1}{EI}\left(\int_0^{l/2}\bar{M}(x_1)M(x_1)\mathrm{d}x_1 + \int_0^{l}\bar{M}(x_2)M(x_2)\mathrm{d}x_2\right) = \frac{9M_e l}{112EI}\ (\curvearrowright)$$

14.19　反对称载荷的刚架静不定典型问题求解策略

14.20 对称亦反对称

一受载封闭刚架如图所示，求其多余内力

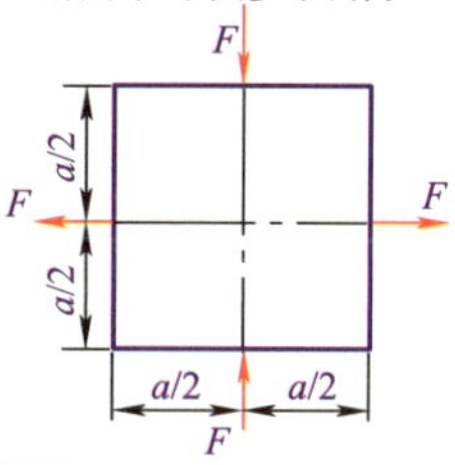

F
F
F
F
a/2
a/2
a/2
a/2

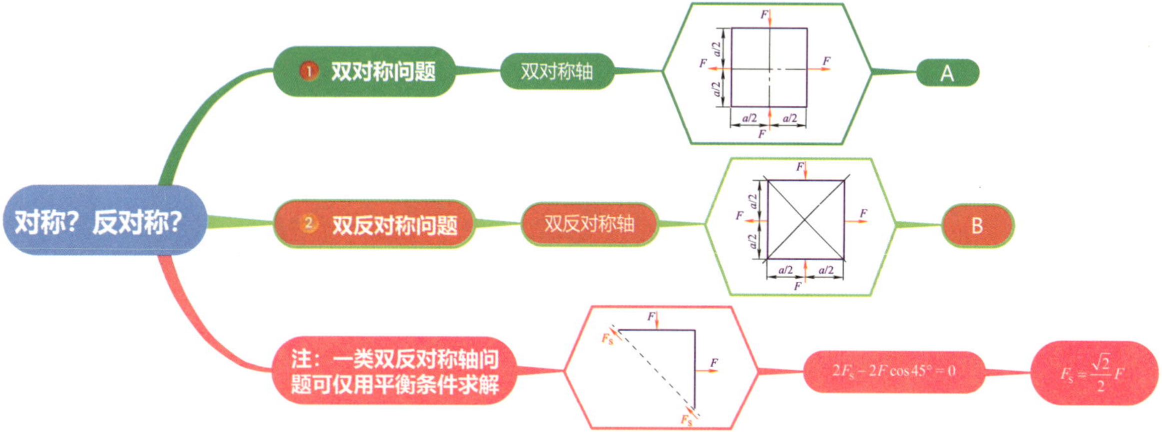

对称？反对称？
1 双对称问题
双对称轴
A
2 双反对称问题
双反对称轴
B
注：一类双反对称轴问题可仅用平衡条件求解
$2F_s - 2F\cos 45° = 0$
$F_s = \frac{\sqrt{2}}{2}F$

14.21　对称与反对称载荷的构造以及组合

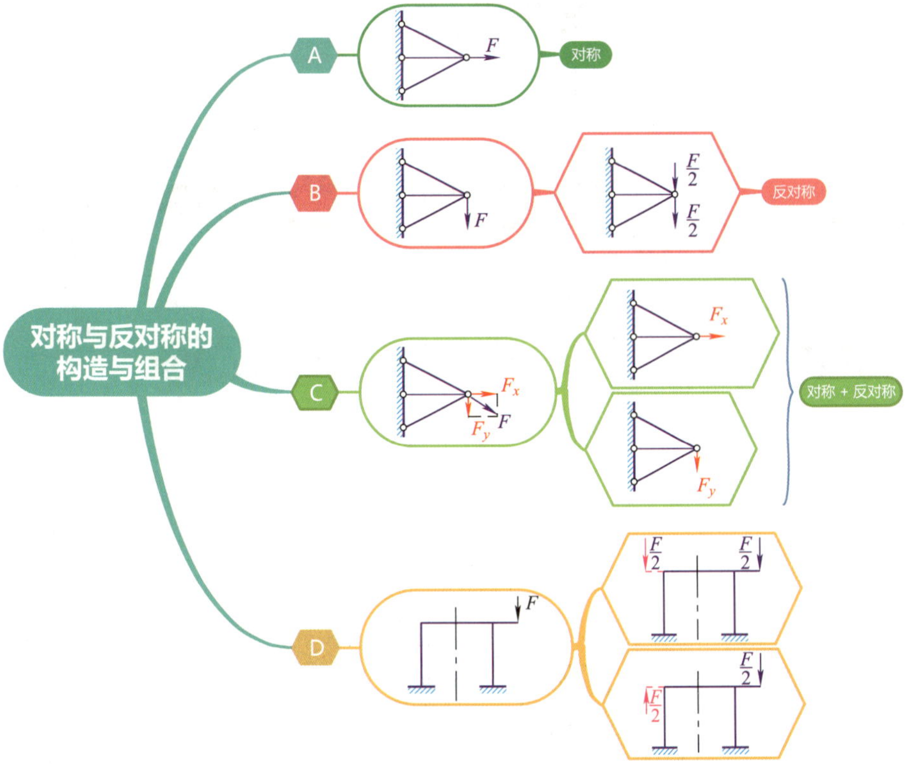
对称与反对称的构造与组合
A
F
对称
B
F
F/2
F/2
反对称
C
F_x
F_y
F
F_x
F_y
对称 + 反对称
D
F
F/2
F/2
F/2
F/2

14.22 平面刚架的空间受力

平面刚架空间受力分析

平面刚架空间受力

A

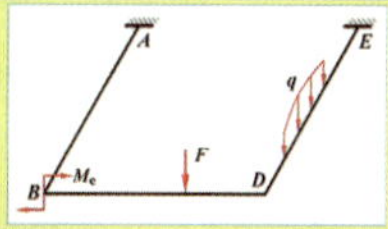

A
E
q
F
B
M_e
D

- 平面刚架：轴线位于同一平面的刚架
- 空间受力：外载荷均垂直于刚架的轴线平面

变形与受力的特点

- 位移：小变形时，横截面形心在轴线平面内的位移（轴线的面内变形）忽略不计
- 内力：

B

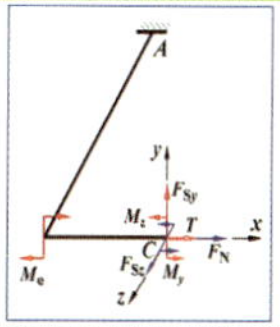

A
y
F_{Sy}
M_z
T
x
C
F_N
F_{Sz}
M_y
M_e
z

C

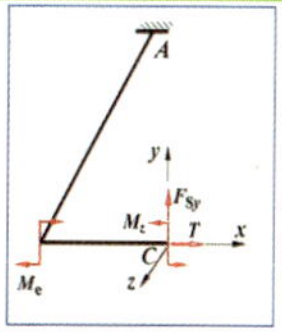

A
y
F_{Sy}
M_z
T
x
C
M_e
z

- 支座反力：作用在轴线平面内的支座反力与支座反力偶矩忽略不计

14.23　平面刚架的空间受力分解与合成

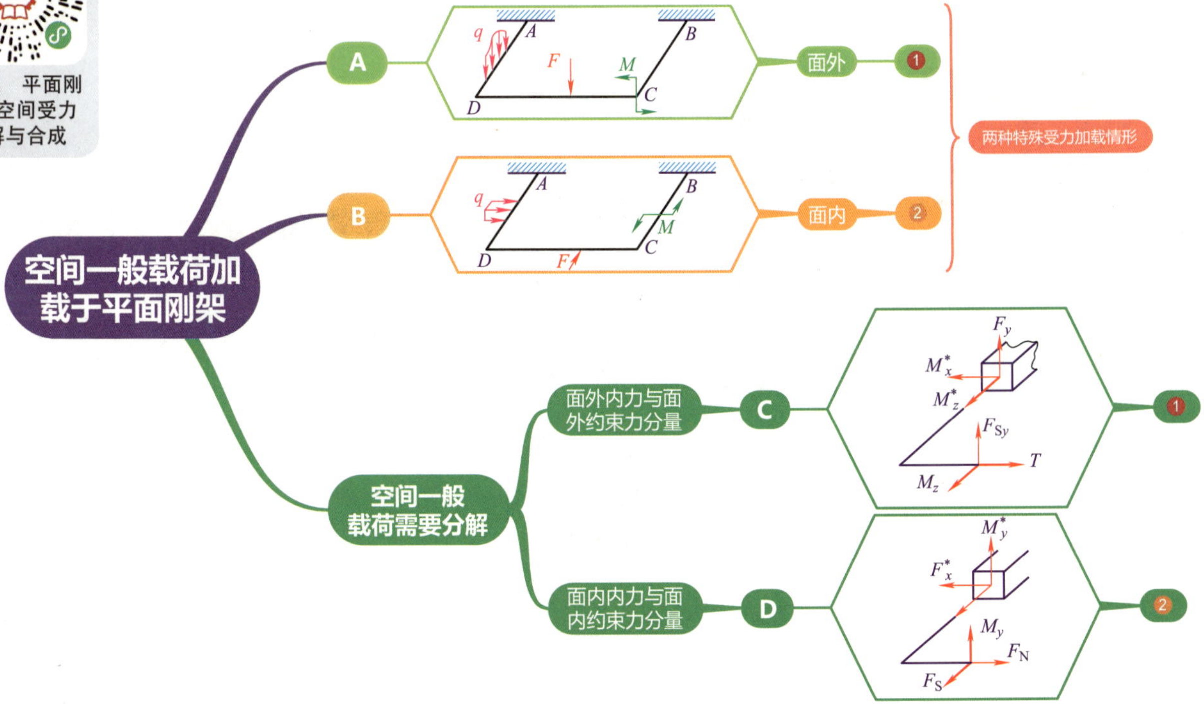
空间一般载荷加载于平面刚架
A
q
A
B
F
M
C
D
面外
1
B
q
A
B
M
C
D
F
面内
2
两种特殊受力加载情形
空间一般载荷需要分解
面外内力与面外约束力分量
C
F_y
M_x^*
M_z^*
F_{Sy}
T
M_z
1
面内内力与面内约束力分量
D
M_y^*
F_x^*
M_y
F_N
F_S
2

14.24 平面刚架的对称载荷问题求解

平面刚架面外载荷的对称问题

已知图示刚架的 EI，GI_p，求 C 点内力 M_{Cx} 及铅垂位移

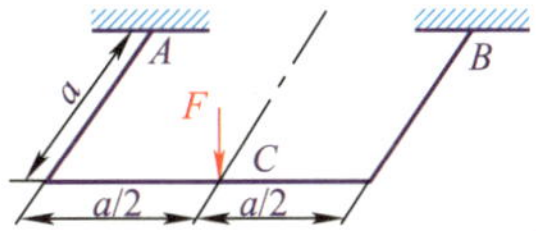

A
B
a
F
C
a/2
a/2

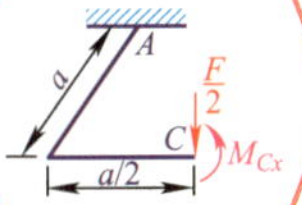

A
a
F/2
C
M_Cx
a/2

A

- $F_{Sy}=0$
- $T=0$
- M_{Cx}

$\theta_{Cz}=0$ → M_{Cx}

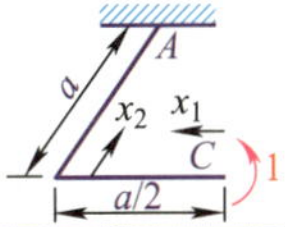

A
a
x2
x1
C
1
a/2

B

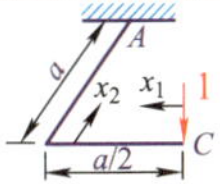

A
a
x2
x1
1
C
a/2

C + 图 A

$$\Delta_{Cy}=-\frac{1}{EI}\left[\int_0^{a/2}\left(M_{Cx}-\frac{1}{2}Fx_1\right)x_1\mathrm{d}x_1\right]+\frac{1}{EI}\int_0^a\frac{1}{2}Fx_2^2\mathrm{d}x_2-\frac{1}{GI_p}\int_0^a\left(M_{Cx}-\frac{1}{4}Fa\right)\cdot\frac{1}{2}a\mathrm{d}x_2$$
$$=-\left(\frac{1}{8EI}+\frac{1}{2GI_p}\right)M_{Cx}a^2+\left(\frac{3}{16EI}+\frac{1}{8GI_p}\right)Fa^3$$

14.25　平面刚架的反对称问题攻略

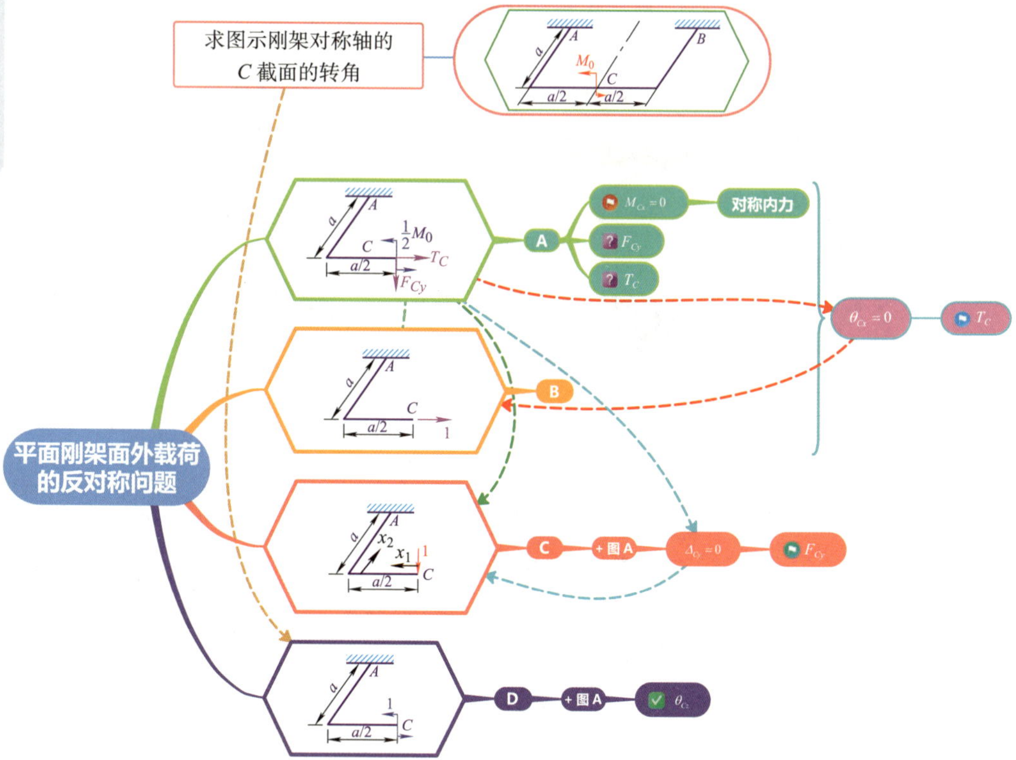
求图示刚架对称轴的
C 截面的转角
平面刚架面外载荷
的反对称问题
A
$M_{Cx}=0$
对称内力
F_{Cy}
T_C
$\theta_{Cx}=0$
T_C
B
C
+图 A
$\Delta_{Cy}=0$
F_{Cy}
D
+图 A
θ_{Cz}

14.26 平面刚架的对称反对称问题求解攻略

水平放置的矩形截面等截面刚架如图所示，承受横向载荷 F 作用，试求横截面 G 与 K 的内力

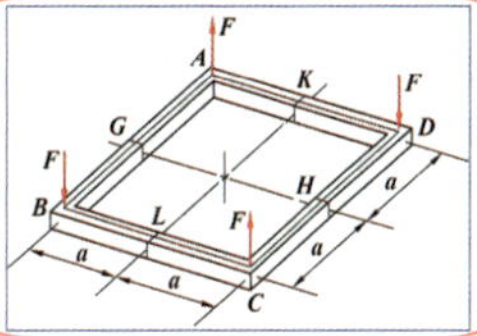

F
A
K
F
D
G
F
H
a
B
L
F
a
a
a
C

平面刚架 + 对称 + 反对称例题

- 横向载荷作用

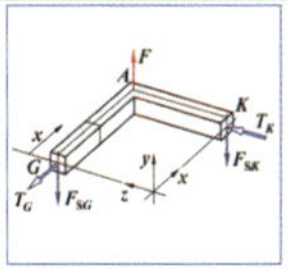

F
A
K
x
G
y
x
z

- 问题反对称性
  - 截面 G 与 K
    - F_S
    - T
    - 反对称性质的内力
- 问题的对称性
  - $F_{SG} = F_{SK}$
  - $T_G = T_K$
- $\sum F_{iy} = 0,\ F - 2F_{SG} = 0$
  - $F_{SG} = F_{SK} = \dfrac{F}{2}$
- $\sum M_z = 0,\ Fa - F_{SG} \cdot a - T_G = 0$
  - $T_G = T_K = \dfrac{Fa}{2}$

14.27　静不定结构的对称载荷与反对称载荷之构造攻略

14-1　工程结构往往具有对称性，而工程载荷却一般不具有对称性。对称结构作用一般载荷，能否利用对称性简化问题的分析

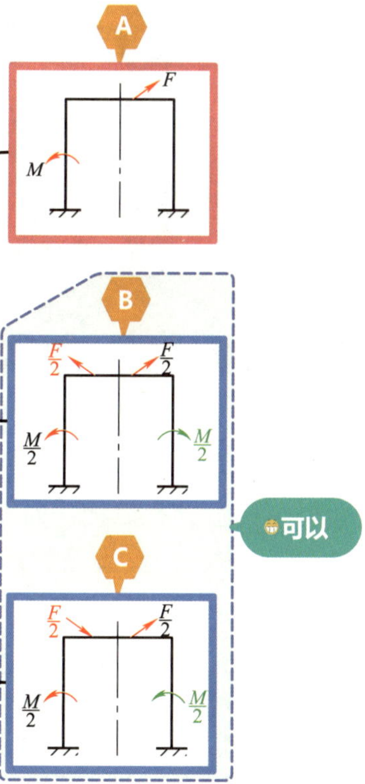
A
F
M
B
F/2
F/2
M/2
M/2
C
F/2
F/2
M/2
M/2
可以

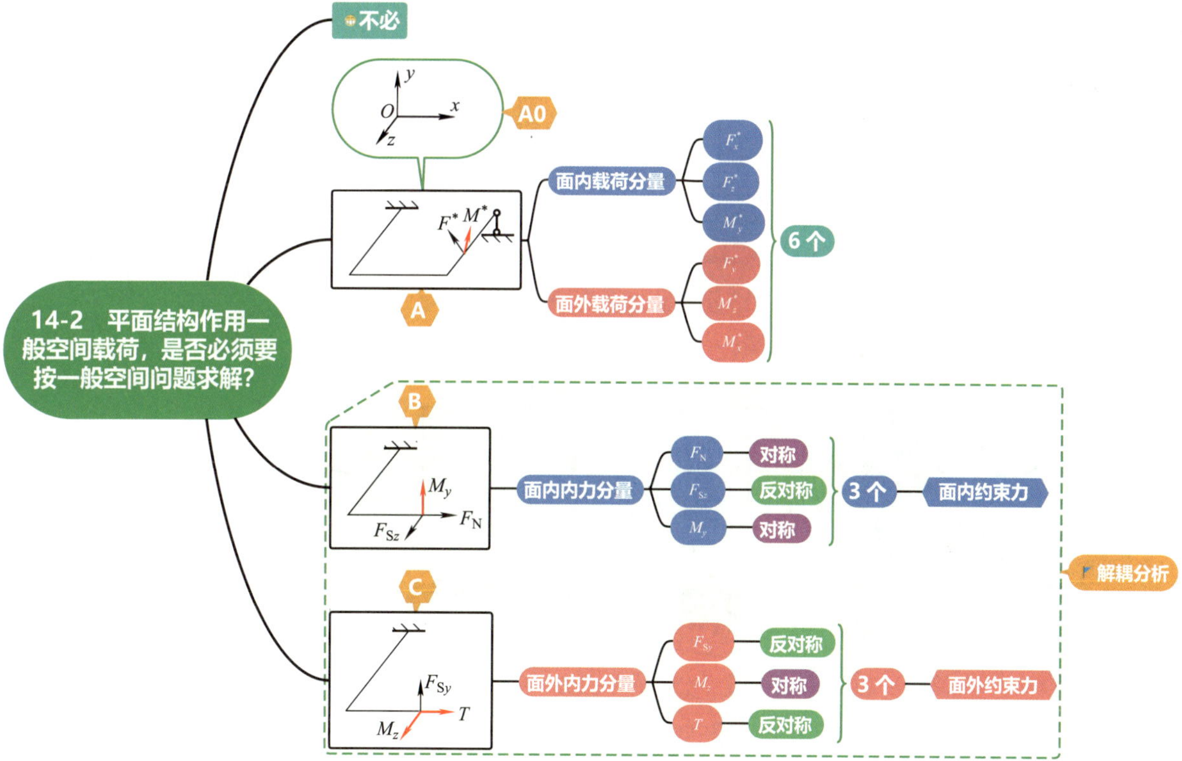
14-2 平面结构作用一般空间载荷，是否必须要按一般空间问题求解？
不必
A0
y
O
x
z
A
F^*
M^*
面内载荷分量
F_x^*
F_z^*
M_y^*
面外载荷分量
F_y^*
M_z^*
M_x^*
6 个
B
M_y
F_N
F_{Sz}
面内内力分量
F_N
对称
F_{Sz}
反对称
M_y
对称
3 个
面内约束力
解耦分析
C
F_{Sy}
T
M_z
面外内力分量
F_{Sy}
反对称
M_z
对称
T
反对称
3 个
面外约束力

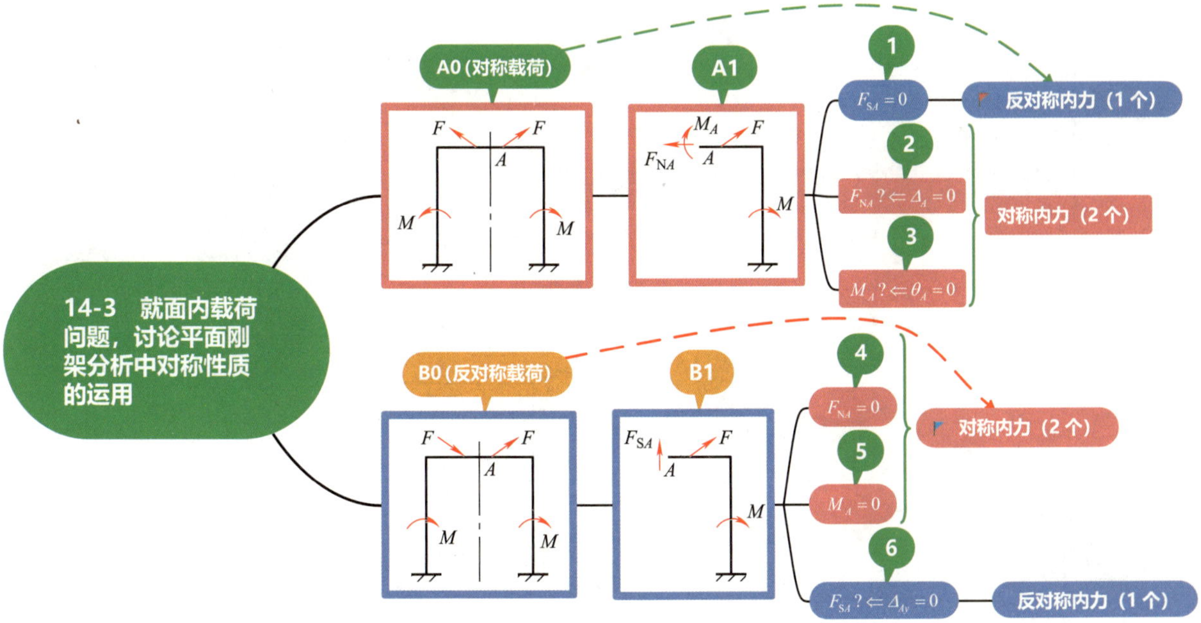
14-3　就面内载荷问题，讨论平面刚架分析中对称性质的运用
A0（对称载荷）
A1
F
F
A
M
M
M_A
F_{NA}
1
$F_{SA}=0$
反对称内力（1 个）
2
$F_{NA}?\Leftarrow\Delta_A=0$
3
$M_A?\Leftarrow\theta_A=0$
对称内力（2 个）
B0（反对称载荷）
B1
F_{SA}
4
$F_{NA}=0$
5
$M_A=0$
对称内力（2 个）
6
$F_{SA}?\Leftarrow\Delta_{Ay}=0$
反对称内力（1 个）

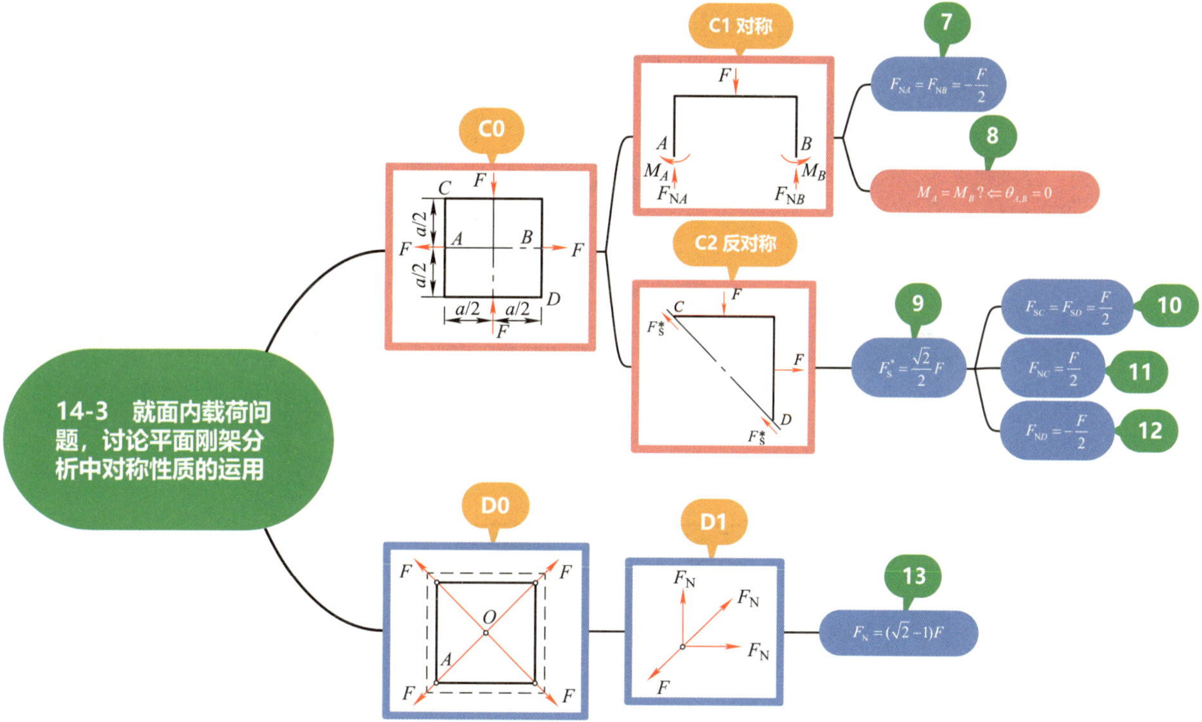
14-3　就面内载荷问题，讨论平面刚架分析中对称性质的运用
C0
C
F
a/2
a/2
A
B
D
a/2
a/2
C1 对称
A
B
M_A
M_B
F_{NA}
F_{NB}
7
$F_{NA}=F_{NB}=-\frac{F}{2}$
8
$M_A=M_B ? \Leftarrow \theta_{A,B}=0$
C2 反对称
F_S^*
9
$F_S^*=\frac{\sqrt{2}}{2}F$
10
$F_{SC}=F_{SD}=\frac{F}{2}$
11
$F_{NC}=\frac{F}{2}$
12
$F_{ND}=-\frac{F}{2}$
D0
O
A
D1
F_N
13
$F_N=(\sqrt{2}-1)F$

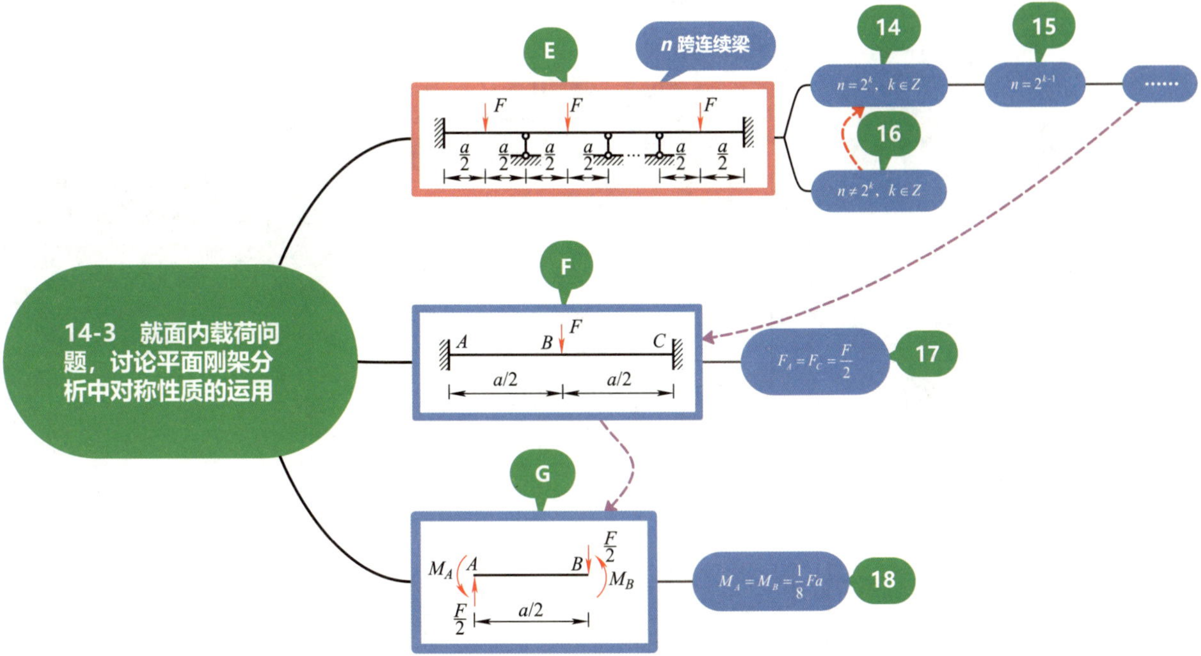
14-3　就面内载荷问题，讨论平面刚架分析中对称性质的运用
E
n 跨连续梁
F
A
B
C
a/2
14
$n=2^k$, $k\in Z$
15
$n=2^{k-1}$
16
$n\neq 2^k$, $k\in Z$
......
17
$F_A=F_C=\frac{F}{2}$
G
M_A
M_B
$\frac{F}{2}$
18
$M_A=M_B=\frac{1}{8}Fa$

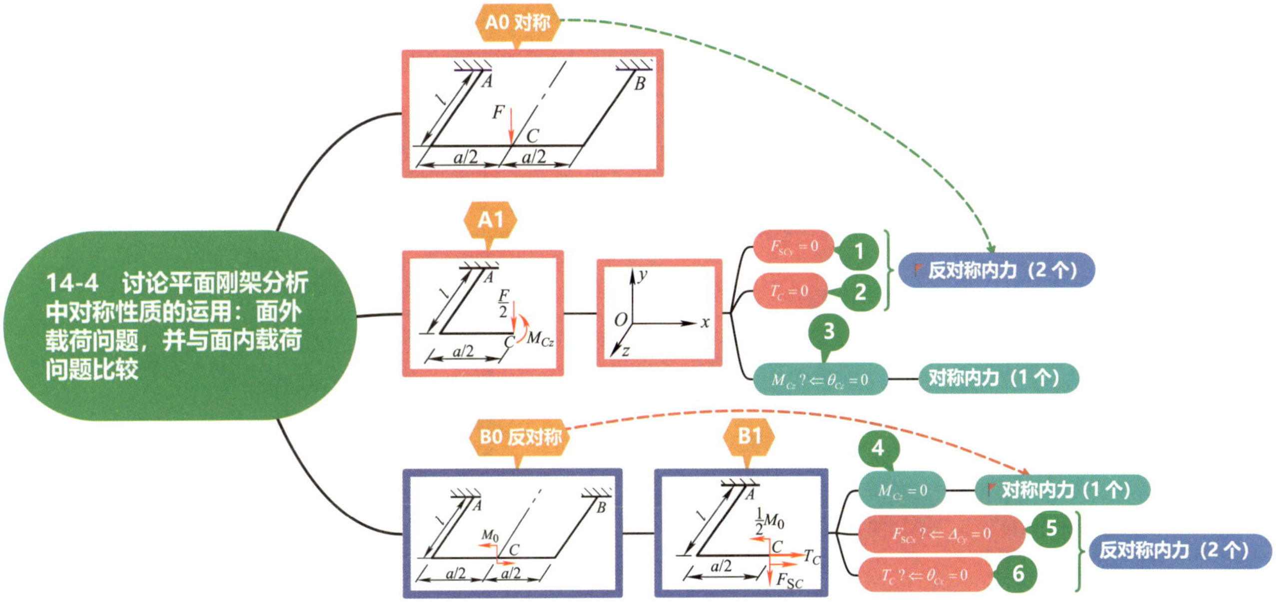
14-4 讨论平面刚架分析中对称性质的运用：面外载荷问题，并与面内载荷问题比较
A0 对称
A1
B0 反对称
B1
$F_{SCy}=0$
$T_C=0$
M_{Cz} ? ⇐ $\theta_{Cz}=0$
反对称内力（2 个）
对称内力（1 个）
$M_{Cz}=0$
F_{SCy} ? ⇐ $\Delta_{Cy}=0$
T_C ? ⇐ $\theta_{Cx}=0$
1
2
3
4
5
6
A
B
C
F
l
a/2
$\frac{F}{2}$
M_{Cz}
O
x
y
z
M_0
$\frac{1}{2}M_0$
T_C
F_{SC}

14-4　讨论平面刚架分析中对称性质的运用：面外载荷问题，并与面内载荷问题比较

对称外载	内力	反对称外载	内力
面内√	轴力 F_{NA} ?($\Delta_{Ax}=0$)（对称）	面内√	※ 轴力 $F_{NA}=0$（对称）
	弯矩 M_A ?($\theta_A=0$)（对称）		※ 弯矩 $M_A=0$（对称）
	※ 剪力 $F_{SA}=0$（反对称）		剪力 F_{SA} ?($\Delta_{Ay}=0$)（反对称）
面外√	弯矩 M_{Cz} ?($\theta_{Cz}=0$)（对称）	面外√	※ 弯矩 $M_{Cz}=0$（对称）
	※ 剪力 $F_{SCy}=0$（反对称）		剪力 F_{SCy} ?($\Delta_{Cy}=0$)（反对称）
	※ 扭矩 $T_C=0$（反对称）		扭矩 T_C ?($\theta_{Cx}=0$)（反对称）

C0

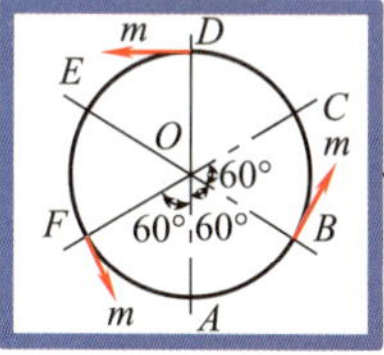
m
D
E
C
O
m
60°
F
60°
60°
B
m
A

C1

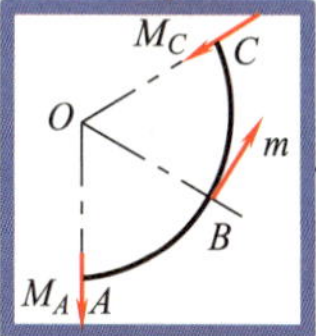
M_C
C
O
m
B
M_A
A

7

$M_A=M_C$

C2

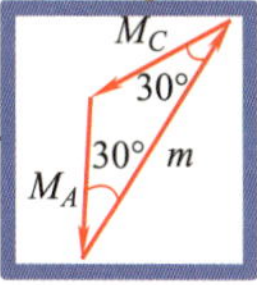
M_C
30°
30°
m
M_A

8

$M_A=M_C=\frac{\sqrt{3}}{3}m$

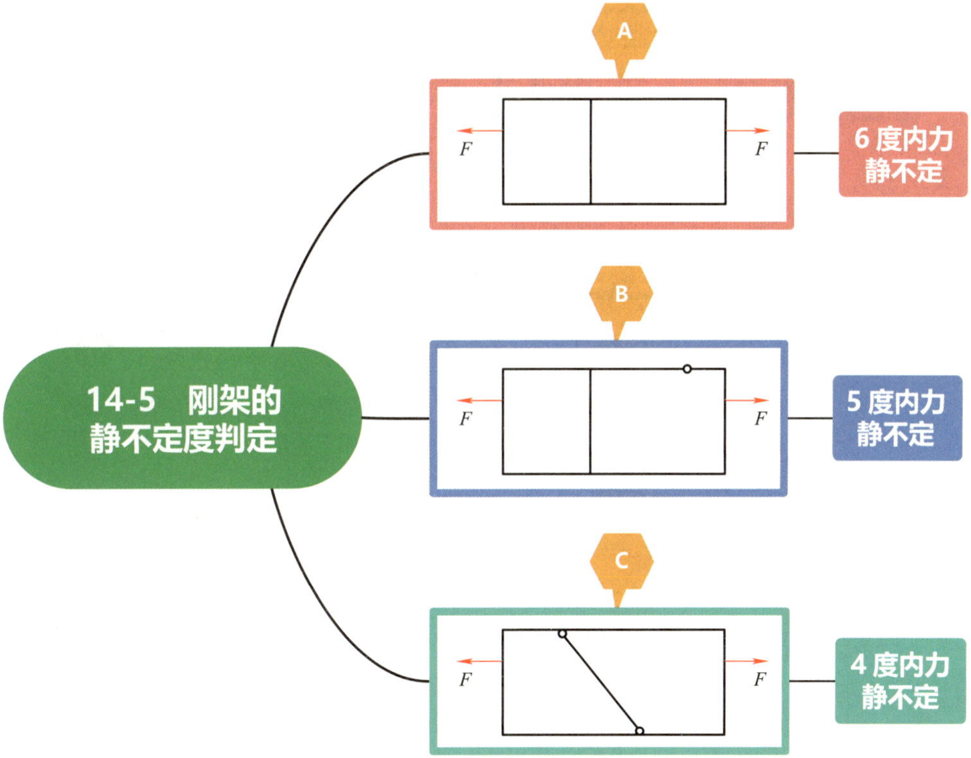
14-5 刚架的静不定度判定
A
F
F
6 度内力静不定
B
F
F
5 度内力静不定
C
F
F
4 度内力静不定

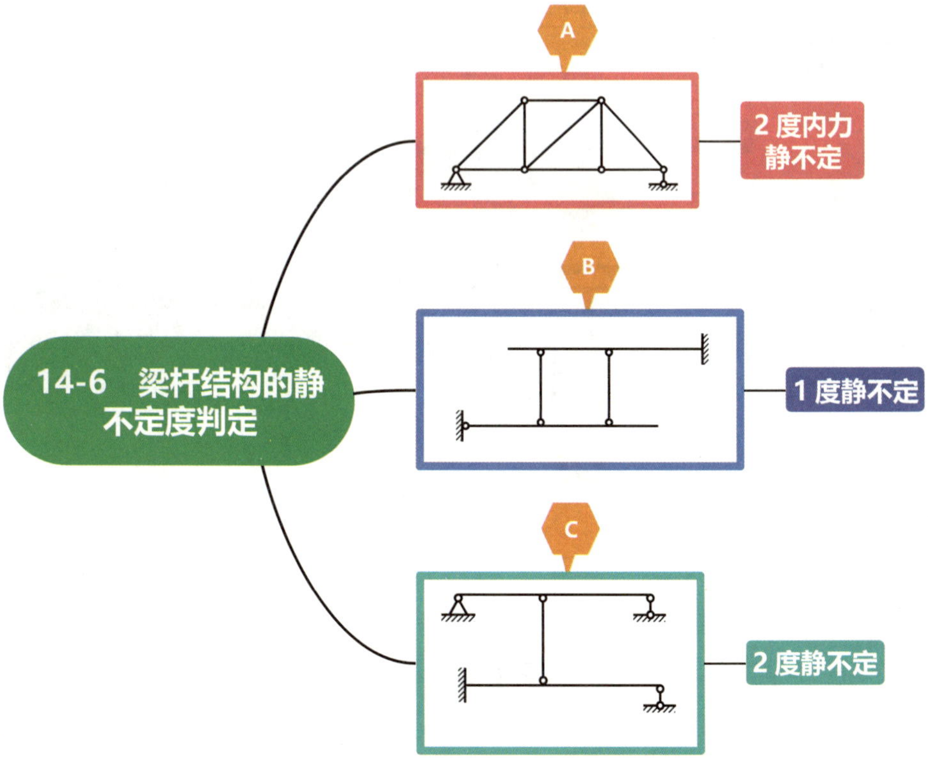
14-6 梁杆结构的静不定度判定
A
2 度内力静不定
B
1 度静不定
C
2 度静不定

14-7 图 A~图 C 所示结构的静不定度判定

A

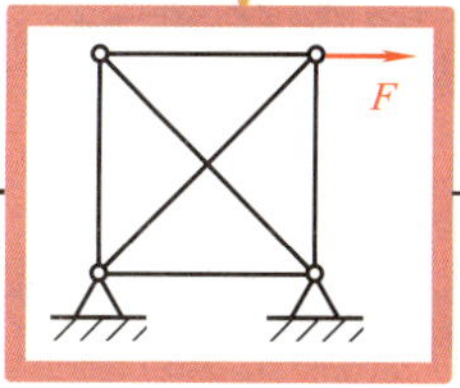
F

1 内 +1 外 =2 度静不定

B

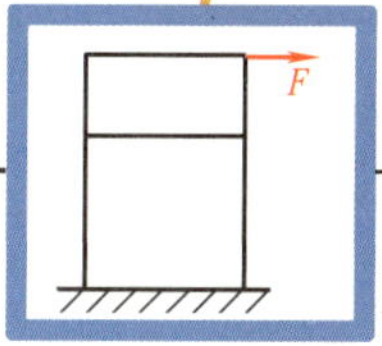
F

3 内 +3 外 =6 度静不定

C

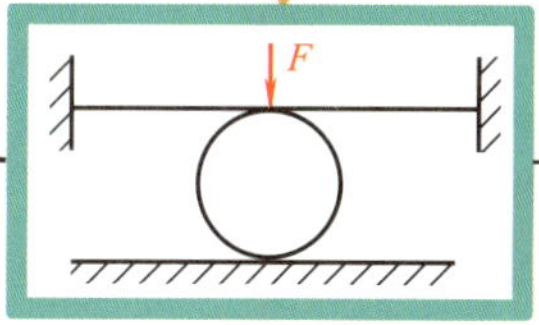
F

环 3 内 + 梁 3 外 + 梁环接触 1=7 度静不定

14-8　如图 A 和图 B 所示，梁的静不定度分别为（　）

A
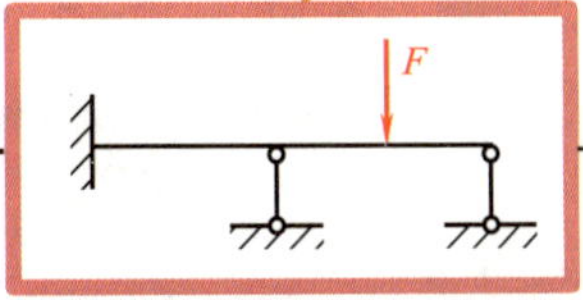
F

B
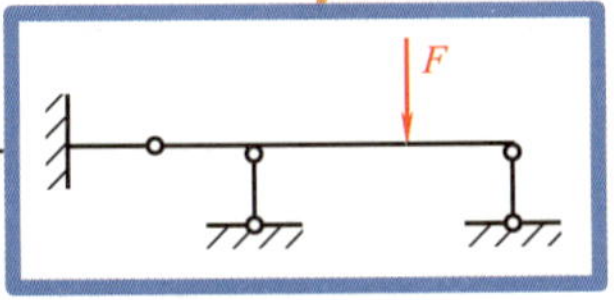
F

A. 2 度，2 度

B. 2 度，1 度 ✓

C. 1 度，2 度

D. 1 度，1 度

14-9 如图 A 和图 B 所示，刚架的静不定度分别为（ ）

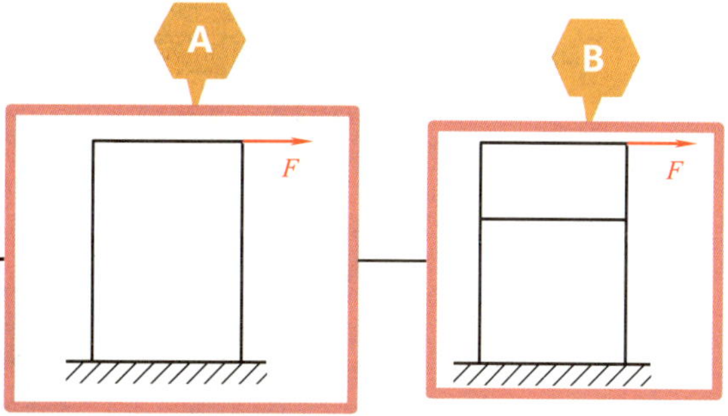
A
F
B
F

A. 3 度，4 度

B. 3 度，5 度

C. 3 度，6 度 ✓

D. 4 度，7 度

14-10 如图 A 所示静不定结构，已解得$F_B=\frac{2M_0}{3R}$，$M_A=\frac{1}{3}M_0$，用单位载荷法求 B 点的水平位移，甲同学采用图 B 所示的单位载荷系统，乙同学采用图 C 所示的单位载荷系统，丙同学采用图 D 所示的单位载荷系统，则（ ）

A

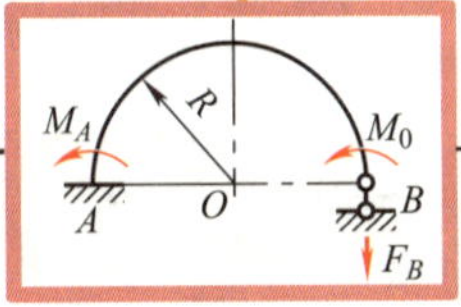
M_A
R
M_0
A
O
B
F_B

B

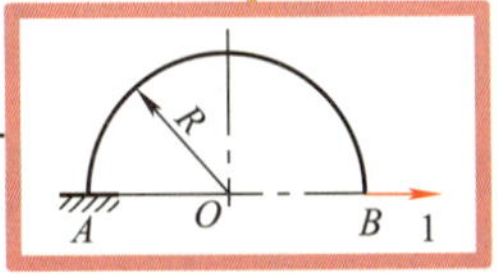
R
A
O
B
1

C

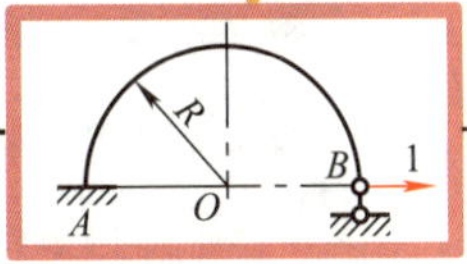
R
B
1
A
O

D

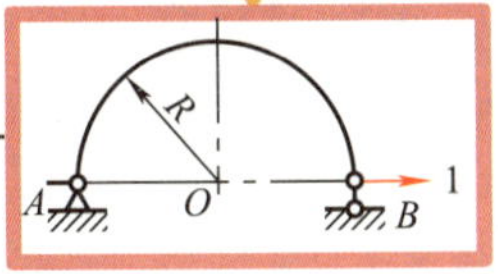
R
A
O
B
1

A. 甲同学正确 ☑

B. 乙同学正确，但是计算很复杂，建议不采用 ☑

C. 丙同学正确 ☑

D. 三同学均不正确

14-11　结构受力图如图 A 所示，设 F_{NC}、F_{SC}、F_C 分别为结构在对称面 C 截面的轴力、剪力和弯矩，Δ_{HC}、Δ_{VC}、θ_C 分别为截面 C 的水平、铅垂位移和转角，则有（　）

A

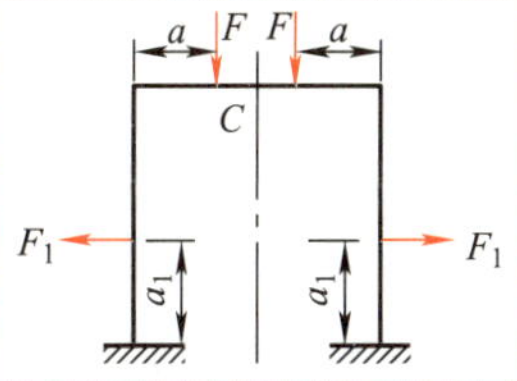

a
F
F
a
C
F1
F1
a1
a1

A. $F_{NC}=0$, $M_C=0$

B. $F_{SC}=0$ ✔

C. $\Delta_{HC}=0$, $\theta_C=0$ ✔

D. $\Delta_{VC}=0$

14-12　结构受力图如图 A 所示，设 F_{NC}、F_{SC}、M_C 分别为结构在对称面 C 截面的轴力、剪力和弯矩，Δ_{HC}、Δ_{VC}、θ_C 分别为 C 截面的水平、铅垂位移和转角，则有（　）

A

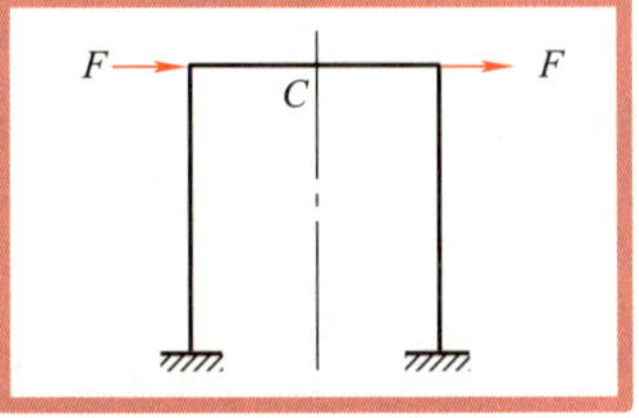
F
C
F

A. $F_{NC}=0$, $M_C=0$ ✓

B. $F_{SC}=0$

C. $\Delta_{HC}=0$, $\theta_C=0$

D. $\Delta_{VC}=0$ ✓

14-13　设 F_{SC}^*、M_C^*、T 分别为对称结构面所在截面 C 的面外剪力、面外弯矩和杆件的扭矩，Δ_C^*、θ_{MC}^* 和 θ_{TC}^* 分别为截面 C 相应的面外位移、面外转角和扭转角，M_0 和 M_1 是作用面垂直于结构自身平面的外力偶，则有（　）

A

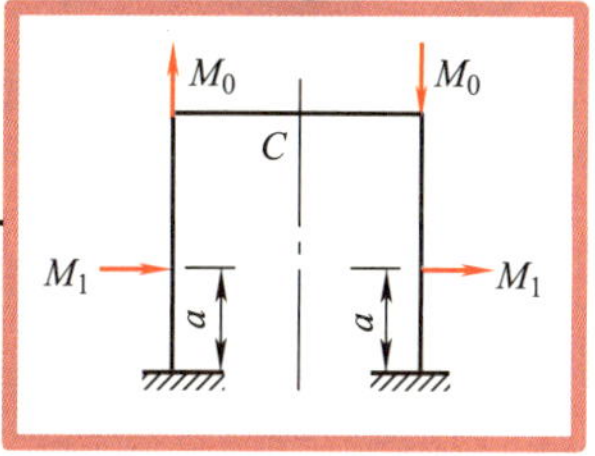

M_0
M_0
C
M_1
M_1
a
a

A. $F_{SC}^*=0$，$T=0$ ✓

B. $M_C^*=0$

C. $\Delta_C^*=0$，$\theta_{TC}^*=0$

D. $\theta_{MC}^*=0$ ✓

14-14　设 F_{SC}^{*}、M_{C}^{*}、T 分别为对称结构面所在截面 C 的面外剪力、面外弯矩和杆件的扭矩，Δ_{C}^{*}、θ_{MC}^{*} 和 θ_{TC}^{*} 分别为截面 C 相应的面外位移、面外转角和扭转角，M_0 和 M_1 是作用面垂直于结构自身平面的外力偶，则有（　）

A

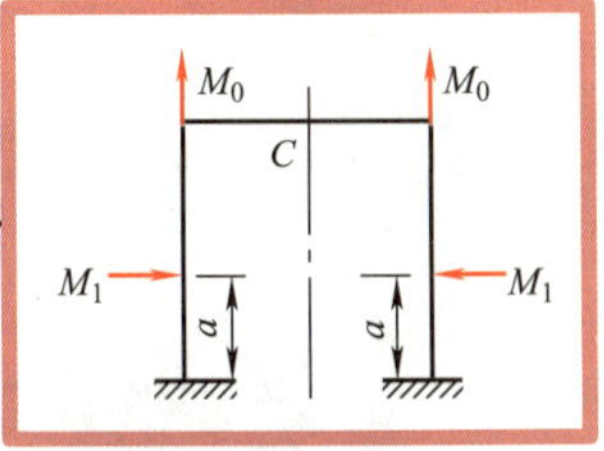
M0
M0
C
M1
M1
a
a

A. $F_{SC}^{*}=0$，$T=0$

B. $M_{C}^{*}=0$ ✓

C. $\Delta_{C}^{*}=0$，$\theta_{TC}^{*}=0$ ✓

D. $\theta_{MC}^{*}=0$

14-15 图 A 所示刚架各段材料及尺寸均相同，则（ ）

A

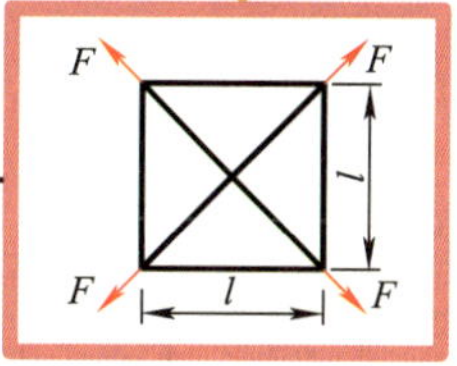
F
F
F
F
l
l

A. 刚架各段轴力相等 ☑

B. 对角线杆段的轴力为其余杆段的$\sqrt{2}$倍

C. 刚架各段应变相等 ☑

D. 对角线杆段的轴力为其余杆段的$\frac{\sqrt{2}}{2}$倍

E. 上述结论都不正确

14-16　图 A 和图 B 所示结构中，所有杆段相交处都由刚性接头连接，图 A 和图 B 对应结构的静不定度分别是（　）

A

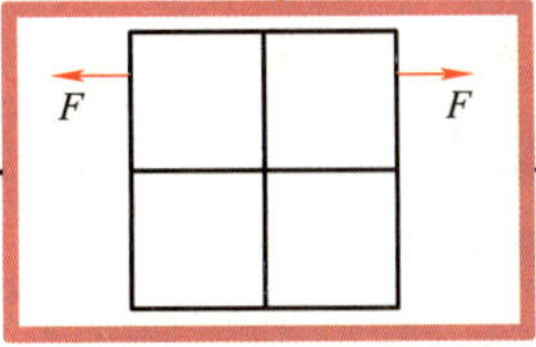
F
F

静不定度？

$3\times4=12$

B

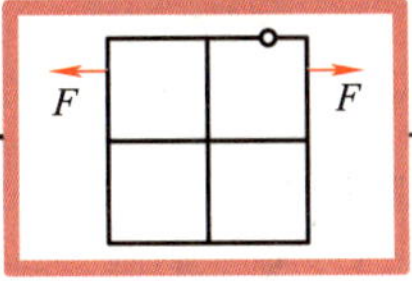
F
F

静不定度？

$3\times4-1=11$

14-17　图 A 和图 B 中的所有杆段相交处都由刚性接头连接，图 A 和图 B 对应结构的静不定度分别是 ____

A

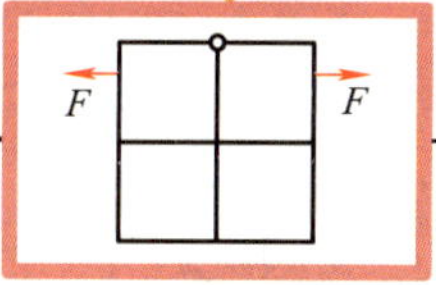
F
F

静不定度?

12−2＝10（内）

B

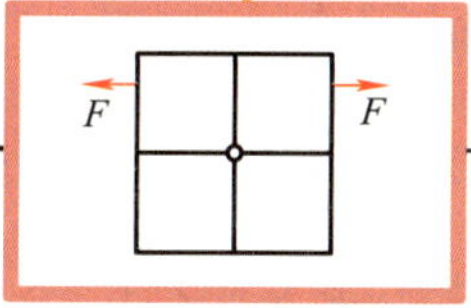
F
F

静不定度?

12−4＝8（内）

14-18　如图 A~ 图 C 所示刚架的静不定度分别为（　）

A

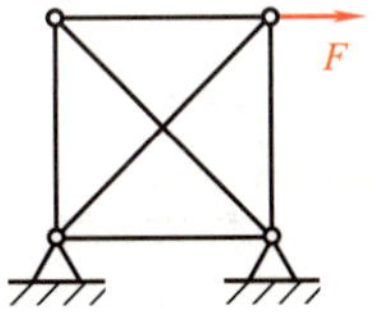
F

1 度内力静不定

B

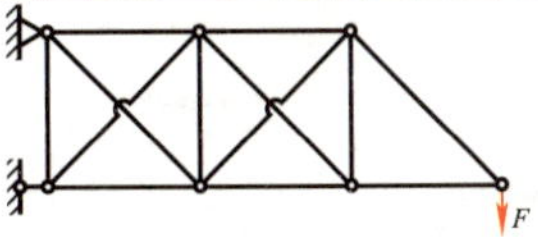
F

2 度内力静不定

C

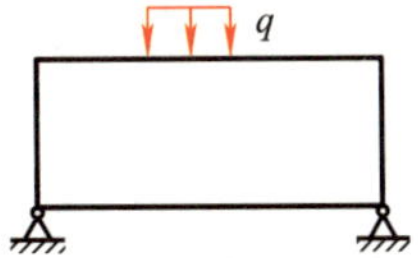
q

3 度内力静不定

第 15 章　动载荷

15.1　动载荷
引论

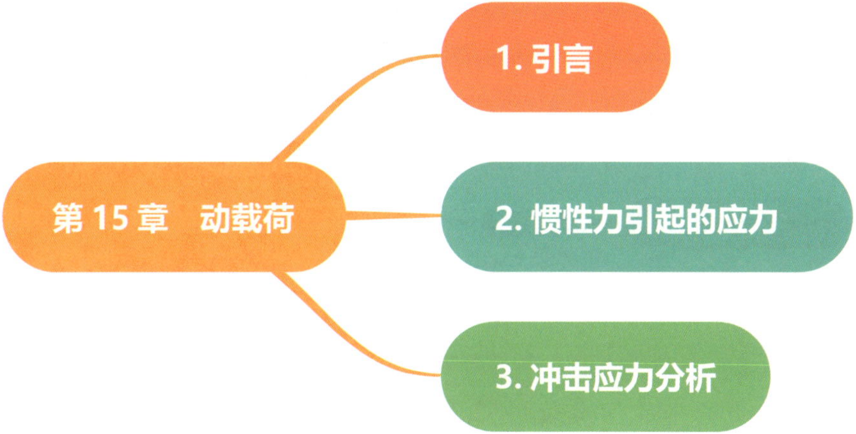

第 15 章　动载荷
1. 引言
2. 惯性力引起的应力
3. 冲击应力分析

15.2　动载荷实例

引言：动载荷实例

- 静载荷
  1. 随时间变化极缓慢或不变化的载荷
  2. 构件各质点的加速度可以忽略不计
- 动载荷
  1. 随时间显著变化的载荷
  2. 使构件各质点产生明显加速度的载荷

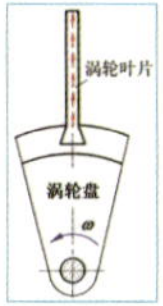
涡轮叶片
涡轮盘
ω

- 离心惯性力：构件处于定常加速运动状态，构件受到惯性力作用

- 冲击：加速度瞬时达到极大值，载荷突然施加到构件上

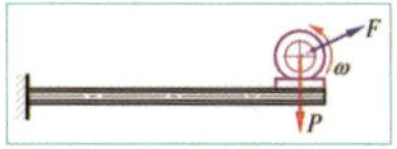
F
ω
P

- 振动：加速度随时间周期性变化，构件发生振动

分析应力、变形和位移

15.3 惯性力引起的应力

惯性力引起的应力

- **达朗贝尔原理**
  - 对于质量为 m、加速度为 a 的质点，惯性力的大小等于 ma，其方向则与 a 相反
  - 对于做加速运动的质点系，假想地在每个质点上施加相应惯性力，则作用在质点系上的外力与惯性力，构成一平衡力系
  - 动力学问题形式上转化为静力学问题，即所谓动静法
- **惯性力引起的应力分析**
  1. 对于在外力作用下处于定常加速运动状态的构件
  2. 在附加惯性力后
  - 即可按求解静载荷问题的方法，分析构件的应力与位移等

15.4　匀加速直线运动构件的外力、内力、应力计算

如图所示，以加速度 a 向上起吊直杆，分析杆的轴力与最大正应力。横截面面积为 A，材料密度为 ρ

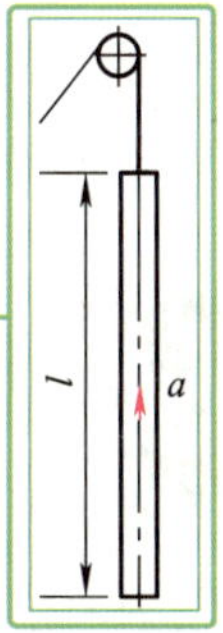
l
a

匀加速直线运动构件应力计算

- ① 外力分析
  - 重力 — $Al\rho \cdot g$
  - 惯性力 — $Al\rho \cdot a$
    - （重力、惯性力）分布载荷 — $q=A\rho(g+a)$
  - 起吊力 F — $F=Al\rho(g+a)$ — 力平衡方程
- ② 轴力分析

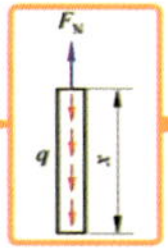
F_N
q
x

  - $F_N=xq=xAq(g+a)$
  - $F_{N,max}=lA\rho(g+a)$

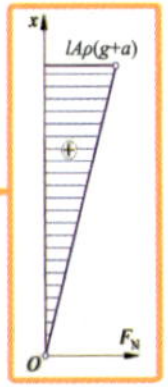
x
lAρ(g+a)
⊕
O
F_N

- ③ 应力分析
  - $\sigma_{max}=l\rho(g+a)$

15.5 定轴匀速转动构件的应力分析

以角速度 ω 等速旋转薄圆环，试分析其应力，设材料密度为 ρ

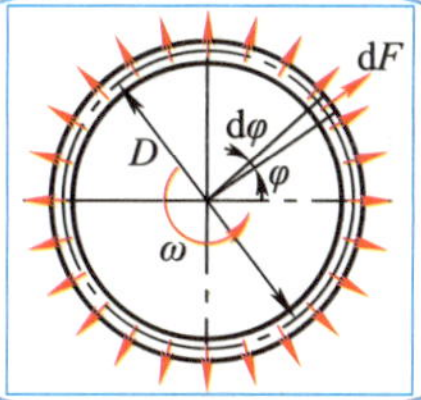

dF
dφ
D
φ
ω

定轴匀速转动构件的应力分析

1 外力分析

$a_r = \dfrac{\omega^2 D}{2}$

★ $\mathrm{d}F = a_r \cdot A\dfrac{D}{2}\mathrm{d}\varphi \cdot \rho = \dfrac{A\rho\omega^2 D^2}{4}\mathrm{d}\varphi$

2 内力分析

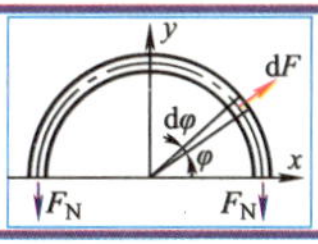

y
dF
dφ
φ
x
FN
FN

$\sum F_{iy} = 0$

$\int_0^{\pi} \sin\varphi \cdot \dfrac{A\rho\omega^2 D^2}{4}\mathrm{d}\varphi - 2F_N = 0$

$F_N = \dfrac{A\rho\omega^2 D^2}{4}$

3 应力分析

$\sigma_N = \dfrac{F_N}{A} = \dfrac{\rho\omega^2 D^2}{4}$

图示涡轮叶片，材料密度为 ρ，转速为 ω。试求叶片横截面上的正应力与轴向变形

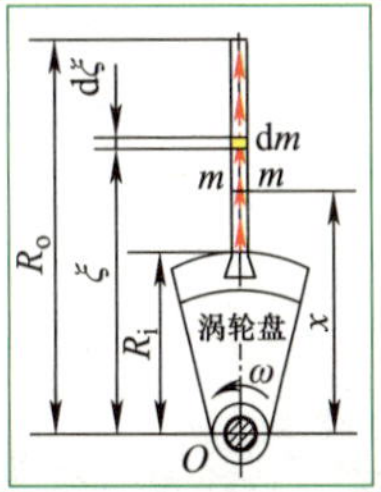
dξ
dm
m
m
R_o
ξ
R_i
x
涡轮盘
ω
O

匀速转动叶片的正应力以及变形

1. 外力分析
   - ξ 处的向心加速度：$a_r = \zeta\omega^2$
   - 离心惯性力：$dF = \xi\omega^2 \cdot dm = \omega^2 \rho A\xi d\xi$
2. 轴力

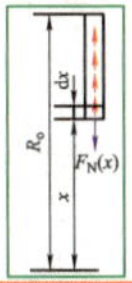
dx
R_o
F_N(x)
x

$$F_N(x) = \int_0^{R_o} \omega^2 \rho A\xi d\xi \frac{\omega^2 \rho A}{2}(R_o^2 - x^2)$$

3. 应力

$$\sigma(x) = \frac{\omega^2 \rho}{2}(R_o^2 - x^2)$$

4. 变形

$$\Delta l = \int_{R_i}^{R_o} \frac{F_N(x)}{EA}dx = \frac{\omega^2 \rho}{6E}(2R_o^3 - 3R_o^2 R_i + R_i^3)$$

15.6 匀速转动的叶片应力与变形分析

15.7 匀加速旋转轴的扭力偶矩计算

匀角加速旋转轴的扭矩计算

图示轴在 M_A 作用下旋转，飞轮转动惯量为 J，画出扭矩图

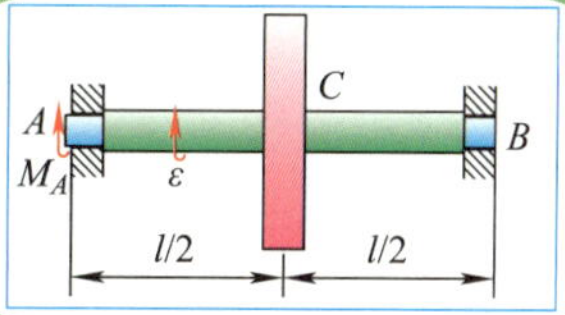

A
M_A
ε
C
B
$l/2$
$l/2$

平动	转动
$F = ma$	$M = J\varepsilon$
F：惯性力	M：惯性力偶矩
m：质量惯量	J：转动惯量
a：加速度	ε：角加速度

$\varepsilon = \dfrac{M_A}{J}$

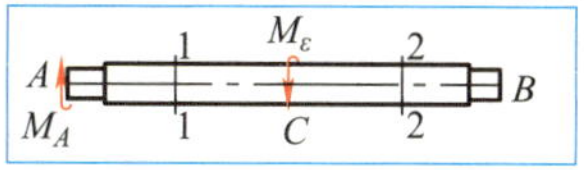

A
M_A
1
1
M_ε
C
2
2
B

惯性力偶矩

$M_\varepsilon = J\varepsilon = M_A$

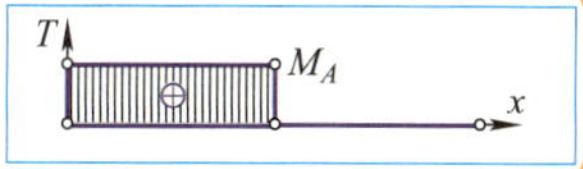

T
M_A
⊕
x

$T_{max} = M_A$

15.8　落体冲击的过程分析

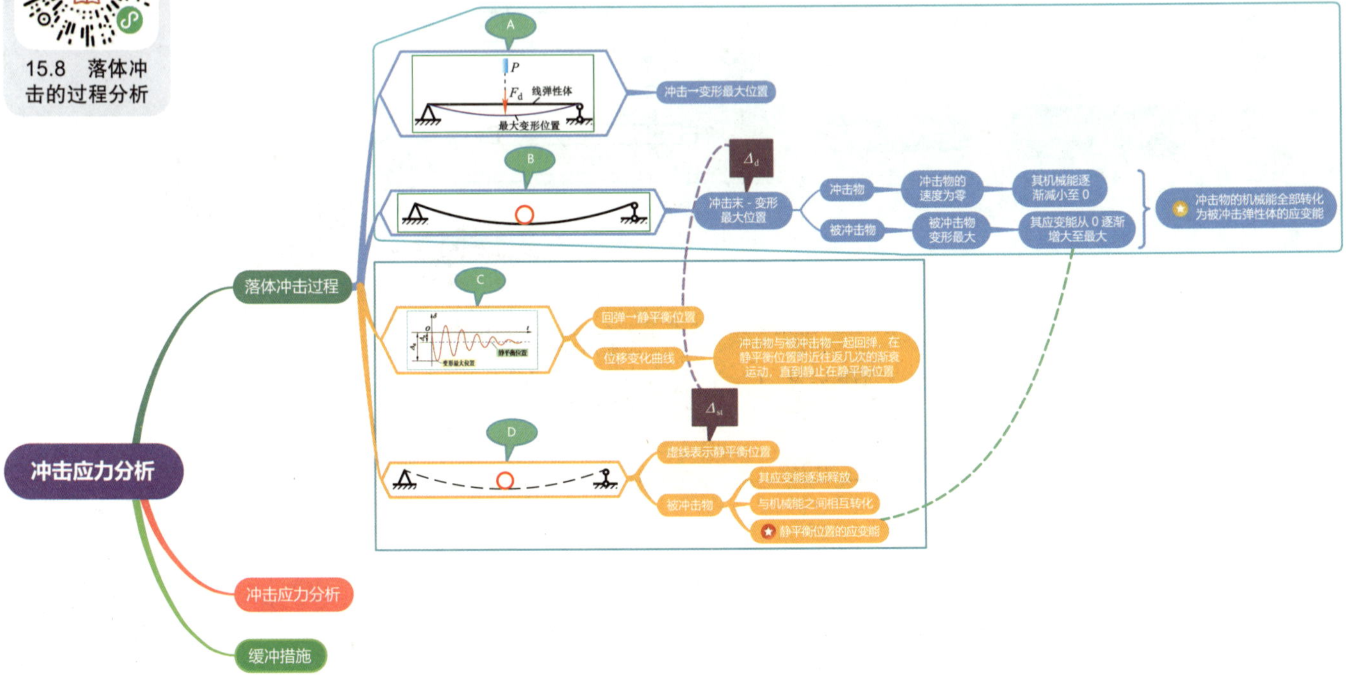
冲击应力分析
落体冲击过程
冲击应力分析
缓冲措施
A
P
F_d
线弹性体
最大变形位置
冲击→变形最大位置
B
冲击末 - 变形最大位置
Δ_d
冲击物
冲击物的速度为零
其机械能逐渐减小至 0
被冲击物
被冲击物变形最大
其应变能从 0 逐渐增大至最大
冲击物的机械能全部转化为被冲击弹性体的应变能
C
回弹→静平衡位置
位移变化曲线
冲击物与被冲击物一起回弹，在静平衡位置附近往返几次的渐衰运动，直到静止在静平衡位置
静平衡位置
变形最大位置
D
Δ_{st}
虚线表示静平衡位置
被冲击物
其应变能逐渐释放
与机械能之间相互转化
静平衡位置的应变能

15.9 冲击应力分析的工程方法与公式推导

冲击应力公式推导

- 冲击应力分析的工程方法
  - 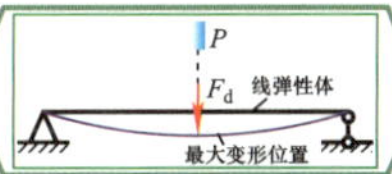

P
F_d
线弹性体
最大变形位置

    - F_d
  - 假设
    1. 冲击物为刚体
    2. 冲击物与被冲击物接触后，始终保持接触
    3. 被冲击物的质量忽略不计，变形瞬间传遍全构件
    4. 冲击过程的能量损失、局部塑性变形忽略不计
  - 分析要点
    1. 冲击变形最大时，冲击物的机械能全部转化为被冲击弹性体的应变能 —— $E_k=V_\varepsilon$
    2. 冲击变形最大时，冲击力与冲击应力最大
- 公式推导
  - $E_k=P(h+\Delta_d)$
  - $V_\varepsilon=\dfrac{F_d\Delta_d}{2}=\dfrac{k\Delta_d\cdot\Delta_d}{2}=\dfrac{k\Delta_d^2}{2}$
  - → $P(h+\Delta_d)=\dfrac{k\Delta_d^2}{2}$
    - k——刚度系数：线弹性体在冲击点、沿冲击方向产生单位位移所需的力
  - 令 $\Delta_{st}=\dfrac{P}{k}$ → $\Delta_d^2-2\Delta_{st}\Delta_d-2\Delta_{st}h=0$ → $\Delta_d=\Delta_{st}\left(1+\sqrt{1+\dfrac{2h}{\Delta_{st}}}\right)$ → $K_d=1+\sqrt{1+\dfrac{2h}{\Delta_{st}}}$——动荷系数
    - $\Delta_d=K_d\Delta_{st}$
    - $F_d=K_dP$
    - $\sigma_{d,max}=K_d\sigma_{st,max}$

15.10　冲击应力缓冲措施

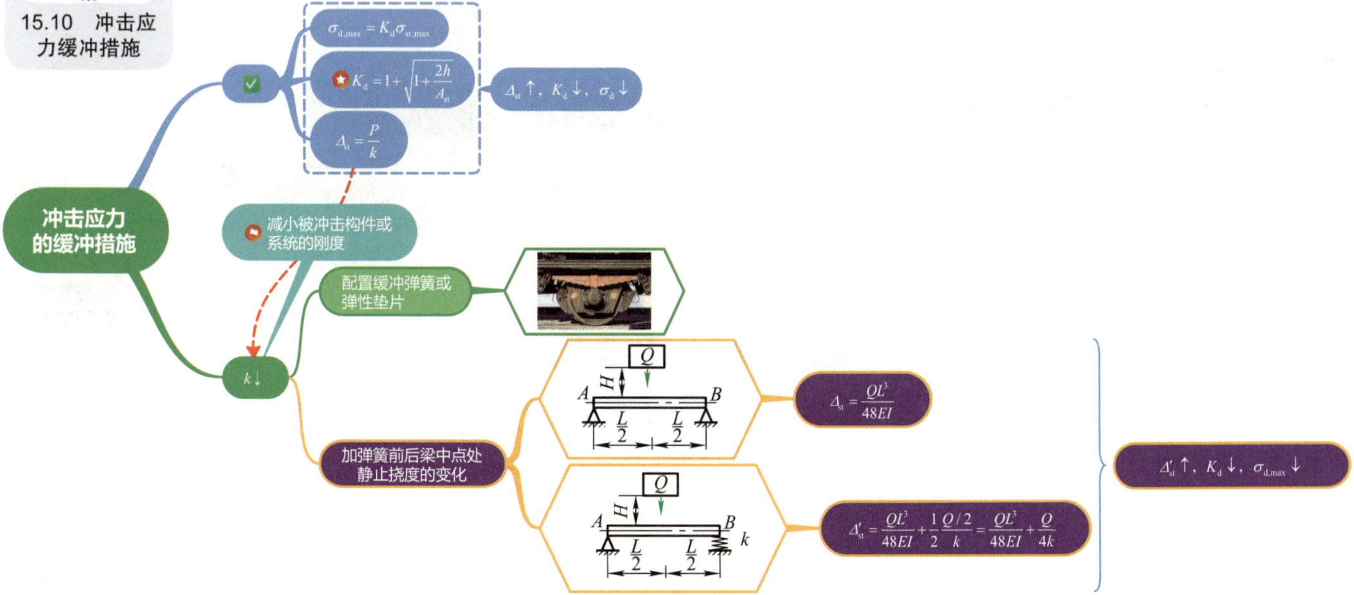
冲击应力的缓冲措施
$\sigma_{d,max}=K_d\sigma_{st,max}$
$K_d=1+\sqrt{1+\frac{2h}{\Delta_{st}}}$
$\Delta_{st}=\frac{P}{k}$
$\Delta_{st}\uparrow$，$K_d\downarrow$，$\sigma_d\downarrow$
减小被冲击构件或系统的刚度
$k\downarrow$
配置缓冲弹簧或弹性垫片
加弹簧前后梁中点处静止挠度的变化
Q
H
A
B
k
$\frac{L}{2}$
$\Delta_{st}=\frac{QL^3}{48EI}$
$\Delta'_{st}=\frac{QL^3}{48EI}+\frac{1}{2}\frac{Q/2}{k}=\frac{QL^3}{48EI}+\frac{Q}{4k}$
$\Delta'_{st}\uparrow$，$K_d\downarrow$，$\sigma_{d,max}\downarrow$

15.11　轴的动态扭转切应力计算

图示旋转轴在 A 端突然被刹停，求轴内应力。轴径为 d，飞轮转动惯量为 J

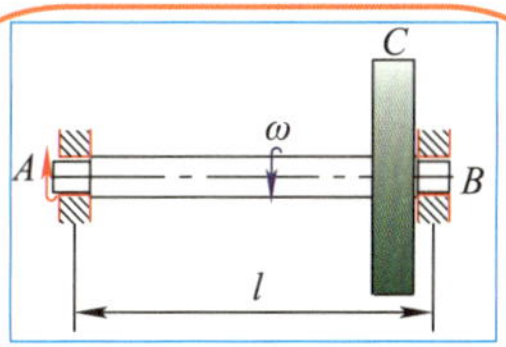

C
ω
A
B
l

- **等截面圆轴动态扭转切应力计算**
  - 飞轮的动能改变量
    - $T=\dfrac{1}{2}J\omega^2$
  - 轴的扭转应变能
    - $V_\varepsilon=\dfrac{1}{2}M_\mathrm{d}\varphi_\mathrm{d}$
    - $\varphi_\mathrm{d}=\dfrac{M_\mathrm{d}l}{GI_\mathrm{p}}$
    - $=\dfrac{16M_\mathrm{d}^2 l}{G\pi d^4}$
  - $T=U$
    - $M_\mathrm{d}=\omega d^2\sqrt{\dfrac{G\pi J}{32l}}$
  - $\tau_{\mathrm{d,max}}=\dfrac{16M_\mathrm{d}}{\pi d^3}=\dfrac{4\omega}{d}\sqrt{\dfrac{GJ}{2\pi l}}$

15.12　子弹冲击的动应力和挠度计算

重量为 P、速度为 v 的物体冲击梁端，求 $\sigma_{d,\max}$ 与 w_B

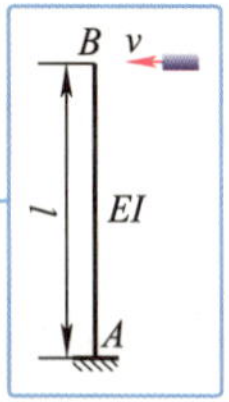
B
v
l
EI
A

动能转化应变能

A

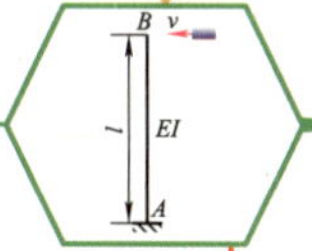
B
v
l
EI
A

$E_k=\dfrac{Pv^2}{2g}$

B

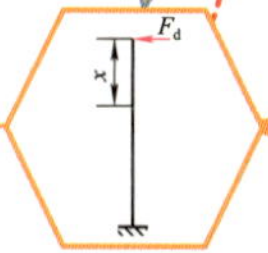
F_d
x

$V_\varepsilon=\int_0^l \dfrac{M_d^2(x)}{2EI}dx$

$M_d(x)=F_d x$

$V_\varepsilon=\dfrac{F_d^2 l^3}{6EI}$

$\dfrac{Pv^2}{2g}=\dfrac{F_d^2 l^3}{6EI}$

★ $F_d=v\sqrt{\dfrac{3PEI}{gl^3}}$

$\sigma_{d,\max}=\dfrac{M_{d,\max}}{W_z}=\dfrac{F_d l}{W_z}=\dfrac{v}{W_z}\sqrt{\dfrac{3PEI}{gl}}$

$w_B=\dfrac{F_d l^3}{3EI}=v\sqrt{\dfrac{Pl^3}{3gEI}}$

1. ✅ 查表
2. 单位载荷法
3. 外力功等于应变能
4. 卡氏定理

★ 求梁挠度的四种基本方法

15.13 动能转换成应变能的动应力和挠度计算

重量为 P 的物体自由下落冲击简支梁，求 $\sigma_{\mathrm{d,max}}$ 与 w_C

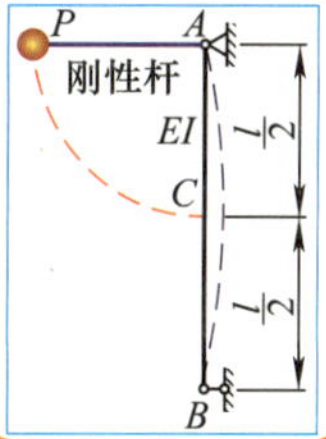

P
A
刚性杆
EI
C
l/2
l/2
B

势能转化为应变能

- 重物 P — 势能 — A
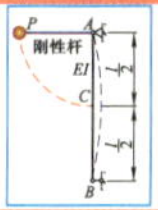
  — $E_p = P\dfrac{l}{2}$
- 弹性简支梁 — 应变能 — B

A
x
C
F_d
B

  - $V_\varepsilon = 2\displaystyle\int_0^{l/2} \frac{M_d^2(x)}{2EI}\mathrm{d}x$
  - $M_d = \dfrac{F_d}{2}x$
  - $V_\varepsilon = \dfrac{F_d^2 l^3}{96EI}$
- $\dfrac{F_d^2 l^3}{96EI} = \dfrac{Pl}{2}$ — $F_d = \dfrac{4\sqrt{3EIP}}{l}$
- $\sigma_{\mathrm{d,max}} = \dfrac{M_{\mathrm{d,max}}}{W_z} = \dfrac{F_d l}{4W_z} = \dfrac{\sqrt{3EIP}}{W_z}$
- $w_C = \dfrac{F_d l^3}{48EI} = \dfrac{\sqrt{3EIP}\,l^2}{32}$

重量为 P 的重物自由下落，求最大冲击力。设$I=\dfrac{Al^2}{15}$。不考虑压杆 BC 的稳定问题

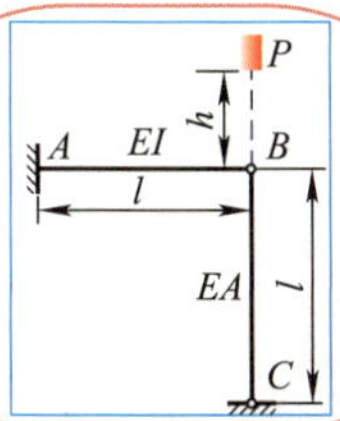
P
h
A
EI
B
l
EA
l
C

15.14　自由落体冲击静不定问题求解

冲击静不定问题的求解

1. 静态 + 静不定问题

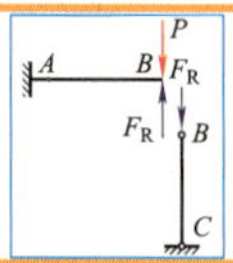
P
A
B
F_R
F_R
B
C

$$\delta_{B,上}=\frac{(P-F_R)l^3}{3EI}(\downarrow)$$

$$\delta_{B,下}=\frac{F_R l}{EA}(\downarrow)$$

$$\frac{(P-F_R)l^3}{3EI}=\frac{F_R l}{EA}$$

$$F_R=\frac{2P}{3}$$

2. Δ_{st}：$\Delta_{st}=\dfrac{F_R l}{EA}=\dfrac{2Pl}{3EA}$

3. K_d：$1+\sqrt{1+\dfrac{2h}{\Delta_{st}}}$

4. P_d：$P_d=P\left(1+\sqrt{1+\dfrac{3hEA}{Pl}}\right)$

图示鼓轮使重量为 P 的物体以速度 v 匀速下降，求当鼓轮被刹停时绳内的应力。绳的横截面面积为 A

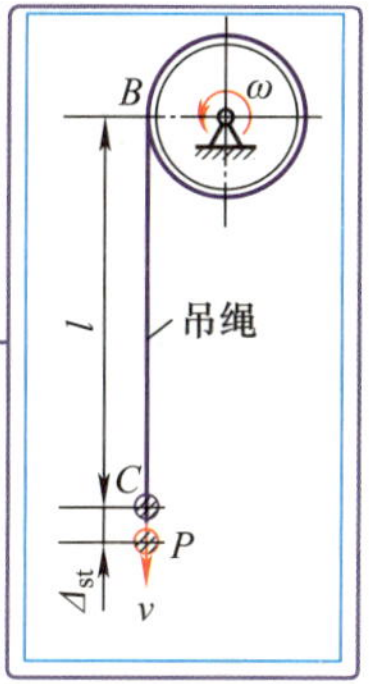

B
ω
l
吊绳
C
P
Δst
v

15.15 机械能转换为绳应变能之动应力求解

机械能转变为绳子的应变能

- 小球 — 机械能 — $\Delta E=\dfrac{Pv^2}{2g}+P(\varDelta_d-\varDelta_{st})$
- 绳子 — 应变能 — $\Delta V_\varepsilon=\dfrac{k}{2}(\varDelta_d^2-\varDelta_{st}^2)=\dfrac{P}{2\varDelta_{st}}(\varDelta_d^2-\varDelta_{st}^2)$
- 以上两式 → $\Delta E=\Delta V_\varepsilon$ → ★ $\varDelta_d=\varDelta_{st}\left(1+v\sqrt{\dfrac{EA}{gPl}}\right)$
- $K_d=1+\sqrt{\dfrac{EA}{gPl}}$ — $\sigma_d=\sigma_{st}K_d=\dfrac{P}{A}\left(1+\sqrt{\dfrac{EA}{gPl}}\right)$

如图所示小曲率圆环，一重量为 P 的物体自高度 h 处自由下落。试计算圆环内的最大正应力。已知圆环的平均半径为 R，横截面的直径为 d，弹性模量为 E，切变模量为 G，圆环的质量与物体的变形忽略不计

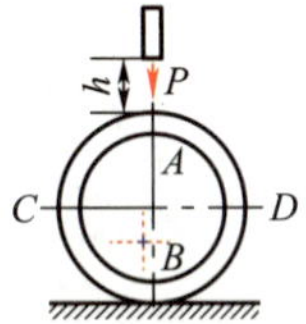
h
P
A
C
D
B

15.16　受冲击的圆环动应力计算

冲击载荷下的对称静不定结构动应力求解

- 视力 P 为静载荷，作用在 A 点
  - 计算多余内力 M_A
  - 计算 A/B 相对线位移
- 取其 1/4 为研究对象

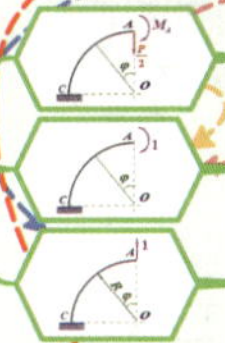

  - A → $\theta_A=0$
  - B
  - $M_A=\frac{1}{\pi}PR$
  - C → + 图 A → Δ_A或$\Delta_C=\frac{PR^3}{4\pi EI}(\pi^2-8)=0.149\frac{PR^3}{EI}$

① 静态线位移计算模块

- $K_d=1+\sqrt{1+\frac{2h}{\Delta_{st}}}$
- $\Delta_{st}=\Delta_{A/B}=2\Delta_{A/C}$
- $\Delta_{st}=\frac{3.03}{Ed^4}PR^3$

② 动荷系数计算模块

- $M_{d,max}=K_dM_{max}$
- $M_{max}=M_A$
- $\sigma_{max}=\frac{M_{d,max}}{W}=\frac{3.24PR}{d^3}\left(1+\sqrt{1+\frac{2h}{\Delta_{st}}}\right)$

③ 最大弯曲应力计算模块

如图所示平面刚架，铰链 C 位于刚架对称面内，受到其正上方的小球从高度 $a/2$ 处自由落体冲击，试结合单位载荷法求 C 截面的最大冲击位移。已知刚架各截面弯曲刚度均为 EI，小球重量为 P

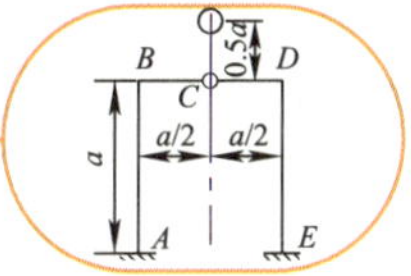

B
C
D
0.5a
a
a/2
a/2
A
E

15.17 受冲击平面静不定刚架动位移计算

冲击 + 刚架 + 静不定 + 对称 + 单位载荷法

- ① 对称性，取一半进行研究
- ②

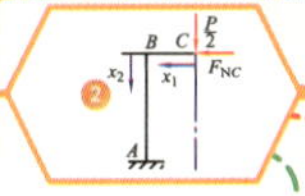

B
C
P/2
x2
x1
FNC
A

A

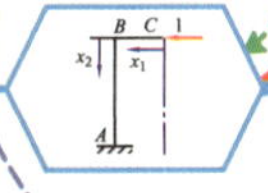

B
C
1
x2
x1
A

B

$\Delta_{Cx}=0$ — $\Delta_{Cx}=\dfrac{1}{EI}\left(\int_0^{a/2}M(x_1)\overline{M(x_1)}\mathrm{d}x_1+\int_0^{a/2}M(x_2)\overline{M(x_2)}\mathrm{d}x_2\right)=0$ — $F_{NC}=\dfrac{3}{8}P$

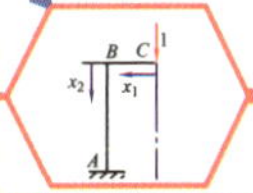

B
C
1
x2
x1
A

C + 图A — $\Delta_{Cy}=\dfrac{1}{EI}\left(\int_0^{a/2}M(x_1)\overline{M(x_1)}\mathrm{d}x_1+\int_0^{a/2}M(x_2)\overline{M(x_2)}\mathrm{d}x_2\right)=\dfrac{5}{96}\dfrac{Pa^3}{EI}(\downarrow)$ — $\Delta_{Cy}=\Delta_{st}$

① ✪ Δ_{st}：对称载荷、静不定问题、单位载荷法

- ③ $K_d=1+\sqrt{1+\dfrac{2h}{\Delta_{st}}}$ — ② 动荷系数
- $\Delta_d=K\Delta_{st}=K_d\Delta_{Cy}$ — $\Delta_d=\Delta_{st}\left(1+\sqrt{1+\dfrac{2h}{\Delta_{st}}}\right)=\dfrac{5}{96}\dfrac{Pa^3}{EI}\left(1+\sqrt{\dfrac{96EI+5Pa^2}{5Pa^2}}\right)$ — ③ 最大冲击位移

如图所示，ABC 折杆位于水平面内，一重量为 P 的物体自高度 h 处自由落下于杆端 C。求杆的冲击动荷因数 K_d，并用第三强度理论求危险截面的相当应力。已知杆的直径为 d，材料的拉压弹性模量与剪切弹性模量分别为 E 和 G

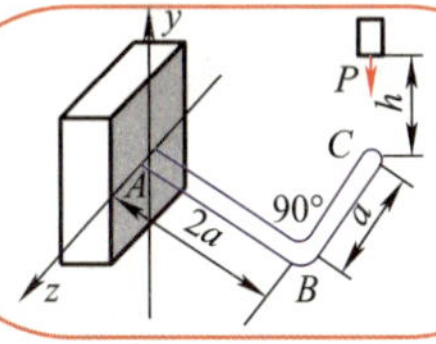
y
P
h
C
A
90°
2a
d
z
B

冲击下的强度校核

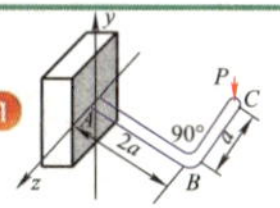
1
y
P
C
A
90°
2a
d
z
B

A

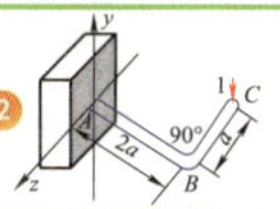
2
y
1
C
A
90°
2a
d
z
B

B

$\Delta_{cy} = \Delta_{st}$

$$\frac{64Pa^3}{\pi d^4}\left(\frac{3}{E}+\frac{1}{G}\right)$$

Δ_{st}

② $K_d = 1+\sqrt{1+\dfrac{2h}{\Delta_{st}}}$

$$K_d = 1+\sqrt{1+\frac{2h}{\dfrac{64Pa^3}{\pi d^4}\left(\dfrac{3}{E}+\dfrac{1}{G}\right)}} = 1+\sqrt{1+\frac{2\pi EGhd^4}{64Pa^3(3G+E)}}$$

③ 强度校核

危险截面：A

$$\sigma_{st} = \frac{1}{W}\sqrt{M^2+T^2} = \frac{32}{\pi d^3}\sqrt{(2Pa)^2+(Pa)^2} = \frac{32\sqrt{5}Pa}{\pi d^3}$$

$$\sigma_{d,max} = K_d\sigma_{st} = \left(1+\sqrt{1+\frac{2\pi EGhd^4}{64Pa^3(3G+E)}}\right)\frac{32\sqrt{5}Pa}{\pi d^3}$$

15.18　受冲击折杆动荷因数与强度校核

15.19 冲击载荷下压杆稳定以及强度校核

如图所示，梁 AB 和杆 CD 材料相同，梁的横截面为矩形，高 h=60mm，宽 b=20mm，CD 杆直径为 d=25mm，l=1m，材料的弹性模量 E=200GPa，σ_P=200MPa，稳定安全因数 n_{st}=2.5，一重物 W=3kN 自高度 H 处自由下落至梁上 B 点。试求：(1) 当压杆 CD 达到许可压力时，允许下落高度 H 为多大？(2) 求梁内最大动应力大小

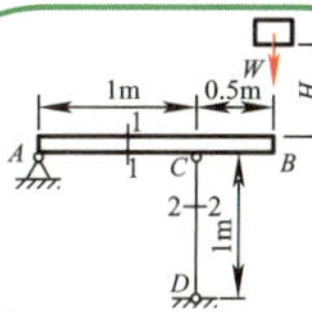

1m
0.5m
W
H
A
C
B
1
2
1m
D

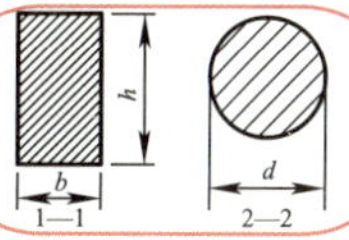

h
b
1—1
d
2—2

冲击下的压杆稳定性以及强度校核

① 计算冲击点的纵向位移

A

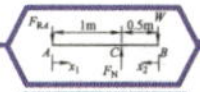

B

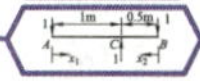

$$\Delta_{st}=\frac{F_N F_N}{EA}+\int_0^1\frac{M_1 M_1 dx_1}{EI}+\int_0^{0.5}\frac{M_2 M_2 dx_2}{EI}=5.3\text{mm}$$

② 压杆 CD 的稳定条件

压杆稳定公式

$$\lambda_1=\sqrt{\frac{\pi^2 E}{\sigma_{st}}}=\sqrt{\frac{\pi^2\times200\times10^9}{200\times10^6}}=99$$

$$\lambda=\frac{\mu l}{i}=\frac{1\times l}{\frac{d}{4}}=\frac{1\times1000\times4}{25}=160>\lambda_1$$

欧拉公式适用

$$F_{cr}=\frac{\pi^2\times200\times10^9}{160^2}\times(4.9\times10^{-4})\text{N}=37.8\text{kN}$$

静力学相关方程

$$F_N=\frac{F_{cr}}{n}=\frac{37.8}{2.5}\text{kN}=15\text{kN}$$

$$F_d=\frac{F_N}{1.5}=10\text{kN}$$

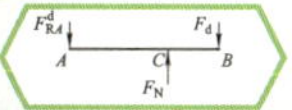

F^d_{RA}
F_d
A
C
B
F_N

$$F_d=WK_d=W\left(1+\sqrt{1+\frac{2H}{\Delta_{st}}}\right)=10\text{kN}$$

$$H=11.8\text{mm}$$

③ 最大动应力

梁 AB 动载荷的弯矩图

M图
A
C
B
5kN·m

$$\sigma_{d,\max}=\frac{|M|_{\max}\frac{h}{2}}{I}=\frac{5\times10^3\times30\times10^{-3}}{3.6\times10^{-7}}\text{Pa}=4.17\text{MPa}$$

15.20　旋转圆环的相对线位移

如图所示，带有缺口圆环绕通过圆心且垂直于纸面的轴以角速度 ω 旋转，试求缺口的张开量。设圆环的平均半径 a 大于厚度 δ，圆环单位体积的质量为 ρ，横截面面积为 A，弯曲刚度为 EI

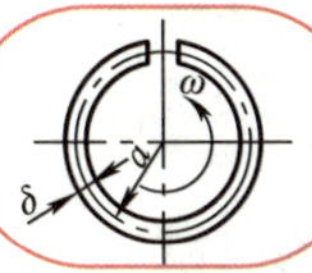
ω
a
δ

匀速旋转开口圆环的相对线位移

A

q_d
β
α

$q_d = \rho A a \omega^2$ —— 离心惯性力

$M(\alpha) = \int_0^{\alpha} q_d a^2 \sin(\alpha - \beta) d\beta = q_d a^2 (1 - \cos\alpha)$

B

1
1
α

$\bar{M}(\alpha) = a(1 - \cos\alpha)$

$\Delta = \frac{1}{EI} \int_s M(\alpha) \bar{M}(\alpha) ds = \frac{a^5 \rho A \omega^2}{EI} \int_0^{2\pi} (1 - \cos\alpha)^2 d\alpha = \frac{3\pi a^5 \rho A \omega^2}{EI}$

如图所示钢梁 ABC，梁、柱材料均为 Q235 钢，在 B 支座处受两端铰支圆柱 BD 支撑，当梁的自由端上方 H=0.1m 处有自由下落的重物对梁冲击时，试问该结构能否正常工作？已知冲击物重 P=500N，E=200GPa，$[\sigma]$=180MPa，梁的惯性矩 $I=4\times10^{-6}\text{m}^4$ 抗弯截面系数 $W=5\times10^{-5}\text{m}^3$，柱的直径 d=80mm，σ_p=200MPa

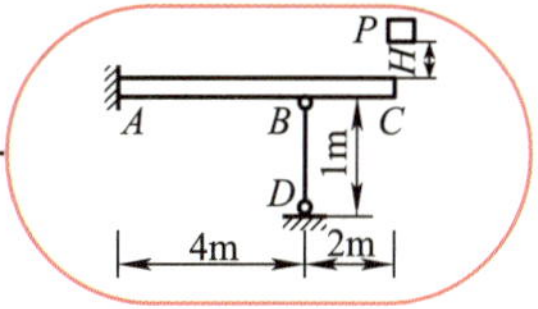

P
H
A
B
C
1m
D
4m
2m

15.21 冲击载荷下的静不定结构强度校核

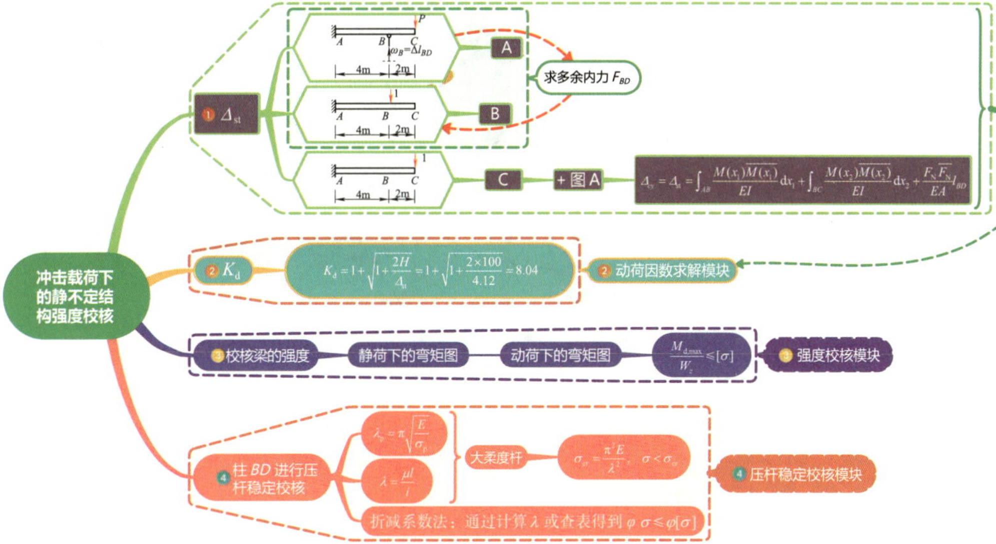

冲击载荷下的静不定结构强度校核
① Δst
A
B
C
求多余内力 F_{BD}
+ 图A
$\Delta_{cy}=\Delta_{st}=\int_{AB}\frac{M(x_1)\overline{M}(x_1)}{EI}dx_1+\int_{BC}\frac{M(x_2)\overline{M}(x_2)}{EI}dx_2+\frac{F_N\overline{F}_N}{EA}l_{BD}$
① 单位载荷法求静态位移模块
② K_d
$K_d=1+\sqrt{1+\frac{2H}{\Delta_{st}}}=1+\sqrt{1+\frac{2\times100}{4.12}}=8.04$
② 动荷因数求解模块
③ 校核梁的强度
静荷下的弯矩图
动荷下的弯矩图
$\frac{M_{d,max}}{W_z}\leqslant[\sigma]$
③ 强度校核模块
④ 柱 BD 进行压杆稳定校核
$\lambda_p=\pi\sqrt{\frac{E}{\sigma_p}}$
$\lambda=\frac{\mu l}{i}$
大柔度杆
$\sigma_{cr}=\frac{\pi^2E}{\lambda^2}$，$\sigma<\sigma_{cr}$
折减系数法：通过计算 λ 或查表得到 φ σ≤φ[σ]
④ 压杆稳定校核模块

15.22　冲击载荷下的等强度梁设计，矩形截面梁两种摆放方式的最大动挠度和最大动应力之比

15-1　如图 A 所示，梁弯曲刚度为 EI_0，小球重 P，从高 $H=\dfrac{60Pl^3}{EI_0}$ 处无初速下落撞击梁的自由端。求：（1）图 A 所示等截面矩形梁的最大冲击载荷；（2）削去部分材料成为等强度梁（截面宽度按线性变化，高度不变），安全因数不变，重物重量可增加多少

A

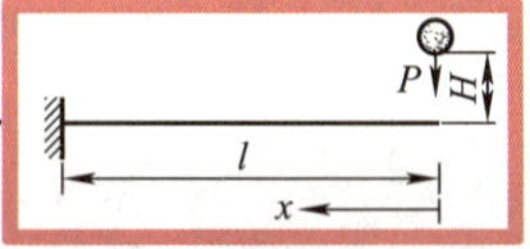
P
H
l
x

1　$\Delta_{st}=\dfrac{Pl^3}{3EI_0}$

2　$F_d=P\left(1+\sqrt{1+\dfrac{2H}{\Delta_{st}}}\right)=20P$

3　$I=I_0\dfrac{x}{l}$

4　$M(x)=-P'x$

5　$\overline{M(x)}=-x$

6　$\Delta'_{st}=\int_0^l\dfrac{M(x)\overline{M(x)}}{EI}dx=\int_0^l\dfrac{l\cdot(-P'x)\cdot(-x)}{EI_0x}dx=\dfrac{P'l^3}{2EI_0}$

15-1　如图 A 所示，梁弯曲刚度为 EI_0，小球重 P，从高 $H=\dfrac{60Pl^3}{EI_0}$ 处无初速下落撞击梁的自由端。求：（1）图 A 所示等截面矩形梁的最大冲击载荷；（2）削去部分材料成为等强度梁（截面宽度按线性变化，高度不变），安全因数不变，重物重量可增加多少

A

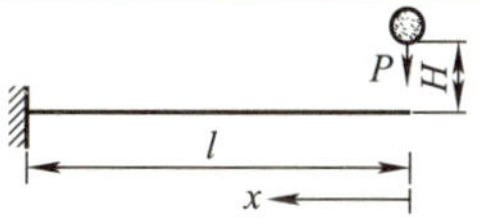

P
H
l
x

7　$F'_d = P'\left(1+\sqrt{1+\dfrac{2H}{\Delta'_{st}}}\right) = P'\left(1+\sqrt{1+\dfrac{240P}{P'}}\right)$

8　$F'_d = F_d = 20P$

9　$P'\left(1+\sqrt{1+\dfrac{240P}{P'}}\right) = 20P$

10　$P' = \dfrac{10}{7}P$

11　$\dfrac{P'-P}{P}\times 100\% = 42.9\%$

★ 注：将梁合理削去部分材料成为**等强度梁**

- 静载：**节省材料**，但不提高承载能力
- 冲击载荷：**既节省材料，又提高承载能力**

15-2 如图 A 所示，矩形截面简支梁，$\frac{b}{h}=2$，按照图 B 平放截面，在重量为 P 的重物静载作用下，梁的最大挠度 Δ_{st}=4mm，最大应力 σ_{max}=8MPa，求：（1）按图 C 立放截面，计算梁的最大静挠度 Δ'_{st} 和最大静应力 σ'_{max}；（2）将重物提高到 H=18cm 的高度自由落下，计算梁在平放和立放时的最大动挠度和最大动应力

A
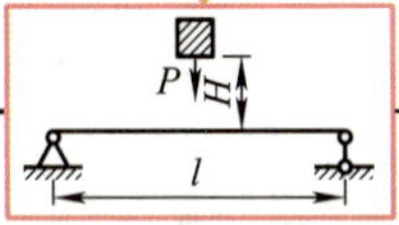
P
H
l

B
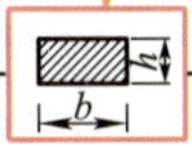
h
b

C
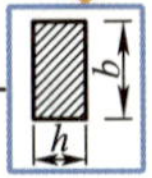
b
h

❶
- 平放：① $I=\frac{bh^3}{12}$ — ② $W=\frac{bh^2}{6}$
- 立放：③ $I'=\frac{hb^3}{12}$ — ④ $W'=\frac{hb^2}{6}$

⑤ $\Delta'_{st}=\frac{Pl^3}{48EI}$

⑥ $\frac{\Delta'_{st}}{\Delta_{st}}=\frac{I}{I'}=\frac{h^2}{b^2}=\frac{1}{4}$ — $\Delta'_{st}=1\text{mm}$

⑦ $\sigma_{max}=\frac{M}{W}$

⑧ $\frac{\sigma'_{max}}{\sigma_{max}}=\frac{M}{W'}=\frac{h}{b}=\frac{1}{2}$ — $\sigma'_{max}=\frac{1}{2}\sigma_{max}=4\text{MPa}$

A

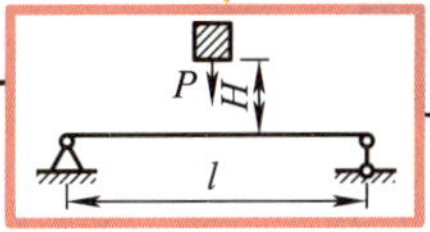

P
H
l

B

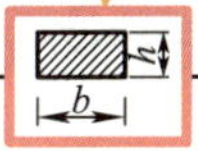

h
b

C

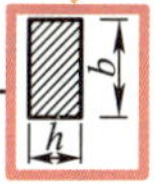

b
h

15-2　如图A所示，矩形截面简支梁，$\frac{b}{h}=2$，按照图B平放截面，在重量为P的重物静载作用下，梁的最大挠度$\Delta_{st}=4$mm，最大应力$\sigma_{max}=8$MPa，求：（1）按图C立放截面，计算梁的最大静挠度Δ'_{st}和最大静应力σ'_{max}；（2）将重物提高到$H=18$cm的高度自由落下，计算梁在平放和立放时的最大动挠度和最大动应力

最大动挠度

- 平放

9

$$\Delta_d=\Delta_{st}\left(1+\sqrt{1+\frac{2H}{\Delta_{st}}}\right)=4\times\left(1+\sqrt{1+\frac{2\times180}{4}}\right)\text{mm}=42.2\text{mm}$$

- 立放

10

$$\Delta'_d=\Delta'_{st}\left(1+\sqrt{1+\frac{2H}{\Delta'_{st}}}\right)=1\times\left(1+\sqrt{1+\frac{2\times180}{4}}\right)\text{mm}=20\text{mm}$$

13

$$\frac{2H}{\Delta_{st}},\frac{2H}{\Delta'_{st}}\gg1$$

14

$$\frac{\Delta_d}{\Delta'_d}\approx\sqrt{\frac{\Delta_{st}}{\Delta'_{st}}}\approx2$$

最大动应力

- 平放

11

$$\sigma_{max,d}=\sigma_{max}\left(1+\sqrt{1+\frac{2H}{\Delta_{st}}}\right)=8\times\left(1+\sqrt{1+\frac{2\times180}{4}}\right)\text{mm}=84.3\text{MPa}$$

- 立放

12

$$\sigma'_{max,d}=\sigma'_{max}\left(1+\sqrt{1+\frac{2H}{\Delta'_{st}}}\right)=4\times\left(1+\sqrt{1+\frac{2\times180}{4}}\right)\text{mm}=80\text{MPa}$$

15

$$\frac{\sigma_{max,d}}{\sigma'_{max,d}}\approx\frac{\sigma_{max}}{\sigma'_{max}}\sqrt{\frac{\Delta'_{st}}{\Delta_{st}}}\approx2\times\sqrt{\frac{1}{4}}\approx1$$

16

$$\frac{\Delta'_{st}}{\Delta_{st}}=\frac{I}{I'}=\left(\frac{h}{b}\right)^2$$

17

$$\frac{\Delta'_d}{\Delta_d}=\sqrt{\frac{\Delta'_{st}}{\Delta_{st}}}=\sqrt{\frac{I}{I'}}=\frac{h}{b}=\left(\frac{h}{b}\right)^1$$

18

$$\frac{\sigma'_{max}}{\sigma_{max}}=\frac{W}{W'}=\frac{h}{b}=\left(\frac{h}{b}\right)^1$$

19

$$\frac{\sigma'_{max,d}}{\sigma_{max,d}}=\frac{\sigma'_{max}}{\sigma_{max}}\sqrt{\frac{\Delta_{st}}{\Delta'_{st}}}=\frac{W_z}{W'_z}\sqrt{\frac{I'}{I}}=\frac{h}{b}\frac{b}{h}=1=\left(\frac{h}{b}\right)^0$$

15-3　如图 A 所示，梁 AB 下端固定，在 C 点受到沿水平运动速度为 v 的小球冲击，小球重 P。已知梁截面惯性矩 I 和抗弯截面系数 W，材料弹性常数 E，求梁 AB 内的最大动应力

A

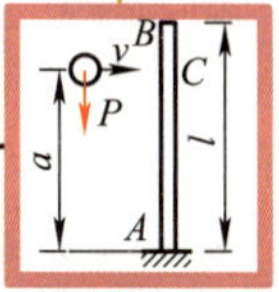
B
v
C
P
a
l
A

① $\sigma_{s,max}=\dfrac{Pa}{W}$

② $\Delta_{st}=\dfrac{Pa^3}{3EI}$

K_d 的推导

B

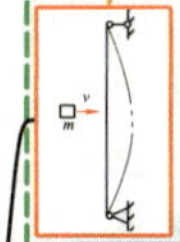

③ $E_k=V_\varepsilon$

④ $\dfrac{1}{2}mv^2=\dfrac{1}{2}F_d\Delta_d=\dfrac{1}{2}K_d^2mg\Delta_{st}$

⑤ $\Delta_d=K_d\Delta_{st}$

⑥ $F_d=K_d\quad F=K_d\,mg$

⑦ $K_d=\dfrac{v}{\sqrt{g\Delta_{st}}}=\dfrac{v}{a}\sqrt{\dfrac{3EI}{gaP}}$

⑧ $\sigma_{d,max}=K_d\sigma_{s,max}=\dfrac{v}{W}\sqrt{\dfrac{3EIP}{ga}}$

15-4　材料力学课程介绍的冲击应力分析是一种简化的工程分析方法，其中（　）

- A. 忽略了冲击物的质量
- B. 忽略了被冲击物的惯性
- C. 忽略了被冲击物的弹性（被视为刚体）
- D. 忽略了冲击过程中的能量损失

15-5　等截面简支梁有两种承载情形：（1）中点放置重量为 W_1 的物体；（2）重量为 W_2 的物体从高 H 处落于梁中点。若将该梁合理削去部分材料制成等强度梁，则（　）

A. 在静载情形，只能保持许用重量 $[W_1]$ 不变，不能提高 $[W_1]$ ✓

B. 在静载情形，能够提高 $[W_1]$

C. 在冲击载荷情形，只能保持许用重量 $[W_2]$ 不变，不能提高 $[W_2]$

D. 在冲击载荷情形，能够提高 $[W_2]$ ✓

15-6　重物从高 H 处落于简支梁中点（见图 A），若将支座 A 改为弹簧支撑，(见图 B)，则动荷系数（　）

A. 增加

B. 不变

C. 减小 ✓

D. 不能确定

A

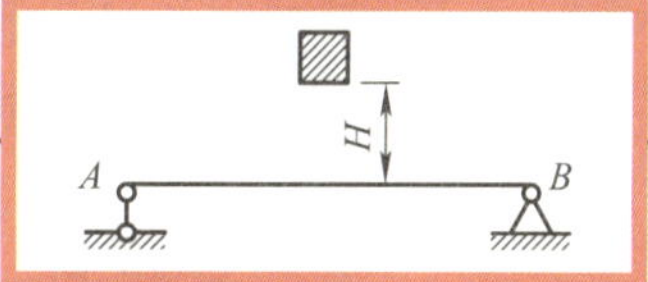

H
A
B

B

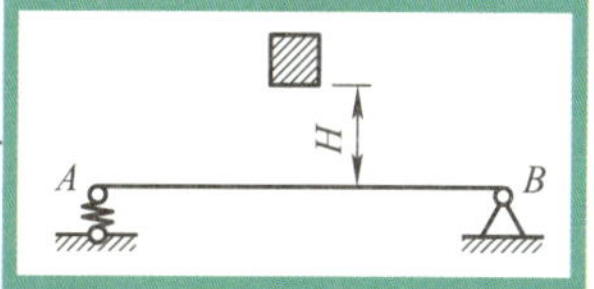

H
A
B

1　$\Delta_{st}=\dfrac{F_d l^3}{48EI}$

2　$\Delta'_{st}=\Delta_{st}+\dfrac{w_A}{2}$

3　$K_d=1+\sqrt{1+\dfrac{2H}{\Delta_{st}}}$

15-7　重物从高 H 处落于悬臂梁自由端 A（见图 A），若在自由端加一弹性支撑（见图 B），则动荷系数（　）

- **A. 增加** ✓
- **B. 不变**
- **C. 减小**
- **D. 不能确定**

A

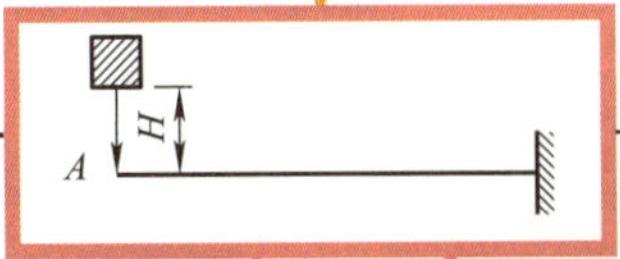
H
A

① $\Delta_{st}=\dfrac{Fl^3}{3EI}$

③ $K_d=1+\sqrt{1+\dfrac{2H}{\Delta_{st}}}$

B

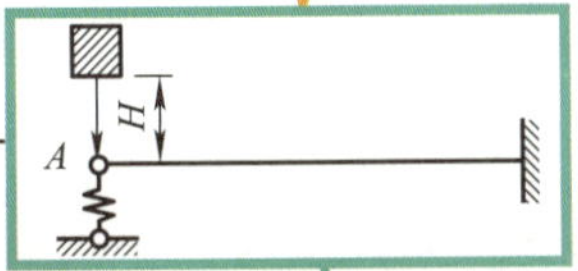
H
A

② $\Delta_{st}'=\Delta_{st}-\Delta_k$

15-8　半径为 R 的均质圆环，其横截面半径 $r<<R$。圆环在自身轴线平面内绕圆心以匀角速度 ω 转动，为减小圆环内的动应力，可以（　）

- A. 增大圆环半径 R
- B. 减小圆环半径 R ✓
  - $$\sigma=\frac{F_N}{A}=\frac{\rho\omega^2D^2}{4}=\rho\omega^2R^2$$ (1)
- C. 增大横截面半径 r
- D. 减小横截面半径 r
- E. 增加角速度 ω
- F. 降低角速度 ω ✓

15-9　材料力学中，横向剪力对梁变形的影响通常忽略不计，但对于（　）情况下，剪力的影响不宜忽略

A. 细长圆截面梁

B. 细长矩形梁

C. 短而高的薄壁矩形梁 ✓

D. 短而高的一般薄壁截面梁 ✓

15-10 如图 A 所示，悬臂梁横截面宽为 $2b$，高为 b（见图 B），在以下两种情形时：（1）自由端静止放置一重物，许用重量为 $[W]$；（2）重物从高 H 处落于自由端，许用重量为 $[W_d]$。若将悬臂梁立放，宽为 b，高为 $2b$（见图 C），相应静、动载许用重量分别变为 $\gamma[W]$ 和 $\gamma_d[W_d]$，则 γ 与 γ_d 哪个更大?

A

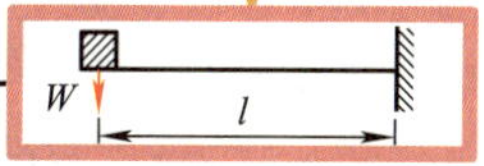

W
l

B

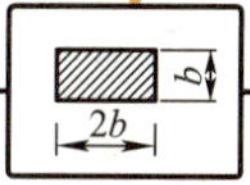

b
2b

C

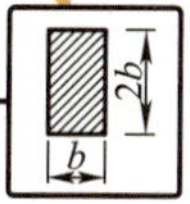

2b
b

$$\frac{\sigma_{max}}{\sigma'_{max}}=\frac{W'_z}{W_z}=2$$

$$\sigma_{max}=\frac{[W]L}{W_z} \quad (1)$$

$$\sigma'_{max}=\frac{[W']L}{W'_z}=\frac{\gamma[W]L}{W'_z} \quad (2)$$

式(1)÷式(2)得

$$2=\frac{\sigma_{max}}{\sigma'_{max}}=\frac{W'_z}{\gamma W_z}=\frac{2}{\gamma} \quad (3)$$

$$\therefore \gamma=1$$

$$\frac{\sigma_{max,d}}{\sigma'_{max,d}}\approx 1$$

$$\sigma_{max,d}=\frac{[W_d]L}{W_z} \quad (4)$$

$$\sigma'_{max,d}=\frac{\gamma_d[W_d]L}{W'_z} \quad (5)$$

式(4)÷式(5)得

$$1=\frac{\sigma_{max,d}}{\sigma'_{max,d}}=\frac{W'_z}{\gamma_d W_z}=\frac{2}{\gamma_d} \quad (6)$$

$$\therefore \gamma_d=2$$

$\gamma<\gamma_d$

第 16 章 疲劳

第 16 章 疲劳

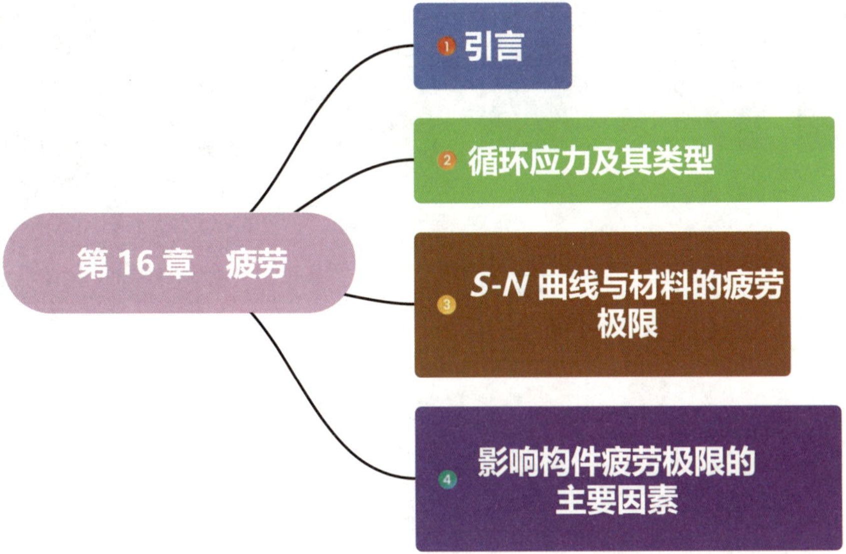

第 16 章 疲劳
1 引言
2 循环应力及其类型
3 S-N 曲线与材料的疲劳极限
4 影响构件疲劳极限的主要因素

引言

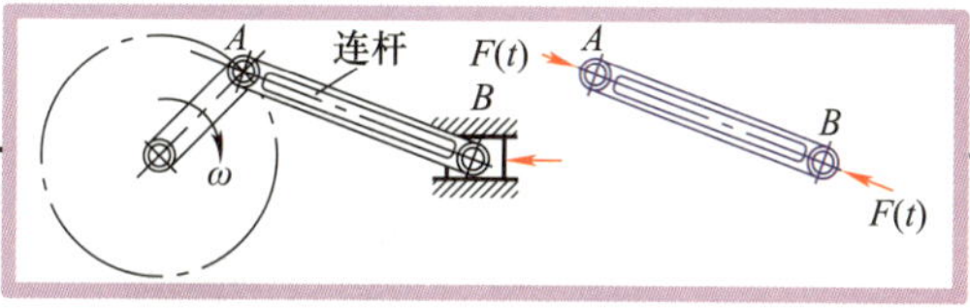
A
连杆
B
ω
F(t)
A
B
F(t)

载荷F循环变化，连杆内应力随之**循环**变化

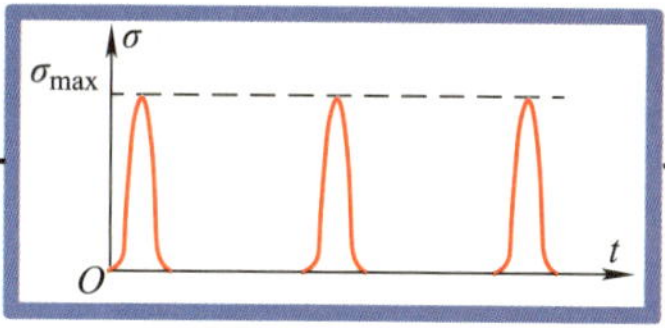
σ
σmax
O
t

每个齿随齿轮转动循环受力，齿内应力也**循环**变化

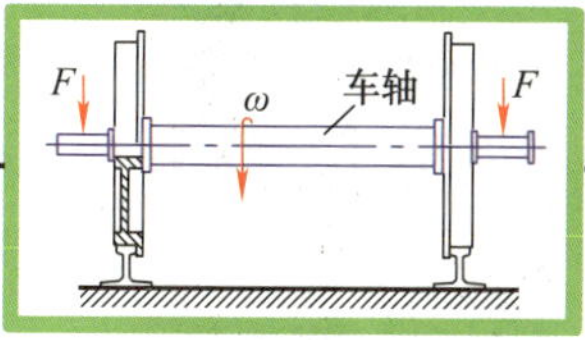
F
ω
车轴
F

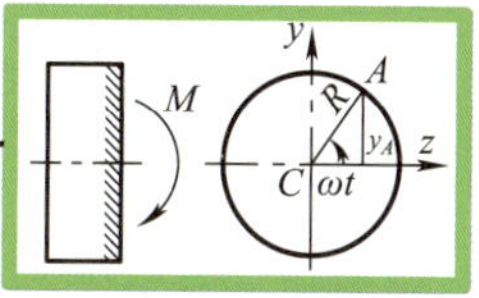
M
y
R
A
yA
z
C
ωt

$$\sigma_A = \frac{My_A}{I_z} = \frac{MR}{I_z}\sin \omega t$$

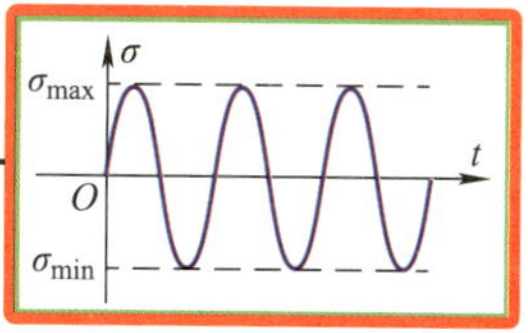
σ
σmax
t
O
σmin

循环应力

起落架因飞机起落而反复受载

循环应力——随时间循环变化的应力（也称交变应力）

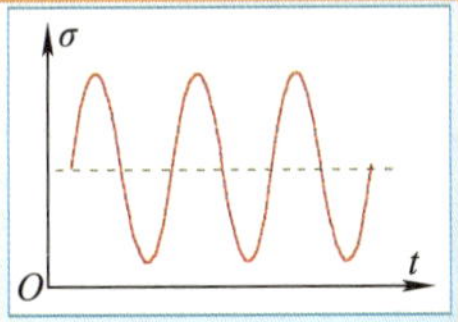
σ
t
O

恒幅循环应力

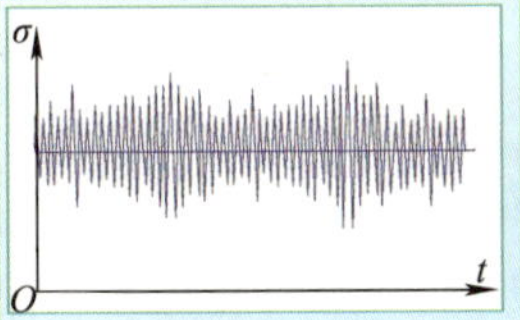
σ
t
O

变幅循环应力

循环应力的变化幅度，可能是恒定的，也可能是变化的

S-N 曲线与材料的疲劳极限

在循环应力作用下，材料或构件产生可见裂纹或完全断裂的现象称为**疲劳破坏**，简称**疲劳**

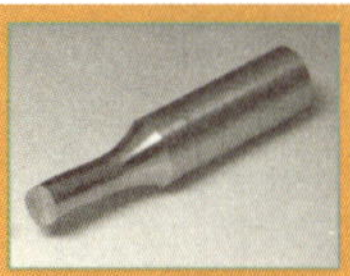

钢拉伸疲劳断裂

- 即使是塑性材料，也呈现脆性断裂特征

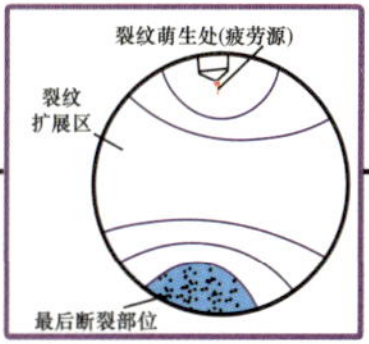
裂纹萌生处(疲劳源)
裂纹扩展区
最后断裂部位

- 断口通常呈现光滑与粗粒状两个区域

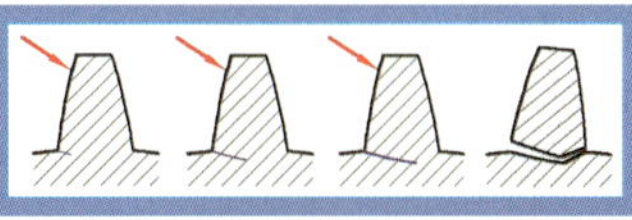

在循环应力作用下，如果应力足够**大**，并经历应力的多次循环后，构件将产生可见裂纹或完全断裂

- 破坏时应力低于 σ_b，甚至 σ_s

恒幅循环应力的描述

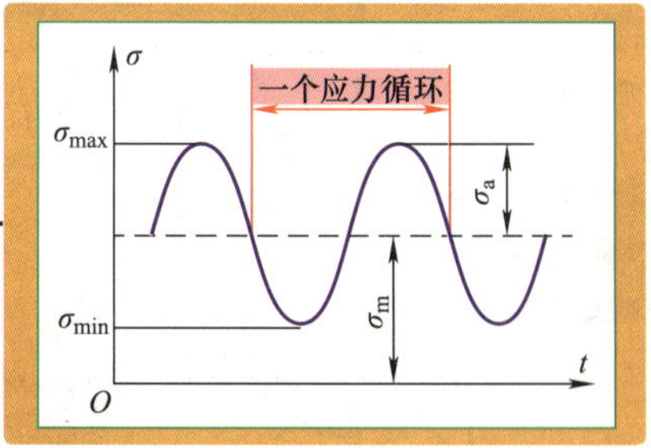
σ
一个应力循环
σmax
σa
σmin
σm
t
O

两种描述方式

1. 最大应力 σ_{max}；最小应力 σ_{min}
2. 平均应力 $\sigma_m = \dfrac{\sigma_{max} + \sigma_{min}}{2}$；应力幅 $\sigma_a = \dfrac{\sigma_{max} - \sigma_{min}}{2}$

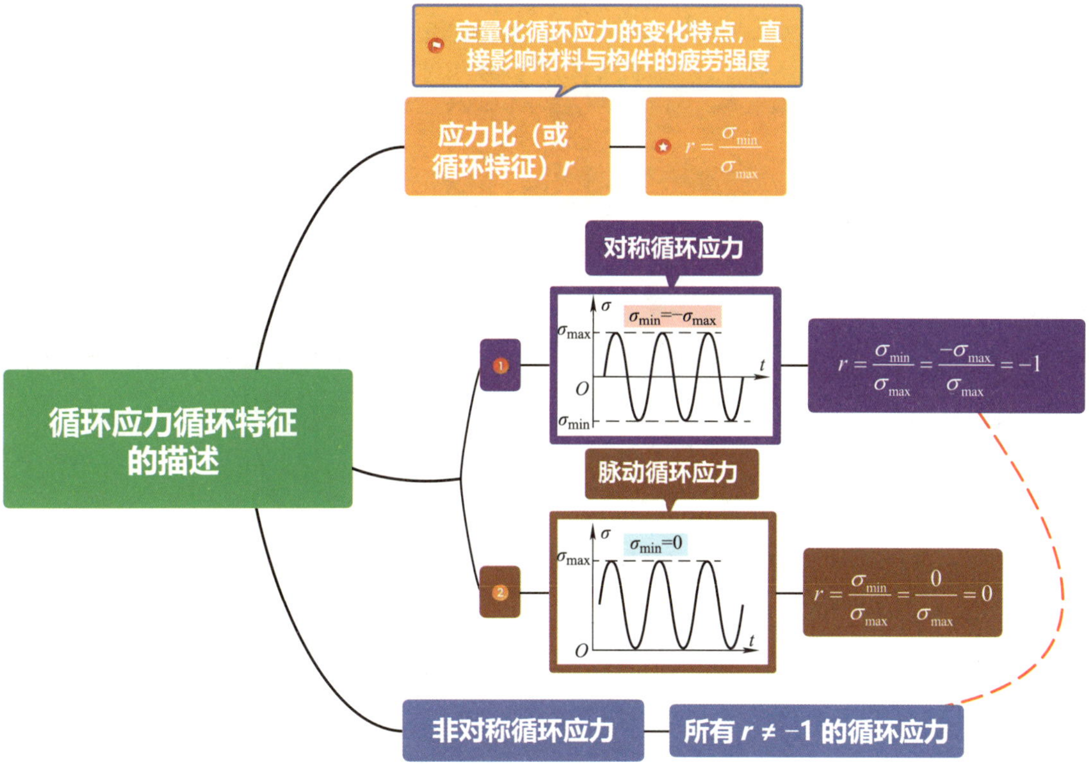
循环应力循环特征的描述
应力比（或循环特征）r
定量化循环应力的变化特点，直接影响材料与构件的疲劳强度
$r=\frac{\sigma_{min}}{\sigma_{max}}$
对称循环应力
$\sigma_{min}=-\sigma_{max}$
σ
σ_{max}
O
t
σ_{min}
$r=\frac{\sigma_{min}}{\sigma_{max}}=\frac{-\sigma_{max}}{\sigma_{max}}=-1$
脉动循环应力
$\sigma_{min}=0$
σ
σ_{max}
O
t
$r=\frac{\sigma_{min}}{\sigma_{max}}=\frac{0}{\sigma_{max}}=0$
非对称循环应力
所有 $r\neq-1$ 的循环应力

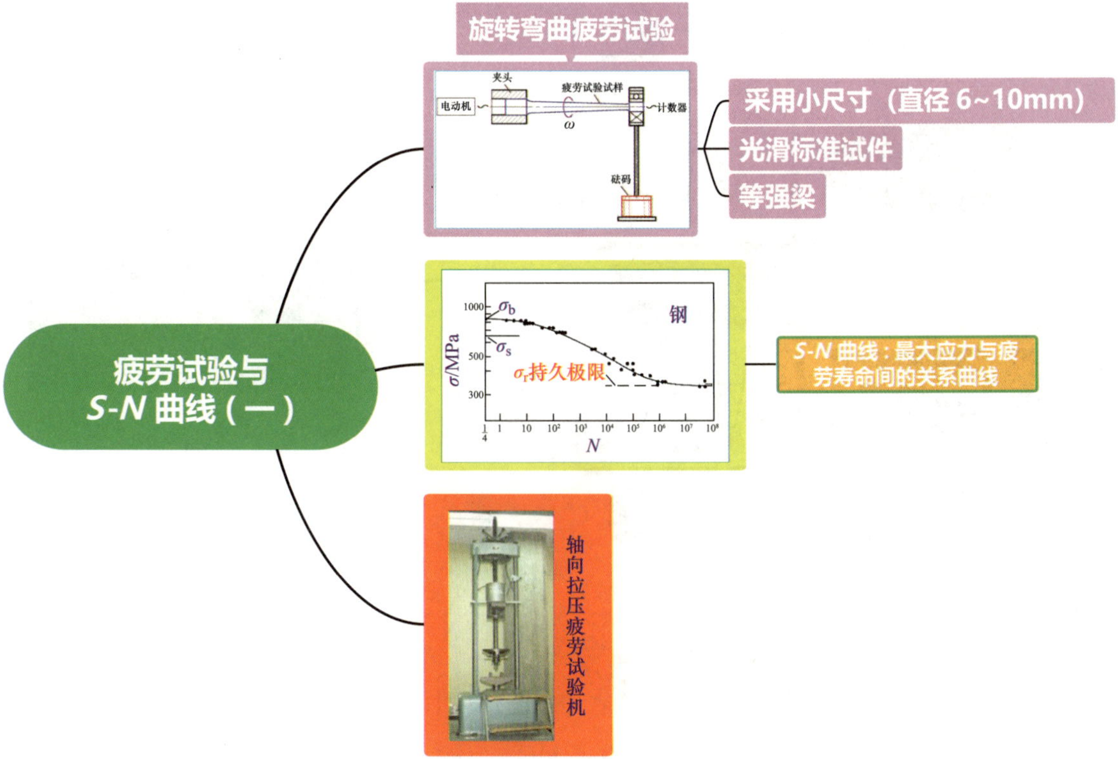
疲劳试验与
S-N 曲线（一）
旋转弯曲疲劳试验
电动机
夹头
疲劳试验试样
ω
计数器
砝码
采用小尺寸（直径 6~10mm）
光滑标准试件
等强梁
σ/MPa
1000
500
300
σb
σs
σr持久极限
钢
N
1/4
1
10
10²
10³
10⁴
10⁵
10⁶
10⁷
10⁸
S-N 曲线：最大应力与疲劳寿命间的关系曲线
轴向拉压疲劳试验机

疲劳试验与 *S-N* 曲线（二）

S-N 曲线：最大应力与疲劳寿命间的关系曲线

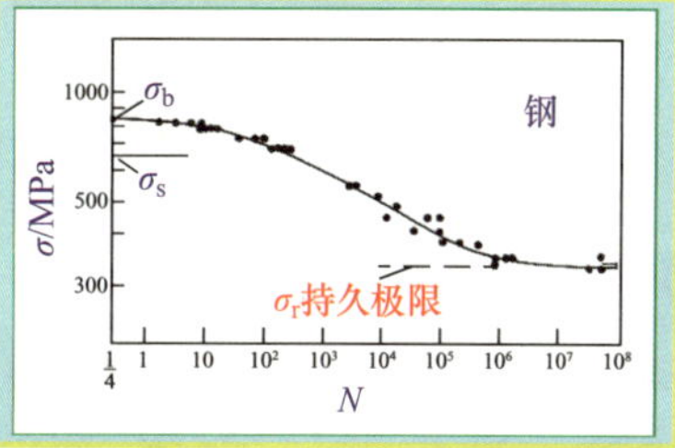
1000
500
300
σ_b
σ_s
钢
σ/MPa
σ_r持久极限
$\frac{1}{4}$ 1 10 10^2 10^3 10^4 10^5 10^6 10^7 10^8
N

持久极限 σ_r——材料能经受无限次应力循环而不发生疲劳破坏的最大应力值

- σ_r
- τ_r

下标 r：应力比

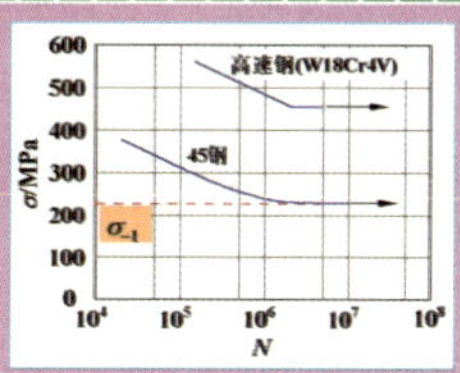
600
500
400
300
200
100
0
高速钢(W18Cr4V)
45钢
σ/MPa
σ_{-1}
10^4 10^5 10^6 10^7 10^8
N

材料的持久极限

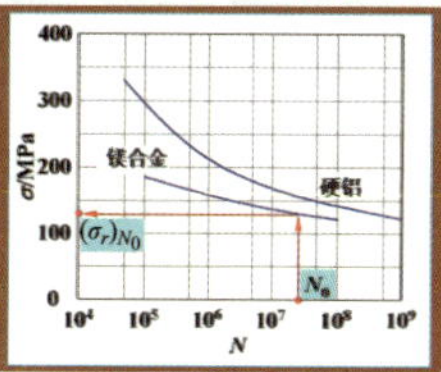
400
300
200
100
0
镁合金
硬铝
σ/MPa
$(\sigma_r)_{N_0}$
N_0
10^4 10^5 10^6 10^7 10^8 10^9
N

$(\sigma_r)_{N_0}$——材料的持久极限或条件疲劳极限

N_0——某指定寿命

统称为疲劳极限

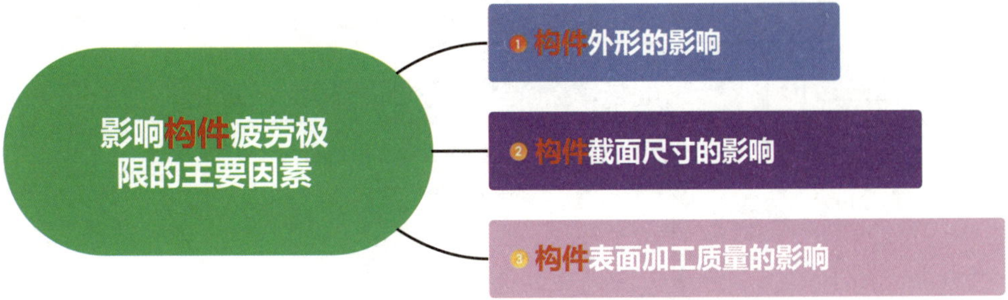
影响构件疲劳极限的主要因素
① 构件外形的影响
② 构件截面尺寸的影响
③ 构件表面加工质量的影响

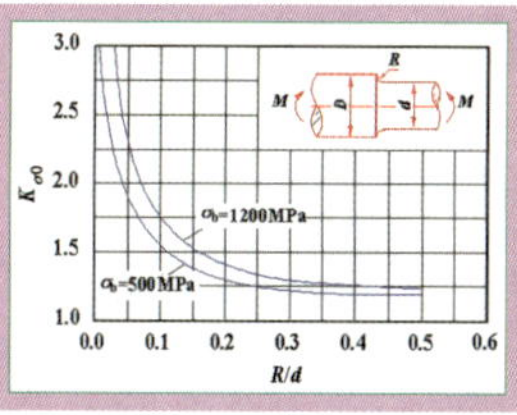

$K_{\sigma0}$
σ_b=1200MPa
σ_b=500MPa
R/d

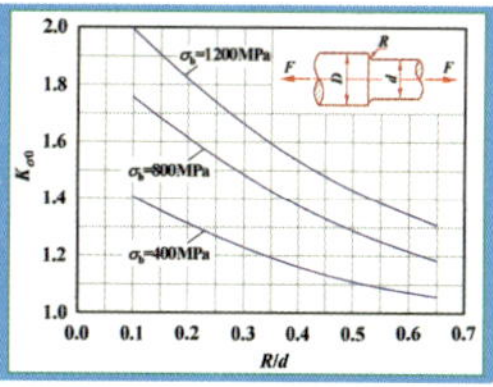

$K_{\sigma0}$
σ_b=1200MPa
σ_b=800MPa
σ_b=400MPa
R/d

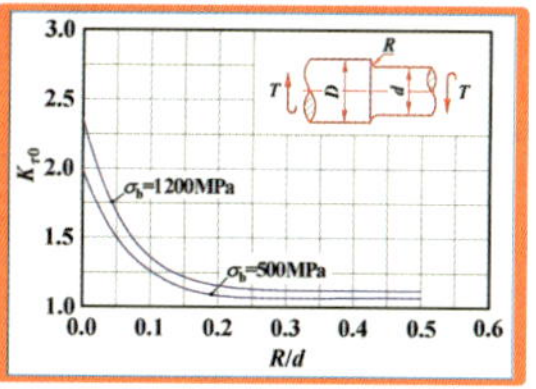

$K_{\tau0}$
σ_b=1200MPa
σ_b=500MPa
R/d

构件外形的影响（一）

对称循环应力作用下，光滑试件的疲劳极限，与同样尺寸但存在应力集中的试件的疲劳极限之比，称为有效应力集中因数或疲劳缺口因数，用 K_σ 或 K_τ 表示

$$K_\sigma = \frac{\sigma_{-1}}{(\sigma_{-1})_{SC}} > 1$$

K 越小越好

圆角半径 R 越小，K_σ 越大

材料的静强度极限 σ_b 越高，应力集中对 σ_r 的影响越显著

构件外形的影响（二）

- 循环应力下工作的构件，特别是用高强度材料制成的构件，应尽量**减小应力集中**
- ① 增大圆角半径
- ② 减小相连杆段的尺寸差别
- ③ 采用凹槽

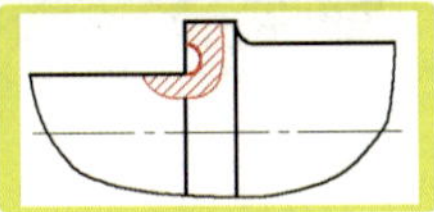

- ④ 设置卸载槽

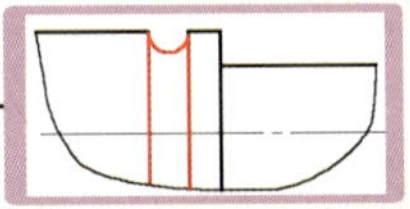

- ⑤ 将必要的孔与沟槽等配置在低应力区

构件截面尺寸的影响（二）

试验表明：弯、扭疲劳极限随构件横截面尺寸增大而减小

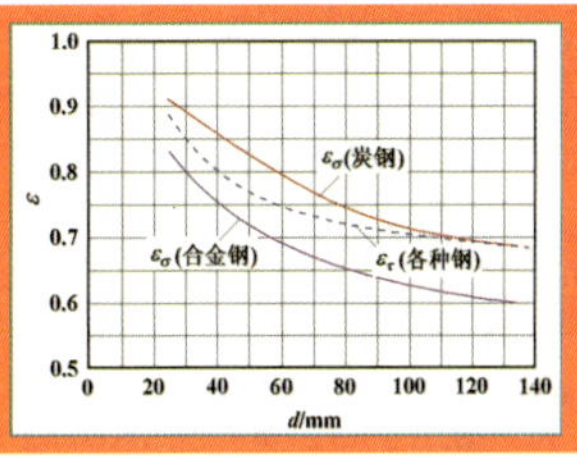
1.0
0.9
0.8
0.7
0.6
0.5
0
20
40
60
80
100
120
140
d/mm
ε
ε_σ(炭钢)
ε_σ(合金钢)
ε_τ(各种钢)

尺寸因数 ε

ε 越大越好

$$\varepsilon_\sigma=\frac{(\sigma_{-1})_d}{\sigma_{-1}}<1$$

$$\varepsilon_\tau=\frac{(\tau_{-1})_d}{\tau_{-1}}<1$$

直径 d 越大，σ_r 降低越多

σ_b 越高，截面尺寸对 σ_r 的影响越大

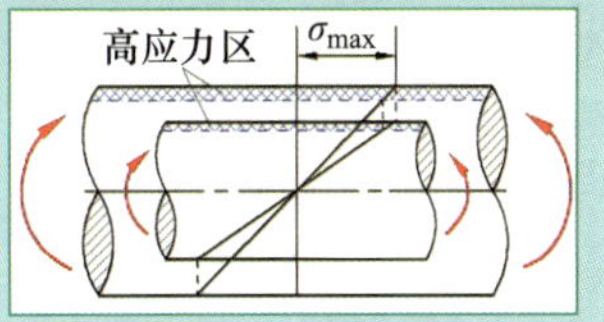
高应力区
σ_{max}

构件表面加工质量的影响

最大应力发生在构件表层，构件表面又常存在各种缺陷，故构件表面加工质量与表层状况，对构件的疲劳强度存在显著影响

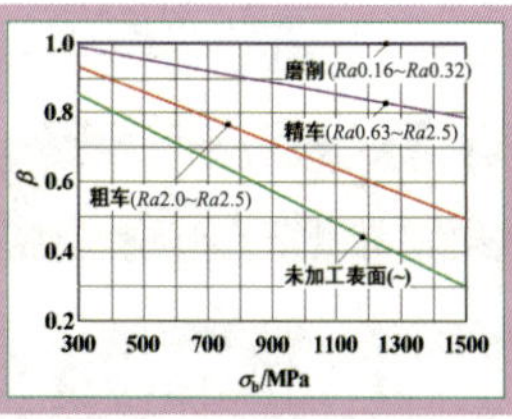
1.0
0.8
0.6
0.4
0.2
β
300
500
700
900
1100
1300
1500
σ_b/MPa
磨削(Ra0.16~Ra0.32)
精车(Ra0.63~Ra2.5)
粗车(Ra2.0~Ra2.5)
未加工表面(~)

β：加工质量因数

β 越大越好

$$\beta = \frac{(\sigma_{-1})_{某种加工方法}}{(\sigma_{-1})_{磨削}} < 1$$

表面加工质量越低，σ_r 降低越多

σ_b 越高，加工质量对 σ_r 的影响越大

对于重要构件，尤其存在应力集中的部位，应特别讲究表面加工方法，越采用高 σ_b 材料，越重要

提高构件表层材料的强度、改善表层应力状况，例如渗碳、渗氮、高频淬火、表层滚压与喷丸等，均为提高构件疲劳强度的重要措施

第 17 章 材料力学实验

第 17 章 材料力学实验
1. 单向拉伸试验
2. 扭转试验
3. 直梁弯曲试验
4. 梁变形试验
5. 偏心拉伸试验
6. 弯扭组合试验

实验 1-1 试件介绍

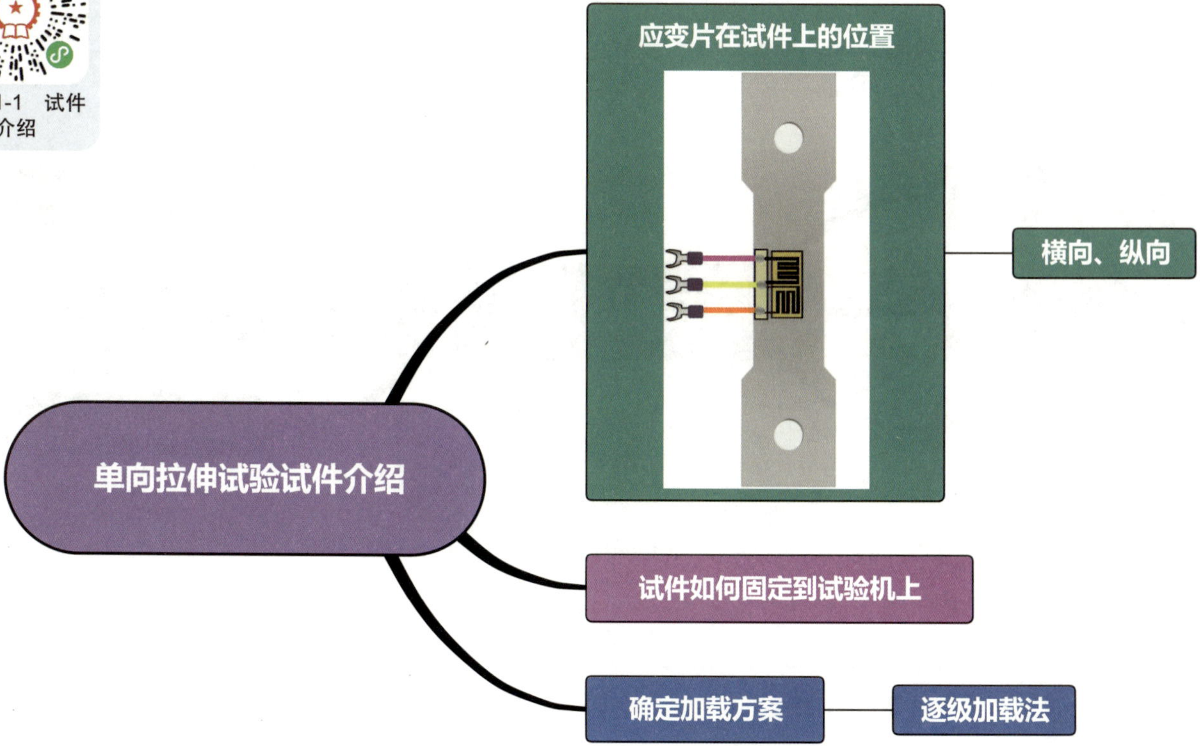
单向拉伸试验试件介绍
应变片在试件上的位置
横向、纵向
试件如何固定到试验机上
确定加载方案
逐级加载法

实验 1-2 数据测试

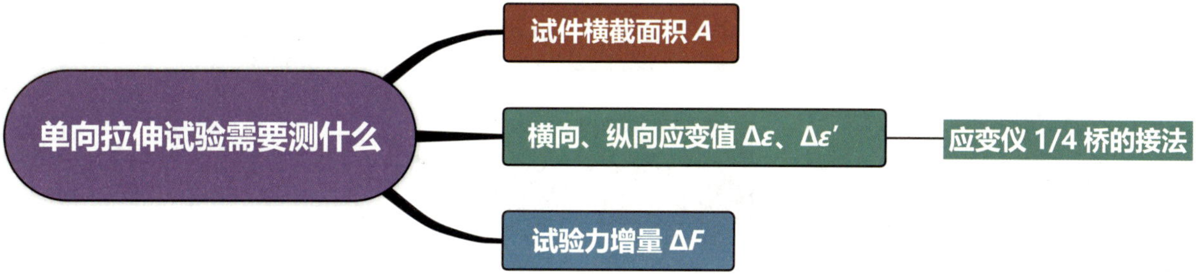
单向拉伸试验需要测什么
试件横截面积 A
横向、纵向应变值 Δε、Δε′
应变仪 1/4 桥的接法
试验力增量 ΔF

实验 1-3　数据处理

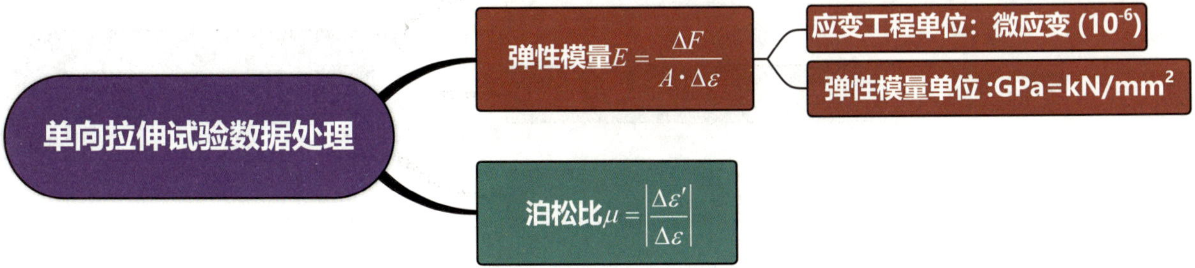
单向拉伸试验数据处理
弹性模量$E=\frac{\Delta F}{A\cdot\Delta\varepsilon}$
应变工程单位：微应变（10^{-6}）
弹性模量单位 :GPa=kN/mm^2
泊松比$\mu=\left|\frac{\Delta\varepsilon'}{\Delta\varepsilon}\right|$

实验 2-1　试件介绍

扭转试验试件、装置介绍

- 圆轴试件的固定

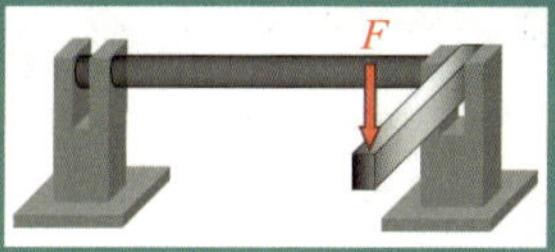

F

- 两种测切变模量的方法
  - 扭角仪法
    - 千分表的使用
    - 扭角仪的安装
  - 电测法
    - 应变片在试件上的位置
      - 上下表面 ±45°
- 确定加载方案

实验 2-2　数据测试

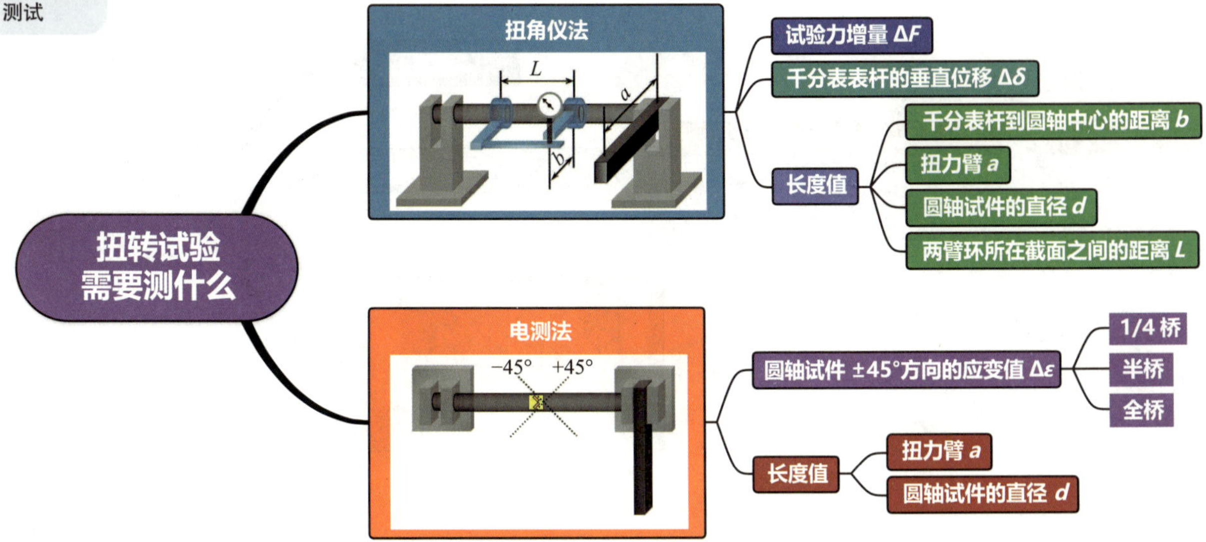
扭转试验需要测什么
扭角仪法
L
a
b
试验力增量 ΔF
干分表表杆的垂直位移 Δδ
长度值
干分表杆到圆轴中心的距离 b
扭力臂 a
圆轴试件的直径 d
两臂环所在截面之间的距离 L
电测法
−45°
+45°
圆轴试件 ±45°方向的应变值 Δε
1/4 桥
半桥
全桥
长度值
扭力臂 a
圆轴试件的直径 d

实验 2-3 数据处理

扭转试验数据处理

- **扭角仪法**
  - **切变模量** $G=\dfrac{\Delta T\cdot L}{\Delta\varphi\cdot I_P}$
    - **扭矩** $\Delta T=\Delta F\cdot a$
    - **扭转角** $\Delta\varphi\approx\dfrac{\Delta\delta}{b}$

      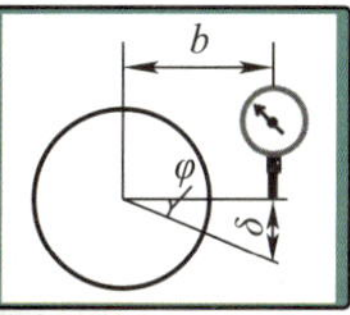

      b
      φ
      δ

      - 适用范围：小变形
      - 扭转角的单位 :rad
    - **截面的极惯性矩** $I_P\approx\dfrac{\pi d^4}{32}$
- **电测法**
  - **切变模量** $G=\dfrac{\Delta\tau}{\Delta\gamma}$
    - **切应力** $\Delta\tau=\dfrac{\Delta T}{W_P}$
      - **扭矩** $\Delta T=\Delta F\cdot a$
      - **抗扭截面系数** $W_P=\dfrac{\pi d^3}{16}$
    - **切应变** $\Delta\gamma=2\Delta\varepsilon_{-45^\circ}=-2\Delta\varepsilon_{+45^\circ}$

实验 3-1　试件介绍

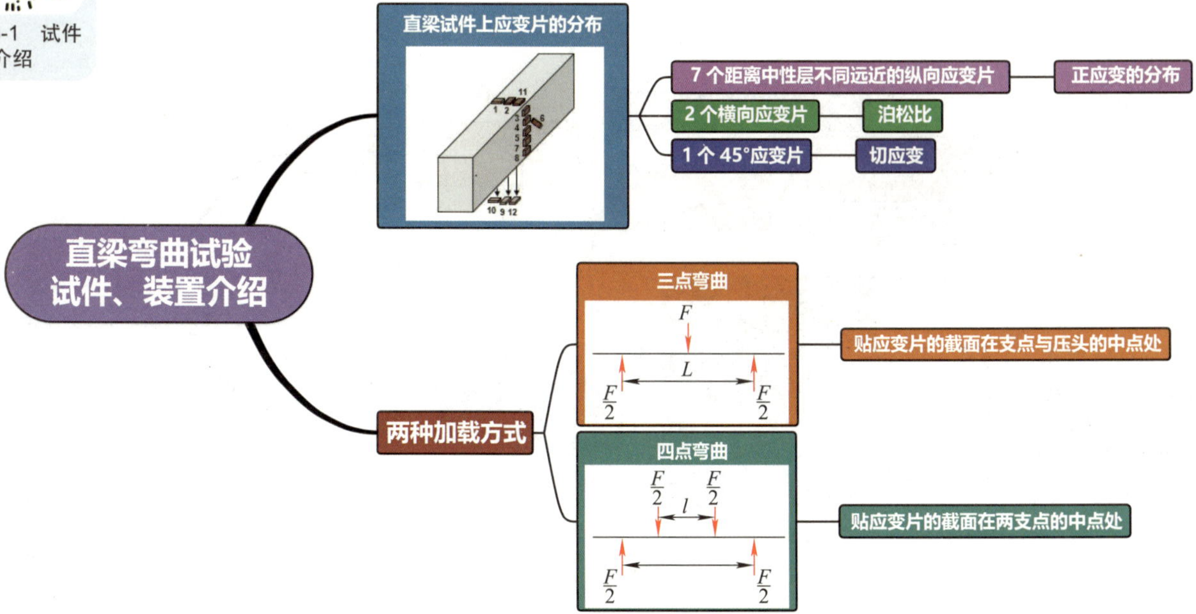
直梁弯曲试验
试件、装置介绍
直梁试件上应变片的分布
11
1 2
3
4
5
6
7
8
10 9 12
7 个距离中性层不同远近的纵向应变片
正应变的分布
2 个横向应变片
泊松比
1 个 45°应变片
切应变
两种加载方式
三点弯曲
F
L
F/2
F/2
贴应变片的截面在支点与压头的中点处
四点弯曲
F/2
F/2
l
F/2
F/2
贴应变片的截面在两支点的中点处

实验 3-2 数据测试

直梁弯曲试验需要测什么

- 试件测量

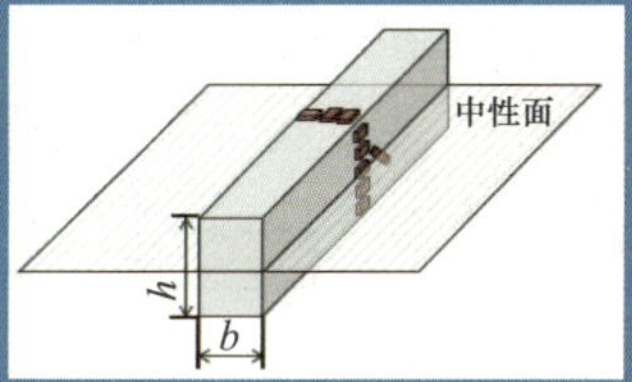

中性面
h
b

  - 直梁横截面尺寸
    - 高度 h
    - 厚度 b
  - 各应变片到中性层的距离 y
- 装置测量
  - 三点弯曲
    - 支架跨度 L
  - 四点弯曲
    - 辅梁跨度 l
    - 支架跨度 L
- 应变值
- 试验力增量 ΔF

实验 3-3 数据处理

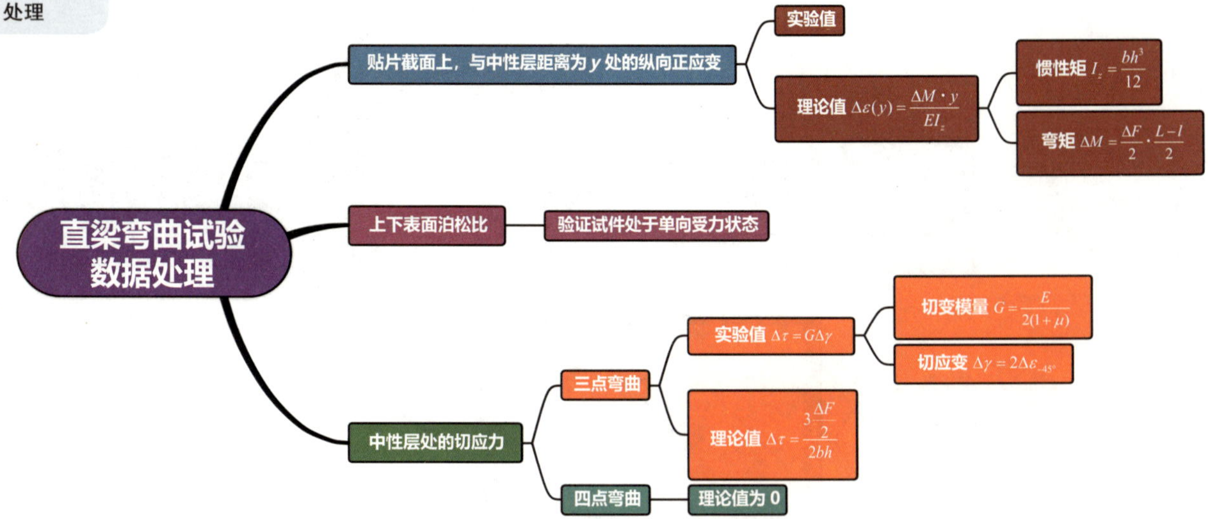
直梁弯曲试验数据处理
贴片截面上，与中性层距离为 y 处的纵向正应变
实验值
理论值 $\Delta\varepsilon(y)=\frac{\Delta M\cdot y}{EI_z}$
惯性矩 $I_z=\frac{bh^3}{12}$
弯矩 $\Delta M=\frac{\Delta F}{2}\cdot\frac{L-l}{2}$
上下表面泊松比
验证试件处于单向受力状态
中性层处的切应力
三点弯曲
实验值 $\Delta\tau=G\Delta\gamma$
切变模量 $G=\frac{E}{2(1+\mu)}$
切应变 $\Delta\gamma=2\Delta\varepsilon_{-45^\circ}$
理论值 $\Delta\tau=\frac{3\frac{\Delta F}{2}}{2bh}$
四点弯曲
理论值为 0

实验 4-1　试件介绍

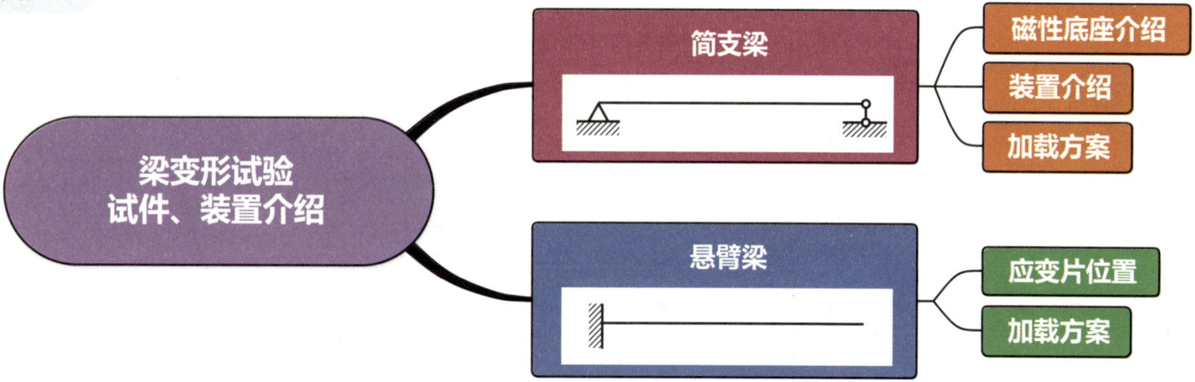
梁变形试验
试件、装置介绍
简支梁
磁性底座介绍
装置介绍
加载方案
悬臂梁
应变片位置
加载方案

实验 4-2　数据测试

梁变形试验需要测什么

- 简支梁
  - 装置尺寸测量
    - 支座跨度 L
    - 梁的宽度 b
    - 梁的厚度 h
  - 试验力增量 ΔF
  - 挠度测量
    - 中点加载时的挠曲线

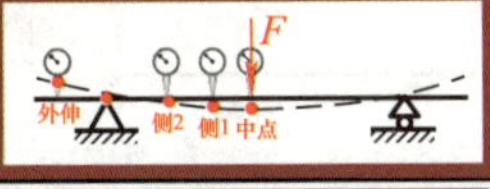
F
外伸
侧2
侧1
中点

      - 千分表表杆与支点的距离 $l_{中}$，$l_{侧1}$，$l_{侧2}$，a
      - 千分表读数增量 $\Delta\omega_{中点}$，$\Delta\omega_{侧1}$，$\Delta\omega_{侧2}$，$\Delta\delta_{外伸}$
    - 验证位移互等定理

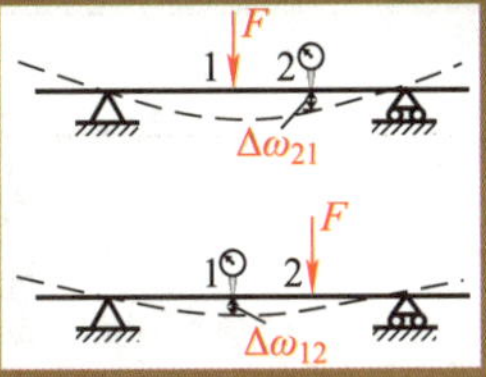
F
1
2
Δω21
F
1
2
Δω12

      - 千分表读数增量 $\Delta\omega_{12}$，$\Delta\omega_{21}$
- 悬臂梁
  - 装置尺寸测量

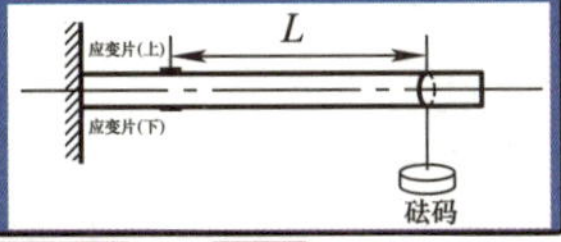
L
应变片(上)
应变片(下)
砝码

    - 应变片到挂砝码位置的距离 L
    - 梁的宽度 b
    - 梁的厚度 h
  - 应变值 — 半桥

实验 4-3 数据处理

梁变形试验数据处理

- **简支梁**
  - **最大挠度**
    - 实验值 $\Delta\omega_{中点}$
    - 理论值 $\Delta\omega_{max}=\dfrac{\Delta FL^3}{48EI}$
      - 惯性矩 $I=\dfrac{bh^3}{12}$
  - **支点转角**

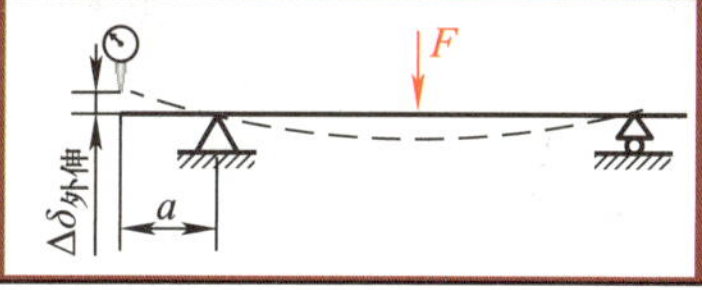

F
$\Delta\delta_{外伸}$
a

    - 实验值 $\Delta\theta\approx\tan\theta=\dfrac{\Delta\delta_{外伸}}{a}$
    - 理论值 $\Delta\theta=\dfrac{\Delta FL^2}{16EI}$
- **悬臂梁**
  - 待测砝码质量 $m=\dfrac{E\cdot\Delta\varepsilon\cdot W_z}{gL}$
    - 抗弯截面系数 $W_z=\dfrac{bh^2}{6}$
    - $g=9.8\text{N/kg}$

实验 5-1　试件介绍

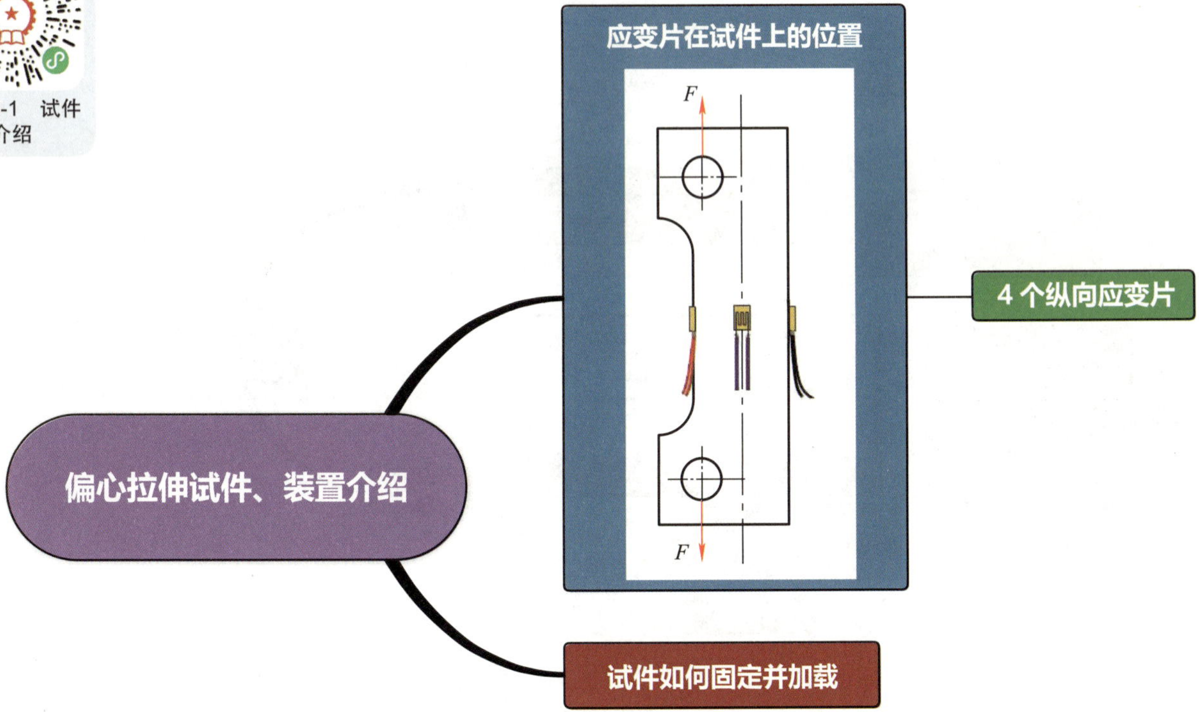
偏心拉伸试件、装置介绍
应变片在试件上的位置
F
F
4 个纵向应变片
试件如何固定并加载

实验 5-2 数据测试

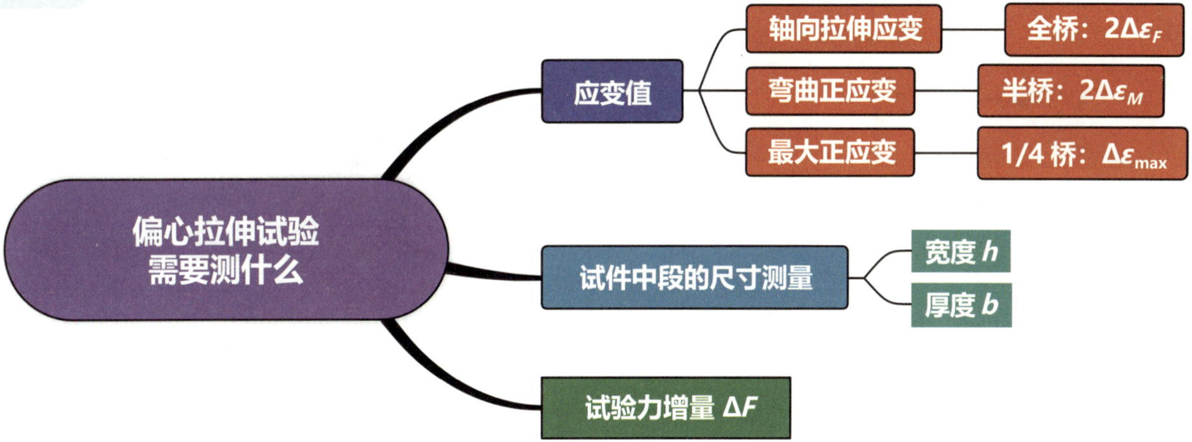

偏心拉伸试验需要测什么
应变值
轴向拉伸应变
全桥：$2\Delta\varepsilon_F$
弯曲正应变
半桥：$2\Delta\varepsilon_M$
最大正应变
1/4 桥：$\Delta\varepsilon_{max}$
试件中段的尺寸测量
宽度 h
厚度 b
试验力增量 ΔF

实验 5-3 数据处理

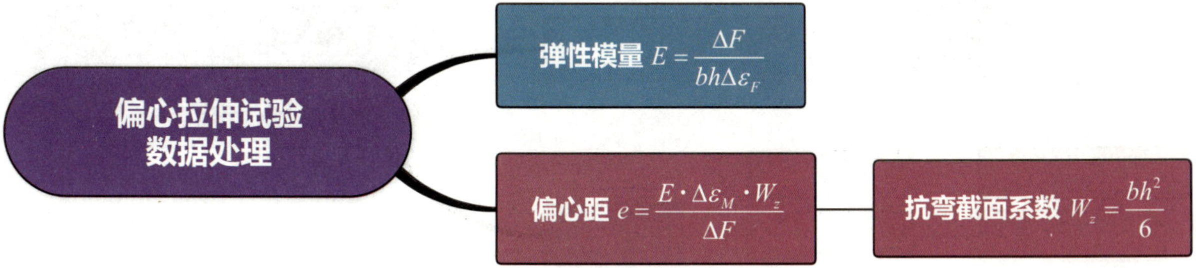
偏心拉伸试验数据处理
弹性模量 $E=\frac{\Delta F}{bh\Delta\varepsilon_F}$
偏心距 $e=\frac{E\cdot\Delta\varepsilon_M\cdot W_z}{\Delta F}$
抗弯截面系数 $W_z=\frac{bh^2}{6}$

实验 6-1 试件介绍

弯扭组合试验试件、装置介绍

圆轴试件的固定

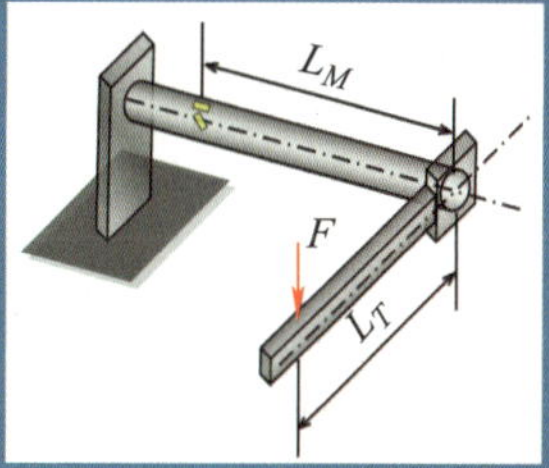

L_M
F
L_T

应变片位置

应变片方向

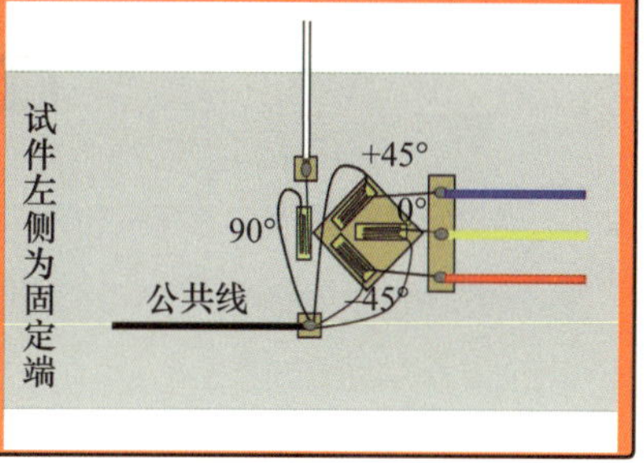

试件左侧为固定端
+45°
90°
0°
-45°
公共线

确定加载方案

实验 6-2　数据测试

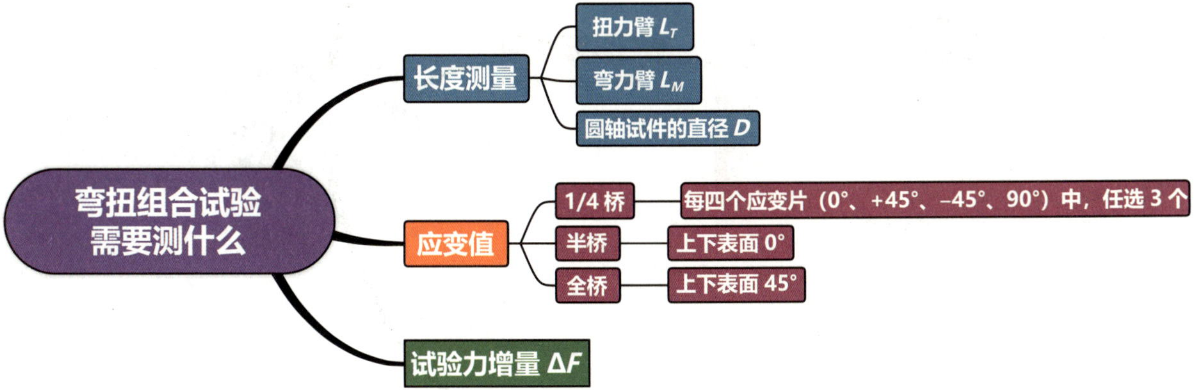
弯扭组合试验需要测什么
长度测量
扭力臂 L_T
弯力臂 L_M
圆轴试件的直径 D
应变值
1/4 桥
每四个应变片（0°、+45°、−45°、90°）中，任选 3 个
半桥
上下表面 0°
全桥
上下表面 45°
试验力增量 ΔF

实验 6-3 数据处理

弯扭组合试验数据处理

- **弯矩**
  - 理论值 $\Delta M = \Delta F \cdot L_M$
  - 实验值 $\Delta M = \Delta E W_z \cdot \frac{1}{2}\Delta\varepsilon_{半桥}$ —— 抗弯截面系数 $W_z = \frac{\pi D^3}{32}$
- **扭矩**
  - 理论值 $\Delta T = \Delta F \cdot L_T$
  - 实验值 $\Delta T = G W_P \Delta\gamma = \frac{E}{2(1+\mu)} W_P \cdot \frac{1}{2}\Delta\varepsilon_{全桥}$ —— 抗扭截面系数 $W_P = \frac{\pi D^3}{16}$
- **主应力和方位角**
  - 理论值
    - 主应力 $\left.\begin{matrix}\Delta\sigma_{max}\\ \Delta\sigma_{min}\end{matrix}\right\} = \frac{\Delta\sigma_x - \Delta\sigma_y}{2} \pm \sqrt{\left(\frac{\Delta\sigma_x - \Delta\sigma_y}{2}\right)^2 + \Delta\tau_x^2}$
      - 正应力 $\Delta\sigma_x = \frac{\Delta M}{W_z}$，$\Delta\sigma_y = 0$
      - 切应力 $\Delta\tau_x = \frac{\Delta T}{W_P}$
    - 方位角 $\tan 2\alpha_0 = \frac{-2\Delta\tau_x}{\Delta\sigma_x - \Delta\sigma_y}$
  - 实验值
    - 主应力 $\left.\begin{matrix}\Delta\sigma_{max}\\ \Delta\sigma_{min}\end{matrix}\right\} = \frac{E(\Delta\varepsilon_{+45°} - \Delta\varepsilon_{-45°})}{2(1-\mu)} \pm \frac{\sqrt{2}E}{2(1+\mu)}\sqrt{(\Delta\varepsilon_{0°} - \Delta\varepsilon_{+45°})^2 + (\Delta\varepsilon_{0°} - \Delta\varepsilon_{-45°})^2}$
    - 方位角 $\tan 2\alpha_0 = \frac{\Delta\varepsilon_{+45°} - \Delta\varepsilon_{-45°}}{2\Delta\varepsilon_{0°} - \Delta\varepsilon_{+45°} - \Delta\varepsilon_{-45°}}$
    - 例：选择的是 0°、+45°、−45°的应变片

参考文献

[1] 单辉祖 . 材料力学 I [M]. 4 版 . 北京：高等教育出版社，2016.
[2] 蒋持平 . 材料力学常见题型解析及模拟题 [M]. 北京：国防工业出版社，2009.
[3] 荀文选 . 材料力学教与学 [M]. 北京：高等教育出版社，2007.
[4] 沃国纬，孔超群 . 材料力学概念性标准化题集 [M]. 上海：上海科学普及出版社，1991.
[5] 博赞 东尼，博赞 巴利 . 思维导图 [M]. 卜煜婷，译 . 北京：化学工业出版社，2015.
[6] 理查德，丘奇. 思维可视化教学：哈佛大学教育学院设计可视化思维课堂的 18 种流程 [M]. 周晓微，李萌，译 . 北京：中国青年出版社，2022.
[7] 埃普乐，菲斯特 . 思维可视化图示设计指南 [M]. 陈燕，译 . 2 版 . 福州：福建教育出版社，2019.

张彤，1972 年生，北京航空航天大学航空学院固体力学研究所副教授，长期致力于大学基础力学课程的教学改革与实践。针对材料力学课程长期存在的“三多一难”（知识点密集、概念抽象、公式繁杂、工程实践衔接困难）教学痛点，创新性地提出“可视化 + 混合式”教学模式，主持构建了国内外首个实现三大突破的教学体系：①思维导图全知识点覆盖；②模块化知识结构体系；③动态可视化难点解析，为新工科背景下的力学课程改革提供了范式与参考。其教学成果显著：2017 年课程获评北京航空航天大学校级“研究型教学课程”；指导学生累计多次斩获全国周培源大学生力学竞赛一等奖、二等奖等优异成绩；2023 年荣获中国力学学会“徐芝纶力学优秀教师奖”；2024 年获评北京航空航天大学凡舟教育基金课程教学类一等奖。